SCHÄFFER
POESCHEL

Jürgen Weber/Barbara E. Weißenberger

Einführung in das Rechnungswesen

Bilanzierung und Kostenrechnung

7., überarbeitete und erweiterte Auflage

2006
Schäffer-Poeschel Verlag Stuttgart

Bibliografische Information Der Deutschen Bibliothek
Die Deutsche Bibliothek verzeichnet diese Publikation in der Deutschen
Nationalbibliografie; detaillierte bibliografische Daten sind im Internet über
<http:/dnb.ddb.de> abrufbar.

Gedruckt auf chlorfrei gebleichtem, säurefreiem und alterungsbeständigem Papier

ISBN-13: 978-3-7910-2418-9
ISBN-10: 3-7910-2418-3

© 2006 Schäffer-Poeschel Verlag für Wirtschaft · Steuern · Recht GmbH
www.schaeffer-poeschel.de
info@schaeffer-poeschel.de
Einbandgestaltung: Willy Löffelhardt
Druck und Bindung: Ebner & Spiegel GmbH, Ulm
Printed in Germany
März/2006

Schäffer-Poeschel Verlag Stuttgart
Ein Tochterunternehmen der Verlagsgruppe Handelsblatt

Vorwort zur 1. Auflage des Bandes »Rechnungswesen I: Bilanzierung«

Das betriebswirtschaftliche Rechnungswesen bildet seit jeher einen Standardbaustein betriebswirtschaftlicher Ausbildung. Alle Großen unseres Faches haben sich intensiv mit der Abbildung des wirtschaftlichen Geschehens in Zahlen auseinander gesetzt. Zudem kann man die Auffassung vertreten, dass das Rechnungswesen den wesentlichen Kristallisationskern einer wissenschaftlichen Auseinandersetzung mit den ökonomischen Problemen von Kaufleuten bildet, dass diese mit der »Erfindung« der doppelten Buchhaltung, der Arbeit des Franziskanermönchs *Luca Pacioli* überhaupt erst begann. Jeder Absolvent eines wirtschaftswissenschaftlichen Studiums sollte (muss) Begriffe wie Soll und Haben, Rückstellungen und Rücklagen, Anlagevermögen und Rechnungsabgrenzungsposten, Bilanz und Gewinn- und Verlustrechnung kennen und erklären können. Dementsprechend wird Rechnungswesen schon im Grundstudium – und dies vergleichsweise umfangreich – behandelt.

Die Vermittlung dieses Stoffes fällt allerdings nicht leicht. Das Rechnungswesen soll einen bestimmten Ausschnitt der wirtschaftlichen Realität eines Unternehmens, seiner Beziehungen zu Kunden, Lieferanten, Staat, Gläubigern und Anteilseignern widerspiegeln. Wie diese Abbildung erfolgen soll, kann man dann am besten bzw. erst dann richtig verstehen, wenn man die ökonomische Realität kennt. (Allein) Ihre Heterogenität hat zu dem komplexen Regelwerk geführt, das das Rechnungswesen ausmacht; die Regeln sind nie Selbstzweck. Woher aber soll ein Student zu Beginn seines Studiums diese wirtschaftliche Realität kennen, insbesondere dann, wenn er keine kaufmännische Lehre vorab absolviert hat? Oftmals gehen Lehrbücher (deshalb?) den Weg der reinen Faktenpräsentation, oftmals – und dies kann ich aus eigener Erfahrung bestätigen – verbleibt für den Studenten nur der Weg, die Fülle des Stoffes einfach »abzuspeichern«, auswendig zu lernen, ohne erklären zu können, warum Begriffe so und nicht anders festgelegt werden, warum Regeln so und nicht anders ausfallen. Dies ist unbefriedigend.

In diesem Lehrbuch soll der Versuch unternommen werden, auf dieses grundsätzliche Verständnisproblem explizit einzugehen. Der Text ist aus Unterlagen für eine Vorlesung im Grundstudium an der Wissenschaftlichen Hochschule für Unternehmensführung (WHU) entstanden, ein Grundstudium, in dem sich wegen großer zeitlicher Enge die Frage nach unmittelbarer Verständlichkeit der Wissenspräsentation besonders prägnant stellt. Das Lehrbuch unterscheidet sich im Aufbau kaum von der großen Zahl an Vorbildern, die von Kollegen, Dozenten und Praktikern bis heute geschrieben wurden. Allenfalls dem in das Themengebiet einführenden Fallbeispiel kommt ein wenig Originalität zu.

Wenn Sie in andere Lehrbücher vergleichend hineinschauen, werden Sie allerdings – so hoffe ich – trotz ähnlichem Grundaufbau in der Art der Argumentation einen Unterschied erkennen: Diese Einführung versucht nicht

Das vorliegende Lehrbuch war in den vorangegangenen Auflagen in zwei separate Bücher geteilt – was mit ihnen verfolgt wurde, sei an den beiden Vorworten zur jeweils 1. Auflage deutlich gemacht

Beide Bücher sind aus einer Grundstudiumsveranstaltung an der WHU entstanden – ein Grundstudium, in dem wegen seiner zeitlichen Enge besonderer Wert auf eine leicht verständliche Wissensvermittlung gelegt werden muss

nur, Ihnen das relevante Faktenwissen zu vermitteln, sondern Ihnen dabei gleichzeitig einen Eindruck darüber zu geben, wieso es zu den zu erlernenden Fakten gekommen ist. Diese Erläuterungen sind dabei so einfach wie möglich gestaltet, um allen Kommilitonen die Möglichkeit zum Verständnis zu geben, auch solchen, die von Praxiserfahrung noch völlig »unbelastet« sind ... Darüber hinaus sind die wichtigsten Fakten am Ende eines jeden Kapitels in zusammenfassenden Abbildungen in Kurzform dargestellt.

Das Nebeneinander von handelsrechtlicher Regelung und ihrer betriebswirtschaftlichen Begründung schafft eine gute Voraussetzung für ein dauerhaftes Verstehen von Bilanz, Gewinn- und Verlustrechnung und Anhang, von dem, was man typischerweise »Externe Rechnungslegung« nennt. Dieser Versuch, Rechnungswesen problem- und verständnisorientiert zu präsentieren, kennzeichnet im Übrigen auch den zweiten Teil dieses Lehrwerks, die Einführung in die Kostenrechnung, die ebenfalls in dieser Schriftenreihe erscheint. ...

Jürgen Weber, Vallendar, im Juni 1989

Vorwort zur 1. Auflage des Bandes »Rechnungswesen II: Kostenrechnung«

Das betriebswirtschaftliche Rechnungswesen lässt sich – wie im ersten Teil der Einführung in das Rechnungswesen dargestellt – allgemein als Instrument zur Bereitstellung (erfolgs-)zielorientierter Informationen beschreiben. Schon in den Ursprüngen diente das Rechnungswesen nicht nur der Selbstinformation der Unternehmer, sondern auch der Beeinflussung externer Rechnungslegungsadressaten, die schließlich die Unternehmensleitung als Informationsempfänger dominierten: Fiskus, Gläubiger, kleine faktische und potentielle Anteilseigner, die interessierte Öffentlichkeit. Bilanz und Gewinn- und Verlustrechnung wurden zur »externen« Rechnungslegung, die in einem durch Kaufmannsbrauch, Rechtsprechung und Gesetzgebung herauskristallisierten Kompromiss die Informationsinteressen aller Unternehmensbeteiligten zu integrieren versucht. Die heute im Handelsgesetzbuch kodifizierte externe Rechnungslegung lässt sich weder schlüssig aus einer Rechnungslegungstheorie (z.B. der statischen oder der dynamischen Bilanztheorie) ableiten, noch vermag sie den erfolgswirtschaftlichen Informationsbedarf der Unternehmensleitung ausreichend zu decken.

Einen Grund, dass sich neben der externen Rechnungslegung ein weiterer Zweig des betriebswirtschaftlichen Rechnungswesens bildete, haben wir damit festgemacht: Der Unternehmensleitung war daran gelegen, ein speziell auf ihre Informationsbedürfnisse zugeschnittenes Instrument zur Bereitstellung erfolgszielbezogener Informationen zu erhalten. Allerdings handelt es sich hierbei nicht um den einzigen, wohl auch nicht um den ent-

Grund für die Herausbildung einer Kostenrechnung sind Aussagegrenzen der externen Rechnungslegung

scheidenden Grund. Obwohl zuweilen gefordert, haben sich interne Bilanzen (und Gewinn- und Verlustrechnungen) bis heute nicht als Gegenpol zur externen Rechnungslegung durchsetzen können. Das interne Rechnungswesen, also der Teil der systematischen erfolgszielbezogenen Informationsbereitstellung, der sich an die Führung des Unternehmens wendet, wird vielmehr durch die Kosten(- und Erlös-)rechnung ausgefüllt. Der Grund hierfür liegt in der Struktur der Leistungserstellung in den Unternehmen: Je mehr Stufen diese umfasst, desto größer werden die weißen Flecken auf der Landkarte des externen Rechnungswesens, da die Finanzbuchhaltung – von Ausnahmen abgesehen – nur die Beziehungen des Unternehmens zu seiner Umwelt (Marktpartner, Staat) abbildet. Ob es günstiger ist, statt des Produktionsverfahrens X das Produktionsverfahren Y einzusetzen, oder einen Produktionsvorgang (z.B. das Härten von Drehteilen) an Fremdfirmen zu geben, statt ihn selbst durchzuführen, ob eine bestimmte Abteilung im Unternehmen (z.B. die Endmontage) wirtschaftlich arbeitet, wieviel Einheiten von einem Erzeugnis abgesetzt werden müssen, um die für seine Herstellung zusätzlich anfallenden Kosten zu decken – all das sind Fragen, auf die die traditionelle Finanzbuchhaltung keine vernünftige Antwort geben kann.

An die Kostenrechnung stellt sich eine Vielzahl zu beantwortender Fragen

Zu aussagefähigen, ausreichenden Informationen kommt man nur dann, wenn man zusätzlich zu den güter- und finanzwirtschaftlichen Beziehungen des Unternehmens zu seiner Umwelt auch die güterwirtschaftlichen Prozesse im Unternehmen selbst, den Einsatz von Produktionsfaktoren und die Entstehung von Leistungen, abbildet. Just dieses ist Aufgabe der Kostenrechnung. Mit der Kostenrechnung verschaffen sich die Unternehmen somit ein Instrument,

- um den Betriebsablauf ökonomisch steuern zu können,
- um die zur Herstellung und zum Vertrieb der Erzeugnisse anfallenden Kosten zu ermitteln und damit Hilfestellung bei der Beantwortung der Frage zu geben, welche Produkte abzusetzen sind,
- und ...

damit sind wir schon mitten in der Diskussion, welchen Zwecken eine Kostenrechnung in toto dient bzw. dienen kann. Diese Diskussion ist allerdings im Rahmen einer ersten Einführung weitgehend deplaziert. Deshalb sollen im Folgenden nur noch einige Aussagen über den grundsätzlichen Aufbau dieses Buches getroffen werden, das aus einer Unterlage für eine Grundstudiumsveranstaltung an der Vallendarer Wissenschaftlichen Hochschule für Unternehmensführung (WHU), – Otto-Beisheim-Hochschule –, heraus entstanden ist.

Diejenigen, die bereits über kostenrechnerische Grundkenntnisse verfügen, können schon an der Gliederung des Buches erkennen, dass wir im Folgenden den üblichen Weg, in das Gedankengebäude der Kostenrechnung einzuführen, an der einen oder anderen Stelle verlassen werden. Soweit dies angesichts des für eine Einführung gegebenen knappen Rahmens möglich ist, wollen wir uns der Kostenrechnung in mehreren, immer konkreter werdenden, quasi spiralenförmigen Anläufen nähern. Schon im ersten Fallbeispiel werden Sie alle wesentlichen Elemente der Kostenrechnung und die von ihr zu beantwortenden Fragestellungen kennen lernen, Ele-

Der Aufbau des Kostenrechnungsbuchs unterscheidet sich aus didaktischen Gründen von dem vergleichbarer Werke nicht unerheblich

mente und Fragestellungen, die später immer detaillierter – zum Teil mehrfach – wieder betrachtet werden. Struktur- und Detailaussagen wechseln sich ständig ab.

Auf zwei weitere »Besonderheiten« sei noch verwiesen. Zum einen wird schon vom Namen her deutlich, dass Kostenrechnung sehr viel mit Rechnen zu tun hat. Deshalb durchziehen viele konkrete Rechenbeispiele den gesamten Text. Zum anderen kann man sich neue Problemkreise am besten dann merken, wenn man sie sowohl ausführlich darstellt als auch jeweils versucht, sie möglichst knapp, auf den »Kern« reduziert, zusammenzufassen. Deshalb werden Sie bei jedem größeren Lernabschnitt auf (mindestens) eine zusammenfassende Abbildung stoßen.

...

Noch ein tröstliches Wort: Kostenrechnung ist ein relativ trockenes Teilgebiet der Betriebswirtschaftslehre, das viel Vorstellungsvermögen über die kostenmäßig abzubildenden Realprozesse – und hier bleibt kein Bereich des Unternehmens ausgespart – verlangt und zudem hohe Anforderungen an Ihre Strukturierungsfähigkeit stellt. Kostenrechnung erschließt sich dem »Newcomer« nur langsam und bedächtig. Daran sollte man stets denken.

Kostenrechnung erschließt sich dem »Newcomer« nur langsam und bedächtig

...

Jürgen Weber, Vallendar im November 1989

Vorwort zur gemeinsamen 6. Auflage

Aus zwei mach eins: Dies ist sicher die auffälligste Änderung des vorliegenden Lehrbuchs, in dem nun die beiden Teilbände »Bilanzierung« und »Kostenrechnung« der vorhergehenden Auflagen zusammengefasst sind. Durch das platzsparende Layout konnte damit der Umfang in vertretbarem Rahmen gehalten werden – und darüber hinaus auch der Preis, sicher für die Studenten als Hauptlesergruppe kein unwichtiges Argument.

Was hat sich inhaltlich geändert? Im Teil 1 zur externen Rechnungslegung – hier sei insbesondere Herrn Dipl.-Kfm. Michael Löbig und Herrn cand. rer. pol. Markus Scheibe für ihre Unterstützung gedankt – sind dies neben einigen Aktualisierungen vor allem Hinweise zur Rechnungslegung nach IAS und US-GAAP. Diese spielen insbesondere für die Rechnungslegung börsennotierter Konzerne spätestens seit 1998 eine wichtige Rolle. Auf eine ausführliche Darstellung der relevanten Standards IAS und US-GAAP haben wir allerdings verzichtet. Hintergrund war zum einen unsere Vorgabe, dass der Stoffumfang für jeden der beiden Teile dieses Lehrbuchs das Volumen einer zweistündigen, einführenden Vorlesung im Grundstudium nicht überschreiten sollte. In einer solchen Vorlesung ist es aber aus unserer Sicht sinnvoll, mit einer konsistenten und umfassenden Darstellung der deutschen Rechnungslegungsvorschriften zu beginnen, und zwar aus zwei Gründen: Zum einen ist für alle Kaufleute (in Deutschland sind dies nach der jüngsten Zählung des statistischen Bundesamts etwa 2,5 Millionen!) – und damit eben auch für die börsennotierten Gesellschaften (in Deutschland zählen wir hier aktuell etwa 1.000 inländische AGs und KGaAs) – im Einzelabschluss immer noch die Rechnungslegung nach HGB zwingend vorgeschrieben. Zum anderen sind die IAS und die US-GAAP von ihrer Struktur und den verwendeten Recheninstrumenten her durchaus mit der Rechnungslegung nach HGB vergleichbar – Unterschiede ergeben sich vor allem aus der Lösung der dahinter stehenden Fragen (zum Beispiel »Was ist ein Vermögensgegenstand?« oder »Wie ist eine Rückstellung zu bewerten?«) im Hinblick auf die abweichenden Rechnungsziele, nämlich Gesellschafterschutz statt Gläubigerschutz. Die solide Auseinandersetzung mit einem Standard – in unserem Fall eben der Rechnungslegung nach HGB – im Grundstudium ist aus unserer Sicht das beste Fundament, um sich in einer weiterführenden Vorlesung (typischerweise im Hauptstudium) auch mit Fragen der internationalen Rechnungslegung auseinander zu setzen.

Neuerungen betreffen im Bereich der Kostenrechnung insbesondere eine stärker verhaltensorientierte Argumentation. Bewusst kommt zu einer eher messtheoretischen (»richtige Abbildung der Realität«) und einer entscheidungsbezogenen Sicht (»Fundierung und Kontrolle von Entscheidungen«) eine Perspektive hinzu, in der Kostenrechnungsinformationen das Verhalten einzelner Manager und Mitarbeiter ebenso beeinflussen wie ihr Zusammenwirken. Eine solche Sicht wird sowohl durch neuere Entwicklungen in der Theorie (z.B. der Prinzipal-Agenten-Theorie) als auch durch aktuelle empirische Erkenntnisse motiviert. Sie führt u.a. zu einer differenzierten Betrachtung und Formulierung von Rechnungszwecken und betrifft – um ein weiteres Beispiel zu nennen – die Einschätzung der Eignung der Vollkostenrechnung zur Lösung praktischer Probleme in Unternehmen.

Gedankt sei schließlich Herrn Dipl.-Vw. Claus Hunold für die (un)dankbare Aufgabe, alle Rechnungen noch einmal zu überprüfen.

Vallendar / Gießen im Oktober 2002
Jürgen Weber / Barbara E. Weißenberger

Vorwort zur 7. Auflage

Neben einigen kleinen Überarbeitungen und Erweiterungen unterscheidet sich die 7. Auflage von ihrer Vorgängerin hauptsächlich im ersten Teil, der externen Rechnungslegung. Wir standen vor der Herausforderung, einerseits die bewährte und immer noch relevante Vermittlung der Bilanzierung nach deutschem Handelsrecht für das wirtschaftswissenschaftliche Grundstudium beizubehalten. Andererseits darf aber der Blick vor der wachsenden Bedeutung der IFRS auch im Grundstudium nicht mehr verschlossen werden – vor allem weil so gut wie alle einfach zugänglichen Bilanzen bekannter Großunternehmen inzwischen nach internationalen Rechnungslegungsstandards aufgestellt werden.

Aus diesem Grund haben wir auch die aktuellen Fallbeispiele – in dieser Neuauflage sind es die Unternehmen Bayer, Deutsche Lufthansa und Metro – auf IFRS umgestellt.

Wir glauben aber dennoch, dass sich Studierende sinnvollerweise zunächst mit einem einzigen Rechnungslegungsstandard – und in Deutschland ist dies eben die Rechnungslegung nach HGB – auseinander setzen und die Regelungen innerhalb dieses Standards konsistent kennen und auch anwenden lernen sollten. Auf dieser Struktur aufbauend kann dann eine problemorientierte Auseinandersetzung mit internationalen Rechnungslegungsstandards, wie beispielsweise den IFRS, folgen.

Wir haben deshalb in dieser Neuauflage am Ende eines jeden Kapitels einen eigenständigen Unterabschnitt zur Lösung der jeweils behandelten Sachverhalte in den IFRS eingefügt. Dieser Abschnitt ist bewusst kurz gehalten, um eine fokussierte Übersicht über die wichtigsten Regelungen innerhalb der IFRS zu geben und damit den Charakter dieses Einführungsbuchs beizubehalten.

Als Leser dieses Lehrbuchs stehen Sie damit im ersten Teil vor der Wahl, entweder HGB und IFRS quasi in einer Zusammenschau kennen zu lernen; alternativ können Sie aber auch zunächst nur die HGB-bezogenen Teile dieses Buchs durcharbeiten und sich dann in einem zweiten Schritt mit der Rechnungslegung nach IFRS auseinander setzen. Je nachdem, wie Sie sich entscheiden, wir wünschen Ihnen auf jeden Fall viel Vergnügen und eine »ertragreiche« Lektüre.

Gedankt sei an dieser Stelle zunächst Claudia Heymann, die – diesmal im Alleingang – für eine weitestgehende Druckfehlerfreiheit steht. Weiterhin gilt Dank Hendrik Angelkort und Benjamin Löhr vom Gießener Lehrstuhl für die Zusammenstellung der Praxisbeispiele, WP StB Werner Weißenberger für die intensive fachliche Durchsicht und Christoph Schäfer (Vallendar) für die Hilfe bei der Erstellung einiger Abbildungen. Schließlich sei dem Verlag für die – wie immer – unkomplizierte Zusammenarbeit gedankt.

Vallendar / Gießen im Januar 2006
Jürgen Weber / Barbara E. Weißenberger

Gliederung

Teil 1:

Externe Rechnungslegung

Fallbeispiel zur Einführung in das Rechnungswesen

Lernziel

Das erste Kapitel will transparent machen, warum Unternehmen überhaupt auf die Idee kommen, ein ausgebautes, kompliziertes und nicht gerade billiges Rechnungswesen zu betreiben. Hierzu dient ein stark vereinfachtes, anschauliches Beispiel. Zugunsten einer unmittelbaren Verständlichkeit wird dabei nicht immer der »reinen Lehre« des Rechnungswesens entsprechend vorgegangen – dies werden Sie spätestens dann merken, wenn Sie sich das Beispiel nach dem Lesen des gesamten Lehrbuchs noch einmal anschauen sollten! Am Ende des Fallbeispiels werden Sie wissen,

- was ein Inventar ist,
- was eine Bilanz ist,
- warum Inventar und Bilanz aufgestellt werden und
- dass es unterschiedliche Bilanzadressaten mit unterschiedlichen Informationsinteressen gibt.

1. Ausgangssituation

Abs, Primus und Schäff, drei Studenten des 1. Jahrgangs an der Fachschule für Organisation und angewandte Managementlehre (FOAM) klagen schon seit Beginn ihres Studiums über die mangelnde Infrastruktur ihrer Schule, die in der Steueroase Dunkelfels beheimatet ist. Neben vielem fehlt insbesondere eine ausreichende Möglichkeit zum Kopieren (25 Cent pro Kopie auf einem uralten Kopierer in einer Apotheke sind allen zu viel).

Angeregt durch die hervorragende Ausbildung im ersten Semester überlegen die drei Studenten, selbst Unternehmer zu werden und einen Copyshop zu gründen. Viele Gespräche mit Kommilitonen lassen eine hohe Nachfrage nach Kopien erwarten. Die Entscheidung zur Gründung fällt kurz vor Beginn des zweiten Semesters im August. Aus Haftungsgründen entscheiden sich die drei für eine GmbH mit dem Namen »more-copy-gmbh«. Das Mindeststammkapital einer GmbH beträgt 25.000 Euro; die drei Gründer sind jedoch der Ansicht, dass dies für ihren Copyshop nicht ausreichen wird. Sie beschließen deshalb, die more-copy-gmbh mit einem Stammkapital von 50.000 Euro auszustatten. Von diesem muss zur Gründung mindestens die Hälfte eingebracht werden. Die 25.000 Euro kommen nach Ausschöpfen aller Finanzierungskanäle wie folgt zustande:

- Abs bringt 5.000 Euro und einen gebrauchten Kopierer ein (Spende seines Vaters), dessen Wert er auf 3.500 Euro bemisst.
- Primus steuert 7.000 Euro (davon 5.000 Euro als Kredit aufgenommen) in bar und für 1.500 Euro Kopierpapier (1 Palette) bei, das er billig erstehen konnte.
- Schäff schließlich räumt sein Sparbuch und legt 8.000 Euro in bar auf den Tisch.

Gründung einer GmbH

Abs, Primus und Schäff stehen nun vor der Aufgabe, zur Gründung eine so genannte »Eröffnungsbilanz« aufzustellen, die das Vermögen der more-copy-gmbh und auch deren Verpflichtungen gegenüberstellt. Hierfür müssen die drei Studenten auf ein vorgegebenes Regelwerk zurückgreifen, d.h., zu Beginn steht die Frage nach dem anzuwendenden Rechnungslegungsstandard.

Welches Regelwerk ist für die Eröffnungsbilanz heranzuziehen?

2. Aufstellung der Eröffnungsbilanz

In § 242 Abs. 1 schreibt das Handelsgesetzbuch vor: »Der Kaufmann hat zu Beginn seines Handelsgewerbes ... einen das Verhältnis seines Vermögens und seiner Schulden darstellenden Abschluss ... aufzustellen«. Welche Funktion hat nun diese Eröffnungsbilanz und wie ist sie aufgebaut?

Jedes Unternehmen – sei es eine (Ein- oder Mehr-)Personen- oder eine Kapitalgesellschaft – muss zu Beginn ihres wirtschaftlichen »Lebens« zahlenmäßige Klarheit über drei Fragen haben:

- Wie viele Mittel können für den Unternehmenszweck eingesetzt werden?
- In welcher Form (Bargeld, Buchgeld, körperliche Gegenstände, Rechte usw.) stehen diese bei Gründung zur Verfügung?
- Von wem stammen die zur Verfügung stehenden Mittel?

Alle drei Fragen könnten recht einfach anhand einer tabellarischen Aufstellung beantwortet werden. Für unser Beispiel sähe diese etwa so aus, wie sie die *Abbildung 1-1* zeigt.

Die Tatsache, dass Primus seinen Anteil wesentlich durch einen Kredit finanziert, den er selbst als Fremdkapital aufgenommen hat, spiegelt diese Aufstellung nicht wider. Der Grund hierfür ist einfach: Was wir hier und im Folgenden betrachten, ist die von drei so genannten »natürlichen Personen« – unseren Studenten – gegründete »juristische Person« »more-copy-gmbh«. Um ihre wirtschaftliche Situation, ihr Vermögen und ihre Schulden geht es. Wie das Stammkapital von den Gesellschaftern aufgebracht wird, ist für die GmbH ohne Bedeutung.

Bargeld
- Abs   5.000 €
- Primus   7.000 €
- Schäff   8.000 €   20.000 €

1 Kopierer   3.500 €

1 Palette Kopierpapier   1.500 €

Anteile am Stammkapital
- Abs   8.500 €
- Primus   8.500 €
- Schäff   8.000 €   25.000 €

Abb. 1-1: Inventar der more-copy-gmbh

Eine Aufstellung, wie wir sie eben erstellt haben, muss jedes Unternehmen zu seiner Gründung (und danach zu jedem Jahresabschluss) anfertigen. Man nennt es »Inventar«, den Prozess seiner Erstellung »Inventur«. Das Handelsgesetzbuch verlangt in dem § 240 Abs. 1: »Jeder Kaufmann hat zu Beginn seines Handelsgewerbes seine Grundstücke, seine Forderungen und Schulden, den Betrag seines baren Geldes sowie seine sonstigen Vermögensgegenstände genau zu verzeichnen und dabei den Wert der einzelnen Vermögensgegenstände und Schulden anzugeben«.

Man kann sich leicht vorstellen, wie umfangreich dieses Verzeichnis in größeren Unternehmen ausfällt. Die damit verbundene Unübersichtlichkeit ist ein Grund, warum es das Handelsrecht nicht bei einem solchen Inventar belässt, sondern zusätzlich eine Bilanz fordert. Die Bilanz fasst die Einzelpositionen des Inventars in übergeordneten Gruppen zusammen und ermöglicht so eine Übersicht über das Vermögen und das Kapital eines Unternehmens »auf einen Blick«.

Was ist nun genau eine Bilanz? An dieser Stelle hilft uns das HGB zunächst nicht recht weiter. Zwar findet sich dort in § 247 Abs. 1 folgende Vorschrift: »In der Bilanz sind das Anlage- und das Umlaufvermögen, das Eigenkapital, die Schulden sowie die Rechnungsabgrenzungsposten gesondert auszuweisen und hinreichend aufzugliedern«. Unter diesen Begriffen werden sich die meisten von Ihnen jedoch noch nichts Konkretes vorstellen können. Zudem bleibt offen, wie dieser Ausweis erfolgen soll.

In einer Bilanz wird die Mittelverwendung der Mittelherkunft gegenübergestellt

Versuchen wir eine möglichst einfache Definition: In einer Bilanz wird für ein Unternehmen wertmäßig gegenübergestellt, über welche Wirtschaftsgüter es frei verfügen kann und von wem die zu ihrer Bereitstellung erforderlichen Mittel stammen. Häufig sagt man: In der Bilanz werden

Mittelverwendung (Aktiva) und Mittelherkunft (Passiva) einander gegenübergestellt (vgl. auch *Abbildung 1-2*). Wir werden später noch sehen, dass es eine ganze Reihe von Ausnahmen gibt, für die diese einfache Erklärung nicht exakt zutrifft. Dennoch wollen wir von ihr als einer Art Arbeitshypothese zunächst ausgehen.

Übrigens als kleine Randbemerkung für interessierte Kommilitonen: Der Begriff Aktiva kommt vom lateinischen »agere«, was mit »handeln« oder »arbeiten« übersetzt werden kann. Passiva wird auf »pati«, übersetzt »leiden«, zurückgeführt – das Unternehmen leidet quasi unter der Last, für die beschafften Geldmittel Zins- und Tilgungszahlungen sowie Gewinnausschüttungen zu generieren. Schließlich hat auch der Begriff der Bilanz lateinischen Ursprung: »Libra bilanx« ist eine Waage mit zwei Waagschalen, die nur dann ausgeglichen ist, wenn beide Waagschalen – wie im übertragenen Sinne auch die Bilanz – das gleiche Gewicht besitzen..

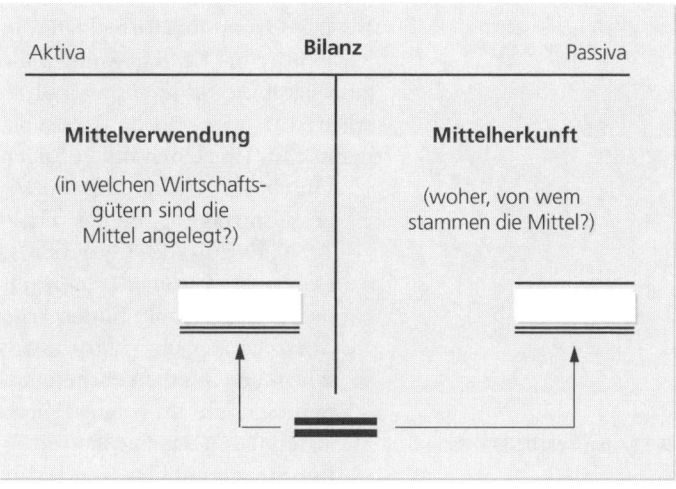

Abb. 1-2: Grundaufbau einer Bilanz

Es leuchtet unmittelbar ein, dass nicht mehr Mittel verwendet werden können, als vorhanden sind, d.h., in einer Bilanz sind stets beide Seiten exakt gleich groß. Trifft dies nicht zu, hat man einen Fehler gemacht. Was bedeutet dies für unsere more-copy-gmbh? Wir müssen die oben angefertigte tabellarische Darstellung einfach etwas umstellen! Heraus kommt dann ein (sehr kleines) Bilanzkonto (*Abbildung 1-3*):

Auf der Aktivseite stehen – in exakter Terminologie – die einzelnen Vermögensgegenstände, auf

Aktiva			Passiva
Kopiergerät	3.500,00 €	Eingezahltes Stammkapital	25.000,00 €
Kopierpapier	1.500,00 €		
Geld	20.000,00 €		
	25.000,00 €		25.000,00 €

Abb. 1-3: Eröffnungsbilanz der more-copy-gmbh

der Passivseite ist das Eigenkapital ausgewiesen. Erinnern wir uns an die oben zitierte Vorschrift des § 247 Abs. 1 HGB. Von den dort aufgeführten Bilanzinhalten fehlen uns noch die Schulden und Rechnungsabgrenzungsposten, und auch der genaue Unterschied zwischen Anlage- und Umlaufvermögen soll an dieser Stelle noch nicht interessieren. Beide Positionen treten in der oben dargestellten Eröffnungsbilanz nicht auf, beiden werden wir im Fallbeispiel jedoch noch begegnen.

3. Die ersten fünf Monate im Leben der more-copy-gmbh

Bis alle Gründungsformalitäten und Vorbereitungen erledigt sind, ist der September ins Land gegangen. Gerade noch rechtzeitig zum Semesterbeginn kann die more-copy-gmbh ihr raues geschäftliches Leben beginnen. Aller Anfang ist schwer. Dies stellt sich auch für die Kommilitonen schnell heraus. Im Einzelnen bricht folgende Ausgabenlawine über sie herein:

- Durch den Gründungsvorgang (Abschließen des Gesellschaftsvertrages, Eintragung in das Handelsregister, usw.) verlassen insgesamt 1.570,50 Euro das Girokonto, auf dem das eingezahlte Kapital liegt.
- Die beiden Geschäftsräume (ehemalige Imbissstube), die Abs in der Nähe der Fachschule findet, kosten pro Monat zwar »nur« 175,00 Euro Miete (zuzüglich 55,00 Euro Nebenkosten). Aufgrund schlechter Erfahrungen mit dem vorherigen Mieter will die Vermieterin aber die Miete für ein Jahr im voraus (Mietbeginn 1.10.). Weitere 2.760,00 Euro verlassen damit das Girokonto.

Die ersten Geschäftsvorfälle

- Für Strom und Gas werden bis Ende Dezember insgesamt 375,50 Euro abgebucht.
- Für Toner müssen an den Lieferanten insgesamt 484,69 Euro bezahlt werden. Die 2% Skonto, die er gewährt, werden auf Schäffs Rat durch eine umgehende Überweisung der Schuld ausgenutzt.
- Schließlich bedarf der Kopierer einer eingehenden Grundwartung, die noch Anfang Oktober durchgeführt wird. Der hierfür berechnete Betrag von 1.150,00 Euro wird erst im Dezember fällig.

Zum Glück gibt es auch Einnahmen

Allerdings klingelt auch – nach anfänglichem Zögern – nicht unerheblich die Kasse. Bis Weihnachten beläuft sich die Nachfrage – bei einem Stückpreis von 9 Cent – auf insgesamt 37.455 Kopien. Während der Toner gerade eben ausreicht, musste im Dezember noch eine Lieferung Papier nachgeordert werden (520,40 Euro nach Skontoabzug), von der noch die Hälfte übrig geblieben ist. Am Jahresende setzen sich die Kommilitonen zusammen und ziehen Bilanz. Was alle am meisten interessiert, sind zwei Fragen:

- War das Geschäft bei dem Preis von 9 Cent und der Nachfrage von knapp 40.000 Kopien erfolgreich?
- Reichen die bislang eingezahlten Mittel aus, die more-copy-gmbh weiterzuführen?

Diese Fragen stellen sich entsprechend jeder Geschäftsleitung. Sie zu beantworten, ist eine wesentliche Aufgabe des Rechnungswesens. Wir können also allgemein festhalten:

> Um ein Unternehmen richtig steuern zu können, benötigt die Geschäftsleitung Informationen über den Erfolg und die Liquidität (Zahlungsfähigkeit) des Unternehmens. Diese Informationen muss das Rechnungswesen bereitstellen. Man spricht in diesem Zusammenhang von der Selbstinformationsfunktion des Rechnungswesens.

Das angesprochene »Bilanz-Ziehen« ist darüber hinaus auch ganz wörtlich zu verstehen: Das »normale« Geschäftsjahr der more-copy-gmbh soll nämlich das Kalenderjahr sein, so dass für das so genannte »Rumpfgeschäftsjahr« (September bis Dezember) ein gesonderter Abschluss erstellt werden muss. Dies fordert das Handelsrecht.

Zwischen den drei Kommilitonen kommt die Frage auf, warum der Gesetzgeber überhaupt auf die Rechnungslegung von Unternehmen bezogene Vorschriften erlassen und die Gestaltung und den Umfang der Rechnungslegung nicht den Unternehmen selbst überlassen hat. Nach kurzer Diskussion ruft Schäff zur Pflicht: Vor derart philosophischen Fragen müsse man doch erst einmal herausfinden, wie es um die more-copy-gmbh bestellt sei.

4. Verbuchung des Rumpfgeschäftsjahres der more-copy-gmbh

Um diese Frage zu beantworten, müssen Schäff, Abs und Primus zunächst in mühsamer Einzelarbeit alle Ereignisse verbuchen, die mittelbar oder unmittelbar das Aussehen der (Eröffnungs-)Bilanz der more-copy-gmbh beeinflussen. Diese Ereignisse werden auch als Geschäftsvorfälle bezeichnet.

Gründungsaufwendungen
Der erste Geschäftsvorfall betraf Gründungsaufwendungen, die hauptsächlich die Rechnung des Notars umfassten. Die Reduzierung des Bankkontos lässt sich direkt auf dem ersten Auszug ablesen: Es verbleiben noch 18.429,50 Euro. Ändert man die entsprechende Zahl in der Eröffnungsbilanz in *Abbildung 1-3* und saldiert die Aktivseite, so bleiben noch 23.429,50 Euro übrig. Was passiert nun mit der Passivseite der Bilanz? Beide Seiten müssen ja gleich groß sein! Die einzige Möglichkeit, das Problem zu lösen, besteht darin, auch das Eigenkapital um einen entsprechenden Betrag zu reduzieren (wir werden später noch sehen, dass praktisch anders gebucht wird, nämlich über die Gewinn- und Verlustrechnung als Nebenrechnung zur Bilanz und

Aktiva			Passiva
Kopiergerät	3.500,00 €	Eingezahltes Stammkapital	23.429,50 €
Kopierpapier	1.500,00 €		
Geld	18.429,50 €		
	23.429,50 €		23.429,50 €

detaillierte Veränderungsrechnung des Eigenkapitals; der Einfachheit halber bleiben wir an dieser Stelle aber bei einer direkten Reduktion des Eigenkapitals). Dies ist in der *Abbildung 1-4* geschehen. Wie lässt sich diese so genannte »*Bilanzverkürzung*« betriebswirtschaftlich interpretieren?

Eine solche Interpretation fällt nicht schwer: Für die 1.570,50 Euro hat die more-copy-gmbh keinen direkten, veräußerbaren Gegenwert erhalten, sie hat lediglich die Formalien erledigt, die unser Rechtsstaat vor den Beginn jeder Unternehmertätigkeit gestellt hat. Würde die Gesellschaft sofort

Abb. 1-4: Verbuchung der Gründungsaufwendungen

wieder eingestellt, wäre die Ausgabe unwiderruflich verloren. Es verringert sich somit nicht nur der Geldbestand, sondern in gleicher Weise auch der Bestand an »Mitteln«, über die die Gesellschaft insgesamt verfügen kann. Dies ist gleichbedeutend mit einem Verlust an Eigenkapital.

Eine Randbemerkung für diejenigen Kommilitonen, die sich bereits mit Fragen der Buchführung befasst haben: Natürlich werden in der Praxis aufgrund der Vielzahl der Geschäftsvorfälle – bereits in einem kleineren Unternehmen können dies an jedem Tag mehrere hundert sein – diese nicht unmittelbar in der Bilanz verbucht, sondern in einzelnen Konten, die letztlich Nebenrechnungen zur Bilanz darstellen und die Geschäftsvorfälle sachlich ordnen. So werden z.B. alle Umsatzvorgänge einheitlich über ein Konto »Umsatzerlöse« gebucht, so dass durch die Betrachtung dieses Kontos sofort ersichtlich ist, welche Umsätze bisher angefallen sind.

Miete

Der Geschäftsvorfall »Miete« bereitet in seiner Auswirkung auf den Geldbestand sicher keine Probleme: Das Bankkonto nimmt um 2.760 Euro ab. Bedeutet dies – wie im letzten Geschäftsvorfall – nun auch eine gleich hohe Reduzierung des Eigenkapitals? Hier muss man wiederum die Frage stellen, ob mit der Auszahlung zugleich ein gesonderter, letztlich veräußerbarer Wert geschaffen wurde. Dies ist grundsätzlich zu bejahen: Die more-copy-gmbh erhält mit der Miete das Recht, Räumlichkeiten ein Jahr lang zu nutzen. Am Jahresende, zu dem die Verbuchungen erfolgen, ist von diesem Recht schon ein Viertel »verbraucht«. Umgekehrt ausgedrückt: Für das nächste Jahr stehen noch drei Viertel dieses Mietrechts zur Verfügung.

Um zu verstehen, wie man eine solche Situation bilanziell behandelt, muss man eine zusätzliche, bisher noch nicht angesprochene Funktion von Bilanzen kennen:

> Bilanzen dienen nicht nur dazu, zu einem bestimmten Stichtag Mittelherkunft und Mittelverwendung einander gegenüberzustellen, einen Status über Vermögen und Kapital zu geben (die so genannte »statische Bilanzauffassung«). Bilanzen dienen auch dazu, wirtschaftliche Erfolge den einzelnen Geschäftsjahren richtig zuzuordnen. Die Bilanz in dieser Funktion zu sehen, wird mit dem Begriff »dynamische Bilanzauffassung« bezeichnet.

Dies bedeutet für den bilanziellen Ausweis, dass zum Jahresende nicht die gesamte Miete – wie im Fall der Gründungskosten – das Eigenkapital mindert, sondern nur ein Viertel davon. Der restliche Betrag, dem ein entsprechendes Recht auf Nutzung der Räumlichkeiten gegenüber der Vermieterin entspricht, wird auf der Aktivseite erfasst, und zwar unter einer Position, die man »Rechnungsabgrenzungsposten« nennt – der vorletzte der noch »offenen« Begriffe des § 247 Abs. 1 HGB. Dies zeigt auch die *Abbildung 1-5*.

Wer diese Art der Verbuchung genauer durchdenkt, wird eine erste Ahnung davon bekommen, in welchem Dilemma die Bilanzierung grundsätzlich steckt: Auf der einen Seite soll sie im Sinne eines Status Vermögen und Kapital zu einem Stichtag aufzeigen, auf der anderen Seite eine periodengerechte Zuordnung von Erfolgen ermöglichen. Beide Zielrichtungen geraten immer dann in Konflikt miteinander, wenn sich ein erfolgswirksamer Geschäftsvorfall nicht in einem unmittelbar fassbaren Vermögensgegenstand (bzw. in einer Schuld gegenüber Dritten) niederschlägt.

Genau dies ist hier jedoch der Fall: Das Nutzungsrecht der Räumlichkeiten ist auf ein Jahr befristet und nicht ohne Zustimmung der Vermieterin an Dritte übertragbar. Im Falle des Aufgebens der more-copy-gmbh würde es damit verfallen. Dennoch darf es nach geltendem Recht als Aktivposten in der Bilanz ausgewiesen werden. Grund hierfür ist allein die Erfolgsermittlungsfunktion der Bilanz. Für Fortgeschrittene hier noch eine Anmerkung: Der Rechnungsabgrenzungsposten darf nur dann ausgewiesen werden, wenn vom Fortgang des Unternehmens auszugehen ist. Dies wird auch als »going-concern-Prämisse« (vgl. hierzu auch das Kapitel 11) bezeich-

Aktiva		Passiva	
Kopiergerät	3.500,00 €	Eigenkapital	22.739,50 €
Kopierpapier	1.500,00 €		
Geld	15.669,50 €		
Rechnungs-abgrenzungs-posten	2.070,00 €		
	22.739,50 €		22.739,50 €

Abb. 1-5: Verbuchung der Miete

net, die auch als Regelfall unterstellt wird, sofern dem nicht tatsächliche (z.B. eine drohende Insolvenz) oder rechtliche (z.B. eine gesellschaftsvertraglich vorgesehene Auflösung des Unternehmens) entgegenstehen. Der relevante Zeitraum zur Abschätzung der going-concern-Prämisse umfasst nach herrschender Praxis dabei typischerweise ein Geschäftsjahr. Ist die going-concern-Prämisse nicht erfüllt, darf der Rechnungsabgrenzungsposten nicht angesetzt werden; im oben dargestellten Fall würden dabei die Mietzahlungen in voller Höhe und nicht nur anteilig das Eigenkapital mindern, denn von einer zukünftigen Nutzung der Räume wäre ja nicht mehr auszugehen.

Strom- und Gaslieferungen

Zur Verbuchung der Strom- und Gaslieferungen sind an dieser Stelle kaum zusätzliche Erklärungen notwendig. Die Geschäftsvorfälle entsprechen in ihrem Charakter exakt dem der Gründungskosten, führen also zu einer gleichzeitigen Verminderung des Geldbestandes und des Eigenkapitals um 375,50 Euro (vgl. *Abbildung 1-6* auf der Folgeseite).

Tonerlieferungen

»Neu« bei diesem Geschäftsvorfall ist lediglich das Phänomen »Skonto«. Skonto lässt sich als Prämie für den Empfänger einer Rechnung dafür erklären, dass die Rechnung sofort bezahlt wird. Zieht man 2% vom Rechnungsbetrag von 484,69 Euro ab, so erhält man den zu zahlenden Betrag von 475,00 Euro (entspricht 98% des Rechnungsbetrags). Dieser wird in der mittlerweile bekannten Weise verbucht (vgl. *Abbildung 1-7* auf der Folgeseite).

Grundwartung des Kopierers

Bei diesem Geschäftsvorfall werden wir zum ersten Mal mit der Bilanzposition »Verbindlichkeiten« (als Teil der Schulden eines Unternehmens) konfrontiert – damit sind nun alle Termini des § 247 Abs. 1 HGB angesprochen. Das Geschäft lässt sich in zwei Teilschritte zerlegen. Zunächst erbringt das Serviceunternehmen eine konkrete Dienstleistung, für die eine Rechnung erstellt wird. Wie wir es gewohnt sind, muss zuerst gefragt werden, ob dadurch ein konkreter, aktivierungsfähiger Wert geschaffen wird. Hierüber lässt sich durchaus streiten: Auf der einen Seite kann man argumentieren, dass das Kopiergerät durch die Grundwartung wertvoller geworden ist: Die more-copy-gmbh würde im Falle seines Verkaufs nach Durchführung der Grundwartung mehr Geld bekommen als ohne diese Wartung – vergleichbar zu einem »scheckheftgepflegten« Gebrauchtwagen. In dieselbe Richtung weist das Argument, dass der »nackte« Kopierer für sich allein nicht funktionsfähig ist: Die Grundwartung wird benötigt, um überhaupt kopieren zu können. Auf der anderen Seite lässt sich die Auffassung vertreten, dass die Wartung von Kopiergeräten ein ganz normaler, häufig auftretender Vorgang ist, den man fast mit dem Nachfüllen von Toner vergleichen kann.

Aktiva		Passiva	
Kopiergerät	3.500,00 €	Eigenkapital	22.364,00 €
Kopierpapier	1.500,00 €		
Geld	15.294,00 €		
Rechnungs-abgrenzungs-posten	2.070,00 €		
	22.364,00 €		22.364,00 €

Abb. 1-6: Verbuchung der Strom- und Gaslieferungen

Aktiva		Passiva	
Kopiergerät	3.500,00 €	Eigenkapital	21.889,00 €
Kopierpapier	1.500,00 €		
Geld	14.819,00 €		
Rechnungs-abgrenzungs-posten	2.070,00 €		
	21.889,00 €		21.889,00 €

Abb. 1-7: Verbuchung der Tonerlieferung

Schäff vertröstet Abs und macht sich am Abend daran, die neue Sachlage zu kalkulieren. Er sucht sich dazu die Notiz von Primus heraus, der für den neu anzuschaffenden Kopierer folgende Werte genannt hat:

- Anschaffungspreis: 5.225 Euro
- Wartungskosten p.a.: 300 Euro
- Toner- und Papierkosten liegen auf dem bekannten – niedrigen – Niveau von 1 Cent pro Kopie.

Beide Auffassungen haben unterschiedliche Formen der Bilanzierung des Geschäftsvorfalls zur Folge: Während die erste Sichtweise zu einer Aktivierung (d.h. zu einer Erhöhung des Werts des Kopierers) führt, bedeutet die zweite Sichtweise eine Reduzierung des Eigenkapitals (analog der Verbuchung des Tonerverbrauchs). Welche Auffassung ist nun richtig? Im Gesetz findet sich hierzu keine Antwort. In der Praxis hat sich jedoch die zweite Auffassung durchgesetzt. Wir stoßen hier auf einen Aspekt der externen Rechnungslegung, der uns im Folgenden immer wieder begleiten wird: Für viele Fragen gibt es nicht notwendigerweise eine Antwort im Gesetz, sondern der Bilanzierende muss sich an der kaufmännischen Praxis, den so genannten »Grundsätzen ordnungsmäßiger Buchführung« (GoB) orientieren, die wir in Kapitel 11 ausführlicher darstellen werden. Die GoB, auf die der Gesetzgeber bereits in § 243 Abs. 1 HGB (»Der Jahresabschluss ist nach den Grundsätzen ordnungsmäßiger Buchführung aufzustellen.«) verweist, entlasten damit das HGB, das so nur wenige, generelle Regelungen enthalten muss.

Zurück zu unserem Beispiel. Wenn die Wartung den Wert des Kopierers nicht erhöht, reduziert sich das Eigenkapital erneut, und zwar um 1.150,00 Euro. Geld verlässt das Bankkonto jedoch nicht (sofort). Schon allein aus dem ehernen Grundsatz »Beide Seiten der Bilanz sind gleich groß« heraus muss folglich auf der Passivseite eine neue Position erscheinen. Diese wird mit »Verbindlichkeiten« bezeichnet (vgl. *Abbildung 1-8*, Teil a).

Was bedeutet dies betriebswirtschaftlich? Die Erklärung ist einfach: In Höhe des Rechnungsbetrags bekommt die more-copy-gmbh einen (Lieferanten-)Kredit. An die Seite des Eigenkapitals ist Fremdkapital getreten, um die Aktiva zu finanzieren. Bei Ausgleichen der Rechnung wird dieses Fremdkapital durch Überweisung wieder zurückgezahlt. Die Position verschwindet, in gleicher Höhe wird der Geldbestand vermindert (vgl. *Abbildung 1-8*, Teil b).

Kopiergeschäft

Schließlich verbleibt noch das Kopiergeschäft zu verbuchen. Dies bedeutet – wie im Ergebnis der *Abbildung 1-9* auf der Folgeseite zu entnehmen – die Erfassung zweier Tatbestände:

a) Buchung vor Zahlung der Rechnung

Aktiva		Passiva	
Kopiergerät	3.500,00 €	Eigenkapital	20.739,00 €
Kopierpapier	1.500,00 €	Verbindlich-keiten	
Geld	14.819,00 €		1.150,00 €
Rechnungs-abgrenzungs-posten	2.070,00 €		
	21.889,00 €		21.889,00 €

b) Buchung nach Zahlung der Rechnung

Aktiva		Passiva	
Kopiergerät	3.500,00 €	Eigenkapital	20.739,00 €
Kopierpapier	1.500,00 €		
Geld	13.669,00 €		
Rechnungs-abgrenzungs-posten	2.070,00 €		
	20.739,00 €		20.739,00 €

Abb. 1-8: Verbuchung der Grundwartung des Kopierers

- Verbuchung der Einnahmen: 37.455 Kopien ergeben bei einem Stückpreis von 9 Cent (natürlich haben alle Kommilitonen bezahlt!) 3.370,95 Euro Einnahmen. Ohne andere Folgen zu berücksichtigen, bedeuten diese Einnahmen eine Erhöhung des Geldbestandes (auf 17.039,95 Euro) und des Eigenkapitals (auf 24.109,95 Euro), sie sind quasi spiegelbildlich zu den Ausgaben für Tonerverbrauch, Miete usw. zu sehen.
- Verbuchung des Papierverbrauchs: Der Verbrauch des Papiers führt in der Bilanz zunächst dazu, dass die entsprechende Bilanzposition entfällt.

Allerdings wird im Dezember bekanntlich für 520,40 Euro Papier nachbestellt. Dadurch verringert sich der Geldbestand wieder auf 16.519,55 Euro. Dies wird allerdings durch eine Erhöhung der Position Kopierpapier um den gleichen Betrag ausgeglichen. Am Jahresende wird das verbrauchte Kopierpapier (1.500,00 Euro + 260,20 Euro =) 1.760,20 Euro ausgebucht. Dadurch reduziert sich auch das Eigenkapital um diesen Betrag auf 22.349,75 Euro.

Aktiva		Passiva	
Kopiergerät	3.500,00 €	Eigenkapital	22.349,75 €
Kopierpapier	260,20 €		
Geld	16.519,55 €		
Rechnungs-abgrenzungs-posten	2.070,00 €		
	22.349,75 €		22.349,75 €

Abb. 1-9: Verbuchung des Kopiergeschäfts

Abschreibung des Kopierers

Nach all dieser Buchungsmühe sind die drei Kommilitonen jedoch noch nicht (ganz) am Ziel. Eine einzige Buchung muss noch vorgenommen werden, und diese betrifft das Kopiergerät. Diese Buchung steht stellvertretend für Abschlussbuchungen, also Buchungsvorgänge, die erst nach Ende eines Geschäftsjahres durchgeführt werden können – beachten Sie dabei als Praxishinweis, dass die Abschlussbuchungen in den meisten Unternehmen ein erhebliches Volumen einnehmen.

Wie soll welche Wertminderung des Kopierers erfasst werden?

Der Grund der Buchung wird deutlich, wenn man sich – und dieser Gedankengang dürfte an dieser Stelle jedem geläufig sein – fragt, ob das Kopiergerät am Jahresende noch genau so viel wert ist wie im Herbst. Diese Frage wird man aller Voraussicht nach verneinen müssen. Maschinen verlieren mit ihrer Nutzung in aller Regel an Wert. Sie kennen dies vielleicht vom PKW-Gebrauchtwagenmarkt: Eine zunehmende Laufleistung führt zu einem Sinken des Gebrauchtwagenwerts. Nach den fast 40.000 Kopien muss man also auch beim Kopiergerät davon ausgehen, dass der Wert unter die 3.500 Euro gesunken ist – es fragt sich nur, um welchen Betrag.

Der übliche Weg, diese Frage zu beantworten, läuft in mehreren Schritten ab, die an dieser Stelle nur in ihren Grundzügen und zudem kurz skizziert werden sollen:

1. Man bestimmt den Umfang an Leistungen, die eine Maschine insgesamt voraussichtlich erbringen kann (z.B. bei einem PKW 200.000 km Fahrleistung).
2. Man stellt fest, wie viele Leistungen die Maschine in der betrachteten Abrechnungsperiode erbracht hat (z.B. 50.000 km).
3. Man errechnet den Anteil, den diese Periodenleistungen an der Gesamtleistung ausmachen (z.B. 25%).
4. Man rechnet einen entsprechenden Anteil der Kosten der Maschine (z.B. 20.000 Euro) auf die Abrechnungsperiode zu (in diesem Beispiel also 5.000 Euro).

Diesen Vorgang nennt man Bildung von *Abschreibungen*. Wenn wir uns an die beiden grundsätzlichen Funktionen einer Bilanz erinnern, so stellen wir fest, dass man mit Abschreibungen beiden Aufgaben gleichzeitig gerecht wird: Abschreibungen ordnen einerseits Abrechnungsperioden »gerechte«

Anteile an den Kosten solcher Vermögensgegenstände zu, die ein Unternehmen mehrere Jahre hindurch nutzen kann. Andererseits berücksichtigen sie, dass der Wert der Vermögensgegenstände mit fortschreitender Nutzung sinkt.

Ohne die soeben skizzierten Schritte im Detail nachzuvollziehen, dürfte klar sein, dass es Abs, Primus und Schäff nicht gerade leicht von der Hand geht, die Zahl der Kopien zu bestimmen, die der Kopierer wohl noch »schaffen« wird. Hierzu sind Annahmen erforderlich, die von Person zu Person ganz unterschiedlich ausfallen können. In Form der Abschreibungen stoßen wir somit auf ein Beispiel, wo und warum in der Bilanz Ermessensspielräume vorhanden sind bzw. vorhanden sein müssen: Der Gesetzgeber sieht sich nicht in der Lage, den Unternehmen detailliert vorzuschreiben, über welche Zeiträume sie ihre Vermögensgegenstände planmäßig nutzen und wie sie die Nutzungseinheiten auf einzelne Zeitabschnitte, wie z.B. Geschäftsjahre, aufteilen. Idealerweise sollte der Bilanzierende die Abschreibungsmethode wählen, die den ökonomischen Werteverzehr der abnutzbaren Vermögensgegenstände möglichst gut reflektiert. So ist z.B. auch eine leistungsabhängige Abschreibung denkbar, wenn bei einem Kfz die jährliche Abschreibung in Abhängigkeit der gefahrenen Kilometer ermittelt wird. Wir werden allerdings auch noch sehen, dass diese Ermessensspielräume durch verschiedene Regeln eingegrenzt werden – so sind beispielsweise so genannte progressive Abschreibungsverfahren, bei denen zunächst nur geringe und in späteren Jahren hohe Abschreibungen angesetzt werden, nach deutschem Handelsrecht nicht zulässig.

Wir wollen im Folgenden davon ausgehen, dass für das abgelaufene Jahr ein Abschreibungsbetrag von 500 Euro ermittelt wurde; wie wir auf diesen Betrag gekommen sind, soll hier (noch) nicht interessieren. Um diesen sinken der Wert des Kopierers und zugleich das Eigenkapital.

Wir begegnen bei Abschreibungen zum ersten Mal dem Phänomen, dass die Rechnungslegung häufig auf kaufmännische Einschätzung des Rechnungslegenden baut bzw. bauen muss

5. Die Schlussbilanz und ihre Interpretation

Nun endlich liegt den drei Kommilitonen die Schlussbilanz der more-copy-gmbh vor (vgl. *Abbildung 1-10*). Kann sie die beiden gestellten Fragen nach dem Erfolg der Gesellschaft und der vorhandenen Liquidität beantworten? Dies ist in beiden Fällen zu bejahen. Um die Liquidität zu ermitteln, muss man sich lediglich den Geldbestand ansehen: Dieser ist – zumal keine Verbindlichkeiten bestehen – mit über 16.000 Euro weit davon entfernt, die more-copy-gmbh in Zahlungsschwierigkeiten zu bringen. Allgemein gestattet eine Schlussbilanz stets einen Einblick in die Liquidität des Unternehmens, dies allerdings nur »schlaglichtartig«,

*Abb. 1-10: Schlussbilanz der
more-copy-gmbh*

Aktiva		Passiva	
Kopiergerät	3.000,00 €	Eigenkapital	21.849,75 €
Kopierpapier	260,20 €		
Geld	16.519,55 €		
Rechnungs-abgrenzungs-posten	2.070,00 €		
	21.849,75 €		21.849,75 €

d.h. nur bezogen auf den Bilanzstichtag. Darüber, was während eines Geschäftsjahres abgelaufen ist, gibt sie keine Auskunft.

Um den Erfolg des Rumpfgeschäftsjahres zu ermitteln, muss man dagegen (nur) einen zusätzlichen Rechengang durchführen: Der Erfolg ergibt sich als Differenz zwischen dem Eigenkapital zu Anfang der Periode in Höhe von 25.000 Euro und dem Eigenkapital zu deren Schluss, das nur noch knapp 22.000 Euro beträgt. Die more-copy-gmbh hat somit einen Verlust von über 3.000 Euro erzielt! Solche Verluste sind allerdings bei gerade gegründeten Unternehmen nicht selten, so dass die drei Kommilitonen beschließen weiterzumachen, allerdings den Preis um einen Cent heraufzusetzen.

6. Adressaten der Bilanz

An dieser Stelle ist das Fallbeispiel eigentlich abgeschlossen, stünde nicht noch die von Schäff als »philosophisch« bezeichnete Frage offen, warum sich der Gesetzgeber sehr eingehend mit Fragen der Rechnungslegung befasst hat und diesen Problemkreis nicht – wie bis weit ins 19. Jahrhundert hinein – den Kaufleuten überlassen hat. Bislang haben auch wir primär durch die Brille der Kaufleute geschaut, haben betrachtet, wie diese wohl zum Zwecke der Selbstinformation den Geschäftsverlauf verbuchen würden. Die ausführlichen Vorschriften im Handels- und Steuerrecht weisen darauf hin, dass außer den Unternehmenseignern noch andere Personen oder Institutionen ein Interesse daran haben, wie ein Unternehmen seinen Erfolg ermittelt bzw. wie es sein Vermögen und seine Schulden darstellt. Nur ganz kurz sei abschließend auf die wichtigsten Adressaten der (externen) Rechnungslegung eingegangen.

Hier sind zunächst und in erster Linie die *Gläubiger* eines Unternehmens zu nennen. *Gläubigerschutz* ist in Deutschland unbestritten der wichtigste Einflussfaktor für die Gestaltung des rechtlichen Rahmens des Jahresabschlusses. Um die Gläubiger vor einer falschen (d.h. zu optimistischen) Beurteilung des Schuldner-Unternehmens zu bewahren, wird das Unternehmen in der Bilanz eher zu schlecht als zu gut dargestellt. So müssen beispielsweise alle erkennbaren Risiken berücksichtigt werden. Umgekehrt dürfen jedoch zwar wahrscheinliche, aber noch nicht realisierte Erfolge nicht in der Bilanz ausgewiesen werden. Bezogen auf unser Ansatzproblem der Kosten der Grundwartung z.B. bedeutete dies, auf eine Aktivierung der Kosten zu verzichten.

Die anderen noch anzusprechenden Adressaten sind die *Eigentümer* des Unternehmens und der *Fiskus*. Sie haben streng genommen gegenläufige Interessen im Vergleich zu denen der Gläubiger: Je mehr Erfolg die Bilanz eines Unternehmens ausweist, desto größer sind die möglichen Gewinnausschüttungen an die Eigentümer bzw. die (Ertrags-)Steuerzahlungen, die der Fiskus erhält. Beispielsweise gilt für die Aktionäre als Eigentümer einer Aktiengesellschaft gemäß § 58 Abs. 4 AktG: »Die Aktionäre haben Anspruch auf den Bilanzgewinn...«, eine darüber hinausgehende Zahlung ist

Gläubigerschutz spielt in der deutschen Rechnungslegung eine zentrale Rolle

gemäß § 57 Abs. 1 AktG (»Den Aktionären dürfen die Einlagen nicht zurückgewährt werden.«) nicht ohne formelle Kapitalherabsetzung möglich.

Eine (zu) pessimistische Bilanzierung, wie sie der Gläubigerschutz nahe legt, führt letztlich zu einer Verschiebung von Gewinnausschüttungen und Steuerzahlungen in die Zukunft. Die rechtlichen Vorschriften legen folglich auch Untergrenzen für die Bewertung fest, so dass sich ein Unternehmen nicht beliebig schlecht darstellen kann.

Die Rechnungslegung steht – wie auch die *Abbildung 1-11* zeigt – folglich im Spannungsfeld diverser Interessen. Die Unternehmensleitung ist primär an einem Bild der tatsächlichen Lage des Unternehmens interessiert, Gläubigern ist mit einer eher pessimistischen Darstellung gedient, Fiskus und Anteilseigner neigen umgekehrt zu einem möglichst frühen Ausweis von Erfolgen. In dieser Konfliktsituation hat der Gesetzgeber im Handelsgesetzbuch ein Rechnungslegungsrecht geschaffen, das versucht, einen möglichst guten Ausgleich zwischen allen Informationsinteressen (von denen viele hier gar nicht angesprochen wurden) zu schaffen. Alle Unternehmen in Deutschland bilanzieren grundsätzlich in der gleichen Weise, nach den gleichen Grundprinzipien.

Von den verschiedenen Adressaten wurden die Interessen der Unternehmensleitung am meisten vernachlässigt, da diese in der Lage ist, sich auch auf anderem Wege ein zutreffendes Bild über die Lage der Gesellschaft zu verschaffen (insbesondere mit Hilfe einer Kostenrechnung, die wir im zweiten Teil dieses Lehrbuchs diskutieren werden). Gläubigerschutz hat sich – wie schon angesprochen – in der handelsrechtlichen Rechnungslegung am meisten durchgesetzt. Hierfür werden im Laufe der Diskussion noch diverse Beispiele demonstriert. An dieser Stelle dürfte – so sei abschließend angemerkt – auch der Begriff »externe« Rechnungslegung nachvollziehbar sein: Bilanzen haben sich von Instrumenten der Selbstinformation der Unternehmer zu Informationsinstrumenten Unternehmensexterner gewandelt.

Noch ein das Fallbeispiel abschließendes Wort für die Fachleute unter Ihnen: Im Fallbeispiel ist natürlich in mehrfacher Hinsicht nicht so gebucht worden, wie man im »normalen Leben« bucht: Die einzelnen Geschäftsvorfälle werden zunächst auf Konten erfasst, nicht direkt in der Bilanz; neben der Bilanz gibt es auch eine Gewinn- und Verlustrechnung (die hier ein-

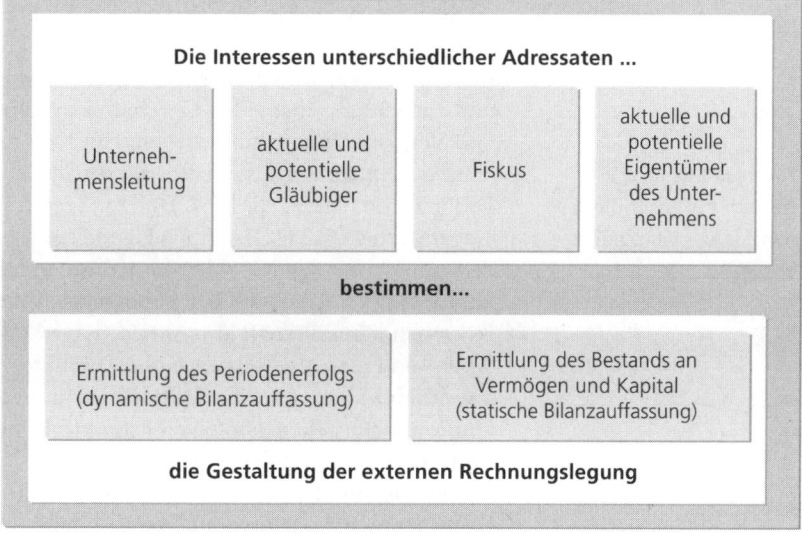

Abb. 1-11: Gestaltung des externen Rechnungswesens

fach unterschlagen wurde), das Stammkapital einer GmbH wird mit dem vollen Betrag in der Bilanz ausgewiesen, nicht eingezahlte Beträge gesondert vermerkt, das Stammkapital darüber hinaus nicht durch Verlust unter den Mindestbetrag reduziert, sondern die Verluste werden gesondert ausgewiesen, für das Geld diverse Konten eingerichtet, um nur die wichtigsten Präzisierungen zu nennen. Am Prinzip ändert sich dadurch aber nichts, und auf das Prinzip kam es in diesem Fallbeispiel an.

7. Relevanz internationaler Rechnungslegungsstandards: HGB versus IFRS und US-GAAP

Noch vor einigen Jahren hätte sich für die drei Gründer wie auch für deutsche Unternehmen generell die Frage nach der Relevanz internationaler Rechnungslegungsstandards gar nicht gestellt.

Nach den im Handelsgesetzbuch kodifizierten Vorschriften – Ausgangspunkt ist hier im Einzelnen insbesondere der § 242 HGB – hat jeder Kaufmann bei Aufnahme eines Handelsgewerbes eine Eröffnungsbilanz und am Schluss eines jeden Geschäftsjahrs eine Bilanz sowie eine Gewinn- und Verlustrechnung aufzustellen. Ein Kaufmann – auch dies ist im Handelsgesetzbuch, wenn auch an anderer Stelle, festgelegt – ist, wer ein Handelsgewerbe betreibt (§ 1 HGB) bzw. dessen Firma in das Handelsregister eingetragen ist (§ 2 HGB). Auch Handelsgesellschaften, wie die offene Handelsgesellschaft (OHG) oder die Kommanditgesellschaft (KG), gelten als Kaufleute (§ 6 Abs. 1 HGB), ebenso die Aktiengesellschaft (AG) bzw. die Kommanditgesellschaft auf Aktien (KGaA) (§ 3 AktG i.V.m. § 278 Abs. 3 AktG) und die Gesellschaft mit beschränkter Haftung (GmbH) (§ 13 Abs. 3 GmbHG i.V.m. § 6 Abs. 1 HGB) als juristische Personen. Für alle diese Unternehmen gelten damit die Rechnungslegungsvorschriften, so wie sie im dritten Buch des HGB festgelegt sind.

Seit Beginn der neunziger Jahre streben große deutsche Konzerne, d.h. Unternehmenskonglomerate, die Kapitalbeschaffung (auch) über internationale Kapitalmärkte an. So wurden beispielsweise die Aktien der Deutschen Telekom AG im Rahmen der ersten Börseneinführung im Jahr 1996 nicht nur an der Frankfurter Börse, sondern auch an der New York Stock Exchange (NYSE) platziert. Um ausländische Investoren gewinnen zu können, ist es jedoch notwendig, in deren Sprache, d.h. den relevanten internationalen Rechnungslegungsstandards, zu sprechen. Diese internationalen Standards sind zum einen die *International Financial Reporting Standards* (IFRS, vor 2001 auch als International Accounting Standards oder IAS bezeichnet), die vom International Accounting Standards Board (IASB) in London als supranationalem Standardsetter erlassen werden, zum anderen die US-amerikanischen *Generally Accepted Accounting Principles* (US-GAAP). Strebt ein deutsches Unternehmen – wie z.B. die oben genannte Telekom – die Notierung eigener Aktien an einer US-amerikanischen Börse an, so sind die Aufstellung des Konzernabschlusses nach US-GAAP von der US-ameri-

Für jeden Kaufmann in Deutschland gelten die Rechnungslegungsvorschriften des HGB...

...allerdings können sich einige Unternehmen darauf nicht beschränken

kanischen Börsenaufsicht SEC (Securities and Exchange Commission) bzw. zumindest eine Überleitung des Konzerneigenkapitals und des Konzernbilanzergebnisses von HGB nach US-GAAP zwingend vorgeschrieben.

Gleichzeitig müssen deutsche Konzerne aber auch seit 2005 ihren Abschluss nach IFRS aufstellen, wenn sie kapitalmarktorientiert sind, d.h. mit Eigen- oder Fremdkapitaltiteln eine Börsennotierung anstreben bzw. schon realisiert haben. Hintergrund ist die EU-Verordnung 1606/2002 zur Rechnungslegung nach IAS, die dies für alle europäischen Konzerne, die einen geregelten europäischen Markt zur Aufnahme von Eigen- oder Fremdkapital nutzen, vorschreibt. Lediglich für Konzerne, die an europäischen Börsen nur Fremdkapital aufnehmen – wie z.B. die Robert Bosch GmbH oder auch manche Sparkassen – sowie Konzerne, die bereits in den USA börsennotiert sind und dort einen vollständigen Abschluss nach US-GAAP aufstellen, wie z.B. die DaimlerChrysler AG, gilt eine Übergangsfrist bis zum Jahr 2007. In Deutschland hat diese Entwicklung verschiedene Auswirkungen.

- Zum einen dürfen mit dem in 2004 verabschiedeten Bilanzrechtsreformgesetz jetzt auch nicht kapitalmarktorientierte Konzerne ihren Abschluss nach IFRS aufstellen (§ 315a HGB); das gleiche gilt für den Einzelabschluss zu Informationszwecken (§ 325 Abs. 2a HGB). Wer sich von Ihnen jetzt im Detail für den Unterschied zwischen Einzel- und Konzernabschluss interessiert, der kann dies in Kapitel 12 nachschlagen – für alle anderen Leser sei hier nur kurz angemerkt: Der Einzelabschluss ist der Abschluss eines rechtlich selbständigen Unternehmens, z.B. einer AG oder GmbH, aber auch einer OHG oder eines Einzelkaufmanns. Der Konzernabschluss bildet dagegen alle wirtschaftlich miteinander verflochtenen, aber rechtlich selbständigen Unternehmen in einem Konzernverbund gem. § 290ff. HGB so ab, als wären sie ein einziges Unternehmen. So muss z.B. BMW für die BMW AG als Muttergesellschaft einen Einzelabschluss aufstellen, und gleichzeitig einen Konzernabschluss, der die BMW AG mit ihren in- und ausländischen Tochtergesellschaften wie der BWM Bank GmbH in München oder der BMW Holding B.V. in Den Haag usw. zusammenfasst (eine genaue Übersicht über den Beteiligungsbesitz der BMW AG finden Sie in diesem Lehrbuch in der *Abbildung 9-5* bzw. im Geschäftsbericht der BMW AG). Der Einzelabschluss ist dabei maßgeblich für die Gewinnausschüttung, z.B. in Form von Dividendenzahlungen, während der Konzernabschluss allein zu Informationszwecken unternehmensexterner Adressaten dient.

- Zum anderen werden sich aber auch die traditionellen deutschen Rechnungslegungsvorschriften in den kommenden Jahren ändern. Die so genannte *Modernisierungsrichtlinie* der EU verlangt von den europäischen Regierungen eine Anpassung der nationalen Vorschriften an die internationalen Entwicklungen. Wie genau diese Änderungen in Deutschland aussehen werden, ist im Detail noch nicht bekannt: Das Bilanzrechtsmodernisierungsgesetz, das noch für 2005 von der rot-grünen Bundesregierung geplant war, fiel den vorgezogenen Neuwahlen zum Opfer und wird nun erst für 2006 erwartet.

Die Rechnungslegung in
Deutschland ist starken Veränderungen unterworfen

- Um eine korrekte Anwendung insbesondere der IFRS in kapitalmarkt-orientierten deutschen Unternehmen durchzusetzen, wurde im Juli 2005 die Deutsche Prüfstelle für Rechnungslegung (DPR, § 342b-e HGB) ins Leben gerufen. Ihre Aufgabe besteht darin, die Abschlüsse deutscher kapitalmarktorientierter Konzerne stichprobenartig zu überprüfen bzw. Hinweisen auf Bilanzierungsfehler nachzugehen. Kommt es mit dem betroffenen Unternehmen zu keiner Einigung, wird der Sachverhalt an die Bundesanstalt für Finanzdienstleistungsaufsicht (BaFin) weitergeleitet, die den Bilanzierungsfehler mit öffentlich-rechtlichen Mitteln, z.B. über die Verhängung von Bußgeldern, weiterverfolgt. Informationen zur Prüfstelle finden Sie im Internet u.a. unter www.frep.info.

- Eine letzte Neuerung betrifft das *Deutsche Rechnungslegungs Standards Committee* (DRSC, § 342 HGB), das 1998 als privatrechtlicher Verein zunächst Standards für die Konzernrechnungslegung entwickeln und damit eine Annäherung der deutschen Rechnungslegung an internationale Standards fördern sollte. Da diese Aufgabe mit der EU-Verordnung zur Rechnungslegung nach IAS weitgehend überflüssig geworden ist, konzentriert sich das DRSC seit jüngstem – neben der Weiterentwicklung des Lageberichts, dieses Rechnungslegungsinstrument ist innerhalb der IFRS noch nicht geregelt; Sie werden es in Kapitel 9 noch näher kennen lernen – auf die Vertretung deutscher Interessen beim IASB. Dazu gehört auch die Interpretation und Beurteilung spezifischer nationaler Fragestellungen im Rahmen der gültigen IFRS. Informationen zum DRSC sowie eine Übersicht über die bisher erlassenen Rechnungslegungsstandards zur Konzernrechnungslegung finden Sie auf der Website des DRSC unter www.drsc.de.

Was bedeutet dies nun für die Rechnungslegung der more-copy-gmbh bzw. auch für Sie als Studenten einer deutschsprachigen Hochschule? Zunächst einmal ist trotz der intensiven Diskussion um internationale Rechnungslegungsstandards in Deutschland nicht davon auszugehen, dass die Rechnungslegung nach HGB in den kommenden Jahren an Bedeutung verlieren wird. Zwei Gründe sind dafür relevant.

Die Veränderungen betreffen
insbesondere Konzerne und
große Aktiengesellschaften

- Auf der einen Seite beziehen sich die Vorschriften und Überlegungen zur Internationalisierung der Rechnungslegung grundsätzlich nur auf den Konzernabschluss. Dieser hat jedoch, wie Sie in Kapitel 12 noch genauer lernen werden, vor allem den Zweck, außenstehende Adressaten über in einem Konzern, d.h. beispielsweise über (Mehrheits-)Beteiligungen verflochtene Unternehmen, zu informieren. Die ebenfalls wichtige Frage des Anspruchs auf Gewinnausschüttungen basiert jedoch – wie oben schon kurz angesprochen – auf dem Einzelabschluss, der bisher immer noch nach deutschem Recht aufzustellen ist. Man kann – zumindest zum heutigen Stand – davon ausgehen, dass auch bei einer Modernisierung des deutschen HGB die Regeln für die so genannte Ausschüttungsbemessung so bestehen bleiben, wie Sie sie im Folgenden kennen lernen werden.

- Auf der anderen Seite betrifft die Internationalisierung der Rechnungslegung vor allem große Aktiengesellschaften, die an deutschen bzw.

internationalen Börsen notiert sind, bzw. Unternehmen, die internationale Investoren unmittelbar ansprechen wollen oder müssen. Dies ist jedoch bezogen auf die Gesamtzahl der deutschen Unternehmen insgesamt nur eine Minderheit. So ermittelte das Statistische Bundesamt für
das Jahr 1999 gut 2,8 Mio. steuerpflichtige Unternehmen. Davon besitzen lediglich ca. 4.000 Unternehmen die Rechtsform einer Aktiengesellschaft bzw. KGaA, für die im Falle einer Börsennotierung die Rechnungslegung nach IFRS relevant wird. Auch die Anzahl der Unternehmen anderer Rechtsformen, die den Kapitalmarkt zur Aufnahme von
Fremdkapital nutzen, wie z.B. die Robert Bosch GmbH, ist vergleichsweise gering. Zu beachten ist allerdings, dass die wenigen kapitalmarkt-
orientierten Unternehmen in Deutschland hohe gesamtwirtschaftliche
Bedeutung besitzen. Ob bzw. wann die übrigen kleineren und mittelständischen Unternehmen in großer Zahl auf die Rechnungslegung
nach IFRS umschwenken, ist nur schwer abzuschätzen.

Für die more-copy-gmbh und ihre drei Gründer Abs, Primus und Schäff
haben diese Überlegungen folgende Konsequenzen: Die more-copy-gmbh
nimmt als kleine GmbH keine Börse zur Aufnahme von Eigen- oder
Fremdkapital in Anspruch. Sie ist zudem lediglich ein Einzelunternehmen,
da sie mit keinem anderen Unternehmen im Sinne eines Konzernverbunds
wirtschaftlich verflochten ist; deshalb entfällt die Pflicht zur Aufstellung eines Konzernabschlusses. Die Jahresabschlüsse können deshalb – sofern
sich an den genannten Prämissen nichts ändert – nach den Vorschriften des
HGB aufgestellt werden. Davon werden wir auch im Folgenden ausgehen;
allerdings werden wir immer auch darauf eingehen, welche strukturellen
Unterschiede sich bei den unter dem Blickwinkel des HGB betrachteten
Sachverhalten im Vergleich zu den IFRS ergeben werden.

**Die more-copy-gmbh wäre
von den Veränderungen der
Rechnungslegung in
Deutschland nicht betroffen**

Ein weiteres Argument spricht aus didaktischer Sicht für diese Vorgehensweise. Strukturell sind die Rechnungslegungsinstrumente nach HGB
und IFRS durchaus vergleichbar aufgebaut; Unterschiede finden sich vor
allem bei der Frage, wie Einzelprobleme zu lösen sind.

Ein Beispiel mag dies veranschaulichen. Unterstellen wir, dass Abs einen Teil des Barvermögens der more-copy-gmbh in 100 Telekom-Aktien
zum Preis von 12 Euro je Stück anlegt, um Gewinne aus erhofften Kurs-
steigerungen zu realisieren. Sowohl nach HGB als auch nach IFRS ist der
Wert dieser Aktien bei Erwerb mit 1.200 Euro festgelegt. Unterstellen wir
nun, dass am folgenden Bilanzstichtag der Aktienkurs auf 13 Euro gestiegen ist, Abs jedoch nicht verkaufen will, da er ein – aus seiner Perspektive
kurzfristig durchaus realistisches – Kursziel von mindestens 14 Euro anvi-
siert. Nach HGB muss vorsichtig bilanziert werden, d.h. der Wert der Aktien wird weiterhin mit 1.200 Euro ausgewiesen, obwohl eine sofortige Veräußerung am Markt 1.300 Euro einbringen würde. Anders die Bilanzierung
nach IFRS: Hier würde der gestiegene Kurswert im bilanziellen Wertansatz
von 1.300 Euro ausgedrückt. Das erhoffte Wertziel von 1.400 Euro darf dagegen weder nach HGB noch nach IFRS ausgewiesen werden.

Für Sie als Studentinnen und Studenten im Fach Rechnungswesen im-
plizieren diese Überlegungen, dass Sie sich zunächst nur mit einem einzi-

Fallbeispiel

gen Rechnungslegungsstandard – und in Deutschland ist dies eben sinn-vollerweise die Rechnungslegung nach HGB – auseinandersetzen und die Regelungen innerhalb dieses Standards konsistent kennen und auch an-wenden lernen. Auf dieser Struktur aufbauend kann dann eine problem-orientierte Auseinandersetzung mit internationalen Rechnungslegungs-standards, wie eben den IFRS folgen.

In dem vorliegenden Buch geschieht dies strikt getrennt, d.h. in jedem Kapital erhalten Sie eine ausführliche Einführung in die Lösung bestimm-ter Fragen der Rechnungslegung nach HGB und dann in einem eigenstän-digen Unterkapital Hinweise darauf, wie die entsprechenden Probleme un-ter IFRS zu lösen sind. Sie haben so die Möglichkeit, entweder HGB und IFRS quasi in einer Zusammenschau parallel kennen zu lernen; alternativ können Sie aber auch zunächst nur die HGB-bezogenen Teile dieses Buchs durcharbeiten und sich dann in einem zweiten Schritt mit der internationa-len Rechnungslegung auseinandersetzen. Je nachdem, wie Sie sich ent-scheiden, wir wünschen Ihnen auf jeden Fall viel Vergnügen und eine »er-tragreiche« Lektüre der folgenden Kapitel.

Im Lehrbuch können Sie die HGB- und die IFRS-Rech-nungslegung getrennt oder gemeinsam studieren

8. Unterschiede bei einer Bilanzierung der more-copy-gmbh nach IFRS

Im Gegensatz zum HGB, in dem – wie oben ausgeführt – die Überlegun-gen des Gläubigerschutzes eine wichtige Rolle spielen, sind die IFRS ein in-vestororientierter Standard. Die Rahmengrundsätze, das so genannte Fra-mework, der IFRS verlangen explizit, dass ein IFRS-Abschluss eine mög-lichst breite Informationsbasis liefert, mit dessen Hilfe ein Kapitalanleger die Unternehmenssituation einschätzen, zukünftige Erfolge prognostizie-ren und so beurteilen kann, ob es sich bei dem betrachteten Unternehmen um eine attraktive Anlagemöglichkeit handelt.

Aber führt dies in jedem Fall zu Unterschieden in der Rechnungslegung? Mit anderen Worten: Wie würde sich unser Fallbeispiel ändern, wenn sich die drei Gründer Abs, Primus und Schäff dafür entschieden hätten, zu-mindest für Informationszwecke eine IFRS-Bilanz aufzustellen?

Die IFRS sind eher am Fall-recht orientiert

Zunächst einmal müssten die drei Gründer ausführlich die gesetzlichen Grundlagen, also die IFRS studieren, und würden sofort einen fundamen-talen Unterschied entdecken: Ähnlich wie die US-GAAP sind die IFRS nämlich eher am Fallrecht orientiert, enthalten also eine Vielzahl von Ein-zelregelungen und sind deshalb sehr viel umfangreicher als die Vorschrif-ten des HGB. So umfasst beispielsweise der Standard IAS 39 zur Bilanzie-rung von Finanzinstrumenten, also von Wertpapieren, aber auch von Ver-bindlichkeiten oder Optionen, mit sämtlichen Anhängen und Anwen-dungshinweisen knapp 300 Textseiten! Weiterhin sind die IFRS nicht sys-tematisch geordnet, sondern die Rechnungslegungsprobleme werden in der Reihenfolge gelöst, in der sie vom Standardsetter IASB aufgegriffen wer-den. Derzeit (Ende 2005) setzen sich die IFRS aus den IAS 1 - 41, die bis 2000 erlassen wurden, und den IFRS 1 - 7, die ab 2001 verabschiedet wur-

**Unterschiede bei einer
Bilanzierung der more-
copy-gmbh nach IFRS**

den, zusammen. *Abbildung 1-12* auf der Folgeseite gibt einen Überblick über die derzeit geltenden IAS und IFRS.

Unterstellen wir nun einmal, dass sich unsere drei Gründer tatsächlich die Mühe machen, die Eröffnungsbilanz wie auch die Schlussbilanz nach IFRS aufzustellen – das Ergebnis wäre wahrlich desillusionierend, denn es würde sich zeigen, dass in dem vorliegenden – allerdings auch äußerst einfachen – Fallbeispiel nur geringfügige Unterschiede zu beobachten wären.

Betrachten wir zunächst einmal die Eröffnungsbilanz. Sie wäre nach IFRS vollständig identisch aufzustellen. Gleiches gilt auch für die Verbuchung der Geschäftsvorfälle – allerdings mit einer Ausnahme: Die IFRS schreiben nicht explizit die Bildung von Rechnungsabgrenzungsposten vor, wie dies im Fall der im Voraus gezahlten Miete nach HGB notwendig ist. Andererseits ist auch nach IFRS unstrittig, dass dieser Sachverhalt abzubilden ist – wir würden deshalb in der IFRS-Bilanz an dieser Stelle von »prepaid expenses« sprechen und kämen zu einer vergleichbaren Schlussbilanz.

Nun möchten wir Ihnen aber nicht suggerieren, dass es keine Unterschiede zwischen der Rechnungslegung nach HGB und IFRS gibt. Wenn beispielsweise Unternehmen Wertpapiere besitzen, wenn sie in großem Umfang neue Produkte entwickeln oder – z.B. in der Baubranche – mehrjährige Auftragsfertigung betreiben, dann kann es zu substanziellen Differenzen zwischen HGB- und IFRS-Bilanz kommen, die wir Ihnen in den folgenden Kapiteln auch noch näher skizzieren werden.

Ein weiteres Problem könnte es geben, wenn die more-copy-gmbh nicht als Kapitalgesellschaft, sondern als Personengesellschaft, also z.B. als OHG gegründet worden wäre. In dem Fall würden die drei Gesellschafter Abs, Primus und Schäffer ein zwar vertraglich gestaltbares, gesellschaftsrechtlich aber nicht ausschließbares Kündigungsrecht für ihre Kapitalanteile besitzen. Nach deutschem Recht hätten wir zwar weiterhin unstrittig Eigenkapital in der Eröffnungsbilanz von 25.000 Euro. Nach IFRS käme hier jedoch IAS 32 zur Anwendung, der aufgrund des Kündigungsrechts den Ausweis einer Verbindlichkeit fordern würde. Wir hätten also plötzlich bei einer more-copy-OHG im Gegensatz zur more-copy-gmbh eine Bilanz ohne Eigenkapital – was von der Sache her völlig unsinnig wäre und an sich nur typisch ist für Unternehmen, die aufgrund von dauernden Verlusten ihr Eigenkapital vollständig aufgezehrt haben. Dieses Bild träfe für die more-copy-OHG jedoch nun wahrlich nicht zu.

Letztlich rührt diese für deutsche Begriffe fehlerhafte Vorschrift aus der Tatsache, dass die Besonderheiten des deutschen Gesellschaftsrechts im Standardsetting des IASB bei der Formulierung von IAS 32 nicht beachtet wurden. Wie genau dieses Problem gelöst werden kann, ist noch unklar und ein aktueller Diskussionspunkt auch zwischen dem deutschen Lobbyisten DRSC und dem IASB; es ist aber auch ein Grund dafür, warum deutsche Personengesellschaften und z.B. auch Genossenschaften, die vergleichbar betroffen sind, vor einer Umstellung auf IFRS zurückschrecken.

Sehen wir aber von den genannten Besonderheiten und Problemen ab, dann wird für Sie am Fallbeispiel der more-copy-gmbh auch deutlich, dass wir unter IFRS zumindest in Teilbereichen zu ähnlichen Lösungsansätzen kommen wie unter den Vorschriften des HGB. Auch dies unterstützt noch

Fallbeispiel

Abb. 1-12: Überblick über geltende IFRS und IAS

einmal die von uns gewählte didaktische Vorgehensweise, dass Sie sich zunächst mit den Normen des HGB auseinandersetzen, bevor Sie dann die - im Einzelfall abweichenden - Rechnungslegungsvorschriften innerhalb der IFRS studieren.

	Titel (Original)	Deutsche Erläuterung (nur für aktuell geltende Standards)	Gültig ab	Überarbeitete Version gültig ab
IAS 1	Presentation of Financial Statements	Darstellung des Abschlusses	01.01.1975	01.07.1998
IAS 2	Inventories	Vorräte	01.01.1976	01.01.1995
IAS 3	Consolidated Financial Statements		Ersetzt durch IAS 27 und 28	
IAS 4	Depreciation Accounting		Ersetzt durch IAS 16, 22 und 38	
IAS 5	Information to be Disclosed in Financial Statements		Ersetzt durch IAS 1	
IAS 6	Accounting Responses to Changing Prices		Ersetzt durch IAS 15	
IAS 7	Cash Flow Statements	Kapitalflussrechnung	01.01.1979	01.01.1994
IAS 8	Accounting Policies, Changes in Accounting Estimates and Errors	Änderung der Bilanzierungsmethoden und Schätzungen, Bilanzberichtigungen	01.01.1979	01.01.2005
IAS 9	Research and Development Costs		Ersetzt durch IAS 38	
IAS 10	Events after the Balance Sheet Date	Ereignisse nach dem Bilanzstichtag	01.01.1980	01.01.2005
IAS 11	Construction Contracts	Langfristfertigung	01.01.1980	01.01.1995
IAS 12	Income Taxes	Steuern vom Einkommen	01.01.1981	01.01.1998
IAS 13	Presentation of Current Assets and Current Liabilities		Ersetzt durch IAS 1	
IAS 14	Segment Reporting	Segmentberichterstattung	01.01.1983	01.07.1998
IAS 15	Information Reflecting the Effect of Changing Prices		Zurückgezogen	
IAS 16	Property, Plant and Equipment	Sachanlagen	01.01.1983	01.01.2005
IAS 17	Leases	Leasing	01.01.1984	01.01.2005
IAS 18	Revenue	Erlöse	01.01.1984	01.01.1995
IAS 19	Employee Benefits	Leistungen an Arbeitnehmer	01.01.1985	01.01.1999
IAS 20	Accounting for Government Grants and Disclosure of Government Assistance	Öffentliche Zuschüsse	01.01.1984	
IAS 21	The Effect of Changes in Foreign Exchange Rates	Währungsumrechnung	01.01.1985	01.01.2005
IAS 22	Business Combinations		Ersetzt durch IFRS 3	
IAS 23	Borrowing Costs	Finanzierung der Anschaffung oder Herstellung	01.01.1986	01.01.1995
IAS 24	Related Party Disclosure	Angaben über Beziehungen zu nahestehenden Personen oder Unternehmen	01.01.1986	
IAS 25	Accounting for Investments		Ersetzt durch IAS 39 and IAS 40	
IAS 26	Accounting and Reporting by Retirement Benefit Plans	Rechnungslegung für Pensionskassen und Pensionsfonds als Träger von Altersvorsorgeverpflichtungen	01.01.1988	
IAS 27	Consolidated Financial Statements and Accounting for Investments in Subsidiaries	Konzernabschluss, Tochterunternehmen im Einzelabschluss	01.01.1990	01.01.2005
IAS 28	Accounting for Investments in Associates	Anteile assoziierter Unternehmen	01.01.1990	01.01.2005
IAS 29	Financial Reporting in Hyperinflationary Economies	Finanzberichterstattung bei Hyperinflation	01.01.1990	
IAS 30	Disclosures in the Financial Statements of Banks and Similar Financial Institutions		01.01.1991 / Ab 01.01.2007 ersetzt durch IFRS 7	
IAS 31	Financial Reporting of Interests in Joint Ventures	Anteile an Joint Ventures	01.01.1992	01.01.2005
IAS 32	Financial Instruments: Disclosure and Presentation	Angabepflichten für Finanzinstrumente	01.01.1996	01.01.2005
IAS 33	Earnings Per Share	Gewinn je Aktie	01.01.1998	01.01.2005
IAS 34	Interim Financial Reporting	Zwischenberichterstattung	01.01.1999	
IAS 35	Discontinuing Operations		Ersetzt durch IFRS 5	
IAS 36	Impairment of Assets	Außerplanmäßige Abschreibungen	01.07.1999	01.01.2005
IAS 37	Provisions, Contingent Liabilities and, Contingent Assets	Rückstellungen, Eventualvermögen und -verbindlichkeiten	01.07.1999	
IAS 38	Intangible Assets	Immaterielles Vermögen	01.07.1999	01.01.2005
IAS 39	Financial Instruments: Recognition and Measurement	Bilanzierung und Bewertung von Finanzinstrumenten	01.01.2001	01.01.2005
IAS 40	Investment Property	Renditeimmobilien	01.01.2001	01.01.2005
IAS 41	Agriculture	Landwirtschaft	01.01.2003	
IFRS 1	First-time Adoption of International Financial Reporting Standard	Erstmalige Anwendung der IFRS	01.01.2004	
IFRS 2	Share-Based Payments	Aktienkursorientierte Arbeitnehmervergütung	01.01.2005	
IFRS 3	Business Combinations	Unternehmenszusammenschlüsse	01.01.2005	
IFRS 4	Insurance Contracts	Versicherungen	01.01.2005	
IFRS 5	Non-current Assets Held for Sale and Discontinued Operations	Stillzulegende Bereiche	01.01.2005	
IFRS 6	Exploitation for and Evaluation of Mineral Resources	Erkundung und Wertbestimmung von mineralischen Vorkommen	01.01.2006	
IFRS 7	Financial Instruments: Disclosures	Angabepflichten für Finanzinstrumente	01.01.2007	

Rahmengrundsätze und Vorwort der International Financial Reporting Standards				
F	Framework	Rahmengrundsätze	Beschlossen 1989	
P	Preface (objectives and operating procedures of the IASC)	Vorwort	Beschlossen 1982	

Grundtatbestände des Rechnungs- Kapitel 2
wesens

Lernziel

Im ersten Kapitel wurde die Thematik umrisshaft abgesteckt, mit der sich das betriebswirtschaftliche Rechnungswesen, speziell sein primär an Unternehmensexterne gerichteter Teil, beschäftigt. Um seine Funktion besser zu verstehen, ist es erforderlich, im zweiten Schritt die grundlegenden Tatbestände zu betrachten, die das externe Rechnungswesen charakterisieren. Am Ende des Kapitels sollten Sie wissen

- welche Bestandteile das externe Rechnungswesen besitzt und in welcher Beziehung sie zueinander stehen,
- was es mit der grundsätzlichen Vorgehensweise im externen Rechnungswesen, nämlich der doppelten Buchführung, auf sich hat und
- was unter den vier Begriffspaaren Auszahlungen/Einzahlungen, Ausgaben/Einnahmen, Aufwendungen/Erträge und Kosten/Erlöse im Einzelnen zu verstehen ist, wie diese Größen untereinander in Beziehung stehen und welche Rolle sie für das externe Rechnungswesen nach HGB und IFRS spielen.

1. Elemente der externen Rechnungslegung

Die externe Rechnungslegung ist der Bestandteil des betrieblichen Rechnungswesens, der sich in erster Linie an unternehmensexterne Adressaten richtet. Den zweiten Bestandteil bildet die Kostenrechnung. Sie ist im Unternehmen frei gestaltbar und richtet sich lediglich an die Unternehmensleitung als Adressatengruppe. Die Systeme der Kostenrechnung werden ausführlich im zweiten Teil des vorliegenden Lehrbuchs vorgestellt. Allerdings existiert eine ganze Reihe von Schnittstellen zwischen externer und interner Rechnungslegung: So greift zum einen die externe Rechnungslegung für bestimmte Fragestellungen, wie z.B. die Bewertung unfertiger Produkte, auf Informationsstrukturen der Kostenrechnung zurück – in der Praxis sind es häufig solche Informationsbedarfe, die in kleinen Unternehmen überhaupt erst den Anstoß zur Einführung einer Kostenrechnung gaben. Zum anderen bezieht sich heute auch die Kostenrechnung auf Wertmaßstäbe der externen Rechnungslegung: Die so genannte Integration von interner und externer Rechnungslegung bedeutet nichts anderes, als dass kein eigenständiger Kosten- und Erlösbegriff im Unternehmen verwendet wird, sondern auch für interne Steuerungszwecke mit Aufwendungen und Erträgen aus der externen Rechnungslegung gerechnet wird (was sich hinter diesen Begriffen verbirgt, werden wir gleich sehen).

Zwischen der internen und der externen Rechnungslegung bestehen enge Beziehungen

Um eine einheitliche Information aller Adressaten des Rechnungswesens sicherzustellen, hat der Gesetzgeber eine Vielzahl von Regelungen erlassen, die dessen Aufbau und Inhalt bestimmen. Diese Bestimmungen können Sie im Wesentlichen dem dritten Buch des HGB über die Handelsbücher (§§ 238 bis 339) entnehmen. An dieser Stelle soll uns zunächst der vorgeschriebene Aufbau der externen Rechnungslegung interessieren (vgl. im Überblick auch die *Abbildung 2-1*).

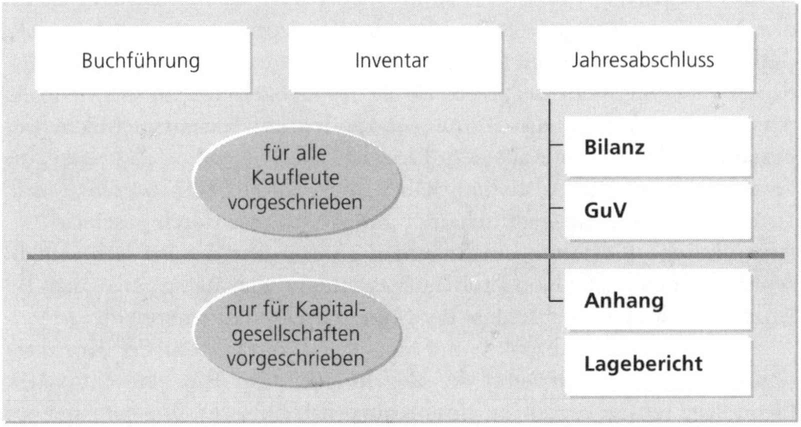

Abb. 2-1: Elemente der externen Rechnungslegung laut HGB im Einzelabschluss

Ein erstes Element der externen Rechnungslegung ist die *Buchführung*. In § 238 Abs. 1 HGB bestimmt der Gesetzgeber: »Jeder Kaufmann ist verpflichtet, Bücher zu führen und in diesen seine Handelsgeschäfte und die

Grundtatbestände des Rechnungswesens

Lage seines Vermögens nach den Grundsätzen ordnungsmäßiger Buchführung ersichtlich zu machen.« Dies hat unter anderem zur Konsequenz, dass alle Ereignisse, die den Erfolg und das Vermögen eines Unternehmens beeinflussen, chronologisch und sachlich geordnet aufgezeichnet werden müssen.

Elemente der externen Rechnungslegung

Wenn Sie sich das erste Kapitel noch einmal ins Gedächtnis zurückrufen, dann haben Abs, Primus und Schäff mit der Verbuchung der Geschäftsvorfälle des Rumpfgeschäftsjahres diese erste Verpflichtung innerhalb des externen Rechnungswesens erfüllt. Ein weiteres Element der externen Rechnungslegung, das Sie ebenfalls im ersten Kapitel bereits kennen gelernt haben, ist das *Inventar*. Seine Aufstellung schreibt der Gesetzgeber im § 240 HGB vor.

Das dritte Element der externen Rechnungslegung ist der so genannte Jahres- oder *Einzelabschluss*, der bei Muttergesellschaften eines Konzerns gemäß § 290 HGB um einen *Konzernabschluss* zu ergänzen ist. Während sich der Einzelabschluss auf ein rechtlich und wirtschaftlich selbständiges Unternehmen bezieht, bildet der Konzernabschluss eine Unternehmensmehrheit ab, deren einzelne Mitglieder zwar rechtlich selbständig sind, wirtschaftlich jedoch so eng zusammenhängen, dass sie insgesamt wie ein einziges Unternehmen betrachtet werden müssen. Ein Beispiel soll dies veranschaulichen: Ein Unternehmen Alpha AG besitzt 100% der Aktien an dem rechtlich selbständigen Unternehmen Beta AG. Sowohl die Alpha AG als auch die Beta AG stellen zunächst einen Einzelabschluss auf. Zusätzlich muss die Alpha AG als »Mutterunternehmen« im Verhältnis zur Beta AG aber auch noch einen Konzernabschluss aufstellen, der beide Unternehmen Alpha und Beta so darstellt, als wären sie ein einheitliches Unternehmen.

Zusammenspiel von Einzel- und Konzernabschluss

So sind beispielsweise in der Konzernbilanz Vermögen und Schulden von Alpha und Beta zusammengefasst wiedergegeben. Da der Konzernabschluss informativer ist als der Einzelabschluss – warum, erfahren Sie ausführlich in Kapitel 12 –, veröffentlichen viele Unternehmen in ihren Geschäftsberichten nur noch den Konzernabschluss, also in diesem Beispiel den Abschluss des Alpha-Konzerns oder der Alpha Group; der Einzelabschluss wird nur noch auf Anfrage hin zugesandt. Dennoch ist seine Bedeutung rechtlich sehr viel größer als die des Konzernabschlusses, denn ein Anspruch auf Gewinnausschüttung und andere gesellschaftsrechtliche Tatbestände leiten sich nur aus dem Einzelabschluss her. Um Aktionäre, die keine kaufmännische Ausbildung haben, nicht zu verwirren, passen deshalb viele große Publikumsgesellschaften ihre Abschlüsse durch geschickte bilanzpolitische Gestaltungsmaßnahmen so an, dass der im Konzernabschluss ausgewiesene Konzernbilanzgewinnn betragsmäßig genau dem Bilanzgewinn im Einzelabschluss der Muttergesellschaft entspricht.

Im Kapitel 12 finden Sie Näheres zum Verhältnis von Einzel- und Konzernabschluss

Da der Konzernabschluss auf den Einzelabschlüssen der Konzernunternehmen aufbaut, sind die Regelungen zum Einzelabschluss die Grundlage für die Erstellung eines Konzernabschlusses. Wir befassen uns deshalb im Folgenden ausführlich mit den Regelungen zum handelsrechtlichen Einzelabschluss. Den Weg vom Einzel- zum Konzernabschluss behandeln wir dann in Kapitel 12. Als Kernaussagen sollten Sie an dieser Stelle jedoch das Folgende mitnehmen:

- Die Herleitung von Zahlungsverpflichtungen des Unternehmens, also z.B. die Verpflichtung zur Ausschüttung von Gewinnen oder zur Zahlung von Steuern, beruht nur auf dem Einzelabschluss; der Konzernabschluss ist in diesem Punkt irrelevant.
- Andererseits ist der Konzernabschluss informativer als der Einzelabschluss und steht deshalb in der Betrachtung der Kapitalanleger im Vordergrund. Aus diesem Grund betreffen informationsorientierte Neu- und Weiterentwicklungen sowie die Internationalisierung der Rechnungslegung primär den Konzernabschluss, nicht aber den Einzelabschluss.

Zurück zum Jahresabschluss. Sein erster Bestandteil ist laut § 242 Abs. 3 HGB die *Bilanz*, die Sie ebenfalls schon im ersten Kapitel kennen gelernt haben. Betrachtet man die handelsrechtlichen Normen zur externen Rechnungslegung genauer, so wird offensichtlich, dass eine Vielzahl dieser Normen die Bilanz direkt betrifft. Deshalb ist auch die Bilanzierung ein Schwerpunkt der Ausführungen zum externen Rechnungswesen – immerhin beschäftigen sich die Kapitel 3 bis 7 mit diesem Thema.

Weiterhin enthält der Jahresabschluss die *Gewinn- und Verlustrechnung*. Sie wird in § 242 Abs. 2 HGB näher erläutert: »Er [der Kaufmann] hat für den Schluss eines jeden Geschäftsjahrs eine Gegenüberstellung der Aufwendungen und Erträge des Geschäftsjahrs (Gewinn- und Verlustrechnung) aufzustellen.« Was Aufwendungen und Erträge genauer sind, werden wir im vierten Abschnitt dieses Kapitels untersuchen; die Gewinn- und Verlustrechnung werden wir in Kapitel 8 genauer betrachten. An dieser Stelle sei nur so viel gesagt: Die Adressaten des Jahresabschlusses interessieren sich nicht nur für die Mittelbeschaffung und -verwendung eines Unternehmens, wie sie in der Bilanz dargestellt ist. Es ist für sie auch – und wesentlich – von Bedeutung, welche Transaktionen das Eigenkapital vermindert (Aufwendungen) und welche Transaktionen es erhöht haben (Erträge).

Betrachten wir die more-copy-gmbh, so muss für eine Gewinn- und Verlustrechnung beispielsweise unter anderem festgestellt werden, wie viel Toner und Papier im Jahr verbraucht wurden, wie viel Miete gezahlt wurde oder wie hoch die Abschreibung des angeschafften Kopierers anzusetzen ist. Diese Aufwendungen sind in Beziehung zu setzen zu den Werten, die von der more-copy-gmbh geschaffen werden (Umsatzerlöse aus dem Kopiergeschäft in Höhe von 3.370,95 Euro).

Für Kapitalgesellschaften gelten in Bezug auf die externe Rechnungslegung zusätzliche Vorschriften. Hier schreibt der Gesetzgeber unter anderem in § 264 Abs. 1 HGB vor: »Die gesetzlichen Vertreter einer Kapitalgesellschaft haben den Jahresabschluss (..) um einen Anhang zu erweitern (...) sowie einen Lagebericht aufzustellen.« Entsprechend dieser Formulierung gilt der *Anhang* noch als Bestandteil des Jahresabschlusses, der *Lagebericht* dagegen nicht mehr. Er ist ein viertes Element der externen Rechnungslegung. Anhang und Lagebericht enthalten im Gegensatz zu der rein quantitativen Darstellung der Unternehmenssituation in Bilanz und der Gewinn- und Verlustrechnung auch qualitative Aussagen, die zusätzliche Informationen über den Jahresabschluss und die Lage der Gesellschaft enthalten. Genau-

Die GuV gibt einen Einblick in die Aufwendungen und Erträge des Unternehmens – und ist für viele Adressaten wichtiger als die Bilanz

Der Anhang gehört zum Jahresabschluss, der Lagebericht ergänzt ihn

er werden wir uns mit dem Anhang und dem Lagebericht in Kapitel 9 beschäftigen. An dieser Stelle sei nur so viel im Voraus bemerkt: Der deutsche Gesetzgeber differenziert zwischen strengeren Bilanzierungsvorschriften für Kapitalgesellschaften wie die AG und die GmbH und erleichterten Vorschriften für Einzelkaufleute und Personengesellschaften – Hintergrund ist die unmittelbare persönliche und unbeschränkte Haftung des Einzelkaufmanns bzw. mindestens eines Gesellschafters, die aus Sicht des Gesetzgebers eine allzu strenge Kontrolle durch die Offenlegungsvorschriften der externen Rechnungslegung obsolet machen. In der Vergangenheit wurde dies häufig ausgenutzt – in einer GmbH & Co KG war der einzige persönlich haftende Gesellschafter eine GmbH, so dass gesellschaftsrechtlich zwar eine Personengesellschaft mit vereinfachten Rechnungslegungspflichten vorlag, in der aber keine natürliche Person als Vollhafter existierte. Dieses »Schlupfloch« als Beispiel für die kreative Ausnutzung bestehender Regelungen wurde allerdings vor einigen Jahren durch das so genannte KapCo-RiLiG (das Richtliniengesetz für Kapitalgesellschaften & Co.), mit dem insbesondere der § 264a HGB eingefügt wurde und der für diesen Fall eine den Kapitalgesellschaften vergleichbare Rechnungslegung verlangt, geschlossen.

Allein Jahresabschluss und Lagebericht müssen unternehmensexternen Adressaten offen gelegt werden. Buchführung und Inventar bleiben der Unternehmensleitung vorbehalten. Dies ist unmittelbar einleuchtend:

Buchführung und Inventar enthalten einerseits als vollständige Verzeichnisse der Geschäftsvorfälle bzw. des Vermögens eine Vielzahl höchst sensibler Informationen, deren Veröffentlichung nicht zuletzt die Wettbewerbsposition eines Unternehmens sehr stark beeinflussen könnte. Da der Jahresabschluss aber wesentlich auf Buchführung und Inventar aufbaut, ist es zur Wahrung der Interessen der externen Adressaten andererseits notwendig, dass auch diese beiden Bestandteile des externen Rechnungswesens gesetzlichen Normen unterworfen werden.

Eine Anmerkung zum Schluss betrifft den *Fiskus* als speziellen Adressaten des externen Rechnungswesens. Da der im externen Rechnungswesen ermittelte Erfolg Grundlage für die Besteuerung von Unternehmen ist, hat der Fiskus eine Vielzahl von Sonderinteressen, die aufgrund der gesetzgeberischen Vollmachten in speziellen steuerrechtlichen Regelungen kodifiziert sind. Diese Regeln sind strenger als die handelsrechtlichen Normen des HGB und lassen den Unternehmen damit weniger Spielraum bei der Gestaltung des Jahresabschlusses.

Um nicht zu viele sensible Informationen preiszugeben, erstellen deshalb die meisten Unternehmen nach den steuerrechtlichen Vorschriften eine so genannte *Steuerbilanz*, die nur gegenüber dem Finanzamt offen gelegt wird, sowie nach handelsrechtlichen Regelungen eine Handelsbilanz für die übrigen unternehmensexternen Adressaten. Mit Steuerbilanzen und den zugrunde liegenden steuerrechtlichen Regelungen wollen wir uns im Rahmen dieser Einführung grundsätzlich nicht beschäftigen, sondern uns auf die handelsrechtliche Rechnungslegung beschränken. Wir werden allerdings an mehreren Stellen sehen, dass in einzelnen Fällen steuerrechtliche Aspekte auch die Gestaltung der Handelsbilanz beeinflussen (können), da laut Gesetzgeber eine ganze Reihe von Positionen in Handels- und Steuerbilanz identisch sein müssen. Dieses Phänomen werden wir in Kapitel 5 unter dem Stichwort »*Maßgeblichkeit der Handelsbilanz für die Steuerbilanz*« bzw. »*umgekehrte Maßgeblichkeit*« ausführlich behandeln. Für den interessierten Leser sei an dieser Stelle nur angemerkt, dass die Möglichkeit einer so genannten Einheitsbilanz sowohl für handels- als auch für steuerrechtliche Zwecke gerade bei Kleinunternehmen eine wichtige Vereinfachung im Rechnungswesen darstellt und es auch deshalb in der Unternehmenspraxis viele Stimmen gibt, die sich für eine Beibehaltung des traditionellen deutschen Handelsrechts aussprechen.

2.   Zur doppelten Buchführung

Ihnen ist bei der Verbuchung des Rumpfgeschäftsjahres der more-copy-gmbh im ersten Kapitel sicherlich eine Besonderheit aufgefallen: Bei jedem Geschäftsvorfall wurden mindestens zwei Positionen in der Bilanz angesprochen. So führte beispielsweise die Überweisung der Strom- und Gasrechnung nicht nur zu einer Minderung des Geldbestands, sondern auch zu einer Minderung des Eigenkapitals. Beim Kauf von Papier nahm ebenfalls der Geldbestand ab, dafür nahm die Position Kopierpapier zu. Bei der Zahlung der Miete wurden sogar drei Konten angesprochen: Geldbestand und Rechnungsabgrenzung auf der einen Seite, das Eigenkapital auf der anderen Seite. Dieses Vorgehen beschreibt im Kern das Wesen der doppelten Buchführung, die (fast) jedes Unternehmen zur Erfassung aller Geschäftsvorfälle anwendet.

Diese Erfassungstechnik wurde in Italien im ausgehenden Mittelalter entwickelt, zu einer Zeit, in der das Rechnen mit Zahlen noch fast eine Wissenschaft darstellte. Folglich verrechneten sich die Kaufleute permanent. Dies führte insbesondere bei Rechtsstreitigkeiten zu Problemen. Durch die jeweils doppelte Verbuchung eines Geschäftsvorfalls schaffte die doppelte Buchführung automatisch die Möglichkeit, durch Saldenvergleiche Rechenfehler zu erkennen. Hierfür wurde diese Rechentechnik mit Lob geradezu überschüttet. So spricht *Goethe* z.B. von der Doppik als einer »der schönsten Erfindungen des menschlichen Geistes«. Diese Begeisterung mag heute (insbesondere im Grundstudium) verflogen sein, ebenso wie man wohl von der lückenlosen Beherrschung der vier Grundrechenarten ausgehen kann. Dennoch steht die Doppik als »die« kaufmännische Buchhaltungstechnik schlechthin immer noch ohne Konkurrenz da. Sie liefert zudem die Sichtweise, mit der in Fragen des externen Rechnungswesens argumentiert wird.

Grundlage für die doppelte Buchführung ist zunächst einmal die Bildung von Konten. Ein Konto ist nichts anderes als eine Gegenüberstellung von Additionen zu bzw. Subtraktionen von einer aus der Bilanz oder der Gewinn- und Verlustrechnung abgeleiteten Position. Auf der einen Seite des Kontos stehen demzufolge der Anfangsbestand und alle Zugänge (Additionen), auf der anderen Seite alle Abgänge (Subtraktionen) und der dar-

Doppelte Buchführung als
eine der schönsten
Erfindungen des
menschlichen Geistes

Begriff des Kontos

Grundtatbestände des Rechnungswesens

aus resultierende Endbestand. Da sich der Endbestand – auch Saldo genannt – aus dem Anfangsbestand zuzüglich der Zugänge abzüglich der Abgänge errechnet, müssen am Jahresende beide Kontenseiten – genau wie die Bilanz – ausgeglichen sein.

Die Bildung von Konten ist deshalb notwendig, weil man aus Gründen der Einfachheit und Überschaubarkeit nicht nach jedem Geschäftsvorfall eine neue Bilanz erstellen kann. In der doppelten Buchführung unterscheidet man zwei Typen von Konten: Bestandskonten und Erfolgskonten. *Bestandskonten* werden aus den einzelnen Positionen der Bilanz abgeleitet. Bezieht sich ein Bestandskonto auf eine Aktivposition, stehen der Anfangsbestand und die Zugänge auf der linken Seite des Kontos. Werden Bestandskonten dagegen aus der Passivseite der Bilanz abgeleitet, so verhält es sich genau spiegelbildlich (vgl. *Abbildung 2-2*). Unabhängig davon wird die linke Seite eines Kontos immer mit »Soll« bezeichnet, die rechte entsprechend mit »Haben«.

Unterscheidung von Bestands- und Erfolgskonten

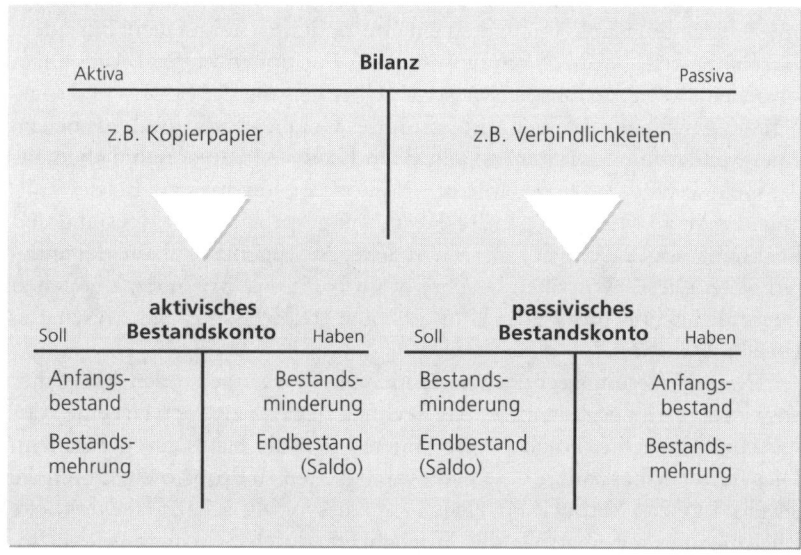

Abb. 2-2: Ableitung von Bestandskonten

Erfolgskonten lassen sich indirekt aus der Position Eigenkapital in der Bilanz ableiten: Wenn die more-copy-gmbh Miete zahlt oder Toner erwirbt, dann vermindert sich der Geldbestand, ohne dass dem zunächst ein neuer Vermögenswert auf der Aktivseite der Bilanz gegenübersteht. Also nimmt das Eigenkapital ab. Wenn die more-copy-gmbh dagegen Geld aus dem Verkauf von Kopien erzielt, dann wächst das Eigenkapital um diesen Betrag.

Um die Vielzahl unterschiedlicher Einflussfaktoren auf das Eigenkapital überschaubar darzustellen, wird für jeden von diesen ein Erfolgskonto gebildet: Für Aufwendungen ein Aufwandskonto, für Erträge ein Ertragskonto (vgl. *Abbildung 2-3*). Im Gegensatz zu Bestandskonten, bei denen regelmäßig beide Kontenseiten angesprochen werden, verzeichnet man bei Aufwandskonten grundsätzlich nur Zugänge auf der Sollseite, bei Ertragskonten grundsätzlich nur Zugänge auf der Habenseite. Anfangsbestände und Abgänge gibt es nur in Ausnahmefällen. Wie die Bestandskonten müs-

Bei Aufwandskonten verzeichnet man nur Vorgänge auf der Sollseite, bei Ertragskonten nur auf der Habenseite

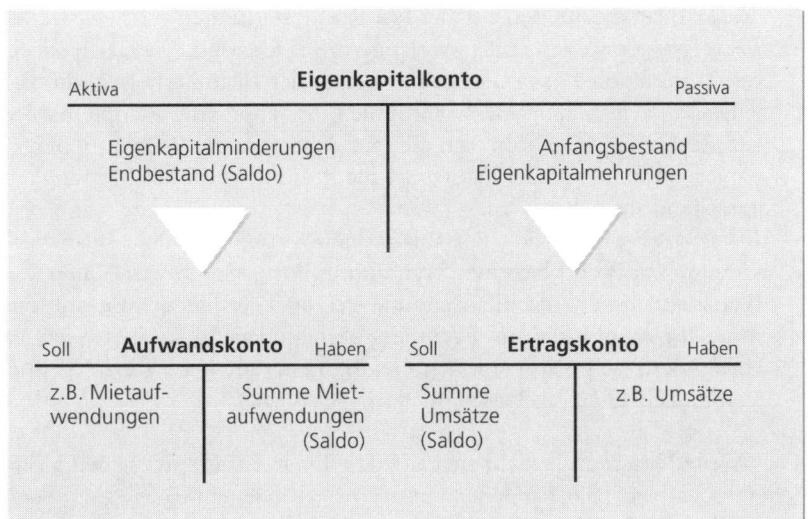

Abb. 2-3: Ableitung von
Erfolgskonten

sen auch Erfolgskonten am Jahresende ausgeglichen sein, indem bei Aufwandskonten auf der Habenseite und bei Ertragskonten auf der Sollseite die Summe der Aufwendungen bzw. Erträge als Saldo eingetragen wird.

Bevor festgestellt werden kann, ob sich die Position Eigenkapital erhöht oder vermindert hat, müssen die Summen der einzelnen Aufwands- und Ertragspositionen in der Gewinn- und Verlustrechnung gegeneinander aufgerechnet werden. Das Eigenkapital erhöht sich dann um den Überschuss der Erträge über die Aufwendungen bzw. vermindert sich um den Überschuss der Aufwendungen über die Erträge.

Jeder Geschäftsvorfall, der im Laufe eines Jahres anfällt, spricht mindestens zwei Konten an – mindestens ein Konto auf der Sollseite und mindestens ein anderes Konto auf der Habenseite. Die Summe der Beträge, die bei einem Geschäftsvorfall auf der Sollseite verbucht werden, muss identisch sein mit der Summe der Beträge, die im gleichen Geschäftsvorfall auf der Habenseite verbucht werden. Nur wenn diese Grundregel durchgängig befolgt wird, ist es möglich, dass am Jahresende alle Konten ausgeglichen sind. Damit ist der Jahresabschluss eine erste Kontrolle darüber, ob alle Geschäftsvorfälle richtig verbucht wurden.

Geschäftsvorfälle können nach mehreren Kriterien unterschieden werden. Zwei dieser Kriterien sind für das Verständnis des externen Rechnungswesens von besonderer Bedeutung. Das erste Kriterium bezieht sich auf die Auswirkung des Geschäftsvorfalls auf die Bilanzsumme (als Summe aller Positionen einer Seite der Bilanz). Hiernach können vier verschiedene Typen von Geschäftsvorfällen unterschieden werden:

Arten von Geschäftsvorfällen

- *Aktivtausch*: Ein Aktivtausch liegt vor, wenn ein Austausch zweier Bilanzpositionen auf der Aktivseite stattfindet. Dabei ändert sich die Bilanzsumme nicht. Erwirbt die more-copy-gmbh beispielsweise Kopierpapier gegen Barzahlung, so vermindert sich der Geldbestand, während sich die Position Kopierpapier um den gleichen Betrag erhöht.
- *Passivtausch*: Analog liegt ein Passivtausch vor, wenn ein Austausch

zweier Bilanzpositionen auf der Passivseite stattfindet.

- *Bilanzverlängerung.* Eine Bilanzverlängerung findet statt, wenn sich bei einer Transaktion Positionen beider Seiten der Bilanz erhöhen, die Bilanzsumme also zunimmt. Erwirbt die more-copy-gmbh Kopierpapier auf Rechnung, so erhöht sich auf der Aktivseite die Position Kopierpapier, während auf der Passivseite die Position Verbindlichkeiten entsprechend anwächst.
- *Bilanzverkürzung.* Analog zur Bilanzverlängerung liegt eine Bilanzverkürzung vor, wenn bei einer Transaktion Positionen beider Seiten der Bilanz abnehmen, die Bilanzsumme sich also vermindert. Bezahlt die more-copy-gmbh die auf Rechnung bestellte Palette Kopierpapier, so vermindern sich die Positionen Geldbestand (auf der Aktivseite) und Verbindlichkeiten (als Passivposition) gleichzeitig.

Das zweite Kriterium bezieht sich auf den Typ der angesprochenen Konten. Geschäftsvorfälle, bei denen ein Aufwands- oder ein Ertragskonto angesprochen wird, heißen *erfolgswirksam*, denn sie führen letztlich zu einer Erhöhung bzw. Verminderung des Eigenkapitals. Dies ist einleuchtend, da der Erfolg (Gewinn) eines Unternehmens (auch) darin gemessen wird, wie sich in einem bestimmten Zeitpunkt das Eigenkapital verändert. Beispiele für solche Geschäftsvorfälle sind die Bezahlung der Miete oder die Verbuchung der Umsatzerlöse aus dem Kopiergeschäft. Neben dieser formal anmutenden Erklärung können Sie den Begriff des erfolgswirksamen Geschäftsvorfalls aber auch anders interpretieren: Eine erfolgswirksame Buchung bedeutet, dass entweder Ressourcen, z.B. in Form von Rohstoffen, Vorprodukten, Arbeits- oder Maschinenleistung, verbraucht (Aufwand) oder Leistungen (z.B. über den Verkauf von Sachgütern oder Dienstleistungen an Dritte) erbracht wurden. Erst dann, wenn also ein Unternehmen »wirtschaftet«, d.h. durch Leistungserstellungsprozesse versucht, fremde Bedarfe zu decken, wird erfolgswirksam gebucht. Der Überschuss der Erträge über die Aufwendungen ist dann ein Indikator für den Überschuss aus dem Leistungserstellungsprozess, den wir nach dem ökonomischen Prinzip zu maximieren suchen. Geschäftsvorfälle dagegen, bei denen ausschließlich Bestandskonten angesprochen werden, heißen *erfolgsneutral*, denn sie berühren die Position Eigenkapital nicht und führen deshalb dort zu keiner Veränderung. Beispiele hierfür haben wir bei der zuvor skizzierten Typisierung bereits angesprochen; sie drücken keine Leistungserstellung im Unternehmen aus.

Ein einfaches Beispiel mag dies veranschaulichen: Wenn die more-copy-gmbh gegen eine Barzahlung von 5.000 Euro einen weiteren Kopierer erwirbt, findet zunächst noch keine Leistungserstellung statt. Wir buchen lediglich erfolgsneutral einen Aktivtausch, d.h. das Sachanlagevermögen (»Kopiergeräte«) erhöht sich, während sich der Kassenbestand um den gleichen Betrag verringert. Erst wenn die more-copy-gmbh den Kopierer tatsächlich nutzt und er deshalb am Ende des Jahres um einen angenommenen Betrag von 1.000 Euro abgeschrieben wird, findet eine erfolgswirksame Buchung statt.

Weiter wollen wir an dieser Stelle in die Geheimnisse der doppelten

Buchführung nicht eindringen. Die geschilderten Zusammenhänge sollten Ihnen die Vorgehensweise und die Art der Rechentechnik verdeutlichen. Eine Vielzahl der Regelungen, die der Gesetzgeber zur Gestaltung des Jahresabschlusses erlassen hat, wird Ihnen besser verständlich sein, wenn Sie die Grundregeln der doppelten Buchführung verinnerlicht haben.

3. Rechengrößen im betrieblichen Rechnungswesen

Das betriebliche Rechnungswesen unterscheidet vier verschiedene Begriffspaare:

- Einzahlungen und Auszahlungen,
- Einnahmen und Ausgaben,
- Aufwendungen und Erträge sowie
- Kosten und Erlöse.

Das Rechnungswesen unterscheidet vier Kategorien von Rechengrößen

Wir wollen in diesem Abschnitt untersuchen, wie diese Rechengrößen definiert sind und welche Bedeutung sie insbesondere für das externe Rechnungswesen haben.

3.1. Einzahlungen/Auszahlungen

Einzahlungen und Auszahlungen sind zweifellos die einfachsten Rechengrößen, die das betriebswirtschaftliche Rechnungswesen kennt. Mit beiden kommen Sie regelmäßig in Berührung, beispielsweise wenn Sie Lebensmitteleinkäufe bezahlen: Hier wechselt Geld seinen Besitzer. Erhöht sich der verfügbare Geldbestand, so liegt eine Einzahlung vor, vermindert er sich, haben wir es mit einer Auszahlung zu tun. Dabei ist der Unterschied, ob bar gezahlt wird oder in kurzfristigem Buchgeld (als Anspruch gegenüber Kreditinstituten auf Münzen und Banknoten) nicht bedeutsam. Zudem wird heute der Zahlungsverkehr ohnehin fast ausschließlich unbar abgewickelt. Man kann somit festhalten:

> Als Auszahlung bezeichnet man den Abfluss eines Bar- oder täglich fälligen Buchgeldbetrages an einen externen Geschäftspartner, als Einzahlung dessen Zufluss.

Jedes Unternehmen wickelt täglich eine Vielzahl von Ein- und Auszahlungen ab, ganze Abteilungen sind damit beschäftigt. Die meisten Einzahlungen resultieren aus dem Verkauf der Produkte, die meisten Auszahlungen aus der Beschaffung von Einsatzstoffen, der Entlohnung der Mitarbeiter und der Anschaffung von langlebigen Wirtschaftsgütern (Investitionen).

Ein- und Auszahlungen muss ein Unternehmen für die Sicherung seiner Liquidität stets im Auge haben

Ein- und Auszahlungen lassen sich weiter danach unterscheiden, welche Arten von Bar- und Buchgeld jeweils betroffen sind. So findet sich im Handelsrecht (§ 266 Abs. 2 HGB) die Bilanzposition »Kassenbestand,

Bundesbankguthaben, Guthaben bei Kreditinstituten und Schecks«. Wozu die Erfassung von Ein- und Auszahlungen dient, wurde schon im anfänglichen Fallbeispiel deutlich:

> Durch die Erfassung der Zahlungsein- und -ausgänge kann das Rechnungswesen (speziell die Finanzbuchhaltung) zu jedem Zeitpunkt eine Aussage über die Liquidität des Unternehmens treffen.

Wenn man weiß, dass ein zahlungsunfähiges Unternehmen einen Konkursantrag stellen muss, wird der Stellenwert einer Einzahlungs-Auszahlungs-Rechnung deutlich. Unternehmen führen deshalb regelmäßig derartige Rechnungen als Planung der Zahlungsbewegungen durch. Die rechts stehende *Abbildung 2-4* zeigt beispielhaft einen solchen Liquiditätsplan.

Für die Feststellung des geschäftlichen Erfolgs eines Unternehmens ist die Einzahlungs-Auszahlungs-Rechnung jedoch nur begrenzt geeignet: Die Auszahlungen für langfristig nutzbare Vermögensgegenstände (so genanntes Anlagevermögen) dürfen im Jahre der Anschaffung nicht voll in die Rechnung einfließen, sondern müssen – wie wir es bei der more-copy-gmbh am Beispiel des Kopierers gesehen haben – anteilig auf die Jahre der Nutzung aufgeteilt werden. Grund hierfür ist die dynamische Sichtweise der Bilanz: Anlagegegenstände stiften über das Jahr ihres Erwerbs hinaus Nutzen im Unternehmen. Deshalb müssen die mit ihnen verbundenen Auszahlungen auf die gesamte Nutzungsdauer verteilt werden.

Für die Feststellung des geschäftlichen Erfolgs eines Unternehmens ist die Einzahlungs-Auszahlungs-Rechnung nur begrenzt geeignet

Diese Sichtweise verliert lediglich dann ihre Bedeutung, wenn der *Totalerfolg* eines Unternehmens bestimmt werden soll, wobei man darunter den zwischen der Gründung und der Schließung insgesamt erzielten Gewinn bzw. Verlust bezeichnet. Wäre die more-copy-gmbh am Ende des Rumpfgeschäftsjahres von den drei Kommilitonen wieder geschlossen worden, hätte man letztlich nur das Bargeld zählen müssen, das sich nach Verkauf des Kopierers auf dem Bankkonto befunden hätte, um nach Abzug des eingezahlten Stammkapitals den Gesamtverlust zu ermitteln. Eine solche Betrachtung wird jedoch in der Praxis nur in Ausnahmefällen angestellt, da man in der Regel – wie auch die drei Kommilitonen in der more-copy-gmbh – vom Fortbestand des Unternehmens ausgeht. Deshalb lässt sich zusammenfassend festhalten:

> Obwohl sich der wirtschaftliche Erfolg eines Unternehmens grundsätzlich immer in Zahlungsüberschüssen niederschlägt, sind Zahlungen ungeeignete Instrumente, um periodengerechte Erfolge zu ermitteln.

3.2. Einnahmen/Ausgaben

Mit der nächsten Kategorie von Rechengrößen des betriebswirtschaftlichen Rechnungswesens entfernen wir uns etwas von der Sphäre der Geldbewegungen: Wir lösen uns von dem Definitionsmerkmal des »Bar- oder täglich fälligen Buchgeldbetrags« und beziehen auch Kreditvorgänge, Forderungen und Verbindlichkeiten in die Rechnung mit ein. Wir erhalten so das Netto-

I.	**Geldanfangsbestand**	
	Kasse	135.000 €
	Postscheckguthaben	25.000 €
	Bankguthaben	800.000 €
	SUMME	960.000 €

II.	**Ordentlicher Liquiditätsplan**	
	1. Einzahlungen aus der laufenden unternehmerischen Tätigkeit	
	aus Barumsätzen	198.650.000 €
	aus Zielumsätzen des Vorjahres	3.184.000 €
	aus Zinseinzahlungen	1.875.000 €
	für Dienstleistungen	255.000 €
	SUMME	203.964.000 €
	2. Auszahlungen aus der laufenden unternehmerischen Tätigkeit	
	für im Planjahr gekauftes Material	89.005.000 €
	für im Vorjahr auf Ziel gekauftes Material	4.007.000 €
	für Personal	105.750.000 €
	für Zinszahlungen	2.185.000 €
	für Dienstleistungen	50.000 €
	für Steuerzahlungen	1.255.000 €
	für Dividendenzahlungen	191.000 €
	SUMME	202.443.000 €
	3. Einzahlungsüberschuss aus dem laufenden Geschäft	1.521.000 €

III.	**Außerordentlicher Liquiditätsplan**	
	1. Kapitalübertragungen	
	Einzahlungen von Schuldnern	15.000 €
	Auszahlungen an Gläubiger	295.000 €
	SALDO	-280.000 €
	2. Investitionen/Desinvestitionen	
	Einzahlungen aus der Veräußerung von Maschinen und Immobilien	45.000 €
	Auszahlungen für den Erwerb von Maschinen und Immobilien	1.250.000 €
	SALDO	-1.205.000 €
	3. Einzahlungsüberschuss	-1.485.000 €

IV.	**Bestand an flüssigen Mitteln**	996.000 €

Abb. 2-4: Beispiel eines Liquiditätsplans

geldvermögen – auch Nettogeldposition genannt – eines Unternehmens, wenn wir zu Bar- und Buchgeld die kurzfristigen und die langfristigen Forderungen addieren und die kurz- und langfristigen Verbindlichkeiten subtrahieren. Damit gilt für den Begriff der Einnahmen und Ausgaben:

Unter Einnahmen versteht man die Zunahme der Nettogeldposition eines Unternehmens, unter Ausgaben dessen Abnahme.

Mit dem Rechnen mit Einnahmen und Ausgaben wird auf eine andere Zielsetzung abgestellt als mit dem Rechnen mit Einzahlungen und Auszahlungen: Während letztere dazu dienen, die aktuelle Liquiditätssituation eines

Unternehmens abzubilden, zielen Einnahmen und Ausgaben durch die Einbeziehung auch langfristiger Forderungen und Verbindlichkeiten darauf ab, eine derartige Abbildung für die *mittel- und langfristige Finanzlage* zu leisten.

Der unterschiedliche Betrachtungshorizont beider Sichten führt jedoch nicht nur zu einem zeitlichen Auseinanderfallen der beiden Begriffspaare, wie man es aus der folgenden Definition der Ausgaben von *Hummel* und *Männel* (1986, S. 66f.) herauslesen könnte: »Die Ausgaben einer Periode umfassen sämtliche Auszahlungen der Periode, die rechnerisch so korrigiert werden, als ob sämtliche entgeltlich erworbenen Güterzugänge dieser Periode tatsächlich auch in dieser Periode bezahlt würden und als ob Güterzugänge früherer oder späterer Perioden nicht erst bzw. schon in der laufenden Periode bezahlt würden«. Der unterschiedliche Betrachtungshorizont bedingt vielmehr auch unterschiedliche sachliche Inhalte der Begriffspaare: Erhöht sich der Geldbestand eines Unternehmens durch die Inanspruchnahme eines Kredits, so ändert sich zwar die kurzfristige Liquidität, nicht jedoch die (mittelfristige) Finanzlage, da das durch den Kredit erhaltene Geld später wieder zurückgezahlt werden muss. Folge: Die Krediteinzahlung ist nicht mit einer Krediteinnahme verbunden, letztere gibt es nach der oben aufgeführten Definition nicht. Will man Einnahmen und Ausgaben aus Einzahlungen und Auszahlungen ableiten, muss man deshalb einen etwas umständlichen Weg gehen (vgl. die *Abbildung 2-5*).

Einzahlungen/Auszahlungen unterscheiden sich von Einnahmen/Ausgaben nicht nur in zeitlicher Hinsicht

Einnahmen

= Einzahlungen, die nicht von Forderungsabgängen oder Schulden-
zugängen begleitet sind
(z.B. Barverkauf von Produkten, aber z.B. keine Inanspruchnahme eines
Bankkredits),

+ Forderungszunahmen, die nicht von Auszahlungen begleitet sind
(z.B. Zielverkauf von Produkten),

+ Schuldenabnahmen, die nicht von Auszahlungen begleitet sind
(z.B. Verkauf von Produkten an einen Lieferanten zur Begleichung
bestehender Verbindlichkeiten, aber z.B. keine Rückzahlung eines Bankkredits).

Ausgaben

= Auszahlungen, die nicht von Forderungszugängen oder Schuldenabgängen
begleitet sind (z.B. Lohnzahlungen, aber z.B. kein Mitarbeiterkredit),

+ Schuldenzunahmen, die nicht von Einzahlungen begleitet sind
(z.B. Einkauf von Rohstoffen auf Ziel, aber z.B. keine Aufnahme eines
Bankkredits),

+ Forderungsabnahmen, die nicht von Einzahlungen begleitet sind
(z.B. nachträgliche Preiszugeständnisse aufgrund von Qualitätsmängeln).

Abb. 2-5: Bestandteile von
Einnahmen und Ausgaben

Ausgaben und Einnahmen markieren jeweils (rechtlich markante) Übergänge von der Geld- in die Gütersphäre und umgekehrt.

Werden Waren oder Leistungen eingekauft (gegen Geld oder Geldversprechen), liegt eine Ausgabe vor. Bei einem Kauf gegen Geld liegt neben der Ausgabe auch eine Auszahlung vor, bei einem Kauf gegen Geldversprechen, d.h. auf Kredit, liegt lediglich eine Ausgabe vor. Die Auszahlung erfolgt dann, wenn die offen stehende Verbindlichkeit beglichen wird. Analoges gilt für den Verkauf von Waren oder Leistungen. Ändert die Nettogeldposition eines Unternehmens lediglich ihre Struktur (Bargeld, Buchgeld, Forderungen, Verbindlichkeiten, Wertpapiere), so kann damit keine Einnahme oder Ausgabe verbunden sein: Der Geldbestand insgesamt nimmt weder zu noch ab.

Es ist einleuchtend, dass Einnahmen und Ausgaben für die Ermittlung der Liquiditätssituation denkbar ungeeignet sind. Auch der Ermittlung von Periodenerfolgen kann das Begriffspaar – ähnlich wie Zahlungen – nicht gerecht werden. Für das externe Rechnungswesen sind Einnahmen und Ausgaben deshalb nur dann von Bedeutung, wenn man von Zahlungsmittelzu- und -abflüssen unabhängig von deren Zeitpunkt sprechen will.

3.3. Erträge/Aufwendungen

Mit den beiden nun zu diskutierenden Rechengrößen Aufwendungen und Erträge verlassen wir die Geldsphäre und wenden uns der Funktion des Rechnungswesens zu, Periodenerfolge zu bestimmen.

Den dafür zu vollziehenden grundsätzlichen Schritt haben wir bereits kennen gelernt, nämlich als es im Fallbeispiel um die Höhe der Wertminderung für den Kopierer am Jahresende ging. Bei der Anschaffung von Anlagen liegen nämlich Ausgaben zugrunde, die nicht allein das Jahr betreffen, in dem sie anfallen. Die Ausgaben müssen »periodengerecht« auf die einzelnen Abrechnungsperioden verteilt werden. Das diesem Vorgehen zugrunde liegende Verständnis von Periodenerfolgen sei der Deutlichkeit halber an einem Zahlenbeispiel veranschaulicht.

Erträge und Aufwendungen sind Erfolgsgrößen

Die *Abbildung 2-6* (vgl. Folgeseite) zeigt ein neu gegründetes Unternehmen, das für die geplante Dauer seiner Geschäftstätigkeit von zehn Jahren einen Erfolgsplan aufstellen will. Ausgangspunkt sind die erwarteten Betriebseinnahmen und -ausgaben, die in den ersten beiden Zeilen ausgewiesen sind. In den darauf folgenden vier Zeilen schließt sich der Investitionsplan an. Beschafft werden stets die gleichen Maschinen, die eine Nutzungsdauer von fünf Jahren besitzen. Diese Daten reichen aus, um eine Erfolgsprognose abzugeben. Der im ersten Teil der Abbildung ausgewiesene Maschinenbestand lässt sich dabei einfach durch die Kumulierung der Zugänge abzüglich der Abgänge (nach jeweils fünfjähriger Nutzungsdauer) ermitteln.

Ein Beispiel zur Veranschaulichung

Führt man die Erfolgsprognose allein auf der Basis von Einnahmen und Ausgaben durch, so erhält man in den ersten Jahren stark negative, ab dem 6. Jahr positive Ergebnisse. Die Periodisierung der Investitionsausgaben (al-

Grundtatbestände des
Rechnungswesens

Jahre	1	2	3	4	5	6	7	8	9	10
Summe der Einnahmen	100	130	190	250	260	270	270	220	200	130
Summe der Ausgaben (ohne Investitionen)	60	60	60	60	60	60	60	60	60	60
Einnahmenüberschuss	40	70	130	190	200	210	210	160	140	70
Investitionen										
• Zahl der Maschinen	1	2	3	4	4	4	0	0	0	0
• Preis pro Maschine	50	50	50	50	50	50				
• Nutzungsdauer	5	5	5	5	5	5				
• Maschinenbestand	1	3	6	10	14	17	15	12	8	4

(a) Gewinnermittlung mit Hilfe einer »reinen« Einnahmen-Ausgaben-Rechnung

Investitionsausgaben	50	100	150	200	200	200	0	0	0	0
Einnahmenüberschuss	40	70	130	190	200	210	210	160	140	70
Gewinn/Verlust	-10	-30	-20	-10	0	10	210	160	140	70
Gewinn/Verlust kumuliert	-10	-40	-60	-70	-70	-60	150	310	450	520

(b) Gewinnermittlung unter periodengerechter Verteilung der Investitionsausgaben

Anteilige Investitionsausgaben	10	30	60	100	140	170	150	120	80	40
Einnahmenüberschuss	40	70	130	190	200	210	210	160	140	70
Gewinn/Verlust	30	40	70	90	60	40	60	40	60	30
Gewinn/Verlust kumuliert	30	70	140	230	290	330	390	430	490	520

(c) Gewinndifferenz

Pro Periode	40	70	90	100	60	30	-150	-120	-80	-40
Kumuliert	40	110	200	300	360	390	240	120	40	0

Abb. 2-6: Gegenüberstellung
unterschiedlicher Perioden-
erfolgskonzepte

so die anteilige Verrechnung der 50 GE in gleichen Raten von 10 GE auf die fünf Jahre der Nutzungsdauer) zeigt dagegen ein völlig anderes Bild: Hier sind vergleichsweise niedrigere, aber regelmäßig positive Gewinne zu verzeichnen. Betrachtet man die Gewinndifferenzen, so belaufen sie sich auf immerhin bis zu 150 GE in der 7. Periode. Lediglich kumuliert betrachtet, d.h. über die Totalperiode gerechnet, führen beide Vorgehensweisen zum gleichen Ergebnis.

Wie schon im Fallbeispiel angeklungen, interpretiert man diese Abweichungen, die im letzten Teil der *Abbildung 2-6* der Deutlichkeit halber gesondert ausgewiesen sind, als Fehler im Erfolgsausweis. Als Urteilsbasis bezieht man sich dabei auf eine bestimmte Interpretation des ökonomischen Wertbegriffs: Ein ökonomischer Wert liegt dann vor, wenn der zugehörige Vermögensgegenstand in der aktuellen und/oder zukünftigen Periode(n) dem Unternehmen noch Nutzen stiften wird.

Ein ökonomischer Wert liegt
dann vor, wenn ein Gegen-
stand in der Zukunft Nutzen
stiften kann

Damit ist der Wert einer Maschine nicht im Zeitpunkt ihrer Anschaffungsausgabe (merke: der Begriff Ausgabe verweist darauf, dass es irrelevant ist, ob die Maschine gegen Barzahlung erworben wird oder aber auf Kredit erworben wird) bereits verzehrt, sondern vermindert sich nur sukzessiv. Je mehr ein Unternehmen durch Investitions- oder Desinvestitionstätigkeit seine Kapazität ausweitet oder einschränkt, desto mehr weicht das mittels einer Einnahmen-Ausgaben-Rechnung bestimmte Ergebnis vom »richtigen« Gewinn (nach unten oder nach oben) ab. Um derartige Fehler nicht zu begehen, wurden die Rechengrößen Aufwendungen und Erträge gebildet.

> Unter Bezug auf den Wertebegriff lässt sich Aufwand kurz als der Verbrauch von Werten (d.h. bewerteten Ressourcen oder Inputfaktoren) bezeichnen. Erträge kennzeichnen dementsprechend die Entstehung von Werten (d.h. bewertete Sach- und Dienstleistungen)

Zur Erfassung beider Rechengrößen reicht es nicht aus, den Güterverkehr an der Schnittstelle Unternehmen – Markt abzubilden, so wie dies in der Einnahmen-Ausgaben-Rechnung geschieht. Zur Erfassung von Werteentstehung und Werteverzehr muss man auch – zumindest rudimentär – güterwirtschaftliche Prozesse im Betrieb berücksichtigen.

Ein Beispiel: Erhält ein Unternehmen eine Rohstoffsendung vom Lieferanten, so ist mit diesem Güterzugang eine Ausgabe verbunden. Da die Rohstoffe noch im Lager liegen, entspricht der entstandenen Verbindlichkeit bzw. dem gezahlten Geldbetrag ein Lagerbestandswert in exakt gleicher Höhe. Im Normalfall wird so innerhalb eines Aktivtauschs Geld bzw. Geldversprechen gegen ein Sachgut eingetauscht. Diese Transaktion ist erfolgsneutral: Das Eigenkapital ändert sich nicht, ein Gewinn oder Verlust wird in dieser Situation noch nicht ausgewiesen.

Ein veranschaulichendes
Beispiel

Ein erfolgswirksamer Werteverzehr – und damit ein Aufwand – tritt erst dann auf, wenn der Rohstoff vom Lager genommen und in einem Produktionsprozess als Einsatzfaktor verbraucht wird. Eine entsprechende Aufwandsbuchung erfolgt dann, wenn der Güterverbrauch festgestellt wurde. Im Grenzfall reicht es dazu aus, diese Ermittlung nur einmal im Jahr, nämlich am Jahresende mittels einer Inventur, vorzunehmen. Im Normalfall wird der Verbrauch dagegen kontinuierlich (im Rahmen der Materialbuchhaltung) erfasst.

Nicht jedem Werteverzehr liegt jedoch ein Güterverzehr, nicht jeder Werteentstehung eine Güterentstehung zugrunde. Deshalb kann man Aufwendungen (Erträge) nicht vollständig aus Ausgaben (Einnahmen) ableiten. Dies wird unmittelbar am Beispiel von Zinszahlungen deutlich. Wenn ein Unternehmen für aufgenommenes Fremdkapital Zinsen an die Bank zahlen muss, findet nur eine Geld-, keine Güterbewegung statt; trotzdem liegt ein Werteverzehr für das Unternehmen vor. Analoges gilt für den Fall von Habenzinsen. Eine Reihe ähnlich gelagerter Geschäftsvorfälle werden wir in den folgenden Kapiteln noch kennen lernen.

Fragt man danach, welche wichtigen Arten von Aufwendungen und Erträgen man auseinander halten muss, so leistet das Handelsrecht – im Gegensatz zu Ausgaben und Einnahmen – eine beträchtliche Hilfestellung: Der § 275 Abs. 2 HGB listet bei der Beschreibung der Gewinn- und Verlustrechnung einer Kapitalgesellschaft – neben einigen Ergebniszeilen – folgende Aufwands- und Ertragsarten auf:

Das HGB führt unterschiedliche Ertrags- und Aufwandsarten auf – in hoher Detaillierung

Erträge

- Umsatzerlöse
- Erhöhungen des Bestands an fertigen und unfertigen Erzeugnissen
- andere aktivierte Eigenleistungen
- sonstige betriebliche Erträge
- Erträge aus Beteiligungen
- Erträge aus anderen Wertpapieren und Ausleihungen des Finanzanlagevermögens
- sonstige Zinsen und ähnliche Erträge
- außerordentliche Erträge

Aufwendungen

- Verminderungen des Bestands an fertigen und unfertigen Erzeugnissen
- Materialaufwand
- Personalaufwand
- Abschreibungen
- sonstige betriebliche Aufwendungen
- Abschreibungen auf Finanzanlagen und auf Wertpapiere des Umlaufvermögens
- Zinsen und ähnliche Aufwendungen
- außerordentliche Aufwendungen
- Steuern.

Der Erfolg des Unternehmens ist für viele Adressaten von zentraler Bedeutung

An dieser sehr ausführlichen, im Gesetzestext selbst vorgenommenen Untergliederung lässt sich schon ablesen, welch große Bedeutung Aufwendungen und Erträgen als Rechengrößen für die externe Rechnungslegung zukommt. Der Grund hierfür sollte an dieser Stelle klar sein: Aufwendungen und Erträge bestimmen den Erfolg eines Unternehmens, und dieser wiederum steht im Mittelpunkt des Interesses einer Vielzahl unterschiedlicher externer Adressaten des Rechnungswesens.

In der GuV wird nach ordentlichen und außerordentlichen Einflüssen differenziert

Von den drei bislang genannten Begriffspaaren werden es deshalb Aufwendungen und Erträge sein, mit denen wir uns im ersten Teil dieses Lehrbuchs am meisten zu beschäftigen haben. Deshalb ist es hier nicht erforderlich, die einzelnen in der obigen Aufzählung genannten Aufwands- und Ertragsarten näher zu erklären. Deutlich werden sollte nur das Grundprinzip, nach dem diese gebildet werden: Primär wird danach differenziert, ob es sich um »ordentliche«, d.h. für den normalen Geschäftsverlauf typische Aufwendungen bzw. Erträge oder um der Art, der Höhe oder der Zeit nach »außerordentliche« Erfolgsgrößen handelt, sekundär nach der Zugehörigkeit zur güterwirtschaftlichen oder finanzwirtschaftlichen Sphäre und tertiär schließlich nach dem Kriterium »Art des verbrauchten bzw. entstandenen Gutes«. Diese Strukturierung wird eine wichtige Hilfestellung sein, wenn wir uns abschließend dem Unterschied zwischen den Begriffspaaren Erträge/Aufwendungen und Erlöse/Kosten zuwenden.

3.4. Erlöse/Kosten

Kosten und Erlöse sind – wenn sich solche historisierenden Aussagen überhaupt treffen lassen – von allen Rechengrößen des betrieblichen Rechnungswesens als letzte »erfunden« worden. Dies zeigt sich allein schon daran, dass bis heute der Gegenbegriff der Kosten nicht einheitlich festgelegt ist. Lange Zeit verwendete man hierfür den Terminus »Leistungen«. Dies erwies sich aber insofern als unglücklich, als Leistungen im normalen Sprachgebrauch eher als ein materielles (Sachleistung) oder immaterielles Gut (Dienstleistung) verstanden wird, das – sofern es verkauft wird bzw. werden soll – in einem zusätzlichen Schritt mit einem Preis versehen werden muss. Mit Leistungen bezeichnet man deshalb heute überwiegend das Mengengerüst der Erlöse (z.B. Leistung als Absatzmenge, Erlös als fakturierter Umsatz).

Weiterhin lässt sich feststellen, dass die externe Rechnungslegung grundsätzlich auf die Rechengrößen Kosten und Erlöse verzichten kann, auch wenn häufig die entsprechenden Begriffe im Gesetzestext zu finden sind. So ist etwa im § 255 HGB von »Anschaffungs- und Herstellungskosten« die Rede, während der § 275 HGB von »Vertriebskosten« und »Umsatzerlösen« spricht. Bei näherem Hinsehen erkennt man jedoch schnell, dass der Gesetzgeber mit dieser Formulierung allenfalls dem in den Unternehmen herrschenden Sprachgebrauch Folge leistet; gemeint sind stets jeweils Aufwendungen oder Erträge. So heißt es z.B. in § 255 Abs. 1 HGB explizit:»Anschaffungskosten sind die Aufwendungen, die geleistet werden, um einen Vermögensgegenstand zu erwerben und ihn in einen betriebsbereiten Zustand zu versetzen...«.

Alle drei bisher betrachteten Begriffspaare sind – so haben wir erkannt – auf spezielle Fragestellungen ausgerichtet, Erfolg (Rentabilität) und Liquidität werden als zentrale unternehmerische Zielgrößen von ihnen abgedeckt. Wozu nun noch Kosten und Erlöse?

Die Antwort auf diese Frage wird sichtbar, wenn Sie sich an den Schluss des einführenden Fallbeispiels zurückerinnern. Dort wurde das Rechnungswesen als ein Instrument zur Bereitstellung zielorientierter Informationen vorgestellt, das in seinem externen Teil (primär) externen Adressaten dient. Diese besitzen unterschiedliche Informationsinteressen. Deshalb muss es sich bei der im Handelsrecht kodifizierten »Version« zwangsläufig um einen Kompromiss handeln, in dem der Selbstinformation der Unternehmensleitung nur eine geringe Bedeutung zugemessen wird. Der Gesetzgeber kann zu Recht davon ausgehen, dass die Unternehmen dazu in der Lage sind, sich für eigene Informationszwecke ein eigenständiges, von den handelsrechtlichen Pflichten losgelöstes Rechnungslegungsinstrument zu gestalten. Just für dieses sind die beiden Rechengrößen Kosten und Erlöse gebildet worden.

Fragt man danach, welcher Gesichtspunkt für die Definition von Kosten und Erlösen im Gegensatz zur Definition von Aufwendungen und Erträgen relevant ist, so führt dies zum Definitionsmerkmal der Betriebszweckbezogenheit.

Grundtatbestände des Rechnungswesens

Kosten werden üblicherweise als bewerteter, betriebszweckbezogener Güterverzehr definiert, Erlöse analog als bewertete, betriebszweckbezogene Güterentstehung.

Ein Großteil der Aufwendungen (Erträge) stimmt mit den Kosten (Erlösen) überein

Zunächst einmal besteht zwischen Aufwendungen und Kosten bzw. Erträgen und Erlösen ein erheblicher Übereinstimmungsbereich. Dies wird z.B. auch daran deutlich, dass die Kostenrechnung in der Praxis standardmäßig auf der Finanzbuchhaltung aufbaut, einen Großteil der Daten unverändert aus dieser (als so genannte »Grundkosten«) übernimmt. Speziell interne Informationsinteressen haben jedoch bei einem geringeren Teil der Kosten und Erlöse drei grundsätzlich mögliche, zu unterschiedlichen Wertansätzen führende Konsequenzen:

- Abweichungen in der Mengenbasis, d.h. beim Volumen der(s) anzusetzenden Güterentstehung (Güterverbrauchs),
- Abweichungen im Wertansatz und
- Abweichungen im Zeitpunkt des Ausweises.

Betriebsfremde Aufwendungen

Abweichungen in der Mengenbasis können aus zwei Gründen entstehen: Es gibt Güterverbräuche, die aufwands-, aber nicht kostenwirksam sind, umgekehrt aber auch solche, die zu Kosten, nicht jedoch zu Aufwand führen. Entsprechendes gilt für Erträge. Erstere sind die so genannten »betriebsfremden« oder neutralen Aufwendungen und Erträge als solche, die durch Aktivitäten des Unternehmens entstehen, die nichts mit dem eigentlichen Betriebszweck zu tun haben. Im Falle eines Industrieunternehmens können dies Mieterträge aus Werkswohnungen sein, Spenden für karitative Zwecke, aber auch die zu zahlenden Schuldzinsen gelten als so genannter betriebsfremder Aufwand.

Zusatzkosten

Die zweite Gruppe sind die so genannten »Zusatzkosten«. Darunter fallen beispielsweise kalkulatorische Zinsen für das zur Verfügung gestellte Eigenkapital. Als Grund für den Ansatz von kalkulatorischen Eigenkapitalzinsen wird häufig folgende Überlegung angeführt: Gewinne, die an die Eigenkapitalgeber ausgeschüttet werden, sind keine Aufwendungen im Sinne des externen Rechnungswesens. Da aber ein Entgelt für die Zurverfügungstellung von Eigenkapital erwartet wird, muss dieses erwartete Entgelt intern als Kostenposition geführt werden – um beispielsweise solche Preise, die auf Basis der anfallenden Kosten kalkuliert werden, nicht zu niedrig anzusetzen.

Anderskosten

Abweichungen im Wertansatz führen dazu, dass die Aufwendungen und Erträge des externen Rechnungswesens »umbewertet« werden. Das bekannteste Beispiel sind hier Abschreibungen, für die in der internen Rechnung häufig ein höherer Wert angesetzt wird als im externen Rechnungswesen. Dies geschieht dann, wenn nicht – wie gesetzlich vorgeschrieben – der Anschaffungswert als Grundlage für die Abschreibungen gewählt wird, sondern der prognostizierte – in der Regel (deutlich) höhere – Wiederbeschaffungswert. Im Falle solcher »umbewerteten« Aufwendungen und Erträge spricht man auch von »*Anderskosten*« bzw. »Anderserlösen«.

Schließlich kommen wir zu den Abweichungen im Zeitpunkt des Ausweises. Ziel einer Kosten- und Erlösrechnung ist häufig die Periodenge-

rechtigkeit: Außerordentliche Ereignisse, wie beispielsweise ein nicht versi-
cherter Brandschaden, sollen nicht der Periode ihres Anfalls zugerechnet
werden, wie im externen Rechnungswesen vorgeschrieben. Solche außerordentlichen Aufwendungen werden für die interne Rechnungslegung
wiederum als neutrale Kosten ausgesondert: Die einzelne Periode »kann
nichts dafür«, dass dieser Aufwand anfällt. Stattdessen wird ein durchschnittlicher »normalisierter« Betrag innerhalb der Anderskosten angesetzt
– in diesem Fall als kalkulatorische Wagnisse –, der über die Jahre verteilt
solche außerordentlichen Aufwendungen auffangen soll.

4. Grundtatbestände des Rechnungswesens nach IFRS

Auch das Rechnungswesen nach IFRS setzt sich aus den Bestandteilen
Buchführung, Inventar und Abschluss zusammen. Zwei Unterschiede sind
allerdings im Gegensatz zum HGB zu beachten:

- Buchführung und Inventar sind in den IFRS nicht geregelt, sondern sie
  werden als Grundlagen für die Erstellung der Abschlüsse implizit vorausgesetzt. Sie unterliegen damit nationalen Gepflogenheiten, die allerdings an die Besonderheiten der IFRS anzupassen sind. So sind z.B. in
  das Inventar für den IFRS-Abschluss auch selbsterstelltes immaterielles
  Anlagevermögen wie selbst entwickelte Patente oder Software aufzunehmen, da diese – im Gegensatz zum HGB-Abschluss – nach IAS 38
  bilanzierungspflichtig sind. In das Inventar, das einem HGB-Abschluss
  zugrunde liegt, würden solche Vermögenswerte nicht aufgenommen, da
  sie gem. § 248 Abs. 1 HGB nicht bilanzierungsfähig sind.
- Die im HGB vorgenommene systematische Trennung von Jahres- bzw.
  Einzel- und Konzernabschluss findet sich in dieser Deutlichkeit in den
  IFRS nicht wieder. Der Ansatz ist hier pragmatischer: Ein Unternehmen, das einen Abschluss nach IFRS aufstellt und das gleichzeitig Mutterunternehmen in einem Konzern ist, muss diesen Abschluss als Konzernabschluss aufstellen. Hintergrund ist die fehlende Regelung der
  Ausschüttungsbemessung in den IFRS, die den nationalen Gesetzge-
  bern vorbehalten bleibt, und die ausschließliche Fokussierung auf die
  Vermittlung von Informationen für Investoren.

Im Gegensatz zu den Vorschriften des HGB zum Einzelabschluss verlangen die IFRS in IAS 1 sowie zum Teil auch in anderen Standards sehr viel
mehr Rechnungslegungsinstrumente im Einzel- bzw. Konzernabschluss.
Neben der Bilanz (Balance Sheet), der Gewinn- und Verlustrechnung (Income Statement), dem Anhang (Notes) – der typischerweise sehr viel mehr
Informationen enthalten muss als im Anhang nach HGB – sind diese zusätzlichen Rechnungslegungsinstrumente insbesondere

- die *Kapitalflussrechnung* (Cash Flow Statement, IAS 7), die Veränderung
  des Zahlungsmittelbestands (Cash and Cash Equivalents) im Laufe des
  Geschäftsjahres beschreibt,

Die IFRS verlangen deutlich
mehr Rechnungslegungsin-
strumente als das HGB für
den Einzelabschluss

- die *Segmentberichterstattung* (Segment Reporting, IAS 14), die Unternehmensaktivitäten disaggregiert nach Geschäftsfeldern und Regionen zeigt, da sich Vermögen und Erfolg in den einzelnen Segmenten sehr unterschiedlich entwickeln können und diese Information für Kapitalanleger sehr hilfreich ist,
- die *Eigenkapitalveränderungsrechnung* (Statement of Changes in Equity, IAS 1), die Veränderungen des Eigenkapitals z.B. durch Kapitaltransaktionen mit den Eigentümern oder durch bestimmte erfolgsneutrale Buchungen darstellt,
- die *Angaben zu nahe stehenden Personen und Unternehmen* (Related Party Statement, IAS 24), in denen Geschäfte des Unternehmens mit solchen Transaktionspartnern aufgezeigt werden, die z.B. mit dem Management des Unternehmens persönlich oder wirtschaftlich verflochten sind. Gibt z.B. der Vorstand einer Aktiengesellschaft einen Beratungsauftrag an seine Ehefrau, so ist darüber nach IAS 24 zu berichten, da aus diesem Vertrag ja möglicherweise Nachteile für das Unternehmen, z.B. aus überhöhten Honorarvereinbarungen, entstehen könnten, und
- die *Zwischenberichterstattung* (Interim Financial Reporting, IAS 34), die halbjährlich oder quartalsweise z.B. in manchen Börsensegmenten wie dem DAX gefordert wird und die Investoren auch unterjährig über die Unternehmensentwicklung informieren soll.

Alle diese Rechnungslegungsinstrumente sollen dazu beitragen, dass die Investoren als Hauptadressaten des IFRS-Abschlusses möglichst umfangreiche Informationen über das betrachtete Unternehmen erlangen, um ihre Anlageentscheidungen so gut wie möglich zu fundieren. Im Gegensatz zum HGB-Abschluss fehlt allerdings interessanterweise in den IFRS die Vorschrift zur Aufstellung eines zukunftsorientierten Lageberichts, der lediglich empfohlen wird; hier arbeitet das IASB aktuell jedoch an einem entsprechenden Standard.

Wer von Ihnen aufmerksam den ein oder anderen Geschäftsbericht von – noch – nach HGB bilanzierenden Börsengesellschaften aus den letzten Jahren liest, dem wird allerdings auffallen, dass auch deutsche Unternehmen den HGB-Konzernabschluss durch die oben dargestellten Rechnungslegungsinstrumente ergänzen. Seit 1999 wurden diese Rechnungslegungsinstrumente nämlich bei den Überarbeitungen des HGB sowie in den Standards des DRSC auch für die Konzernrechnungslegung nach HGB zumindest für kapitalmarktorientierte Konzerne für verpflichtend erklärt. Für die Mehrheit der nicht kapitalmarktorientierten deutschen Unternehmen bzw. im Einzelabschluss sind diese Rechnungslegungsinstrumente aber auch heute noch allenfalls freiwillig zu erstellen.

Blicken wir nun auf die *Rechengrößen* des betrieblichen Rechnungswesens, so ist zunächst festzuhalten, dass auch die Rechnungslegungsinstrumente im IFRS-Abschluss darauf zurückgreifen. Betrachtet man zunächst die zahlungsorientierten Rechengrößen, so fällt jedoch auf, dass für die IFRS eine eigenständige Abgrenzung von Einnahmen und Ausgaben zwar rein technisch gesprochen möglich ist, letztlich aber für die Diskussion innerhalb der IFRS keine Rolle spielt. Sehr viel größere Bedeutung besitzen Einzahlungen bzw. Auszahlungen, die auch als Cashflows bezeichnet werden, und die für jedes Geschäftsjahr im Rahmen der Kapitalflussrechnung in drei verschiedenen Kategorien ausgewiesen werden:

- Cashflow aus laufender Geschäftstätigkeit, also Ein- und Auszahlungen aus laufenden Verkäufen von zu Absatzzwecken produzierten Sachgütern und Dienstleistungen und die damit verbundenen Zahlungen für Rohstoffe, Vorprodukte und Gehälter, aber auch für Zinsen und Steuern,
- Cashflow aus Investitionstätigkeit, also für den Erwerb bzw. aus dem Verkauf von Sach- und Finanzanlagen, und
- Cashflow aus Finanzierungstätigkeit, also aus Kapitaltransaktionen mit Eigentümern und Gläubigern.

Wir werden die Kapitalflussrechnung in Kapitel 10 unter dem Stichwort »Finanzierungsanalyse« noch einmal aufgreifen – wer sich jetzt schon für das genaue Aussehen dieses Rechnungslegungsinstruments interessiert, sei auf *Abbildung 10-8* verwiesen.

Last but not least werden auch die Aufwendungen und Erträge innerhalb der IFRS etwas anders behandelt als in der Rechnungslegung nach HGB. Hier unterscheiden die IFRS explizit zwischen zwei Typen: Den Aufwendungen und Erträgen aus der planmäßigen betrieblichen Tätigkeit; sie werden als »expense« bzw. als »income« bezeichnet, und den Aufwendungen und Erträgen, die entweder außerplanmäßig oder aber außerbetrieblich anfallen. Sie werden zwar ebenfalls in der IFRS-Rechnungslegung gezeigt, aber als »loss« bzw. als »gain« bezeichnet, wobei in der Regel die Steuereffekte schon mit eingerechnet werden (»net of tax«):

Unterschiede gibt es auch bei den grundlegenden Rechengrößen

- Erwirtschaftet die more-copy-gmbh z.B. Umsatzerlöse in Höhe von 10.000 Euro aus dem Kopiergeschäft, dann werden diese als »income« klassifiziert und in dieser Höhe im in der Gewinn- und Verlustrechnung nach IFRS ausgewiesen.
- Verkauft die more-copy-gmbh dagegen einen Kopierer mit einem Buchwert von 3.500 Euro für 4.000 Euro an ein befreundetes Unternehmen und liegt die Steuerquote annahmegemäß bei 40%, würde in der entsprechenden IFRS-Gewinn- und Verlustrechnung ein »gain« in Höhe von (4.000 Euro - 3.500 Euro) x 60% = 300 Euro gezeigt, d.h. ein außerplanmäßiger und auch außerbetrieblicher Gewinn unter Berücksichtigung der darauf anfallenden Steuerbelastung.

5.   Zusammenfassung

Das externe Rechnungswesen setzt sich aus drei grundlegenden Bestandteilen zusammen:

- der *Buchführung* als vollständige Aufzeichnung aller Geschäftsvorfälle,
- dem *Inventar* als vollständiges Verzeichnis von Vermögen und Schulden des Kaufmanns und
- dem *Jahresabschluss*, der sich aus der Bilanz, der Gewinn- und Verlust-

rechnung sowie – bei Kapitalgesellschaften – dem Anhang zusammensetzt.

Zusätzlich müssen mittelgroße und große Kapitalgesellschaften einen Lagebericht aufstellen. Externen Adressaten wird in der Regel jedoch nur der Jahresabschluss offen gelegt.

Die allgemein angewendete Rechenmethodik im externen Rechnungswesen ist die doppelte Buchführung. Sie stellt sicher, dass durch die zweifache Verbuchung jedes Betrags – nämlich auf einer Soll- und einer Habenseite – nach Erstellung des Jahresabschlusses alle Konten ausgeglichen sind. Dies ist eine erste Rechenkontrolle dafür, dass alle Geschäftsvorfälle korrekt verbucht worden sind. Innerhalb dieser Buchungen unterscheidet man unter anderem erfolgsneutrale Buchungen, die die Eigenkapitalposition in der Bilanz nicht berühren und damit weder zu Gewinn noch zu Verlust führen, und erfolgswirksame Buchungen, die das Eigenkapital letztlich erhöhen oder vermindern und damit auch die Höhe von Gewinn oder Ver-

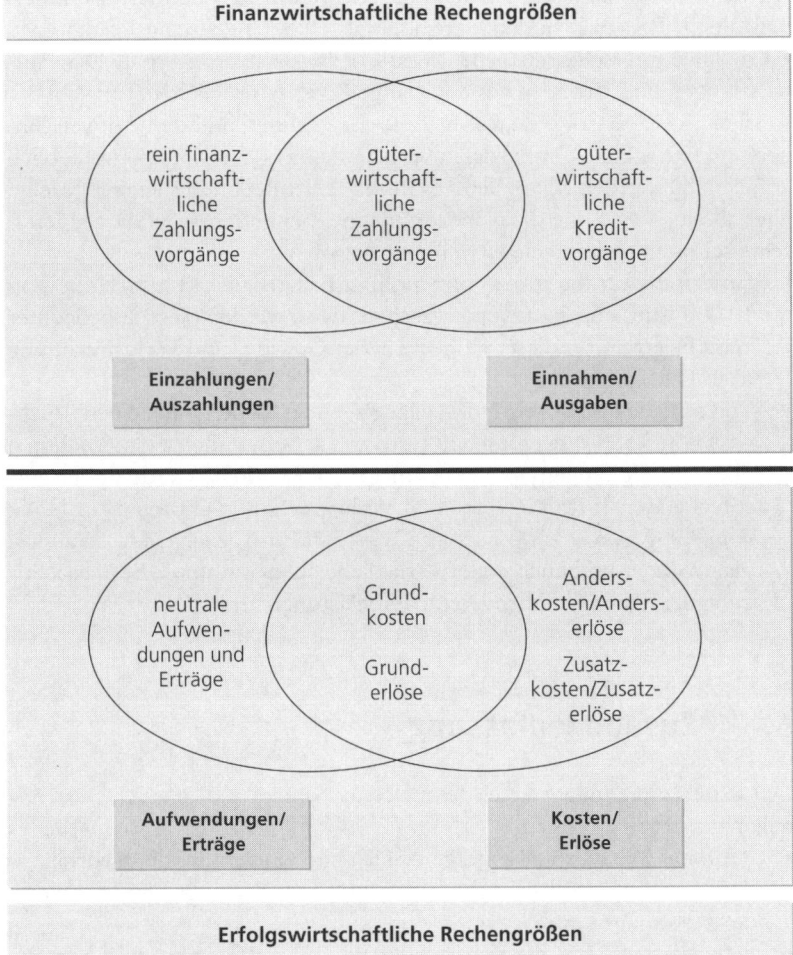

Abb. 2-7: Überblick über die Grundbegriffe des Rechnungswesens

lust beeinflussen. Alle Buchungen, die Aufwendungen und Erträge als Rechengrößen beinhalten, sind im Kern derartige erfolgswirksame Buchungen. Aus diesem Grund sind diese beiden Rechengrößen in der doppelten Buchführung von besonderer Bedeutung. Sie werden ergänzt durch andere Rechengrößen: Einzahlungen und Auszahlungen als Vermehrung bzw. Verminderung des Bar- und täglich fälligen Buchgeldbestands, Einnahmen und Ausgaben als Vermehrung bzw. Verminderung des gesamten Geldbestands sowie Kosten und Erlöse als bewertete(r), betriebszweckbezogene(r) Werteverzehr bzw. Werteentstehung. Jedes der behandelten Begriffspaare dient – wie auch *Abbildung 2-7* zeigt – speziellen Informationsbedürfnissen.

Auch in den IFRS finden wir vergleichbare Grundtatbestände des Rechnungswesens – anders als im HGB sind Buchführung und Inventur nicht explizit geregelt. Auch die systematische Trennung von Einzel- und Konzernabschluss findet sich in den IFRS nicht in dieser Deutlichkeit wieder, da es dort nur um die Informationsweitergabe an Investoren, nicht aber um die Regelung der Ausschüttungsbemessung geht. Schließlich ist die Anzahl der Rechnungslegungsinstrumente, die den IFRS-Abschluss bilden, im Vergleich zum HGB-Einzelabschluss sehr umfangreich.

Grundlagen der Bilanzierung von Vermögen und Kapital

Kapitel 3

Lernziel

Nach den beiden ersten Kapiteln sollten Sie einen ungefähren Überblick darüber haben, warum es ein (externes) Rechnungswesen gibt und was in diesem grundsätzlich »abläuft«. In den folgenden Kapiteln wollen wir nun betrachten, welchen handelsrechtlichen Vorschriften die externe Rechnungslegung im Detail unterliegt. Wir beginnen dabei zunächst mit der Bilanz, denn der Ansatz von Vermögen (Aktivseite) und Kapital (Passivseite) steht auch handelsrechtlich im Zentrum des Interesses. Am Ende dieses Kapitels sollten Sie wissen,

- was man unter dem Begriff Vermögen im Handelsrecht versteht,
- welche Vermögenspositionen gemäß HGB grundsätzlich unterschieden werden,
- dass Anschaffungs- und Herstellungskosten die beiden zentralen Wertansätze zur Bewertung von Vermögen sind und wie man diese beiden Wertansätze bestimmt,
- welche Kapitalpositionen auf der Passivseite aufgeführt werden,
- welche Wertansätze für das Kapital relevant sind und
- wie sich die Bilanzierung von Vermögen und Kapital nach IFRS grundsätzlich von den Vorschriften des HGB unterscheidet.

1. Der Begriff des Vermögens

Will man den Vermögensbegriff unmittelbar aus dem Handelsgesetzbuch ableiten, erlebt man eine Enttäuschung: Zwar fällt das Wort Vermögen oder Vermögensgegenstand sehr häufig. Zudem stößt man auf teils kürzere, teils ausführlichere Aufzählungen von Positionen, die zum Vermögen zählen – so zum Beispiel in § 240 Abs. 1 HGB oder in § 266 Abs. 2 HGB. Eine Legaldefinition jedoch fehlt.

Blickt man hilfesuchend zum Steuerrecht, so kommt zunächst Verwirrung auf: Das Steuerrecht spricht nicht von Vermögensgegenständen, sondern verwendet den Terminus »Wirtschaftsgut«. Über längere Zeit hinweg hat sich in Vorschriften, Ausführungsbestimmungen und Gerichtsurteilen eine gesicherte Meinung darüber gebildet, welche Anforderungen an ein Wirtschaftsgut zu stellen sind. Drei Voraussetzungen müssen – wie auch die *Abbildung 3-1* zeigt – erfüllt sein, damit das Steuerrecht von einem Wirtschaftsgut spricht:

Der Vermögensbegriff ist im HGB nicht definiert

- Wirtschaftsgut kann steuerrechtlich nur ein Gut sein, dessen Erwerb *mit Ausgaben verbunden* ist. Mit anderen Worten: Zu den Wirtschaftsgütern im steuerrechtlichen Sinn kann ein Gut nur dann zählen, wenn es kein freies Gut ist. Die letzte Aussage weist zugleich darauf hin, dass das Kriterium »Ausgabenwirksamkeit« nicht unbedingt für das Unternehmen zutreffen muss, das das Wirtschaftsgut besitzt: Bei Kompensationsgeschäften zum Beispiel hat für die eingetauschten Waren der Geschäftspartner die Ausgaben geleistet.

Ein Blick ins Steuerrecht hilft weiter

- Ein (in der Steuerbilanz anzusetzendes) Wirtschaftsgut kann nur ein Gut

Abb. 3-1: Ableitung des Vermögensbegriffs

sein, das über die jeweilige Abrechnungsperiode hinaus dem Bilanzierenden *Nutzen zu stiften vermag.*

- Nur etwas, was *selbständig bewertbar* ist und deshalb nicht so unbestimmt bleibt, »dass es nur als Steigerung des Goodwill des ganzen Unternehmens in Erscheinung tritt« (Urteil des RFH vom 21.10.1931), kann ein Wirtschaftsgut sein.

Diese drei Kriterien werden nun auch im Handelsrecht angesetzt, um Vermögensgegenstände zu definieren. Allerdings gelten – so die heute herrschende Meinung – hier noch zusätzliche Kriterien.

Als erstes Kriterium ist die *eigenständige Veräußerbarkeit* (Verkehrsfähigkeit) anzuführen, die letztlich den Begriff der selbständigen Bewertbarkeit noch enger fasst. Dieses Kriterium wird allerdings in der Wissenschaft teilweise kontrovers diskutiert. In der Steuerrechtsprechung ist die Einzelveräußerbarkeit kein Begriffsmerkmal des Wirtschaftsgutes i.S. der §§ 4ff. EStG (BFH-Urteil vom 4. Dezember 1991). Hier wird begründet, dass es dem Erfordernis der selbständigen Bewertbarkeit des Vermögensbestandteils genügt, »wenn ein Erwerber des gesamten Unternehmens in dem Vermögensbestandteil einen greifbaren Wert sehen würde, für den er im Rahmen des Gesamtpreises ein ins Gewicht fallendes besonderes Entgelt ansetzen würde« (BFH-Urteil vom 10. August 1989). Dies impliziert, dass es genügt, wenn der Vermögensbestandteil mit dem gesamten Betrieb übertragen werden kann. Ein Beispiel könnten die UMTS-Lizenzen sein, die an ein Unternehmen gebunden sind und nicht einzeln weiterveräußert werden dürfen, trotzdem aber in der Bilanz als Vermögensgegenstand erscheinen.

Die Forderung nach Einzelveräußerbarkeit resultiert letztlich aus der Perspektive des Gläubigerschutzes. Das Vermögen eines Unternehmens soll (auch) dazu dienen, die Schulden zu decken. Dies ist nur dann möglich, wenn diese Vermögensgegenstände im Ernstfall auch verwertet, d.h. verkauft, werden können. Zwei Ausnahmen von diesem Kriterium sind für uns im Folgenden relevant:

- Die eine Ausnahme betrifft selbst erstellte – so genannte originäre – immaterielle Wirtschaftsgüter, wie beispielsweise vom Unternehmen selbst entwickelte Patente oder Computer-Software. Wir werden im folgenden Kapitel noch näher darauf eingehen. Nur so viel sei an dieser Stelle gesagt: Aus Vorsichtsgründen hat der Gesetzgeber im HGB hier den Ansatz als Vermögensposition verboten.

- Die andere Ausnahme betrifft so genannte langlebige, aber geringwertige Wirtschaftsgüter. Dies sind Vermögensgegenstände, die zwar länger als ein Jahr im Unternehmen Nutzen stiften, aber einen Anschaffungspreis (ohne Umsatzsteuer, d.h. netto) von derzeit unter 410 Euro haben (§ 6 Abs. 2 EStG). Sie werden zwar grundsätzlich inventarisiert, dürfen aber in der Periode ihres Eintritts vollständig abgeschrieben werden und brauchen deshalb nicht als Vermögensgegenstände in der Bilanz aufgeführt zu werden. Noch einfacher sind geringstwertige Vermögensgegenstände mit einem Anschaffungspreis von bis zu 60 Euro zu handhaben, z.B. Arbeitsmittel wie Kugelschreiber oder Locher. Sie müssen nicht einmal mehr inventarisiert werden, sondern können wie Verbrauchsmaterialien – z.B. Druckerpapier oder Tesaband – unmittelbar als Aufwand verrechnet werden (R 31 Abs. 3 EStR).

Die *Zugehörigkeit zum Betriebsvermögen* ist das nächste Kriterium, das an dieser Stelle von Bedeutung ist. Dieses spielt besonders bei Personengesellschaften eine Rolle: Nutzt ein Eigentümer beispielsweise seinen Wagen nicht nur privat, sondern auch für geschäftliche Fahrten, so gehört dieser Wagen dann zum Betriebsvermögen, wenn seine Nutzung überwiegend betrieblicher Art ist (der Gesetzgeber verlangt dies zwingend, wenn mehr als 50% der jährlichen Kilometerleistung für geschäftliche Fahrten anfallen). Bei nur sehr geringer geschäftlicher Nutzung (unter 10% der Kilometerleistung) muss der Wagen zum Privatvermögen gerechnet und darf nicht in der Bilanz ausgewiesen werden.

Der Begriff des *wirtschaftlichen Eigentums* ist das dritte Kriterium, das auf einen zu bilanzierenden Vermögensgegenstand zutreffen muss. Es ist geradezu ein Paradefall dafür, dass sich die externe Rechnungslegung als Kompromiss zwischen den unterschiedlichen Interessen von Jahresabschlussadressaten erklären lässt und nicht aus einer einheitlichen Rechnungslegungstheorie abgeleitet werden kann.

Das Kriterium »wirtschaftliches Eigentum« trägt der Tatsache Rechnung, dass ein Unternehmen längst nicht für alle Gegenstände, über die es (weitgehend) frei verfügt, juristischer Eigentümer ist. Die Wirtschaftspraxis ist vielmehr von einem ganzen Netz von – temporären – Eigentumsübertragungen an Dritte (insbesondere Gläubiger) überzogen: So gibt es kaum einen Liefervertrag, der nicht einen Eigentumsvorbehalt (»Die Ware bleibt bis zur vollständigen Bezahlung in unserem Eigentum«) in den Vertragsklauseln (»Kleingedrucktes«) enthält, und objektbezogene Bankenfinanzierungen sind meist mit Sicherungsübereignungen der kreditbeschafften Waren verbunden. Diese Eigentumsübertragungen berühren nicht das Nutzungsrecht der Güter durch die Unternehmen, sondern greifen erst bei Vertrags- oder Leistungsstörungen zugunsten des besicherten Gläubigers.

In dieser Situation besteht für den Gesetzgeber ein Dilemma: Lässt er die Bilanzierung eines Wirtschaftsguts nur dann zu, wenn der Bilanzierende juristischer Eigentümer desselben ist, verliert der Jahresabschluss allgemein und speziell für viele Adressatengruppen (z.B. potentielle Anteilseigner, Aktionäre, Fiskus) stark an Aussagefähigkeit. Es bestehen berechtigte Zweifel, ob dann das im § 264 Abs. 2 HGB zu findende Postulat: »Der Jahresabschluss der Kapitalgesellschaft hat unter Beachtung der Grundsätze ordnungsmäßiger Buchführung ein den tatsächlichen Verhältnissen entsprechendes Bild der Vermögens-, Finanz- und Ertragslage der Kapitalgesellschaft zu vermitteln« noch als erfüllt gelten kann. Verzichtet der Gesetzgeber auf eine so nahe liegende wie stringente Auslegung des Eigentumsbegriffs und zieht sich auf die Forderung nach vorliegender wirtschaftlicher Verfügungsmacht zurück, so riskiert er damit, dass sich die Gläubiger unter Umständen ein falsches Bild vom Unternehmen machen, falsch dann, wenn wirtschaftliche Schwierigkeiten auftreten.

Gläubiger gegen andere Adressaten: Dieses Dilemma löst der Gesetzgeber nicht – wie bei vielen anderen Fragen – zugunsten des Gläubigerschutzes. Er hat – zumindest für Kapitalgesellschaften – eine elegantere Lösung gefunden: Er lässt eine Bilanzierung von Vermögensgegenständen schon dann zu, wenn sie sich im wirtschaftlichen Eigentum des Bilanzierenden befinden (dies betrifft z.B. langfristig geleaste Gegenstände, bei denen das Leasing rechtlich gesehen eine Miete, wirtschaftlich jedoch eine Form der Kaufpreisfinanzierung darstellt), fordert aber zusätzlich im Anhang zu Bilanz und GuV eine Angabe des Gesamtbetrags »der Verbindlichkeiten, die durch Pfandrechte oder ähnliche Rechte gesichert sind, unter Angabe von Art und Form der Sicherheiten« (§ 285 Nr. 1b) HGB).

2. Gliederung des Vermögens

Wenn der Gesetzgeber sich im Handelsrecht schon nicht zu einer Legaldefinition des Vermögens hat durchringen können, finden sich im Gesetz – wie schon kurz angesprochen – immerhin diverse Aussagen zu Vermögensgruppen und -positionen. Die wohl wichtigste Untergliederung ist diejenige in *Anlagevermögen* und Umlaufvermögen. Der erste der beiden Begriffe ist in § 247 Abs. 2 HGB wie folgt definiert:

> »Beim Anlagevermögen sind nur die Gegenstände auszuweisen, die bestimmt sind, dauernd dem Geschäftsbetrieb zu dienen«.

Für den Gegenbegriff, das *Umlaufvermögen*, fehlt eine entsprechende Begriffsfestlegung. Der Gesetzgeber gibt nur einige Hinweise darüber, was er unter Umlaufvermögen subsumiert, und zwar insbesondere im schon zitierten § 266 Abs. 2 HGB, in dem die Mindestgliederung der Bilanz von Kapitalgesellschaften dargestellt ist.

Neben den Positionen des Anlage- und Umlaufvermögens stößt man bei genauerem Studium der gesetzlichen Vorschriften noch auf einige Positionen, die zwar auf der Aktivseite der Bilanz auszuweisen sind, nicht jedoch unter den Vermögensbegriff gefasst werden können. Hierzu zählen die uns schon im Fallbeispiel begegneten *Rechnungsabgrenzungsposten* (RAP). Das Gesetz (§ 246 Abs. 1 Satz 1 HGB) trennt zwischen Vermögensgegenständen und aktiven Rechnungsabgrenzungsposten. Diese Trennung lässt vermuten, dass Rechnungsabgrenzungsposten jedenfalls nicht alle Vermögensgegenstandskriterien erfüllen müssen. Ungeachtet des Gesetzeswortlauts werden als RAP nicht bloße Ausgaben aktiviert, sondern das hierfür greifbar Erlangte. Aktive RAP sind somit »Vermögensgegenstände besonderer Art«, die das Kriterium der bestimmten Zeit (Zeitraumbezogenheit) erfüllen müssen. Sie werden als so genannte »transitorische« Posten dann angesetzt, wenn Ausgaben, die im Geschäftsjahr anfallen, erst in zukünftigen Perioden zu Aufwand werden. Dazu gehört beispielsweise die Mietvorauszahlung der more-copy-gmbh.

Weiterhin können auf der Aktivseite so genannte *Bilanzierungshilfen* angesetzt werden. Sie dienen zur Vermeidung von Verlusten, indem bestimmte Aufwendungen aktiviert und durch Abschreibung auf mehrere Geschäftsjahre verteilt werden. Bilanzierungshilfen sind beispielsweise die aus dem Fallbeispiel bekannten Aufwendungen für die Ingangsetzung des Geschäftsbetriebs, aktivische latente Steuern oder – dies ist in der Literatur allerdings strittig, was Sie derzeit jedoch (noch) nicht bekümmern soll – der erworbene Firmenwert einer Tochtergesellschaft oder der Firmenwert, der aus einer Verschmelzung (Interessenzusammenführung) entstanden ist.

3. Zentrale Wertansätze zur Bewertung von Vermögen

Wenn sich der Gesetzgeber im HGB auch nicht auf eine Definition des Vermögensbegriffs festlegt, regelt er doch sehr präzise, wie Vermögenspositionen zu bewerten sind. Der Bewertung widmet er fast ein Viertel des Umfangs der für alle Kaufleute geltenden Rechnungslegungsbestimmungen. Die Grundlage für die Bewertung von Vermögen wird als Regelfall in § 253 HGB genannt:

> Fremdbezogene Vermögensgegenstände sind mit den Anschaffungskosten zu bewerten, selbst erstellte Vermögensgegenstände mit den Herstellungskosten.

Anschaffungs- und Herstellungskosten als zentrale Wertansätze

Beide Termini sind – wie schon im 2. Kapitel angesprochen – eigentlich falsch gewählt, sie müssten genauer Anschaffungs- bzw. Herstellungs*aufwendungen* heißen. Neben dem übereinstimmenden terminologischen »Fehler« ist ihnen etwas Weiteres gemeinsam, nämlich die Absicht, Vermögenszugänge erfolgsneutral zu erfassen. Erwirbt ein Unternehmen Rohstoffe gegen Hingabe von Geld, so soll sich diese Transaktion nicht auf den Erfolg der Abrechnungsperiode auswirken; der Güterzugang wird somit exakt mit dem Wert des gezahlten Geldes »versehen«; es findet also ein Aktivtausch statt. Stellt ein Unternehmen Produkte her, so werden auch diese Produkte nur mit den zurechenbaren Aufwendungen, d.h. dem Wert des für die verbrauchten Güter gezahlten Geldes, in der Bilanz angesetzt. Da diesem Erfolg aus Produktionsvorgängen jedoch Aufwendungen in gleicher Höhe entsprechen, verändert sich dadurch das in der GuV ausgewiesene Jahresergebnis und damit das Eigenkapital nicht. Erst wenn mit den Produkten ein Umsatz realisiert wird, diese also verkauft werden, darf ein eventuell entstandener Erfolg – nämlich die Differenz zwischen Verkaufserlös und Herstellungskosten – ausgewiesen werden.

Mit beiden Wertansätzen wird versucht, Vermögenszugänge erfolgsneutral zu bewerten

Der genaue Zeitpunkt, an dem dieser Erfolg gezeigt werden darf, wird über das *Realisationsprinzip* geregelt: Er ist erst dann erreicht, wenn das Unternehmen seine Hauptleistung aus dem Kaufvertrag erbracht hat, d.h. wenn die zu liefernden Erzeugnisse den Verfügungsbereich des Unternehmens verlassen haben, indem sie beispielsweise einem Spediteur übergeben wurden. Vorher, d.h. ab dem Abschluss des Kaufvertrags, spricht man von einem »schwebenden Geschäft« – Gewinne hieraus werden in der HGB-Rechnungslegung nicht gezeigt.

Betrachten wir nun die beiden grundlegenden Wertansätze für Vermögen im Detail.

3.1. Anschaffungskosten

Der Begriff der Anschaffungskosten ist im Handelsgesetzbuch sehr detailliert und ausführlich geregelt. § 255 Abs. 1 bestimmt:

> »Anschaffungskosten sind die Aufwendungen, die geleistet werden, um einen Vermögensgegenstand zu erwerben und ihn in einen betriebsbereiten Zustand zu versetzen, soweit sie dem Vermögensgegenstand einzeln zugeordnet werden können. Zu den Anschaffungskosten gehören auch die Nebenkosten sowie die nachträglichen Anschaffungskosten. Anschaffungspreisminderungen sind abzusetzen«.

Fasst man die wichtigsten Elemente dieser Definition in einer Art kleinem Kalkulationsschema zusammen, so kommt man zur *Abbildung 3-2*, deren Bestandteile im Folgenden näher erläutert werden sollen.

Unter *Kosten der Anschaffungsvorbereitung* versteht man alle Aufwendungen, die zum Fällen einer Beschaffungsentscheidung für einen bestimmten Vermögensgegenstand anfallen, soweit sie der Anschaffungsvorbereitung direkt zurechenbar sind. Direkte Zurechenbarkeit bedeutet hier, dass z.B. anteilige Gehaltskosten des Leiters der Beschaffungsabteilung oder Anteile an anderen, ohnehin anfallenden Kosten im Beschaffungsbereich nicht angesetzt werden dürfen. Für die Großanlage zählen zu den Kosten der Anschaffungsvorbereitung z.B. die Konstruktionskosten oder die Reisekosten zum Lieferanten zwecks Abschluss des Kaufvertrages, für ein Gebäude insbesondere die Architektenkosten.

Der *Anschaffungspreis* bedarf kaum näherer Erläuterung: Es ist der ausgewiesene Rechnungspreis. Im Falle der Rechnungsstellung in Fremdwährung ist der in Euro umgerechnete Betrag anzusetzen. Die Umsatzsteuer zählt in aller Regel nicht zum Anschaffungspreis, da Unternehmen vorsteuerabzugsberechtigt sind, d.h. sie können die gezahlte Umsatzsteuer (»Vorsteuer«) von der selbst im Rahmen des Verkaufs von Gütern und Dienstleistungen einbehaltenen und an den Fiskus monatlich abzuführenden Umsatzsteuer (»Mehrwertsteuer«) abziehen. Lediglich in den wenigen Fällen, in denen die gezahlte Umsatzsteuer nicht oder nur teilweise als Vorsteuer in Abzug gebracht werden kann, zählt diese ebenfalls zu den Anschaffungskosten.

Anschaffungspreisminderungen können direkt auf der Rechnung berücksichtigt sein (z.B. Kundenrabatte) oder erst nach Rechnungsstellung anfallen (z.B. Skonto für Zahlung innerhalb einer bestimmten Frist bzw. Bonusgewährung am Jahresende). Zu den Anschaffungspreisminderungen zählen auch zurückgewährte Entgelte anlässlich einer Minderung des Kaufpreises nach einer Mängelrüge.

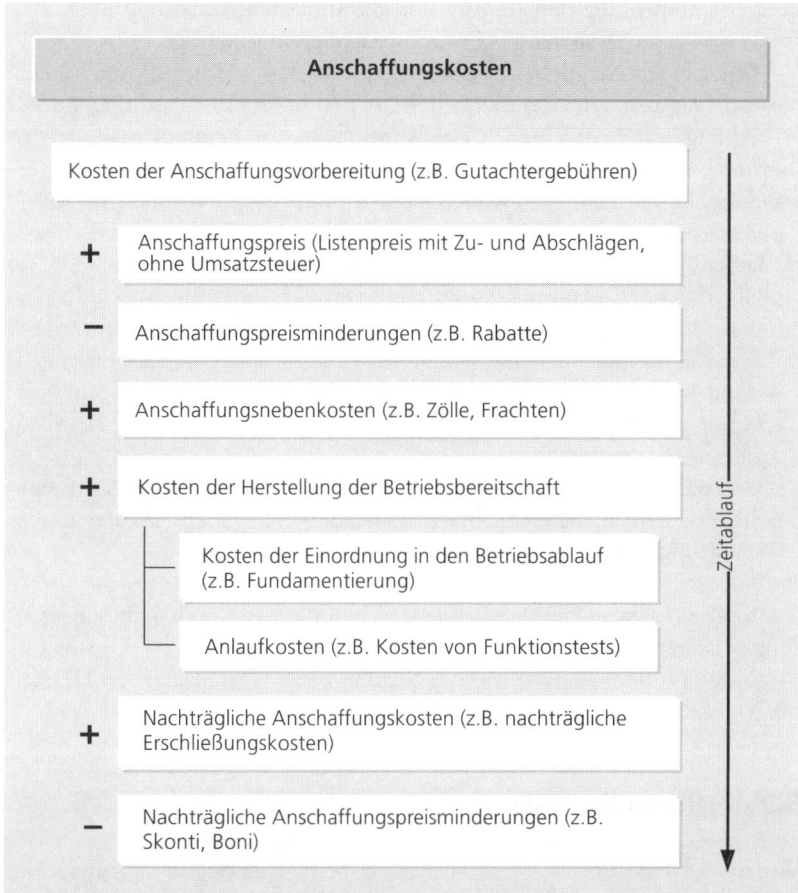

Anschaffungskosten

Kosten der Anschaffungsvorbereitung (z.B. Gutachtergebühren)

+ Anschaffungspreis (Listenpreis mit Zu- und Abschlägen, ohne Umsatzsteuer)

– Anschaffungspreisminderungen (z.B. Rabatte)

+ Anschaffungsnebenkosten (z.B. Zölle, Frachten)

+ Kosten der Herstellung der Betriebsbereitschaft

    Kosten der Einordnung in den Betriebsablauf (z.B. Fundamentierung)

    Anlaufkosten (z.B. Kosten von Funktionstests)

+ Nachträgliche Anschaffungskosten (z.B. nachträgliche Erschließungskosten)

– Nachträgliche Anschaffungspreisminderungen (z.B. Skonti, Boni)

Zeitablauf

**Abb. 3-2: Elemente der
handelsrechtlichen
Anschaffungskosten**

Anschaffungsnebenkosten sind eine überaus heterogene Gruppe von Aufwendungen. Sie lassen sich kurz als die Aufwendungen bezeichnen, die für den Übergang des (ausgesuchten) Vermögensgegenstandes in das wirtschaftliche Eigentum des Unternehmens anfallen. Dies sind z.B. Kosten des Bereitstellungsprozesses, wie Eingangsfrachten, Zölle, Transportversicherungen und Abladekosten, ebenso wie Provisionen, Maklergebühren, Grunderwerbsteuer, Notariats- und Registerkosten.

Anschaffungsnebenkosten

Kosten der Herstellung der Betriebsbereitschaft fallen insbesondere bei der Anschaffung von maschinellen Anlagen an. Aufwendungen zur Eingliederung des Vermögensgegenstandes in den Betriebsablauf (z.B. Fundamentierung, Montage, Schnittstellenprogrammierung) sind hier ebenso zu nennen wie Kosten von Funktionstests. Allerdings schränkt die herrschende Lehre diesen Kostenbestandteil ein, wenn es sich um den Probebetrieb ganzer Betriebsteile (z.B. eines neu errichteten Kraftwerks für die eigene Stromerzeugung) handelt. Diese Kosten dürfen nicht angesetzt werden.

Kosten der Herstellung der
Betriebsbereitschaft

Nachträgliche Anschaffungskosten liegen schließlich vor, wenn (lange) nach dem Zeitpunkt des Erwerbs eines Vermögensgegenstandes noch Aufwen-

Nachträgliche
Anschaffungskosten

dungen anfallen, die den Erwerb und die Inbetriebnahme betreffen. Beispiele sind etwa Straßenanlieger- und Erschließungsbeiträge.

Tiefer in das Problem der Ermittlung von Anschaffungskosten wollen wir nicht eindringen. Angesichts der auf den ersten Blick stringenten Beschreibungen der einzelnen Anschaffungskostenbestandteile mag das den meisten von Ihnen wohl auch als ein generell verzichtbares Unterfangen erscheinen. Dieser Eindruck jedoch täuscht. Zum Beleg nur drei Fragen:

- Was geschieht mit Zuschüssen, die beispielsweise im Rahmen der staatlichen Investitionsförderung gewährt werden? (Sie können entweder im Jahr der Gewährung voll als Ertrag verbucht oder als Anschaffungspreisminderung auf die Jahre der Nutzung der Anlage verteilt werden.)
- Wie soll im Falle des unentgeltlichen Erwerbs eines Vermögensgegenstandes verfahren werden? (Der Bilanzierende hat ein Wahlrecht, vorsichtig geschätzte Anschaffungskosten anzusetzen oder auf eine Bilanzierung zu verzichten.)
- Was passiert bei Kompensationsgeschäften? (Hier hat der Kaufmann die Möglichkeit, die Herstellungskosten der hingegebenen Güter als Anschaffungskosten der bezogenen Güter anzusetzen.)

Auch für einen vergleichsweise so einfachen Begriff wie den der Anschaffungskosten ergeben sich in der Praxis also vielfältige Abgrenzungsprobleme. Noch größere liegen allerdings beim zweiten Wertansatz, den Herstellungskosten, vor.

3.2. Herstellungskosten

Wie die Anschaffungskosten stellen auch die Herstellungskosten auf all jene Aufwendungen ab, die für die Bereitstellung eines Vermögensgegenstandes angefallen sind; nur ist dieser im Gegensatz zum Fremdbezug im eigenen Unternehmen hergestellt worden.

»Herstellungskosten sind die Aufwendungen, die durch den Verbrauch von Gütern und die Inanspruchnahme von Diensten für die Herstellung eines Vermögensgegenstandes, seine Erweiterung oder für eine über seinen ursprünglichen Zustand hinausgehende wesentliche Verbesserung entstehen« (§ 255 Abs. 2 Satz 1 HGB).

Wesensmäßig ergeben sich dadurch keine neuen Probleme, denn Aufwendungen für selbst durchgeführte »Produktions«prozesse finden sich auch bei der Anschaffung von Vermögensgegenständen (Aufwendungen für den Beschaffungsvorgang). Mit der dort schon angesprochenen Schwierigkeit, lediglich direkt zuordenbare Aufwendungen herauszufiltern, werden wir bei den Herstellungskosten allerdings in ungleich stärkerem Maße konfrontiert. Den Grund hierfür kann man am deutlichsten in Dienstleistungsunternehmen beobachten:

Wenn Sie beispielsweise am Wochenende die Heimfahrt mit der Deutschen Bahn AG antreten, also das Produkt »Ortsveränderung« erwerben, so müssen Sie eine Reihe von »Produktionsstufen« durchlaufen: Die Auskunft gibt Ihnen die Fahrzeiten der Züge bekannt, am Fahrkartenschalter erwerben Sie eine Fahrkarte, in der Wartehalle warten Sie – zumindest wenn Sie ein vorsichtiger Mensch sind – eine Zeitlang auf die Abfahrt des Zuges, der Sie schließlich an Ihren Zielort bringt. Welche Aufwendungen sind nun speziell bei dieser Herstellung einer Ortsveränderung angefallen? Welche Herstellungskosten könnte die Deutsche Bahn AG ansetzen?

Setzt man »speziell angefallene Aufwendungen« mit »zusätzlich angefallene Aufwendungen« gleich, so verbleiben streng genommen nur die Kosten des Papiers der Fahrkarte, die für Sie ausgestellt wurde. Alle anderen Aufwendungen dienen (allein) dazu, eine Betriebs- bzw. Leistungsbereitschaft aufzubauen und aufrechtzuerhalten, bzw. die Möglichkeit zu schaffen, dass Sie vom Beförderungsangebot Gebrauch machen können. Die Aufwendungen für die eigentliche Leistung sind somit im Vergleich zu den Aufwendungen für die Leistungs- bzw. Betriebsbereitschaft vernachlässigbar gering.

Aufwendungen zur Sicherstellung der Betriebsbereitschaft sind auch für Produktionsunternehmen kein unbekannter Tatbestand. Zwar lassen sich mit den Anschaffungskosten von zur Produktion benötigten Rohstoffen (in der Automobilindustrie z.B. Bleche, Farbe, Reifen, Instrumente und Scheinwerfer) deutlich mehr Aufwendungen lokalisieren, die unmittelbar durch die Herstellung eines Produkts ausgelöst anfallen. Die Aufwendungen für die Gebäude, für die Produktionsanlagen, ja selbst für das Produktionspersonal ändern sich dagegen aber nicht, wenn ein Fahrzeug mehr oder weniger hergestellt wird.

Um das sich dem Gesetzgeber stellende Problem im vollen Umfang zu erkennen, muss noch auf einen weiteren Tatbestand aufmerksam gemacht werden: Die Gruppe der »Bereitschaftsaufwendungen« ist keinesfalls homogen zusammengesetzt; vielmehr sind diese unterschiedlich stark vom Auslastungsgrad abhängig: Der Lohn des Fertigungsarbeiters, der im Akkordlohn Teile fräst, verändert sich mit sich ändernder Teilezahl unmittelbarer als das Entgelt für den im Zeitlohn beschäftigten Vorarbeiter oder – als noch leistungsunabhängigere Personalaufwandsposition – das Gehalt des Fertigungsbereichsleiters.

Die Probleme, die der Gesetzgeber mit der Definition der Herstellungskosten hat, sind deshalb im Wesentlichen Probleme der Abgrenzung, welche Aufwendungen für die Herstellung eines Vermögensgegenstandes zusätzlich anfallen und welche nicht. Es wäre bei weitem zu viel verlangt, von ihm eine unanfechtbare, geschlossene Lösung zu verlangen. Selbst (auch) die Theorie der Kostenrechnung hat sich an diesem Zurechnungsproblem fast die Zähne ausgebissen – wir werden an späterer Stelle des Buches hierüber noch ausführlich diskutieren. Darüber, was »richtige« zurechenbare Kosten sind, liegen sehr unterschiedliche Meinungen vor.

Das Zurechnungsproblem
wird auch in der Kostenrechnung nicht einheitlich gelöst

In einer solchen Situation ist es folgerichtig, wenn der Gesetzgeber den Unternehmen bewusst Spielräume bei der Ermittlung der Herstellungskosten einräumt. In Fortführung des oben zitierten 1. Satzes des Abs. 2 § 255 HGB regelt er: »Dazu gehören die Materialkosten, die Fertigungskosten und die Sonderkosten der Fertigung. Bei der Berechnung der Herstellungs-

Folgerichtig lässt der Gesetzgeber bei der Bestimmung
der Herstellungskosten
Spielräume

Materialeinzelkosten

Materialgemeinkosten

Fertigungseinzelkosten

kosten dürfen auch angemessene Teile der notwendigen Materialgemeinkosten, der notwendigen Fertigungsgemeinkosten und des Werteverzehrs
des Anlagevermögens, soweit er durch die Fertigung veranlasst ist, eingerechnet werden. Kosten der allgemeinen Verwaltung sowie Aufwendungen
für soziale Einrichtungen des Betriebs, für freiwillige soziale Leistungen und
für betriebliche Altersversorgung brauchen nicht eingerechnet zu werden.
... Vertriebskosten dürfen nicht in die Herstellungskosten einbezogen werden«. Das Handelsrecht legt somit – geht man von einem fest umrissenen
Inhalt der angesprochenen Bestandteile aus – für Herstellungskosten eine
Obergrenze und eine Untergrenze fest. In diesem Bewertungskorridor
kann sich ein Unternehmen frei bewegen, muss allerdings die einmal gewählte Ausprägung aus Gründen der Bewertungsstetigkeit über einen längeren Zeitraum beibehalten. Was versteht man nun unter den im oben zitierten Abs. 2 des § 255 HGB angesprochenen Positionen der Herstellungskosten im Einzelnen?

Als *Materialeinzelkosten* (also als Materialkosten, die keine Materialgemeinkosten sind) werden die Anschaffungskosten der in die Vermögensgegenstände eingehenden Rohstoffe und Hilfsstoffe – letztere sind Materialien, die im Gegensatz zu Rohstoffen nur einen unwesentlichen Teil des
Endprodukts ausmachen, wie z.B. Schrauben bei einem Automobil oder
Nägel in einer Palette – bezeichnet.

Materialgemeinkosten bezeichnen all jene Aufwendungen, die im Zusammenhang mit der Bereitstellung und Bereithaltung von Material anfallen, diesem jedoch nicht direkt, d.h. Materialposition für Materialposition,
zugerechnet werden können. Hierzu zählen z.B. die Personalaufwendungen
für den Einkaufsleiter, die Kosten der Eingangslagerung (für Lagergebäu-
de, Lagereinrichtungen, Lagerpersonal), der Materialprüfung usw. Sie werden den einzelnen Materialien zumeist als prozentualer Zuschlag auf den
Warenwert zugerechnet (»Materialgemeinkostenzuschlagssatz«). In der Praxis sind hier – Ausnahmen bestätigen die Regel – Prozentsätze in der Größenordnung von 3 bis 7% üblich, d.h. ein Rohstoff mit einem Anschaffungswert von 1.000 Euro/t wird bei einem Zuschlagssatz von 5% zusätzlich noch mit Materialgemeinkosten in Höhe von 50 Euro/t belastet.

Unter *Fertigungseinzelkosten* (als Fertigungskosten, die einer einzelnen
Produkteinheit direkt zugerechnet werden) versteht man in der Zuschlagskalkulation ausschließlich Fertigungslöhne, d.h. Löhne von Fertigungsper-
sonal, das unmittelbar mit der Herstellung der Produkte beschäftigt ist und
dessen Arbeitseinsatz direkt – z.B. über gesonderte Zeitaufschreibungen
wie Lohnscheine – für die einzelnen erstellten Vermögensgegenstände erfasst wird. Diese kostenrechnerische Definition übernimmt auch das Handelsrecht. Hiermit sind Vor- und Nachteile verbunden:

· Durch den Bezug auf den Kaufmannsbrauch, auf das übliche Prozedere in den Kostenrechnungen der Unternehmen, erspart sich der Gesetzgeber lästige Definitionsarbeit. So muss er nicht mühsam festlegen,
  ob bestimmte Aufwendungen tatsächlich zurechenbar sind; Gradmes-
  ser für einen richtigen oder falschen Wertansatz ist vielmehr der leicht
  empirisch nachprüfbare Tatbestand, ob die Aufwendungen in der Praxis typischerweise zugerechnet werden.

- Nachteilig erweist sich der Bezug auf den Kaufmannsbrauch dann, wenn sich dieser zu ändern beginnt. Im konkreten Fall sind immer mehr Unternehmen zu einer anderen Kalkulationsmethode, der so genannten Maschinenstundensatzrechnung, übergegangen. Folglich müsste sich die Art der Definition der Fertigungskosten im § 255 Abs. 2 HGB ändern. Geht der Gesetzgeber diesen Weg nicht, ist jeder Bilanzierende gezwungen, die Bestimmungen sinngemäß auszulegen – so ist beispielsweise eine Kalkulation der Fertigungsgemeinkosten mit Hilfe einer solchen Maschinenstundensatzrechnung allgemein akzeptiert. Festzustellen bleibt jedoch, dass dadurch zwangsläufig Ermessensspielräume entstehen – so gab es beispielsweise zumindest in der Vergangenheit Unternehmen, die zwar für interne Kalkulations- und Steuerungszwecke ausgefeilte Zurechnungsverfahren, wie beispielsweise die an internen Abläufen orientierte Prozesskostenrechnung verwendeten, für die bilanzielle Bewertung der Herstellungskosten jedoch immer noch die vergleichsweise grobere Zuschlagskalkulation einsetzten.

Sonder(einzel)kosten der Fertigung sind solche im Fertigungsbereich anfallenden Kosten, die dem Vermögensgegenstand wie Fertigungslöhne direkt zugerechnet werden, aber keine Fertigungslöhne sind. Hierzu zählen etwa Kosten für spezielle Fertigungslizenzen (z.B. zur Cola-Herstellung), Modelle oder Vorrichtungen.

Als *Fertigungsgemeinkosten* werden in der Kostenrechnung alle Kosten im Fertigungsbereich verstanden, die nicht unmittelbar durch die Herstellung von Produkten ausgelöst werden. Hierzu zählen die Kosten der Betriebsbereitschaft und des Betriebs der Fertigungsstellen, ebenso wie Kosten von »Service«stellen (wie Instandhaltung, Arbeitsvorbereitung, innerbetrieblicher Transport, Kraftwerk), die den Fertigungsbereich versorgen. Diese sind vollständig – unter Vornahme der oben schon angesprochenen eventuellen Bewertungskorrekturen – auch für die handelsrechtlichen Herstellungskosten relevant. Der Gesetzgeber hat lediglich – vom üblichen Vorgehen der Kostenrechnung abweichend – die Abschreibungen (...»angemessene Teile des Werteverzehrs des Anlagevermögens«...) gesondert im § 255 Abs. 2 HGB hervorgehoben. Inhaltlich ergeben sich dadurch aber keine Abweichungen.

Unter *Kosten der allgemeinen Verwaltung* versteht man die im Verwaltungsbereich eines Unternehmens anfallenden Aufwendungen, die sich nicht dem Beschaffungs-, Fertigungs- und Vertriebsbereich gesondert zuordnen lassen. Typische Beispiele sind Kosten des Geschäftsführers, der Werksfeuerwehr oder des Werksschutzes.

Die *Aufwendungen für soziale Einrichtungen des Betriebs* umfassen Aufwendungen für Kantinen, einschließlich der Essenszuschüsse, für Betriebssportstätten, Betriebsbüchereien und Betriebsausflüge.

Als *Aufwendungen für freiwillige soziale Leistungen* gelten insbesondere Heirats-, Geburts- und Wohnungsbeihilfen, Weihnachtszuwendungen sowie Jubiläumsgeschenke, soweit sie nicht tariflich vorgeschrieben sind.

Zu den *Aufwendungen für die betriebliche Altersversorgung* schließlich zählen Aufwendungen für Direktversicherungen, Zuwendungen an Pensions- und

Unterstützungskassen als auch Zuweisungen zu den Pensionsrückstellungen, die für zukünftig zu zahlende Betriebsrenten an die Mitarbeiter des Unternehmens zu bilden sind.

Was sich hinter der Berechnung der Herstellungskosten verbirgt, wäre an dieser Stelle klarer, wenn wir die Behandlung des betriebswirtschaftlichen Rechnungswesens nicht mit seinem externen, sondern mit seinem internen Teil begonnen hätten: Modifiziert greift das Handelsrecht eine in der Kostenrechnung übliche – wenngleich nicht unumstrittene – Kalkulationsvariante auf, die Zuschlagskalkulation (vgl. die *Abbildung 3-3*).

Von allen hier angesprochenen Positionen (beachten Sie dabei den Unterschied zwischen Her*stell*kosten als Terminus der internen Kalkulation und Her*stellungs*kosten als bilanzielle Wertkategorie) fehlen in der oben wiedergegebenen Definition des HGB allein die Vertriebskosten. Diese sollen bewusst nicht mit in die Definition der Herstellungskosten

```
  Materialeinzelkosten
+ Materialgemeinkosten
─────────────────────────
= Materialkosten                    Materialkosten
  Fertigungseinzelkosten
+ Fertigungsgemeinkosten
+ Sonder(einzel)kosten der
  Fertigung
─────────────────────────
= Fertigungskosten                + Fertigungskosten
                                  ─────────────────────────
                                  = Herstellkosten
                                  + Verwaltungsgemeinkosten
                                  = Vertriebsgemeinkosten
                                  = Sonder(einzel)kosten des
                                    Vertriebs
                                  ─────────────────────────
                                  = Selbstkosten
```

Abb. 3-3: Kalkulationsschema der Kostenrechnung (Zuschlagskalkulation)

einbezogen werden, da sie typischerweise erst während des Absatzprozesses anfallen, nicht schon zum Abschluss der Herstellung. Dass auch diese an sich sehr plausible Regelung nicht problemfrei ist, wird am Beispiel der Versandverpackung deutlich, mit der das fertige Produkt häufig unmittelbar im letzten Arbeitsgang versehen wird: Obwohl bereits mit Abschluss der Herstellung anfallend, dürfen derartige Vertriebskosten nicht mit in die Herstellungskosten einbezogen werden. Lediglich reine Innenverpackungen, die zur Abgrenzung einzelner Produkteinheiten notwendig sind, wie z.B. Zahnpastatuben oder Milchtüten, sind in die Herstellungskosten einzurechnen; die Aufwendungen für Umverpackungen, z.B. der Karton um die Zahnpastatube, fallen dagegen bereits wieder unter die Vertriebskosten.

Unabhängig von dieser etwas anders gezogenen Grenzlinie ergeben sich für ein bilanzierendes Unternehmen aus der engen inhaltlichen Anlehnung an Methodik und Vorgehensweise der Kostenrechnung Probleme. Zum einen sind Herstellungskosten – von sehr einfachen Produktionsverhältnissen abgesehen – nur dann exakt zu ermitteln, wenn das Unternehmen neben der externen Rechnungslegung zugleich über eine Kostenrechnung (als wesentlicher Bestandteil des internen Rechnungswesens) verfügt. Dies trifft jedoch zumindest im Mittelstand nicht durchgängig zu. Fehlen Kalkulationsdaten, können die zurechenbaren Fertigungskosten nur sehr pauschal geschätzt, die handelsrechtlichen Vorschriften streng genommen nicht erfüllt werden. Zum anderen lassen sich selbst bei Vorhandensein einer Kostenrechnung aufgrund von Bewertungsdifferenzen deren Daten nicht immer uneingeschränkt übernehmen. Hierzu nur ein in der Praxis häufig auftretendes Beispiel:

Probleme der inhaltlichen Anlehnung an die Kostenrechnung

Der § 255 Abs. 2 HGB stellt sehr strikt auf die »Notwendigkeit« bzw. »Angemessenheit« der eingerechneten Aufwendungen ab. Hieraus lässt sich z.B. ableiten, dass ein stark unterbeschäftigtes Unternehmen nicht alle Aufwendungen des Fertigungsbereichs in die Herstellungskosten der produzierten Erzeugnisse einrechnen darf. Ist eine Anlage, auf der mehrere Produkte gefertigt werden und die jährlich Gemeinkosten in Höhe von 160.000 Euro (Abschreibungen) verursacht, normalerweise z.B. zu 80% der Gesamtkapazitäten ausgelastet, so müssen im Falle von nur 60% Beschäftigung, d.h. einer im Vergleich zur Normalauslastung um 25% reduzierten Kapazitätsauslastung, 40.000 Euro dieser Fertigungsgemeinkosten bei der Berechnung der Herstellungskosten außer Ansatz bleiben. Solche Aufwendungen werden in der herrschenden Lehre als »nicht notwendig« angesehen: Sie führen, so vermutet man, zu überhöhten Wertansätzen, die im Falle ihrer Einbeziehung in die Herstellungskosten die Grundannahme der Erfolgsneutralität verletzen würde. In der Kostenrechnung geht man diesen strikten Weg in der Regel nicht, sondern kalkuliert häufig auf der Basis der Ist-Beschäftigung.

Einen Überblick über die handelsrechtlichen Herstellungskosten liefert zusammenfassend die *Abbildung 3-4* (vgl. Folgeseite).

Wie Sie sehen, geht es langsam aber sicher immer stärker ins Detail. Und wir sind mit den Details bei den Herstellungskosten noch immer nicht am Ende. Wer die anfangs aufgeführte Basisdefinition des § 255 Abs. 2 Satz 1 HGB noch im Ohr hat, wird wissen, was gemeint ist: Es ist dort nicht nur von der Herstellung eines Vermögensgegenstandes, sondern auch von seiner Erweiterung oder (wesentlichen) Verbesserung die Rede. Diese Begriffsausweitung ist speziell auf Gebäude und Maschinen gemünzt. Viele anlagenwirtschaftliche Aktivitäten führen zwar nicht zu einem neuen Vermögensgegenstand, jedoch dazu, dass vorhandene Vermögensgegenstände in ihrem Funktionswert steigen. Im Einklang mit der Grundintention der Herstellungskosten verlangt der Gesetzgeber folgerichtig, die Aufwendungen all jener Maßnahmen, die über eine reine Erhaltung (z.B. regelmäßige Inspektion eines PKW) der Anlagen hinausgehen (etwa Einbau eines stärkeren Motors), werterhöhend in die Buchwerte der Anlagen eingehen zu lassen.

Über die reine Erhaltung von Anlagen hinausgehende Maßnahmen führen zu einer Erhöhung der Herstellungskosten, wirken also buchwerterhöhend

4. Bilanzierung von Kapital

Zur Erleichterung der meisten Studenten stellt sich die Bilanzierung von Kapital – zumindest auf den ersten Blick – als weniger problembehaftet dar als die Bilanzierung von Vermögen.

Betrachten wir noch einmal den § 247 Abs. 1 HGB, so fordert der Gesetzgeber in der Bilanz den Ansatz von Eigenkapital und von Schulden, die auch als Fremdkapital bezeichnet werden. Das Eigenkapital ist zunächst einmal das Kapital, das dem Unternehmen von den Eigentümern zur Verfügung gestellt wird. Erwirtschaftet das Unternehmen Gewinn, dann wird dieser – bis zu seiner Verteilung – ebenfalls zum Eigenkapital gezählt. Solche

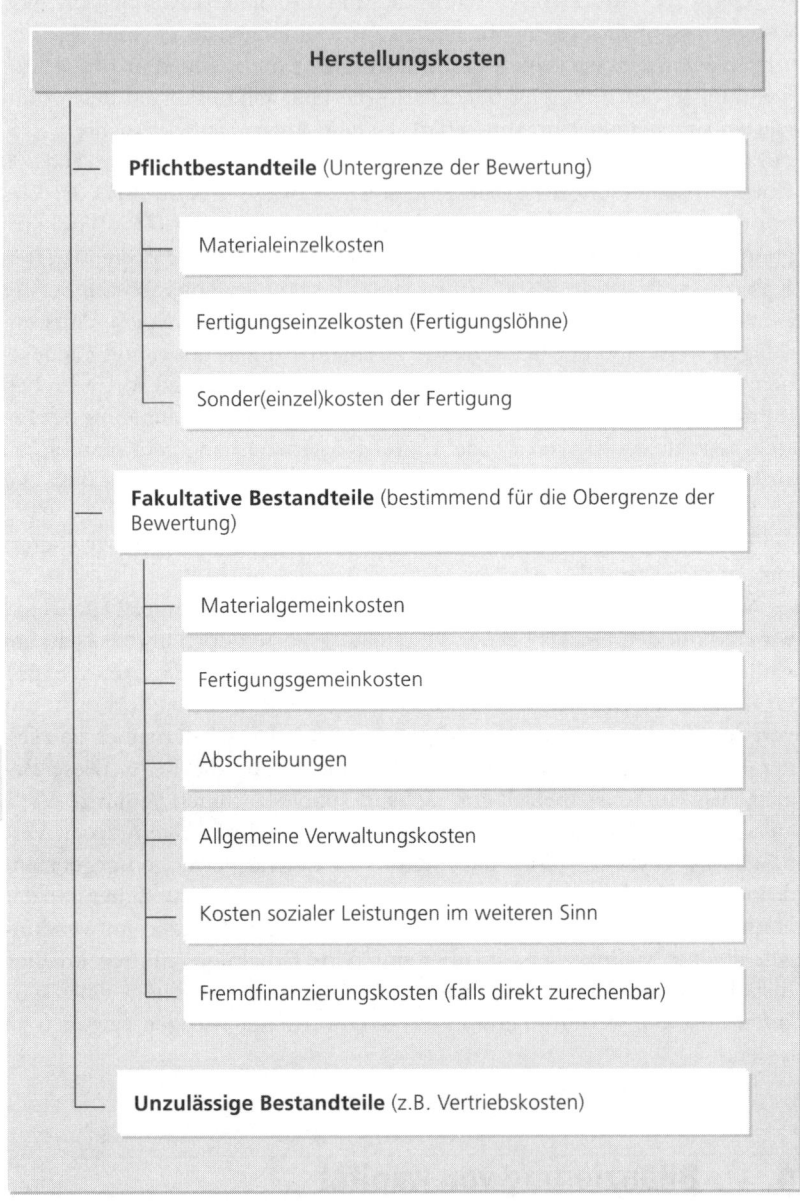

Herstellungskosten

Pflichtbestandteile (Untergrenze der Bewertung)

Materialeinzelkosten

Fertigungseinzelkosten (Fertigungslöhne)

Sonder(einzel)kosten der Fertigung

Fakultative Bestandteile (bestimmend für die Obergrenze der Bewertung)

Materialgemeinkosten

Fertigungsgemeinkosten

Abschreibungen

Allgemeine Verwaltungskosten

Kosten sozialer Leistungen im weiteren Sinn

Fremdfinanzierungskosten (falls direkt zurechenbar)

Unzulässige Bestandteile (z.B. Vertriebskosten)

Abb. 3-4: Elemente der handelsrechtlichen Herstellungskosten

nicht ausgeschütteten Gewinne werden auch als »thesaurierte« Gewinne bezeichnet.

Zum *Fremdkapital* gehören zum einen die Verbindlichkeiten, die das Unternehmen bei externen Geschäftspartnern aufgenommen hat. Zum anderen zählen aber auch Rückstellungen dazu: Sie drücken potentielle Verbindlichkeiten des Unternehmens gegenüber Dritten oder – in Form von potentiellen Aufwendungen – gegenüber sich selbst aus.

Elemente des Fremdkapitals

Für Verbindlichkeiten gilt, dass sie nur dann bilanziell angesetzt werden dürfen, wenn sie wirtschaftlich real sind, d.h. wenn eine echte Zahlungsverpflichtung des Unternehmens besteht. So dürfen beispielsweise Gewährleistungsverpflichtungen aus abgegebenen Garantien erst dann als Verbindlichkeiten bilanziert werden, wenn eine echte Zahlungsverpflichtung besteht, d.h. wenn ein Kunde die Gewährleistungspflicht des Unternehmens tatsächlich in Anspruch nimmt.

Weiterhin gilt nach herrschender Lehre, dass Verbindlichkeiten auch dann bilanziert werden müssen, wenn nur ein wirtschaftlicher Anspruch des Gläubigers auf Zahlung, kein rechtlicher Anspruch (mehr) besteht. Ist beispielsweise eine Verbindlichkeit verjährt, das Unternehmen ist aber trotzdem – im Rahmen seiner Geschäftsverbindung mit dem Gläubiger – willens, diese Verbindlichkeit zu begleichen, so muss sie bilanziert werden, selbst wenn der Gläubiger seinen Anspruch auf Zahlung vor Gericht nicht (mehr) gerichtlich durchsetzen kann.

> *Ein wirtschaftlicher Anspruch reicht für das Bestehen einer Verbindlichkeit aus*

Auch schwebende Geschäfte dürfen – wie weiter oben schon im Zusammenhang mit dem Realisationsprinzip angesprochen – nicht als Verbindlichkeiten bilanziert werden: Schließt die more-copy-gmbh beispielsweise einen Kaufvertrag über ein zweites Kopiergerät ab, so führt dies noch nicht direkt zu einer bilanzierungsfähigen Verbindlichkeit. Erst wenn das Kopiergerät geliefert worden ist, d.h. die Hauptleistung aus dem Kaufvertrag erfüllt wurde, muss die more-copy-gmbh ihre Zahlungsverpflichtung als Verbindlichkeit ansetzen.

> *Schwebende Geschäfte dürfen nicht als Verbindlichkeiten bilanziert werden*

Rückstellungen als zweiter Bestandteil des Fremdkapitals werden in § 249 HGB grundsätzlich definiert. Sie enthalten potentielle Verpflichtungen des Unternehmens, die zwar mit hoher Wahrscheinlichkeit anfallen werden, aber die oben aufgeführten Kriterien (noch) nicht erfüllen: Sie sind in Art, Höhe oder Zeitpunkt ihres Eintretens (noch) nicht exakt bestimmt. Rückstellungen gegenüber externen Geschäftspartnern können beispielsweise für die oben schon genannten Gewährleistungsansprüche gebildet werden: Zwar ist dem Unternehmen nicht bekannt, wann und welche Kunden in welcher Höhe Garantien in Anspruch nehmen werden. Grundsätzlich ist eine solche Inanspruchnahme jedoch möglich und für einen geschätzten Anteil der erstellten Leistungen auch wahrscheinlich. In dieser Höhe können hierfür Rückstellungen gebildet werden.

> *Definition von Rückstellungen*

Auch schwebende Geschäfte können zur Bildung so genannter *Drohverlustrückstellungen* führen. Wird aus einem schwebenden Geschäft ein Verlust erwartet, ist für diesen Verlust in entsprechender Höhe eine Drohverlustrückstellung zu bilden. Denkbar ist beispielsweise, dass die more-copy-gmbh sich vertraglich zur Abwicklung eines Kopierauftrags für die neue Imagebroschüre der Hochschule verpflichtet hat, später aber feststellt, dass durch einen Schreibfehler von Abs der vereinbarte Preis viel zu niedrig kalkuliert wurde. Der erwartete Verlust aus dem Geschäft – also die Differenz zwischen den zur Herstellung der Broschüre notwendigen Aufwendungen und dem mit der Hochschule vereinbarten Preis – ist ein drohender Verlust, der in der Bilanz auf der Passivseite zu berücksichtigen ist.

> *Drohverlustrückstellungen*

Daneben gibt es so genannte *Aufwandsrückstellungen*, die eine Verpflichtung des Unternehmens gegen sich selbst darstellen. Ein typisches Beispiel für Aufwandsrückstellungen sind Rückstellungen für Instandhaltungsleistungen, wenn diese – beispielsweise aus Termingründen – in das nächste

> *Aufwandsrückstellungen als ganz spezifische Rückstellungsart*

Geschäftsjahr verschoben werden (müssen). Sie können auf der Passivseite der Bilanz ein ganz erhebliches Volumen ausmachen. Genauer werden wir uns mit Rückstellungen (ebenso wie mit Verbindlichkeiten) in Kapitel 7 auseinandersetzen.

Ebenso wie auf der Aktivseite können auch auf der Passivseite *Rechnungsabgrenzungsposten* gebildet werden, wenn nämlich Einnahmen des Geschäftsjahres erst einer zukünftigen Periode als Ertrag zugerechnet werden dürfen – auch dies wieder ein Zugeständnis an die dynamische Sichtweise der Bilanz.

Weitere Posten, die auf der Passivseite der Bilanz angesetzt werden (können), sind so genannte *passive latente Steuern* (analog zu aktivischen latenten Steuern) sowie die *Sonderposten mit Rücklagenanteil*. Die genannten Begriffe werden uns in den Kapiteln 6 und 7 noch näher beschäftigen.

Die Bewertungsvorschriften für das Kapital sind im Vergleich zum Vermögen sehr einfach. Der Grund hierfür ist einleuchtend: Während Vermögensgegenstände in den allermeisten Fällen Sachgüter sind, ein Geldwert hier also erst ermittelt werden muss, ist das Kapital in der Regel schon in Geldeinheiten angegeben.

Insbesondere im Ansatz von Rückstellungen besteht ein erheblicher Ermessensspielraum des bilanzierenden Unternehmens

Konsequenterweise wird das Eigenkapital zum Nennwert, d.h. in Höhe der eingebrachten Geldsumme bewertet. Schulden werden mit dem Rückzahlungsbetrag angesetzt – auch wenn es sich um unverzinsliche Verbindlichkeiten handelt. Lediglich die Höhe der Rückstellungen unterliegt den Schätzungen der Unternehmensleitung – gemäß § 253 Abs. 1 HGB ist der Betrag anzusetzen, »der nach vernünftiger kaufmännischer Beurteilung notwendig ist« und erlaubt deshalb weitgehende Gestaltungsmöglichkeiten: Sie können sich denken, dass die oben bereits angesprochenen Drohverluste eher pessimistisch, aber auch optimistisch kalkuliert werden können.

Im Bereich des Eigenkapitals kann in seltenen Fällen durch so genannte »Sacheinlagen« (Sie erinnern sich an den gebrauchten Kopierer, den Abs zur Gründung der more-copy-gmbh eingebracht hat) eine Bewertungsproblematik entstehen. Diese Einzelfälle werden jedoch zum einen durch entsprechende Normen in Aktiengesetz und GmbH-Gesetz aufgefangen, zum anderen kann in Streitfällen ein Gutachten über den Wert des eingebrachten Gegenstands gefordert werden.

5. Grundlagen der Bilanzierung von Vermögen und Kapital nach IFRS

Wenn wir nun untersuchen wollen, wie sich die Bilanzierung von Vermögen und Kapital nach IFRS von den Vorschriften des HGB unterscheidet, so stellen wir als Erstes fest, dass wir im Framework der IFRS – anders als im HGB – eine Definition für den Begriff des Vermögenswerts (asset) bzw. der Schuld (liability) und sogar des Eigenkapitals (equity) finden:

F. 49: The elements directly related to the measurement of the financial position are assets, liabilities and equity. These are defined as follows:

**Grundlagen der Bilan-
zierung von Vermögen
und Kapital nach IFRS**

(a) An asset is a resource controlled by the entity as a result of past events and from which future economic benefits are expected to flow to the entity.

(b) A liability is a present obligation of the entity arising from past events, the settlement of which is expected to result in an outflow from the entity of resources embodying economic benefits.

(c) Equity is the residual interest in the assets of the entity after deducting all its liabilities.

Schon aus dieser – sehr abstrakten – Formulierung wird deutlich, dass der Begriff des Vermögenswerts nach IFRS tendenziell weiter, der der Schuld dagegen tendenziell enger gefasst wird als in der deutschen Bilanzierung. Zur Verdeutlichung gerade der Unterschiede im Vermögensbegriff spricht man im Kontext der IFRS von Vermögenswerten, im Kontext des HGB dagegen – wie oben schon erläutert – von Vermögensgegenständen.

Ein Beispiel für die *erweiterte Sichtweise des Vermögensbegriffs* sind so genannte aktive latente Steuern (deferred tax assets) auf Verlustvorträge. Sie entstehen dann, wenn ein Unternehmen in der Vergangenheit steuerliche Verluste erwirtschaftet hat, andererseits aber zukünftig steuerliche Gewinne erwartet, die mit diesen Verlusten verrechnet werden können. Dadurch reduziert sich die mit den erwarteten Gewinnen verbundene Steuerbelastung und dieser Vorteil ist in der IFRS-Bilanz als Vermögenswert auszuweisen. Nach den geltenden Vorschriften des HGB ist eine Aktivierung solcher Steuervorteile als Vermögensgegenstand im Einzelabschluss nicht möglich; nach IFRS besteht jedoch eine Aktivierungspflicht in Höhe der erwarteten Steuerentlastung.

Im Vermögensbegriff kommt besonders deutlich zum Ausdruck, dass die IFRS vor allem das Ziel haben, externe Investoren über das Unternehmen zu informieren: Die Frage der Einzelveräußerbarkeit, die im HGB grundlegend ist für den Ansatz von Vermögensgegenständen und die letztlich auf das Ziel des Gläubigerschutzes zurückzuführen ist (der Gläubiger soll sehen, welche Vermögensgegenstände im Insolvenzfall zur Deckung seiner Schulden veräußert werden können), spielt hier keine Rolle. Damit konsistent ist auch das im Gegensatz zum HGB fehlende Bilanzierungsverbot für selbst erstellte immaterielle Vermögenswerte im Anlagevermögen. Bis auf wenige Ausnahmen (z.B. selbst erstellte Marken, vgl. hierzu IAS 38) müssen sie in der IFRS-Bilanz ausgewiesen werden.

Das HGB folgt dem Primat
des Gläubigerschutzes,
die IFRS dem Informations-
postulat

Vergleicht man den Begriff der *Schulden* nach IFRS mit dem deutschen Verständnis von Fremdkapital, so stellt man fest, dass Aufwandsrückstellungen nach IFRS im Gegensatz zum HGB nicht bilanzierungsfähig sind, da es sich nach IFRS bei einer Schuld um eine *Verpflichtung gegenüber Dritten* handeln muss, d.h. einen Abfluss von Ressourcen aus dem Unternehmen. Einen Sonderfall stellen lediglich so genannte Restrukturierungsrückstellungen dar, die dann gebildet werden, wenn Reorganisationsmaßnahmen beschlossen sind, die z.B. zur Freisetzung von Arbeitnehmern und entsprechenden Abfindungszahlungen führen werden. Hier setzen die IFRS allerdings eine hohe Hürde: Restrukturierungsrückstellungen dürfen z.B. erst dann gebildet werden, wenn die Reorganisation nicht nur von der Unternehmensleitung beschlossen wurde, sondern auch extern u.a. gegen-

Aufwandsrückstellungen
sind nach IFRS i.d.R. nicht
bilanzierungsfähig

über den betroffenen Arbeitnehmern kommuniziert wurde.

Neben den Ansatzvorschriften zur Bilanzierung von Vermögen und Kapital enthalten die IFRS auch Hinweise zur Ermittlung der Anschaffungs- und Herstellungskosten von Vermögen und Schulden. Allerdings sind diese Vorschriften – anders als im HGB – nicht an einer Stelle gesammelt, sondern verteilen sich auf viele Standards. Wir finden diesbezügliche Vorschriften z.B. in IAS 2 betreffend die Herstellung von Vorräten, IAS 16 betreffend die Anschaffungskosten von Sachanlagen, IAS 38 betreffend die Herstellungskosten von immateriellem Vermögen, IAS 40 betreffend die Anschaffungskosten von Renditeimmobilien oder IAS 23, wenn es um die Berücksichtigung von Fremdkapitalkosten geht.

Diese auf den ersten Blick willkürliche Verteilung beruht auf der Entstehungshistorie der IFRS: Der Standardsetter IASB hat nicht – wie vor über hundert Jahren die Verfasser des HGB – angestrebt, in einem großen Wurf sämtliche bekannten Rechungslegungsprobleme systematisch zu regeln, sondern die Standards behandeln in sequenzieller Form diejenigen Fragestellungen, die als besonders dringlich erachtet werden – werfen Sie an dieser Stelle ruhig noch einmal einen Blick auf den Überblick der aktuell geltenden IAS und IFRS in Kapitel 1 (*Abbildung 1-12*).

Vereinfacht lassen sich die Vorschriften für die Ermittlung der Anschaffungs- und Herstellungskosten nach IFRS in zwei Grundregeln zusammenfassen:

- Die *Anschaffungskosten* von Vermögenswerten werden grundsätzlich vergleichbar zu den Vorschriften des HGB ermittelt. Eine wichtige Ausnahme gibt es allerdings festzuhalten: Bei langfristigen Anschaffungsvorgängen von so genannten »qualifying assets« sind zurechenbare Fremdkapitalkosten nach IAS 22 aktivierungsfähig. Solche Fremdkapitalkosten fallen dann an, wenn ein Unternehmen eine Großanlage bestellt, deren Erstellung mehrere Jahre dauert und das Käuferunternehmen die Anzahlungen für diese Anlage zumindest teilweise über Bankkredite finanziert.
- Bei den *Herstellungskosten* für selbst erstellte Vermögenswerte sind die Unterschiede zwischen HGB und IFRS bedeutsamer. Nach IAS 2 sind für Vorräte sämtliche Aufwendungen anzusetzen, die in der Beschaffungs- und Herstellungsphase angefallen. Man spricht deshalb bezogen auf die IFRS auch von einem produktionsorientierten Vollkostenansatz zur Ermittlung der Herstellungskosten; ein Wahlrecht – vergleichbar zum HGB – gibt es nur bezüglich der Zurechenbarkeit von Fremdkapitalkosten gem. IAS 23.

Die produktionsorientierten Vollkosten umfassen in den IFRS im Wesentlichen Material- und Fertigungseinzel- und -gemeinkosten sowie Verwaltungs- und Sozialkosten, die im Beschaffungs- und Produktionsbereich anfallen, z.B. die Werkskantine oder das Gehalt des Werksleiters. Kosten der allgemeinen Verwaltung, die darüber hinausgehen, sowie – analog zum HGB – Vertriebskosten dürfen nach IFRS nicht in die Herstellungskosten mit einbezogen werden.

Vergleichen wir abschließend die *Gliederungsvorschriften* für Vermögenswerte und Schulden nach IFRS mit denen des HGB, so fällt zunächst auf, dass in IAS 1.68 zwar die wichtigsten Positionen auf der Aktiv- und Passivseite der Bilanz genannt werden. Ein detailliertes Gliederungsschema, wie wir es in § 266 HGB finden, fehlt jedoch. Dies hat zur Folge, dass sich die IFRS-Bilanzen in Deutschland z.T. (noch) sehr stark an den Gliederungsschemata des HGB orientieren und damit nicht unbedingt vergleichbar sind mit den IFRS-Bilanzen anderer europäischer oder gar asiatischer bzw. afrikanischer Staaten.

> Die IFRS sehen keine detaillierte Gliederung für die Aktiv- und Passivseite der Bilanz vor

Allerdings ist auch festzuhalten, dass die Gliederung einer IFRS-Bilanz nicht völlig frei gestaltet werden kann. IAS 1.51 schreibt vor, dass Aktiv- und Passivseite im Regelfall in laufende (current) vs. langfristige (non-current) Positionen zu untergliedern sind. Auf der Aktivseite der Bilanz führt dies nur zu geringen Unterschieden zum HGB, da die Gliederungsvorschriften hier ebenfalls eine Unterteilung in Anlagevermögen (non-current) und Umlaufvermögen (current) fordern. Anders auf der Passivseite: Während hier nach HGB die Gliederung des Fremdkapitals in einzelne Gruppen von Verbindlichkeiten und Rückstellungen vorgeschrieben ist und z.B. Bankverbindlichkeiten unabhängig von ihrer (Rest-)Laufzeit in einer einzigen Position ausgewiesen werden, können nach IFRS Verbindlichkeiten und Rückstellungen allein nach der jeweiligen (Rest-)Laufzeit geordnet werden. So finden wir in der IFRS-Bilanz beispielsweise Positionen wie »Kurzfristiger Anteil der langfristigen Bankverbindlichkeiten«. Der Bilanzleser erhält damit unmittelbar die Information darüber, welche Schulden in kürzester Zeit beglichen werden müssen, und kann sich ein Urteil darüber bilden, ob diese Rückzahlungen möglicherweise die Liquiditätssituation ungünstig beeinflussen.

Zu ergänzen ist hier allerdings, dass nach HGB eine vergleichbare Information für Verbindlichkeiten ebenfalls gegeben werden muss, allerdings nur im Anhang im Rahmen des so genannten »Verbindlichkeitenspiegels« (siehe hierzu ausführlicher noch Kapitel 7). Da empirische Untersuchungen jedoch zeigen, dass Informationen »in the face of the balance sheet«, d.h. direkt in der Bilanz, von externen Investoren eher gelesen werden als Angaben, die im Anhang »versteckt« sind, haben die IFRS – im Gegensatz zum HGB – hier wiederum die informativere Variante gewählt.

6.   Zusammenfassung

Auf der Aktivseite der Bilanz wird das Vermögen des Unternehmens bilanziert. Es setzt sich im Wesentlichen aus Anlage- und Umlaufvermögen zusammen. Für die Bewertung der Vermögensgegenstände verwendet das Handelsrecht zwei unterschiedliche, jedoch derselben Grundintention folgende Wertansätze: Anschaffungskosten und Herstellungskosten. Von ihnen darf nur in besonderen Fällen abgewichen werden, Fälle, die im nächsten Kapitel darzustellen sind.

Herstellungskosten eröffnen für das bilanzierende Unternehmen – letztlich aus Zurechnungsproblemen resultierend – Bewertungsspielräume durch die lediglich fakultative Vorgabe bestimmter Aufwandspositionen. Hieraus resultieren nicht unerhebliche Auswirkungen auf Bilanz und Gewinn- und Verlustrechnung, die jeder Adressat des externen Rechnungswesens kennen muss. Wenn Sie bedenken, dass der niedrigste zulässige und der höchste zulässige Wertansatz nicht selten um den Faktor 2 oder mehr auseinander klaffen, entstehen hier ganz beeindruckende Spielräume. So hätte der BMW-Konzern als Beispiel zum 31.12.2000 in seiner damals noch nach HGB aufgestellten Konzernbilanz nicht nur 2,1 Mrd. Euro (»Fertige Erzeugnisse sind nur mit ihren direkten Material- und Fertigungskosten angesetzt«, vgl. Position 5/Bilanzierungs- und Bewertungsgrundsätze im Anhang zum BMW-Konzernabschluss 2000), sondern mit gleicher handelsrechtlicher Zulässigkeit wohl auch an die 4,2 Mrd. Euro als Kosten fertiger Erzeugnisse und Waren ausweisen können. Die Differenz zwischen beiden Werten hätte unmittelbar den Gewinn erhöht – in diesem Beispiel von 1 Mrd. Euro auf über 3 Mrd. Euro sogar verdreifacht!

Auf der Passivseite der Bilanz wird das Kapital bilanziert, das dem Unternehmen zur Verfügung gestellt wird. Es setzt sich im Wesentlichen zusammen aus dem Eigenkapital, d.h. den Einlagen der Eigentümer, und dem Fremdkapital, d.h. den Verbindlichkeiten bei externen Gläubigern, und den Rückstellungen. Die Bewertung des Kapitals ist weit weniger problematisch als die Bewertung des Vermögens, da das Kapital in den allermeisten Fällen bereits als Geldbetrag zur Verfügung gestellt wird.

Im Gegensatz zum HGB ist im Regelungswerk der IFRS sowohl der Begriff des Vermögens als auch der Schulden explizit definiert. Der Vermögensbegriff ist dabei tendenziell weiter, der Schuldenbegriff tendenziell enger als im HGB. Die Anschaffungskosten von Vermögen sind nach IFRS bis auf die Aktivierungsfähigkeit von Fremdkapitalzinsen bei mehrperiodigen Anschaffungsvorgängen weitgehend identisch zum HGB anzusetzen. Bei den Herstellungskosten existiert im Gegensatz zum HGB kein Wahlrecht zwischen dem Ansatz von Einzelkosten (Teilkostenansatz) und Einzelkosten zzgl. Gemeinkosten (Vollkostenansatz). Vielmehr sind nach IFRS Herstellungskosten im Sinne eines produktionsorientierten Vollkostenansatzes zu ermitteln. Die Gliederung von Aktiv- und Passivseite ist nach IFRS weniger detailliert vorgeschrieben als nach HGB, allerdings nennt IAS 1 einige Positionen, die in der Bilanz ausgewiesen werden müssen und schreibt für den Regelfall eine Gliederung in laufende vs. langfristige Sachverhalte vor.

Bilanzierung von Anlage-vermögen

Kapitel 4

Lernziel

Im vorangegangenen Kapitel haben wir einen – terminologischen wie in-haltlichen – Überblick über die Bilanzierung von Vermögen und Kapital er-halten. Der nun folgende Schritt besteht darin, die zentralen Gruppen von Vermögensgegenständen und Kapital gesondert zu betrachten. Wir begin-nen dabei mit dem Anlagevermögen. Am Ende dieses Kapitels sollen Sie wissen,

- in welche wichtigen Positionen sich das Anlagevermögen untergliedert,
- dass es neben den Anschaffungs- und Herstellungskosten noch andere Wertansätze gibt, die in speziellen Situationen statt der erstgenannten angesetzt werden müssen, und um welche es sich dabei handelt,
- was es mit planmäßigen und außerplanmäßigen Abschreibungen auf sich hat,
- was man unter dem »gemilderten Niederstwertprinzip« zu verstehen hat,
- wie ein Anlagespiegel bzw. Anlagegitter aufgebaut ist und
- welche wichtigen Grundlagen für die Bilanzierung von Anlagevermö-genswerten in den IFRS zu beachten sind.

1. Gliederung des Anlagevermögens

2. Wertansätze des Anlagevermögens

3. Zuschreibungen

4. Planmäßige Abschreibungen
    4.1. Begründung planmäßiger Abschreibungen
    4.2. Abschreibungsursachen
    4.3. Wahl der Abschreibungsmethode
    4.4. Einfluss des Abschreibungsverfahrens auf die Höhe des
         Periodenerfolgs

5. Anlagespiegel

6. Grundlagen der Bilanzierung von Anlagevermögen nach IFRS

7. Zusammenfassung

1. Gliederung des Anlagevermögens

Der erste Abschnitt des dritten Buchs des HGB, dessen Regelungen für sämtliche Kaufleute gelten, beinhaltet keine Bestimmungen darüber, wie das zur dauernden Nutzung im Unternehmen bestimmte Vermögen zu untergliedern ist. § 247 Abs. 2 HGB enthält lediglich die Legaldefinition des Anlagevermögens. Für Personengesellschaften trifft somit nur die vage Forderung des § 247 Abs. 1 HGB zu, nach der »hinreichend aufzugliedern« ist. Was sich dahinter verbergen kann, zeigt die Mindestgliederungsvorschrift für das Anlagevermögen, die das HGB im schon mehrfach angesprochenen § 266 Abs. 2 Kapitalgesellschaften vorgibt.

Die Gliederung des Anlagevermögens ist nur für Kapitalgesellschaften im Gesetz vorgeschrieben

Der Paragraph 266 Abs. 2 HGB sieht eine Trennung in immaterielle Vermögensgegenstände, Sachanlagen und Finanzanlagen vor. Die *Abbildung 4-1* zeigt für drei große, aus unterschiedlichen Branchen stammende deutsche Aktiengesellschaften, nämlich Metro, Bayer und Lufthansa, wie (branchenbezogen unterschiedlich) sich das Gesamtanlagevermögen auf diese drei Gruppen innerhalb des Anlagevermögens verteilt. Wir werden die Finanzberichterstattung dieser drei Gesellschaften auch in den folgenden Kapiteln immer wieder zu Beispielzwecken aufgreifen.

Abb. 4-1: Struktur des Anlagevermögens dreier deutscher Konzerne zum 31.12.2004

Geschäftsjahr 2004 in Mio. Euro	Bayer		Deutsche Lufthansa		Metro	
Konzessionen, gewerbliche Schutzrechte u.ä.	4.101		108		395	
Selbst erstellte Software	0		23		0	
Geschäfts- oder Firmenwert	1.877		667		3.932	
Geleistete Anzahlungen	39		21		0	
Immaterielle Vermögensgegenstände	**6.017**	36%	**819**	7%	**4.327**	28%
Grundstücke und Bauten	3.284		786		8.818	
Technische Anlagen und Maschinen	4.730		7.568		4	
Andere Anlagen, Betriebs- und Geschäftsausstattung	525		218		1.683	
Geleistete Anzahlungen und Anlagen im Bau	645		579		315	
Sachanlagen	**9.184**	54%	**9.151**	82%	**10.820**	71%
Anteile an verbundenen Unternehmen	58		104		5	
Anteile an übrigen Beteiligungen	841		921		29	
Ausleihungen	518		214		131	
Wertpapiere des Anlagevermögens	237		12		6	
Vorfinanzierungen von Mietobjekten	0		13		0	
Finanzanlagen	**1.654**	10%	**1.264**	11%	**171**	1%
Anlagevermögen	**16.855**		**11.234**		**15.318**	

Für den Leser, der zusätzlich einen Blick in die Geschäftsberichte werfen möchte, seien zu diesen Beispielen zwei ergänzende Anmerkungen vorweggeschickt:

- Zum einen handelt es sich bei den zugrunde liegenden Abschlüssen nicht um Einzel-, sondern um Konzernabschlüsse, denn nur diese bilden die aus dem jeweiligen branchenbezogenen Geschäftsmodell resultierende Vermögens-, Finanz- und Ertragslage aussagekräftig ab. Die Einzelabschlüsse der Muttergesellschaften, im Falle des Lufthansa-Konzerns beispielsweise der Lufthansa AG, zeigen im Vermögen typischerweise nur deren vielfältigen Beteiligungsbesitz auf, in den das eigentliche operative Geschäft ausgelagert ist.

- Zum anderen handelt es sich um IFRS-Abschlüsse. Während in den früheren Auflagen dieses Lehrbuchs HGB-Abschlüsse zur Veranschaulichung gezeigt wurden, haben inzwischen so gut wie alle bekannten Aktiengesellschaften mit einer aussagekräftigen Finanzberichterstattung ihre Konzernabschlüsse auf internationale Standards umgestellt. Da es jedoch zahlreiche Parallelen zwischen der Rechnungslegung nach HGB und IFRS gibt, erhalten Sie auch durch diese IFRS-Abschlüsse einen anschaulichen Eindruck von der praktischen Umsetzung des Geschäftsmodells von Unternehmen in das Zahlenwerk der externen Rechnungslegung. Dort, wo es gravierende Unterschiede zwischen HGB und IFRS gibt – in diesem Kapitel z.B. bei der Bilanzierung von immateriellem Vermögen – werden wir Sie darauf hinweisen.

Die erste Position, die im Anlagevermögen gezeigt wird, ist das *immaterielle Vermögen*. In der HGB-Bilanz dürfen immaterielle Vermögensgegenstände im Anlagevermögen nur dann angesetzt werden, wenn sie käuflich erworben wurden (so genannte »derivative« Vermögensgegenstände). Anders als bei materiellen Vermögensgegenständen lässt der Gesetzgeber bei den immateriellen Vermögensgegenständen des Anlagevermögens also keine Aktivierung der Herstellungskosten selbst geschaffener Rechte wie Patente, Lizenzen, Computer-Software u.ä. (so genannte »originäre« Vermögensgegenstände) zu (§ 248 Abs. 2 HGB). Dieses Aktivierungsverbot ist eine der wenigen Ausnahmen vom Grundsatz der Vollständigkeit des Vermögens auf der Aktivseite.

Das HGB verbietet eine
Aktivierung originärer
immaterieller Vermögens-
gegenstände, die IFRS nicht

In der IFRS-Bilanz gilt diese Einschränkung nicht; dort ist auch selbst erstelltes immaterielles Anlagevermögen bilanzierungspflichtig. Aus diesem Grund finden Sie im Anlagevermögen des Lufthansa-Konzerns die Position »Selbst erstellte Software« mit einem Umfang von immerhin 23 Mio. Euro – in einer HGB-Bilanz wäre diese Position nicht enthalten. Sie sehen, dass auch an dieser Stelle die IFRS-Bilanz informativer ist als die vergleichbare HGB-Bilanz.

Die Regelung in § 248 Abs. 2 HGB zum Aktivierungsverbot originären immateriellen Anlagevermögens erscheint zunächst aus grundsätzlichen Erwägungen heraus als ungerecht, erst recht aber angesichts der steigenden Bedeutung von Forschung und Entwicklung in den Unternehmen. Sie ist bei näherem Hinsehen jedoch vor dem Hintergrund des Gläubigerschutzes sehr wohl verständlich: Bei originären immateriellen Vermögensgegenständen besteht für Unternehmensexterne stets das große Problem, wie die Berechtigung der Wertansätze nachgeprüft werden soll. Dies betrifft bereits die Frage, ob überhaupt ein immaterieller Vermögensgegenstand vorliegt. Aber auch dann, wenn diese Frage bejaht werden kann, bestehen zwangsläufig erhebliche Spielräume, welche Herstellungskosten notwendig und angemessen sind. Kreative Arbeit, die oftmals zu derartigen Vermögensgegenständen führt, ist nur in Grenzen planbar. Ob ein Forscher für eine Erfindung fünf Jahre aufwendig forschen muss oder ob ihm die Idee sofort unter der Dusche kommt, lässt sich nicht prognostizieren. Mit anderen Worten: beide Fälle sind möglich und von außen nicht nachvollziehbar. Deshalb verlangt der deutsche Gesetzgeber bei allen immateriellen Vermögensgegenständen Objektivierung über einen vollzogenen Marktprozess, d.h. durch Kauf von Dritten.

Innerhalb der immateriellen Vermögensgegenstände verdient der *Geschäfts- oder Firmenwert* besondere Beachtung. Diese Position ist im § 255 Abs. 4 HGB näher beschrieben: »Als Geschäfts- oder Firmenwert darf der Unterschiedsbetrag angesetzt werden, um den die für die Übernahme eines Unternehmens bewirkte Gegenleistung den Wert der einzelnen Vermögensgegenstände des Unternehmens abzüglich der Schulden im Zeitpunkt der Übernahme übersteigt. Der Betrag ist in jedem folgenden Geschäftsjahr zu mindestens einem Viertel durch Abschreibungen zu tilgen. Die Abschreibung des Geschäfts- oder Firmenwerts kann aber auch planmäßig auf die Geschäftsjahre verteilt werden, in denen er voraussichtlich genutzt wird«. Dieser Firmenwert bezieht sich also nicht auf das bilanzierende Unternehmen selbst, sondern auf den Wert eines anderen Unternehmens, das übernommen, also entgeltlich erworben, und mit dem bilanzierenden Unternehmen fusioniert wurde, also seine rechtliche Selbständigkeit aufgegeben hat (Verschmelzung). Auch bei einem so genannten asset deal – d.h. es werden von einem anderen Unternehmen sämtliche Vermögensgegenstände und Schulden erworben, so dass von diesem nur noch die leere rechtliche Hülle zurückbleibt (der so genannte Mantel) – kann der Betrag, der den Buchwert des erworbenen Vermögens abzüglich der Schulden übersteigt, als Firmenwert aktiviert werden.

Er kommt dadurch zustande, dass der Kaufpreis eines Unternehmens letztlich nie mit dem Reinvermögen (d.h. Vermögen abzüglich Schulden) übereinstimmt. In vielen Fällen liegt der Kaufpreis vielmehr (deutlich) über dem Reinvermögen: Positive Einflussfaktoren wie Kundenstamm, Knowhow, selbst erstellte Patente oder Mitarbeiterpotenziale müssen zwar mit dem Kaufpreis entgolten werden, sind in der Bilanz des zu erwerbenden Unternehmens aber aus den oben erwähnten Gründen nicht enthalten.

Gliedert nun die kaufende Gesellschaft das Vermögen und die Schulden des gekauften Betriebs in seine Aktiva und Passiva ein, so bleibt als Differenz zwischen Kaufpreis und dem zu Zeitwerten bewerteten Reinvermögen (d.h. unter Offenlegung stiller Reserven und Lasten) der so genannte Geschäfts- oder Firmenwert, auch Goodwill genannt. Für seine bilanzielle Berücksichtigung standen dem deutschen Gesetzgeber grundsätzlich zwei Wege offen:

Zwei grundsätzliche
Möglichkeiten zur bilanziellen Behandlung von
Geschäfts- bzw. Firmenwert
sind gemäß HGB denkbar

**Bilanzierung von
Anlagevermögen**

- Zum einen konnte er konsequent, wie bei allen anderen Vermögensgegenständen, das Kriterium der (mangelnden) Einzelveräußerbarkeit heranziehen, den Firmenwert somit im Jahr der Anschaffung als außerordentliche Aufwendung berücksichtigen.
- Zum anderen bestand die Möglichkeit, eine gesonderte Aktivierung unter Verweis darauf zuzulassen, dass der realisierte Kaufpreis des erworbenen Unternehmens als ein vergleichsweise objektiver Marktpreis anzusehen ist, da das erwerbende Unternehmen ihn nicht ohne Grund (nämlich nicht ohne entsprechende Erfolgserwartungen) gezahlt hat.

*Der Gesetzgeber lässt im
HGB beide Wege offen*

Der Gesetzgeber hat sich – wie so häufig – für einen Mittelweg entschieden: Zunächst ist durch die Formulierung »darf ... angesetzt werden« jedem Unternehmen ein grundsätzliches Wahlrecht zur Bilanzierung des Firmenwerts eingeräumt worden. Entscheidet es sich für den Ansatz, so stößt es auf ein weiteres Wahlrecht: Der Firmenwert muss entweder innerhalb von vier Jahren (»in jedem folgenden Jahr ein Viertel«) oder über die Dauer seiner voraussichtlichen Nutzung abgeschrieben werden – hier wird auch in der Handelsbilanz häufig auf die in der Steuerbilanz mindestens anzusetzende Frist von fünfzehn Jahren zurückgegriffen.

Es ist unschwer zu erkennen, dass die zweite der beiden Möglichkeiten dem bilanzierenden Unternehmen zwangsläufig erhebliche Ermessensspielräume gewährt. Vor diesem Hintergrund ist auch eine der jüngeren Entwicklungen in den IFRS zu sehen: Dort sind inzwischen Firmenwerte überhaupt nicht mehr planmäßig abzuschreiben; lediglich bei einem außerplanmäßigen Wertverlust ist eine entsprechende Korrektur vorzunehmen. Ob dies für den Bilanzleser allerdings aussagekräftiger ist, sei dahingestellt.

Beim Thema Finanzanlagevermögen sind noch einige Aussagen zum dort vorzufindenden Gliederungsprinzip anzufügen. Der deutsche Gesetzgeber hat hier mit der Differenzierung von »Anteilen an verbundenen Unternehmen«, »Beteiligungen« und »sonstigen Anlagen« das Finanzanlagevermögen strikt nach unterschiedlichen Graden der Möglichkeit einer Einflussnahme getrennt. Die weitestgehenden Einflussrechte liegen bei verbundenen Unternehmen, z.B. durch ein so genanntes »Mutter-Tochter-Verhältnis« vor (vgl. § 271 Abs. 2 HGB). Dieses Verhältnis begründet einen Konzern mit einer einheitlichen Leitung der verbundenen Unternehmen. Paragraph 290 Abs. 2 HGB präzisiert und/oder ergänzt das Mutter-Tochter-Verhältnis. Neben der einheitlichen Leitung liegt ein Mutter-Tochter-Verhältnis dann vor, wenn der Muttergesellschaft bei der Tochtergesellschaft

*Die Gliederung des Finanzanlagevermögens folgt dem
Prinzip unterschiedlicher
Grade der Einflussnahme*

- »die Mehrheit der Stimmrechte der Gesellschafter zusteht,
- das Recht zusteht, die Mehrheit der Mitglieder des Verwaltungs-, Leitungs- und Aufsichtsorgans zu bestellen oder abzuberufen, und sie gleichzeitig Gesellschafter ist oder
- das Recht zusteht, einen beherrschenden Einfluss auf Grund eines mit diesem Unternehmen geschlossenen Beherrschungsvertrags oder auf Grund einer Satzungsbestimmung dieses Unternehmens auszuüben«.

Da wir bei allen drei Unternehmen die Konzernabschlüsse betrachten, ist die Position »Anteile an verbundenen Unternehmen« vergleichsweise klein – es handelt sich dabei nur um unwesentliche Tochtergesellschaften, die nicht konsolidiert werden müssen, d.h. deren Vermögen und Schulden im Konzernabschluss nicht einzeln ausgewiesen werden.

Beteiligungen gewähren im Gegensatz zu verbundenen Unternehmen »nur« bedeutsame Mitspracherechte, keine unmittelbare Durchsetzbarkeit der eigenen Geschäftsinteressen. Was als bedeutsam zu gelten hat, ist nicht näher geregelt. In § 271 Abs. 1 HGB findet sich lediglich eine so genannte »Beteiligungsvermutung«: »Als Beteiligung gelten im Zweifel Anteile an einer Kapitalgesellschaft, deren Nennbeträge insgesamt den fünften Teil des Nennkapitals dieser Gesellschaft überschreiten«. Wieder einmal handelt der Gesetzgeber mit dieser offenen Formulierung jedoch richtig: Ein 20%-iger Anteil an einer AG mit breit gestreutem Anteilsbesitz (»Publikumsgesellschaft«) ist von der Möglichkeit der Einflussnahme her sicher anders zu beurteilen als ein gleich hoher Anteil an einem von wenigen Gesellschaftern beherrschten Unternehmen.

Die durch die Differenzierung nach unterschiedlichen Graden der Möglichkeit der Einflussnahme innerhalb der Finanzanlagen geschaffene Transparenz wird noch dadurch erhöht, dass das Gliederungsprinzip auch auf Ausleihungen angewandt wird. Ausleihungen sind Darlehen, die anderen Unternehmen zur Verfügung gestellt werden. Der Bilanzleser kann also auf einen Blick die unterschiedlichen Gruppen von Kapitalverflechtungen übersehen. Als Vorgriff auf das 9. Kapitel sei schließlich darauf hingewiesen, dass er im Anhang noch erheblich differenziertere Daten hierzu vorfindet.

Abschließend sei noch auf eine Sonderposition im Anlagevermögen des Lufthansa-Konzerns hingewiesen, die »Vorfinanzierung von Mietobjekten«. Hier handelt es sich um die Finanzierung der Erstellung von Gebäuden, z.B. Wartungshallen, die nach Fertigstellung zu vergünstigten Konditionen von der Lufthansa angemietet werden. Diese Sonderposition zeigt, dass ein Unternehmen die Möglichkeit hat, Tatbestände, die durch die standardmäßig vorgegebenen Bilanzpositionen nicht abgedeckt sind, durch zusätzliche Positionen in der Bilanz offen zu legen – eine Möglichkeit, die sowohl nach HGB als auch nach IFRS offen steht.

2. Wertansätze des Anlagevermögens

Grundlegende Wertansätze für das Vermögen sind – wie im vorangegangenen Kapitel hergeleitet – die Anschaffungs- bzw. Herstellungskosten. Sie werden angesetzt, wenn ein Wirtschaftsgut in das Vermögen eines Unternehmens eingeht. Aus diesem Grund werden diese beiden Wertansätze auch als *primäre Wertansätze* bezeichnet.

Die Gegenstände des Anlagevermögens dienen dem Unternehmen jedoch über längere Zeit hinweg. In diesem Zeitraum ist es durchaus mög-

Bilanzierung von Anlagevermögen

Die Bilanzierung folgt dem Niederstwertprinzip: Vorsicht dominiert

lich, dass die ursprünglich angesetzten Anschaffungs- bzw. Herstellungskosten den aktuellen Wert dieser Anlagegegenstände nicht mehr repräsentieren. Aus diesem Grund definiert der Gesetzgeber eine Reihe von Ausnahmen von diesen Wertansätzen, so genannte *sekundäre Wertansätze*. Sie sind letztlich auf das die gesamte externe Rechnungslegung des HGB durchziehende Prinzip des Gläubigerschutzes, der (sehr) vorsichtigen Bewertung, zurückzuführen. Diese Vorsicht – die ganz allgemein als Bewertungsgrundsatz in § 252 Abs. 1 Nr. 4 formuliert ist – lässt sich auf einen kurzen Nenner bringen, nämlich das so genannte Niederstwertprinzip:

> Gibt es für Vermögensgegenstände mehrere – objektivierbare – Wertansätze, so ist – bis auf noch darzustellende Ausnahmen – grundsätzlich der niedrigste von diesen anzusetzen.

Steigt also beispielsweise der Marktwert eines Aktienpakets im Anlagevermögen eines Unternehmens über den ursprünglichen Anschaffungswert hinaus, so darf diese Steigerung in der Rechnungslegung nach HGB nicht bilanziert werden – es wird lediglich der Anschaffungswert ausgewiesen; dies ist das so genannte *Anschaffungskostenprinzip*. Sinkt der Marktwert des Aktienpakets dagegen dauerhaft unter die Anschaffungskosten, ist eine entsprechende Abschreibung vorzunehmen.

Das Niederstwertprinzip spielt in der HGB-Rechnungslegung eine wesentliche Rolle; internationale Rechnungslegungsvorschriften teilen diese Sicht nicht

Die hier dargestellte, aus dem Niederstwertprinzip resultierende Ungleichbehandlung von noch nicht realisierten (das Aktienpaket ist ja weiterhin Bestandteil des Anlagevermögens) Gewinnen und Verlusten wird auch als *Imparitätsprinzip* bezeichnet. Gerade in der Rechnungslegung nach IFRS, aber z.B. auch innerhalb der US-GAAP, wird eine solche imparitätische Form der Bewertung von Finanzvermögen (also Wertpapieren) abgelehnt: Im Sinne eines *Fair-Value-Accounting* (Fair Value ist die englische Bezeichnung für Marktwert) sind bei Gegenständen des Finanzvermögens auch unrealisierte Gewinne zu bilanzieren, um dem Bilanzadressaten ein besseres Bild der Vermögenssituation in die Hand zu geben.

Ein »Fair-Value-Accounting« ist nicht frei von Problemen

Von Nachteil ist dabei allerdings, dass durch den Ausweis unrealisierter Gewinne bei bei den Aktionären möglicherweise Erwartungen auf hohe Dividendenausschüttungen entstehen. Damit würden dem Unternehmen dann aber Zahlungsmittel abfließen, die für das laufende Geschäft nicht mehr zur Verfügung stehen. Werden die betreffenden Wertpapiere erst zu einem späteren Zeitpunkt verkauft, an dem der Marktwert bereits wieder gesunken ist, hat die Dividendenausschüttung letztlich die Unternehmenssubstanz und damit das ökonomische Potenzial verringert.

Während das Fair-Value-Accounting insbesondere bei Finanzanlagen eine große Rolle spielt, ist die Wahrscheinlichkeit einer Wertentwicklung über die ursprünglichen Anschaffungs- bzw. Herstellungskosten innerhalb des Sach(anlage)vermögens hinaus eher unwahrscheinlich. Eine Ausnahme stellen allenfalls nicht abnutzbare Gegenstände dar, wie beispielsweise Grundstücke oder Patente und Lizenzen. Gerade im Bereich von technischen Anlagen oder Bauten dominiert jedoch die Abnutzung durch den wirtschaftlichen Gebrauch eine mögliche Wertsteigerung – allenfalls in Hochinflationsländern mag dies umgekehrt sein. Allerdings gibt es hierfür

Sonderregelungen, innerhalb der IFRS z.B. im Standard IAS 29 (Financial Reporting in Hyperinflationary Economies).

Damit sind wir jedoch bei der Frage angelangt, wie es zu niedrigeren Werten als den Anschaffungs- und Herstellungskosten kommen kann. Auf diese Frage gibt es zunächst zwei grundsätzliche Antworten: Zum einen kann der Wert von Anlagegegenständen durch die regelmäßige betriebliche Nutzung sinken. Dieser Wertverlust wird bewusst in Kauf genommen, kann also als »geplant« bezeichnet werden und führt zu den so genannten »planmäßigen Abschreibungen«. Ganz neu sind planmäßige Abschreibungen für uns nicht, Sie erinnern sich sicher an das Fallbeispiel der more-copy-gmbh. Was man unter planmäßigen Abschreibungen genau zu verstehen hat, findet man im § 253 Abs. 2 HGB:

> »Bei Vermögensgegenständen des Anlagevermögens, deren Nutzung zeitlich begrenzt ist, sind die Anschaffungs- oder Herstellungskosten um planmäßige Abschreibungen zu vermindern. Der Plan muss die Anschaffungs- oder Herstellungskosten auf die Geschäftsjahre verteilen, in denen der Vermögensgegenstand voraussichtlich genutzt werden kann«.

Planmäßige Abschreibungen finden sich insbesondere im Sachanlagevermögen

Zum anderen kann der Wert eines Anlagegegenstandes ungewollt sinken. Mit diesem ungewollten Wertverlust, der zu den so genannten »außerplanmäßigen Abschreibungen« führt, wollen wir uns in diesem Abschnitt beschäftigen.

Ein außerplanmäßiger Wertverlust ist – wie auch die *Abbildung 4-2* zeigt – schon zum Zeitpunkt des Zugangs des Anlagegegenstandes möglich. So kann es vorkommen, dass – aus welchen Gründen auch immer – ein im Vergleich zum üblichen Kaufpreis zu hoher Anschaffungspreis gezahlt wurde oder dass die Herstellung aufgrund ungünstiger Umstände im Vergleich zu einem »üblichen« Herstellungsprozess zu teuer ausfiel. Insbesondere im zweiten Fall ist die Bestimmung des »zu teuer« allerdings sehr problematisch, da man nur schwer einen direkt heranziehbaren Vergleichswert (Fremdbezugspreis eines identischen Vermögensgegenstandes, Herstellungskosten in einem anderen Unternehmen) finden wird.

Ein außerplanmäßiger Wertverlust kann bereits vor der Nutzung eines Anlagegegenstandes anfallen

Im Normalfall wird das Niederstwertprinzip allerdings erst nach Zugang des Vermögensgegenstandes wirksam. Die Gründe hierfür lassen sich allesamt den folgenden vier Gruppen zuordnen:

- *Der Wert eines Anlagegegenstandes sinkt unmittelbar.* Beispiel ist die Ausleihung an ein Unternehmen, das in Konkurs gegangen ist und seine Gläubiger nur noch mit der Konkursquote befriedigt. Ein anderes Beispiel ist eine Maschine, die aufgrund eines technischen Defekts nicht mehr genutzt werden kann (die so genannte »Katastrophenabschreibung«).
- *Der für einen Anlagegegenstand bei seiner Veräußerung erzielbare Wert sinkt.* Besonders deutlich wird dies an gehaltenen Aktien, deren Börsenkurs unter den Kurs sinkt, zu dem sie gekauft wurden.
- *Der für die Wiederbeschaffung eines Anlagegegenstandes aufzuwendende Betrag sinkt.* Wenngleich häufig mit dem zuvor genannten Verkaufswert übereinstimmend, gibt es doch einige Fälle, in denen allein der Wiederbe-

Gründe für einen außerplanmäßigen Wertverlust während der Nutzung eines Anlagegegenstandes

**Bilanzierung von
Anlagevermögen**

	Betrachtungszeitpunkt	
	Zugang eines Vermögens-gegenstandes	Zeitpunkt während der Nutzung eines Ver-mögensgegenstandes
Normalfall der Bewertung	Anschaffungs- oder Herstellungskosten im Sinne einer reinen Vermögensumschich-tung	bei nicht abnutzbaren Ver-mögensgegenständen: Anschaffungs- oder Her-stellungskosten bei abnutzbaren Vermö-gensgegenständen: um planmäßige Abschreibun-gen reduzierte Anschaf-fungs- oder Herstellungs-kosten
Gründe für Ausnahmefälle	bei fremdbezogenen Vermögensgegen-ständen: überhöhte Verkaufspreise bei eigengefertigten Vermögensgegen-ständen: überteuerte Herstellungskosten	• unmittelbarer Wertverlust • Rückgang des Veräuße-rungwerts • Rückgang der Wiederbe-schaffungskosten • Rückgang des Nutzenpo-tenzials durch tech-nisch/wirtschaftliche Überholung • Wertminderung bei ver-nünftiger kaufmännischer Beurteilung • Wertminderung durch steuerrechtliche Gestal-tungsmöglichkeiten
Bezugspunkt für die Höhe der außerplan-mäßigen Abschreibungen	bei fremdbezogenen Vermögensgegenständen: • allgemeiner Marktpreis • erzielbarer Veräuße-rungserlös bei eigengefertigten Vermögensgegenständen: • Preis für Fremdbezug • Herstellungskosten bei »normalen« Pro-duktionsverhältnissen	• Börsenwert • Marktpreis • Veräußerungserlös • aktuelle Herstellungs-kosten • Barwert des mit dem Ver-mögensgegenstand noch erzielbaren Nutzens • kaufmännischer Ermes-senswert • steuerrechtlich zulässiger Wert

Abb. 4-2: Bewertung von
Gegenständen des Anlage-
vermögens

schaffungswert relevant ist. Ein Beispiel: Eine selbst gebaute mecha-
nisch gesteuerte Maschine kann bei gleichem Funktionsumfang wenige
Jahre später durch Verwendung von Elektronik deutlich billiger hergestellt werden.

- *Der Nutzungswert eines Vermögensgegenstandes sinkt.* Beispiel hierfür ist eine
  Maschine, die der Herstellung eines speziellen Produkts dient. Von der
  ehemals geplanten Absatzmenge lässt sich aufgrund eines Nachfrage-
  rückgangs nur noch ein geringer Teil absetzen. Die erzielbaren Ver-

kaufserlöse sind nicht mehr dazu in der Lage, über die Zeit hinweg die Anschaffungskosten der permanent erheblich unterausgelasteten Maschine »wieder einzuspielen«. Denkbar ist auch, dass eine Büroimmobilie sich nicht mehr vollständig oder nur zu schlechteren Konditionen als ursprünglich erwartet vermieten lässt.

Oftmals leitet sich der Vergleichswert somit unmittelbar aus Marktpreisen ab, die vergleichsweise leicht, z.B. über Börsenkurse, intersubjektiv nachprüfbar ermittelt werden können. Daneben gibt es aber auch Wertansätze, für die eine objektive Bestimmung schwer fällt, bei denen ein nicht unerheblicher Ermessensspielraum für den Bilanzierenden zwangsläufig besteht, so beispielsweise im letzten Fall des gesunkenen Nutzungswerts.

Diesen Wertansätzen gemeinsam ist die Tatsache, dass sie zum Zeitpunkt des Ausweises in der Bilanz sämtlich (noch) nicht realisiert sind. In allen Fällen handelt es sich um die Antizipierung (möglicher) zukünftiger Verluste. Die Kursrückgänge größerer Baisse-Phasen der jüngsten Zeit, wie im Herbst 1987, am Neuen Markt im Frühjahr 2000 oder auch nach dem 11. September 2001, haben nur denjenigen Aktienbesitzer getroffen, der gegen das eherne Gesetz verstoßen hat, Aktien allein aus nicht aktuell benötigten Finanzmitteln zu erwerben. Nur dieser Aktionärskreis war gezwungen, die Kursverluste tatsächlich zu realisieren.

Die strenge Auffassung des Niederstwertprinzips bereitet im Bereich des Anlagevermögens oftmals Probleme: Anlagevermögen dient dem Geschäftsbetrieb definitionsgemäß über lange Zeit hinweg. Treten externe Preisbewegungen auf, die nichts mit der Nutzung des Vermögensgegenstandes zu tun haben (so kann man beispielsweise die Anteilsrechte unabhängig vom Kurs der Aktien wahrnehmen), so wäre es zur Zeichnung eines objektiven Bildes der Lage der Gesellschaft sogar falsch, die Preisänderungen in der Bilanz zu berücksichtigen (der niedrige Börsenkurs wird nur dann relevant, wenn die Aktien verkauft werden; gerade diese Alternative scheidet aber durch die Zuordnung der Aktien zum Anlagevermögen aus). Aus diesem Grund weicht der Gesetzgeber das Niederstwertprinzip für das Anlagevermögen auf bzw. schränkt es ein.

Warum soll etwas abgewertet werden, was später wieder mehr wert sein wird, wenn es nicht in Kürze verkauft werden muss/soll?

- So räumt § 253 Abs. 2 Satz 3 HGB ein *Beibehaltungswahlrecht* für den höheren Wert im Anlagevermögen dann ein, wenn die Wertminderung nur vorübergehender Art ist. Dies wird auch als »*gemildertes*« *Niederstwertprinzip* bezeichnet.

Gemildertes Niederstwertprinzip

- Weiterhin gibt es für Kapitalgesellschaften an einer Stelle ein *Verbot der Anwendung des Niederstwertprinzips*, nämlich für vorübergehende Wertminderungen von Gegenständen des Sachanlagevermögens bzw. des immateriellen Vermögens (§ 279 Abs. 1 Satz 2 HGB). Dies ist eine der wenigen Stellen im Handelsrecht, an der im Einzelabschluss dessen Informationsfunktion klar die Ausschüttungsbemessungsfunktion dominiert. Da Anlagegegenstände kurzfristig nicht veräußert werden sollen, spielen vorübergehende Wertminderungen (z.B. die zeitweise Stilllegung einer Anlage wegen Umbau der Produktionshallen) faktisch keine Rolle. Weil weiterhin für Sach- und immaterielles Vermögen ein ggf. niedrigerer Marktwert – im Gegensatz zu Finanzanlagevermögen – nur

Bilanzierung von Anlagevermögen

sehr schwer zu bestimmen ist, verzichtet der Gesetzgeber hier auf die mögliche Einräumung von Ermessensspielräumen für den Bilanzierenden und damit auch für die Möglichkeit, durch die Ausnutzung dieser Spielräume stille Reserven zu bilden.

Neben den bisher genannten sekundären Wertansätzen sind jedoch noch zwei weitere Kategorien relevant. Die erste bezieht sich auf eine Abweichung nach unten »im Rahmen vernünftiger kaufmännischer Beurteilung« (§ 253 Abs. 4 HGB). Ein Beispiel hierfür ist die Abschreibung einer Auslandsbeteiligung mit der Begründung, das allgemeine Länderrisiko des Investitionsobjekts habe sich verschlechtert, auch wenn sich dieses Länderrisiko zum Abschlussstichtag für die Beteiligung noch nicht realisiert hat, oder die Abschreibung von Wertpapieren des Anlagevermögens, weil Kursverluste sich zwar noch nicht realisiert haben, wohl aber erwartet werden.

Abschreibungen im Rahmen kaufmännischen Ermessens

Die Begründung dieser Regelung, die nur für Personengesellschaften gilt (vgl. § 279 Abs. 1 Satz 1 HGB), ist allerdings etwas unscharf. Zumeist stellt man auf den Gläubigerschutz ab: Wenn sich das Unternehmen schlechter darstellt, als es tatsächlich ist, kann dies für die Kreditsicherheit nur vorteilhaft sein. Allerdings hat diese Argumentation zumindest zwei Haken. Zum einen sieht der Gläubiger die Abwertungsbeträge nicht gesondert und kann den Spielraum in der Bewertung – in präziser Terminologie: die damit geschaffenen stillen Reserven – gar nicht erkennen. Zum anderen werden die stillen Reserven als (zusätzliche) Haftungsgrundlage nur im Insolvenzfall benötigt. Dort aber gelten nicht die in der Bilanz ausgewiesenen Buchwerte, sondern Zerschlagungswerte, die zumeist von ersteren deutlich nach unten abweichen. In diesem Zusammenhang ist auch das geflügelte Wort unter Kaufleuten zu sehen, dass stille Reserven »diejenigen sind, die nicht mehr da sind, wenn man sie braucht«.

Stille Reserven sind nicht mehr da, wenn man sie wirklich braucht

Unabhängig von der Begründung stiller Reserven ist aber auch die Beurteilung dessen, welche Abwertung »im Rahmen vernünftiger kaufmännischer Beurteilung« zulässig ist, alles andere als unproblematisch – es ist schließlich nicht festgelegt, wo kaufmännisches Ermessen endet und Willkür beginnt. Man ist sich derzeit in der Kommentarliteratur nur einig, dass ein allgemeiner wirtschaftlicher Zukunftspessimismus als Begründung nicht ausreicht. Gründe wie die Stärkung der Eigenkapitalbasis, die Sicherung des Fortbestandes des Unternehmens, die Vorsorge vor absehbaren Risiken oder die Nivellierung des Gewinnausweises werden dagegen als akzeptabel erachtet. Bei derartigen Argumentationen eine saubere Grenze zwischen Willkür und Ermessen zu ziehen, ist (fast) unmöglich.

Kritik der Abschreibung aufgrund »vernünftiger kaufmännischer Beurteilung«

Die zweite ergänzende Kategorie innerhalb der sekundären Wertansätze resultiert schließlich aus dem Bestreben, Handelsbilanz und Steuerbilanz sich nicht zu weit voneinander entfernen zu lassen. Grundsätzlich gilt, dass die Bestimmungen des Handelsrechts auch für die Aufstellung der Steuerbilanz relevant sind, die so genannte *Maßgeblichkeit der Handels- für die Steuerbilanz*, die in § 5 Abs. 1 EStG festgelegt wird. Im Kern bedeutet die Maßgeblichkeit, dass alle Wertansätze, die in der Handelsbilanz gewählt werden, auch in der Steuerbilanz angesetzt werden müssen, sofern keine explizite steuerrechtliche Regelung widerspricht. Paragraph 254 HGB enthält nun eine so genannte *umgekehrte Maßgeblichkeit*, d.h. er erlaubt die Berücksichtigung rein steuerlich motivierter Wertansätze aus der Steuerbilanz in der Handelsbilanz – also die genau umgekehrte Sichtweise der Maßgeblichkeit des § 5 Abs. 1 EStG. Hat ein Unternehmen beispielsweise nach der Wende ein Gebäude in den neuen Bundesländern erworben und dieses Gebäude im Zuge der Investitionsförderung bereits in zwei Jahren abgeschrieben, obwohl es aus rein ökonomischer Perspektive z.B. in dieser Zeit lediglich einen Bruchteil seines Anschaffungswerts verloren hat, so erlaubt § 254 HGB die Übernahme des niedrigen steuerlichen Werts – hier des Erinnerungswerts von einem Euro – anstelle des ökonomisch richtigen und um ein vielfaches höheren Werts in die Handelsbilanz.

Zu beachten ist, dass es die umgekehrte Maßgeblichkeit ebenso wie das Abschreiben im Rahmen von vernünftigem kaufmännischen Ermessen nur für Personengesellschaften gibt (vgl. § 279 Abs. 2 HGB) – es sei denn, das Steuerrecht schreibt zwingend vor, dass der entsprechend niedrige steuerliche Wert auch in der Handelsbilanz angesetzt werden muss – was interessanterweise in fast allen Fällen gegeben ist. In diesem Fall einer »formellen Maßgeblichkeit im Rahmen der umgekehrten Maßgeblichkeit« dürfen auch Kapitalgesellschaften den § 254 HGB in Anspruch nehmen. Hintergrund ist hier wohl die Befürchtung des Fiskus, die Aktionäre könnten aufgrund eines höheren Wertansatzes in der Handelsbilanz und einem daraus resultierenden höheren handelsrechtlichen Ergebnis möglicherweise einen stärkeren Zugriff auf das Ausschüttungspotenzial haben als der Fiskus selbst.

Abschreibungsbedarf kann schließlich auch aus der Anwendung des »umgekehrten Maßgeblichkeitsprinzips« resultieren

3. Zuschreibungen

Im letzten Abschnitt haben wir diverse Gründe kennen gelernt, warum im HGB von den Anschaffungs- bzw. Herstellungskosten nach unten abgewichen werden muss oder abgewichen werden kann. Bevor wir uns mit planmäßigen Abschreibungen im Detail befassen, wollen wir den Gegenbegriff der Abschreibungen, die Zuschreibungen, kurz beleuchten. Hierbei gilt es zunächst, auf ein terminologisches Problem hinzuweisen.

Man kann Zuschreibungen in einem weiten und in einem engen Sinn verstehen. Im weiten Sinn verstanden sind Zuschreibungen sämtliche Werterhöhungen bereits bilanzierter Vermögensgegenstände. Die bereits besprochenen Anschaffungskosten für wesentliche Erweiterungen einer vorhandenen Produktionsanlage führten in diesem Sinne zu Zuschreibungen. Zuschreibungen im engeren Sinn sind dagegen nur solche Erhöhungen des Werts von Vermögensgegenständen, die vorgenommen werden, wenn dieselben Vermögensgegenstände zuvor außerplanmäßig abgeschrieben wurden und zum Zeitpunkt der Zuschreibung die Gründe für die außerplanmäßigen Abschreibungen weggefallen oder nur noch vermindert wirksam sind. Nur auf solche wird im Folgenden Bezug genommen, wenn von Zuschreibungen die Rede ist.

Den Begriff der Zuschreibungen kann man unterschiedlich verstehen

Bilanzierung von Anlagevermögen

Zuschreibungen in diesem Sinn sind damit – kurz gesagt – Korrekturen im Nachhinein erkannter zu hoher Abschreibungen.

Zuschreibungen können damit nie über den ursprünglichen, vor der Abschreibung geltenden Wert hinausgehen, den Wert eines Vermögensgegenstandes in der Bilanz etwa an gestiegene Marktpreise anpassen. Dies verstieße gegen das Niederstwertprinzip. Zuschreibungen sind außerdem dann nicht möglich, wenn man feststellt, dass planmäßige Abschreibungen zu hoch waren, z.B. weil die planmäßige Nutzungsdauer ursprünglich zu kurz geschätzt wurde. In dem Fall dürfen lediglich die zukünftigen planmäßigen Abschreibungen verringert werden.

Zuschreibungen führen nie zu einem die Anschaffungs- bzw. Herstellungskosten übersteigenden Wert

Für die Frage, wann Zuschreibungen vorzunehmen sind, ist es von Bedeutung, ob es sich beim Bilanzierenden um eine Personengesellschaft oder um eine Kapitalgesellschaft handelt. Für erstere sieht der § 253 Abs. 5 HGB vor: »Ein niedrigerer Wertansatz ... darf beibehalten werden, auch wenn die Gründe dafür nicht mehr bestehen«. Diese Bestimmung nennt man auch »*Beibehaltungswahlrecht*«. Das Beibehaltungswahlrecht ist ein weiteres Zugeständnis an die – zumeist kleinen – Personengesellschaften, stille Reserven legen zu können. Für Kapitalgesellschaften ist abweichend in § 280 Abs. 1 HGB geregelt: »Wird bei einem Vermögensgegenstand eine [außerplanmäßige] Abschreibung ... vorgenommen und stellt sich in einem späteren Geschäftsjahr heraus, dass die Gründe dafür nicht mehr bestehen, so ist der Betrag dieser Abschreibung im Umfang der Werterhöhung unter Berücksichtigung der Abschreibungen, die inzwischen vorzunehmen gewesen wären, zuzuschreiben.«

Für Kapitalgesellschaften gilt ein Wertaufholungsgebot...

Für Kapitalgesellschaften gilt somit ein so genanntes »*Wertaufholungsgebot*«. Dieses Gebot wurde erst 1986 im Zuge der Harmonisierung der EU-Rechnungslegung in Deutschland eingeführt, auf Druck anderer europäischer Staaten hin. Der Grund hierfür liegt in international unterschiedlichen Auffassungen darüber, wie eine Bilanz auszusehen habe: Fehlende Zuschreibungen führen zu Unterbewertung und damit zu stillen Reserven. Diese werden in Deutschland aufgrund der starken Bedeutung des Gläubigerschutzes vom Gesetzgeber gefördert. In anderen Ländern sieht man stille Reserven eher kritisch. Wertansätze in der Bilanz sollten – wie bereits mehrfach angesprochen – möglichst nahe an den »tatsächlichen« Werten liegen, damit sich jeder externe Adressat ein möglichst unverfälschtes Bild der Gesellschaft machen kann.

...das allerdings durch den Verweis auf das Steuerrecht zu einem Wahlrecht aufgeweicht wird

Der deutsche Gesetzgeber hat formal den Anforderungen der anderen europäischen Staaten Genüge getan. Indirekt hat er allerdings seine Position unter dem Deckmantel des Steuerrechts durchgesetzt. In § 280 Abs. 2 HGB heißt es nämlich: »Von der Zuschreibung ... kann abgesehen werden, wenn der niedrigere Wertansatz bei der steuerrechtlichen Gewinnermittlung beibehalten werden kann...«. Da das Steuerrecht in vielen Fällen erlaubt, den niedrigeren Wertansatz beizubehalten, ist das Wertaufholungsgebot für Kapitalgesellschaften faktisch zu einem »Wertaufholungswahlrecht« aufgeweicht.

Weitere speziell für Kapitalgesellschaften geltende Vorschriften im Zusammenhang mit Abschreibungen und Zuschreibungen sind der *Abbildung*

Für Personengesellschaften zulässig	Für Kapitalgesellschaften geltende Abweichungen
planmäßige Abschreibungen	• keine Ansatz- und Bewertungsunterschiede
außerplanmäßige Abschreibungen aufgrund vorübergehender Wertminderung	• Beschränkung der Abschreibungsmöglichkeiten auf Finanzanlagevermögen (§ 279 Abs. 1 Satz 2 HGB) • gesonderter Ausweis innerhalb der Abschreibungen oder Ausweis im Anhang (§ 277 Abs. 3 Satz 1 HGB) • Wertaufholungsgebot anstelle eines Beibehaltungswahlrechts
außerplanmäßige Abschreibungen aufgrund dauernder Wertminderung	• gesonderter Ausweis innerhalb der Abschreibungen oder Ausweis im Anhang (§ 277 Abs. 3 Satz 1 HGB) • Wertaufholungsgebot (faktisch aber Wertaufholungswahlrecht)
außerplanmäßige Abschreibungen aufgrund steuerlicher Abschreibungsmöglichkeiten	• Abschreibungswahlrecht nur bei umgekehrter Maßgeblichkeit (§ 279 Abs. 2 HGB) • Offenlegungspflicht im Anhang (§ 281 Abs. 2 Satz 1 HGB)
außerplanmäßige Abschreibungen im Rahmen vernünftiger kaufmännischer Beurteilung	**nicht zulässig!**

Abb. 4-3: Gegenüberstellung der Abschreibungsvorschriften für Personen- und Kapitalgesellschaften

4-3 zu entnehmen. Sie zeigen allesamt, dass der Gesetzgeber bei den Kapitalgesellschaften erhebliche Einschränkungen des Handlungs- und Ermessensspielraums vorgenommen hat und zudem durch zusätzliche Ausweispflichten den Bilanzleser in die Lage versetzt, die Ausnutzung eingeräumter Wahlrechte durch das Unternehmen zu erkennen. Zu beachten ist dabei allerdings, dass es für kleine und mittelgroße Kapitalgesellschaften – sie sind in § 267 HGB definiert – Erleichterungen gibt, die sich nicht auf die unten dargestellte Ermittlung von Wertansätzen, sondern vielmehr auf bestimmte Offenlegungspflichten und Erläuterungen (z.B. in § 274, § 276 oder § 288 HGB) beziehen.

4. Planmäßige Abschreibungen

4.1. Begründung planmäßiger Abschreibungen

Planmäßige Abschreibungen sind allgemein gesprochen eine Folge der Tatsache, dass die Nutzungsdauer vieler Vermögensgegenstände länger ist als die Periode, für die das Rechnungswesen einen Abschluss erstellt. Wie bereits an früherer Stelle ausgeführt, bräuchten wir uns mit derartigen Problemen nicht zu beschäftigen, wenn ein Unternehmen nur einmal in seinem wirtschaftlichen Leben Bilanz ziehen würde, und zwar bei der – freiwilligen oder unfreiwilligen – Einstellung des Geschäftsbetriebs. Dies ist aber, wie jeder weiß, eine völlig unrealistische Fiktion. Unternehmen müssen aus vielen Gründen periodisch Rechnung legen. Die wichtigsten dieser Gründe seien nochmals kursorisch wiederholt:

- Die Geschäftsleitung benötigt Informationen über den wirtschaftlichen Stand des Unternehmens.

- Der Fiskus verlangt eine nachprüfbare Grundlage zur Erhebung von Vermögen- und Ertragsteuern.
- Die Anteilseigner verlangen einen Ausweis der erzielten Gewinne, um daran anschließend über die Ausschüttung zu beschließen.
- Die Gläubiger benötigen eine aussagefähige aktuelle Informationsbasis zur Beurteilung ihrer Kreditbeziehungen zum Unternehmen.

Angesichts dieser sehr wesentlichen Informationsinteressen kommt man nicht umhin, die Aufwendungen für ein Anlagegut, die mehrere Perioden betreffen, anteilig den einzelnen Teilperioden der Nutzungsdauer zuzurechnen. Hierfür sind zumindest zwei Gründe ausschlaggebend:

Der Verzicht auf eine solche Periodisierung führte zum einen in der Erfolgsrechnung eines Unternehmens zu einem Nebeneinander sehr unterschiedlicher Erfolgsbestandteile. Dies erschwert eine sichere Erfolgsbeurteilung durch alle Interessengruppen des Jahresabschlusses. Weiterhin ist – wie das Beispiel im zweiten Kapitel gezeigt hat – der Erfolgsausweis stark von der Investitions- und Desinvestitionstätigkeit des Unternehmens abhängig. Dies eröffnete der Geschäftsleitung erheblichen, zu großen Spielraum, den Erfolg nach ihren Zielen möglicherweise gegen die Interessen der anderen Unternehmensbeteiligten zu beeinflussen (z.B. Verlagerung von Gewinnsteuern, Vermeidung von Ausschüttungen). Der Verzicht auf Periodisierung der Anschaffungs- oder Herstellungskosten vernachlässigte zum anderen, dass ein langlebiger Vermögensgegenstand über die Jahre seiner Nutzung hinweg an Wert verliert. Dies wiederum kann zweifach begründet werden:

- Will man einen gebrauchten Anlagegegenstand veräußern, wird der Käufer nicht bereit sein, die historischen Anschaffungs- oder Herstellungskosten zu zahlen. Typischerweise geht der Veräußerungserlös mit der Dauer der Nutzung zurück. Ein sehr gutes Beispiel hierfür liefert der Gebrauchtwagenmarkt (»Schwacke-Liste«). Soll die Bilanz also ein realistisches Bild des Vermögens zum Bilanzstichtag liefern, muss der Wert des abnutzbaren Anlagevermögens sukzessive vermindert werden.

- Das durch das Unternehmen realisierbare Nutzungspotenzial eines gebrauchten Anlagegegenstandes ist geringer als das eines neuen. Geht man davon aus, dass die Nutzung für das Unternehmen Erfolg bringt, nimmt die Summe noch erzielbarer Erfolge somit im Zeitablauf ab. Auch dann, wenn man nicht auf einen richtigen Vermögensausweis abstellt (wie im Sinne der statischen Bilanzsicht), sondern dem Jahresabschluss primär die Aufgabe zuweist, ein realistisches Bild der Erfolgslage des Unternehmens zu geben (dynamische Bilanzauffassung), muss man folglich eine laufende Wertminderung über die Nutzungsdauer eines abnutzbaren Vermögensgegenstandes hinweg vornehmen.

Wenngleich Abschreibungen somit für eine periodische Rechnungslegung unverzichtbar sind, lädt man sich mit ihnen dennoch erhebliche Probleme auf die Schultern; warum, wird an folgendem, schon über siebzig Jahre alten Zitat von Wilhelm *Rieger* (1959 (1. Aufl. 1929), S. 209f.) deutlich: »Der einzig wahre, organische Abschluß ist die Totalrechnung, die sich mit dem Ende der Unternehmung von selbst ergibt, weil mit diesem Ende die geldliche Auflösung untrennbar verbunden ist – ja, die Tatsache des Endes wird gerade dadurch charakterisiert. Anders jede Teilrechnung, wann immer sie erfolgt: sie kann niemals organisch sein, geht nicht aus den Notwendigkeiten des Betriebs oder der Unternehmung hervor, ist nicht an deren Rhythmen und ihren natürlichen Ablauf gebunden – sie ist betriebsfeindlich. Denn sie ist auf einen bestimmten Tag, auf ein gleichgültiges Datum abgestellt; an sich unterscheidet sich der Bilanztag in nichts von einem beliebigen anderen Tag. Es lässt sich auch gar nicht vermeiden, dass jede Zwischenbilanz in Konflikt gerät mit dem lebendigen Betrieb und seinen Rhythmen. Sie zertrennt rechnungsmäßig mit der Rücksichtslosigkeit einer Guillotine feinste betriebliche Zusammenhänge – und dies nennt man Abschluss!«

Es gibt also keinen unbestreitbar richtigen Weg, die Anschaffungs- oder Herstellungskosten eines abnutzbaren Vermögensgegenstandes auf die einzelnen Jahre der Nutzungsdauer zu verteilen. An dieser Erkenntnis – so haben sehr tiefgehende entscheidungstheoretische Analysen gezeigt – ist nicht zu rütteln. Man kann nur versuchen, einen möglichst von vielen oder allen akzeptierten, in diesem Sinne »gerechten« Weg zu finden. Um auf diesem Weg ein Stück voranzukommen, wollen wir im nächsten Schritt die Gründe für den Rückgang des Veräußerungserlöses bzw. des Nutzungspotenzials eines abnutzbaren Anlagegutes näher betrachten.

4.2. Abschreibungsursachen

Die Ursachen, die zu einem Werterückgang eines abnutzbaren Anlagegutes führen, werden typischerweise in drei Gruppen unterteilt:
- technische Ursachen (mit den Formen des nutzungsbedingten und des Zeitverschleißes sowie des Substanzabbaus),
- wirtschaftliche Ursachen und
- rechtliche Ursachen.

Technische Ursachen

Technische Ursachen sind – sollte eine solche Aussage überhaupt möglich sein – die in der Praxis wesentlichen Auslöser von Abschreibungen. Innerhalb dieser Gruppe dominiert eindeutig der verschleißbedingte Werteverzehr. Jede technische Anlage unterliegt aufgrund mechanischer oder chemischer Einflüsse einer Veränderung ihrer stofflich-technischen Beschaffenheit. Diese führt beispielsweise beim Autoreifen zu einer Reduzierung der Profiltiefe, bei einer Drehbank zur Erhöhung der Fertigungstoleranzen, bei einem Motor zur Verminderung der Kompression, bei einer Leitung zur Verkleinerung des nutzbaren Querschnitts usw., kurz: Die Lebensdauer des Anlageguts sinkt aufgrund von Korrosion, Abrieb und Materialermüdung.

Nicht jeder technische Verschleißprozess lässt sich jedoch ausschließlich dem nutzungsbedingten Verschleiß zuordnen. Hierfür lässt sich wieder das Beispiel »Reifen« verwenden: Wenn Sie einen Winterreifen über mehrere Jahre nicht benutzen, wird er hart und spröde, er altert, verliert also an Nutzungswert unabhängig davon, ob er tatsächlich genutzt wird oder nicht. Ähnliches gilt für einen Motor, der korrodiert, wenn er über eine längere Zeit hinweg nicht arbeitet. In diesen Fällen ist der Zeitablauf die wesentliche Ursache des technischen Verschleißes. Eine spezielle Form des technischen Verschleißes existiert schließlich nur in Einzelfällen, insbesondere im Bergbau: Es handelt sich dabei um den Substanzabbau: Wird ein – geschätzter – Rohstoffbestand sukzessiv abgebaut, so muss das Vorkommen in Höhe des Abbaus abgeschrieben werden.

Durch wirtschaftliche
Ursachen bedingte
Abschreibungen

Neben technischen Ursachen werden Abschreibungen auch durch *wirtschaftliche Gründe* hervorgerufen. Ein solcher Grund ist zunächst die technische Überholung: Technische Entwicklungen führen dazu, Produkte billiger (Rückgang der Produktionskosten) und/oder besser (z.B. geringere Fertigungstoleranzen) produzieren zu können. Insbesondere die technische Überholung ist ein Grund dafür, dass die technisch mögliche Einsatzzeit einer Anlage nicht voll ausgeschöpft wird, die wirtschaftlich sinnvolle Nutzungsdauer geringer ist als die technisch mögliche Nutzungsdauer – denken Sie nur an Ihren PC, Ihre Stereoanlage oder Ihren Fernseher, die Sie typischerweise auch nicht bis ans Ende der technisch möglichen Nutzungszeit einsetzen. In vielen Fällen lässt sich die wirtschaftliche Nutzungsdauer hinreichend exakt prognostizieren und damit als Bestimmungsgröße der planmäßigen Abschreibungen berücksichtigen.

Wirtschaftliche Überholung
des Anlagegegenstandes

Den Rückgang der Wiederbeschaffungs- bzw. Neuerstellungskosten haben wir schon als Ursache außerplanmäßiger Abschreibungen kennen gelernt. Ebenso wurde bereits die *wirtschaftliche Überholung* angesprochen, die zu einer Reduzierung des wertmäßigen Nutzungspotenzials eines Anlagegegenstandes führt. Wirtschaftliche Überholung liegt typischerweise bei Anlagen vor, die speziell der Herstellung von Modeartikeln dienen, die für keinen anderen Zweck eingesetzt werden können. Geht die Nachfrage nach dem Modeartikel zurück, kann man die Anlage zwar aus technischer Sicht heraus noch lange nutzen; die technisch mögliche Produktionsmenge lässt sich aber nicht mehr absetzen. Tritt die Nachfrageentwicklung nicht »aus heiterem Himmel« auf, sondern lässt sie sich von vornherein abschätzen, so begründet die wirtschaftliche Überholung somit die Notwendigkeit, planmäßige Abschreibungen vorzunehmen.

Schließlich können auch *rechtliche Ursachen* zur Wertminderung von langlebigen Vermögensgegenständen führen. Unmittelbar handelt es sich dabei um zeitliche Befristungen erworbener Rechte. Die Kosten einer Produktlizenz, die man für vier Jahre erworben hat, sind über eben diese Geltungsdauer des Rechts hinweg abzuschreiben. Mittelbar wirken rechtliche Ursachen oftmals auf das wirtschaftliche Nutzungspotenzial eines Anlagegegenstandes, wenn etwa nach Ablauf eines Abnahmevertrages ein nachhaltiger Rückgang des Absatzes eines speziellen Produkts zu erwarten ist. Beispiele finden sich aktuell im Bereich des Einzelhandels. Die großen Discounter binden sich für spezielle Erzeugnisse (z.B. Getränke) häufig an einzelne Lieferanten, die dafür entsprechende Kapazitäten aufbauen. Wird nach Ablauf der Vertragsdauer der Lieferant gewechselt, bleibt ein erheblicher Teil der Kapazität bei diesem ungenutzt zurück.

Schließlich können planmäßige Abschreibungen auch rechtlich bedingt sein

4.3. Wahl der Abschreibungsmethode

Vor der Diskussion der Abschreibungsursachen wurde angesprochen, dass es keinen unbestreitbar richtigen Weg der Bildung von Abschreibungen gibt. Die Festlegung des Abschreibungsverfahrens ist damit letztlich grundsätzlich ein ökonomisches Problem: Das gewählte Verfahren muss einerseits möglichst gut den Interessen der Bilanzadressaten dienen, andererseits aber auch mit wirtschaftlich vertretbarem Aufwand praktizierbar sein. Wie so häufig schließt sich an den in diesem Abgleichprozess gefundenen Konsens (»Kaufmannsbrauch«) die rechtliche Sanktionierung an: Über die Rechtsprechung werden einige der in der Praxis üblichen Abschreibungsverfahren als mit dem Sinn der externen Rechnungslegung vereinbar zugelassen, andere dagegen als nicht zulässig ausgesondert.

Die Rechtsprechung folgt dem Kaufmannsbrauch – auch bei den Abschreibungsmethoden

Als maßgebliche Informationsinteressen der Jahresabschlussadressaten hatten wir schon mehrfach den Periodenerfolg und den (Rein-)Vermögensstatus herausgestellt. Für den Periodenerfolg kommt es primär darauf an, den Verlauf des Nutzenpotenzials, welches der Anlagegegenstand verkörpert, richtig darzustellen. Für den Vermögensstatus besitzt die Entwicklung eines möglichen Veräußerungswertes die größere Bedeutung. Beide Verläufe müssen – unabhängig von der jeweiligen Höhe des Restwerts – nicht zwangsläufig übereinstimmen. Beide sind zudem in der Praxis nicht ganz einfach zu ermitteln: Für die Erfassung des Rückgangs des Veräußerungswerts muss eine permanente Marktbeobachtung erfolgen; die Erfassung des Rückgangs des Nutzenpotenzials erfordert eine detaillierte Analyse des Verschleißverlaufs bzw. der wirtschaftlichen und/oder rechtlichen Abschreibungsursachen. Beide Wertbemessungsbasen eröffnen schließlich dem Bilanzierenden einen nicht unbeträchtlichen Ermessensspielraum: Für viele Anlagen existiert kein fester Gebrauchtanlagenmarkt; bei der Schätzung des Nutzenpotenzials sind die Bandbreiten evident und unvermeidlich.

Abschreibungsbildung ist stets mit einem Ermessensspielraum des Bilanzierenden verbunden

Das exakte Abstellen auf den Verlauf des Nutzenpotenzials eines abnutzbaren Anlagegegenstandes oder seines potenziellen Veräußerungserlöses erweist sich damit weder als einfach noch als unproblematisch inter

Standardnutzungsdauern
vereinfachen Aufstellung
und Prüfung der Abschrei-
bungspläne

subjektiv nachprüfbar. Daher ist es verständlich, dass sowohl die Unternehmen als auch der Steuergesetzgeber in der Praxis einfachere Wege beschreiten: Der exakte, einzelanlagenbezogene Verlauf der Entwertung wird zwar grundsätzlich »im Auge behalten«; standardmäßig erfolgt aber eine mehr oder weniger normierte Ermittlung der Abschreibungen. Für die Steuerbilanz existiert zu diesem Zweck ein umfangreiches Tabellenwerk, in dem für (fast) jeden Anlagen- bzw. Maschinentyp Standardnutzungsdauern aufgelistet sind, die den so genannten »*Absetzungen für Abnutzung*« (AfA) zugrunde zu legen sind. Eine Abweichung nach oben, d.h. der Ansatz längerer Abschreibungszeiträume, ist in der Regel unproblematisch, führt aber zu niedrigeren Abschreibungen und damit zu einem in den ersten Jahren höheren zu versteuernden Gewinn. Meist versuchen die Unternehmen deshalb, Anlagen so schnell wie möglich abzuschreiben. Abweichungen von den steuerrechtlich festgelegten Standardnutzungsdauern nach unten sind daher nur in Ausnahmefällen möglich.

Diese steuerrechtlich vorgeschriebenen Nutzungsdauern müssen, um anerkannt zu werden, auch in der Handelsbilanz verwendet werden. Dies liegt wiederum in der bereits oben erläuterten Maßgeblichkeit begründet: Wertansätze der Steuerbilanz müssen grundsätzlich aus der Handelsbilanz übernommen werden.

Welche Abschreibungsmethoden werden nun in der Praxis typischerweise angewandt?

Unter »Abschreibungsmethoden« versteht man arithmetische Berechnungsverfahren, nach denen die auf die einzelnen Jahre der Nutzungsdauer entfallenden Abschreibungsbeträge ermittelt werden.

Handelsrechtlich besteht hier ein größerer Spielraum, von dem die Unternehmen allerdings kaum Gebrauch machen. Drei Methoden sind – wie die *Abbildung 4-4* zeigt – zu nennen: Zeitabhängige Abschreibung, leistungsabhängige Abschreibung und – als Kombination – gespaltene Abschreibung.

Zeitabhängige Abschreibungsmethoden verteilen die Anschaffungs- oder Herstellungskosten (korrigiert um einen eventuell zu erwartenden Restwert) gemäß der Zahl der entsprechenden Kalenderzeitperioden auf die erwartete Nutzungsdauer. Sie geben die Wertentwicklung der Anlage dann am besten wieder, wenn die Anlage einem Zeitverschleiß ausgesetzt ist, lassen sich aber auch bei den anderen (planmäßigen) Abschreibungsursachen verwenden, wenn der Wertverzehr hinreichend gleichmäßig verläuft. Dies ist etwa dann der Fall, wenn die Nutzung einer Anlage im Zeitablauf keinen zu großen Schwankungen unterliegt.

Lineare Abschreibungen
führen zu einer gleichmäßigen Belastung der einzelnen
Perioden der Nutzungsdauer

Die einfachste Form zeitabhängiger Abschreibungsmethoden ist die *lineare Abschreibung*. Wie die *Abbildung 4-5* (vgl. S. 102) in ihrem linken Teil zeigt, verteilt sie die Anschaffungs- oder Herstellungskosten gleichmäßig auf die einzelnen Abrechnungsperioden der Nutzungsdauer. Die Abschreibungen pro Periode ermitteln sich also als Quotient der Anschaffungskosten und der Nutzungsdauer. Dies ist ohne Zweifel ein sehr einfach durchführbares Vorgehen. Zudem kann man die gleichmäßige Belastung der einzelnen Jahre der Nutzungsdauer auch als Ausdruck einer angestreb-

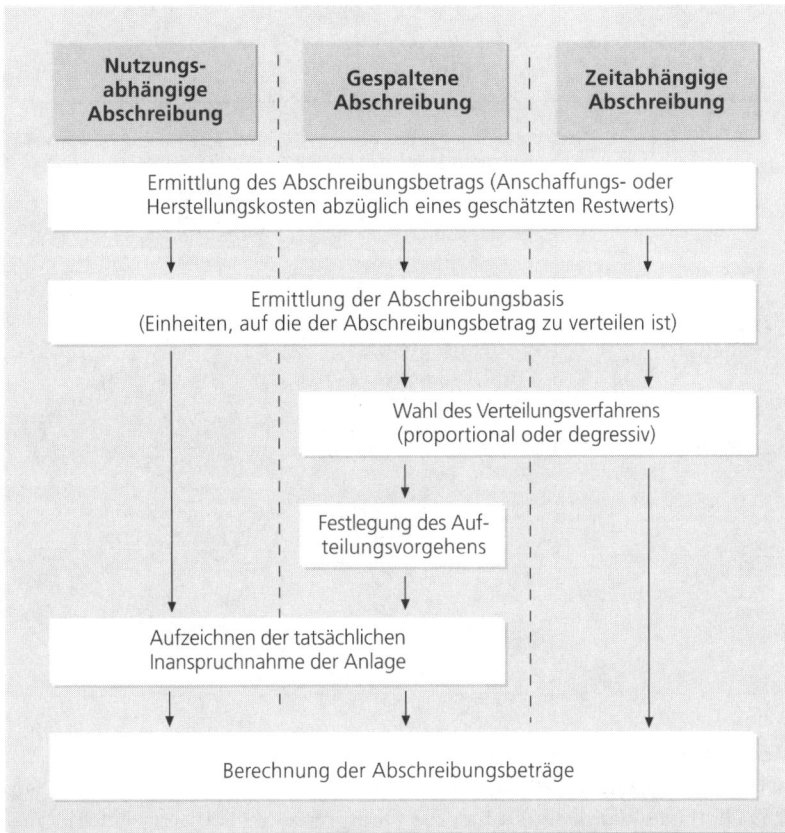

Abb. 4-4: Schritte der
Abschreibungsermittlung

ten Periodengerechtigkeit interpretieren – ein Argument, das Ihnen insbesondere in der internen Rechnungslegung auch wieder begegnen wird: Keine Teilperiode wird gegenüber einer anderen bevorzugt bzw. benachteiligt. Gegen das Verfahren lässt sich insbesondere einwenden, dass es von den beiden grundsätzlichen Wertbemessungsbasen der Abschreibungen einseitig der Entwicklung des Nutzenpotenzials den Vorzug gibt.

Der typische Verlauf des potenziellen Veräußerungserlöses ist – jeder kennt dies vom Gebrauchtwagenmarkt – keinesfalls linear, sondern vielmehr degressiv. Folglich findet sich als zweites in der Praxis sehr gebräuchliches Verfahren zeitabhängiger Abschreibungen die geometrisch-degressive Abschreibung, auch *Buchwertabschreibung* genannt.

Das Grundprinzip der geometrisch-degressiven Abschreibung besteht darin, in jedem Jahr der Nutzungsdauer einen bestimmten, gleich bleibenden Prozentsatz vom Restwert des Vermögensgegenstandes im Vorjahr abzuschreiben. Wie die *Abbildung 4-5* in ihrem rechten Teil zeigt, führt dies zu degressiv fallenden Abschreibungsbeträgen. Als Degressionsprozentsatz sind dabei steuerlich derzeit Werte bis zu 20% zulässig, wobei der zweifache Wert des maximalen linearen Satzes nicht überschritten werden darf (§ 7 Abs. 2 EstG). Ist steuerlich für einen bestimmten Vermögensgegenstand – wie in Abbildung 4-5 unterstellt – eine Mindestnutzungsdauer von 8 Jahren vorgegeben, so beträgt der in der AfA-Tabelle angegebene Satz für ei-

**Kombination von degressiver
und linearer Abschreibung**

Bilanzierung von Anlagevermögen

		Lineare Abschreibung	Geometrisch-degressive Abschreibung
	Prinzip	Jede Teilperiode der Nutzungsdauer wird mit demselben Anteil der Anschaffungs- oder Herstellungskosten (abzüglich eines eventuell verbleibenden Restwerts) belastet	Der Abschreibungsbetrag eines Jahres der Nutzungsdauer entspricht einem bestimmten Prozentsatz des Restwerts des Vermögensgegenstandes des Vorjahrs
	Beispiel	**Ausgangsdaten:** Anschaffungswert: 110.000 € Schrottwert 10.000 € Nutzungsdauer lt. Afa-Tabelle: 8 Jahre	
		Abschreibungsbeträge: 12.500 € p.a.	1. Jahr: 20.000 € 2. Jahr: 16.000 € 3. Jahr: 12.800 € danach Übergang auf lineare Abschreibungen mit 5 Raten à 10.240 €

Abb. 4-5: Abschreibungsmethoden

ne lineare Abschreibung 12,5%, d.h. in jedem Jahr dürfen von den Anschaffungskosten 12,5% abgeschrieben werden. Da der zweifache Satz 25% betragen würde, greift hier die Obergrenze von 20% für eine degressive Abschreibung, d.h. bei diesem Verfahren dürfen in jedem Jahr 20% vom Restbuchwert abgeschrieben werden. Weiterhin gilt im Steuerrecht, dass nur bewegliche Wirtschaftsgüter des Anlagevermögens derart degressiv abgeschrieben werden können; für Gebäude und immaterielle Wirtschaftsgüter sind lediglich lineare Abschreibungen zulässig.

Weiterhin gilt im Steuerrecht, dass nur bewegliche Wirtschaftsgüter des Anlagevermögens derart degressiv abgeschrieben werden können; für Gebäude und immaterielle Wirtschaftsgüter sind lediglich lineare Abschreibungen zulässig.

Schließlich erlaubt das deutsche Steuerrecht den Wechsel von degressiver zu linearer Abschreibung (allerdings nicht umgekehrt). Der Grund für diese Regelung liegt auf der Hand: Schreibt man jedes Jahr einen bestimmten Prozentsatz vom Restwert des Vorjahres ab, so erreicht man nie den Restwert Null. Um in jedem Jahr möglichst hohe Abschreibungen zu realisieren, erfolgt der Übergang in dem Jahr, in dem die lineare Verteilung des Restbuchwerts auf die noch verbleibenden Jahre (also 100% dividiert durch die Restnutzungsdauer) einen höheren Prozentsatz ergibt als der degressive Satz. Im Beispiel der *Abbildung 4-5* erfolgt dieser Übergang von der dritten auf die vierte Periode, d.h. wenn die verbleibende Restnutzungsdauer noch fünf Jahre beträgt. Sie können einfach ausrechnen, dass eine degressive Abschreibung am Ende der fünften Periode für diese Periode zu einer geringeren Abschreibungsrate führt (nämlich 8.192 Euro) als eine li-

Das Steuerrecht regelt den Übergang von degressiver zu linearer Abschreibung

neare Abschreibung ab Beginn der vierten Periode (10.240 Euro), d.h. einer linearen Aufteilung des Restbuchwerts zu Beginn der vierten Periode auf die noch verbleibenden fünf Jahre. Auf den für eine Maximierung der Abschreibungsraten optimalen Zeitpunkt für einen Wechsel der Abschreibungsmethode – auch dies zeigt das Beispiel in Abbildung 4-5 plakativ – kommen Sie übrigens einfach, indem Sie den Kehrwert des Degressionsprozentsatzes bilden: Bei 20% = 0,2 beträgt dieser 5 und entspricht damit der Anzahl der Perioden vor Ende der geplanten Nutzungsdauer, in denen Sie linear abschreiben sollten. Bei achtjähriger Nutzungsdauer ist ein Wechsel deshalb nach 8 - 5 = 3 Perioden sinnvoll.

Die geometrisch-degressive Abschreibung führt zu einer unterschiedlichen Belastung der einzelnen Abrechnungsperioden der Nutzungsdauer eines Anlageguts. Diese »Ungerechtigkeit« kann gewollt sein – beispielsweise, um die Steuerzahlungen über mehrere Geschäftsjahre hinweg optimal zu gestalten, d.h. in Summe zu minimieren – Sie erinnern sich an den Hinweis zur Maßgeblichkeit: Zwar basiert die Steuerzahlung auf der Steuerbilanz. Sofern Sie aber in der Handelsbilanz ein steuerrechtlich zulässiges Abschreibungsverfahren wählen, sind die entsprechenden Wertansätze gem. § 5 Abs. 1 EStG auch in die Steuerbilanz zu übernehmen. Damit spielen auch in der Handelsbilanz steuerpolitische Überlegungen unmittelbar eine Rolle. Zudem stellen viele kleine Unternehmen keine getrennte Handels- und Steuerbilanz auf, sondern – aus Gründen der Vereinfachung – lediglich eine Einheitsbilanz, die sowohl handels-, als auch steuerrechtliche Zwecke erfüllen soll.

Die geometrisch-degressive Abschreibung führt zu unterschiedlichen Belastungen der einzelnen Perioden

Aber auch betriebswirtschaftlich lässt sich das Vorgehen der geometrisch-degressiven Abschreibung unter Verweis auf eine mit den Abschreibungen in sehr engem Zusammenhang stehende Aufwandsart begründen: Die Instandhaltungskosten einer Anlage verlaufen – von anfänglichen Spitzen abgesehen – progressiv; der zunehmende Verschleißgrad erfordert eine immer höhere Instandhaltungsintensität, um die Funktionsfähigkeit der Anlage sicherzustellen. Beide Anlagenkostenarten zusammen gesehen führen somit wieder zu einer (relativen) Gleichbelastung der Teilperioden. Nicht ausräumbar bleibt dagegen das Argument bestehen, dass die geometrisch-degressive Abschreibung das Nutzenpotenzial eines Anlagegutes in aller Regel falsch abbildet.

Einbezug der Instandhaltungskosten in die Diskussion des Abschreibungsverlaufs

Neben diesen beiden – jeweils mit pro und contra versehenen – Varianten zeitabhängiger Abschreibung trifft man in der Praxis auch *nutzungsabhängige Abschreibungsverfahren* an.

Nutzungsabhängige Abschreibungsmethoden verteilen die Anschaffungs- oder Herstellungskosten (korrigiert um einen eventuell zu erwartenden Restwert) gemäß der tatsächlichen Abgabe einzelner Nutzungseinheiten auf die erwartete Gesamtnutzungsabgabe.

So könnte beispielsweise die Gesamtnutzungsabgabe eines Kfz über die erwartete Gesamtkilometerleistung definiert werden, die Nutzungsabgabe über die tatsächlich gefahrenen Kilometer.

Nutzungsabhängige Abschreibungsmethoden verlangen als Ausgangs-

Nutzungsabhängige
Abschreibungen setzen die
Dominanz nutzungsabhängi-
gen Verschleißes voraus

informationen Daten über die tatsächliche Nutzung des Anlagegegenstandes, verursachen somit einen deutlich höheren Erfassungsaufwand als die Varianten zeitabhängiger Abschreibung. Sie führen aber immer dann zu einer genaueren Abbildung des Werteverzehrs einer Anlage, wenn diese vor allem gebrauchsbedingtem Verschleiß unterliegt und zudem im Zeitablauf unregelmäßig genutzt wird. Für nutzungsabhängige Abschreibungen wird stets eine gleich bleibende Höhe der Abschreibungsbeträge pro Nutzungseinheit (z.B. pro Maschinenstunde oder gefahrene Kilometer) unterstellt, obwohl man mit gleicher Berechtigung auch hier einen degressiven Verlauf begründen könnte.

Schließlich lassen sich zeit- und nutzungsabhängige Abschreibungen auch noch miteinander kombinieren zur so genannten *»gemischten« Abschreibung*. Dies wird man immer dann anstreben, wenn sich bei einem Anlagegegenstand gebrauchsbedingter und zeitbedingter Verschleiß in etwa die Waage halten. Die beiden praktisch bedeutsamsten Vorgehensweisen sind

- die Aufteilung des abzuschreibenden Betrags in zwei Teilbeträge, von denen einer zeitabhängig, einer nutzungsabhängig abgeschrieben wird; dieser Weg ist allerdings immer mit starkem Ermessen verbunden, weil sich kein objektives Aufteilungskriterium finden lässt;
- die parallele Berechnung der Abschreibungsbeträge gemäß beiden Verfahren und anschließende Auswahl des höheren Betrags.

Ob die mit einer solchen Kombination angestrebte höhere Genauigkeit angesichts der grundsätzlichen Ansatzproblematik von Abschreibungen den höheren Ermittlungsaufwand rechtfertigt, sei an dieser Stelle nicht abschließend beantwortet. In der Praxis dominieren jedenfalls – nicht zuletzt aus Gründen der Einfachheit – eindeutig Verfahren rein zeitabhängiger Abschreibung. Bei einer hohen Masse gleichartiger Anlagegegenstände, z.B. dem Fuhrpark einer Autovermietung, gleichen sich zudem stark und schwach genutzte Gegenstände aus, so dass auf die Summe der Anlagegegenstände bezogen sich die einfache zeitabhängige Abschreibung der aufwendigen leistungsabhängigen Abschreibung weitgehend annähert.

Schließlich müssen wir noch kurz auf die möglichen Folgen von Schätzproblemen eingehen, die jedem Abschreibungsverfahren zwangsläufig innewohnen: Mit Ausnahme von rechtlich bzw. vertraglich fixierten Fristen bedeutet die Festlegung von Nutzungsdauern eine Antizipierung der Zukunft. Diese ist ex definitione mit Unsicherheit behaftet. Gleiches gilt für den erwarteten Restwert. Deshalb kann es vorkommen, und kommt es in der Praxis vor, dass der ursprüngliche Abschreibungsplan korrigiert werden muss. Merkt man beispielsweise im Zeitablauf, dass die Nutzungsdauer zu lang angesetzt wurde, muss – wie die auf der *Abbildung 4-5* aufbauende *Abbildung 4-6* zeigt – eine außerplanmäßige Abschreibung erfolgen: Sie fängt den Differenzbetrag auf, der entsteht, wenn man die in der Vergangenheit tatsächlich angesetzten Abschreibungen mit denen vergleicht, die entstanden wären, wenn man von Anfang an mit der jetzt bekannten Nutzungsdauer gearbeitet hätte. Gleichzeitig ist der Abschreibungsplan für die noch verbleibenden Perioden der Nutzungsdauer neu festzusetzen.

Berücksichtigung von
Schätzunsicherheit

Ursprünglicher Abschreibungsplan für die Jahre 2001 bis 2008

Nutzungsdauer	8 Jahre
Anschaffungskosten	110.000 €
Schrottwert	10.000 €
Restwert nach 2 Jahren geometrisch-degressiver Abschreibung:	74.000 €

Erkenntnis, dass die geplante Nutzungsdauer zu lang bemessen war (im dritten Jahr der Nutzung)

Verkürzte Gesamtnutzungsdauer	4 Jahre

Vorzunehmende außerplanmäßige Abschreibung am Ende der 3. Periode

$$(2 \cdot 25.000 - 20.000 - 16.000) = 14.000 \text{ €}$$

Korrigierter Abschreibungsplan

3. Jahr	25.000 €
4. Jahr	25.000 €

Abb. 4-6: Beispiel der Korrektur eines Abschreibungsplans

Schätzfehler in die andere Richtung – die Nutzungsdauer wurde zu kurz geschätzt – werden nur eingeschränkt analog behandelt: Für die noch verbleibenden Perioden kann zwar der Abschreibungsplan korrigiert werden (er muss es allerdings nicht); nicht erlaubt ist in jedem Fall aber eine außerplanmäßige Zuschreibung, die einen Teil der ursprünglich ja zu hoch angesetzten planmäßigen Abschreibungen wieder aufhebt.

4.4. Einfluss des Abschreibungsverfahrens auf die Höhe des Periodenerfolgs

Zur Wahl eines geeigneten Abschreibungsverfahrens wurde bislang primär aus dem Blickwinkel argumentiert, den »tatsächlichen« Werteverzehr eines abnutzbaren Anlagegegenstandes möglichst exakt abzubilden. Wie schon angedeutet, erfasst man mit einem solchen Ansatz allerdings nur die halbe Wahrheit. Wesentlich bedingt durch Erfassungsprobleme und unterschiedliche wertbestimmende Sichtweisen sind Abschreibungen vielmehr auch ein wichtiges Lenkungsinstrument insbesondere der Unternehmensleitung und des Staates:

- Die Unternehmensleitung kann über eine geeignete Festlegung des Abschreibungsverfahrens und der darin einfließenden Größen (insbesondere durch den Ansatz der Nutzungsdauer) in Grenzen ihre Steuerzahlungen beeinflussen.
- Der Staat benutzt Abschreibungen häufig als Ansatzpunkte der Konjunktur-, Struktur- und Raumordnungspolitik, wenn er etwa Sonderabschreibungen zur Ankurbelung der Investitionstätigkeit zulässt.

Sowohl Unternehmen wie der Staat nutzen Abschreibungen für ihre Zwecke

Um diese wesentliche Bedeutung von Abschreibungen zu erkennen, muss man verstehen, dass sich mit Abschreibungen Periodenerfolge in Grenzen zeitlich verschieben lassen. Da an die Höhe des Periodenerfolgs Ertragsteuerzahlungen (Gewerbeertragsteuer, Körperschaftsteuer, Einkommensteuer) geknüpft sind, ist dies gleichbedeutend mit einer Verschiebung von Steuerzahlungen. Zur Veranschaulichung dieses Zusammenhangs sei auf das Zahlenbeispiel der *Abbildung 4-7* Bezug genommen.

| Gewinn vor Steuern pro Jahr ohne Abschreibung | | | | 40.000,00 € |

		Lineare Abschreibung	Degressive Abschreibung	Unverzinste Differenz	Verzinste Differenz (kumuliert)
Abschreibungen	1. Jahr	16.666,67 €	30.000,00 €	13.333,33 €	
	2. Jahr	16.666,67 €	21.000,00 €	4.333,33 €	
	3. Jahr	16.666,67 €	14.700,00 €	-1.966,67 €	
	4. Jahr	16.666,67 €	11.433,33 €	-5.233,33 €	
	5. Jahr	16.666,67 €	11.433,33 €	-5.233,33 €	
	6. Jahr	16.666,67 €	11.433,33 €	-5.233,33 €	
Gewinn vor Steuern	1. Jahr	23.333,33 €	10.000,00 €	-13.333,33 €	
	2. Jahr	23.333,33 €	19.000,00 €	-4.333,33 €	
	3. Jahr	23.333,33 €	25.300,00 €	1.966,67 €	
	4. Jahr	23.333,33 €	28.566,67 €	5.233,33 €	
	5. Jahr	23.333,33 €	28.566,67 €	5.233,33 €	
	6. Jahr	23.333,33 €	28.566,67 €	5.233,33 €	
Steuerzahlung	1. Jahr	13.066,67 €	5.600,00 €	-7.466,67 €	-7.466,67 €
	2. Jahr	13.066,67 €	10.640,00 €	-2.426,67 €	-10.117,33 €
	3. Jahr	13.066,67 €	14.168,00 €	1.101,33 €	-9.319,52 €
	4. Jahr	13.066,67 €	15.997,33 €	2.930,67 €	-6.668,44 €
	5. Jahr	13.066,67 €	15.997,33 €	2.930,67 €	-3.937,83 €
	6. Jahr	13.066,67 €	15.997,33 €	2.930,67 €	-1.125,29 €

Die verzinste Steuerdifferenz kommt wie folgt zustande:
- 3% ist der um Ertragsteuern reduzierte Zinssatz für Kapitalanlagen
- Jahr 1: 7.466,67 € Steuerersparnis
- Jahr 2: 7.466,67 €·1,03+2.2426,67 € = 10.117,33 € Steuerersparnis
- Jahr 3: 10.117,33 €·1,03-1.101,33 € = 9.319,52 € Steuerersparnis u.s.w.

Abb. 4-7: Darstellung der Steuerwirkungen unterschiedlicher Abschreibungsmethoden

Wir betrachten eine Anlage, die bei einem Einstandspreis von 100.000 Euro (ein Restwert wird nicht erwartet, die voraussichtliche Nutzungsdauer beträgt 6 Jahre) zu den besten Gewinnerwartungen berechtigt: Ohne die Einbeziehung der anzusetzenden Abschreibungen sei ein Gewinn (vor Steuern) von 40.000 Euro pro Geschäftsjahr erwartet. Zu analysieren ist nun, wie sich eine lineare Abschreibung einerseits und eine Buchwertabschreibung andererseits auf das Ergebnis des Unternehmens auswirken.

Ein Rechenbeispiel

Das Ergebnis dieser Analyse ist bemerkenswert: Beide Varianten führen zwar über die nächsten 6 Jahre hinweg zu demselben kumulierten Gesamtgewinn *vor Steuern* von 140.000 Euro und – bei einem Steuersatz von 56% – zu identischen insgesamt zu zahlenden Steuern in Höhe von 78.400 Euro. Dadurch aber, dass bei degressiver Abschreibung die Steuerzahlungen später anfallen, ergibt sich für das Unternehmen eine verzinste Steuerersparnis von insgesamt über 1.100 Euro. Mit anderen Worten: Über 1% der Investitionssumme steuert der Staat dadurch bei, dass er nicht auf linearen Abschreibungen beharrt, sondern degressive Abschreibungen zulässt. Wie Sie an dem oben dargestellten Rechenbeispiel leicht selbst einmal prüfen können, ist dieser Effekt ceteris paribus umso größer, je stärker der

Degressionsprozentsatz und je länger die Nutzungsdauer des Vermögensgegenstandes ist.

An dieser Stelle wird deutlich, warum das Steuerrecht die Zulässigkeit degressiver Abschreibungen nicht auf Gebäude ausdehnt und den Degressionsprozentsatz auf maximal 20% begrenzt, warum die wirtschaftspolitische Aussage »verbesserte Abschreibungsmöglichkeiten verschaffen der Wirtschaft zusätzliche Spielräume und regen die Investitionstätigkeit an« tatsächlich zutrifft. Dem Grundzusammenhang »Gewinnverschiebung => Steuerverschiebung => Steuerersparnis« werden wir in diesem Lehrbuch noch mehrfach begegnen. Wenn sich ein Unternehmen nach deutschem Recht schlechter darstellt, als es tatsächlich ist, ist dies nicht nur auf das Understatement eines ehrbaren Kaufmanns zurückzuführen, sondern hat auch handfeste wirtschaftliche Gründe.

5.   Anlagespiegel

Zusätzliche Transparenz für den Bilanzleser schafft schließlich eine – für mittelgroße und große Kapitalgesellschaften geltende – Bestimmung des HGB, die den Ausweis des Anlagevermögens betrifft. Paragraph 268 Abs. 2 HGB regelt: »In der Bilanz im Anhang ist die Entwicklung der einzelnen Posten des Anlagevermögens ... darzustellen. Dabei sind, ausgehend von den gesamten Anschaffungs- und Herstellungskosten, die Zugänge, Abgänge, Umbuchungen und Zuschreibungen des Geschäftsjahrs sowie die Abschreibungen in ihrer gesamten Höhe gesondert aufzuführen. Die Abschreibungen des Geschäftsjahrs sind entweder in der Bilanz bei dem betreffenden Posten zu vermerken oder im Anhang in einer der Gliederung des Anlagevermögens entsprechenden Aufgliederung anzugeben«.

Die operationale Umsetzung dieser Regelung bezeichnet man als »Anlagespiegel« bzw. »Anlagegitter«. Ein konkretes Beispiel zeigt die *Abbildung 4-8* mit dem Anlagespiegel der Metro-Gruppe (vgl. Folgeseite). Zu den einzelnen Bestandteilen seien im Folgenden noch einige Erläuterungen gegeben.

Unter den »*gesamten Anschaffungs- oder Herstellungskosten*« ist die Summe der historischen Anschaffungs- oder Herstellungskosten aller aktuell im Unternehmen genutzten Gegenstände des Anlagevermögens zu verstehen, unabhängig davon, wann sie angeschafft wurden und welchen Restbuchwert sie besitzen. Auch voll abgeschriebenes, aber noch eingesetztes Anlagevermögen ist also hier auszuweisen.

Besondere Probleme bereitet diese Vorschrift bei den so genannten »geringwertigen Anlagegütern«. Sie erinnern sich: Hierunter versteht man solche langfristig nutzbaren Vermögensgegenstände, deren Anschaffungs- oder Herstellungskosten den Betrag von 410 Euro nicht überschreiten. Dem Einkommensteuerrecht folgend können sie aus Vereinfachungsgründen im Jahr ihrer Anschaffung voll abgeschrieben werden. Das Handelsrecht hat diese Regelung übernommen, d.h. geringwertige Vermögensgegenstände werden im Jahr ihrer Anschaffung sowohl unter Zugängen als

Der Anlagespiegel dient zusätzlicher Transparenz

Geringwertige Anlagegüter bereiten besondere Probleme

auch unter Abschreibungen voll ausgewiesen. Streng genommen dürften sie dann aber erst am Ende ihrer Nutzung als Abgänge innerhalb der Anschaffungswerte ausgebucht werden. In der Praxis werden geringwertige Anlagegüter jedoch häufig im Jahr des Zugangs sowohl unter Zugängen als auch unter Abgängen - und damit ausschließlich im Jahr des Zugangs - erfasst - der Verwaltungsaufwand wäre sonst zu hoch: Ansonsten müsste nämlich jedes einzelne dieser geringwertigen Anlagegüter genauso wie die übrigen Sachanlagen über eine eigene Anlagenkartei, d.h. eine Datenbank, in der der genaue Standort sowie alle anderen relevanten Informationen zu jedem der dort erfassten Anlagegegenstände gespeichert sind, nachgehalten werden. Bei geringstwertigen Vermögensgegenständen mit einem Anschaffungswert von bis zu 60 Euro erübrigt sich die Erfassung im Anlage-

**Anlagespiegel Metro-Konzern 2004
in Mio. Euro**

	Stand am 1.1.2004	Währungs- umrech- nung	Verände- rung des Konsoli- dierungs- kreises	Anschaffungs- oder Herstellungskosten			Stand am 31.12.2004
				Zugänge	Abgänge	Um- buchungen	
Konzessionen, Schutzrechte u.ä.	609	5	6	119	-38	68	769
Selbst erstellte Software	-	-	-	-	-	-	-
Geschäfts- oder Firmenwert	3.987	-	-	6	-2	-59	3.932
Geleistete Anzahlungen	13	0	-	1	-6	-8	0
Immaterielle Vermögensgegenstände	**4.609**	**5**	**6**	**126**	**-46**	**1**	**4.701**
Grundstücke und Bauten	11.560	92	141	424	-329	206	12.094
Technische Anlagen und Maschinen	11	-	-	1	-	-	12
Andere Anlagen, BGA	4.695	41	-	561	-401	84	4.980
Geleistete Anzahlungen, Anlagen im Bau	142	2	-	485	-9	-300	320
Sachanlagen	**16.408**	**135**	**141**	**1.471**	**-739**	**-10**	**17.406**
Anteile an verbundenen Unternehmen	4	-	5	-	-5	2	6
Anteile an übrigen Beteiligungen	86	-1	-	-	-44	-2	39
Ausleihungen	180	-	-56	73	-41	-24	132
Wertpapiere des Anlagevermögens	6	-	-	-	-	-	6
Vorfinanzierungen von Mietobjekten	-	-	-	-	-	-	-
Finanzanlagen	**276**	**-1**	**-51**	**73**	**-90**	**-24**	**183**
Anlagevermögen	**21.293**	**139**	**96**	**1.670**	**-875**	**-33**	**22.290**

Abb. 4-8: Anlagespiegel des Metro-Konzerns zum 31.12.2004

spiegel vollständig, da sie wie Verbrauchsgüter im Jahr der Anschaffung unmittelbar als Aufwand verrechnet werden.

Unter der Position »*Zugänge des Geschäftsjahres*« werden die Anschaffungs- oder Herstellungskosten aller zum Anlagevermögensbestand neu hinzugekommenen Vermögensgegenstände erfasst. Darüber hinaus sind hier auch Erweiterungen oder Verbesserungen an bereits vorhandenem Anlagevermögen auszuweisen – wir sind auf dieses Phänomen schon bei der Diskussion der Anschaffungskosten gestoßen.

»*Abgänge des Geschäftsjahres*« bezeichnen umgekehrt alle Abgänge von Gegenständen des Anlagevermögens. Diese Abgänge sind im Anlagespiegel zu den ursprünglichen (»historischen«) Anschaffungs- oder Herstellungskosten der Vermögensgegenstände auszuweisen. »*Umbuchungen*« betreffen insbesondere die Position »geleistete Anzahlungen und Anlagen im

109

**Grundlagen der Bilan-
zierung von Anlage-
vermögen nach IFRS**

Bau«, die nach Fertigstellung einer Anlage jeweils gegen eine andere Sach-
anlagenposition aufgelöst wird (z.B. gegen technische Anlagen und Maschinen).

Schließlich verbleiben noch drei »Spalten« im Anlagespiegel, die Wertminderungen bzw. Werterhöhungen vorhandener Vermögensgegenstände
betreffen. Es sind dies die Abschreibungen des Geschäftsjahres (die allerdings nicht zwangsläufig direkt im Anlagespiegel, sondern auch an anderer
Stelle des Jahresabschlusses ausgewiesen werden können), die kumulierten
Abschreibungen aller im Anlagespiegel erfassten Gegenstände des Anlagevermögens sowie die Zuschreibungen. Sofern es sich dabei um Korrekturen zuvor zu hoch vorgenommener Abschreibungen handelt, werden diese im nächsten Jahr gegen die kumulierten Abschreibungen saldiert.

Anlagespiegel Metro-Konzern 2004 in Mio. Euro

	Stand am 1.1.2004	Wäh-rungs-umrech-nung	Zugänge plan-mäßige	Zugänge außer-plan-mäßige	Ab-gänge	Zu-schrei-bungen	Um-buchun-gen	Stand am 31.12. 2004	Buch-wert 31.12. 2004
				Abschreibungen					
Konzessionen, Schutzrechte u.ä.	296	2	98	10	-32	-	-	374	395
Selbst erstellte Software	-	-	-	-	-	-	-	-	-
Geschäfts- oder Firmenwert	-	-	-	-	-	-	-	-	3932
Geleistete Anzahlungen	-	-	-	-	-	-	-	-	0
Immaterielle Vermögensgegenstände	**296**	**2**	**98**	**10**	**-32**	**-**	**-**	**374**	**4.327**
Grundstücke und Bauten	2.829	17	510	4	-66	-	-18	3.276	8.818
Technische Anlagen und Maschinen	7	-	1	-	-	-	-	8	4
Andere Anlagen, BGA	3.077	28	544	2	-370	-	16	3.297	1.683
Geleistete Anzahlungen, Anlagen im Bau	5	-	-	-	-	-	-	5	315
Sachanlagen	**5.918**	**45**	**1.055**	**6**	**-436**	**-**	**-2**	**6.586**	**10.820**
Anteile an verbundenen Unternehmen	1	-	-	-	-	-	-	1	5
Anteile an übrigen Beteiligungen	29	-	-	-	-2	-17	-	10	29
Ausleihungen	8	-	-	3	-39	-7	36	1	131
Wertpapiere des Anlagevermögens	-	-	-	-	-	-	-	-	6
Vorfinanzierungen von Mietobjekten	-	-	-	-	-	-	-	-	-
Finanzanlagen	**38**	**-**	**-**	**3**	**-41**	**-24**	**-36**	**12**	**171**
Anlagevermögen	**6.252**	**47**	**1.153**	**19**	**-509**	**-24**	**34**	**6.972**	**15.318**

6. Grundlagen der Bilanzierung von Anlage-vermögen nach IFRS

Auch im Anlagevermögen der IFRS-Bilanz finden wir gem. IAS 1.68 die
Positionen immaterielles Anlagevermögen, Sachanlagen und Finanzanlagen. Im Vergleich zu den Bilanzierungsvorschriften des HGB ist jedoch eine Reihe von Unterschieden zu beachten, die im Folgenden kurz angeris-
sen werden sollen.

Die Bilanzierung *immaterielle Vermögenswerte des Anlagevermögens* ist in IAS
38 (Intangible Assets) geregelt. Ausweispflichtig sind hier neben den fremd-
erworbenen Vermögenswerten auch selbst erstellte, d.h. originäre immate-

**Behandlung von
Entwicklungskosten**

rielle Vermögenswerte wie selbst erstellte Patente, Lizenzen oder Software. Zu den originären immateriellen Vermögenswerten, die nach IAS 38 ansatzpflichtig sind, gehören auch die Entwicklungskosten, z.B. für die Erstellung von Prototypen oder die Durchführung von Produkttests, wenn mit einer Wahrscheinlichkeit von mehr als 50% davon ausgegangen werden kann, dass das entwickelte Produkt auch zur Marktreife gebracht wird. In diesem Fall werden Entwicklungskosten, die nach HGB strikt als laufender Aufwand zu verrechnen sind, wie eine Investition behandelt und als Aktivposition gezeigt. In dem Maße, in dem das Produkt in späteren Geschäftsjahren zu Umsatzerlösen führt, sind die Entwicklungskosten planmäßig – bzw. im Fall eines Fehlschlags der Markteinführung auch außerplanmäßig – abzuschreiben.

IAS 38 zeigt auch Grenzen für diese Aktivierungspflicht von originärem immateriellem Vermögen auf: Immaterielle Vermögenswerte, deren Herstellungskosten nicht eindeutig bestimmbar sind, wie z.B. selbst erstellte Markenwerte, oder die nicht bzw. nur eingeschränkt durch das Unternehmen kontrollierbar sind, wie Kundenbeziehungen oder Mitarbeiter-Knowhow, dürfen auch in der IFRS-Bilanz nicht gezeigt werden.

Die Bilanzierung von *Sachanlagen* wird vornehmlich in IAS 16 (Property, Plant and Equipment) behandelt; Regelungen für die außerplanmäßigen Abschreibungen sowohl von immateriellem Anlagevermögen als auch von Sachanlagen finden sich in IAS 36 (Impairment of Assets). Sonderregelungen gelten für Immobilien, die als Kapitalanlage gehalten werden (so genannte »Renditeimmobilien«), hier greift IAS 40 (Investment Property), der u.a. eine Bewertung von Renditeimmobilien zu aktuellen Marktwerten erlaubt.

**Ansätze zur Bewertung des
Anlagevermögens**

Für die Bewertung sowohl von immateriellen als auch von Sachanlagen werden als *primärer Wertansatz* zunächst die Anschaffungs- bzw. Herstellungskosten herangezogen, deren Umfang bereits in Kapitel 3 erläutert wurde. Für die Folgebewertung (*sekundärer Wertansatz*) sind bei abnutzbaren Gegenständen analog zum HGB planmäßige Abschreibungen anzusetzen, die bei zeitabhängiger Ermittlung allerdings linear oder degressiv auf der Basis der tatsächlichen ökonomischen Nutzungsdauer berechnet werden müssen. Eine Orientierung an steuerlichen Vorschriften bezüglich der Nutzungsdauer ist nicht gestattet. Da das deutsche Handels- bzw. Steuerrecht durch eher kurze Mindestnutzungsdauern eine möglichst schnelle Abschreibung von Vermögenswerten begünstigt, wird das abnutzbare Anlagevermögen nach IFRS bei gleicher Altersstruktur tendenziell höher ausgewiesen.

**Außerplanmäßige
Abschreibungen**

Die Ermittlung *außerplanmäßiger Abschreibungen* auf Sach- und immaterielles Anlagevermögen ist nach IFRS äußerst komplex. Zur Ermittlung eines außerplanmäßigen Abschreibungsbedarfs ist ein Wertminderungstest (impairment test) durchzuführen, bei dem der fortgeführte Buchwert (d.h. unter Berücksichtigung bereits angefallener planmäßiger Abschreibungen) mit dem erzielbaren Betrag (recoverable amount) verglichen wird. Der erzielbare Betrag ist wiederum der höhere Wert aus dem Netto-Veräußerungserlös (fair value less costs to sell) oder aus dem über finanzmathematisch mit Hilfe der Discounted-Cashflow-Methode ermittelten Nutzungswert (value in use).

**Grundlagen der Bilan-
zierung von Anlage-
vermögen nach IFRS**

Folgendes Beispiel soll die Vorgehensweise im Vergleich zum HGB erläutern. Unterstellen wir einmal, die more-copy-gmbh besitzt einen Farbkopierer, der derzeit mit einem Wert von 2.100 Euro in den Büchern steht.
Durch einen kleinen Defekt, der nicht behoben werden kann, sinkt die Leistungsfähigkeit dieses Kopierers um 20%. Nach deutschem Recht müsste
Schäff nun den Kopierer um eben diese 20%, d.h. um 400 Euro auf 1.600
Euro abschreiben. Nach den Vorschriften von IAS 36 zur Ermittlung
außerplanmäßiger Abschreibungen ist die Angelegenheit für Schäff aber
nicht so einfach zu erledigen. Er muss vielmehr zunächst prüfen, ob der erzielbare Betrag überhaupt unter 2.100 Euro liegt, d.h. ein außerplanmäßiger Abschreibungsbedarf vorliegt.

Dazu muss Schäff zum einen den Netto-Veräußerungserlös ermitteln.
Dieser liege auf dem Markt für Gebrauchtkopierer unter Berücksichtigung
eines Abschlags für den vorhandenen Defekt bei 1.500 Euro. Zum anderen muss Schäff den Nutzungswert des Kopierers ermitteln. Nach der Discounted-Cashflow-Methode ist dies der Barwert der Zahlungsströme
(Cashflows), die mit dem Farbkopierer zukünftig noch erzielt werden können. Nach reiflicher Überlegung schätzt Schäff, dass der Kopierer noch drei
Jahre lang genutzt werden kann; die erwarteten Einzahlungen aus den Farbkopien (Umsatzerlöse) abzüglich der Auszahlungen für Toner, Papier, Wartung etc. liegen pro Jahr trotz des Defekts immer noch bei 850 Euro. Bei
einem Kapitalkostensatz von 9% für die more-copy-gmbh, der sowohl die
Gewinnerwartungen unserer drei Gründer als auch die Verzinsungsan-
sprüche von Fremdkapitalgebern reflektiert, resultiert dies in einem Barwert
von 2.152 Euro = 850 Euro/$1,09^1$ + 850 Euro/$1,09^2$ + 850 Euro/$1,09^3$.
Der erzielbare Betrag als höherer Betrag von Netto-Veräußerungserlös und
Nutzungswert liegt damit bei 2.152 Euro und ist größer als der fortgeführte Buchwert von 2.100 Euro. Nach IAS 36 wäre deshalb *keine* außerplanmäßige Abschreibung vorzunehmen.

Ein Zahlenbeispiel macht
den Unterschied zwischen
einer HGB- und einer IFRS-
Bilanzierung deutlich

Nehmen wir an, dass Abs nun dieser Schätzung widerspricht und Schäff
davon überzeugt, dass maximal 700 Euro pro Jahr aus dem Geschäft mit
den Farbkopien zu erzielen sind. In diesem Fall sähe das Ergebnis anders
aus: Der Nutzungswert würde jetzt bei ca. 1.772 Euro liegen und es ent-
stünde ein außerplanmäßiger Abschreibungsbedarf in Höhe von 328 Euro = 2.100 Euro - 1.772 Euro.

Würde sich nun schließlich im Folgejahr zeigen, dass der technische Defekt wider Erwarten doch repariert werden kann und der Farbkopierer dementsprechend wieder mit 100% der ursprünglich veranschlagten Kapazität
eingesetzt werden kann, wäre die außerplanmäßige Abschreibung wieder
rückgängig zu machen – allerdings maximal bis zu dem Buchwert, der sich
zum Zeitpunkt dieser Zuschreibung aus dem ursprünglichen Betrag von
2.100 Euro unter Berücksichtigung planmäßiger Abschreibungen ergeben
hätte. Bei einer Restnutzungsdauer von 3 Jahren und linearer Abschreibung
ergeben sich 1.400 Euro = 2.100 Euro -700 Euro als Maximalwert für den
Wertansatz des Kopierers am Ende des Folgejahres.

Inhaltlich bedeutet die Vorgehensweise von IAS 36, dass im Gegensatz
zu den Vorschriften des HGB zunächst einmal so genannte »stille Reserven« aufgezehrt werden müssen, bevor eine außerplanmäßige Abschrei-

bung angesetzt werden kann. Stille Reserven entstehen immer dann, wenn ein Vermögenswert für das Unternehmen bzw. in der Veräußerung einen höheren Wert besitzt, als in den fortgeführten Anschaffungs- bzw. Herstellungskosten zunächst gezeigt wird. Auch hier kommt wieder die unterschiedliche Rechnungslegungsphilosophie beider Standards zum Ausdruck: Während das HGB eine »vorsichtige« Bewertung unterstützt, geht es nach IFRS darum, möglichst realitätsnahe und damit für Investoren informative Wertansätze im Vermögen zu zeigen.

Die Ermittlung planmäßiger und außerplanmäßiger Abschreibungen stellt jedoch nicht den einzigen Unterschied in der Bewertung von immateriellen und Sachanlagevermögenswerten nach IFRS dar. Die relevanten Standards IAS 16 und IAS 38 erlauben neben der Bewertung zu fortgeführten Anschaffungs- bzw. Herstellungskosten auch eine so genannte Neubewertung (*revaluation*) über die ursprünglichen Anschaffungs- bzw. Herstellungskosten hinaus.

Aktiva	**ohne** Neubewertung		Passiva
Grundstück	4 Mio. €	Eigenkapital	10 Mio. €
Sonst. Vermögen	30 Mio. €	Fremdkapital	24 Mio. €
Vermögen	34 Mio. €	**Kapital**	34 Mio. €

Aktiva	**mit** Neubewertung		Passiva
Grundstück	6 Mio. €	Eigenkapital	10 Mio. €
Sonst. Vermögen	30 Mio. €	Neubewertungs-rücklage	2 Mio. €
		Fremdkapital	24 Mio. €
Vermögen	36 Mio. €	**Kapital**	36 Mio. €

Abb. 4-9: Beispiel einer revaluation gemäß IAS 16 bzw. IAS 38

Abbildung 4-9 stellt beide Alternativen im Falle eines betrieblich genutzten Grundstücks gegenüber. In 2001 wurde von einem Unternehmen ein Werksgelände für 4 Mio. Euro erworben. Der Zeitwert dieses Grundstücks liegt in 2005 bei 6 Mio. Euro. Es besteht nun nach IFRS ein Wahlrecht, den ursprünglichen Wert beizubehalten oder – allerdings für alle vergleichbaren Vermögenswerte, d.h. in diesem Fall für sämtliche betrieblich genutzten Grundstücke – eine Neubewertung durchzuführen. Diese muss jedoch jährlich überprüft und ggf. an die weitere Wertentwicklung angepasst werden. Wenn nun im Fall der Neubewertung eine Verlängerung der Aktivseite stattfindet, muss auch auf der Passivseite ein entsprechender Posten geschaffen werden. Dies geschieht durch die Bildung einer Neubewertungsrücklage als Position innerhalb des Eigenkapitals – und dabei lernen Sie gleich eine weitere Besonderheit der IFRS kennen: Wir haben an verschie-

113

**Grundlagen der Bilan-
zierung von Anlage-
vermögen nach IFRS**

densten Stellen so genannte »erfolgsneutrale« Buchungen, d.h. Wertänderungen im Eigenkapital, die nicht über die Gewinn- und Verlustrechnung
verbucht werden, sondern so genanntes »other comprehensive income«
(Wertänderungen im Eigenkapital aus erfolgsneutralen Vorgängen) darstellen. Würde in 2006 der Wert des Werksgeländes aufgrund sinkender Im-
mobilienpreise auf 5,5 Mio. Euro absinken, würde die entsprechende Kürzung der Aktivseite durch eine ebenfalls wieder erfolgsneutrale Kürzung der
Neubewertungsrücklage auf der Passivseite ausgeglichen (Aktiv-Passiv-
Minderung).

Eine Sonderstellung nehmen in der IFRS-Bilanz die Finanzanlagen ein.
Sie gehören zu den so genannten Finanz»instrumenten«, für die es umfassende und äußerst komplexe Ausweis- und Bilanzierungsvorschriften vor
allem in IAS 32 (Financial Instruments: Disclosure and Presentation) und
in IAS 39 (Financial Instruments: Recognition and Measurement) gibt. Ein
Indiz für die Komplexität dieser Vorschriften ist die Länge der Standards –
während IAS 2 zur Vorratsbewertung z.B. »nur« bei 20 Seiten liegt, umfasst
allein IAS 39 incl. sämtlicher Anhänge 284 Seiten. Die Bilanzierung von Finanzinstrumenten wird in ihrer vollständigen Detailtiefe heute nur von Spe-
zialisten beherrscht – aber um Sie zu trösten: Viele Regelungen sind für Industrieunternehmen nicht oder nur eingeschränkt relevant.

Was müssen Sie nun an dieser Stelle zu *Finanzinstrumenten* wissen? Zum
einen, was Finanzinstrumente überhaupt sind. Zu ihnen gehören nach IAS
32 der Kassenbestand, andere flüssige Mittel und Eigenkapitaltitel (z.B. Aktien) anderer Unternehmen, aber auch Ansprüche auf flüssige Mittel, z.B.
in Form von Kundenforderungen oder kurzfristigen Ausleihungen, oder
auf Eigenkapitaltitel, letzteres z.B. im Falle von Aktienoptionen. Daneben
fallen aber auch finanzielle Verpflichtungen unter den Begriff der Finanzinstrumente, z.B. Lieferantenverbindlichkeiten, Bankkredite oder Verpflichtungen aus Termin- bzw. Optionsgeschäften.

Die Bilanzierung der so
genannten »Finanz-
instrumente« fällt äußerst
komplex aus

Damit sind wir auch schon bei dem zweiten wichtigen Aspekt, den Sie
als »Einsteiger« in die Bilanzierung von Finanzinstrumenten nach IFRS
kennen müssen. Während die Erstbewertung analog zum HGB zu Anschaffungskosten erfolgt, gibt es für die Folgebewertung sehr viel differenziertere und zum Teil stark abweichende Vorschriften. Speziell für Finanzinstrumente, die auf der Aktivseite der Bilanz, also im Anlage- oder Umlaufvermögen abgebildet werden, orientiert sich die Folgebewertung gem.
IAS 39 an der Einordnung dieser Finanzinstrumente in vier verschiedene
Kategorien.

- *Finanzinstrumente des Handelsbestands (fair value through profit or loss):* Dazu
  gehören zunächst Aktien oder Optionen, die zu Spekulationszwecken
  gehalten werden. Unter bestimmten Bedingungen können auch die unter den folgenden Kategorien aufgeführten Finanzinstrumente hier eingeordnet werden (so genannter »gewillkürter« Handelsbestand). Finanzinstrumente der Kategorie »fair value through profit or loss« werden jeweils zum aktuellen Zeitwert (Fair Value), der unter oder auch über
  den ursprünglichen Anschaffungskosten liegen kann, bewertet. Alle
  Wertänderungen, die sich im Zeitablauf ergeben, werden erfolgswirksam über die Gewinn- und Verlustrechnung verbucht.

- *Bis zur Fälligkeit gehaltene Finanzinstrumente (held-to-maturity investments)*: Dies sind z.B. Anleihen, die bis zu ihrer Endfälligkeit gehalten werden sollen. Hier erfolgt die Bewertung zu fortgeführten Anschaffungskosten, da die sich in den Zeitwertänderungen ausdrückenden Wertschwankungen für das Unternehmen faktisch irrelevant sind.
- *Ausleihungen und Forderungen (loans and receivables)*: Diese Kategorie betrifft typischerweise Forderungen aus Lieferungen und Leistungen oder auch nicht verbriefte Darlehen an Mitarbeiter. Auch sie sind zu fortgeführten Anschaffungskosten zu bewerten.

Die Bewertung richtet sich
nach der Einordnung der
verschiedenen Finanz-
instrumente

- *Sonstige, zur Veräußerung verfügbaren Finanzinstrumente der Aktivseite (available-for-sale financial assets)*: Dies sind alle anderen Finanzvermögenswerte. Sie sind – ebenso wie die Finanzinstrumente des Handelsbestands – zum aktuellen Zeitwert (Fair Value) zu bewerten. Allerdings sind diese Wertänderungen im Gegensatz zum Handelsbestand zunächst erfolgsneutral über das Eigenkapital zu verbuchen. Erst bei Fälligkeit oder Veräußerung werden sämtliche Wertänderungen einschließlich der erfolgsneutral entstandenen Eigenkapitalpositionen erfolgswirksam über die Gewinn- und Verlustrechnung aufgelöst.

Die – in der Tat äußerst komplexen – sekundären Wertansätze des Finanzvermögens stellen damit in der erst- und letztgenannten Kategorie neben der oben geschilderten Neubewertung von immateriellem und Sachanlagevermögen einen zweiten Bereich dar, in dem im Vergleich zu den HGB-Vorschriften das »Anschaffungskostenprinzip« durchbrochen wird, d.h. eine Bewertung *über* die ursprünglichen Anschaffungs- bzw. Herstellungskosten hinaus möglich wird.

Im HGB geht es durchaus –
deutlich – weniger kompliziert zu!

Im Gegensatz zum HGB bedeuten die Vorschriften des IAS 39 unter anderem auch, dass schwebende Geschäfte u.a. dann zu bilanzieren sind, wenn durch sie ein Finanzinstrument entsteht. Nehmen wir an, ein Unternehmen vereinbart am 15.08.2005 den Kauf von 1 Mio. US-Dollar zum Kurs von 0,90 Euro zum Termin 01.02.2006. Für den Abschluss dieses Termingeschäfts fallen nun Gebühren in Höhe von 9.000 Euro an. Im HGB-Abschluss werden am 31.12.2005 nur die Bankgebühren als Aufwandsposition ausgewiesen; das Termingeschäft selbst ist als schwebendes Geschäft nicht bilanzierungsfähig. Anders in der IFRS-Bilanz: Das Termingeschäft begründet einen Anspruch auf den Erwerb von flüssigen Mitteln und ist deshalb als Finanzinstrument mit seinem Marktwert zu bilanzieren. Liegt dieser z.B. bei 40.000 Euro, weil der Dollarkurs inzwischen auf 0,94 Euro gestiegen ist, würde im IFRS-Abschluss neben den Bankgebühren auch ein – in dem Fall kurzfristiges – Finanzinstrument mit einem Zeitwert von 40.000 Euro ausgewiesen. Diese Wertänderung wäre erfolgswirksam in der Gewinn- und Verlustrechnung zu verbuchen. Wäre das Termingeschäft nicht als Teil des Handelsbestands, sondern in der Kategorie »available-for-sale« eingeordnet, dann würde die Gewinn- und Verlustrechnung zum 31.12.2005 nicht berührt werden, sondern es würde vielmehr erfolgsneutral eine Rücklage innerhalb des Eigenkapitals in Höhe von 40.000 Euro gebildet.

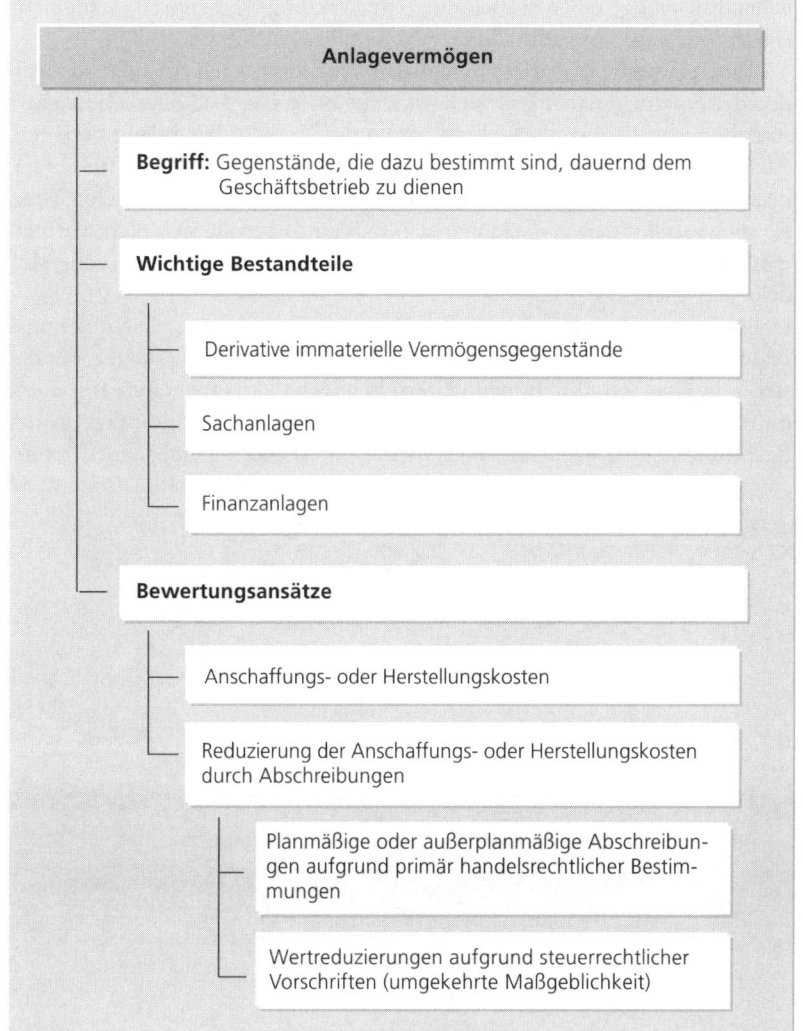

Abb. 4-10: Überblick über
die Bilanzierung von Anlagevermögen

7. Zusammenfassung

Beim Anlagevermögen gilt es bei der Bilanzierung nach HGB – neben der grundsätzlichen Strukturierung (vgl. *Abbildung 4-10*) – insbesondere das gemilderte Niederstwertprinzip hervorzuheben. Von mehreren Werten ist stets der niedrigste anzusetzen, es sei denn, dieser ist voraussichtlich nur vorübergehend relevant.

Für derartige niedrigere Werte lassen sich sehr unterschiedliche Anlässe aufzeigen. Neben dem Gläubigerschutzaspekt sind für sie auch steuerliche und unternehmensgrößenbedingte Gesichtspunkte bestimmend. Allerdings dominieren in der Bedeutung unstrittig die technisch/wirtschaft-

Bilanzierung von Anlagevermögen

lichen Rückgänge des Wertes abnutzbarer Vermögensgegenstände (vgl. *Abbildung 4-11*), die zu planmäßigen Abschreibungen führen.

Eine planmäßige Aufteilung der Anschaffungskosten auf die Teilperioden der Nutzungsdauer lässt sich – wie die *Abbildung 4-12* deutlich macht – sowohl aus statischer als auch aus dynamischer Sicht der Bilanz herleiten. Abschreibungen sind eine zwangsläufige Folge des Bestrebens, für einzelne Abschnitte im Leben einer Unternehmung Erfolge zu ermitteln. Wenn sie auch Guillotinen vergleichbar sein mögen, lassen sie sich nicht vermeiden – nur in der Theorie kann man ihnen durch komplexe dynamische Modelle entgehen.

Unabhängig von ihrer prinzipiellen Problematik führt die Abschreibungsbildung auch zu mehr als operativ zu bezeichnenden Problemen. Es findet sich kein Weg, Abschreibungen intersubjektiv nachprüfbar eindeutig zu ermitteln. Es besteht – wie die *Abbildung 4-13* zeigt – insbesondere in der Rechnungslegung nach HGB aus mehreren Gründen heraus eine Metho-

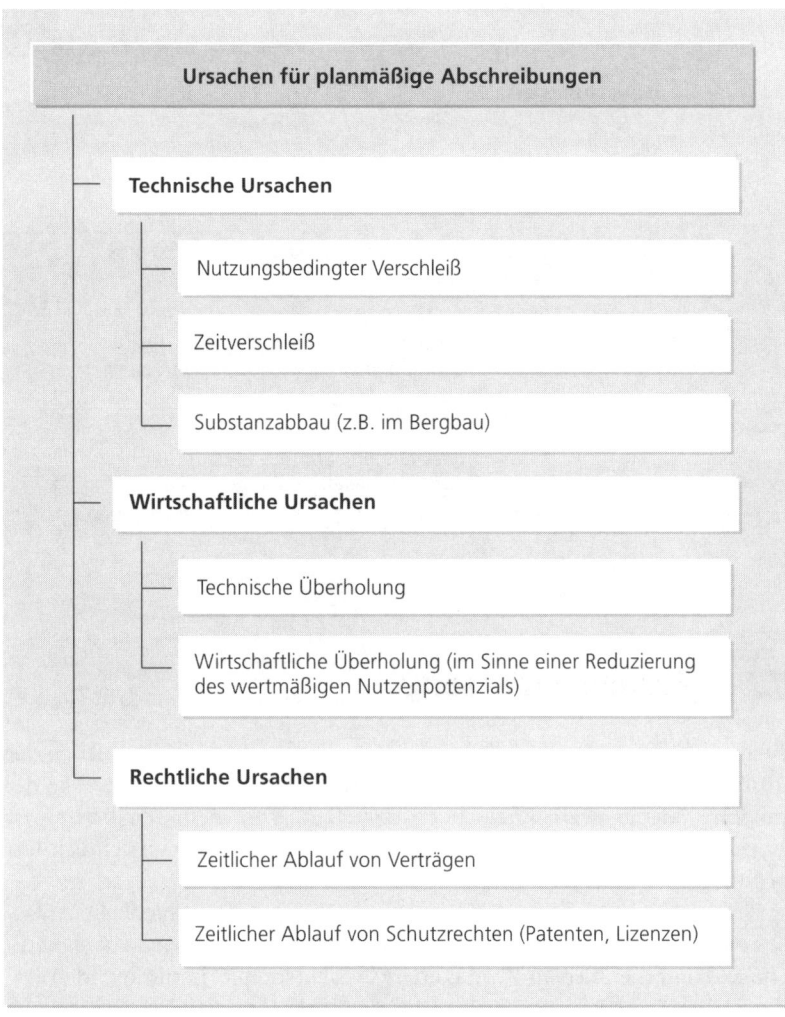

Abb. 4-11: Überblick über wichtige Abschreibungsursachen

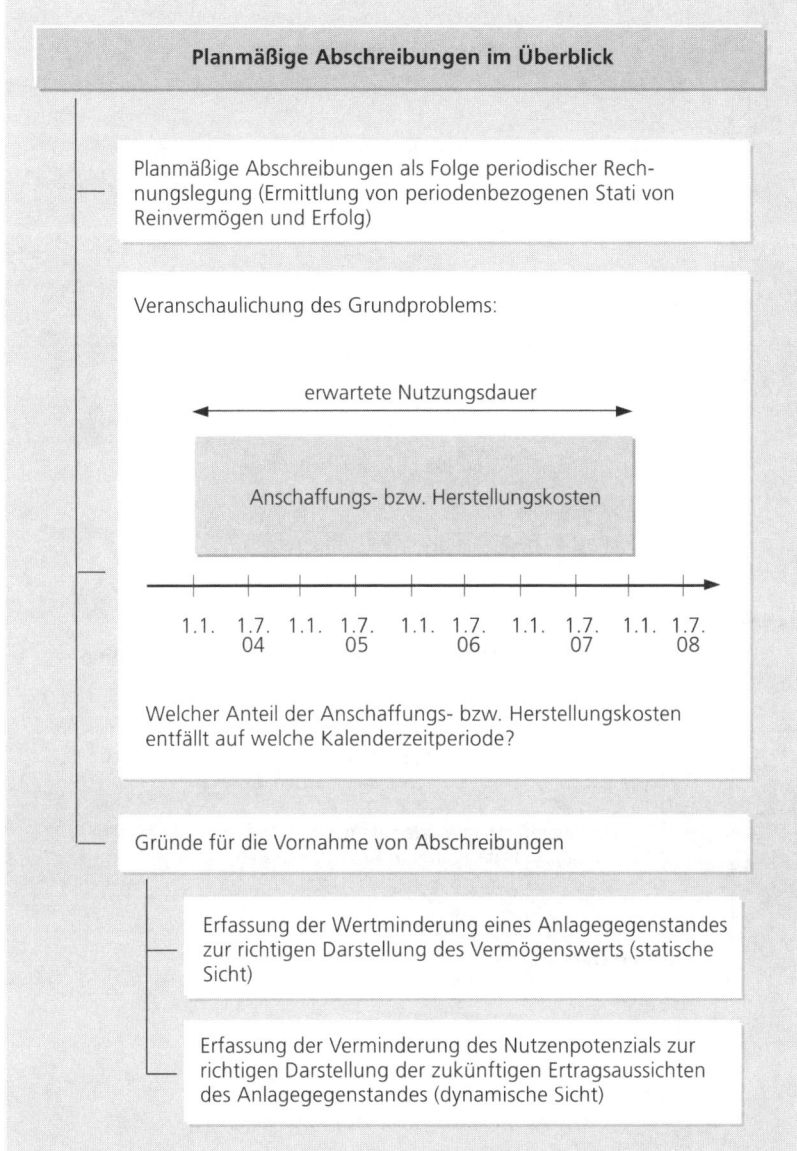

Abb. 4-12: Begründung planmäßiger Abschreibungen

denpluralität. Damit wird die Festlegung von Abschreibungen zu einem Instrument der Bilanzpolitik. Zum Teil lässt der Staat sich die Unternehmen hier bewusst frei bedienen, so insbesondere bei der Nutzung von Abschreibungen als Instrument für wirtschaftspolitische Zielsetzungen. Zum Teil sind steuerliche Wirkungen durchaus mit dem Ziel des Gläubigerschutzes übereinstimmend (beim Ansatz degressiver Abschreibungen).

Das Anlagevermögen nach IFRS ist vergleichbar gruppiert wie das Anlagevermögen in der HGB-Bilanz. Allerdings wird an verschiedenen Stellen – anders als im HGB – das Anschaffungskostenprinzip durchbrochen, d.h. eine Bilanzierung zu aktuellen Marktwerten über den ursprünglichen

Bilanzierung von Anlagevermögen

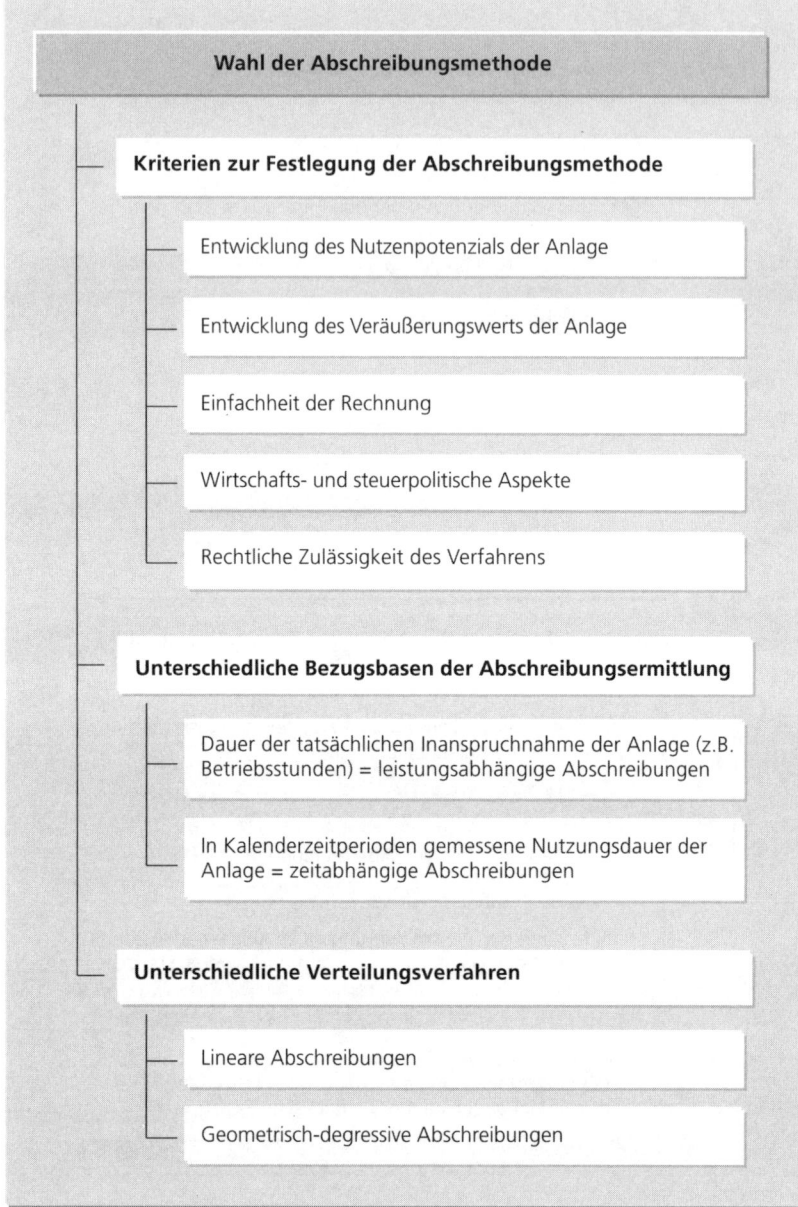

Abb. 4-12: Wichtige Determinanten der Wahl der Abschreibungsmethode

Anschaffungs- und Herstellungskosten entweder erlaubt (z.B. im Fall der Neubewertung von immateriellem oder Sachanlagevermögen) oder sogar gefordert (z.B. bei der Marktbewertung von bestimmten Finanzinstrumenten). Weitere wichtige Unterschiede betreffen die Bilanzierungspflicht selbst erstellter immaterieller Anlagevermögenswerte sowie von Entwicklungskosten und das Gebot, planmäßige Abschreibungen aufgrund der tatsächlichen wirtschaftlichen Nutzungsdauer, nicht jedoch auf Basis rein steuerlich motivierter Vorgaben, zu ermitteln.

Bilanzierung von Umlauf-vermögen

Kapitel 5

Lernziel

Als zweite wesentliche Gruppe von Vermögensgegenständen weist die Bilanz Umlaufvermögen aus, das das Anlagevermögen in seiner Höhe durchaus überschreiten kann: Dies ist z.B. häufig bei Handelsunternehmen der Fall, deren Vermögen vor allem in den im Umlaufvermögen abgebildeten Vorräten an Handelswaren besteht. Es unterliegt grundsätzlich analogen Bewertungsprinzipien; allerdings sind wichtige Besonderheiten zu beachten. Sie sollen in diesem Kapitel kennen lernen,

- wie sich das Umlaufvermögen weiter untergliedert,
- welche spezifischen Wertansätze für das Umlaufvermögen gegenüber den uns schon bekannten Wertansätzen des Anlagevermögens hinzukommen,
- warum beim Umlaufvermögen nicht das gemilderte, sondern das strenge Niederstwertprinzip wirksam wird,
- warum beim Umlaufvermögen häufig vom »ehernen« Grundsatz der Einzelbewertung abgewichen werden muss,
- was es mit den sogenannten »Verbrauchsfolgeverfahren« auf sich hat,
- welche bilanzpolitische Bedeutung diesen zukommt und
- welche grundlegenden Vorschriften für die Bilanzierung von Umlaufvermögen nach IFRS gelten.

1. Gliederung des Umlaufvermögens

2. Wertansätzes des Umlaufvermögens

3. Abweichungen vom Prinzip der Einzelbewertung

4. Verbrauchsfolgeverfahren
   4.1. Varianten von Verbrauchsfolgeverfahren
   4.2. Beispiel zur Gegenüberstellung der Varianten von Verbrauchs-
        folgeverfahren
   4.3. Beurteilung des eingeräumten bilanzpolitischen Spielraums

5. Grundlagen der Bilanzierung von Umlaufvermögen nach IFRS

6. Zusammenfassung

1. Gliederung des Umlaufvermögens

Im Gegensatz zum Anlagevermögen findet sich im HGB keine Definition des Umlaufvermögens. Vom Wortsinn her kann man ableiten, dass Umlaufvermögen einem ständigen Austausch- bzw. Umschlagsprozess unterliegt: Die jeweiligen Vermögensgruppen (z.B. Vorräte) bestehen als Ganzes zwar auf Dauer, die darunter zu bilanzierenden einzelnen Vermögensgegenstände wechseln jedoch permanent.

Wie beim Anlagevermögen gibt der § 266 Abs. 2 HGB – allerdings als Mussvorschrift wiederum nur für Kapitalgesellschaften – eine Detailgliederung an, die die *Abbildung 5-1* für die uns aus dem 4. Kapitel bekannten drei deutschen Konzerne Bayer, Deutsche Lufthansa und Metro mit Leben erfüllt. Ähnlich wie im Fall des Anlagevermögens entspricht hier die Gliederung der betrachteten IFRS-Konzernbilanzen auch den HGB-Vorschriften. Deutlich kommt gerade bei der Betrachtung des Umlaufvermögens die unterschiedliche Branchenzugehörigkeit der Konzerne zum Ausdruck: Während bei dem Dienstleister Lufthansa die Vorräte nur 6% des Umlaufvermögens ausmachen, sind es bei dem Pharmaunternehmen Bayer bereits 32% und beim Händler Metro gar 57%. Demgegenüber sind die Kundenforderungen (Debitoren) bei Metro eher gering: Viele Kunden zahlen hier bar oder per Kreditkarte, während Bayer seinen Kunden offensichtlich eher lange Zahlungsziele einräumen muss; dies wird aus dem jeweiligen Anteil der Forderungen aus Lieferungen und Leistungen am Umlaufvermögen deutlich.

Werfen Sie nun einen genauen Blick auf § 266 Abs. 2 HGB – welche Aspekte des gesetzlichen Gliederungsschemas der HGB-Bilanz bedürfen näherer Betrachtung? Hier ist zunächst das grundsätzliche Gliederungsprinzip anzuführen: Die in § 266 Abs. 2 HGB angeführte Reihenfolge »Vor-

Abb. 5-1: Struktur des Umlaufvermögens dreier deutscher Konzerne zum 31.12.2004

Geschäftsjahr 2004 in Mio. Euro	Bayer		Deutsche Lufthansa		Metro	
Roh-, Hilfs- und Betriebsstoffe	1.194		319		0	
Fertige und unfertige Erzeugnisse und Waren	5.014		57		6.272	
Geleistete Anzahlungen	7		0		0	
Vorräte	**6.215**	32%	**376**	6%	**6.272**	57%
Forderungen aus Lieferungen und Leistungen	5.580		1.556		355	
Übrige Forderungen und sonstige Vermögenswerte	4.153		868		2.302	
Forderungen und sonstige Vermögenswerte	**9.733**	50%	**2.424**	37%	**2.657**	24%
Wertpapiere	**29**	0%	**952**	14%	**0**	0%
Kassenbestand, Schecks und Bankguthaben	**3.570**	18%	**2.836**	43%	**2.130**	19%
Umlaufvermögen	**19.547**		**6.588**		**11.059**	

räte, Forderungen, Wertpapiere und Geld« lässt erkennen, dass der Gesetzgeber eine Ordnung des Umlaufvermögens nach dem *Kriterium der Liquiditätsnähe* gewählt hat. Daneben finden wir das schon vom Anlagevermögen her bekannte Prinzip wieder, die unterschiedliche Stellung von Geschäftspartnern zum Unternehmen deutlich zu machen: Unter den Forderungen sind alle Anteile gesondert auszuweisen, die gegenüber verbundenen Unternehmen oder solchen, mit denen ein Beteiligungsverhältnis vorliegt, bestehen.

»Eigene Anteile« als Sonderposition

Weiterhin stoßen wir in § 266 Abs. 2 HGB auf eine weitere Position, die einen besonderen Bezug zum Unternehmen aufweist, die *»eigenen Anteile«*. Hierunter sind bei einer AG eigene Aktien, bei einer GmbH eigene Anteile am Stammkapital zu verstehen. Als »eigen« gelten auch die Anteile, die ein Dritter für das Unternehmen hält (nachdem er sie in Rechnung für das Unternehmen erworben hat), darüber hinaus »Anteile eines herrschenden oder eines mit Mehrheit beteiligten Unternehmens« (§ 272 Abs. 4 Satz 4 HGB).

Das HGB enthält zu den eigenen Anteilen zwei nähere Bestimmungen. Im § 265 Abs. 3 heißt es: »Eigene Anteile dürfen unabhängig von ihrer Zweckbestimmung nur unter dem dafür vorgesehenen Posten im Umlaufvermögen ausgewiesen werden«. Die zweite Regelung betrifft die Passivseite der Bilanz. § 272 Abs. 4 Satz 1 HGB lautet: »In eine Rücklage für eigene Anteile ist ein Betrag einzustellen, der dem auf der Aktivseite der Bilanz anzusetzenden Betrag für die eigenen Anteile entspricht«. Der entsprechende Betrag ist damit der – typischerweise höhere – Kaufpreis, nicht der Nennwert der eigenen Anteile.

Die Rücklage für eigene Anteile muss selbst dann gebildet werden, wenn überhaupt kein Gewinn vorhanden ist, z.B. durch Umgliederung freier Gewinnrücklagen oder, wenn diese nicht in ausreichender Höhe vorhanden sind, über den Ausweis eines Verlusts. Sie darf erst dann wieder aufgelöst werden, wenn das Unternehmen die Anteile an sich selbst nicht mehr hält. Faktisch entspricht diese Vorschrift einer (Gewinn-)Ausschüttungssperre; die auf der Passivseite einzustellende Rücklage kann als so genannter »Korrekturposten« zur Aktivseite verstanden werden.

Wann und in welcher Höhe eigene Anteile allerdings gehalten werden dürfen, legt nicht das Handelsrecht fest, sondern die jeweils rechtsformspezifischen Spezialgesetze wie das Aktiengesetz – hier finden Sie Vorschriften in § 71 Abs. 1 AktG – oder das GmbH-Gesetz. Das Handelsrecht spezifiziert lediglich die Normen, die für den Ausweis in der Bilanz maßgeblich sind.

Unterschiede zwischen deutscher und internationaler Rechnungslegung zeigen sich auch bei dieser Bilanzposition

Aus diesen Ausführungen ist unschwer zu erkennen, dass der deutsche Gesetzgeber der Position »eigene Anteile« erhebliches Unbehagen entgegenbringt. Dieses Unbehagen ist alles andere als unbegründet: Dem Charakter nach bedeuten eigene Anteile eine Herabsetzung des Eigenkapitals. Durch den Kauf von eigenen Anteilen erwirbt das Unternehmen Rechte an sich selbst, ein Gut somit, das im Vergleichs- oder Konkursfall für die Gläubiger keinerlei Wert besitzt. Die Eigenschaft der selbständigen (Wieder-)Veräußerbarkeit (als ein zentrales Kriterium für das Vorliegen eines Vermögensgegenstandes) ist nur in »normalen Lebenssituationen« des Unternehmens gegeben. Wenn man bedenkt, welch große Bedeutung dem Gläubigerschutz in der deutschen externen Rechnungslegung zukommt, wird die erhebliche Problematik auch für den Fall transparent, in dem das Unternehmen die erworbenen eigenen Anteile nur vorübergehend halten will, wie dies in Deutschland der Regelfall ist (z.B. um Mitarbeitern als Gratifikation zum günstigen Kurs Belegschaftsaktien ausgeben zu können). In den USA ist dies beispielsweise anders. Der Gläubigerschutz wird dort nicht über die Rechnungslegung sichergestellt. Die Abschlüsse US-amerikanischer Unternehmen dienen allein zur Information von Kapitalanlegern und besitzen keine bzw. allenfalls sehr eingeschränkte Relevanz für die Festlegung von Dividendenausschüttungen. Deshalb stellen dort eigene Anteile eine ganz normale Bilanzposition dar.

Innerhalb der Gliederung des Umlaufvermögens ist schließlich noch die Forderung des § 268 Abs. 4 HGB für mittelgroße und große Kapitalgesellschaften hervorhebenswert, dem zufolge der »Betrag der Forderungen mit einer Restlaufzeit von mehr als einem Jahr ... bei jedem gesondert ausgewiesenen Posten zu vermerken« ist. Hiermit wird der Bilanzadressat auf Positionen aufmerksam gemacht, die er unter den sich sonst schnell umschlagenden Forderungen gegebenenfalls nicht vermutet hätte, die unter Umständen mit einem höheren Ausfallrisiko verbunden sein könnten.

2. Wertansätze des Umlaufvermögens

Die Bewertungsvorschriften des 1. Abschnitts des 3. Buches des HGB betreffen überwiegend das Vermögen insgesamt und sind nicht speziell auf Anlagevermögen einerseits oder Umlaufvermögen andererseits bezogen. In diesem Abschnitt können wir deshalb wesentlich auf die entsprechenden Ausführungen im 4. Kapitel Bezug nehmen.

Die Wertansätzes des Umlaufvermögens ähneln denen des Anlagevermögens...

Basis der Bewertung des Umlaufvermögens sind die Anschaffungs- oder Herstellungskosten. Dieser Wert bildet die Obergrenze der Bewertung. Markt- oder inflationsbedingte Wertsteigerungen sind nicht bilanzierungsfähig. Von dieser Obergrenze wird jedoch oftmals aus mehreren Gründen heraus nach unten abgewichen.

Als Standardfall der Abweichung führt der § 253 Abs. 3 HGB für das Umlaufvermögen einen niedrigeren Wert an, »der sich aus einem Börsen- oder Marktpreis am Abschlussstichtag ergibt«. Für das Anlagevermögen wurde an analoger Stelle lediglich von einem niedrigeren Wert gesprochen, der einem Vermögensgegenstand am Abschlussstichtag beizulegen ist (§ 253 Abs. 2 HGB), ohne explizit auf einen Börsen- oder Marktpreis hinzuweisen. Diese formale Divergenz in den Regelungen hat aber keine inhaltlichen Konsequenzen: Für das Anlagevermögen ist der Börsen- oder Marktpreis ebenfalls ein sehr wichtiger Vergleichswert, der den niedrigeren beizulegenden Wert bestimmen kann. Nur: Insbesondere der Marktpreis ist beim Anlagevermögen weit seltener als bei Gegenständen des Umlaufvermögens intersubjektiv nachprüfbar zu ermitteln. Insofern ist der im Ver-

...allerdings müssen sie berücksichtigen, dass vorübergehende Wertminderungen deutlich häufiger als beim Anlagevermögen relevant werden können

gleich zur Regelung beim Umlaufvermögen erfolgende Verzicht auf Differenzierung des beizulegenden Werts nachvollziehbar.

Um einen vergleichbaren Börsen- oder Marktpreis zu ermitteln, ist bei noch nicht verarbeiteten Roh-, Hilfs- und Betriebsstoffen der Beschaffungsmarkt der »relevante Markt«, bei Halb- und Fertigwaren sind dies die jeweiligen Absatzmärkte. Allerdings wird der dort festgestellte Preis nicht unmittelbar übernommen, sondern es werden mit dem Ziel einer so genannten »verlustfreien Bewertung« noch die Kosten vom festgestellten Preis abgezogen, die bei einem Verkauf zusätzlich anfallen würden. Dazu gehören bei Fertigwaren insbesondere die Vertriebskosten.

Reduzierungen der Anschaffungs- bzw. Herstellungskosten sind darüber hinaus aus steuerlichen Gründen im Rahmen der umgekehrten Maßgeblichkeit sowie – bei Personengesellschaften – »im Rahmen vernünftiger kaufmännischer Beurteilung« möglich. Hierbei ergeben sich auch formal keinerlei Änderungen gegenüber den Bestimmungen für Gegenstände des Anlagevermögens. Um eine spezifisch auf Umlaufvermögen zugeschnittene Regelung handelt es sich allerdings bei folgender Passage des § 253 Abs. 3 HGB: »Außerdem dürfen Abschreibungen vorgenommen werden, soweit diese nach vernünftiger kaufmännischer Beurteilung notwendig sind, um zu verhindern, dass in der nächsten Zukunft der Wertansatz dieser Vermögensgegenstände aufgrund von Wertschwankungen geändert werden muss«.

Der zukünftige Wertschwankungen (da ein Abschreibungswahlrecht begründet wird, kann man auch von Wertminderungen sprechen) antizipierende Wert ergänzt das Prinzip der vorsichtigen Bewertung in § 252 Abs. 4 HGB. Dort heißt es: »Es ist vorsichtig zu bewerten, namentlich sind alle vorhersehbaren Risiken und Verluste, die bis zum Abschlussstichtag entstanden sind, zu berücksichtigen, selbst wenn diese erst zwischen dem Abschlussstichtag und dem Tag der Aufstellung des Jahresabschlusses bekannt geworden sind.« Diese Regelung ist eine Muss-Vorschrift: Sind Risiken bzw. Verluste bis zum Abschlussstichtag entstanden, müssen sie im Jahresabschluss angesetzt werden. Die aktuell betrachtete Regelung des § 253 Abs. 3 HGB bezieht sich dagegen auf Risiken, die am Abschlussstichtag noch nicht entstanden sind, aber aus Sicht des Bilanzierenden in der nächsten Zukunft – praktisch versteht man darunter einen Zeitraum von bis zu zwei Jahren – eintreten können. Zur Veranschaulichung ein kleines Beispiel:

Ein Unternehmen hat auf Dollarbasis einem Kunden in Amerika Waren verkauft. Die zu liefernden Waren liegen am 31. Dezember fertig auf Lager. Ist der Dollarkurs seit dem Geschäftsabschluss deutlich gefallen und ist eine baldige Erholung nach allgemeiner Einschätzung nicht zu erwarten, besteht ein Abwertungszwang. Liegt eine Dollarbaisse dagegen zur Jahreswende noch nicht vor, sondern wird sie bis zur Bezahlung der Waren lediglich vermutet, so greift das Wahlrecht, einen zukünftige Wertschwankungen antizipierenden Wert ansetzen zu können. Die zugrunde liegende Vermutung muss allerdings begründbar sein, im Beispiel etwa durch den Verweis auf die Prognosen von Wirtschaftsfachleuten.

An dieser Stelle dürfte damit auch unmittelbar klar sein, warum der zukünftige Wertschwankungen berücksichtigende Wert für Gegenstände des Anlagevermögens irrelevant ist: Diese werden definitionsgemäß nicht in der nächsten Zukunft veräußert (sollte dies dennoch der Fall sein, z.B. ist der Verkauf eines Grundstücks geplant, so muss dieses ohnehin vom Anlagevermögen ins Umlaufvermögen umgegliedert werden und unterliegt dann wieder dessen Bewertungsvorschriften).

Als zweite, sehr wichtige grundsätzliche Besonderheit der Bewertung von Umlaufvermögen ist die *spezifische Ausprägung des Niederstwertprinzips* hervorzuheben:

> Während das Handelsrecht für die Bewertung von Anlagevermögen bei voraussichtlich vorübergehenden Wertminderungen ein Wertbeibehaltungswahlrecht einräumt (gemildertes Niederstwertprinzip), führt ein niedriger beizulegender Wert im Umlaufvermögen stets und unausweichlich zu einer entsprechenden Abschreibung (strenges Niederstwertprinzip).

Auch diese Abweichung ist durch die unterschiedliche »Bindungsdauer« von Anlage- und Umlaufvermögen begründet: Beim Umlaufvermögen besteht definitionsgemäß stets die Möglichkeit des sofortigen Abgangs der Vermögensgegenstände. Selbst eine voraussichtlich nur vorübergehende Wertminderung kann so mit hinreichender Eintrittswahrscheinlichkeit real werden. Diese Möglichkeit reicht aber aus, um vor dem Hintergrund der vorsichtigen Bewertung eine Abwertung zwingend vorzuschreiben.

3. Abweichungen vom Prinzip der Einzelbewertung

Einer der zentralen Grundsätze der handels- wie der steuerrechtlichen Rechnungslegung ist die *Forderung nach Einzelbewertung*. Sie ist in § 252 Abs. 1 Nr. 3 HGB gesondert fixiert, gilt für Personen- und Kapitalgesellschaften in gleicher Weise. Dennoch sind in bestimmten Fällen vom Gesetzgeber Ausnahmen zugelassen.

Einem speziellen Fall sind wir in Form des (derivativen) Geschäfts- oder Firmenwerts bereits begegnet: Der Betrag, der bei Erwerb eines Unternehmens über dessen Reinvermögen hinaus gezahlt wird, kann plausibel begründet nicht auf die einzelnen Vermögensgegenstände aufgeteilt werden. Selbst wenn man dies wollte, könnte man somit keine Einzelbewertung vornehmen.

Das Phänomen der *faktischen Unmöglichkeit einer Einzelbewertung* ist nicht auf den Firmenwert beschränkt. Es liegt auch bei lediglich statistisch beschreibbaren Verbundbeziehungen vor. Diese sehr abstrakte Kennzeichnung wird transparent, wenn man sich ein Beispiel vor Augen führt: Verfügt ein Unternehmen über einen sich aus zahlreichen Einzelforderungen zusammensetzenden Forderungsbestand, so ist es ein empirischer Tatbestand, dass Jahr für Jahr stets ein bestimmter, weitgehend gleich bleibender

Beispiel Forderungen

Beispiel Hedging

Bewertungsverbunde
machen eine Abkehr vom
Prinzip der Einzelbewertung
erforderlich

Prozentsatz dieser Forderungen (z.B. 3% – diesen Wert erkennt die Finanzverwaltung ohne weitere Prüfung als höchsten Wert an) ausfällt, d.h. nicht realisiert werden kann. Um welche Einzelforderungen es sich dabei handeln wird, weiß man dagegen regelmäßig nicht – andernfalls müsste ohnehin eine Einzelwertberichtigung der betreffenden Forderung vorgenommen werden. Der Ausweis des Forderungsbestandes mit 100% wäre in dieser Situation genauso falsch (da mit dem Prinzip der vorsichtigen Bewertung unvereinbar) wie die Reduktion jeder einzelnen Forderung um den erwarteten Ausfallprozentsatz: Dieser gilt nur im Durchschnitt; bezogen auf die einzelne Forderung trifft er allenfalls in seltenen Ausnahmen zu. Deshalb kann man nur – als eine Abschlussbuchung – zum Abschlussstichtag den Gesamtbestand der Forderungen um die so genannte *Pauschalwertberichtigung* reduzieren und dann im folgenden Jahr die tatsächlich ausfallenden Forderungen dagegen aufrechnen.

Eine weitere Abweichung vom Prinzip der Einzelbewertung betrifft das so genannte *Hedging* von Bilanzpositionen, d.h. das Vorliegen negativ korrelierter Geschäfte. Hat ein Unternehmen Forderungen und Verbindlichkeiten in gleicher Höhe, mit gleicher Laufzeit und in gleicher Fremdwährung, so besteht hier kein eigenes Währungsrisiko mehr: Begleicht der Schuldner seine Forderung, so kann das Unternehmen dies an den eigenen Gläubiger weiterreichen und damit seine Verbindlichkeiten tilgen. Nach dem Prinzip der Einzelbewertung müsste das Unternehmen bei fallenden Kursen der Fremdwährung streng genommen die Forderungen abwerten, während die Verbindlichkeiten in gleicher Höhe bestehen bleiben. Durch diese imparitätische Bewertung wird dem Abschlussadressaten ein Risiko suggeriert, dem das Unternehmen faktisch nicht ausgesetzt ist.

Aus diesem Grund hat sich in der kaufmännischen Praxis hier die Bildung von Bewertungsverbunden durchgesetzt. Stehen die Geschäfte dabei in einem einheitlichen Nutzungs- und Funktionszusammenhang (*Micro-Hedge*), d.h. wird beispielsweise eine Forderung in ausländischer Währung durch ein Termingeschäft eigens abgesichert, besteht nach aktueller Auffassung sogar die Pflicht zur Bildung einer Bewertungseinheit.

Sind die Zusammenhänge zwischen den Geschäften weniger eng (*Portfolio-* und *Macro-Hedge*), können ebenfalls Bewertungsverbunde vorgenommen und es kann damit vom Prinzip der Einzelbewertung abgewichen werden; allerdings sind dann nach herrschender Meinung zusätzlich noch bestimmte Anforderungen, wie z.B. die Existenz eines funktionsfähigen internen Kontrollsystems zur Steuerung der Bewertungsverbunde, zu erfüllen sowie Erläuterungen im Anhang vorzunehmen. Eine gesetzliche Regelung finden Sie hierzu allerdings (noch) nicht – das so genannte *Hedge Accounting* ist damit ein plakatives Beispiel dafür, dass die Weiterentwicklung der Rechnungslegungsnormen nicht nur über explizite Regelungen des Gesetzgebers, sondern eben auch die kaufmännische Praxis und die in Kapitel 11 noch gesondert zu behandelnden Grundsätze ordnungsmäßiger Buchführung erfolgt.

Abweichungen vom Prinzip der Einzelbewertung werden jedoch nicht nur dann zugestanden, wenn sie sich aufgrund unlösbarer Verbundbeziehungen nicht vermeiden lassen. Es gibt vielmehr ein zweites wesentliches, ökonomisches Argument für ein derartiges Abgehen: Jeden Vermögensgegenstand einzeln zu bewerten, wäre oftmals mit unvertretbar hohem Verwaltungsaufwand verbunden. Der Grund hierfür ist einfach: Oft werden von einzelnen Arten von Vermögensgegenständen sehr große Mengen über das Jahr hinweg beschafft; denken Sie etwa an einen Großserienfertiger, z.B. einen Automobilhersteller, der Jahr für Jahr eine sechs- bis siebenstellige Anzahl von Reifen, Windschutzscheiben, Sitzen usw. bezieht und verbaut. Diese Materialien stammen von mehreren Lieferanten mit – wenn auch geringfügig – unterschiedlichen Preisen. Zudem finden oft Preisanpassungen im Jahresablauf statt, insbesondere in inflationären Zeiten.

Wollte man bei einer derartigen Ausgangssituation strikt den Grundsatz der Einzelbewertung einhalten, bedeutete dies, an jeden Reifen, an jede Windschutzscheibe und an jeden Sitz ein Preisschild zu kleben. Nur so könnte man sichergehen, dass am Jahresende, zur Inventur, die »100%ig richtigen« Anschaffungskosten der auf Lager liegenden Teile ermittelt würden. Bei manueller Organisation wäre dies (fast) unbezahlbar, zumindest jedoch unangemessen.

Die hohen Erfassungskosten haben dazu geführt, dass der Gesetzgeber zunächst die strengen Inventurvorschriften – die genaue Aufzeichnung aller einzelnen Vermögensgegenstände – gelockert hat – Sie erinnern sich an Kapitel 1: Die Inventur ist Grundlage für die Aufstellung der Bilanz. Der § 241 HGB gestattet eine Reihe von Inventurvereinfachungen, zu denen zunächst einmal Verfahren zählen, die die Mengenermittlung erleichtern. Paragraph 241 HGB nennt

- die *Stichprobeninventur* mit Hilfe anerkannter mathematisch-statistischer Methoden (Abs. 1),
- den Verzicht auf eine körperliche Bestandsaufnahme, »soweit durch Anwendung eines den Grundsätzen ordnungsmäßiger Buchführung entsprechenden anderen Verfahrens gesichert ist, dass der Bestand der Vermögensgegenstände nach Art, Menge und Wert auch ohne körperliche Bestandsaufnahme für diesen Zeitpunkt gesichert ist«, so z.B. bei Vorliegen eines ausgebauten Bestandsführungssystems (Abs. 2), und
- das Zulassen eines vom Bilanzstichtag abweichenden Erfassungszeitpunkts (Abs. 3). Bei der sogenannten permanenten Inventur wird die Erfassung der einzelnen Bestände über das ganze Jahr verteilt, bei der sogenannten ausgeweiteten Stichtagsinventur kann der Inventurzeitpunkt bis zu drei Monate zum Bilanzstichtag vor- oder nachverlegt werden.

Neben diesen Erleichterungen für die Mengenerfassung vereinfacht der Gesetzgeber aber auch die Bewertung von bestimmten Vermögensgegenständen im Jahresabschluss, indem er Abweichungen vom Grundsatz der Einzelbewertung erlaubt.

So bestimmt er in § 240 Abs. 3 als mögliches Verfahren für die Inventur auch die Arbeit mit so genannten *Festwerten*: »Vermögensgegenstände des Sachanlagevermögens sowie Roh-, Hilfs- und Betriebsstoffe können, wenn sie regelmäßig ersetzt werden und ihr Gesamtwert für das Unternehmen von nachrangiger Bedeutung ist, (...) mit einem gleich bleibenden

**Bilanzierung von
Umlaufvermögen**

Wert angesetzt werden, sofern ihr Bestand in seiner Größe, seinem Wert und seiner Zusammensetzung nur geringen Veränderungen unterliegt«. Paragraph 256 Satz 2 HGB erlaubt dann die Übernahme dieses Werts (Festwert) in die Bilanz.

In der Praxis werden mittels Festwert beispielsweise häufig die Werkzeugbestände von Instandhaltungsstellen von Unternehmen bewertet. Diese Bestände setzen sich aus sehr vielen einzelnen Bestandteilen zusammen, die jeweils einen nur geringen Wert verkörpern und bei Funktionsunfähigkeit durch ein entsprechendes Werkzeug ersetzt werden. Schließlich entwickelt sich die Instandhaltungstechnologie nicht so stark, dass signifikante Änderungen der Zusammensetzung des Werkzeugbestandes auftreten. In einem solchen Fall stünde die zusätzliche relative Genauigkeit, die mit einer Einzelerfassung jedes Werkzeugs erzielbar wäre, in keinem Verhältnis zum im Vergleich zur Festwertregelung zusätzlichen Erfassungsaufwand. Beispiele für Vermögensgegenstände, die zum Festwert angesetzt werden, sind z.B. der Werkzeugbestand eines Schreiners, der Bestand an Porzellan, Gläsern oder Besteck in einem Hotel; aber auch Rebstöcke im Weinbau oder unternehmenseigene Gleisanlagen können mit einem Festwert bewertet werden. Die nachrangige Bedeutung ist dabei ein sehr undifferenziertes Kriterium – in der Literatur finden sich Meinungen, nach denen »nachrangig« immerhin noch bis zu 10% der Bilanzsumme ausmachen kann.

Um sicherzustellen, dass der Festwert auch den Wert der so vereinfacht erfassten Vermögensgegenstände hinreichend reflektiert, schreibt der Gesetzgeber in § 240 Abs. 3 weiterhin vor, dass alle drei Jahre eine körperliche Bestandsaufnahme, d.h. eine Inventur, dies überprüfen muss. Der Festwert »verstößt« somit nicht nur gegen das Prinzip der Einzelbewertung, sondern auch gegen den in § 240 Abs. 2 HGB festgelegten Grundsatz, jedes Jahr eine Inventur vorzunehmen.

Neben der Arbeit mit Festwerten existiert als weitere Form der Bewertungserleichterung innerhalb der Inventur die in § 240 Abs. 4 HGB geregelte *Gruppenbewertung*, die über § 256 Satz 2 HGB ebenfalls auf den Jahresabschluss anwendbar ist: »Gleichartige Vermögensgegenstände des Vorratsvermögens sowie andere gleichartige oder annähernd gleichwertige bewegliche Vermögensgegenstände und Schulden können jeweils zu einer Gruppe zusammengefasst und mit dem gewogenen Durchschnittswert angesetzt werden«. Die Vereinfachung liegt im Kern darin, dass alle am Jahresende vorhandenen Gegenstände einer Gruppe mit dem durchschnittlichen Anschaffungspreis bewertet werden dürfen. Eine genaue Prüfung, welcher der am Jahresende vorhandenen Gegenstände zu welchem Preis erworben wurde, entfällt.

Was sind eigentlich gleichartige Gegenstände des Vorratsvermögens? Vom unmittelbaren Wortsinn her wird man an das »gleichartig« vermutlich sehr strenge Maßstäbe anlegen, es auf die Waren einer Warengattung beschränken, wenn diese Waren sich im Preis nicht bzw. nur unwesentlich voneinander unterscheiden. Die einschlägige Kommentarliteratur spricht von annähernder Preisgleichheit und meint damit Preisunterschiede von höchstens 25%. In einem Textilunternehmen erfasst eine derart verstandene

**Werkzeugbestände als
Beispiel**

**Alle drei Jahre muss die
Gültigkeit des Ansatzes des
Festwerts überprüft werden**

**Die Gruppenbewertung als
weitere Ausnahme**

**Was sind gleichartige
Vermögensgegenstände?**

Gleichartigkeit etwa Wäschestücke unterschiedlicher Konfektionsgröße, Stoffe unterschiedlicher Farbe (mit sonst identischen Eigenschaften) oder Garne ähnlicher Zusammensetzung.

Gleichartigkeit ist aber nach herrschender Meinung nicht nur bei im Preis etwa gleichen Gütern derselben Warengattung gegeben, sondern wird auch bei Gütern unterschiedlicher Warengattungen bei annähernder Preisgleichheit bejaht, wenn die Güter demselben Verwendungszweck dienen, d.h. »funktionsgleich« sind. Hinter dieser Ausweitung des Begriffs der Gleichartigkeit mag die Überlegung gestanden haben, dass bei einer Preis- und Funktionsgleichheit bzw. -ähnlichkeit die entsprechenden Güterarten weitgehend austauschbar sind und auch vom Unternehmen so behandelt werden: So werden – um im Beispiel des Textilunternehmens fortzufahren – fertige Ballen Stoff das eine Mal in Kunststofffolie verschweißt, das andere Mal in einem passenden Papiersack verpackt. Trifft diese Vermutung zu, besteht kein Grund, die Plastikfolie und die Papiersäcke nicht gemeinsam zu bewerten.

Allerdings wird schon an der Art dieser Formulierung deutlich, dass nicht immer davon ausgegangen werden kann. So mögen zwar Papier und Kunststoff zwei grundsätzlich funktionsgleiche Verpackungsstoffe sein; bezogen auf spezielle Waren muss dies aber nicht gelten. Feuchtigkeitsempfindliche Stoffe kann man beispielsweise nur luftdicht verpackt versenden; Papier scheidet als Verpackungsmaterial aus. Ist jedem Produkt ein spezielles Verpackungsmittel zugeordnet und unterliegen diese unterschiedlichen Preis- und Mengenentwicklungen, so kann aus der Erweiterung der Gleichartigkeit von der Gattungsgleichheit auf die Funktionsgleichheit durchaus eine Verzerrung der Realität resultieren. Diese wird vom Gesetzgeber grundsätzlich zugunsten der Bewertungsvereinfachung für den Bilanzierenden toleriert.

Eine Begrenzung des Abbildungsfehlers ergibt sich allerdings durch die Forderung des § 243 Abs. 1 HGB, der zufolge der Jahresabschluss den Grundsätzen ordnungsmäßiger Buchführung zu genügen hat. Diese Grundsätze, auf die wir noch ausführlich im 11. Kapitel dieses Lehrbuchs eingehen werden, sind die grundsätzliche Messlatte für die gesamte Rechnungslegung. Wäre ein Bilanzprüfer der Auffassung, dass sich aufgrund besonderer betrieblicher Bedingungen durch die Anwendung eines Gruppenbewertungsverfahrens ein zu großer Abbildungsfehler ergibt, müsste diese Meinung letztlich vor Gericht auf der Basis der Grundsätze ordnungsmäßiger Buchführung entschieden werden.

Die Bewertung mit dem gewogenen Durchschnitt kann auf zwei verschiedene Weisen erfolgen: periodenbezogen oder permanent.

- Die *periodenbezogene Variante* ist das einfachere Verfahren. Sie wird nur einmal im Geschäftsjahr durchgeführt. Dabei wird der Wert des Anfangsbestands und die Werte aller Zugänge addiert und durch die Menge von Anfangsbestand und Zugängen dividiert. Damit ergibt sich ein durchschnittlicher Anschaffungspreis je Stück, mit dem alle Abgänge und der Endbestand bewertet werden.

Der gewogene Durchschnitt
kann auf zwei unterschiedliche Arten ermittelt werden

- Bei der *permanenten Variante* wird das Verfahren bei jedem einzelnen (Lager-)Abgang angewendet. Für die Abgänge innerhalb eines Geschäfts-

Bilanzierung von Umlaufvermögen

jahres ergeben sich damit in der Regel immer neue durchschnittliche Anschaffungspreise. Entsprechend wird auch der verbleibende Bestand bei jedem Abgang neu bewertet. Das permanente Verfahren ist ungleich aufwändiger als die periodenbezogene Variante. Bei manueller Organisation der Lagerwirtschaft scheidet ein permanentes Verbrauchsfolgeverfahren deshalb praktisch aus. Es wird nach allgemeiner Auffassung vom Bilanzierenden auch nicht verlangt. Bei einer DV-gestützten Materialbuchhaltung bereitet die permanente Anwendung dagegen keinen nennenswerten Zusatzaufwand.

Verbrauchsfolgeverfahren

Neben der Bewertung mit dem gewogenen Durchschnitt erlaubt das HGB im § 256 jedoch auch die Anwendung so genannter »*Verbrauchsfolgeverfahren*«: »Soweit es den Grundsätzen ordnungsmäßiger Buchführung entspricht, kann für den Wertansatz gleichartiger Vermögensgegenstände des Vorratsvermögens unterstellt werden, dass die zuerst oder dass die zuletzt angeschafften oder hergestellten Vermögensgegenstände zuerst oder in einer sonstigen bestimmten Folge verbraucht oder veräußert worden sind.« Auch hier muss also bei der Bewertung der Abgänge bzw. des Endbestands nicht an jedem einzelnen Gegenstand nachvollzogen werden, mit welchem Anschaffungspreis er zu Buche schlägt. »Am grünen Tisch« kann so mit Hilfe von Belegen und der Annahme einer bestimmten Verbrauchsfolge ein fiktiver Anschaffungspreis für die Abgänge und den Endbestand ermittelt werden. Weitere Details zu den Verbrauchsfolgeverfahren wollen wir im nächsten Abschnitt behandeln.

4. Verbrauchsfolgeverfahren

4.1. Varianten von Verbrauchsfolgeverfahren

Varianten von Verbrauchsfolgeverfahren können nach zwei unterschiedlichen Aspekten gebildet werden: Zum einen liegen ihnen verschiedene Annahmen über die Reihenfolge des Verbrauchs der Teile zugrunde, zum anderen kann man sie nach unterschiedlichen Häufigkeiten der Bewertung differenzieren.

4.1.1. Differenzierung nach unterschiedlichen Verbrauchsfunktionen

Verbrauchsfolgeverfahren unterstellen – nomen est omen – eine bestimmte Ordnung des Verbrauchs gemeinsam bewerteter Vermögensgegenstände

Allen Verbrauchsfolgeverfahren ist die fiktive Annahme gemeinsam, dass das zu bewertende Vorratsvermögen »in einer ... bestimmten Folge verbraucht oder veräußert worden« ist (§ 256 HGB). Nach dem Grund dieser Folge lassen sich nun zwei unterschiedliche Gruppen von Verbrauchsfolgeverfahren unterscheiden.

Die erste Gruppe stellt auf den Zeitpunkt des Zugangs und des Abgangs der Vermögensgegenstände ab, geht von einer festen Beziehung zwischen den beiden Zeitpunkten aus. Hierbei gibt es wiederum zwei unterschiedliche Möglichkeiten, die beide eine bestimmte Verbrauchsfiktion begründen:

> Zum einen wird unterstellt, dass zuerst beschaffte bzw. produzierte Gegenstände des Vorratsvermögens auch zuerst verbraucht bzw. abgesetzt werden. Das entsprechende Bewertungsverfahren wird mit FIFO (First In – First Out) bezeichnet.
>
> Zum anderen wird die Verbrauchsfolgevermutung exakt umgedreht: Die zuerst beschafften bzw. produzierten Gegenstände des Vorratsvermögens werden als zuletzt verbraucht bzw. abgesetzt angesehen. Die entsprechende Variante von Verbrauchsfolgeverfahren heißt LIFO (Last In – First Out).

Für beide Varianten lassen sich prägnante Beispiele finden, die die Plausibilität der jeweiligen Verbrauchsfolgevermutung belegen. Für FIFO ist häufig die Konstruktion der Lagermittel »verantwortlich«, denken Sie etwa an ein Getreidesilo, das von oben befüllt, von unten entleert wird. Ähnliches gilt für ein so genanntes »Röllchenlager«, das an einer Seite Waren aufnimmt und diese an der anderen Seite wieder abgibt, nachdem die Waren sukzessive auf der Röllchenbahn weiterbewegt wurden. Ein anderer wichtiger Grund für das Befolgen des »First In – First Out« sind Haltbarkeitsgrenzen der gelagerten Waren, z.B. wegen Korrosion oder Verderb.

Die Verbrauchsfolge wird
häufig durch die Art der
Lagerung bestimmt

Lagertechnische Ursachen kann auch das Verbrauchsfolgeprinzip LIFO zu seiner Begründung heranziehen: Insbesondere bei Schüttgutlagern ist häufig der Fall gegeben, dass der Befüllort mit dem Entnahmeort übereinstimmt. Stellen Sie sich etwa einen Behälter vor, in dem Schrauben eines bestimmten Typs gelagert werden: Die Schrauben werden genauso von oben in den Behälter hineingeschüttet, wie man sie nach oben bei Bedarf herausnimmt.

Die zweite wichtige Gruppe von Verbrauchsfolgeverfahren stellt nicht auf den Zeitpunkt, sondern auf den Wert des Zugangs bzw. Abgangs ab. Wiederum lassen sich zwei Varianten unterscheiden:

> Zum einen wird unterstellt, dass die teuersten beschafften bzw. produzierten Gegenstände des Vorratsvermögens zuerst verbraucht bzw. abgesetzt werden. Das entsprechende Bewertungsverfahren wird mit HIFO (Highest In – First Out) bezeichnet.
>
> Zum anderen wird die Verbrauchsfolgevermutung exakt umgedreht: Die teuersten beschafften bzw. produzierten Gegenstände des Vorratsvermögens werden als zuletzt verbraucht bzw. abgesetzt angesehen. Die entsprechende Variante von Verbrauchsfolgeverfahren heißt LOFO (Lowest In – First Out).

Für das HIFO-Verfahren spricht insbesondere das Argument einer möglichst vorsichtigen Bilanzierung. Da die verbrauchten Mengen mit dem maximal möglichen Wert versehen werden, ergibt sich ein sehr niedriger Wert des am Periodenende verbleibenden Lagerbestandes, ein Wert, der von keinem anderen Verbrauchsfolgeverfahren unterschritten wird. Eine an den lagernden Gütern real angreifende Verbrauchsfiktion kann allerdings nicht unterstellt werden: Es ist schwerlich vorstellbar, dass die Güter im Lager

Das LOFO-Verfahren besitzt
keine praktische Relevanz

Die KIFO-Regel hilft, konzerninterne Verrechnungen zu
vereinfachen

exakt so sortiert werden, dass man immer das jeweils Teuerste zuerst entnimmt. Für das LOFO-Verfahren fällt es schließlich schwer, überhaupt ein
valides Argument für seine Plausibilität zu finden. Es wird meistens allein
als Gegenfall des HIFO-Prinzips erwähnt, besitzt aber keine praktische Relevanz.

Schließlich trifft man in Konzernunternehmen noch auf eine weitere
Variante der Verbrauchsfolgeverfahren, die man mit »KIFO« bezeichnen
kann: Teile, die von Konzernunternehmen bezogen wurden, werden in ihrem Verbrauch gegenüber Teilen konzernfremder Unternehmen bevorzugt.
Der Grund für dieses auf den ersten Blick unverständliche Vorgehen liegt
in den Vorschriften der Konzernrechnungslegung, die verlangen, dass die
Wertansätze von Vermögensgegenständen in der Konzernbilanz nicht
durch so genannte Zwischengewinne oder -verluste, die allein aus Transaktionen zwischen den Konzernunternehmen entstehen, beeinflusst werden. Dies führt in der Praxis zu recht aufwändigen Rechnungen. So muss
z.B. jedes Konzernunternehmen nachhalten, aus welchen Lieferungen die
am Jahresende auszuweisenden Rohstoffvorräte stammen. Stellt ein Konzernunternehmen A beispielsweise fest, dass Rohstoffe, die von einem anderen Konzernunternehmen B für 100.000 Euro erworben wurden und mit
diesem Wert im Einzelabschluss auch zu bilanzieren sind, von B lediglich
für 80.000 Euro eingekauft wurden, so muss dieser Zwischengewinn von
20.000 Euro, der rein konzernintern entstanden ist, aus der Konzernbilanz
herausgerechnet werden. Man will damit verhindern, dass der Einblick in
die Vermögens-, Finanz- und Ertragslage von Konzernen durch Transaktionen zu fiktiven »Mondpreisen« verzerrt bzw. unmöglich wird. Um nun
die recht aufwendigen Rechnungen zur Eliminierung von Zwischengewin-
nen bzw. Zwischenverlusten zu vermeiden, ist es sinnvoll zu unterstellen,
dass konzernintern beschafftes Material zuerst verbraucht wird, so dass
idealerweise zum Bilanzstichtag nur (noch) von konzernfremden Dritten
beschafftes Material auf Lager liegt.

4.1.2. Differenzierung nach der Häufigkeit der Anwendung der Verbrauchsfolgeverfahren

Dahinter verbirgt sich die bereits im letzten Abschnitt angeschnittene Frage, ob ein Verbrauchsfolgeverfahren permanent, d.h. bei jedem Lagerabgang, oder periodenbezogen, d.h. nur einmal im Jahr am Bilanzstichtag, angewendet werden soll.

Für die praktische Umsetzung eines periodenbezogenen Verbrauchsfolgeverfahrens betrachten wir als Beispiel ein Rohstofflager mit sehr vielen Lagerbewegungen. Das Unternehmen verfügt zunächst nur über eine
manuelle Lagerbestandsführung. Um den Erfassungsaufwand zu begrenzen, werden alle Eingangsrechnungen und Materialentnahmescheine über
das Jahr hinweg gesammelt und erst am Jahresende ausgewertet. Für die Anwendung des HIFO-Verfahrens als Beispiel bedeutet dies konkret folgende Schritte:

Schritte zur Durchführung
eines Verbrauchsfolgever-
fahrens am Beispiel HIFO

- Feststellen der Gesamtverbrauchsmenge.
- Ordnen aller Rechnungen in der Reihenfolge der Höhe des Beschaf-

fungspreises pro Rohstoffmengeneinheit; dabei wird der Lagerbestand des Rohstoffs am Anfang der Abrechnungsperiode mit dem bilanzierten Wert ebenfalls wie eine Rechnung behandelt.

- Addition der Beschaffungsmengen beginnend mit der ersten Rechnung (= Rechnung mit dem höchsten Einzelpreis) solange, bis diese die Gesamtverbrauchsmenge erreicht haben.
- Addition der auf diesen Rechnungen ausgewiesenen Anschaffungskosten. Diese Summe ist der Verbrauchswert des Rohstoffs in der zu bilanzierenden Rechnungsperiode.
- Subtraktion des Verbrauchswerts von dem gesamten Rechnungsvolumen (Summe aller Anschaffungskosten aus Anfangsbestand und Zugängen). Der verbleibende Betrag wird als Wert des Schlussbestands des Rohstofflagers aktiviert.

Bei periodenbezogener Anwendung kann bei einzelnen Verbrauchsfolgeverfahren eine Ordnung herauskommen, die »physisch« nicht möglich wäre

Gerade bei den periodenbezogenen Verbrauchsfolgeverfahren kann man jedoch auf ein Problem stoßen: Es ist denkbar, dass die am Jahresende errechnete Verbrauchsfolge real überhaupt nicht möglich gewesen ist! Angenommen, im begonnenen Beispiel wurde am Jahresende noch eine große Partie des Rohstoffs zu einem sehr hohen Preis beschafft. Ist diese Partie größer als der Verbrauch im Dezember, muss zwangsläufig noch ein Teil der Lieferung physisch auf Lager liegen. Just dieses wird aber gemäß der Verbrauchsfiktion HIFO bei periodenbezogener Anwendung des Verfahrens verneint. Aufgrund des hohen Beschaffungspreises wird die Partie vollständig als verbraucht angesehen.

Das hier sichtbar werdende Problem wird vermieden, wenn man die Verbrauchsfolgeverfahren permanent, d.h. bei jedem Lagerabgang anwendet. Bewertet werden können dann nur physisch tatsächlich vorhandene Bestände. Allerdings – dies ist unmittelbar einsichtig – steigt genauso wie bei der permanenten Variante der Durchschnittsbewertung der Erfassungs- und Abrechnungsaufwand erheblich.

4.2. Beispiel zur Gegenüberstellung der Varianten von Verbrauchsfolgeverfahren

Um die Wirkung der beschriebenen Verbrauchsfolgeverfahren transparenter zu machen, betrachten wir nun ein kleines Zahlenbeispiel. Dieses Beispiel zeigt die *Abbildung 5-2* (vgl. Folgeseite). Sie weist (lediglich) drei Varianten möglicher Verbrauchsfolgeverfahren aus und stellt sie einer Bewertung mit dem gewogenen Durchschnitt gegenüber, eine Bewertung, die – wie Sie wissen – nach § 240 Abs. 4 HGB ebenfalls für Vorratsvermögen zulässig ist.

Warum nur drei Varianten? Zunächst fällt auf, dass beim FIFO-Verfahren nicht zwischen einer periodenbezogenen und einer permanenten Variante unterschieden wird. Der Grund hierfür ist einfach: Ein Abbildungsfehler, wie er für die HIFO-Methode bei periodenbezogener Verbrauchs- und Bestandsbewertung oben dargestellt wurde, kann bei FIFO definitionsgemäß nicht auftreten: Immer dann, wenn Waren unterschiedlicher

Das Beispiel enthält nur vier Varianten – Begründung

(A) Ausgangsdaten

	AB	1. Quartal	2. Quartal	3. Quartal	4. Quartal	SB	Summe
Zugang (Teile)	110	155	185	150	175		775
Abgang (Teile)		180	150	160	185	100	675
Preis pro Teil	10 €	12 €	14 €	16 €	18 €		

(B) First-in-first-out-Verfahren
Annahme: zuerst beschaffte Teile werden auch zuerst verbraucht

	AB	1. Quartal	2. Quartal	3. Quartal	4. Quartal	SB	Summe
Verbrauchsfiktion	110	155	185	150	75		675
Verbrauchswert	1.100 €	1.860 €	2.590 €	2.400 €	1.350 €		
Schlussbestand (SB)						100	
Wert SB						1.800 €	

(C) Last-in-first-out-Verfahren (periodenbezogen)
Annahme: zuletzt beschaffte Teile werden zuerst verbraucht – einmalige Rechnung im Jahr

	AB	1. Quartal	2. Quartal	3. Quartal	4. Quartal	SB	Summe
Verbrauchsfiktion	10	155	185	150	175		675
Verbrauchswert	100 €	1.860 €	2.590 €	2.400 €	3.150 €		
Schlussbestand (SB)	100						
Wert SB						1.000 €	

(D) Last-in-first-out-Verfahren (permanent)
Annahme: zuletzt beschaffte Teile werden zuerst verbraucht – regelmäßige Rechnung

	AB	1. Quartal	2. Quartal	3. Quartal	4. Quartal	SB	Summe
Verbrauchsfiktion	25	155	170	150	175		675
Verbrauchswert	250 €	1.860 €	2.380 €	2.400 €	3.150 €		
Schlussbestand (SB)	85		15				100
Wert SB						1.060 €	

(E) Durchschnittsverfahren (permanent)
Annahme: bei jedem Abgang wird der Durchschnittswert des Bestands (Restbestand des vorherigen
Quartals und Zugang) berechnet. Abgang und Restbestand werden mit Durchschnittswerten versehen.

	AB	1. Quartal	2. Quartal	3. Quartal	4. Quartal	SB	Summe
Zugang (Teile)	110	155	185	150	175		775
Preis pro Teil	10,00 €	12,00 €	14,00 €	16,00 €	18,00 €		
Durchschnittswert	10,00 €	11,17 €	13,11 €	14,72 €	16,73 €		
Abgang		180	150	160	185		675
Abgangswert		2.011 €	1.966 €	2.354 €	3.095 €		
Restbestand		85	120	110	100	100	
Wert des Restbestands		949 €	1.573 €	1.619 €	1.673 €		
Wert SB						1.673 €	

Abb. 5-2: Beispiel zur Gegenüberstellung unterschiedlicher Verfahren zur Bewertungserleichterung

Beschaffungstermine auf Lager liegen, wird stets die zuerst Bezogene entnommen. Zwangsläufig liegen damit am Periodenende die zuletzt beschafften Lieferungen auf Lager. Just dieses Ergebnis erhält man aber auch dann, wenn man das FIFO-Prinzip nur einmal, am Abschlussstichtag, anwendet. Weiterhin erscheint auch das HIFO-Verfahren nicht. Auf den Grund hierfür zu kommen, ist schon etwas schwieriger. Er liegt in der spe-

ziellen Gestaltung des Zahlenbeispiels: Es wird dort eine konstant steigende Preisentwicklung des zu beschaffenden Rohstoffs unterstellt. In diesem
Fall kann aber das HIFO-Verfahren kein anderes Ergebnis erbringen als das
LIFO-Verfahren: Das zuletzt gelieferte Teil ist automatisch auch das
teuerste! Unterschiede zwischen beiden Verfahren treten erst bei schwan-
kenden Preisen auf. Schließlich fehlt das LOFO-Verfahren aus den oben genannten Gründen völlig und das Durchschnittsverfahren erscheint in der
gebräuchlicheren permanenten Variante.

Als Ergebnis zeigt die Gegenüberstellung der vier dargestellten Bewer-
tungsvarianten eine große Spannweite, in der sich der Wert des Schlussbestands bewegt: Die beiden Extremwerte (1.000 und 1.800) unterscheiden
sich fast um den Faktor zwei voneinander. Mit anderen Worten: Durch die
Auswahl einer von mehreren denkbaren Varianten innerhalb der Verbrauchsfolgeverfahren verfügt unser Beispielunternehmen über einen nicht
unerheblichen bilanzpolitischen Spielraum. Neigt der Bilanzierende eher zu
einem vorsichtigen Ansatz, so kann er mit Hilfe von LIFO oder HIFO stille Reserven legen; will er einen möglichst hohen Periodenerfolg ausweisen,
wählt er FIFO als Verbrauchsfolgevermutung aus. Das Durchschnittsverfahren wird – wie jede Durchschnittsbildung – beiden widerstrebenden Intentionen gleich gut bzw. gleich schlecht gerecht.

4.3. Beurteilung des eingeräumten bilanzpolitischen Spielraums

Die Ergebnisse des Zahlenbeispiels scheinen die weiter oben geäußerte
These zu unterstützen, derzufolge Verbrauchsfolgeverfahren ein sehr geeignetes Instrument der Bilanzpolitik darstellen. Etwas genaueres Nach-
denken zeigt aber schnell, dass sich die Aussage in der Praxis in einem »normalen« wirtschaftlichen Umfeld kaum aufrechterhalten lässt.

*Der bilanzpolitische Spiel-
raum scheint auf den ersten
Blick erheblich, relativiert
sich aber sehr schnell*

Zunächst muss man sich kritisch mit der absoluten und relativen Höhe
des Bestandswertunterschieds auseinandersetzen. Im Zahlenbeispiel waren
dies 800 bzw. 80%. Wer sich das Beispiel näher anschaut, wird schnell eine
zunächst zufällig erscheinende Übereinstimmung feststellen: Die Abweichung entspricht in ihrem Prozentsatz exakt der Höhe der Preissteigerungsrate. Diese Übereinstimmung ist aber alles andere als zufällig: Lagen
im einen Fall 100 Einheiten des Rohstoffs mit dem Preis des letztjährigen
Bilanzstichtags auf Lager, waren es im anderen Fall dieselben 100 Stück mit
dem aktuellen Preis. Nimmt man »normale« Inflationsraten an, so steht man
in der Praxis folglich einem nur noch marginalen Bewertungsunterschied
gegenüber: Weist etwa der Bayer-Konzern zum 31.12.2004 einen stichtagsbezogenen Bestand an Roh-, Hilfs- und Betriebsstoffen von knapp 1.200
Mio. Euro aus und unterstellt man eine nicht unrealistische Preissteigerungsrate von 2%, so ergibt sich eine maximale Bewertungsabweichung von
gerade 24 Mio. Euro. Wenn man dieses noch als einen erheblichen absoluten Betrag ansehen könnte, wird die wahre Bedeutung der Abweichung
sichtbar, wenn man sie in Relation zu den anderen Zahlen des Jahresabschlusses setzt: Die 24 Mio. Euro machen beispielsweise gerade einmal 0,15

‰ der Herstellungskosten vom Umsatz aus, die bei Bayer in 2004 bei 16,8 Mrd. Euro lagen.

Weiterhin unterstellt das obige Zahlenbeispiel einen für die Bildung möglichst hoher Bewertungsunterschiede optimalen Fall: Die Preise der beschafften Materialien entwickeln sich konstant nach oben. Sollten – wie in der Praxis üblich – dagegen Preisschwankungen auftreten, werden nur das HIFO und das Durchschnittsverfahren (jeweils in der periodenbezogenen Variante) davon unbeeinflusst gelassen; bei allen anderen Varianten treten Nivellierungseffekte auf.

Nun kann man allerdings einwenden, dass das obige Zahlenbeispiel dennoch nicht den Maximalfall der Abweichung dargestellt hat: Ein noch größerer (relativer) Differenzbetrag kann dann auftreten, wenn im Materialbestand sehr alte Teilbestände enthalten sind, also solche, die schon deutlich länger als eine Abrechnungsperiode auf Lager liegen. Dieser Einwand ist allerdings wenig stichhaltig: Zumindest im Materialbereich schlägt sich der Lagerbestand der meisten Unternehmen oftmals im Jahr um. So liegt die Umschlagshäufigkeit der Vorräte (d.h. die Relation von Umsatzerlösen und durchschnittlichem Vorratsbestand) bei Bayer im Jahr 2004 bei knapp 5, d.h. die Vorratslager werden im Schnitt innerhalb von $360 : 5 = 72$ Tagen jeweils komplett abgebaut. Bei Metro liegt die Umschlagshäufigkeit mit über 9 fast doppelt so hoch – was für ein Handelsunternehmen nicht ungewöhnlich ist. Ermittelt man schließlich die Umschlagshäufigkeit der Vorräte für Lufthansa, so ergibt sich ein Wert von knapp 43 – der allerdings wenig aussagekräftig ist, denn die Höhe der Vorräte spielt für eine Luftfahrtgesellschaft als kapitalintensiven Dienstleister kaum eine wichtige Rolle.

Der Wert der Verbrauchsfolgeverfahren als Instrument der Bilanzpolitik wird weiterhin eingeschränkt durch eine Bestimmung, die wir im letzten Kapitel noch genauer betrachten wollen: Es heißt in § 252 Abs. 1 Satz 6 HGB:»Die auf den vorhergehenden Jahresabschluss angewandten Bewertungsmethoden sollen beibehalten werden«. Diesen Grundsatz bezeichnet man auch als *Stetigkeitsprinzip*. Als ein Grundsatz ordnungsmäßiger Buchführung genießt er hohe Priorität. So müssen gemäß § 284 Abs. 2 Nr. 3 HGB »Abweichungen von Bilanzierungs- und Bewertungsmethoden angegeben und begründet werden; deren Einfluss auf die Vermögens-, Finanz- und Ertragslage ist gesondert darzustellen«. Methodenänderungen sind somit nur dann möglich, wenn sie zum einen betriebswirtschaftlich begründet werden können (im derzeit betrachteten Kontext z.B. durch eine Änderung der Lagertechnik). Zum anderen müssen den Adressaten des Jahresabschlusses Methodenänderungen in ihren Auswirkungen transparent gemacht werden.

Zu allem Überfluss schränkt auch noch ein zentraler Adressat des Jahresabschlusses die verbleibenden, sehr geringen Spielräume ein: Das Steuerrecht lässt – im Unterschied zum Handelsrecht – die Anwendung der Mehrzahl von Verbrauchsfolgeverfahren grundsätzlich nur dann zu, wenn die unterstellte Verbrauchsfolge explizit nachgewiesen werden kann. Lediglich LIFO wird ohne weiteren Nachweis derzeit steuerlich anerkannt (R 36a EStR). Und es gibt noch einen weiteren Begrenzungsfaktor für die bilanzpolitische Bedeutung von Verbrauchsfolgeverfahren:

139

**Grundlagen der Bilan-
zierung von Umlauf-
vermögen nach IFRS**

Nicht jeder mit Hilfe eines Verbrauchsfolgeverfahrens ermittelte Wert des Endbestandes darf bilanziert werden. Wie für jede Einzelbewertung gilt auch für
Sammelbewertungen, nicht gegen das Niederstwertprinzip verstoßen zu dürfen.

Jeder mittels Verbrauchsfolgeverfahren ermittelte Bestandswert muss also
daraufhin überprüft werden, ob er im Vergleich zum den Vermögensgegenständen am Bilanzstichtag beizulegenden Wert zu hoch ist. Dies wird
immer dann zu beobachten sein, wenn auf dem Beschaffungsmarkt die
Preise sinken – und dies war bei Rohstoffen in den letzten Jahren nicht selten der Fall. Selbst das FIFO ist dann nicht immer gegen Abwertung gefeit:
Liegt mehr am Abschlussstichtag auf Lager, als in der letzten Lieferung bezogen wurde, oder hat sich seit der letzten Lieferung das Preisniveau nochmals vermindert, muss unabhängig von den Ergebnissen der FIFO-Rech-
nung der Stichtagswert angesetzt werden.

Das bilanzpolitische
Potenzial von Verbrauchsfolgeverfahren ist also sehr
beschränkt

5. Grundlagen der Bilanzierung von Umlauf-
vermögen nach IFRS

Die in *Abbildung 5-1* dargestellten IFRS-Bilanzen zeigen – wie schon in Kapitel 3 erläutert –, dass auch bezüglich der Grobgliederung des Umlaufvermögens kaum Unterschiede zur HGB-Bilanz bestehen.

Bezüglich der Bewertung von *Vorräten* gilt, dass diese nach IAS 2 (Inventories) bei Zugang mit den Anschaffungs- bzw. Herstellungskosten zu
bewerten sind. Zu jedem Bilanzstichtag ist ein *Niederstwerttest* durchzuführen, bei dem die Anschaffungs- bzw. Herstellungskosten mit dem Netto-
Veräußerungserlös, d.h. dem Veräußerungserlös abzüglich ggf. anfallender
Veräußerungskosten, z.B. Gebühren, Verkäuferprovisionen oder Transportkosten, am Absatzmarkt verglichen werden müssen. Ist dieser Wert niedriger als die Anschaffungs- bzw. Herstellungskosten, ist eine außerplanmäßige Abschreibung der Vorräte auf den Netto-Veräußerungserlös vorzunehmen. Steigt der Netto-Veräußerungserlös bis zum nächsten Bilanzstichtag an, ist eine Zuschreibung bis maximal in Höhe der ursprünglich angefallenen Anschaffungs- bzw. Herstellungskosten durchzuführen. Ein Beibehalten des niedrigeren Wertes oder auch die Antizipation von Wertminderungen sind – anders als nach HGB – nach IAS 2 nicht erlaubt.

Die Bewertung von Vorräten über die ursprünglichen Anschaffungs-
bzw. Herstellungskosten hinaus ist nach IAS 2 nicht zulässig – anders als
bei der Bewertung von Gegenständen des Anlagevermögens, bei denen wie
in Kapitel 4 dargestellt ein höherer Wertansatz möglich bzw. bei Finanzanlagen z.T. sogar vorgeschrieben ist. Dies ist jedoch nicht – wie vielleicht zunächst vermutet – eine grundlegende Verletzung des informativen Charak-
ters des IFRS-Abschlusses bei der Darstellung des Umlaufvermögens. Vielmehr kann man gerade bei Vorräten davon ausgehen, dass sie innerhalb kurzer Zeit im Produktionsprozess verwertet (Roh-, Hilfs-, Betriebsstoffe,
Zwischenprodukte) bzw. am Markt veräußert werden (Fertigprodukte), so

Bewertung der Vorräte

Ein höherer Wertansatz als
die Anschaffungs- oder
Herstellungskosten ist nicht
zulässig

dass ein allzu großes Abweichen zwischen den Anschaffungs- bzw. Herstellungskosten und einem höheren Marktpreis eher unwahrscheinlich ist.

Die Anwendung der *Gruppenbewertung* mit dem gewogenen Durchschnitt bzw. von *Verbrauchsfolgeverfahren* (FIFO, LIFO) zur Erleichterung der Bewertung von art- oder funktionsgleichen Vorräten wird in IAS 2 gestattet – speziell das LIFO-Verfahren allerdings nur dann, wenn diese Verbrauchsfolge der tatsächlichen Entnahme entspricht, beispielsweise in einem Schüttgutlager. Hintergrund ist wiederum das Ziel eines möglichst hohen Informationsgehalts der IFRS-Bilanz für Investoren. Unterstellt man nämlich, dass die Preise von Vorräten im Zeitablauf tendenziell eher steigen als fallen, führt das LIFO-Verfahren dazu, dass der Vorratsbestand mit lange zurückliegenden und damit faktisch zu niedrigen Preisen bewertet wird. Entspricht LIFO nicht der tatsächlichen Verbrauchsfolge, entstehen innerhalb des Vorratsvermögens stille Reserven, so genannte »LIFO-Reserven«, deren Höhe für den außenstehenden Bilanzleser nicht ersichtlich ist. Sie sind deshalb in der Rechnungslegungsphilosophie der IFRS unerwünscht.

Eine Festbewertung, wie sie das HGB für bestimmte Vorräte an Roh-, Hilfs- und Betriebsstoffen erlaubt, ist nach IAS 2 unzulässig.

Ein Sonderfall innerhalb der Vorratsbewertung nach IFRS ist die Bewertung so genannter *langfristiger Fertigungsaufträge* für individuelle Abnehmer, deren Erstellung über mindestens einen Bilanzstichtag hinausgeht. Solche langfristigen Fertigungsaufträge haben insbesondere bei Bauunternehmen oder im Anlagenbau ein hohes Volumen – denken Sie an die Erstellung einer Brücke, eines Geschäftsgebäudes oder einer Großanlage. Sehr häufig leistet der Kunde zwar eine oder mehrere Anzahlungen; der rechtliche Eigentumsübergang erfolgt aber i.d.R. erst nach der Endabnahme bei Abschluss der Fertigstellung.

In der Rechnungslegung nach HGB werden solche langfristigen Fertigungsaufträge nicht anders behandelt als die kurzfristige Produktion auf Vorrat. Der Auftrag ist über die gesamte Herstellungsdauer zu Herstellungskosten zunächst als unfertiges, später dann als fertiges Erzeugnis innerhalb der Vorräte auszuweisen. Erst mit der erfolgreichen Endabnahme durch den Kunden darf der mit dem Auftrag verbundene Umsatz und auch Gewinn ausgewiesen werden (so genannte completed-contract-Methode oder Gesamtgewinnrealisierung).

Innerhalb der IFRS gibt es dagegen einen eigenen Standard (IAS 11, Construction Contracts), der für solche langfristigen Fertigungsaufträge im Regelfall eine so genannte Teilgewinnrealisierung (*percentage-of-completion-Methode*) vorschreibt. In jedem Jahr wird in Abhängigkeit mit dem Baufortschritt der anteilige Umsatz und auch Erfolg aus dem Fertigungsauftrag ausgewiesen.

Abbildung 5-3 veranschaulicht dies an einem Fallbeispiel. Wir nehmen an, dass ein Unternehmen den Auftrag erhält, ein Fabrikgebäude zum vereinbarten Festpreis von 800 Mio. Euro zu errichten, der bei Abnahme am Ende der geplanten vierjährigen Bauzeit fällig wird. Jährlich fallen Einzelkosten in Höhe von 125 Mio. Euro und aktivierungsfähige (HGB) bzw. -pflichtige (IFRS) Gemeinkosten in Höhe von 60 Mio. Euro an. Am Ende des 4. Jahres nimmt der Kunde das Gebäude ab und überweist den fälligen Kauf-

141

**Grundlagen der Bilan-
zierung von Umlauf-
vermögen nach IFRS**

preis von 800 Mio. Euro in bar. Damit sind von Anfang an die zwei Para-
meter bekannt, die wir benötigen, um die percentage-of-completion-Methode nach IAS 11 anwenden zu können, nämlich der voraussichtliche Ge-
samtumsatz sowie der jährlich erreichte Baufortschritt, der z.B. über den anteiligen Ressourcenverzehr in Relation zum geplanten Gesamtverbrauch
oder aber die Bewertung von Projektmeilensteinen ermittelt werden kann.
In unserem Beispiel fallen Gesamtkosten von 4 x (125 Mio. Euro + 60 Mio.
Euro) = 740 Mio. Euro an; der jährliche Baufortschritt liegt dementsprechend bei 25%.

		Jahr 1	Jahr 2	Jahr 3	Jahr 4
HGB	Bestand	125 + 60 = 185 (unfertige Erzeugnisse)	185 + 125 + 60 = 370 (unfertige Erzeugnisse)	370 + 125 + 60 = 555 (unfertige Erzeugnisse)	800 (Kasse)
	Umsatz	0	0	0	800
	Gewinn	0	0	0	800 - (555 + 125 + 60) = 60
IFRS	Bestand	800 x 25% = 200 (Aufträge in Bearbeitung)	200 + 800 x 25% = 400 (Aufträge in Bearbeitung)	400 + 800 x 25% = 600 (Aufträge in Bearbeitung)	800 (Kasse)
	Umsatz	200	200	200	200
	Gewinn	200 - 185 = 15	200 - 185 = 15	200 - 185 = 15	200 - 185 = 15

Während unser Beispielunternehmen – wie *Abbildung 5-3* zeigt – nach HGB
in jedem Jahr einen Zuwachs innerhalb der Vorräte von 185 Mio. Euro ausweist und erst im 4. Jahr mit der Überweisung des Kaufpreises den Gesamtgewinn von 60 Mio. Euro aus dem Fertigungsauftrag realisiert, unterstellt IAS 11, dass in jedem Jahr fiktiv 25% des Umsatzes, d.h. 200 Mio.
Euro, realisiert werden. In der IFRS-Bilanz wird das unfertige Gebäude
innerhalb der Forderungen unter der Position »Aufträge in Bearbeitung« mit
dem kumulierten anteiligen Umsatz ausgewiesen. Da im Umsatz auch der
Gewinn aus dem Fertigungsauftrag enthalten ist, ergibt sich durch die anteilige Bilanzierung des Umsatzes und der Gegenüberstellung der tatsächlich angefallenen Kosten in jedem Jahr ein entsprechender Anteil am Gesamtgewinn, in unserem Beispielfall jeweils 60 Mio. Euro x 25% = 200 Mio.
Euro - 185 Mio. Euro = 15 Mio. Euro.

Bei der Interpretation von Umsatz und Gewinn nach IAS 11 aus langfristigen Fertigungsaufträgen sind jedoch gerade im Vergleich zur Bilanzierung nach HGB zwei Aspekte zu beachten:

- Sowohl der Umsatz als auch der Gewinn sind bis zur endgültigen Abnahme durch den Kunden nur wirtschaftlich, nicht aber rechtlich realisiert. Stellen sich beispielsweise bei der Endabnahme deutliche Mängel
  heraus und nimmt der Kunde deshalb erhebliche Preisabschläge vor,
  kann es sein, dass Umsatz und Gewinn in den Vorperioden zu hoch ausgewiesen wurden.
- Für Zwecke der Bilanzanalyse wird der Umsatz sehr häufig als erster

überschlägiger Indikator für die Liquiditätssituation eines Unternehmens verwendet, denn Umsatzerlöse führen i.d.R. zeitnah zum Zufluss von liquiden Mitteln. Anders bei langfristigen Fertigungsaufträgen: In unserem Fallbeispiel wird z.B. im Jahr 1 ein Umsatz von 200 Mio. Euro ausgewiesen, der aber erst in Jahr 4 einzahlungswirksam wird. Gerade wenn langfristige Fertigungsaufträge im Geschäftsmodell eines Unternehmens ein hohes Volumen haben, ist der ausgewiesene Umsatz möglicherweise nur eingeschränkt als Liquiditätsindikator zu verwenden – vielmehr ist hier der Blick in die Kapitalflussrechnung unerlässlich.

Bewertung von Forderungen aus Lieferungen und Leistungen

Die Bewertung von *Forderungen aus Lieferungen und Leistungen* erfolgt nach IAS 39 (Financial Instruments: Recognition and Measurement) analog zum HGB zunächst zu Anschaffungskosten, d.h. es ist der dem Kunden in Rechnung gestellte Betrag nach Abzug von erwarteten Erlösschmälerungen und Umsatzsteuer als Forderung auszuweisen. Wird eine Forderung z.B. wegen Zahlungsunfähigkeit des Kunden ganz oder teilweise uneinbringlich, so ist eine Einzelwertberichtigung vorzunehmen. Analog zu den Vorschriften des HGB können auf Basis von Erfahrungswerten auf der Ebene des Forderungsportfolios *Pauschalwertberichtigungen* gebildet werden.

Besitzt ein Unternehmen schließlich eigene Anteile, so sind diese nach IFRS anders als im HGB nicht auf der Aktivseite auszuweisen, sondern negativ vom Eigenkapital abzusetzen und entweder in der Bilanz oder im Anhang explizit anzugeben.

6. Zusammenfassung

Das Umlaufvermögen macht neben dem Anlagevermögen den zweiten wichtigen Teil des Gesamtvermögens von Unternehmen aus. Für Ansatz und Bewertung gelten grundsätzlich dieselben Prinzipien und Regelungen, allerdings mit zwei Ausnahmen: Zum einen muss – aufgrund der hohen Umschlagsgeschwindigkeit des Umlaufvermögens – ein niedrigerer beizulegender Wert auch dann angesetzt werden, wenn er voraussichtlich nur vorübergehend Bestand haben wird (strenges Niederstwertprinzip). Zum anderen taucht mit dem zukünftige Wertschwankungen berücksichtigenden Wert ein zusätzlicher Wertansatz auf (vgl. auch die *Abbildung 5-4*).

Wesentliche Bedeutung innerhalb des Umlaufvermögens kommt schließlich noch den Abweichungen vom Prinzip der Einzelbewertung zu. Sie sind zum Teil – bedingt durch einen unlösbaren Bewertungsverbund – zwangsläufig. Zum Teil resultieren sie aber auch aus ökonomischen Gründen, indem sie vom Gesetzgeber zugestanden werden, um den Aufwand zur Bilanzierung des Umlaufvermögens zu begrenzen (vgl. die *Abbildung 5-5*).

Eine der »reizvollsten« Abweichungen vom Prinzip der Einzelbewertung ist die der Verbrauchsfolgeverfahren. Hier steht dem Bilanzierenden ein breites Spektrum von Wahlmöglichkeiten offen, wie dies auch die *Abbildung 5-6* zeigt. Aufgrund des Stetigkeitsgebots und der vergleichsweise geringen Höhe der mittels Verbrauchsfolgeverfahren bilanzierten Vorräte ist die bi-

Umlaufvermögen im Überblick

Begriff: Keine Legaldefinition; lediglich Enumeration in § 266 Abs. 2 HGB

Wichtige Bestandteile (gegliedert nach dem Kriterium der Liquiditätsnähe)

Vorräte

Forderungen

Wertpapiere

Geld

Bewertungsansätze

Anschaffungs- bzw. Herstellungskosten

Niedrigerer Börsen- oder Marktpreis

Niedrigerer beizulegender Wert

Niedrigerer steuerlich zulässiger Wert

Niedrigerer zukünftige Wertschwankungen antizipierender Wert

Niedrigerer Wert im Rahmen vernünftiger kaufmännischer Beurteilung

Strenges Niederstwertprinzip (Zwang zum Ansatz des niedrigsten der drei oben zuerst angegebenen Werte)

Abb. 5-4: Überblick über die Bilanzierung von Umlaufvermögen

lanzpolitische Bedeutung dieser Sammelbewertungsmethoden in der HGB-Bilanz jedoch vergleichsweise unbedeutend. Sie wird leicht weit überschätzt.

Die Bilanzierung von Vorräten und Forderungen nach IFRS erfolgt – sieht man einmal von dem in Kapitel 3 erläuterten abweichenden Begriff

Bilanzierung von Umlaufvermögen

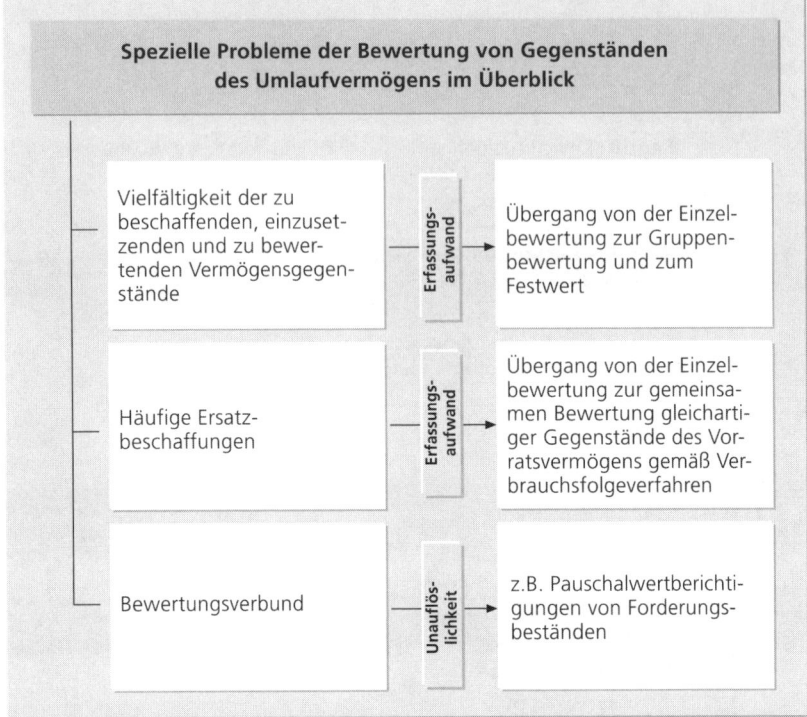

Abb. 5-5: Gründe für Abweichungen vom Prinzip der Einzelbewertung

der Herstellungskosten ab – weitgehend vergleichbar zu den Vorschriften des HGB. Außerplanmäßige Abschreibungen auf Vorräte sind allerdings in jedem Fall wieder rückgängig zu machen, wenn der Grund für die außerplanmäßige Abschreibung wegfällt – im HGB besteht für Einzelkaufleute bzw. Personengesellschaften ein Beibehaltungswahlrecht. Gruppenbewertung bzw. die Anwendung des FIFO-Verfahrens zur Bewertung von Vorräten sind nach IFRS generell zulässig, das LIFO-Verfahren nur noch dann, wenn es der tatsächlichen Verbrauchsfolge entspricht.

Einen Sonderfall innerhalb der Vorratsbewertung nach IFRS stellen langfristige Fertigungsaufträge dar. Während solche Aufträge nach HGB analog zur kurzfristigen Produktion auf Vorrat bilanziert werden, greifen nach IAS 11 hier im Regelfall die Vorschriften zur Teilgewinnrealisierung. In Abhängigkeit vom Baufortschritt sind dabei Umsatz und Ergebnis bereits während der Erstellung anteilig zu realisieren, obwohl ein rechtlicher Anspruch auf die Zahlung durch den Kunden meist erst bei erfolgreicher Endabnahme nach Fertigstellung entsteht.

Eigene Anteile dürfen schließlich nicht auf der Aktivseite ausgewiesen werden, sondern müssen vom Eigenkapital abgesetzt und entweder in der Bilanz oder im Anhang gesondert angegeben werden.

Verbrauchsfolgeverfahren

Arten handelsrechtlich grundsätzlich zulässiger Verbrauchsfolgeverfahren

Auf den Zeitpunkt des Vermögenszu- und -abgangs abstellende Verfahren

FIFO (First In – First Out); Unterstellung: das zuerst beschaffte Quantum wird zuerst verbraucht (z.B. Getreidesilo)

LIFO (Last In – First Out); Unterstellung: das zuletzt beschaffte Quantum wird zuerst verbraucht (z.B. Kohlelager)

Auf den Wert des Vermögenszu- und -abgangs abstellende Verfahren

HIFO (Highest In – First Out); Unterstellung: das teuerste beschaffte Quantum wird zuerst verbraucht

LOFO (Lowest In – First Out); Unterstellung: das billigste beschaffte Quantum wird zuerst verbraucht (denkbare, jedoch betriebswirtschaftlich kaum begründbare Variante)

Unterscheidung zwischen periodenbezogenen und permanenten Varianten

Abhängigkeit der Wirkung der Varianten von der Preisentwicklung des zu bilanzierenden Gutes

Abb. 5-6: Überblick über Sammelbewertungsverfahren

Bilanzierung von Eigen-kapital

Kapitel 6

Lernziel

Mit dem Kapitel 6 wenden wir uns nun der Passivseite der Bilanz zu. Wie ein Blick in einen Jahresabschluss zeigt, findet man dort zuerst das Eigenkapital des Unternehmens ausgewiesen. Anders als bei Personengesellschaften setzt sich dieses bei Kapitalgesellschaften – und auf diese wollen wir uns hauptsächlich beziehen – aus einer ganzen Reihe unterschiedlicher Bestandteile zusammen, für deren Entstehen zum Teil sehr spezielle rechtliche Vorschriften »verantwortlich« sind. Im Detail werden Sie in diesem Kapitel kennen lernen,

- welche Funktionen das Eigenkapital ausübt,
- was man unter variablem, was unter konstantem Eigenkapital versteht,
- was gezeichnetes Kapital ist,
- warum man stille und offene Rücklagen unterscheidet, wie letztere zu bilden und näher zu differenzieren sind,
- wie man Gewinn bzw. Verlust in der Bilanz ausweist,
- was man unter »Sonderposten mit Rücklageanteil« zu verstehen hat und schließlich,
- welche Besonderheiten bei der Bilanzierung von Eigenkapital nach IFRS zu beachten sind.

1. Begriff und Bestandteile des Eigenkapitals

2. Gezeichnetes Kapital

3. Rücklagen
    3.1. Kapitalrücklagen
    3.2. Gewinnrücklagen
    3.3. Stille Rücklagen

4. Ausweis von Gewinn- und Verlustpositionen

5. Sonderposten mit Rücklageanteil

6. Besonderheiten in der Bilanzierung von Eigenkapital nach IFRS

7. Zusammenfassung

1. Begriff und Bestandteile des Eigenkapitals

Für ein Einzelunternehmen ist die Bilanzierung des Eigenkapitals denkbar einfach: Man bildet ein Eigenkapitalkonto, das die Geschäftseinlage des Eigentümers aufnimmt, seine Entnahmen erfasst und auf dem am Jahresende der versteuerte Jahresüberschuss verbucht wird. Eine feste, vom Gesetzgeber vorgeschriebene Höhe des Eigenkapitals gibt es nicht, weder zur Gründung noch im laufenden Geschäftsbetrieb. Findet sich eine entsprechend risikofreudige Bank oder liegen genügend private Sicherheiten vor, kann man ein Einzelunternehmen ohne jedes Eigenkapital gründen und betreiben. Allerdings dürfte dies in der Praxis weder ratsam noch anzutreffen sein. Die maßgeblichen Gläubiger verlangen Eigenkapital als Sicherheit für ihre Forderungen, der Eigentümer benötigt Eigenkapital zur Finanzierung des Geschäftsbetriebs.

Ein Einzelunternehmen könnte theoretisch auch ganz ohne Eigenkapital betrieben werden

Das Eigenkapital übt sowohl eine Finanzierungsfunktion als auch eine Haftungsfunktion aus. Deshalb kommt der Eigenkapitalausstattung eine wesentliche Bedeutung für Bestand und Wachstum eines Unternehmens zu.

Wie die *Abbildung 6-1* in ihrem oberen Teil zeigt (siehe Folgeseite), gestaltet sich das Eigenkapital anderer Personengesellschaften schon erheblich komplizierter. Bei einer OHG (Offenen Handelsgesellschaft) weitet sich die Zahl der in ihrer Höhe variablen Eigenkapitalkonten aus; für jeden der vollhaftenden Gesellschafter ist ein solches Konto zu führen. Bei der KG (Kommanditgesellschaft) und der stillen Gesellschaft kommen Eigenkapitalkonten fester Höhe hinzu. Noch deutlich stärker zu differenzieren ist schließlich bei Kapitalgesellschaften, mit denen wir uns in diesem Kapitel ausschließlich beschäftigen wollen.

Diese Komplexität lässt sich leicht begründen: Kapitalgesellschaften weisen definitionsgemäß (mit Ausnahme der Kommanditgesellschaft auf Aktien, die eine Art Zwitterstellung zwischen Kapital- und Personengesellschaften einnimmt) eine *beschränkte Haftung* auf. Anders als bei den Vollhaftern von Personengesellschaften kann im Vergleichs- oder Konkursfall nicht auf das (hoffentlich vorhandene!) Privatvermögen der Gesellschafter durchgegriffen werden. Um die Gläubiger von Kapitalgesellschaften trotzdem möglichst weitgehend gegenüber Forderungsausfällen zu schützen, hat der Gesetzgeber unter anderem bezogen auf das Eigenkapital eine Reihe von Vorschriften erlassen, die von der Forderung einer Mindesthöhe des Eigenkapitals über die Differenzierung unterschiedlichen Zwecken dienender Rücklagenarten bis zur Bildung von Zwangsrücklagen reichen.

Für Kapitalgesellschaften hat der Gesetzgeber eine Reihe von Vorschriften für das Eigenkapital erlassen

Bevor wir diese im Detail kennen lernen wollen, sei abschließend an dieser Stelle noch die Struktur des Eigenkapitals der Ihnen aus vorhergehenden Kapiteln bekannten drei deutschen Unternehmen für das Geschäftsjahr 2004 wiedergegeben (siehe die *Abbildung 6-2* auf der Seite 153). Dabei sind allerdings zwei Besonderheiten zu beachten, die sich daraus ergeben, dass wir in allen drei Fällen Konzernabschlüsse betrachten, die nach IFRS aufgestellt wurden:

Bilanzierung von Eigenkapital

Rechtsform	Fixes Eigenkapital	Variables Eigenkapital
Einzelfirma	keines	Eigenkapitalkonto des Eigentümers
Offene Handelsgesellschaft (OHG)	i.d.R. keines; daneben möglich, gesonderte Konten mit festen Einlagen zu führen	Eigenkapitalkonten der Gesellschafter
Kommanditgesellschaft (KG)	Eigenkapitalkonten mit den Einlagen der Kommanditisten	Eigenkapitalkonten der Komplementäre (Vollhafter)
Stille Gesellschaft	Einlage des stillen Gesellschafters	Eigenkapitalkonto des Eigentümers bzw. der Eigentümer
Eingetragene Genossenschaft (eG)	keines	Eingezahlte Geschäftsanteile der Genossen Gewinnrücklagen
Gesellschaft mit beschränkter Haftung (GmbH)	Stammkapital (Mindesthöhe 25.000 €, davon mindestens 12.500 € eingezahlt)	Rücklagen, Gewinn- bzw. Verlustvortrag
Aktiengesellschaft (AG)	Grundkapital (Mindesthöhe 50.000 €, davon mindestens 25% eingezahlt)	Rücklagen, Gewinn- bzw. Verlustvortrag
Kommanditgesellschaft auf Aktien (KGaA)	Grundkapital	Einlage des Komplementärs Rücklagen, Gewinn- bzw. Verlustvortrag

Abb. 6-1: Überblick über die Zusammensetzung des Eigenkapitals in Unternehmen unterschiedlicher Rechtsformen

Anteile anderer Gesellschafter

- Hier handelt es sich zum einen um die Position »Anteile anderer Gesellschafter«, die wir nur im Konzernabschluss, nicht aber im Einzelabschluss antreffen. Sie entsteht immer dann, wenn sich ein Tochterunternehmen nicht zu 100% im Besitz der Muttergesellschaft befindet. Da im Konzernabschluss der Muttergesellschaft aber Vermögen und Schulden aus diesen Tochterunternehmen vollständig gezeigt werden, muss für die Anteile der Minderheitsgesellschafter im Eigenkapital in anteiliger Höhe ein Ausgleichsposten gebildet werden. Er zeigt an, in welcher Höhe außenstehende Minderheitsgesellschafter Anspruch auf das Konzernvermögen abzüglich der Konzernschulden haben. Sie sehen auch, dass diese Position in den drei hier betrachteten Fällen nicht besonders hoch ist; bei Metro beträgt dieser Ausgleichsposten z.B. nur etwas mehr als 4% des Eigenkapitals ohne Anteile anderer Gesellschafter.

Ein solcher Ausgleichsposten gehört allerdings – wie auch die darauf entfallenden Anteile am Konzerngewinn – wirtschaftlich zum Konzerneigenkapital und wird für Zwecke der Bilanzanalyse – diese lernen Sie in Kapitel 10 kennen – auch dem Eigenkapital zugerechnet. Hintergrund ist die so genannte *Einheitstheorie*, nach der die Konzernunternehmen abgebildet werden sollen, als wären sie ein einziges Unternehmen. Im konkreten Fall kann diese Zurechnung von Minderheitenanteilen zum bilanzanalytischen Konzerneigenkapital auch dadurch begründet werden, dass die Minderheitengesellschaft – im Gegensatz zur Muttergesellschaft – auch keine Verfügungsmacht über das anteilige Konzernvermögen besitzt, die Muttergesellschaft mithin unternehmerisch so agieren kann, als wäre sie im Besitz aller Anteile.

Geschäftsjahr 2004 in Mio. Euro	Bayer		Deutsche Lufthansa		Metro	
Gezeichnetes Kapital	1.870	15%	1.172	30%	835	18%
Kapitalrücklage	2.942	24%	1.366	34%	2.551	54%
Gewinnrücklagen	8.753	71%	982	25%	526	11%
Konzerngewinn	603	5%	404	10%	827	17%
Rücklage der erfolgsneutral verrechneten Positionen	-1.900	-15%	50	1%	0	0%
Eigenkapital ohne Anteil anderer Gesellschafter	**12.268**		**3.974**		**4.739**	
Anteile anderer Gesellschafter	111		40		207	
Eigenkapital inklusive Anteile anderer Gesellschafter	**12.379**		**4.014**		**4.946**	

- Eine zweite Besonderheit in *Abbildung 6-2* ergibt sich aus der Tatsache, dass innerhalb der IFRS an vielen Stellen erfolgsneutral, d.h. unter Umgehung der Gewinn- und Verlustrechnung, Rücklagen innerhalb des Eigenkapitals zu bilden bzw. aufzulösen sind – wir haben dies bereits in Kapitel 4 bei der Diskussion der Neubewertung kennen gelernt. Andere Quellen für die erfolgsneutrale Entstehung bzw. Auflösung von Rücklagen ist die Fair-Value-Bewertung von Finanzinstrumenten der Kategorie »available-for-sale« sowie die Entstehung von Differenzen bei der Umrechnung von in Fremdwährung bilanziertem Vermögen bzw. Schulden ausländischer Tochterunternehmen. Diese erfolgsneutralen Vorgänge werden in der Eigenkapitalveränderungsrechnung auch unter der Position »other comprehensive income« ausgewiesen und ergeben zusammen mit dem »net income« als Jahresergebnis der Gewinn- und Verlustrechnung die Gesamtveränderung des Eigenkapitals vor Berücksichtigung von Transaktionen mit den Eigenkapitalgebern, z.B. aus Kapitalerhöhungen oder Dividendenausschüttungen.

Abb. 6-2: Eigenkapitalstruktur dreier deutscher Konzerne zum 31.12.2004

Rücklage der erfolgsneutral verrechneten Positionen

Im Folgenden wollen wir untersuchen, was es mit den unterschiedlichen Begriffen, die die Eigenkapitalstruktur kennzeichnen, auf sich hat.

2. Gezeichnetes Kapital

Für die erste Position des Eigenkapitals einer Kapitalgesellschaft, das gezeichnete Kapital, findet sich im § 272 Abs. 1 HGB eine Legaldefinition:

> »Gezeichnetes Kapital ist das Kapital, auf das die Haftung der Gesellschafter für die Verbindlichkeiten der Kapitalgesellschaft gegenüber den Gläubigern beschränkt ist«.

Im Falle einer GmbH wird hierunter das *Stammkapital*, im Falle einer Aktiengesellschaft das *Grundkapital* ausgewiesen. Spezielle Probleme für die Rechnungslegung ergeben sich beim gezeichneten Kapital lediglich durch die sowohl im GmbH-Gesetz als auch im Aktiengesetz den Gesellschaftern eingeräumte Möglichkeit, bei Gründung nicht das gesamte gezeichnete Kapital einzahlen zu müssen. Von den Mindestsummen von 25.000 Euro Stammkapital der GmbH dürfen bis zu 12.500 Euro, von den 50.000 Euro Grundkapital einer AG sogar bis zu 75% zunächst bei den Gesellschaftern verbleiben (sogenannte *ausstehende Einlagen auf das gezeichnete Kapital*).

Dies ist zum einen eine Gründungserleichterung, da die Gründer zunächst nicht das volle Eigenkapital der Gesellschaft aufbringen müssen, sondern dieses auch später in die Gesellschaft einbringen können. Zum anderen findet man nicht voll einbezahlte Aktien in Deutschland typischerweise bei Versicherungsunternehmen: Hier ist einerseits ein nominal hohes gezeichnetes Kapital aus regulatorischen Gründen notwendig, da der Geschäftsumfang einer Versicherung durch das ausgewiesene Eigenkapital begrenzt wird. Andererseits benötigt eine Versicherung dieses Kapital häufig gar nicht vollständig und kann es bei den Eigenkapitalgebern belassen, so dass hier in Konsequenz vielfach auf das Konstrukt der ausstehenden Einlagen auf das gezeichnete Kapital zurückgegriffen wird.

Ausstehende Einlagen auf das gezeichnete Kapital sind als Gründungserleichterung zu verstehen

Allerdings resultiert aus solchen ausstehenden Einlagen ein *Ausweisproblem*: Obwohl ein Durchgriffsrecht der Gläubiger auf das gesamte Stamm- bzw. Grundkapital besteht, ist nur ein Teil davon unmittelbar im Unternehmen vorhanden. Wird nun das gesamte gezeichnete Kapital ausgewiesen, könnte ein Gläubiger über die Eigenkapitalsituation des Unternehmens getäuscht werden. Dasselbe trifft jedoch auch zu, wenn man nur den eingezahlten Teil beim Eigenkapital erscheinen lässt. Das Problem wird schließlich zusätzlich dadurch erschwert, dass sich der noch nicht eingezahlte Teil des gezeichneten Kapitals unterschiedlich »nahe« zum Einzahlungszeitpunkt befinden kann: Innerhalb der ausstehenden Einlagen gibt es solche, die schon eingefordert wurden, und solche, für die noch keine Einforderung besteht. Der Gesetzgeber löst dieses Problem mehr oder weniger elegant:

1. Das gezeichnete Kapital ist stets in voller Höhe, zum Nennbetrag, auszuweisen (§ 283 HGB).
2. Sowohl der Gesamtbetrag ausstehender Einlagen als auch der davon eingeforderte Teil müssen aus der Bilanz unmittelbar hervorgehen.

Soweit der elegante Teil der Lösung. Weniger elegant wird es bei der Regelung der Frage, wie und wo diese einzelnen Informationen ausgewiesen werden sollen. Um der Eindringlichkeit und Klarheit der Formulierung Willen komme der Gesetzgeber hierzu selbst zu Wort: »Die ausstehenden Einlagen auf das gezeichnete Kapital sind auf der Aktivseite vor dem Anlagevermögen gesondert auszuweisen und entsprechend zu bezeichnen; die davon eingeforderten Einlagen sind zu vermerken. Die nicht eingeforderten ausstehenden Einlagen dürfen auch von dem Posten »Gezeichnetes Kapital« offen abgesetzt werden; in diesem Falle ist der verbleibende Betrag als Posten »Eingefordertes Kapital« in der Hauptspalte der Passivseite auszuweisen und ist außerdem der eingeforderte, aber noch nicht eingezahlte Betrag unter den Forderungen gesondert auszuweisen und entsprechend zu bezeichnen« (§ 272 Abs. 1 Sätze 2 und 3 HGB).

> Die Regelungen zur Bilanzierung ausstehender Einlagen klingen alles andere als einfach

Alles klar? Falls nicht, hilft Ihnen vielleicht die *Abbildung 6-3* ein wenig weiter, in der die beiden möglichen Varianten aufgeführt sind. Bei der zweiten Variante, dem Nettoausweis, handelt es sich bei näherem Hinsehen um ein fast kühn zu bezeichnendes Vorgehen: Auf der Passivseite der Bilanz zeigen sich nicht nur positive, sondern auch negative Zahlenwerte, »rote Zahlen« sozusagen. Dieser Vorgang ist tatsächlich relativ neu; er wurde erst 1986 in das deutsche Recht eingeführt. Analoges gilt – wie wir weiter unten noch sehen werden – auch für den Verlustvortrag: Er erscheint nicht – wie früher – als gesonderter Korrekturposten auf der Aktivseite der Bilanz, sondern mit negativem Vorzeichen unter dem Eigenkapital auf der Passivseite. Der Grund für diese ungewöhnliche Ausweistechnik ist das Bestreben des Gesetzgebers, eine möglichst geschlossene Darstellung aller Ei-

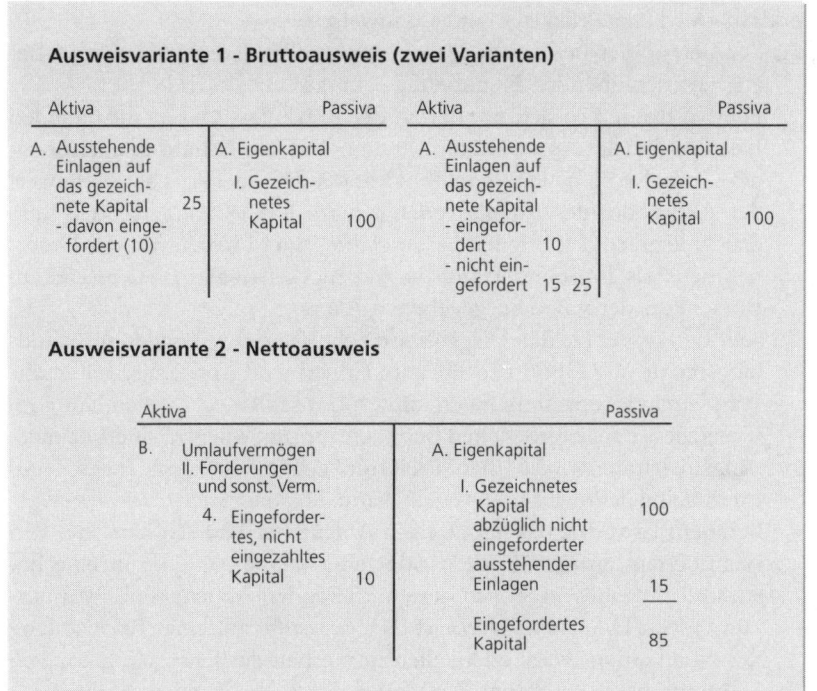

Ausweisvariante 1 - Bruttoausweis (zwei Varianten)

Aktiva	Passiva	Aktiva	Passiva
A. Ausstehende Einlagen auf das gezeichnete Kapital - davon eingefordert (10) ... 25	A. Eigenkapital I. Gezeichnetes Kapital ... 100	A. Ausstehende Einlagen auf das gezeichnete Kapital - eingefordert ... 10 - nicht eingefordert ... 15 ... 25	A. Eigenkapital I. Gezeichnetes Kapital ... 100

Ausweisvariante 2 - Nettoausweis

Aktiva	Passiva
B. Umlaufvermögen II. Forderungen und sonst. Verm. 4. Eingefordertes, nicht eingezahltes Kapital ... 10	A. Eigenkapital I. Gezeichnetes Kapital ... 100 abzüglich nicht eingeforderter ausstehender Einlagen ... 15
	Eingefordertes Kapital ... 85

Abb. 6-3: Unterschiedliche Möglichkeiten des Ausweises ausstehender Einlagen

genkapitalpositionen auf der Passivseite der Bilanz zu erreichen. Von dieser Intention gibt es nur eine Ausnahme: Ist das Eigenkapital durch Verluste aufgebraucht und ergibt sich ein Überschuss der Passiv- über die Aktivposten, ist dieser Betrag auf der Aktivseite auszuweisen. Für ihn sieht der Gesetzgeber im § 268 Abs. 3 HGB eine gesonderte Position als letzter Posten auf der Aktivseite unter der Bezeichnung »Nicht durch Eigenkapital gedeckter Fehlbetrag« vor.

3. Rücklagen

Rücklagen sind wie das gezeichnete Kapital Eigenkapitalbestandteile. Sie kennzeichnen Mittel, für die keine Verpflichtung besteht, Dritten zurückgezahlt zu werden. Rücklagen sind ebenso frei investierbar wie das gezeichnete Kapital, können ebenso aus thesaurierten Gewinnen gebildet und zur Abdeckung von Verlusten in ihrer Höhe verringert werden.

Wo liegen nun bei so viel Gemeinsamkeiten die Unterschiede zum gezeichneten Kapital? Diese Frage lässt sich nur beantworten, wenn man die unterschiedlichen Arten von Rücklagen im Detail betrachtet, deren Bildung der Gesetzgeber für Kapitalgesellschaften vorsieht.

3.1. Kapitalrücklagen

Der Begriff der Kapitalrücklage wird im § 272 Abs. 2 HGB abschließend erklärt: »Als Kapitalrücklage sind auszuweisen
1. der Betrag, der bei der Ausgabe von Anteilen einschließlich von Bezugsanteilen über den Nennbetrag ... hinaus erzielt wird«.

Das Agio drückt den Geschäfts- bzw. Firmenwert aus

Hierbei handelt es sich um den in der Praxis fast immer auftretenden Fall, dass bei der Ausgabe von Aktien oder Gesellschaftsanteilen an einer GmbH vom neuen Gesellschafter deutlich mehr als der Nennwert der Aktie oder des Anteils verlangt wird. Dieses Aufgeld oder Agio drückt letztlich den originären Geschäfts- oder Firmenwert des Unternehmens aus. Es orientiert sich bei Aktiengesellschaften in der Regel am Börsenkurs der schon ausgegebenen Aktien.
2. »der Betrag, der bei der Ausgabe von Schuldverschreibungen für Wandlungsrechte und Optionsrechte zum Erwerb von Anteilen erzielt wird«.

Wandelschuldverschreibungen und Optionsanleihen

Wandelschuldverschreibungen und Optionsanleihen, die den hier vom Gesetzgeber angesprochenen Beträgen zugrunde liegen, sind Finanzierungsinstrumente, die man im Grenzgebiet zwischen Eigen- und Fremdkapitalaufnahme ansiedeln kann. *Wandelschuldverschreibungen* geben dem Erwerber das Recht, nach Ablauf der Laufzeit entweder den Nennbetrag zurückzufordern oder aber das Wertpapier in eine bestimmte Anzahl von Aktien der emittierenden Aktiengesellschaft umzuwandeln. Die *Optionsanleihe* ist dagegen stets mit einer Rückzahlung des Nennbetrags verbunden, allerdings erhält der Erwerber zusätzlich Kaufoptionen (so genannte Calls), d.h. das Recht, in einem bestimmten

Zeitraum bzw. zu einem bestimmten Zeitpunkt zu einem festgelegten Bezugskurs Anteile des Unternehmens zu erwerben. Da sich sowohl Wandlungs- als auch Optionsrechte im Rahmen einer entsprechenden Anleihe auf die Ausgabe junger Aktien beziehen, ist der Betrag, der in vielen Fällen über eine vergleichsweise niedrige laufende Verzinsung erzielt wird, der Kapitalrücklage zuzuführen.

3. »der Betrag von Zuzahlungen, die Gesellschafter gegen Gewährung eines Vorzugs für ihre Anteile leisten«.

Dies betrifft die Ausgabe von Vorzugsaktien, die in vielen Fällen zwar kein Stimmrecht besitzen, auf die sich aber i.d.R. höhere Gewinnausschüttungen (insbesondere als höhere Dividende oder als Vorwegdividende definierter Höhe) oder weitergehende Rechte im Falle einer Liquidation der Gesellschaft (z.B. Vorabbefriedigung) niederschlagen.

4. »der Betrag von anderen Zuzahlungen, die Gesellschafter in das Eigenkapital leisten«.

Unter diesem praktisch wenig relevanten Sonderfall sind etwa Zuzahlungen zu erfassen, die zum Ausgleich von Verlusten oder zur Vermeidung des Ausweises eines nicht durch Eigenkapital gedeckten Fehlbetrags geleistet werden.

Schließlich gibt es in Gesellschaften mit beschränkter Haftung noch einen Sonderfall, der zur Dotierung der Kapitalrücklage führen kann: Die Rede ist vom *eingeforderten Nachschusskapital*. Im § 26 Abs. 1 sieht das GmbHG vor: »Im Gesellschaftsvertrag kann bestimmt werden, dass die Gesellschafter über den Betrag der Stammeinlagen hinaus die Einforderung von weiteren Einzahlungen (Nachschüssen) beschließen können«. Weiter heißt es im § 42 Abs. 2 GmbHG: »Das Recht der Gesellschaft zur Einziehung von Nachschüssen der Gesellschafter ist in der Bilanz ... zu aktivieren ... Der nachzuschießende Betrag ist auf der Aktivseite unter der Bezeichnung »Eingeforderte Nachschüsse« auszuweisen, soweit mit der Zahlung gerechnet werden kann. Ein dem Aktivposten entsprechender Betrag ist auf der Passivseite in dem Posten Kapitalrücklage gesondert auszuweisen«. Insofern ergibt sich eine ähnliche Regelung wie bei den ausstehenden Einlagen auf das gezeichnete Kapital; da es jedoch bei Nachschüssen (noch) zu keiner formellen Kapitalerhöhung gekommen ist, erfolgt die Passivierung als Rücklage, nicht als gezeichnetes Kapital.

Kapitalrücklagen sind *Zwangsrücklagen*. Liegt einer der oben genannten Fälle vor, *müssen* die entsprechenden Beträge in die Kapitalrücklage eingestellt werden. Dies bekräftigt der Gesetzgeber noch durch die Bestimmung des § 270 Abs. 1 HGB, in dem es heißt: »Einstellungen in die Kapitalrücklage ... sind bereits bei der Aufstellung der Bilanz vorzunehmen«. Hiermit sind sie automatisch dem Zugriff der Gesellschafter bzw. der Aktionäre entzogen. Kapitalrücklagen fallen somit nicht nur unmittelbar, in direktem Zusammenhang mit der Aufnahme bzw. Erhöhung von gezeichnetem Kapital an, sondern sind durch diese sehr engen Regelungen in ähnlichem Maße der Gestaltungsspielräume durch die Unternehmensleitung beraubt. Dennoch besteht ein nicht nur gradueller Unterschied zum gezeichneten Kapital: Während Kapitalrücklagen zum Ausgleich von Verlusten durch einfachen Beschluss der Hauptversammlung bzw. Gesellschafterversammlung herangezogen werden können, entfacht eine hierfür durchzuführende Herabsetzung des gezeichneten Kapitals einen wahren Sturm von Verwaltungsaufwand – dies können Sie beispielsweise bereits in den Regelungen der §§ 222 - 228 AktG für die AG sowie des § 58 GmbHG für die GmbH sehen. Lediglich im Verlustfall ist eine etwas vereinfachte Kapitalherabsetzung (§§ 229-236 AktG, § 59 GmbHG) möglich, wenn keine Geldbeträge

...allerdings auch ein signifikanter Unterschied

an die Gesellschafter fließen, sondern es lediglich darum geht, Verluste vergangener Geschäftsjahre auszugleichen. Es bedarf wohl keiner näheren Begründung, dass im Vergleich zu diesen umfangreichen, ganz vom Gläubigerschutzgesichtspunkt geprägten »Verhinderungsbestimmungen« Kapitalrücklagen trotz der weitgehenden rechtlichen Regelungen signifikant mehr Flexibilität aufweisen als das gezeichnete Kapital.

3.2.   Gewinnrücklagen

Bezüglich der zweiten wesentlichen Gruppe von Rücklagen, der Gewinnrücklagen, gibt sich der Gesetzgeber deutlich moderater, als wir es für die Kapitalrücklagen kennen gelernt haben. So heißt es in § 272 Abs. 3 HGB:

Definition der Gewinnrücklagen

»Als Gewinnrücklagen dürfen nur Beträge ausgewiesen werden, die im Geschäftsjahr oder in einem früheren Geschäftsjahr aus dem Ergebnis gebildet worden sind. Dazu gehören aus dem Ergebnis zu bildende gesetzliche oder auf Gesellschaftsvertrag oder Satzung beruhende Rücklagen und andere Gewinnrücklagen«.

In dieser Bestimmung wird streng genommen nur die Gliederung der Gewinnrücklagen wiederholt, wie sie im Bilanzschema des § 266 Abs. 3 HGB schon ausgewiesen ist. Zusätzliche Information bietet lediglich der Verweis auf die Bildung dieser Rücklagen: Wie allerdings auch schon der Name selbst erkennen lässt, werden Gewinnrücklagen stets aus dem (versteuerten) Gewinn gebildet.

Dafür, wie und warum dies geschieht, gibt es mehrere Möglichkeiten. Die ersten beiden Varianten ähneln sehr stark der Bildung von Kapitalrücklagen. So fordert der § 270 Abs. 2 HGB: »Wird die Bilanz unter Berücksichtigung der vollständigen oder teilweisen Verwendung des Jahresergebnisses aufgestellt, so sind ... Einstellungen in Gewinnrücklagen, die nach Gesetz, Gesellschaftsvertrag oder Satzung vorzunehmen sind oder aufgrund solcher Vorschriften beschlossen worden sind, bereits bei der Auf-

**Rücklagenbildungspflicht
einer AG**

stellung der Bilanz zu berücksichtigen«. Konkret werden diese Beträge damit bereits von vorneherein der Ausschüttung entzogen, es erfolgt eine zwangsweise Thesaurierung von Gewinn. Warum der Gesetzgeber diese stringente Regelung erlassen hat, wird bei näherer Analyse der Rücklagenbildungsgründe deutlich. Der Hinweis auf gesetzliche Bestimmungen meint die Regelung nach § 150 Abs. 2 AktG, derzufolge Aktiengesellschaften 5% des – gegebenenfalls um einen Verlustvortrag aus dem Vorjahr gekürzten – Jahresüberschusses in die Gewinnrücklage einzustellen haben, bis die Rücklagensumme zusammen mit den Kapitalrücklagen 10% des Grundkapitals erreicht hat. Mit dieser gesetzlichen Rücklage will der Gesetzgeber aus Gläubigerschutzgesichtspunkten die Haftungsposition der Aktiengesellschaft verbessern. Die unmittelbare, mit der Bilanzaufstellung realisierte Einstellung in die Rücklagen folgt aus dieser Intention heraus zwangsläufig.

Zwangseinstellung von Überschüssen in die Rücklagen kann aber auch kodifizierter Wille der Gesellschafter sein. So besteht z.B. die Möglichkeit, im Gesellschaftsvertrag (GmbH) oder in der Satzung (AG) weitere Rücklagendotierungen festzulegen. Hierzu zählen z.B. solche, die bestimmen, denjenigen Teil des Jahresüberschusses zu thesaurieren, der den zu einer angemessenen Verzinsung des Grundkapitals erforderlichen Betrag übersteigt. Diese Form der Rücklage wird auch als satzungsmäßige Rücklage bezeichnet. Als Gründe für derartige Dotierungen stößt man häufig auf Motive, die sich unmittelbar an der Bezeichnung entsprechender Gewinnrücklagenbestandteile ablesen lassen:

Satzungsmäßige
Rücklagen

- *Substanzerhaltungsrücklage*: In diese werden Beträge eingestellt, um die bei steigenden Preisen nachteiligen Wirkungen des Nominalwertprinzips zu kompensieren; diese Beträge müssen groß genug sein, um zusammen mit den anschaffungswertbezogenen Abschreibungsrückflüssen die für die Ersatzbeschaffung der Vermögensgegenstände erforderlichen Wiederbeschaffungswerte zu decken.

Bezugspunkte zur Dotierung
satzungsmäßiger Rücklagen

- *Werkerneuerungsrücklage* und *Rücklage für Rationalisierungsvorhaben*: Hierbei handelt es sich jeweils um zweckgebundene Rücklagen. Dem Charakter von Rücklagen entsprechend bedeutet die Zweckbindung allerdings nicht, die Mittel auf ein bestimmtes gesperrtes Konto einzuzahlen, das nur für diese beiden Zwecke angesprochen werden kann. Vielmehr bedeutet die Rücklagendotierung lediglich eine Begründung für vorzunehmende Gewinnthesaurierung und damit die Verhinderung einer entsprechenden Gewinnausschüttung.

Der Sinn derartiger satzungsmäßiger bzw. statutarischer Rücklagen, derartiger *Selbstbeschränkungen der Verfügungsmacht über erzielten Gewinn*, liegt darin, von vornherein, ohne Rücksicht auf irgendwelche Tagesinteressen und/oder geänderte Zusammensetzungen der Gesellschafter, eine ausreichende Eigenkapitalausstattung des Unternehmens zu sichern. Änderungen der satzungsmäßigen Rücklagen können nur durch entsprechende Änderungen des Gesellschaftsvertrags bzw. der Satzung erreicht werden, ein aufwändiges Prozedere, das bei Aktiengesellschaften z.B. einer 3/4-Mehrheit der Aktionäre auf der Hauptversammlung bedarf.

Schließlich verbleiben noch die »*anderen Gewinnrücklagen*«. Das »andere« scheint auf eine nur geringe Bedeutung hinzudeuten. Hiervon darf man sich aber nicht täuschen lassen. Ein Blick in den Metro-Konzernabschluss 2004 unter der Position 28 im Anhang zeigt, dass die 526 Mio. Euro ausgewiesener Gewinnrücklagen andere Gewinnrücklagen in Höhe von 475 Mio. Euro beinhalten, d.h. 90% der gesamten Gewinnrücklagen ausmachen. Die gesetzlichen Rücklagen machen demgegenüber nur knapp 6% aus. Diese Zuordnung lässt sich aus dem Gliederungsschema des § 266 Abs. 3 HGB ableiten. Sie erweist sich allerdings terminologisch als problematisch, denn Rücklagen für eigene Anteile können aus Jahresüberschüssen ge-

»Andere Gewinnrücklagen«
machen in den meisten
Unternehmen den Großteil
der Rücklagen aus

speist werden, müssen dies aber – wie schon im 5. Kapitel dieses Buches kurz angesprochen – nicht: Steht kein Jahresüberschuss zur Verfügung, so entsteht durch ihren zwangsweisen Ausweis ein Verlustvortrag, der nur durch Reduzierung vorhandener »freier« Gewinnrücklagen vermieden werden kann.

3.3. Stille Rücklagen

Stille Rücklagen, die auch als stille Reserven bezeichnet werden, gelangen im Gegensatz zu den bisher genannten Rücklagen, die offen gelegt werden, »lautlos« in die Bilanz und verlassen diese auch wieder lautlos – diese Assoziation liegt nahe, trifft aber nur zum Teil zu: Die Bilanz»infiltration« geschieht zwar tatsächlich vom externen Jahresabschlussadressaten weitgehend unbemerkt (ungehört), das Ausscheiden aus der Bilanz hingegen hinterlässt in der Gewinn- und Verlustrechnung als sonstiger oder möglicherweise sogar außerordentlicher Ertrag deutliche Spuren. Man sollte deshalb besser von »in der Bilanz nicht sichtbaren Reserven« sprechen.

Was sind stille Reserven?

Im Kern wird durch eine teils bewusst vorgenommene, teils vom Gesetzgeber gewollte bzw. »heraufbeschworene« Bildung stiller Rücklagen eine schlechtere Darstellung der Vermögens- und Ertragslage des Unternehmens bewirkt, als sie der objektiven, »richtigen« Vermögens- und Ertragslage entspricht. Diese schlechtere Darstellung kann man erreichen durch eine Überbewertung von Schuldenpositionen (insbesondere Rückstellungen) und eine Unterbewertung von Vermögenspositionen bzw. durch zu hoch angesetzte Aufwendungen oder zu niedrig (oder gar nicht) angesetzte Erträge.

Der Umfang stiller Reserven gerade in der deutschen Rechnungslegung wird deutlich, wenn man sich die Veränderung des Eigenkapitals deutscher Unternehmen ansieht, die von der Rechnungslegung nach HGB auf eine Rechnungslegung nach IFRS umstellen, in denen die Bildung stiller Reserven weitaus weniger begünstigt wird. Vergleicht man die HGB- und IFRS-Bilanz des Überleitungsjahres, so ergibt sich – dies zeigt eine empirische Untersuchung von *Weißenberger/Haas* aus dem Jahr 2004 am Beispiel von 21 Konzernabschlüssen – im Schnitt bei den betrachteten Unternehmen eine Steigerung des Gesamtvermögens unter IFRS in Höhe von 16,5%; dabei entfallen im Durchschnitt etwas weniger als die Hälfte auf eine Steigerung des Eigenkapitals nach IFRS. Schwerpunktmäßig resultiert diese Erhöhung des Eigenkapitals aus der höheren Bewertung von Sachanlagen, die vor allem aus dem Wegfall steuerlich motivierter Abschreibungen resultiert sowie einer höheren Bewertung von immateriellen Vermögenswerten bzw. von Vorräten nach IFRS. Die Differenz zwischen dem Eigenkapital nach HGB und dem Eigenkapital nach IFRS kann deshalb strukturell als nun offen gelegte stille Rücklagen interpretiert werden.

Stille Reserven können im HGB-Jahresabschluss eine ganz beträchtliche Größenordnung besitzen

Die Suche nach möglichen stillen Rücklagen in der HGB-Bilanz hat allerdings einen »Haken«: Sie setzt voraus, dass es für jede Bilanzposition einen objektiven, »richtigen« Wert (tatsächlich) gibt. In den vorangegangenen Kapiteln sollte die Problematik dieser Prämisse schon deutlich geworden sein. Wir hatten in einigen Beispielen gesehen, dass unterschiedliche Adressaten des Jahresabschlusses unterschiedliche »Wertvorstellungen« besitzen, ein Gläubiger etwa eher auf einen Veräußerungswert eines Vermögensgegenstandes, der Fiskus auf den bei der normalen Fortführung des Unternehmens relevanten Wert (z.B. um planmäßige Abschreibungen reduzierter Anschaffungswert einer Maschine) abstellt. Gibt es über den »richtigen« Wert keinen Konsens, kann auch nicht intersubjektiv nachprüfbar ausgesagt werden, in welcher Höhe und ggf. ob überhaupt stille Reserven vorliegen. In den meisten Fällen wird sich ein solcher Konsens allerdings zumindest hinsichtlich der Frage »stille Reserven: ja oder nein?« herbeiführen lassen. Vier Beispiele mögen dies veranschaulichen:

- Das Nominalwertprinzip verbietet die Bilanzierung von Preissteigerungen. In Höhe der Differenz aktueller Marktpreis - Anschaffungs- und Herstellungskosten liegen dann, wenn die entsprechenden Vermögensgegenstände veräußert werden (können bzw. sollen), stille Reserven vor. Diese stillen Reserven waren in den letzten Jahren für viele Firmen ein wichtiger Grund, ihren Standort aus der Innenstadt an den Stadtrand zu verlagern; der Veräußerungserlös für das Firmengrundstück reichte häufig aus, einen maßgeblichen Anteil an den erforderlichen Neubaukosten zu tragen. In der Gestalt der Grundstücke haben wir es in diesem Beispiel mit einem Vermögensgegenstand zu tun, für den ein Markt existiert und für den die Veräußerungsalternative nicht nur auf dem Papier steht.

- Vergleichbar gelagert ist der Fall originärer immaterieller Vermögensgegenstände. Auch hier wird es wenig Dissens geben, von einer stillen Reserve zu sprechen, wenn ein Unternehmen durch eigene Forschung Patente, Lizenzen und ähnliche Rechte erlangt, die am Markt im Falle des Verkaufs einen (erheblichen) Wert erzielen würden. Während im ersten Fall eine Aktivierungsgrenze Grund für stille Reserven war, ist es hier ein Aktivierungsverbot.

- Stille Reserven entstehen weiterhin oftmals durch die Ausnutzung von Bewertungswahlrechten. Unmittelbar einsichtig ist dies im Fall des Personengesellschaften eingeräumten Beibehaltungswahlrechts, des Rechts also, außerplanmäßige Abschreibungen nicht zurücknehmen zu müssen, wenn der Grund für ihren Ansatz nicht mehr vorliegt. Ein vor Abschreibung als »richtig« eingeschätzter Wert wird unterschritten, obwohl für die Unterschreitung kein Grund mehr besteht.

- Schließlich werden stille Reserven auch durch zwangsläufige Unsicherheit von Schätzungen bedingt. Ein Beispiel: Die Audi AG wurde vor einigen Jahren in den USA wegen angeblicher Unsicherheit der Automatikfahrzeuge von Verbrauchern mit einer Prozessflut überzogen. Für das Unternehmen bestand die Notwendigkeit, die aus diesen Prozessen drohenden Risiken zu antizipieren und in der Bilanz auszuweisen. Wie die Chancen des Unternehmens und der Verbraucher in den Schadenersatzprozessen verteilt waren, war lange Zeit unklar. In einer solchen Situation stehen stets diverse mögliche Wertansätze offen: Eine eher optimistische Schätzung wird ebenso mit »vernünftigem« kaufmännischen

Ermessen vereinbar sein wie ein eher pessimistischer Ansatz der zu erwartenden Schadenersatzzahlungen. Geht ein Unternehmen bei derartigen Ansätzen von dem (wahrscheinlichen) pessimistischen Wert aus, so kann man die These vertreten, dass die Differenz zum (wahrscheinlichen) optimistischen Wert, zumindest aber zum Wert mit der größten Eintrittswahrscheinlichkeit, eine stille Reserve darstellt.

Führt degressive Abschreibung wirklich zu stillen Reserven?

Während bei derartigen, durch Schätzungsunsicherheit bedingten stillen Reserven stets die exakte Höhe der stillen Reserven unklar bleiben muss, kann man schließlich bei einigen dem Bilanzierenden eingeräumten Bewertungswahlrechten weitergehend die Frage stellen, ob die erzielbare »Unter«bewertung von Aktiva bzw. »Über«bewertung von Passiva überhaupt mit dem Sinn des Begriffs »stille Rücklage« vereinbar ist. Dies gilt beispielsweise für den Fall der degressiven Abschreibung. Sicher ist, dass das Unternehmen im Vergleich zu linearen Abschreibungen durch andersartige Verteilung der Anschaffungs- oder Herstellungskosten eine Vorverlagerung von Aufwand erreichen kann. Ob man hierbei allerdings von einer stillen Reserve sprechen sollte, ist zumindest zweifelhaft: Der Verkaufsfall, also die Realisierung der Reserve, steht nicht zur Entscheidung an; weiterhin ist im Veräußerungsfall nicht a priori klar, ob sich ein Käufer zu dem sich bei linearer Abschreibung ergebenden Restbuchwert finden würde, und schließlich stellt es die Konstruktion des Bewertungswahlrechts sicher, dass sich die Bewertungsdifferenzen automatisch wieder ausgleichen. In ähnlicher Weise gilt dies auch für die im letzten Kapitel dargestellten Verbrauchsfolgeverfahren.

Stille Reserven als bilanzpolitisches Instrument

Unabhängig von diesen teils operationalen, teils grundsätzlichen Problemen handelt es sich bei stillen Reserven um ein von den Unternehmen sehr gern genutztes bilanzpolitisches Instrument. Die Spielräume zur Bildung und Auflösung stiller Reserven ermöglichen einen steuernden Einfluss auf die Höhe des erzielten Jahresüberschusses, damit auf die Höhe der Ertragsteuerzahlungen und die Höhe des zur Ausschüttung zur Verfügung stehenden Bilanzgewinns. Die in der Vergangenheit empirisch beobachtbare Politik vieler deutscher Aktiengesellschaften, im Zeitablauf möglichst konstante Dividenden zu zahlen, wird zu einem nicht unbeträchtlichen Teil just durch das Phänomen stiller Reserven ermöglicht.

Die Bildung stiller Reserven wird – das haben die Ausführungen bis hierher wohl überdeutlich gemacht – vom deutschen Gesetzgeber in hohem Maße gefördert. Auch wenn die »bilanzpolitischen Bäume« in dieser Hinsicht nicht in den Himmel wachsen – immerhin wird zumindest ein Wertansatz, der vernünftigem kaufmännischem Ermessen entspricht, gefordert –, wird diese Sichtweise zum Teil kontrovers diskutiert.

(Gewichtige) Argumente gegen den Ansatz von stillen Reserven

Der *Gläubigerschutz*, ein Argument, das gerne für die Bildung stiller Reserven angeführt wird, kann genauso als Gegenargument genannt werden. Die externen Adressaten des Jahresabschlusses sollen ein möglichst unbeeinflusstes Bild von der Unternehmenssituation erhalten, um dann entscheiden zu können, inwieweit sie mit dem Unternehmen in Geschäftsbeziehung treten wollen. Da die Auflösung stiller Reserven in Krisenzeiten bilanzpolitisch versteckt werden kann, besteht die Befürchtung, dass Unternehmensexterne das Risiko der Geschäftsbeziehung zu spät entdecken.

Auch der *Gesellschafterschutz* wird als Argument gegen stille Reserven angeführt. Da die Bildung stiller Reserven den Gewinn mindert, ergeben sich für die Eigentümer einer Kapitalgesellschaft folgende Konsequenzen: Zum einen erhalten sie eine verminderte Gewinnausschüttung – die stillen Reserven wirken also wie eine Ausschüttungssperre. Zum anderen wird die Bewertung ihrer Anteile am Kapitalmarkt erschwert, so dass die Gefahr besteht, bei einem Verkauf dieser Anteile einen vergleichsweise zu niedrigen Preis zu erzielen.

4. Ausweis von Gewinn- und Verlustpositionen

Wie wir schon im ersten Kapitel gesehen hatten, benötigt man zur Ermittlung des Erfolgs eines Unternehmens nicht unbedingt eine Gewinn- und Verlustrechnung; der Erfolg schlägt sich auch unmittelbar in der Bilanz nieder. Anders als in dem einführenden Fallbeispiel dargestellt, erfolgt allerdings in der Realität ein getrennter Ausweis des Eigenkapitals zu Beginn des Geschäftsjahres einerseits und des – so vorhanden – eigenkapitalerhöhenden Jahresüberschusses andererseits.

Um den entsprechenden Teil der Bilanzgliederung des § 266 Abs. 3 HGB und die im § 268 Abs. 1 HGB geregelten Detailbestimmungen verstehen zu können, ist es hilfreich zu wissen, auf welch unterschiedliche Weise die Eigner einer Kapitalgesellschaft über den entstandenen Gewinn disponieren können. Hierzu bestehen zunächst zwei grundsätzliche Möglichkeiten:

- Vollständige *Ausschüttung* des Gewinns (nach Dotierung der gesetzlichen und/oder satzungsmäßigen Rücklagen);
- vollständige oder teilweise *Thesaurierung* (Einbehaltung) des entstandenen Gewinns; diese zweite grundsätzliche Möglichkeit der Gewinnverwendung untergliedert sich ihrerseits wiederum in zwei Handlungsvarianten. Zum einen kann ein vollständiger oder teilweiser *Vortrag* des Gewinns erfolgen; hierbei handelt es sich um diejenige Möglichkeit, die dem Unternehmen die meiste Flexibilität einräumt; über den Gewinnvortrag kann im nächsten Geschäftsjahr genauso entschieden werden wie über den neu entstandenen Gewinn; die Dispositionsfreiheit wird quasi auf das nächste Jahr übertragen. Zum anderen besteht die Möglichkeit, den Überschuss vollständig oder teilweise in die *Gewinnrücklagen* einzustellen.

Die Vielfalt der Möglichkeiten wird schließlich dadurch erhöht, dass man auch noch danach unterscheiden muss, ob in der Bilanz die Verwendungsentscheidungen des Jahresüberschusses bzw. -fehlbetrags schon berücksichtigt werden sollen oder nicht. Um den Sinn dieser Frage richtig verstehen zu können, muss man wissen, wer in einer Kapitalgesellschaft wann über den Jahresüberschuss verfügen kann. In einer Aktiengesellschaft ist dies nicht nur die Versammlung der Aktionäre, die Hauptversammlung;

auch die beiden anderen Organe der AG, der Vorstand und der Aufsichtsrat, besitzen entsprechende Entscheidungskompetenz. Die Kapitalgesellschaft wird so vom direkten Einfluss der Eigner zum Teil unabhängig, kann also langfristige Unternehmensinteressen gegenüber kurzfristigen Einkommensinteressen der Aktionäre abschotten. Um beiden häufig widerstrebenden Interessen gerecht zu werden, hat der Gesetzgeber im § 58 Abs. 2 AktG Vorstand und Aufsichtsrat das Recht zuerkannt, bis zu 50% des Jahresüberschusses in Gewinnrücklagen einstellen zu können, wenn die Satzung der AG nicht sogar noch einen höheren Prozentsatz vorsieht.

Nehmen Vorstand und Aufsichtsrat ihr Recht – wie insbesondere bei börsennotierten Aktiengesellschaften typischerweise der Fall – wahr, so liegt zum Zeitpunkt der jährlichen Hauptversammlung, in der der Jahresabschluss präsentiert wird, ein Teil der Gewinnverwendung bereits fest. Man kann deshalb die Auffassung vertreten, dass dieser Teil bereits im Jahresabschluss zum Ausdruck kommen muss. Allerdings ist auch die Gegenthese plausibel, dass selbst in diesem Fall die Gewinnverwendung nicht vollständig im Jahresabschluss erfasst ist, man auf Grund dieser »Halbheit« auch ganz auf eine Einbeziehung der Gewinnverwendung in den Jahresabschluss verzichten könne. Der Gesetzgeber legt sich – wie so häufig – nicht fest, sondern lässt beide Varianten zu. Im § 268 Abs. 1 HGB heißt es konkret: »Die Bilanz darf auch unter Berücksichtigung der vollständigen oder teilweisen Verwendung des Jahresergebnisses aufgestellt werden. Wird die Bilanz unter Berücksichtigung der teilweisen Verwendung des Jahresergebnisses aufgestellt, so tritt an die Stelle der Posten »Jahresüberschuss/Jahresfehlbetrag« und »Gewinnvortrag/Verlustvortrag« der Posten »Bilanzgewinn/Bilanzverlust«; ein vorhandener Gewinn- oder Verlustvortrag ist in den Posten »Bilanzgewinn/Bilanzverlust« einzubeziehen und in der Bilanz oder im Anhang gesondert anzugeben«.

Ausweis ohne Berücksichtigung der Verwendung des Jahresergebnisses		Ausweis mit Berücksichtigung der Verwendung des Jahresergebnisses	
I. Gezeichnetes Kapital	1.500	I. Gezeichnetes Kapital	1.500
II. Kapitalrücklagen	450	II. Kapitalrücklagen	450
III. Gewinnrücklagen	2.150	III. Gewinnrücklagen	2.400
IV. Gewinnvortrag	200	IV. Bilanzgewinn	450
V. Jahresüberschuss	500		
Eigenkapital	**4.800**	**Eigenkapital**	**4.800**

Abb. 6-4: Unterschiedliche Varianten des Ausweises von Gewinn- und Verlustpositionen

Beide Ausweisvarianten, die in der *Abbildung 6-4* anhand eines kleinen Zahlenbeispiels dargestellt sind, unterscheiden sich somit weder materiell noch im Informationsgehalt für die externen Bilanzadressaten.

Zu beachten ist allerdings, dass Aktiengesellschaften gem. § 158 Abs. 1 AktG bei der Aufstellung der Bilanz unter vollständiger oder teilweiser Verwendung des Jahresergebnisses den Jahresüberschuss bzw. -fehlbetrag als Saldogröße der in Kapitel 8 noch näher behandelten Gewinn- und Verlustrechnung auf den Bilanzgewinn bzw. -verlust überleiten müssen. Da sich diese Vorschrift lediglich auf den Einzelabschluss bezieht, der ja für die Ge-

winnausschüttung allein relevant ist, fehlt eine entsprechende Rechnung
zum Konzernabschluss und damit in den Geschäftsberichten vieler Unternehmen.

5. Sonderposten mit Rücklageanteil

Schließlich ist auf eine Passivposition der Bilanz einzugehen, der eine Art
»Zwitterstellung« zwischen Eigen- und Fremdkapital zukommt. Der erste
Hinweis auf diesen Posten findet sich im § 247 Abs. 3 HGB, in dem es heißt:
»Passivposten, die für Zwecke der Steuern vom Einkommen und vom Ertrag zulässig sind, dürfen in der Bilanz gebildet werden. Sie sind als Sonderposten mit Rücklageanteil auszuweisen und nach Maßgabe des Steuerrechts
aufzulösen«.

Diese Regelung gilt sowohl für Kapital- als auch für Personengesellschaften. Sie basiert – wie der schon mehrfach angesprochene Grundsatz
der Maßgeblichkeit – auf dem Wunsch, ein inhaltliches Auseinanderfallen
von Handels- und Steuerbilanz zu vermeiden. In der Praxis finden Sie
Sonderposten mit Rücklageanteil heute nur noch in Einzelabschlüssen nach
HGB, da eine Übernahme bzw. Neubildung in der HGB-Konzernbilanz inzwischen gem. § 298 Abs. 2 HGB, der nicht mehr auf die hierfür relevanten Vorschriften in § 247 HGB, § 273 HGB bzw. § 281 HGB verweist, verboten ist. Auch in der IFRS-Bilanz existiert kein Sonderposten mit Rücklageanteil, da die Bildung rein steuerlich motivierter Posten mit Ausnahme der
aktiven und passiven Steuerabgrenzung nicht erlaubt ist.

Der Sonderposten mit Rücklageanteil kann zunächst *echten Rücklagencharakter* besitzen. Ein Beispiel steuerlicher Einflussnahme, die zu einem solchen Sonderposten führt, sei an dieser Stelle skizziert: Nach § 6b EStG darf
in der Steuerbilanz eine steuerfreie Rücklage für vorübergehend aufgelöste
stille Reserven gebildet werden, wenn die Auflösung daraus resultiert, dass
bestimmte Wirtschaftsgüter, die mindestens 6 Jahre zum Anlagevermögen
gehörten, als Träger stiller Reserven mit Gewinn veräußert werden. Die aus
dem Veräußerungsgewinn gebildete Rücklage ist auf neu angeschaffte oder
hergestellte Wirtschaftsgüter übertragbar. Stille Reserven können damit
von den Buchansätzen bestimmter alter Wirtschaftsgüter auf die Buchansätze bestimmter neuer Wirtschaftsgüter übertragen werden. Damit ist eine Verlagerung der Versteuerung der im verkauften Wirtschaftsgut enthaltenen stillen Reserven auf einen späteren Zeitpunkt möglich.

Die Dotierung der Sonderposten mit Rücklageanteil bedeutet damit eine befristete Gewinnminderung, denn nach Ablauf der in der einzelnen Regelung vorgeschriebenen Frist muss der Sonderposten erfolgswirksam aufgelöst werden. Damit werden Erträge von der aktuellen in spätere Perioden
verschoben; dies entspricht einer entsprechenden Verschiebung von Ertragsteuerzahlungen. In diesem Sinne lässt sich ein Teil des Sonderpostens
dem Eigenkapital, der Rest (in Höhe des immanenten Steueranteils) dem
Fremdkapital zurechnen.

Für Kapitalgesellschaften ist der Ansatz dieser Sonderposten mit Rücklageanteil nur dann zulässig, wenn die umgekehrte Maßgeblichkeit vom Steuerrecht explizit gefordert wird: »Der Sonderposten mit Rücklageanteil (§ 247 Abs. 3) darf nur insoweit gebildet werden, als das Steuerrecht die Anerkennung des Wertansatzes bei der steuerrechtlichen Gewinnermittlung davon abhängig macht, dass der Sonderposten in der Bilanz gebildet wird. Er ist auf der Passivseite vor den Rückstellungen auszuweisen; die Vorschriften, nach denen er gebildet worden ist, sind in der Bilanz oder im Anhang anzugeben« (§ 273 HGB). Für Personengesellschaften gilt diese einschränkende Regelung nicht, ebenso nicht die Erläuterungs- bzw. Transparenzpflicht.

Eine weitere Regelung erlaubt die Bildung von Sonderposten mit Rücklageanteil, bei denen allerdings ein *Wertberichtigungscharakter* im Vordergrund steht. So erlaubt § 281 Abs. 1 HGB: »Die nach § 254 zulässigen Abschreibungen dürfen auch in der Weise vorgenommen werden, dass der Unterschiedsbetrag zwischen der nach § 253 [handelsrechtliche Bewertungsansätze] ... und der nach § 254 [steuerrechtliche Bewertungsansätze] zulässigen Bewertung in den Sonderposten mit Rücklageanteil eingestellt wird. In der Bilanz oder im Anhang sind die Vorschriften anzugeben, nach denen die Wertberichtigung gebildet worden ist«. Erlaubt also das Steuerrecht eine erhöhte Abschreibung auf Vermögensgegenstände, so kann diese Abschreibung nicht nur – wie in Kapitel 4 dargestellt – im Rahmen der umgekehrten Maßgeblichkeit nach § 254 HGB direkt dem Vermögensgegenstand zugerechnet werden. Kapitalgesellschaften können als zweite Möglichkeit in Höhe der Wertdifferenz auch einen gewinnmindernden Sonderposten mit Rücklageanteil als Wertberichtigung bilden, der in der im Einzelfall vorgeschriebenen Zeit erfolgswirksam aufgelöst wird.

Der Ausweis als Wertberichtigung hat an dieser Stelle für den Bilanzleser den Vorteil, sowohl die handelsrechtlichen Bewertungsansätze als auch die steuerrechtlichen Abwertungen auf einen Blick erkennen zu können. Durch die zusätzliche Forderung nach Erläuterung in der Bilanz oder im Anhang ist der externe Bilanzleser sehr weitgehend über die »Beeinträchtigungen« der Handelsbilanz (im Sinne von den Interessen der Bilanzadressaten nicht entsprechenden Einflüssen auf den Kapitalausweis) informiert, die durch das umgekehrte Maßgeblichkeitsprinzip ausgelöst werden.

6. Besonderheiten in der Bilanzierung von Eigenkapital nach IFRS

Für die Bilanzierung des Eigenkapitals spielen – ähnlich wie nach HGB – zunächst die gesellschaftsrechtlich zugrunde liegenden Tatbestände eine wichtige Rolle. *Grund-* bzw. *Stammkapital* und *Kapitalrücklage* müssen aufgrund gesellschaftsrechtlicher Vorschriften unabhängig vom verwendeten Rechnungslegungsstandard in bestimmter Höhe gebildet werden; sie sind in der IFRS-Bilanz getrennt von den *Gewinnrücklagen* auszuweisen. Für *erfolgsneutrale Vorgänge* sind zusätzlich Positionen innerhalb des Eigenkapitals zu bilden.

Die so genannten *»stillen« Rücklagen* existieren auch nach IFRS – allerdings haben sie eine weitaus geringere Bedeutung als in der Rechnungslegung nach HGB: Dort wird das Vermögen nicht zuletzt aus Gründen des Gläubigerschutzes tendenziell niedriger ausgewiesen als nach IFRS, die Schulden tendenziell höher.

Eigene Anteile sind – wie in Kapitel 5 bereits kurz angesprochen – negativ vom Eigenkapital abzusetzen und entweder in der Bilanz oder aber im Anhang gesondert auszuweisen. Gewinn- und Verlustausweis erfolgen weitgehend analog zu den vergleichbaren Vorschriften des HGB. Dabei erfolgt in der Konzernbilanz so gut wie immer der Ausweis unter Berücksichtigung der Verwendung des Jahresergebnisses, da es sich hier um eine rein konzernbilanzpolitische Gestaltungsmaßnahme handelt, die keine Auswirkungen auf die faktischen Ansprüche der Anteilseigner auf Ausschüttung hat. *Sonderposten mit Rücklageanteil* dürfen nach IFRS nicht gebildet werden.

Zu beachten ist, dass bei Personengesellschaften und auch bei Genossenschaften das Eigenkapital – wie schon in Kapitel 1 angesprochen – aufgrund des rechtlich nicht ausschließbaren Kündigungsrechts der Gesellschafter nach IAS 32 (Financial Instruments: Disclosure and Presentation) als Fremdkapital zu bilanzieren ist. Eine Umstellung auf IFRS würde aus einer Personengesellschaft, die zu 100% mit Eigenkapital finanziert ist, plötzlich eine Gesellschaft machen, die kein Eigenkapital mehr ausweisen darf, weil die Kapitalanteile als Fremdkapital klassifiziert werden. Dieses Problem ist aktueller Diskussionspunkt zwischen dem deutschen Lobbyisten DRSC und dem IASB; es ist auch ein Grund dafür, warum deutsche Personengesellschaften und Genossenschaften derzeit noch vor einer offiziellen Umstellung auf IFRS zurückschrecken, sofern sie aufgrund ihrer Kapitalmarktorientierung nicht schon dazu gezwungen sind.

> Beim Eigenkapital von Personengesellschaften kann sich ein fundamentaler Unterschied zwischen HGB- und IFRS-Bilanzierung ergeben

7. Zusammenfassung

Die handelsrechtliche Bilanzierung des Eigenkapitals ist sehr stark von der Rechtsform des bilanzierenden Unternehmens bestimmt. Für Personengesellschaften sieht das Handelsrecht keine spezifischen Regelungen vor. Anders als bei Ausweis und Gliederung des Anlage- und Umlaufvermögens können Personengesellschaften keine »Anleihe« bei den entsprechenden für Kapitalgesellschaften geltenden Vorschriften nehmen, da die für letztere geltende Unterteilung in gezeichnetes Kapital und Rücklagen (vgl. die *Abbildung 6-5* auf der Folgeseite) nicht mit der Eigenkapitalbereitstellung von Personengesellschaften kompatibel ist.

Die Rücklagen von Kapitalgesellschaften (vgl. *Abbildung 6-6* auf. Seite 169) unterteilen sich in Kapitalrücklagen und Gewinnrücklagen (vgl. *Abbildung 6-7* auf Seite 170). Die Begründung ihrer Bildung reicht von obligatorisch (im Falle der Kapitalrücklagen und der gesetzlichen Rücklage von Aktiengesellschaften) über von den Gesellschaftern im Voraus regelbar (statutarische Rücklagen) bis hin zu situativ festlegbar (»freie« Gewinnrücklagen). Rücklagen können zum Ausgleich von Verlusten, zur Tilgung eines

Bilanzierung von Eigenkapital

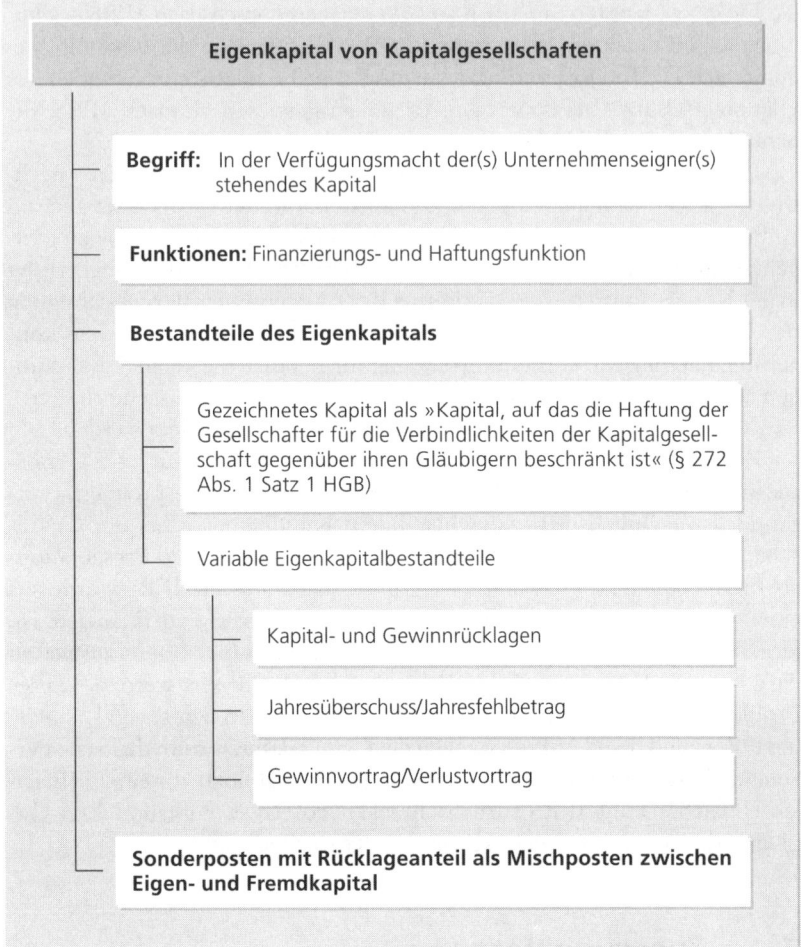

Abb. 6-5: Überblick über Elemente und Funktionen des Eigenkapitals von Kapitalgesellschaften

Verlustvortrags oder zur Erhöhung des gezeichneten Kapitals aus Gesellschaftsmitteln verwendet werden. Sonderposten mit Rücklageanteil schließlich finden ihren Eingang in die handelsrechtliche Bilanz durch die Anwendung steuerrechtlicher Bestimmungen. Sie setzen sich aus zwei völlig unterschiedlichen Bestandteilen zusammen (vgl. *Abbildung 6-8* auf. Seite 171), die in der Bilanz nicht getrennt voneinander ausgewiesen werden müssen.

Auch in der IFRS-Bilanz finden wir im Eigenkapital den Ausweis von Grund- oder Stammkapital einerseits und Kapital- und Gewinnrücklagen andererseits. Eigene Anteile müssen negativ vom Eigenkapital abgesetzt und gesondert entweder in der Bilanz oder im Anhang angegeben werden. Problematisch ist derzeit die Bilanzierung des Eigenkapitals von Personengesellschaften und Genossenschaften – da hier die Gesellschafter nach deutschem Recht ein nicht ausschließbares Kündigungsrecht besitzen, sind ihre Kapitalanteile nach IAS 32 als Fremdkapital auszuweisen.

Rücklagen

Offene Rücklagen

Offene Rücklagen als der Bilanz unmittelbar entnehmbare, zum Teil obligatorisch, zum Teil fakultativ zu bildende Eigenkapitalpositionen

Leichtere Veränderbarkeit als wesentlicher Unterschied zum gezeichneten Kapital

Wichtige Arten offener Rücklagen

Kapitalrücklagen (§ 272 Abs. 2 HGB)

Satzungsmäßige Rücklagen (§ 272 Abs. 3 HGB)

Rücklage für eigene Anteile (§ 272 Abs. 4 HGB)

Andere Gewinnrücklagen (§ 272 Abs. 3 HGB)

Stille Rücklagen

Stille Rücklagen (bzw. Reserven) als der Bilanz nicht unmittelbar entnehmbare Eigenkapitaläquivalente

Bildung durch »Unter«bewertung von Vermögenspositionen oder »Über«bewertung von (insbesondere) Rückstellungen

Auflösung durch Neubewertung (z.B. Festwert), Abgang des Vermögensgegenstandes oder Auflösung von Rückstellungen

Motive der Bildung stiller Reserven

Verschiebung von Steuerzahlungen

Bilanzpolitische Intentionen

Substanzerhaltung

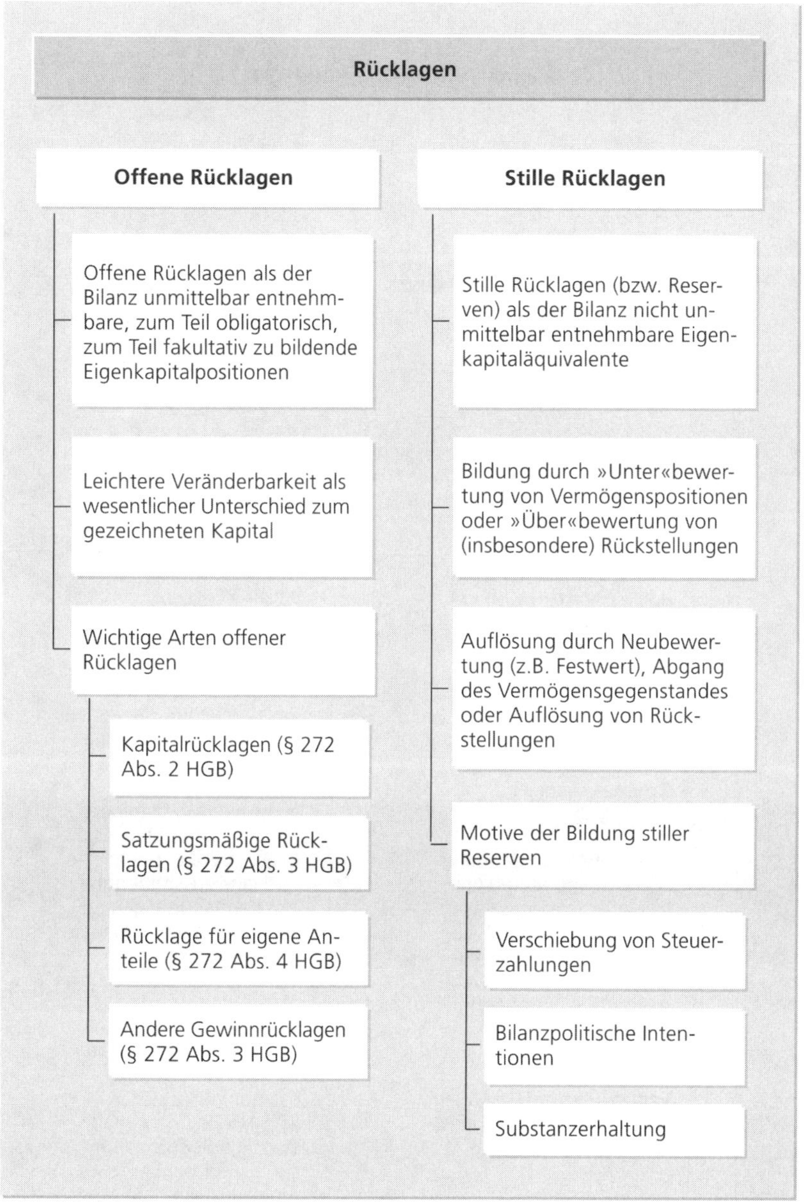

Abb. 6-6: Unterscheidung von Rücklagenarten

Kapital- und Gewinnrücklagen

Kapitalrücklagen

Kapitalrücklagen als aus zusätzlich von Kapitalgebern geleisteten Zahlungen gebildetes Eigenkapital

Unterschiedliche Gründe für derartige »Zusatz«zahlungen

Aktien- bzw. Anteilsagio durch Überpari-Ausgabe von Aktien bzw. Anteilen

Agio bei der Aufnahme von Fremdkapital durch die Möglichkeit der Wandlung in Eigenkapital (Wandel-, Optionsanleihe)

Zuzahlung zur Erlangung von Vorzugsrechten (insbesondere Vorzugsaktien); Vorzug in Bezug auf Gewinnverteilung (z.B. Vorwegdividende) und Liquidation (z.B. Vorabbefriedigung)

Eingefordertes Nachschusskapital (nur bei einer GmbH)

Einstellungen in bzw. Auflösung von Kapitalrücklagen sind bereits bei der Erstellung der Bilanz vorzunehmen (§ 270 Abs. 1 HGB)

Gewinnrücklagen

Gewinnrücklagen als Beträge, »die im Geschäftsjahr oder in einem früheren Geschäftsjahr aus dem Ergebnis gebildet worden sind« (§ 272 Abs. 3 Satz 1 HGB)

Funktionen: Thesaurierung von Gewinnen zur Verbreiterung der Haftungsbasis und zur Erhöhung der Finanzierungsbasis

Arten von Gewinnrücklagen

Gesetzliche Rücklagen; im Falle einer AG muß eine Dotierung mit 5% des um einen ggf. vorhandenen Verlustvortrag geminderten Jahresüberschusses erfolgen, bis die gesetzliche Rücklage zusammen mit den Kapitalrücklagen mindestens 10% des Grundkapitals erreicht haben

Satzungsgemäße Rücklagen als »auf Gesellschaftsvertrag oder Satzung basierende Rücklagen« (§ 272 Abs. 3 Satz 2 HGB); Wichtige Beispiele: Substanz- und Werkerneuerungsrücklage, Rücklage für Rationalisierungsvorhaben

Rücklagen für eigene Anteile (§ 272 Abs. 4 HGB)

Andere Gewinnrücklagen (§ 272 Abs. 3 HGB)

Abb. 6-7: Kapital- und Gewinnrücklagen von Kapitalgesellschaften nach HGB

Sonderposten mit Rücklageanteil

Grund der Bildung: Steuerrechtlich zulässige bzw. erwünschte Gewinnverschiebung in Folgeperioden

Wesentliche Ausprägungen

Rücklagencharakter: Sonderposten mit Rücklagenanteil als für spezielle steuerrechtlich zulässige Zwecke erfolgende aufwandswirksame (gewinnmindernde) »Rücklage«

Rücklagenbildung nach § 6b EStG

Rücklage für Ersatzbeschaffung im Falle höherer Gewalt oder behördlicher Eingriffe

Wertberichtigungscharakter: Sonderposten mit Rücklageanteil als Instrument zur passivischen Erfassung allein steuerrechtlich motivierter Abschreibungsbetragsdifferenzen gegenüber handelsrechtlichen Wertansätzen

Erhöhte Abschreibungen zur Investitionsförderung in den neuen Bundesländern als Beispiel

Einzige Ausnahme vom Postulat direkter Abschreibung (nur zulässig für Kapitalgesellschaften)

Zulässigkeit von Sonderposten mit Rücklageanteil für Kapitalgesellschaften nur bei expliziter umgekehrter Maßgeblichkeit

Abb. 6-8: Ausprägung der Sonderposten mit Rücklageanteil

Bilanzierung von Fremd-kapital

Kapitel 7

Lernziel

Kaum ein Unternehmen in Deutschland bringt das für den Geschäftsbe-trieb benötigte Kapital gänzlich aus Eigenmitteln – seien es Kapitaleinla-gen, seien es thesaurierte Gewinne – auf. Eigenkapitalanteile zwischen 20% und 50% sind die Regel. Im Folgenden wollen wir uns detailliert damit aus-einandersetzen, wo denn der Rest des Kapitals, das das Anlage- und Um-laufvermögen auf der Aktivseite finanziert, auszuweisen ist. Sie sollen ken-nen lernen,

- aus welchen verschiedenen Bestandteilen sich das Fremdkapital zu-sammensetzt,
- welche Bedeutung diese Bestandteile haben und
- welche speziellen Bewertungs- und Ausweisvorschriften nach HGB und IFRS zu beachten sind.

Nicht nur der erheblichen volumenmäßigen Bedeutung wegen wird ein Schwerpunkt der Diskussion dabei den Rückstellungen gewidmet sein.

1. Begriff und Bestandteile des Fremdkapitals

Der Begriff »Fremdkapital« erscheint im HGB – im Gegensatz zum Eigenkapitalbegriff – nicht. Der § 242 HGB spricht vielmehr von »Schulden«. Sucht man im Gesetz nach einer detaillierteren Aufgliederung, so findet man im Gliederungsschema des § 266 Abs. 3 HGB die Gruppenbezeichnungen »Rückstellungen« und »Verbindlichkeiten«. Betrachtet man wiederum die Abschlüsse der drei genannten Konzerne Bayer, Deutsche Lufthansa und Metro (vgl. die *Abbildung 7-1*), so gliedert sich deren Fremdkapital in ganz unterschiedlichem Verhältnis auf diese beiden Gruppen innerhalb des Fremdkapitals auf.

Fremdkapital ist nicht mit geliehenem Geld gleichzusetzen

Geschäftsjahr 2004 in Mio. Euro	Bayer		Deutsche Lufthansa		Metro	
Rückstellungen für Pensionen und ähnliche Verpflichtungen	4.999		4.132		1.006	
Steuerrückstellungen	1.023		365		156	
Übrige Rückstellungen	3.346		3.471		541	
Rückstellungen	**9.368**	40%	**7.968**	57%	**1.703**	8%
Langfristige Finanzschulden	9.722		3.306		7.803	
Verbindlichkeiten aus Lieferungen und Leistungen	2.276		912		10.771	
Übrige Verbindlichkeiten	2.168		1.706		2.245	
Verbindlichkeiten	**14.166**	60%	**5.924**	43%	**20.819**	92%
Fremdkapital	**23.534**		**13.892**		**22.522**	

Abb. 7-1: Struktur des Fremdkapitals dreier deutscher Konzerne per 31.12.2004

Aufgrund der deutschen Rechnungslegungstradition orientieren sich alle drei Konzerne dabei – obwohl sie, wie weiter oben bereits erläutert, ja IFRS-Abschlüsse vorlegen –, an den Gliederungsvorschriften des HGB, obwohl die IFRS hier in einigen Punkten abweichen – so z.B. in der Anforderung, kurz- und langfristige Schulden getrennt auszuweisen. Dies heißt aber noch nicht, dass die betrachteten IFRS-Abschlüsse fehlerhaft seien – vielmehr wird diese Information in den jeweiligen Anhängen offen gelegt.

Was verbirgt sich nun aber inhaltlich hinter dem ausgewiesenen Fremdkapital? Hier lassen sich zunächst folgende Punkte festhalten:

- Im Kern umfasst das Fremdkapital Ansprüche natürlicher oder juristischer Personen auf Leistung von Geldzahlungen durch das Unternehmen, z.B. am Kapitalmarkt aufgenommene Anleihen oder Verbindlichkeiten gegenüber Kreditinstituten sowie Verbindlichkeiten aus Lieferungen und Leistungen. Gerade im Fremdkapital des Metro-Konzerns macht die letztgenannte Position knapp 48% des Fremdkapitals aus und gibt damit einen wichtigen Rückschluss auf das Geschäftsmodell dieses und auch anderer Handelsunternehmen. Ganz offensichtlich wird nämlich das Warendisplay in den Groß- und Einzelhandelsmärkten zu einem nicht unerheblichen Teil dadurch finanziert, dass die Rechnungen der Lieferanten erst mit Zeitverzug beglichen werden. Sehr geschickte Han-

Bilanzierung von Fremdkapital

delsunternehmen dehnen diesen Zeitraum sogar über den Zeitpunkt hinaus aus, an dem der Endabnehmer die Waren bezahlt hat, so dass sie zusätzlich zur Handelsspanne (der Differenz zwischen Einstands- und Verkaufspreis) auch einen Zinsgewinn erwirtschaften. Dies ist immer dann möglich, wenn Handelsunternehmen gegenüber ihren Lieferanten eine vergleichsweise starke Wettbewerbsmacht besitzen. Die »Zeche« zahlen in diesem Fall die Lieferanten, die einen langen Zeitraum von der Begleichung ihrer eigenen Zahlungsverpflichtungen (z.B. für Materiallieferungen oder Lohn- und Gehaltszahlungen) bis zum Zahlungseingang aus den Umsatzerlösen überbrücken müssen. Hier springen häufig Banken ein – dies wird u.a. an dem Volumen der Finanzschulden im Bayer-Konzernabschluss deutlich, das hier 41% ausmacht; die Lieferantenverbindlichkeiten liegen dort bei »nur« 10% des Fremdkapitals.

Die unterschiedliche Struktur des Geschäfts der drei Konzerne spiegelt sich in der Struktur des Fremdkapitals wider

- Fremdkapital liegt auch dann vor, wenn diese Ansprüche auf Sach- oder Dienstleistungen gerichtet sind (z.B. von Kunden erhaltene Anzahlungen auf Bestellungen).
- Die Ansprüche müssen schließlich nicht (bereits) rechtlich eingetreten sein, um Fremdkapital zu begründen. Es reicht aus, dass sie schon wirtschaftlich entstanden sind (etwa Rückstellungen für eingegangene Gewährleistungsverpflichtungen). Umgekehrt besteht für Verpflichtungen, von denen nach objektiven Kriterien so gut wie sicher anzunehmen ist, dass ihnen der Kaufmann nicht nachkommen wird, ein Passivierungsverbot. Denkbar wäre dies beispielsweise bei einer schon verjährten Zahlungsverpflichtung, die das Unternehmen auch nicht mehr begleichen möchte.

Ein genauerer Blick in das Gliederungsschema des § 266 HGB zeigt, dass der Gesetzgeber bei der Gliederung des Fremdkapitals mehrere Gliederungskriterien parallel verwandt hat (sich somit im Vergleich zum Vermögen ein etwas uneinheitlicheres Bild ergibt). Es dominiert das Merkmal der *Sicherheit der Ansprüche Dritter* (Rückstellungen – Verbindlichkeiten); in zweiter Ebene findet man mehr oder weniger gleichzeitig die Kriterien *Stellung des Dritten zum Unternehmen* (z.B. Verbindlichkeiten gegenüber verbundenen Unternehmen), *Grund der Ansprüche* (etwa Verbindlichkeiten aus Lieferungen und Leistungen) und *Art der Ansprüche* (erhaltene Anzahlungen auf Bestellungen).

Unterschiedliche Kriterien bestimmen die Untergliederung des Fremdkapitals

Diese Parallelität von Gliederungskriterien kann zu Zuordnungsproblemen führen, für die jeweils Lösungen zu finden sind. So ist es beispielsweise aufgrund der Entwicklung des Rechnungslegungsrechts eindeutig, dass Verbindlichkeiten aus Lieferungen und Leistungen, die von einem Konzernunternehmen bezogen wurden, unter den Verbindlichkeiten gegenüber verbundenen Unternehmen auszuweisen sind. Der detaillierte Ausweis der Unternehmensverflechtungen ist erst mit Neufassung der handelsrechtlichen Rechnungslegung in das HGB aufgenommen worden und genießt damit im Vergleich zur »sauberen« artbezogenen Strukturierung der Verbindlichkeiten Priorität.

2. Verbindlichkeiten

Das, was Sie zum Stichwort Verbindlichkeiten wissen müssen, lässt sich vergleichsweise kurz beschreiben. Die Bezeichnung der einzelnen Verbindlichkeitspositionen spricht weitgehend für sich. Allenfalls für die – betragsmäßig sehr bedeutsamen – »sonstigen Verbindlichkeiten« sollen noch einige Beispiele angegeben werden:

Beispiele für sonstige
Verbindlichkeiten

- rückständige Gehälter und Löhne,
- ausstehende Provisionen für Handelsvertreter,
- einbehaltene, aber noch nicht abgeführte Lohn- und Kirchensteuer,
- Hypotheken-, Grund- und Rentenschulden.

Bewertungsprobleme treten, wie schon in Kapitel 3 diskutiert, kaum auf. Alle Geldschulden sind mit dem jeweiligen Rückzahlungsbetrag zu bewerten. Für erhaltene Anzahlungen auf Bestellungen liegt der Wertansatz mit der Höhe der Anzahlung ebenfalls fest. Schwierigkeiten, den Wert zu bemessen, gibt es insbesondere in zwei Fällen. Zum einen kommt es zuweilen vor, dass der Rückzahlungsbetrag einer Verbindlichkeit von ihrem Auszahlungsbetrag abweicht. Einen solchen Fall haben wir im Zusammenhang mit den Kapitalrücklagen schon kennen gelernt: Bei Wandelschuldverschreibungen wird das Wandlungsrecht vom Erwerber durch ein Agio erkauft; der Rückzahlungsbetrag ist kleiner als der Ausgabebetrag.

Der umgekehrte Fall liegt vor, wenn ein Kredit mit einem *Disagio*, auch Damnum genannt, gewährt wird; die Konditionen heißen dann etwa: 5,5% Zins bei 97,5% Auszahlung, 6% Zins bei 99% Auszahlung. Wenn man sich diese Kreditangebote näher anschaut, wird schnell der Charakter einer derartigen Konditionenstellung sichtbar: Je höher das Disagio, desto niedriger der Zinssatz und umgekehrt. Der Effektivzinssatz ist bei jeder Zins-Disagio-Relation gleich. Beim Disagio handelt es sich somit praktisch um eine vorgezogene, an den Anfang des Kredits gelegte Zinssonderzahlung. Die Zinsvorteile während der Laufzeit der Verbindlichkeit werden am Anfang der Schuld in summa als Disagio berechnet. Das Disagio ist mit anderen Worten ein Zinsäquivalent.

Disagio ist ein Zins-
äquivalent

Wie soll nun das Disagio im Handelsrecht bilanziell behandelt werden? Vor dem Hintergrund dieser Argumentation ist eine Aktivierung und sukzessive Abschreibung über die Kreditlaufzeit ökonomisch konsequent. Andererseits muss die Zinssonderzahlung faktisch in der ersten Periode der Kreditaufnahme geleistet werden. Der Gesetzgeber erlaubt hier über § 250 Abs. 3 HGB in der Handelsbilanz beide Möglichkeiten: die sofortige erfolgswirksame Verbuchung des kompletten Disagios als Aufwand oder die Aktivierung als Rechnungsabgrenzungsposten: »Ist der Rückzahlungsbetrag einer Verbindlichkeit höher als der Ausgabebetrag, so darf der Unterschiedsbetrag in den Rechnungsabgrenzungsposten auf der Aktivseite aufgenommen werden. Der Unterschiedsbetrag ist durch planmäßige jährliche Abschreibungen zu tilgen, die auf die gesamte Laufzeit der Verbindlichkeit verteilt werden können«.

Die *Abbildung 7-2* auf der Folgeseite macht diesen Zusammenhang an einem kleinen Beispiel deutlich. Dabei wird aus Vereinfachungsgründen unterstellt, dass abgesehen von dem Disagio keine weiteren Zinsverpflichtungen vorliegen, der Zinssatz also bei null liegt.

Die zweite potentielle Bewertungsschwierigkeit ergibt sich bei Rentenverpflichtungen, »für die eine Gegenleistung nicht mehr zu erwarten ist« (§ 253 Abs. 1 Satz 2 HGB). Dies sind typischerweise Verpflichtungen des Unternehmens aus der Zusage von Betriebsrenten oder Pensionen, die den Mitarbeitern nach Ausscheiden aus dem Berufsleben gezahlt werden sollen. Zur Bewertung solcher Verpflichtungen ist die voraussichtliche Dauer und Höhe dieser Leistungen zu ermitteln, und die Beträge sind dann mit einem angemessenen Zinssatz auf den Bilanzstichtag abzuzinsen. Als angemessen gilt ein Zinssatz, der auf dem Markt für Kredite mit vergleichbarer Laufzeit gezahlt wird; als Obergrenze wird vielfach ein Zinssatz von 6% angesehen. Den durch die Abzinsung ermittelten Betrag nennt man »Barwert«.

Beispiel:

Zugang einer Verbindlichkeit mit dem Nennwert 100 mit 10% Disagio und 10 jähriger Laufzeit am 1.1.06

Ausgangssituation: Bilanz zum 31.12.05

Aktiva	31.12.05	Passiva	
Anlagevermögen	100	Eigenkapital	100
Umlaufvermögen	100	Fremdkapital	100
	200		200

Möglichkeiten zur Berücksichtigung des Disagios in der Handelsbilanz

Alternative 1:
Volle Abschreibung des Disagios im ersten Jahr der Laufzeit

Aktiva	31.12.06	Passiva	
Anlagevermögen	100	Eigenkapital	90
Umlaufvermögen	190	Fremdkapital	200
	290		290

Alternative 2:
Bildung eines Rechnungsabgrenzungspostens und Abschreibung über die Laufzeit des Darlehens

Aktiva	1.1.06	Passiva	
Anlagevermögen	100	Eigenkapital	100
Umlaufvermögen	190	Fremdkapital	200
Rechnungsabgrenzungsposten	10		
	300		300

Aktiva	31.12.06	Passiva	
Anlagevermögen	100	Eigenkapital	99
Umlaufvermögen	190	Fremdkapital	200
Rechnungsabgrenzungsposten	9		
	299		299

Abb. 7-2: Ansatzmöglichkeiten für das Disagio in der Handelsbilanz

Schließlich sind noch zwei besondere Regelungen des HGB anzusprechen, die die Transparenz des Ausweises der Verbindlichkeiten für den Bilanzleser erhöhen sollen: (1) »Der Betrag der Verbindlichkeiten mit einer Restlaufzeit bis zu einem Jahr ist bei jedem gesondert ausgewiesenen Posten zu vermerken« (§ 268 Abs. 5 HGB). (2) Ferner sind gem. § 285 Nr. 1 HGB im Anhang anzugeben »zu den in der Bilanz ausgewiesenen Verbindlichkeiten a) der Gesamtbetrag der Verbindlichkeiten mit einer Restlaufzeit von mehr als fünf Jahren, b) der Gesamtbetrag der Verbindlichkeiten, die durch Pfandrechte oder ähnliche Rechte gesichert sind, unter Angabe von Art und Form der Sicherheiten«.

Potenzielle Bewertungsschwierigkeiten bei Rentenverpflichtungen

Diese Pflichtangaben werden typischerweise in einer Aufstellung zusammengefasst, die man – dem Anlagenspiegel analog – *Verbindlichkeitenspiegel* nennen kann. Die *Abbildung 7-3* zeigt hierfür das Beispiel aus dem Metro-Konzernabschluss 2004, der die Information gem. § 285 Nr. 1a) enthält.

Abb. 7-3: Verbindlichkeiten der Metro zum 31.12.2004

Verbindlichkeitenspiegel Metro-Konzern 2004 in Mio. Euro	31.12.2004 gesamt	Restlaufzeit bis 1 Jahr	Restlaufzeit 1 bis 5 Jahre	Restlaufzeit über 5 Jahre	Stand 31.12.2003
Langfristige Finanzschulden	7.803	1.385	3.948	2.470	7.802
Verbindlichkeiten aus Lieferungen und Leistungen	10.771	10.767	4	-	9.907
Übrige Verbindlichkeiten	2.245	2.095	128	22	2.097
	20.819	**14.247**	**4.080**	**2.492**	**19.806**

3. Rückstellungen

Rückstellungen sind aus mehreren Gründen heraus eine bemerkenswerte Bilanzposition: Sie können einen erheblichen Teil des Fremdkapitals ausmachen (vgl. nochmals die *Abbildung 7-1*; bei der Lufthansa sind dies z.B. 57% des Fremdkapitals, bei Metro andererseits nur 8%). Rückstellungen lassen sich weiterhin als das wohl interessanteste Instrument der Bilanzpolitik eines Unternehmens identifizieren. Zu ihrer Bildung greifen zum Teil sehr komplizierte Bestimmungen, und schließlich lässt sich an ihnen sehr anschaulich der Unterschied der beiden zentralen Bilanzauffassungen, der statischen und der dynamischen Bilanzsicht, deutlich machen.

3.1. Begriff und Arten von Rückstellungen

Das HGB widmet der Regelung von Rückstellungen zwar einen eigenen Paragraphen, unterlässt es aber, den Rückstellungsbegriff näher zu umreißen. Vielmehr greift der Gesetzgeber – wie so häufig – zu einer Kasuistik, zählt also abschließend in § 249 Abs.1 und 2 HGB auf, welche einzelnen Tatbestände er unter Rückstellungen subsumiert sehen will. Dies sind insbesondere:

- ungewisse Verbindlichkeiten,
- drohende Verluste aus schwebenden Geschäften,
- im Geschäftsjahr unterlassene Aufwendungen für Instandhaltung oder Abraumbeseitigung, die im folgenden Geschäftsjahr nachgeholt werden, und
- Gewährleistungen ohne rechtliche Verpflichtung.

Die Kasuistik des § 249 HGB wirkt auf den ersten Blick undurchsichtig. Bei näherem Hinsehen erkennt man jedoch zwei wesentliche übereinstimmende Bildungsprinzipien für Rückstellungen:

Bildungsprinzipien für Rückstellungen

(1) Rückstellungen erfassen immer zukünftige Belastungen des Unternehmens. Der Grund für diese Belastung wird in der Rechnungslegungsperiode verursacht und/oder zum ersten Mal sichtbar.
(2) Die Belastungen sind entweder in ihrer Höhe und/oder in ihrer Fälligkeit nicht exakt bekannt.

Die verwirrende Breite unterschiedlicher Rückstellungsarten resultiert daraus, dass für das Vorliegen zukünftiger Belastungen sehr heterogene Gründe maßgebend sein können. Diese Verschiedenartigkeit besitzt ihren Ursprung schon in der prinzipiellen Sichtweise der Bilanz. Wie bereits mehrfach kurz gestreift, lässt sich die im Handelsrecht niedergelegte Bilanz im Wesentlichen als eine auf den Bilanzstichtag bezogene Gegenüberstellung von Vermögen und Kapital bezeichnen. Diese Sichtweise hatten wir mit dem Begriff »*statische Bilanzauffassung*« belegt. Nach statischer Auffassung müssen Rückstellungen aus dem Vollständigkeitsgebot des Ausweises heraus angesetzt werden. Alle Schulden des Unternehmens sind zu erfassen, auch wenn sie noch nicht juristisch festgestellt, sondern lediglich wirtschaftlich verursacht sind. Die statische Sichtweise wird unmittelbar deutlich bei Rückstellungen für ungewisse Verbindlichkeiten.

Rückstellungen können zumeist sowohl aus der statischen wie der dynamischen Bilanzauffassung abgeleitet werden...

Die *dynamische Bilanzauffassung* versteht die Bilanz dagegen eher als ein Instrument zur richtigen, periodengerechten Erfolgszurechnung. Sie zielt bei Rückstellungen deshalb nicht auf das Bestehen von Schulden, sondern vielmehr auf das Vorliegen solcher (unsicherer) Aufwendungen ab, die der Rechnungsperiode wirtschaftlich zuzuordnen sind. Im oben zitierten § 249 HGB werden derartige Aufwendungen mehrfach als Rückstellungsgrund genannt.

Bei einem Teil der Rückstellungsarten gemäß § 249 HGB, nämlich den Rückstellungen, die ungewisse Verbindlichkeiten gegenüber Dritten betreffen, wird man nach statischer und dynamischer Sicht der Bilanz zu übereinstimmenden Ergebnissen kommen: Müssen für die Abschlussarbeiten der Wirtschaftsprüfungsgesellschaft Gebühren gezahlt werden, deren Höhe am Bilanzstichtag noch nicht exakt feststeht, so liegt sowohl eine Verbindlichkeit als auch Aufwand in ungewisser Höhe vor.

Am Beispiel der Rückstellungen für unterlassene Instandhaltungsaufwendungen lässt sich aber sehr transparent zeigen, dass beide Sichten auch zu unterschiedlichen Ergebnissen führen können: Die dynamische Bilanzauffassung sieht in der Verschiebung von Instandhaltungsaufwendungen in die kommende Periode keine »echte« Erfolgsverlagerung; die Aufwendungen gehören wirtschaftlich zur gerade zu bilanzierenden Periode und sind dieser somit auch zuzurechnen. Nach statischer Sicht liegt dagegen kein Grund für eine solche Handlungsweise vor: Das Unternehmen ist keinem Dritten gegenüber eine in ihrer Höhe und/oder Fälligkeit ungewisse Verbindlichkeit eingegangen, eine derartige Verpflichtung besteht lediglich gegenüber sich selbst. Solche »internen Verbindlichkeiten« sind jedoch nicht ausweisfähig. Wenn wir die handelsrechtliche Bilanz als weitgehend statischer Bilanzauffassung entsprechend gekennzeichnet haben, müssen wir Rückstellungen als den wesentlichen Ausnahmebereich im Gedächtnis behalten, in dem die dynamische, auf einen richtigen Erfolgsausweis gerichtete Sichtweise der Bilanz »durchschlägt«.

Während § 249 HGB die Ursachen und Anlässe beschreibt, die zur Rückstellungsbildung führen, listet § 266 Abs. 3 HGB die Rückstellungsarten auf, die in der Bilanz einer Kapitalgesellschaft – sofern entsprechende Beträge vorliegen – differenziert ausgewiesen werden müssen. Es sind dies

- Rückstellungen für Pensionen und ähnliche Verpflichtungen,
- Steuerrückstellungen und
- sonstige Rückstellungen.

Im § 285 Nr. 12 HGB wird für die Sammelposition »sonstige Rückstellungen« darüber hinaus gefordert, im Anhang ihre Zusammensetzung dann näher zu erläutern, »wenn sie einen nicht unerheblichen Umfang haben«. Diese Regelung ist vergleichsweise wenig präzise und fordert von den Unternehmen zudem keinen Ausweis der entsprechenden Einzelbeträge.

3.2. Rückstellungen für ungewisse Verbindlichkeiten

Rückstellungen für ungewisse Verbindlichkeiten, die der § 249 HGB im ersten Absatz als erste Rückstellungsart nennt, liegen vor, wenn für das Unternehmen ein Leistungszwang gegenüber Dritten besteht, dieser Leistungszwang jedoch entweder nicht absolut sicher festliegt und/oder seine Höhe noch unbestimmt ist. Hat die Ungewissheit ihren Grund im Eintritt der Verpflichtung, muss eine ausreichende Mindestwahrscheinlichkeit der Verbindlichkeit gegeben sein. Reine Vermutungen reichen nicht aus. Allerdings – dies wird schon aus der Formulierung »Mindest-« heraus deutlich – lässt sich nie exakt die Grenze ziehen, ab wann eine Rückstellungsbildung im konkreten Einzelfall obligatorisch wird. Hier haben wir wieder einen der fließenden Übergänge zwischen kaufmännischem Ermessen und Willkür vor uns, der im Streitfall letztlich nur vor Gericht – auf dem Fundament der Grundsätze ordnungsmäßiger Buchführung – entschieden werden kann. Angesichts der erheblichen Summen, die sich unter den Rückstellungen ansammeln können und ansammeln, wird allerdings die erhebliche Tragweite dieses Ermessensspielraums deutlich: Bedenkt man, dass eine Rückstellungsbildung unmittelbar aufwandswirksam ist, haben die Unternehmen

**Bilanzierung von
Fremdkapital**

mit den Rückstellungen ein zentrales Instrument zur Beeinflussung des Periodenerfolgs in den Händen.

Die betragsmäßig wichtigste Gruppe innerhalb der Rückstellungen für ungewisse Verbindlichkeiten sind die *Pensionsrückstellungen*, für die der § 266 Abs. 3 HGB deshalb auch einen gesonderten Ausweis fordert. Grund derartiger Rückstellungen sind Zusagen der Unternehmen an ihre Mitarbeiter, nach Überschreiten der Pensionsgrenze bzw. im Invaliditätsfall einen Beitrag zu deren Altersversorgung zu leisten (Betriebsrenten). Wie bei jeder Rente, so ist auch bei Betriebsrenten a priori nicht klar, wie lange die zumeist monatlich entrichteten Zahlungen geleistet werden müssen; sie sind an die Lebenszeit der ehemaligen Mitarbeiter (durchschnittlich erreichtes Lebensalter) und die Wahrscheinlichkeit des Eintritts von Invalidität vor Erreichen der Pensionsgrenze gebunden. Letztlich lassen sich derartige Pensionsverpflichtungen mit Lebensversicherungen vergleichen, bei denen im Erlebensfall monatlich ein bestimmter Betrag an den Versicherungsnehmer gezahlt wird. Der Leistende und das Versicherungsunternehmen stimmen jedoch im Falle der betrieblichen Pensionszusagen quasi überein. Der Vergleich macht unmittelbar deutlich, dass für die Bestimmung der zurückzustellenden Beträge versicherungsmathematische Grundsätze anzuwenden sind. Diese hier im Detail darzustellen, würde den Rahmen eines Einführungsbuchs sprengen. Als wichtig sind nur folgende Punkte festzuhalten:

Pensionsrückstellungen

**Konkrete Bestimmungen zur
Rückstellungsbildung**

- Wie bei Rentenverpflichtungen ist auch bei Pensionsverpflichtungen der *Barwert der Verpflichtung* als bilanzieller Wertansatz relevant.
- Für alle Pensionszusagen, die ab dem 1.1.1987 erteilt wurden, besteht eine *Ansatzpflicht* entsprechender Rückstellungsbeträge.
- Für alle vor diesem Stichtag gemachten Zusagen besteht lediglich ein Passivierungswahlrecht.

Vor dem 01.01.1987 besaßen die Kapitalgesellschaften ein Wahlrecht, für Pensionsverpflichtungen Rückstellungen zu bilden oder dies zu unterlassen, ein Wahlrecht, gegen das allerdings stets heftig in der Literatur opponiert wurde. Mit Übergang auf das neue Recht wurde dieser gesetzliche »Fehlgriff« zwar beseitigt (Passivierungspflicht); man wollte es aber den Unternehmen, die bislang Pensionsrückstellungen nicht passiviert hatten, nicht zumuten, von einem auf den anderen Bilanzstichtag dieses nachzuholen. Wenn Sie bedenken, dass die Daimler-Benz AG im Jahr 1985 über 6 Mrd. DM Pensionsrückstellungen im Jahresabschluss ausgewiesen hat, wird deutlich, dass man den Unternehmen eine solche Nachholpflicht auch gar nicht hätte zumuten können, ohne ernste Krisen heraufzubeschwören (die Rückstellungssumme überstieg im besagten Fall das Grundkapital um mehr als den Faktor 3 (!)).

Die zweite wichtige Gruppe von Rückstellungen innerhalb der Rückstellungen für ungewisse Verbindlichkeiten sind die vom § 266 Abs. 3 HGB ebenfalls gesondert genannten »*Steuerrückstellungen*«. Sie können zunächst einmal notwendig werden, weil zum Bilanzstichtag in der Regel die Einkommensteuern für das vergangene Geschäftsjahr – bei Kapitalgesellschaften ist dies die Körperschaftsteuer – in Höhe und Grund genau feststehen: Gerade bei größeren Unternehmen finden regelmäßig Betriebs-

Steuerrückstellungen

prüfungen des Finanzamts statt, bei denen die in der Steuerbilanz dargestellten Sachverhalte hinterfragt werden. Ist das Unternehmen wiederum nicht mit der Entscheidung über die steuerliche Behandlung bestimmter Sachverhalte einverstanden, kann es gegen die Steuererklärung Widerspruch einlegen und möglicherweise vor den Finanzgerichten klagen. Bis eine Steuererklärung letztlich wirksam wird und damit die Einkommensteuer eines Geschäftsjahres endgültig feststeht, können so im Zweifel mehrere Jahre vergehen.

Steuerrückstellungen müssen aber auch aus einem zweiten Grund gebildet werden, der in § 274 Abs. 1 HGB als »Steuerabgrenzung« genauer beschrieben ist – man spricht in diesem Zusammenhang auch von der Bildung so genannter *latenter Steuern*. Die latenten Steuern nehmen ihren Ursprung in Divergenzen zwischen der handels- und der steuerrechtlichen Gewinnermittlung. Einfacher gesagt: Trotz der Bemühungen des Gesetzgebers, Handels- und Steuerbilanz nicht zu sehr auseinander fallen zu lassen – hieraus resultieren ja die bereits angesprochenen Prinzipien der Maßgeblichkeit bzw. umgekehrten Maßgeblichkeit – ermittelt die Handelsbilanz häufig einen anderen Gewinn als die Steuerbilanz. Einen Grund dafür haben wir in diesem Kapitel bereits genannt: Wird ein Disagio in der Handelsbilanz in voller Höhe als Aufwand gebucht, so muss es in der Steuerbilanz dennoch aktiviert und über die Kreditlaufzeit abgeschrieben werden. Konsequenterweise ist der Gewinn in der Handelsbilanz im ersten Jahr niedriger als in der Steuerbilanz, in den folgenden Jahren der Kreditlaufzeit dagegen höher.

Latente Steuern

Der Unterschied im ausgewiesenen Gewinn ist für die Handelsbilanz nun insofern von Bedeutung, als auch hier, nicht nur in der Steuerbilanz, Ertragssteuerzahlungen berücksichtigt werden müssen: Der ausgewiesene Jahresüberschuss versteht sich nach Steuern, d.h. nach Abzug der gewinnabhängigen Steuerbeträge.

Grund für den Ansatz von Steuerrückstellungen

Davon ausgehend bestehen für den Handelsgesetzgeber grundsätzlich zwei Möglichkeiten: Zum einen kann er sich auf den Standpunkt stellen, dass die Ermittlung dieser Steuerzahlungen keine Aufgabe der Handels-, sondern der Steuerbilanz ist, die Handelsbilanz den entsprechenden Wert aus der Steuerbilanz übernimmt. Zum anderen kann er die Meinung vertreten, dass der in der Handelsbilanz ausgewiesene Steuerbetrag mit dem dort ermittelten Jahresüberschuss zu korrespondieren hat, also aus diesem abzuleiten ist. Divergenzen dieses Betrages zum steuerlich »richtigen« Wert sollten an anderer Stelle des Jahresabschlusses ausgewiesen werden. Letztere Meinung hat sich im HGB durchgesetzt. So heißt es im § 278, dass die »Steuern vom Einkommen und vom Ertrag ... auf der Grundlage des Beschlusses über die Verwendung des Ergebnisses zu berechnen« sind.

Die möglichen Unterschiede zwischen handels- und steuerrechtlichem Jahresergebnis können zum einen *permanent bestehen*. So lässt es beispielsweise das Steuerrecht nicht zu, die Gesamtsumme der an Aufsichtsratsmitglieder gezahlten Vergütungen als Aufwand geltend zu machen; nur 50% dieser Beträge sind ansatzfähig. Ein weiteres Beispiel sind Spenden, für deren Höhe es ebenfalls steuerrechtliche Obergrenzen gibt. Im Ergebnis bedeuten diese Unterschiede, dass die Steuerbilanz höhere Gewinne und folg-

Gewinnunterschiede zwischen Handels- und Steuerbilanz können permanenter und vorübergehender Natur sein

Bilanzierung von Fremdkapital

lich höhere gewinnabhängige Steuern ermittelt. Da diese effektiv ergebniswirksam abfließen, müssen sie in der Folgeperiode jeweils unter der Position sonstige Aufwendungen auch in dem handelsrechtlichen Jahresabschluss berücksichtigt werden.

Daneben gibt es aber auch häufig *vorübergehende Differenzen*. Ein Beispiel ist die oben dargestellte Verbuchung des Disagios. Auch die Anwendung eines nur handelsrechtlich zulässigen Verbrauchsfolgeverfahrens, z.B. HIFO, kann zu Divergenzen führen, da die Verbräuche und Endbestände in der Steuerbilanz anders bewertet werden müssen. Gleiches gilt für die Wahl eines nur handelsrechtlich, nicht aber steuerrechtlich zulässigen Abschreibungsverfahrens. Weitere Unterschiede resultieren aus der Handhabung von handelsrechtlichen Aktivierungs- bzw. Passivierungswahlrechten in der Steuerbilanz: Das handelsrechtliche Aktivierungswahlrecht wird grundsätzlich zur steuerlichen Aktivierungspflicht (siehe die Handhabung des Disagios), das handelsrechtliche Passivierungswahlrecht wird steuerrechtlich dagegen zum Passivierungsverbot (so besteht beispielsweise für den Ansatz von Rückstellungen für unterlassene Instandhaltungen, die erst ab dem 4. Monat des neuen Geschäftsjahres nachgeholt werden, ein handelsrechtliches Passivierungswahlrecht, dagegen ein steuerrechtliches Passivierungsverbot. In der Steuerbilanz dürfen solche Rückstellungen also nicht angesetzt werden).

Gewinnunterschiede zwischen Handels- und Steuerbilanzgewinn können in beide Richtungen gehen

In diesen Beispielen bestehen die Divergenzen nur so lange, bis der entsprechende Vermögensgegenstand bzw. Kapitalbestandteil das Unternehmen wieder verlassen hat: Die Unterschiede in den beeinflussten gewinnabhängigen Steuern sind nur vorübergehender Natur. Diese Unterschiede können dabei in beide Richtungen gehen: Steuerbilanziell zunächst höhere Aufwendungen bzw. niedrigere Gewinne sind ebenso möglich (z.B. bei der handelsrechtlichen Aktivierung von Aufwendungen für die Ingangsetzung des Geschäftsbetriebs, die steuerrechtlich voll in den Aufwand des Geschäftsjahres eingehen) wie steuerbilanziell zunächst niedrigere Aufwendungen bzw. höhere Gewinne (z.B. beim genannten abweichenden Ansatz des Disagios).

An dieser Stelle kommen wir wieder zurück zur Regelung des § 274 Abs. 1 HGB, die wir oben zitiert haben. Die Regelung ist auf den Fall abgestellt, dass der Steuerbilanzgewinn geringer ausfällt als der Gewinn der Handelsbilanz. Ein heute niedrigerer Gewinn in der Steuerbilanz im Vergleich zur Handelsbilanz bedeutet ceteris paribus einen in der Zukunft höheren Gewinn, da der § 274 Abs. 1 HGB lediglich auf vorübergehende, sich im Zeitablauf wieder egalisierende Differenzen ausgerichtet ist (»... und gleicht sich ... in späteren Geschäftsjahren voraussichtlich aus ...«). Ein in der Zukunft höherer Gewinn in der Steuerbilanz zieht jedoch höhere gewinnabhängige Steuern nach sich. Vernachlässigt die Handelsbilanz diesen Zusammenhang, d.h. werden die noch »drohenden« Steuerbeträge nicht berücksichtigt, so verstößt dies gegen ein Basisprinzip der externen Rechnungslegung: Auf das Unternehmen zukommende Belastungen sind schon zum Zeitpunkt des (erstmaligen) Erkennens ergebniswirksam in den Jahresabschluss einzustellen. Da nicht in jedem Fall klar ist, ob der Ausgleich tatsächlich stattfinden wird – vielleicht müssen ja in den folgenden Jahren aufgrund

Herleitung des Ansatzes passivischer latenter Steuern

schlechter wirtschaftlicher Lage überhaupt keine Gewinnsteuern gezahlt werden –, folgt hieraus zwangsläufig die Berücksichtigung der »passiven latenten Steuern« in Form einer Rückstellung.

Diese Argumentation führt im Übrigen auch dazu, dass Steuerrückstellungen der genannten Form nach herrschender Lehre auch von Personengesellschaften gebildet werden müssen, obwohl die zitierte Regelung eigentlich Bestandteil der ergänzenden Vorschriften für Kapitalgesellschaften ist.

Im umgekehrten Fall, d.h., wenn der in der Handelsbilanz ausgewiesene Gewinn kleiner ist als der Gewinn der Steuerbilanz, sieht das HGB in § 274 Abs. 2 statt einer Ansatzpflicht nur ein Ansatzwahlrecht vor. Aktive latente Steuern können als Bilanzierungshilfe (im Gegensatz zu passiven latenten Steuern aber nur von Kapitalgesellschaften) auf der Aktivseite berücksichtigt werden, müssen dies aber nicht.

In dieser unterschiedlichen Behandlung eines prinzipiell völlig analogen Sachverhalts kommt wieder das schon mehrfach implizit angesprochene *Imparitätsprinzip* zum Ausdruck: »Winkende« Gewinne werden in der externen Rechnungslegung anders behandelt als drohende Verluste. Wenn sich der Gesetzgeber bei den latenten Steuern als Ausnahmefall schon dazu durchgerungen hat, noch nicht vollständig sichere Minderaufwendungen kommender Perioden in der Bilanz ergebniswirksam zu berücksichtigen, verwundert es nicht, dass er eine Ausschüttung der entsprechenden Beträge strikt untersagt: »Wird ein solcher [aktiver Rechnungsabgrenzungs-]Posten ausgewiesen, so dürfen Gewinne nur ausgeschüttet werden, wenn die nach der Ausschüttung verbleibenden jederzeit auflösbaren Gewinnrücklagen zuzüglich eines Gewinnvortrags und abzüglich eines Verlustvortrags dem angesetzten Betrag mindestens entsprechen« (§ 274 Abs. 2 HGB).

Die Höhe der aktiven und passiven latenten Steuern entspricht der voraussichtlichen Steuerminder- bzw. Steuermehrbelastung in den zukünftigen Geschäftsjahren. Werden beide Positionen angesetzt, so ergibt sich – sieht man von den Divergenzen durch permanente Unterschiede in Handelsbilanz und Steuerbilanz ab – der in der Steuerbilanz angesetzte Steuerbetrag nach folgender Rechenformel:

Ertragsteuern in der Handelsbilanz
+ Aktivische latente Steuern des Geschäftsjahres (Ansatzwahlrecht)
– Passivische latente Steuern des Geschäftsjahres (Ansatzpflicht)
= Ertragsteuern in der Steuerbilanz

Bei dem Ausweis der latenten Steuern nach HGB ist allerdings zu beachten, dass lediglich der Spitzenbetrag der aktiven und passiven latenten Steuern ausgewiesen wird. Es findet eine so genannte Gesamtbetrachtung statt. Hierbei ist es auch gleichgültig, gegen welche Steuerhoheiten die Steuerverpflichtung oder der Anspruch besteht.

Für aktivische latente Steuern besteht ein Aktivierungswahlrecht

Berechnung der latenten Steuern

3.3. Aufwandsrückstellungen und andere Rückstellungsarten

Sehr nahe den Rückstellungen für ungewisse Verbindlichkeiten stehen die Rückstellungen für Gewährleistungen, die ohne rechtliche Verpflichtung erbracht werden (plastisch auch als »*Kulanzrückstellungen*« bezeichnet). Zwar liegt kein juristischer Leistungszwang gegenüber Dritten vor; dennoch besteht eine aus wirtschaftlichen Überlegungen heraus kaum vermeidbare Verpflichtung. So wird es sich beispielsweise kein Automobilproduzent leisten können, einen 1 Monat nach Ende der Garantiezeit sauer gefahrenen Motor nicht genauso anstandslos zu ersetzen, als wäre der Ausfall noch innerhalb der Garantiefrist erfolgt.

Um eine weitere gesonderte Rückstellungsart handelt es sich bei den *Rückstellungen für drohende Verluste aus schwebenden Geschäften*. Sie sind deshalb relevant, weil schwebende Geschäfte nicht bilanziert werden dürfen. Erst wenn die Hauptleistung aus dem Vertrag erfolgt ist, d.h. Lieferung oder Zahlung, wird das Geschäft bilanzierungsfähig. Dennoch besteht die Gefahr, dass ein solches schwebendes Geschäft, das vom bilanzierenden Unternehmen in der Hoffnung auf Gewinne abgeschlossen wurde, letztlich doch zu Verlusten führt: Die vertraglich zu erbringende Leistung hat dann einen höheren Wert, als das, was das Unternehmen dafür erhält.

So kann beispielsweise das Risiko von Währungsschwankungen dazu führen, einen zunächst geplanten Gewinn in eine Aufwandsunterdeckung umschlagen zu lassen. Ein weiterer wichtiger Ursachenbereich von Verlustsituationen bei einzelnen Geschäften ist der von nicht prognostizierten Aufwandssteigerungen. Anders als im Fall häufig sehr kurzfristiger Wechselkursschwankungen trifft dieses Risiko im Wesentlichen nur längerfristige (Groß-)Projekte. Nehmen Sie als Beispiel den Bau einer chemischen Fabrik, für die ein Anlagenbauunternehmen als Generalunternehmer ein Festpreisangebot abgeben musste. Derartige Vorhaben lassen sich nie auf die Schraube genau planen, schon nicht von den Bauplänen, erst recht nicht vom Bauprozess her. Neben diesen technischen Risiken greifen Inflationsrisiken; man kann nicht exakt für die mehrjährige Bauzeit die Entwicklung der Personaltarife oder der Materialpreise vorhersagen. Werden im Laufe der Projektabwicklung Aufwandsüberschreitungen sichtbar, so muss man genau prüfen, ob sich dieser Trend fortsetzen und – wenn ja – ob dadurch die geplante Gewinnmarge aufgezehrt und in einen Verlust umgekehrt wird. Ist Letzteres der Fall, muss der erwartete Verlust quasi vorweggenommen, als Rückstellung passiviert werden.

Neben sonstigen Rückstellungen verbleiben als letzte Gruppe von Rückstellungen noch die so genannten *Aufwandsrückstellungen*. Ihr Ansatz erfolgt nicht aus Gründen einer vorhandenen oder drohenden Belastung des Unternehmens im Zusammenhang mit Dritten, sondern derartige Belastungen sind quasi »hausgemacht«: Aufwendungen, die wirtschaftlich »eigentlich« in der laufenden Periode angefallen wären, aus irgendwelchen Gründen aber in Folgeperioden verschoben sind, sollen mittels dieser Rückstellungsart periodengerecht schon jetzt ausgewiesen werden. Grund für den Ansatz von Aufwandsrückstellungen ist somit – wie bereits erwähnt –

Gründe für drohende
Verluste aus schwebenden
Geschäften

das Streben nach einer möglichst periodengerechten Erfolgsermittlung; Aufwandsrückstellungen leiten sich aus der *dynamischen Bilanzauffassung* ab.

Aufwendungen, auf die das Kriterium der »Periodenverschobenheit« zutrifft, gibt es prinzipiell in fast unbeschränkter Zahl. Wollte man Aufwandsrückstellungen generell zulassen, gäbe man damit den Unternehmen ein fast beliebig nutzbares Instrument an die Hand, den Periodenerfolg zu steuern. Insofern ist es verständlich, dass der Gesetzgeber Aufwandsrückstellungen in § 249 Abs. 1 HGB auf zwei Anlässe beschränkt, denen in der Praxis hohe Bedeutung zukommt:

- *Rückstellungen für unterlassene Aufwendungen für Instandhaltung* müssen angesetzt werden, wenn die Instandhaltungsmaßnahmen in den drei ersten Monaten des folgenden Geschäftsjahres nachgeholt werden. Die Frist von drei Monaten ist dabei alles andere als zufällig: In § 264 Abs. 1 HGB wird von den Kapitalgesellschaften gefordert, den Jahresabschluss innerhalb eben dieser drei Monate aufzustellen. Die Instandhaltungsaufwendungen, für die eine Rückstellungspflicht besteht, sind damit zum Zeitpunkt der Rechnungslegung schon angefallen.
- Rückstellungen für unterlassene Aufwendungen für Instandhaltung können angesetzt werden, wenn sie im 2., 3. oder 4. Quartal des folgenden Geschäftsjahres nachgeholt werden.
- Eine Rückstellungspflicht besteht wiederum für Rückstellungen für unterlassene Abraumbeseitigung, falls diese im folgenden Geschäftsjahr nachgeholt wird.

Andere Aufwandsrückstellungen dürfen nur für »ihrer Eigenart nach genau umschriebene, dem Geschäftsjahr oder einem früheren Geschäftsjahr zuzuordnende« (§ 249 Abs. 2 HGB) Aufwendungen in der Handelsbilanz gebildet werden. Das Steuerrecht zieht die Grenze noch enger: Die letztgenannten Rückstellungen sind dort unzulässig.

4. Bilanzierung von Fremdkapital nach IFRS

Auch innerhalb der IFRS wird im Fremdkapital zwischen *Verbindlichkeiten* und *Rückstellungen* unterschieden; letztere sind in der Bilanz getrennt auszuweisen. Die in vielen IFRS-Bilanzen deutscher Konzerne – so auch der drei genannten Beispielunternehmen – immer noch vorgenommene Gliederung in Verbindlichkeiten und Rückstellungen ist allerdings streng genommen nicht IFRS-konform: Vielmehr soll hier die Passivseite in lang- und kurzfristiges Fremdkapital unterteilt werden – es sei denn, eine Gliederung nach Liquiditätsnähe ist stärker entscheidungsrelevant. Unter dem langfristigen Fremdkapital sind dann u.a. die Pensionsrückstellungen und andere langfristige Rückstellungen auszuweisen.

Verbindlichkeiten sind in der Regel Finanzinstrumente und können zu sehr eingeschränkten Bedingungen nach IAS 39 (Financial Instruments: Measurement and Recognition) zum jeweils beizulegenden Zeitwert bewertet werden. In den allermeisten Fällen, so z.B. bei Verbindlichkeiten aus

Lieferungen und Leistungen, hat die Bewertung jedoch zu fortgeführten Anschaffungskosten zu erfolgen – dies ist im einfachsten Falle der Rückzahlungsbetrag.

Rückstellungen

Der Begriff der *Rückstellungen* wird nach IFRS enger gefasst als nach HGB – Aufwandsrückstellungen, die nach § 249 HGB z.B. für unterlassene Instandhaltungen gebildet werden können oder sogar müssen, sind nach IFRS nicht erlaubt. Eine wichtige Ausnahme sind jedoch so genannte *Restrukturierungsrückstellungen*, die anfallen, wenn z.B. ein Geschäftsbereich aufgegeben oder ein Standort geschlossen werden soll. Die erwarteten Aufwendungen, z.B. für die Abfindung von Arbeitnehmern oder die vorzeitige Auflösung von Mietverträgen, können jedoch nur dann als Rückstellung ausgewiesen werden, wenn das Unternehmen am Bilanzstichtag nicht nur einen detaillierten Restrukturierungsplan aufgestellt hat, sondern dieser Plan zumindest auch gegenüber den Betroffenen angekündigt worden ist.

Unterschiedliche Rückstellungsbewertung nach HGB und IFRS

Rückstellungen sind nach IAS 37 (Provisions, Contingent Liabilities and Contingent Assets) dann anzusetzen, wenn die Eintrittswahrscheinlichkeit der Verpflichtung bei mehr als 50% liegt (more likely than not). Die Bewertung erfolgt dann über die »*bestmögliche Schätzung*« und nicht, wie § 253 Abs. 1 Satz 2 HGB vorschreibt, den Betrag, »der nach vernünftiger kaufmännischer Beurteilung notwendig ist«. Konkret bedeutet dies, dass bei mehreren, gleich wahrscheinlichen Wertansätzen nach HGB der höchste, nach IAS 37 dagegen der Mittelwert der Bandbreite zu wählen ist. Unterstellen wir beispielsweise, dass die more-copy-gmbh einen Mitarbeiter entlässt, der nun auf Abfindung klagt. Zum Bilanzstichtag gibt es ein Gutachten des Rechtsanwalts, der die more-copy-gmbh vertritt. Darin wird die Verurteilung zur Zahlung einer Abfindung zwischen 4.000 und 8.000 Euro als wahrscheinlich angesehen. Während nach IFRS eine Rückstellung in Höhe von 6.000 Euro zu bilden ist, würde nach HGB der höchste Wert, nämlich 8.000 Euro angesetzt.

Pensionsrückstellungen

Aus diesen Überlegungen darf jedoch nicht geschlossen werden, dass die Rückstellungen nach IFRS in jedem Fall niedriger ausgewiesen werden als nach HGB. Eine Ausnahme stellen die *Pensionsrückstellungen* dar. Während für ihre Bewertung aufgrund des in § 252 Abs. 1 Nr. 3 HGB festgelegten Stichtagsprinzips nämlich nur die am Bilanzstichtag feststehende Gehaltsbzw. Rentenvereinbarung zugrunde gelegt werden darf, sind nach IAS 19 (Employee Benefits) zukünftige Gehalts- und Rententrends zu berücksichtigen. Dies führt dazu, dass die Pensionsrückstellungen nach HGB in aller Regel niedriger sind als in der IFRS-Bilanz. Dies belegt auch die bereits in Kapitel 6 genannte Untersuchung von Weißenberger/Haas, ZfCM-Sonderheft 2/2004, S. 56f.: Im Schnitt sind bei den betrachteten Unternehmen die Pensionsrückstellungen in der IFRS-Bilanz um 2,5% höher als in der HGB-Bilanz; die veränderte Bewertung der Pensionsrückstellungen macht dabei eine Reduktion des Eigenkapitals um bis zu 21% aus.

Ein letzter wichtiger Unterschied zwischen der HGB-Bilanz und der IFRS-Bilanz, der an dieser Stelle zu erwähnen ist, betrifft die *Bilanzierung latenter Steuern*, die in IAS 12 (Income Taxes) geregelt wird. Im Gegensatz zum HGB-Abschluss dürfen aktive und passive latente Steuern nicht saldiert werden. Sie sind zudem gesondert und bei Gliederung der Bilanz nach Fristigkeit außerhalb der kurz- und langfristigen Positionen auf der Aktiv- bzw. Passivseite auszuweisen. Zu beachten ist weiterhin, dass für aktive latente Steuern – anders als nach § 274 HGB – eine Bilanzierungspflicht besteht.

Auch die Bewertung latenter Steuerpositionen erfolgt abweichend zu den Vorschriften des HGB. Nach IAS 12 geht es nämlich ausschließlich darum, bilanzielle Bewertungsunterschiede zwischen den einzelnen Positionen der IFRS-Bilanz und der Steuerbilanz zu berücksichtigen und damit einen auch unter dem Gesichtspunkt der Besteuerung »richtigen« Vermögensausweis sicher zu stellen. Die im Kontext des HGB bedeutsame Frage, ob diese Bewertungsunterschiede auch erfolgswirksam werden, spielt keine Rolle: Auch erfolgsneutrale Vorgänge, wie z.B. die Neubewertung (revaluation) von nichtfinanziellem Anlagevermögen oder die Marktbewertung von available-for-sale-Finanzinstrumenten führen nach IAS 12 zur Bildung latenter Steuern.

Ein Beispiel zur erfolgs-
neutralen Bildung latenter
Steuern nach IAS 12

Ein einfaches Beispiel soll dies erläutern. Ein Unternehmen weist in seiner IFRS-Bilanz auf der Aktivseite ein Werksgrundstück aus, das zum Preis von 4 Mio. Euro erworben wurde (dies ist auch weiterhin der in der Steuerbilanz angesetzte Wert). Zum Bilanzstichtag soll dieses Grundstück aber in der IFRS-Bilanz mit seinem Marktwert von 6 Mio. Euro neu bewertet werden. Der Steuersatz beträgt annahmegemäß 40%. In der IFRS-Bilanz müssen dementsprechend auf die Differenz aus der Neubewertung passive latente Steuern in Höhe von 2 Mio. Euro x 40% = 800.000 Euro gebildet werden. Die Neubewertungsrücklage wird damit nicht mit 2 Mio. Euro, sondern nur mit dem Restbetrag von 1,2 Mio. Euro ausgewiesen; die übrigen 800.000 Euro entfallen auf die Position »Passive latente Steuern«. Die ökonomische Interpretation liegt auf der Hand: Jede Wertsteigerung fließt den Eigenkapitalgebern nicht vor, sondern nach Steuern zu, so dass der Ausweis von Eigenkapital bzw. Steuerbelastung entsprechend angepasst werden muss.

Da die IFRS-Bilanz im Gegensatz zur HGB-Bilanz aufgrund der fehlenden Maßgeblichkeit bzw. umgekehrten Maßgeblichkeit i.d.R. sehr viel größere Abweichungen zur Steuerbilanz aufweist, ist auch das Volumen der latenten Steuern sowohl auf der Aktiv- als auch auf der Passivseite in der IFRS-Bilanz i.d.R. sehr umfangreich.

5. Zusammenfassung

Der Problemkreis »Bilanzierung des Fremdkapitals« wird wesentlich durch die Frage des Ansatzes von Rückstellungen bestimmt. Die Diskussion der Verbindlichkeiten kann sich weitgehend auf Aspekte der Strukturierung beschränken. Hierzu zeigt die *Abbildung 7-4* einen entsprechenden Überblick. Rückstellungen dagegen sind gekennzeichnet durch

- sehr unterschiedliche Ursachen ihres Ansatzes (z.B. im Geschäftsjahr unterlassene Aufwendungen, drohende Verluste aus schwebenden Geschäften, später zu leistende Pensionen),
- daraus folgend sehr vielfältige Arten (für die im § 266 HGB eine Stan-

Bilanzierung von Fremdkapital

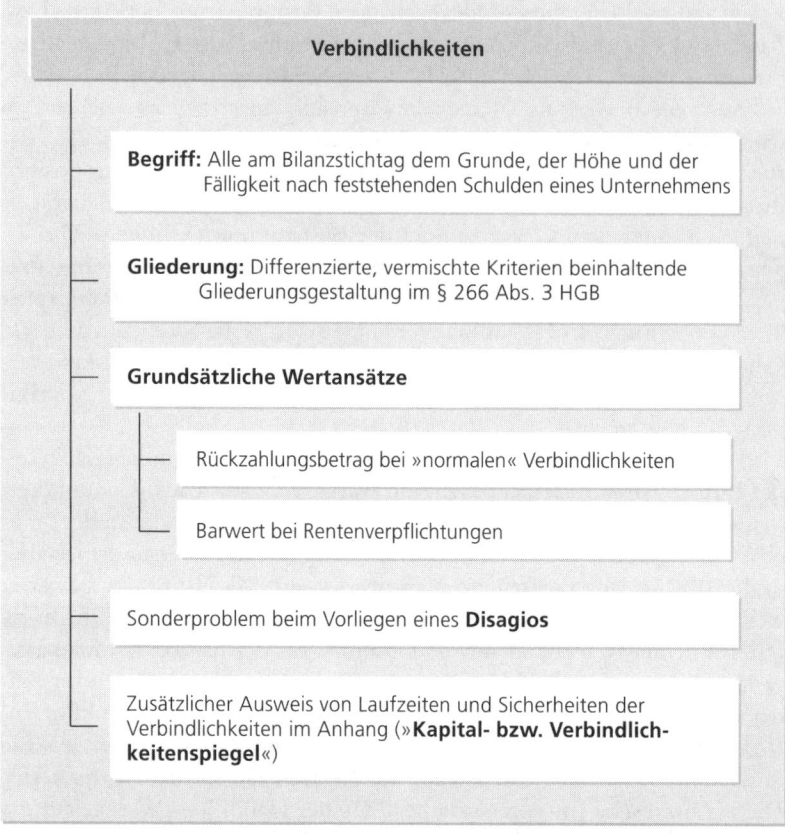

Verbindlichkeiten

Begriff: Alle am Bilanzstichtag dem Grunde, der Höhe und der Fälligkeit nach feststehenden Schulden eines Unternehmens

Gliederung: Differenzierte, vermischte Kriterien beinhaltende Gliederungsgestaltung im § 266 Abs. 3 HGB

Grundsätzliche Wertansätze

Rückzahlungsbetrag bei »normalen« Verbindlichkeiten

Barwert bei Rentenverpflichtungen

Sonderproblem beim Vorliegen eines **Disagios**

Zusätzlicher Ausweis von Laufzeiten und Sicherheiten der Verbindlichkeiten im Anhang (»**Kapital- bzw. Verbindlichkeitenspiegel**«)

Abb. 7-4: Überblick über die Bilanzierung von Verbindlichkeiten nach HGB

dardgliederung vorgegeben wird),
- sehr weitgehende, nicht zu vermeidende Ermessensspielräume bei der Bestimmung ihrer Höhe und schließlich durch
- sehr hohe Beträge, die Rückstellungen einen erheblichen Anteil der Bilanzsumme ausmachen lassen.

Rückstellungen sind damit eine Position der Bilanz, die besonderer Aufmerksamkeit bedarf, sei es, wenn man ein Unternehmen von außen analysieren will, sei es, wenn man Bilanzpolitik betreiben will. Die *Abbildungen 7-5 bis 7-7* (vgl. Folgeseiten) fassen das Wichtigste zu Rückstellungen zusammen.

Die Bilanzierung von Rückstellungen in der IFRS-Bilanz weist einige wichtige Unterschiede zu den Vorschriften des HGB auf:
- Aufwandsrückstellungen sind nach IFRS nicht bilanzierungsfähig.
- Rückstellungen dürfen nur dann gebildet werden, wenn mit einer mehr als 50%igen Wahrscheinlichkeit mit einem Ressourcenabfluss gerechnet werden muss.
- Bei der Bewertung von Rückstellungen ist nicht auf einen vorsichtig geschätzten, sondern auf den wahrscheinlichsten Wert abzustellen (»bestmögliche Schätzung«).
- Pensionsrückstellungen müssen – im Gegensatz zum Stichtagsprinzip

Rückstellungen

Begriff: Erfassung von der Höhe und/oder dem Zeitpunkt der Fälligkeit nach (noch) nicht exakt bekannten Aufwendungen oder Verbindlichkeiten, die in der aktuellen Berichtsperiode (zum ersten Mal) sichtbar und/oder verursacht werden

Bedeutung: In der Regel erheblicher Anteil an dem Fremdkapital eines Unternehmens; zudem bedeutsames bilanzpolitisches Instrument aufgrund immanenter Ansatz- und Bewertungsunsicherheit

Unterschiedliche Sichtweise von Rückstellungen

Rückstellungen für ungewisse Verbindlichkeiten als Instrument zur richtigen Darstellung der Schulden eines Unternehmens (statische Bilanzauffassung)

Aufwandsrückstellungen als Instrument zur richtigen Periodenzuordnung von Erfolgen (dynamische Bilanzauffassung)

Bilanzieller Ausweis von Rückstellungen gemäß § 266 HGB

Rückstellungen für Pensionen und ähnliche Verpflichtungen

Steuerrückstellungen

Sonstige Rückstellungen

Gesonderte Erläuterung von Rückstellungen, die der Position »Sonstige Rückstellungen« zugewiesen werden, falls sie »einen nicht unerheblichen Umfang haben« (§ 285 Nr. 12 HGB)

Abb. 7-5: Überblick über handelsrechtliche Rückstellungen

des HGB – auch zukünftige Gehalts- und Rententrends berücksichtigen und fallen deshalb in der Regel höher aus als bei einer Bilanzierung nach HGB.
- Last but not least: Passive latente Steuern haben – ebenso wie aktive latente Steuern – in der IFRS-Bilanz meist ein sehr viel höheres Volumen

als in der HGB-Bilanz, u.a. weil die Abweichungen zwischen IFRS-Bilanz und Steuerbilanz deutlich umfangreicher sind als die Differenzen, auf die nach HGB latente Steuern zu bilden sind.

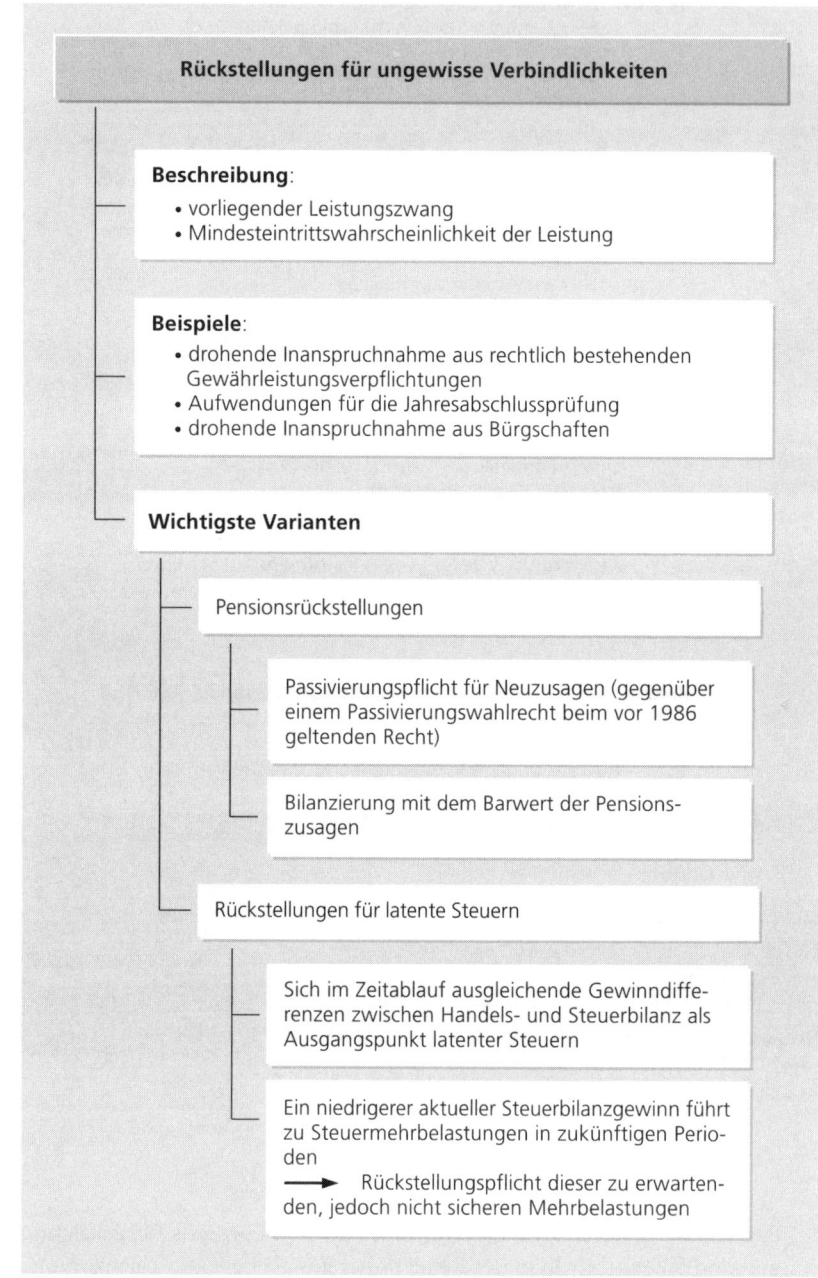

Abb. 7-6: Überblick über
Rückstellungen für ungewisse Verbindlichkeiten

Andere Rückstellungsarten

Rückstellungen für drohende Verluste aus schwebenden Geschäften

Beschreibung:
- Folge des imparitätischen Realisationsprinzips
- Bemessung des Verlustes als Differenz zwischen erwarteten Aufwendungen und Erträgen

Beispiele:
- unvorhergesehene Baukostensteigerungen beim Vorliegen eines Festpreisangebots
- Änderung der Währungsparitäten

Rückstellungen für Gewährleistung, die ohne rechtliche Verpflichtung erbracht wird

Beschreibung:
- kein rechtlicher Leistungszwang, jedoch
- wirtschaftliche Verpflichtung des Unternehmens (z.B. zur Vermeidung von Imageverlusten)

Beispiel:
- Kulanzleistungen nach Ablauf von Gewährleistungsfristen

Aufwandsrückstellungen

Beschreibung:
- kein Vorliegen von Verpflichtungen gegenüber Dritten
- im Streben nach einer möglichst periodengerechten Erfolgsermittlung erfolgender Ansatz von im laufenden Jahr unterlassenen Aufwendungen

Beispiele:
- unterlassene Aufwendungen für Instandhaltung
- unterlassene Aufwendungen für Abraumbeseitigung

Abb. 7-7: Überblick über weitere Rückstellungsarten

Gewinn- und Verlust-rechnung

Kapitel 8

Lernziel

Mit der Bilanzierung von Rückstellungen verlassen wir die Bilanz und wenden uns dem nächsten Bestandteil des Jahresabschlusses zu, der Gewinn- und Verlustrechnung. Trotz ihrer zentralen Bedeutung werden wir sie vergleichsweise schnell diskutieren können, da uns sehr viele Sachverhalte und Begriffe, die in der bzw. für die Gewinn- und Verlustrechnung relevant sind, schon aus der Bilanz bekannt sind. Deshalb auch verwendet man den Bilanzbegriff häufig – pars pro toto – stellvertretend für den Jahresabschluss insgesamt, etwa wenn man von Bilanzanalyse und Bilanzpolitik oder von Bilanzadressaten spricht. Sie sollten sich von dieser Sprachverkürzung nicht verwirren lassen. Im Einzelnen werden Sie in diesem einführenden Kapitel kennen lernen,

- welche Aufgaben der Gewinn- und Verlustrechnung (GuV) im Jahresabschluss zukommen,
- wie die GuV grundsätzlich aufgebaut ist,
- was man unter dem Gesamtkostenverfahren einerseits und dem Umsatzkostenverfahren andererseits zu verstehen hat,
- wo die Unterschiede, Vorteile und Nachteile beider Gestaltungsalternativen liegen und
- welche Regeln für die Aufstellung der Gewinn- und Verlustrechnung (Income Statement) im IFRS-Abschluss gelten.

1. Aufgaben der Gewinn- und Verlustrechnung

Die Gewinn- und Verlustrechnung lässt sich als Widerpart der Bilanz begreifen: Während letztere stichtagsbezogen Vermögensgegenstände und Schulden einander gegenüberstellt, zeichnet die Gewinn- und Verlustrechnung als so genannte *Bewegungsrechnung* sämtliche in der Rechnungslegungsperiode angefallenen Aufwendungen und Erträge auf und weist sie aggregiert aus.

Beide Rechnungen liefern zwangsläufig denselben Periodenerfolg; im Falle einer Divergenz wäre die Geschlossenheit des doppischen Rechnungssystems gesprengt. Wenn es nur darum ginge, die absolute Höhe des Periodenerfolgs auszuweisen, könnte man somit – wie im einführenden Fallbeispiel demonstriert – prinzipiell allein mit der Bilanz auskommen. Strukturaussagen über das Zustandekommen des Erfolgs vermag jedoch nur die Gewinn- und Verlustrechnung zu liefern. Nur sie kann zeigen,

- in welcher Höhe Aufwendungen und Erträge in der abgelaufenen Periode in summa angefallen sind,
- welche Ergebnisse aus der gewöhnlichen Geschäftstätigkeit erzielt wurden und welche Ergebnisse auf außerordentliche Vorgänge zurückzuführen sind,
- was die Anlage und Aufnahme von Finanzmitteln per Saldo an Zinsergebnis eingebracht hat und
- wie sich der Gesamtaufwand bzw. die Summe der erzielten Erträge auf einzelne Aufwands- bzw. Ertragsarten aufteilen.

Schon auf den ersten Blick wird deutlich, welch wichtige Informationen die Gewinn- und Verlustrechnung den Jahresabschlussadressaten liefert. Sie ist damit ein unverzichtbarer, fester Bestandteil des handelsrechtlichen Jahresabschlusses.

2. Grundaufbau der Gewinn- und Verlustrechnung

2.1. Staffelform

Darüber, wie man eine Gewinn- und Verlustrechnung aufzustellen hat, enthält das HGB für Personengesellschaften keine näheren Angaben. Es heißt in § 242 Abs. 2 lediglich, dass eine solche aufzustellen ist. Und auch der Verweis auf die für den gesamten Jahresabschluss geltenden Grundsätze ordnungsmäßiger Buchführung (§ 243 Abs. 1 HGB) hilft kaum weiter. Allenfalls aus der Vorschrift des § 246 Abs. 2 HGB (Saldierungsverbot für Aufwendungen und Erträge) wird man Hinweise zur Gliederungstiefe der GuV ziehen können. Eine Personengesellschaft ist somit in der Gestaltung der Gewinn- und Verlustrechnung – sofern nicht die Regelungen des Publizitätsgesetzes für große Personengesellschaften greifen – weitgehend frei.

Derartige Ansatz- und Ausweisspielräume sind Kapitalgesellschaften dagegen erheblich beschnitten worden. Dies beginnt schon bei der grundsätzlichen Darstellungs»technik«. In Buchhaltungskursen lernt man die Gewinn- und Verlustrechnung zumeist als ein (ganz normales) Konto kennen, das die Salden der Aufwands- und Ertragskonten aufnimmt, die Summe der Soll- und Habenseite gegeneinander aufrechnet und den verbleibenden Soll-Saldo (Jahresüberschuss) bzw. Haben-Saldo (Jahresfehlbetrag) an die Schlussbilanz abgibt.

Eine kontoförmige Gestalt der GuV ist Kapitalgesellschaften untersagt. Der § 275 Abs. 1 HGB fordert: »Die Gewinn- und Verlustrechnung ist in Staffelform ... aufzustellen«. »Staffelform« meint eine in mehreren Stufen erfolgende, retrograde Saldierung von Erträgen und Aufwendungen. Unabhängig von der konkreten Ausgestaltung der Gliederung sieht der § 275 HGB folgenden Saldierungsverlauf vor:

	Betriebliches Ergebnis
+	Finanzergebnis
=	Ergebnis der gewöhnlichen Geschäftstätigkeit
+	außerordentliches Ergebnis
–	Steuern
=	**Jahresergebnis**

Dabei sind gemäß § 275 Abs. 2 und 3 HGB lediglich das Ergebnis der gewöhnlichen Geschäftstätigkeit und der Jahresüberschuss bzw. -fehlbetrag explizit auszuweisen. In der Praxis wird das betriebliche Ergebnis lt. HGB teilweise auch als *EBIT* (Earnings Before Interest and Taxes) oder als operatives Ergebnis vor Steuern bezeichnet; es kennzeichnet den Erfolg der mit dem Gesamtvermögen erwirtschaftet wird, ohne Steuer- und Finanzierungseffekte zu berücksichtigen.

Mit der Bildung derartiger Teilergebnisse ist der zentrale Vorteil der Staffelform offensichtlich: Dem Jahresabschlussadressaten wird ein erheblicher Teil von Rechenarbeit bei der Analyse der Gewinn- und Verlustrechnung abgenommen; er kann relativ leicht überschauen, wo die Quellen des Erfolgs liegen: Leitet sich der Jahresüberschuss maßgeblich aus dem außerordentlichen Ergebnis ab, so ist in Hinblick auf seine zukünftige Beständigkeit erheblicher Zweifel angesagt. Ein hohes Finanzergebnis im Vergleich zum Betriebsergebnis weist auf eine gesunde Finanzlage des Unternehmens hin, ein »zu hohes« allerdings möglicherweise auf zu geringe Rentabilität im »eigentlichen« Geschäft. Allerdings hat auch dieser Informationsgewinn für den Jahresabschlussadressaten seinen Preis: Er kann nicht mehr auf den ersten Blick die Gesamtsumme aller Aufwendungen bzw. aller Erträge erkennen; er muss sich diese bei Bedarf gesondert errechnen.

Im Folgenden wollen wir näher betrachten, wie sich die einzelnen soeben aufgelisteten Teilergebnisse zusammensetzen. Das Betriebsergebnis nehmen wir dabei noch aus der Diskussion heraus. Die zu seiner Ermittlung zu berücksichtigenden Positionen hängen davon ab, welche Form der Gewinn- und Verlustrechnung das bilanzierende Unternehmen wählt: Der § 275 Abs. 1 HGB räumt den Kapitalgesellschaften ein Wahlrecht zwischen dem Gesamtkostenverfahren und dem Umsatzkostenverfahren ein. Beide Varianten werden wir später noch im Detail betrachten.

2.2. Finanzergebnis

Der Begriff »Finanzergebnis« findet sich ebenso wenig gesondert im HGB wie eine entsprechende Position im Gliederungsschema des § 275. Finanzergebnis ist eine Kurzbezeichnung für eine Reihe einzelner Aufwands- und Ertragspositionen, die in Zusammenhang mit Aufnahme und Anlage von Finanzmitteln stehen. Im Einzelnen sind dies gemäß § 275 Abs. 2 und 3 HGB:

* Erträge aus Beteiligungen, wie z.B. Dividendenerträge,
* Erträge aus anderen Wertpapieren und Ausleihungen des Finanzanlagevermögens, wie z.B. Zinserträge aus festverzinslichen Wertpapieren im Besitz des Unternehmens,
* sonstige Zinsen und ähnliche Erträge, z.B. aus Krediten, die das Unternehmen vergibt,
* Abschreibungen auf Finanzanlagen und auf Wertpapiere des Umlaufvermögens, die z.B. notwendig werden, wenn ein Aktienpaket im Unternehmensbesitz dauerhaft an Wert verliert, und
* Zinsen und ähnliche Aufwendungen, z.B. für Kredite, die das Unternehmen selbst aufgenommen hat.

Aufwands- und Ertragspositionen, die in das Finanzergebnis einfließen

Wer die Vorschrift des § 275 HGB genau gelesen hat, stellt fest, dass – abgesehen von den Abschreibungen auf Finanzanlagen und auf Wertpapiere des Umlaufvermögens – bei den genannten Aufwendungen und Erträgen auch festgehalten werden muss, welche Anteile auf verbundene Unternehmen entfallen. Dies sind nach § 271 Abs. 2 HGB – in Abs. 1 wird übrigens der Begriff der Beteiligung definiert – solche Unternehmen, die in den Konzernabschluss als Mutter- oder Tochterunternehmen einzubeziehen sind. Hier wird also bereits im Einzelabschluss ein Hinweis auf konzerninterne Geschäfte gegeben: Wird beispielsweise ein hoher Anteil des Finanzergebnisses im Einzelabschluss des Mutterunternehmens mit verbundenen Unternehmen erzielt, so ist dies für den Bilanzleser ein wichtiger Hinweis darauf, dass enge Finanzierungsbeziehungen im Gesamtkonzern bestehen.
Häufig werden diese Bestandteile des Finanzergebnisses in ein *Beteiligungsergebnis* und ein *Zinsergebnis* untergegliedert. Was sich dahinter verbirgt, zeigen die entsprechenden Angaben aus dem Geschäftsbericht 2004 des Metro-Konzerns (vgl. die *Abbildung 8-1*). Eine Besonderheit stellt dabei der Zinsanteil in den Zuführungen zu Rückstellungen für Pensionen dar – er entsteht deshalb, weil Pensionsrückstellungen zunächst abgezinst gebildet werden und mit zunehmendem Näherrücken der Pensionszahlung durch Aufzinsung auf den nominal fälligen Auszahlungsbetrag hin aufgestockt werden.

Das Finanzergebnis wird häufig in ein Beteiligungs- und ein Zinsergebnis unterteilt

**Gewinn- und Verlust-
rechnung**

Zwei weitere Positionen seien hier erläutert, die zwar nicht in *Abbildung 8-1* genannt , aber häufig im Rahmen des Finanzergebnisses ausgewiesen werden. Zum einen sind dies Erträge aus Gewinnabführung bzw. Aufwendungen aus Verlustübernahme. Sie entstehen dann, wenn mit einer anderen Gesellschaft, z.B. einem Tochterunternehmen, ein Gewinnabfüh-

Finanzergebnis Metro-Konzern in Mio. Euro	2004	2003
Ergebnis aus assoziierten Unternehmen	35	-3
Sonstiges Beteiligungsergebnis	-4	-57
Beteiligungsergebnis	**31**	**-60**
Sonstige Zinsen und ähnliche Erträge	153	158
Zinsen und ähnliche Aufwendungen	-416	-366
Zinsanteil an den Leasingraten aus Finanzierungs-Leasingverhältnissen	-165	-162
Zinsanteil in den Zuführungen zu Rückstellungen für Pensionen	-56	-55
Zinsergebnis	**-484**	**-425**
Sonstige finanzielle Erträge	227	202
Sonstige finanzielle Aufwendungen	-239	-218
Übriges Finanzergebnis	**-12**	**-16**
Finanzergebnis gesamt	**-465**	**-501**

Abb. 8-1: Finanzergebnis des
Metro-Konzerns zum
31.12.2004

rungsvertrag geschlossen wurde. Durch diesen erhält dann die Muttergesellschaft unmittelbar sämtliche Gewinne des betroffenen Tochterunternehmens, ist andererseits aber auch zum Ausgleich anfallender Verluste verpflichtet. Regelungen hierzu finden Sie in den § 291ff. AktG unter dem Oberbegriff der Unternehmensverträge. Zum anderen tauchen die Begriffe »Equity-Methode« bzw. »assoziierte Unternehmen« auf – dies sind im wesentlichen Beteiligungen, bei denen zwar kein Mutter-Tochter-Verhältnis vorliegt, allerdings immer noch ein maßgeblicher Einfluss ausgeübt wird. Die Equity-Methode ist dann die Methode, nach der solche Beteiligungen im Konzernabschluss zu berücksichtigen sind.

Das Beispiel der *Abbildung 8-1* macht schließlich noch auf eine weitere, bislang noch nicht angesprochene Vorschrift der handelsrechtlichen Rechnungslegung aufmerksam, die nicht nur für die GuV sondern auch für die Bilanz gilt: »In der Bilanz sowie in der Gewinn- und Verlustrechnung ist zu jedem Posten der entsprechende Betrag des vorhergehenden Geschäftsjahrs anzugeben. Sind die Beträge nicht vergleichbar, so ist dies im Anhang anzugeben und zu erläutern« (§ 265 Abs. 2 HGB). Dieser Passus ermöglicht dem externen Bilanzadressaten – allerdings bescheidene – Einblicke in die Geschäftsentwicklung des bilanzierenden Unternehmens.

2.3. Außerordentliches Ergebnis

Das direkt der Gewinn- und Verlustrechnung zu entnehmende außerordentliche Ergebnis setzt sich aus zwei Positionen zusammen: den *außerordentlichen Erträgen* und den *außerordentlichen Aufwendungen*. Was darunter zu verstehen ist, regelt der § 277 Abs. 4 HGB: »Unter den Posten »außerordentliche Erträge« und »außerordentliche Aufwendungen« sind Erträge und Aufwendungen auszuweisen, die außerhalb der gewöhnlichen Geschäftstätigkeit der Kapitalgesellschaft anfallen. Die Posten sind hinsichtlich ihres Betrags und ihrer Art im Anhang zu erläutern, soweit die ausgewiesenen Beträge für die Beurteilung der Ertragslage nicht von untergeordneter Bedeutung sind«.

Dabei müssen nach herrschender Lehre außerordentliche Aufwendungen solche sein, die »seltener, d.h. nicht ständig wiederkehrender Natur, ungewöhnlicher Art und von einiger Bedeutung« sind. Als Beispiele für außerordentliche Aufwendungen und Erträge im Sinne des § 277 Abs. 4 HGB kommen in Betracht: Enteignungen mit und ohne Entschädigungen, hohe Buchgewinne bzw. Buchverluste z.B. infolge von Stilllegungen von Betrieben und Aufwendungen aus Sozialplänen oder aus dem Verkauf wichtiger Vermögensgegenstände. Immer dann, wenn bei einer Aufwendung bzw. einem Ertrag ein solcher außerordentlicher Charakter nicht gegeben ist, muss er unter die entsprechend sachlich zugehörige Position innerhalb der GuV subsumiert werden. Perioden- bzw. betriebsfremde Aufwendungen und Erträge – z.B. aus der Auflösung von Rückstellungen, die in zu großer Höhe gebildet wurden – oder nicht unübliche Verluste aus dem Verkauf von Vermögensgegenständen sind als sonstige betriebliche Aufwendungen bzw. Erträge oder aber – sofern sie das Finanzvermögen betreffen, ggf. auch innerhalb des Finanzergebnisses unter entsprechender Bezeichnung – auszuweisen.

Was sind die Kriterien für
»außerordentlich«?

3. Ermittlung des Betriebsergebnisses

3.1. Gesamtkostenverfahren

Das Gesamtkostenverfahren war vor der Neuordnung des Rechnungslegungsrechts in Deutschland Ende der 80er Jahre des letzten Jahrhunderts die allein zulässige Vorgehensmethodik, um das Betriebsergebnis der Abrechnungsperiode zu ermitteln:

> Das Gesamtkostenverfahren stellt den gesamten in der Abrechnungsperiode erzielten Betriebserträgen (Umsatzerlöse, Bestandsveränderungen) die gesamten in dieser Periode angefallenen Betriebsaufwendungen gegenüber.

Die Aufstellung der Gewinn- und Verlustrechnung gemäß dem Gesamtkostenverfahren fällt leicht: Man hat lediglich die vorhandenen Aufwands-

und Ertragskonten am Jahresende zu saldieren und die Kontosalden einander gegenüberzustellen. Es ergibt sich also eine (unsaldierte) Bruttodarstellung der Ergebnisquellen gegliedert nach Aufwands- und Ertragsarten. Im Einzelnen verlangt das Gliederungsschema des § 275 Abs. 2 HGB dabei folgende Differenzierungstiefe der Kontenbildung:

1. Umsatzerlöse
2. Erhöhung oder Verminderung des Bestands an fertigen und unfertigen Erzeugnissen
3. andere aktivierte Eigenleistungen
4. sonstige betriebliche Erträge
5. Materialaufwand
   a) Aufwendungen für Roh-, Hilfs- und Betriebsstoffe und für bezogene Waren
   b) Aufwendungen für bezogene Leistungen
6. Personalaufwand
   a) Löhne und Gehälter
   b) soziale Abgaben und Aufwendungen für Altersversorgung und für Unterstützung

7. Abschreibungen
   a) auf immaterielle Vermögensgegenstände des Anlagevermögens und Sachanlagen sowie auf aktivierte Aufwendungen für die Ingangsetzung und Erweiterung des Geschäftsbetriebs
   b) auf Vermögensgegenstände des Umlaufvermögens, soweit diese die in der Kapitalgesellschaft üblichen Abschreibungen überschreiten
8. Sonstige betriebliche Aufwendungen

Zur Veranschaulichung der betragsmäßigen Bedeutung der einzelnen Positionen sei in der *Abbildung 8-2* der entsprechende Teil der Gewinn- und Verlustrechnung des Lufthansa-Konzerns aus dem Geschäftsbericht 2004 wiedergegeben.

Die meisten der im handelsrechtlichen Gliederungsschema des Gesamtkostenverfahrens ausgewiesenen Positionen sind uns an dieser Stelle der Diskussion nicht mehr fremd. Allerdings bedarf es noch einiger Präzisierungen. Für die Umsatzerlöse gem. § 275 Abs. 2 HGB geschieht dies z.B.

in § 277 Abs. 1 HGB: »Als Umsatzerlöse sind die Erlöse aus dem Verkauf und der Vermietung oder Verpachtung von für die gewöhnliche Geschäftstätigkeit der Kapitalgesellschaft typischen Erzeugnissen und Waren sowie aus von für die gewöhnliche Geschäftstätigkeit der Kapitalgesellschaft typischen Dienstleistungen nach Abzug von Erlösschmälerungen und der Umsatzsteuer auszuweisen«.

Die Beschränkung auf »typische« Erzeugnisse oder Dienstleistungen resultiert aus dem beim letzten Gliederungspunkt (außerordentliches Ergebnis) schon festgestellten Bestreben, gewöhnliche Geschäftstätigkeit in ihrer Ergebniswirkung deutlich von außerordentlichen und damit im Zweifel weniger beständigen Erfolgen zu trennen. Zudem dürfen betriebsfremde Umsätze – bei Industrieunternehmen sind dies z.B. Erträge aus der Vermietung von Werkswohnungen – nicht unter den Umsatzerlösen ausgewiesen werden, sondern müssen als sonstiger betrieblicher Ertrag angesetzt werden. Der Abzug von Erlösschmälerungen (Boni, Skonti, Rabatte) korrespondiert mit der entsprechenden Regelung auf der Beschaffungsseite (Anschaffungspreisminderungen gemäß § 255 Abs. 1 HGB).

Betriebliches Ergebnis Deutsche Lufthansa-Konzern (Gesamtkostenverfahren) in Mio. Euro	2004	2003
Erlöse aus den Verkehrsleistungen	12.869	11.662
+ Andere Betriebserlöse	4.096	4.295
= **Umsatzerlöse**	16.965	15.957
+/- Veränderung des Bestands an fertigen und unfertigen Erzeugnissen	1	-2
+ Andere aktivierte Eigenleistungen	84	31
+ Sonstige betriebliche Erträge	1.753	1.728
Ertragssumme	18.803	17.714
- Materialaufwand		
a) Aufwendungen für Roh-, Hilfs- und Betriebsstoffe und für bezogene Waren	3.901	3.521
b) Aufwendungen für bezogene Leistungen	4.343	3.684
- Personalaufwand		
a) Löhne und Gehälter	3.887	3.864
b) Soziale Abgaben	581	541
c) Aufwendungen für Altersversorgung und für Unterstützung	345	207
- Abschreibungen auf immaterielle Vermögenswerte, Flugzeuge und übrige Sachanlagen	1.112	1.930
- Sonstige betriebliche Aufwendungen	3.630	4.114
Aufwandssumme	17.799	17.861
Betriebliches Ergebnis	**1.004**	**-147**

Auch für die zweite Position der GuV gemäß Gesamtkostenverfahren, die Bestandsveränderungen, enthält das HGB mit § 277 Abs. 2 eine präzisierende Erläuterung: »Als Bestandsveränderungen sind sowohl Änderungen der Menge als auch solche des Wertes zu berücksichtigen; Abschreibungen jedoch nur, soweit diese die in der Kapitalgesellschaft sonst üblichen Abschreibungen nicht überschreiten«. Der Zusatz »...soweit diese die in der Kapitalgesellschaft sonst üblichen Abschreibungen nicht überschreiten« drückt wieder das Bestreben des Gesetzgebers aus, den Jahresabschlussadressaten möglichst auf alle »ungewöhnlichen« Vorgänge aufmerksam zu machen. Das »Normalmaß« überschreitende Abschreibungen sind gesondert unter der Position 7b des Gliederungsschemas in § 275 Abs. 2 HGB auszuweisen.

Als *andere aktivierte Eigenleistungen* sind insbesondere die selbst erstellten Sachanlagen anzusehen. Allerdings erscheinen unter dieser Position auch die von ihrer Bedeutung her völlig unterschiedlichen aktivierten Aufwendungen der Ingangsetzung und Erweiterung des Geschäftsbetriebs.

Abb. 8-2: Ermittlung des Betriebsergebnisses des Lufthansa-Konzerns für das Jahr 2004 nach dem Gesamtkostenverfahren

Bestandsveränderungen

Andere aktivierte Eigenleistungen

Gewinn- und Verlustrechnung

Die *sonstigen betrieblichen Erträge* sind eine typische Sammelposition, die sehr heterogene Einzelgrößen aufnimmt, so insbesondere

- Gewinne aus dem Abgang von Gegenständen des Anlage- bzw. Umlaufvermögens (wenn der Veräußerungserlös größer war als der Restbuchwert),

Sonstige betriebliche Erträge
- Erträge aus der Herabsetzung oder Auflösung von Rückstellungen,
- Erträge aus Dienstleistungsgeschäften, die zwar nicht für die gewöhnliche Geschäftstätigkeit typisch sind, allerdings zugleich nicht derart untypischen Charakter zeigen, dass sie unter den außerordentlichen Erträgen als »außerhalb der gewöhnlichen Geschäftstätigkeit der Kapitalgesellschaft anfallend« auszuweisen sind.

Soziale Abgaben und Aufwendungen für Altersversorgung und Unterstützung

Die in § 275 Abs. 2 HGB genannte Position *Soziale Abgaben und Aufwendungen für Altersversorgung und Unterstützung* umfasst zunächst als soziale Abgaben die für das Unternehmen gesetzlich vorgeschriebenen Arbeitgeberanteile zur gesetzlichen Sozialversicherung, wie Alters-, Kranken-, Pflege-, Unfall- und Arbeitslosenversicherungen. Als Aufwendungen für Unterstützung werden hier beispielsweise Beihilfen ausgewiesen, die gegenwärtigen oder früheren Arbeitskräften oder deren Hinterbliebenen gewährt werden, wie Krankheits- oder Unfallbeihilfen, Heirats- oder Geburtsbeihilfen. Die Aufwendungen für Altersversorgung umfassen schließlich Zuwendungen an gegenwärtige Pensionäre im abgelaufenen Geschäftsjahr, soweit dafür in den Vorjahren keine Rückstellungen gebildet waren, Einstellungen in Rückstellungen für zukünftige Pensionäre, Zuwendungen an Pensionskassen zugunsten zukünftiger Pensionäre, Übernahme von Prämien zur Lebensversicherung zugunsten künftiger Pensionäre.

Um eine Sammelposition analog zu den sonstigen betrieblichen Erträgen handelt es sich schließlich bei der letztgenannten Position des Gesamtkostenverfahrens gem. § 275 Abs. 2 HGB, den *Sonstigen betrieblichen Aufwendungen*.

Beurteilung des Gesamtkostenverfahrens

Fragt man nach wichtigen Merkmalen, die das Gesamtkostenverfahren kennzeichnen, so lässt sich für die Seite der Bilanzierenden seine vergleichsweise einfache Erstellung anführen. Die Vorgehensweise des Gesamtkostenverfahrens korrespondiert unmittelbar mit der Gliederung der Aufwands- und Ertragskonten in der Buchführung. Auf der Seite der Jahresabschlussadressaten sind insbesondere zwei Aspekte zu nennen. Zum einen lässt das Gesamtkostenverfahren unmittelbar die Höhe und Ergebniswirksamkeit der Bestandsveränderungen erkennen. Die Bedeutung dieser Information ist nicht gering einzuschätzen. So besteht insbesondere zu Zeiten nachlassender Konjunktur bei Unternehmen der Anreiz, durch Lagerproduktion und gleichzeitigen Ansatz von Herstellungsvollkosten den Periodengewinn zu »schönen«: Durch eine gezielte Produktion auf Lager können durch die Bewertung zu Vollkosten Fixkostenbeträge aktiviert werden, die sonst (bei geringerer Produktionsmenge) ergebnismindernd gewirkt hätten. Hiermit sind nicht unbeträchtliche Risiken verbunden, die zu beachten der Jahresabschlussadressat durch den gesonderten Ausweis der Bestandsveränderungen geradezu aufgefordert wird. Zum anderen lässt die Strukturierung der Ermittlung des Betriebsergebnisses nach Aufwandsarten Rückschlüsse über die Ergebnisentwicklung in der Zukunft zu. So sind z.B. personalkostenintensive Unternehmen hohen Tarifabschlüssen gegenüber wesentlich anfälliger als anlagenintensive Betriebe.

3.2. Umsatzkostenverfahren

Das Umsatzkostenverfahren ist für die deutsche externe Rechnungslegung noch vergleichsweise neu, weltweit dagegen das dominierende Verfahren zur Ermittlung des Betriebsergebnisses. Auch das interne Rechnungswesen bedient sich typischerweise dieses Verfahrens, um kurzfristige Erfolge zu bestimmen. Das Umsatzkostenverfahren wurde erst in den letzten Beratungen des Bilanzrichtliniengesetzes von 1986 als Wahlmöglichkeit für den Bilanzierenden zugelassen. Es steht zu vermuten, dass mit dieser Eile die nötige Sorgfalt bei der Gestaltung dieses Saldierungskonzepts etwas gelitten hat. Wir werden an mehreren Beispielen sehen, dass die geltende Regelung einige Fragen offen lässt, die die Vergleichbarkeit der Gewinn- und Verlustrechnung zwischen verschiedenen Unternehmen und die Aussagefähigkeit des Ausweises generell beeinträchtigen. Das Umsatzkostenverfahren verfolgt insbesondere zwei Zielsetzungen:

Das Umsatzkostenverfahren ist international das gebräuchlichere

- Zum einen soll die Gliederung der Erträge und Aufwendungen deutlich machen, dass letztlich nur durch Umsatzvorgänge Gewinn erzielt werden kann.
- Zum anderen soll Transparenz geschaffen werden darüber, in welchen betrieblichen Funktionsbereichen Aufwendungen anfallen. Die Strukturierung nach Aufwands- und Ertragsarten, die das Gesamtkostenverfahren kennzeichnet, ist deshalb ersetzt worden durch die *Gliederung nach Funktionsbereichen*. Angesichts der wichtigen Bedeutung der Aufwandsartenstrukturierung hat der Gesetzgeber allerdings bei Anwendung des Umsatzkostenverfahrens verfügt, dass im Anhang zusätzlich die Höhe der Material- und Personalaufwendungen des Geschäftsjahres anzugeben sind (§ 285 Nr. 8 HGB).

Zielsetzungen des Umsatzkostenverfahrens

Beiden Zielsetzungen stellen sich jedoch – wie wir noch sehen werden – nicht unerhebliche Hindernisse in den Weg. Zunächst gilt jedoch:

> Das Umsatzkostenverfahren stellt lediglich den durch Umsatzerlöse erzielten Betriebserträgen die gesamten dafür in dieser Periode angefallenen Betriebsaufwendungen gegenüber.

Wie die Gliederung des Gesamtkostenverfahrens ist auch die des Umsatzkostenverfahrens explizit im Gesetz vorgegeben. § 275 Abs. 3 HGB sieht im Einzelnen folgende Positionen vor:

1. Umsatzerlöse
2. Herstellungskosten der zur Erzielung der Umsatzerlöse erbrachten Leistungen
3. Bruttoergebnis vom Umsatz

4. Vertriebskosten
5. Allgemeine Verwaltungskosten
6. Sonstige betriebliche Erträge
7. Sonstige betriebliche Aufwendungen

Nur bei der ersten Position sind keine zusätzlichen Erläuterungen erforderlich; alle anderen Positionen müssen dagegen erklärt werden. Dies gilt auch für die sonstigen betrieblichen Erträge und die sonstigen betrieblichen Aufwendungen, die trotz gleicher Bezeichnung nicht exakt mit den entsprechenden Positionen des Gesamtkostenverfahrens übereinstimmen. Zur Veranschaulichung der betragsmäßigen Bedeutung der einzelnen Positionen sei hier als Beispiel die Gewinn- und Verlustrechnung der Bayer-Gruppe für das Geschäftsjahr 2004 nach dem Umsatzkostenverfahren wiedergegeben (vgl. *Abbildung 8-3*).

Betriebliches Ergebnis Bayer-Konzern (Umsatzkostenverfahren) in Mio. Euro	2004	2003
Umsatzerlöse	29.758	28.567
- Herstellungskosten der zur Erzielung der Umsatzerlöse erbrachten Leistungen	17.382	16.801
= **Bruttoergebnis vom Umsatz**	12.376	11.766
- Vertriebskosten	6.155	6.460
- Allgemeine Verwaltungskosten	1.714	1.673
- Forschungs- und Entwicklungskosten	2.107	2.404
+ Sonstige betriebliche Erträge	804	1.158
- Sonstige betriebliche Aufwendungen	1.396	3.506
= **Betriebliches Ergebnis**	**1.808**	**-1.119**

Abb. 8-3: Ermittlung des Betriebsergebnisses der Bayer-Gruppe für das Jahr 2004 nach dem Umsatzkostenverfahren

Auf die Umsatzerlöse folgen als nächste Position des Umsatzkostenverfahrens die Herstellungskosten der zur Erzielung der Umsatzerlöse erbrachten Leistungen. In dieser direkten Gegenüberstellung und der anschließenden Saldenbildung (Bruttoergebnis vom Umsatz) wird ein wesentlicher Vorteil des Umsatzkostenverfahrens gesehen. Anders als beim Gesamtkostenverfahren erscheinen hier nicht die gesamten in der Periode für die Herstellung von Leistungen anfallenden Kosten: Kosten für die Erstellung von Produkten, die auf Lager gehen, durchlaufen die Gewinn- und Verlustrechnung nicht. Damit sind die »Schnitte«, die das Gesamt- und das Umsatzkostenverfahren ziehen, jeweils unterschiedlich.

Was sind Herstellungskosten im Umsatzkostenverfahren?

Was unter »Herstellungskosten« in der zweiten Position des Umsatzkostenverfahrens genau zu verstehen ist, wird nicht im HGB ausgeführt. Dieser Verzicht ist problematisch. Einerseits ist der Begriff der Herstellungskosten bereits belegt – Sie erinnern sich an die in § 255 Abs. 2 HGB definierten Herstellungskosten zur Bewertung selbst erstellter Güter. Man könnte also annehmen, dass der Gesetzgeber Herstellungskosten auch in der Gewinn- und Verlustrechnung als Wertkategorie versteht, die sich genauso zusammensetzen müssen wie die Herstellungskosten in der Bilanz.

Eine solche Sichtweise wird auch dadurch gestützt, dass im Umsatzkostenverfahren auf das Bruttoergebnis vom Umsatz mit Vertriebskosten und Kosten der allgemeinen Verwaltung zwei Positionen folgen, die im § 255 Abs. 2 HGB als nicht in die Herstellungskosten einrechnungsfähig bzw. einrechnungspflichtig bezeichnet werden. Allerdings lässt der § 255 Abs. 2 HGB noch weitere Einrechnungswahlrechte offen, für die das Umsatzkostenverfahren keine entsprechenden expliziten »Auffangpositionen« bereithält. Es verbleibt nur die Möglichkeit, die Sammelposition »sonstige betriebliche Aufwendungen« dafür in Anspruch zu nehmen. Was dies bedeutet, sei anhand eines kleinen Zahlenbeispiels demonstriert.

Materialeinzelkosten	100
Materialgemeinkosten	20
Fertigungseinzelkosten	100
Fertigungsgemeinkosten	200
Vertriebskosten	80
Kosten der allgemeinen Verwaltung	100
Kosten entstanden durch Unterauslastung von Maschinen der Fertigung	30
Umsatzerlöse	800

Unterstellt wird – der Einfachheit halber – ein Einproduktbetrieb, der in einer Abrechnungsperiode die in der *Abbildung 8-4* gezeigten Aufwands- und Ertragsbeträge aufzeichnet: Das Unternehmen betreibt Auftragsproduktion, setzt somit exakt die Produkteinheiten ab, die in der Abrechnungsperiode erzeugt wurden. Ohne auf die – ebenfalls möglichen – »Zwischenvarianten« der Bewertung einzugehen, ergeben sich nach einer

Abb. 8-4: Ausgangsdaten des Beispiels

Bewertung zu Vollkosten einerseits und Teilkosten andererseits folgende Zahlen (vgl. *Abbildung 8-5*).

Schon auf den ersten Blick erkennt man, dass die Bewertung zu Teilkosten nach § 255 Abs. 2 HGB im Umsatzkostenverfahren nicht unerhebliche Verwirrung stiftet. Zwar findet der Bilanzleser die Kosten der beiden Funktionsbereiche Verwaltung und Vertrieb dort, wo er sie nach dem Gliederungsschema des Umsatzkostenverfahrens erwartet. Außerdem gibt die Teilkostenbewertung – dies sei am Rande be

	Bewertung zu	
	Vollkosten	Teilkosten
1. Umsatzerlöse	800	800
2. Herstellungskosten vom Umsatz	520	200
3. Bruttoergebnis vom Umsatz	280	600
4. Vertriebskosten	80	80
5. Allgemeine Verwaltungskosten	0	100
6. Sonstige betriebliche Erträge	0	0
7. Sonstige betriebliche Aufwendungen	30	250
Betriebsergebnis	**170**	**170**

Abb. 8-5: Ausweis der Positionen des Umsatzkostenverfahrens für unterschiedliche Bewertungsansätze

merkt – Aufschlüsse über die Preisspielräume des Unternehmens: Je geringer die direkt zugerechneten Teilkosten, umso geringer sind auch die bei Produktions- und Absatzausweitungen bzw. -reduzierungen sich direkt ändernden Kosten. Gleiches gilt aber nicht für den Bereich der Produkterstellung, dessen Kosten auf zwei Positionen aufgeteilt erscheinen, nämlich die Herstellungskosten und die Sonstigen betrieblichen Aufwendungen. Je größer der Anteil der Kosten ist, die gemäß § 255 Abs. 2 HGB nicht den Herstellungskosten zugerechnet werden dürfen, umso größer wird die diffuse Sammelposition der Sonstigen betrieblichen Aufwendungen.

Diese Problematik tritt auch bei der Bewertung zu Vollkosten gem. § 255 HGB auf: Je höher der Anteil der Material- und Fertigungskosten, die nicht in die Herstellungskosten eingerechnet werden dürfen – hierzu ge

Gewinn- und Verlust-
rechnung

hören beispielsweise Kosten der Unterbeschäftigung –, um so umfangreicher wird die Position der Sonstigen betrieblichen Aufwendungen.

Auch die Position 5 des Gliederungsschemas, die Allgemeinen Verwaltungskosten, führt bei einer Vollkostenbewertung gemäß § 255 HGB Abs. 2 zu Problemen. Da sie in die Herstellungskosten einfließen, verbleiben bei konsequenter Anwendung so gut wie keine Beträge, die darunter ausweisbar sind. Dies liefe wiederum dem Willen des Gesetzgebers zuwider, im Umsatzkostenverfahren die Kosten der wesentlichen Funktionsbereiche im Unternehmen transparent zu machen.

Diese Probleme führen dazu, die Ausgangsprämisse, Herstellungskosten des Umsatzkostenverfahrens seien wie die Wertkategorie des § 255 Abs. 2 HGB zu verstehen, in Frage zu stellen. Gestützt wird dies durch die internationale Rechnungslegung, in der das Umsatzkostenverfahren dominiert – wenn auch die IFRS das Gesamtkostenverfahren als mögliche Alternative neben dem allerdings bevorzugt anzuwendenden Umsatzkostenverfahren erlauben. In den IFRS – dies sei an dieser Stelle schon vorweggenommen – werden die Herstellungskosten des Vorratsvermögens in der Bilanz und der Gewinn- und Verlustrechnung unterschiedlich bezeichnet: erstere als »cost of inventories«, letztere als »cost of sales«. Die cost of sales werden dabei als Funktionskategorie verstanden.

Diese Sichtweise hat sich heute auch in Deutschland weitgehend durchgesetzt: Abweichend von den Begrenzungen des § 255 Abs. 2 HGB sind unter den Herstellungskosten des Umsatzkostenverfahrens alle diejenigen Kosten für verkaufte Produkte auszuweisen, »die im weiteren Sinne dem Herstellungsbereich zuzurechnen sind«. Verwaltungskosten sind bei dieser Sichtweise in den Material- bzw. Fertigungskosten nur insofern enthalten, als sie unmittelbar für den Material- und/oder Fertigungsbereich anfallen (z.B. Aufwendungen der Fertigungsleitung oder z.B. DV-Kosten, die sich unmittelbar der Materialwirtschaft zurechnen lassen).

Da es in der Gewinn- und Verlustrechnung um die möglichst aussagefähige Strukturierung der Aufwandspositionen geht und nicht um Risiken der Bestandsbewertung, die die Gestaltung des § 255 Abs. 2 HGB beeinflusst haben, kann auch dieser Ansatz als konform zur Intention des Gesetzgebers verstanden werden. Zur Veranschaulichung zeigt die *Abbildung 8-6* (basierend auf der *Abbildung 8-5*) den Ansatz von Herstellungskosten als Funktionskategorie.

Sie sehen an diesem Beispiel noch einmal deutlich: Beide Sichtweisen – Herstellungskosten als Wertkategorie und Herstellungskosten als Funktionskategorie – führen zum gleichen Betriebsergebnis: Es werden nämlich lediglich Kostenbestandteile zwischen den Positionen 2 und 7 des Gliederungsschemas hin und her geschoben.

Berücksichtigung von Bestandsveränderungen

Was geschieht nun mit den Produkten, die im betrachteten Geschäftsjahr nicht verkauft wurden? Im Gesamtkostenverfahren wird die Lagerbestandsbildung über die Position »Bestandsvermehrung an fertigen und unfertigen Erzeugnissen« abgebildet. Bei einer Vollkostenbewertung entspricht diese Ertragsposition in der Höhe allen Aufwendungen, die für die Produktion des Lagerbestands angefallen sind und die im Rahmen des § 255 Abs. 2 angesetzt werden dürfen. Bei einer Teilkostenbewertung entspricht

	Herstellungskosten als		
	Wertkategorie		Funktions-kategorie
	Vollkosten	Teilkosten	
1. Umsatzerlöse	800	800	800
2. Herstellungskosten vom Umsatz	520	200	450
3. Bruttoergebnis vom Umsatz	280	600	350
4. Vertriebskosten	80	80	80
5. Allgemeine Verwaltungskosten	0	100	100
6. Sonstige betriebliche Erträge	0	0	0
7. Sonstige betriebliche Aufwendungen	30	250	0
Betriebsergebnis	**170**	**170**	**170**

Abb. 8-6: Zahlenbeispiel
zum Vergleich von Herstellungskosten als Wert- und
als Funktionskategorie

der Ertrag durch die Lagerbestandsbildung dementsprechend nur einem Teil der angefallenen Aufwendungen. Gleichzeitig verbergen sich die Herstellungskosten in den Aufwandskategorien 5 bis 8 der Gewinn- und Verlustrechnung. Damit kann die Lagerbestandsbildung auf keinen Fall gewinnerhöhend wirken, denn es werden Erträge maximal in Höhe der angefallenen Aufwendungen verbucht. Mit anderen Worten: Bezogen auf den Gewinn ist die Lagerbestandsbildung »neutralisiert«. Damit kann erst dann ausschüttungsfähiger Gewinn entstehen, wenn die Lagerbestände verkauft sind, also Umsätze realisiert worden sind.

Beim *Umsatzkostenverfahren* wird der Ertrag durch die Erhöhung des Bestands an fertigen und unfertigen Erzeugnissen in der Gewinn- und Verlustrechnung nicht berücksichtigt. Um kein verzerrtes Bild zu liefern, dürfen nun jedoch auch die Kosten für die Herstellung dieser Lagerbestandserhöhung nicht in der Gewinn- und Verlustrechnung auftauchen. Lediglich die Summe der Aufwendungen bzw. der Erträge kann sich unterscheiden: Durch die dargestellte Behandlung der Erträge durch Lagerbestandserhöhungen und der zugehörigen Aufwendungen muss das Gesamtkostenverfahren zum gleichen Jahresüberschuss führen wie das Umsatzkostenverfahren.

Das Gesamtkosten- und das
Umsatzkostenverfahren führen zu demselben Gewinn

Zu Zeiten von Lagerbestandsbildung (Produktionsmenge > Absatzmenge) weist das Umsatzkostenverfahren weniger, im umgekehrten Fall mehr Herstellungskosten aus als – auf mehrere Aufwandsarten verteilt – das Gesamtkostenverfahren.
Insgesamt gilt jedoch: Der Gewinn, der beim Umsatzkostenverfahren ermittelt wird, ist identisch mit dem Gewinn, der beim Gesamtkostenverfahren ermittelt wird.

Für das System der doppelten Buchführung hat diese Vorgehensweise eine wichtige Bedeutung. Während beim Gesamtkostenverfahren zur Ermittlung des betrieblichen Ergebnisses alle Aufwands- und Ertragskonten abgeschlossen und die Veränderungen an Roh-, Hilfs- und Betriebsstoffen wie

Gewinn- und Verlust-rechnung

auch Halb- und Fertigprodukten bzw. aktivierten Eigenleistungen per Inventur berechnet werden, kann das betriebliche Ergebnis nach dem Umsatzkostenverfahren auch vereinfacht hergeleitet werden. Dazu müssen aus den Absatzmengen zum einen die Umsatzerlöse hergeleitet werden, zum anderen die Aufwendungen der Periode aus den pro Stück anfallenden Einzelkosten zuzüglich Abschreibungen, Verwaltungs- und Vertriebskosten. Ein Abschluss von Bestandskonten ist dazu nicht erforderlich. Wenn wir in Teil 2 dieses Buches die Deckungsbeitragsrechnung als Ausgestaltungsform der internen Ergebnisrechnung kennen lernen, wird Ihnen die inhaltliche Nähe zur Ergebnisrechnung nach dem Umsatzkostenverfahren ins Auge fallen. Gerade für interne Zwecke einer beispielsweise monatlichen Ergebnisrechnung empfiehlt sich damit die Anwendung des Umsatzkostenverfahrens.

Zu beachten ist, dass die Verbuchung von Aufwendungen und Erträgen in Gesamt- und Umsatzkostenverfahren grundsätzlich abweichend erfolgt. Dies soll am Beispiel der wichtigsten Faktorverbräuche (Aufwendungen aus Materialverbrauch, Lohnzahlungen und Abschreibungen) deutlich gemacht werden.

Bei der Ermittlung des operativen Ergebnisses nach dem Gesamtkostenverfahren werden Aufwendungen aus Lohnzahlungen und Abschreibungen über entsprechend gleich lautende Aufwandskonten verbucht, deren Saldo periodenbezogen den insgesamt angefallenen Aufwendungen entspricht (»Gesamtkostenverfahren«). Die Materialverbräuche werden in der einfachsten Variante bestimmt, indem im gemischten Konto »Material« auf der Sollseite Anfangsbestand und Zugänge der Periode, auf der Habenseite dagegen der Endbestand laut Inventur – bewertet z.B. perioden-

Abb. 8-7: Verbuchung gemäß dem Gesamtkostenverfahren

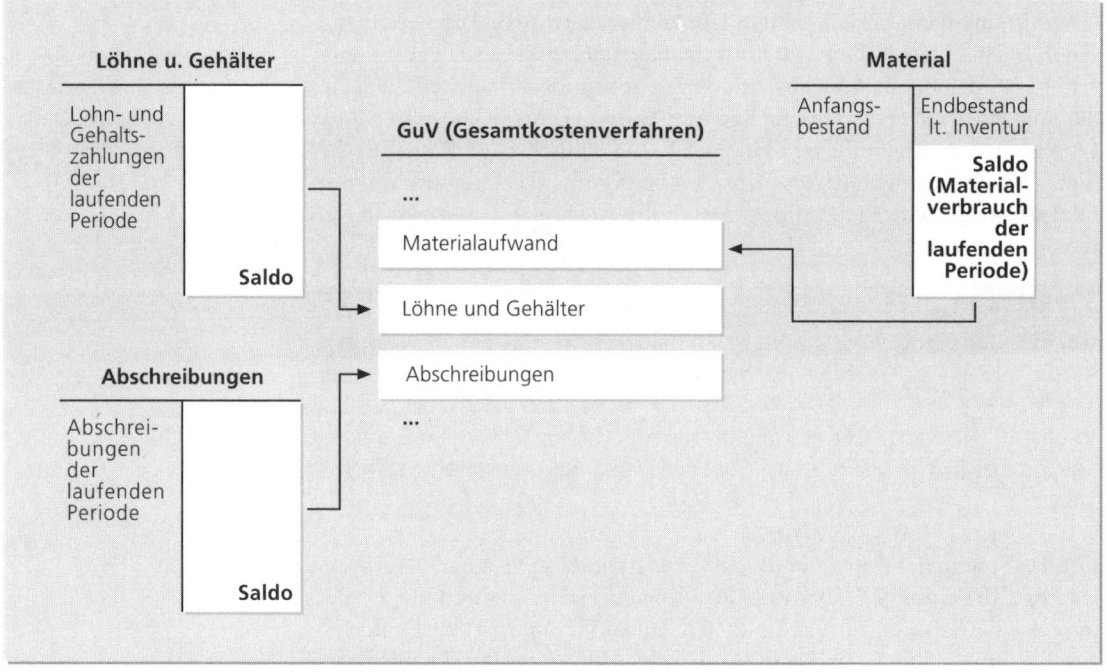

bezogen mit Hilfe der Gruppenbewertung oder einem Verbrauchsfolge-verfahren – verbucht wird. Der Saldo entspricht dann dem Materialverbrauch der Periode, der als Aufwand in die Gewinn- und Verlustrechnung übernommen wird (vgl. *Abbildung 8-7*).

Anders nach dem Umsatzkostenverfahren (vgl. *Abbildung 8-8*): Hier werden für laufende Verbuchungszwecke die Salden der Aufwandskonten »Löhne«, »Abschreibungen« sowie der Materialverbrauch nicht in die Gewinn- und Verlustrechnung übernommen. Vielmehr werden bei jedem Produktionsvorgang diese entsprechenden Konten in Höhe der anteilig anfallenden Aufwendungen entlastet (d.h. Buchung im Haben) und dafür die Bestandskonten »Halbfertigwaren« oder ggf. »Fertigwaren« belastet (d.h. Buchung im Soll), ggf. auch z.B. die Konten »Verwaltungskosten« oder »Vertriebskosten«. Bei jedem Verkaufsvorgang wird der Abgang an Fertigwaren nicht nur auf dem entsprechenden Bestandskonto, sondern auf dem Konto »Herstellungskosten vom Umsatz« verbucht.

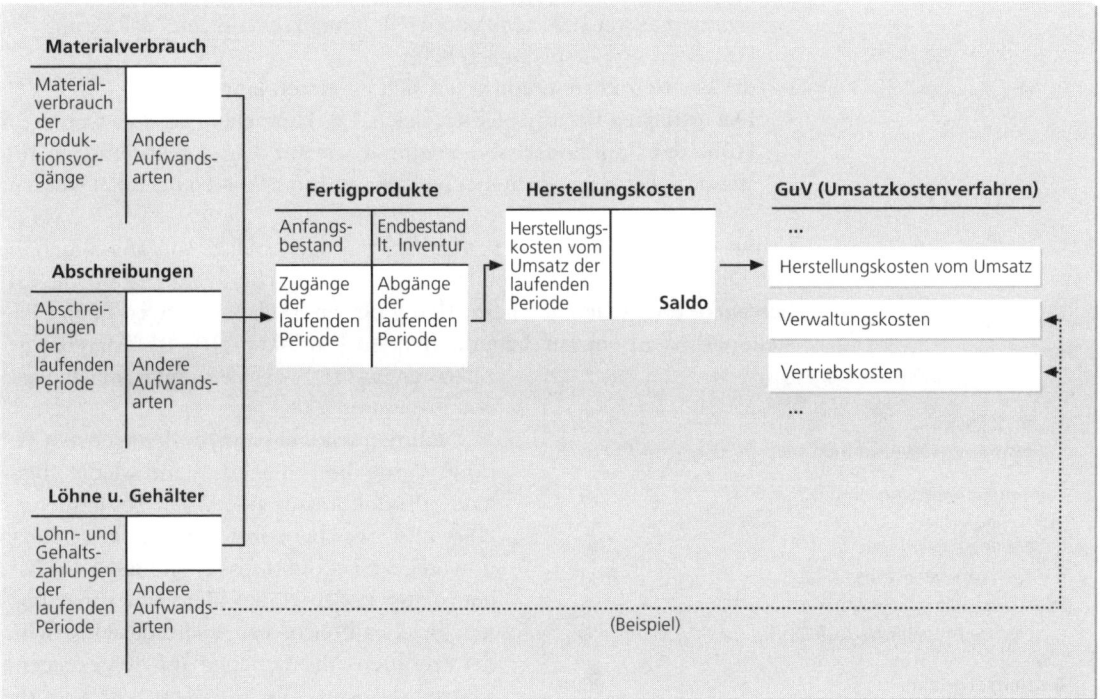

Abb. 8-8: Verbuchung gemäß dem Umsatzkostenverfahren

Eine Fragestellung bleibt jetzt noch zu diskutieren: Wie werden beim Umsatzkostenverfahren Lagerbestandsminderungen bewertet? In die Herstellungskosten müssen ja die Kosten aller Umsatzerlöse eingehen, also auch die Kosten der Produkte, die bereits in früheren Geschäftsjahren produziert wurden. Hier hat sich folgende Sichtweise durchgesetzt:

Unabhängig davon, wie die Herstellungskosten für die im Geschäftsjahr produzierten und abgesetzten Produkte ermittelt werden, gehen Lagerbestandsminderungen mit ihrem Bilanzwert (Voll- oder Teilkosten) ein.

Dies kann zur Folge haben, dass die Herstellungskosten des Umsatzes heterogen sind: Im Geschäftsjahr produzierte Güter werden mit Herstellungskosten im Sinne von Funktionskosten, also unabhängig von § 255 Abs. 2 HGB bewertet, Güter aus früheren Geschäftsjahren mit bilanziellen Werten – im Extremfall also mit Teilkosten gem. § 255 Abs. 2 HGB.

Dieses Vorgehen ist jedoch nur schlüssig. Werden Lagerbestandserhöhungen zu Teilkosten bewertet, so gehen alle übrigen Aufwendungen (Material- und Fertigungsgemeinkosten sowie Allgemeine Verwaltungskosten) in die Gewinn- und Verlustrechnung ein und mindern damit den Jahresüberschuss. Wird der Lagerbestand abgebaut, dann dürfen natürlich nur die Bestandteile erfolgswirksam werden, die noch nicht in einen Jahresüberschuss eingegangen sind, eben die Teilkosten. Alles andere würde den Grundsätzen ordnungsmäßiger Buchführung widersprechen.

Zur Veranschaulichung wollen wir das Zahlenbeispiel der *Abbildung 8-4* fortführen. Modifizieren wir hierzu zunächst die Ausgangsdaten wie folgt:

- Es wird im ersten Jahr eine Produktionsmenge von 200 und eine Absatzmenge von 100 Stück unterstellt (entsprechend eine Halbierung des Umsatzes von ursprünglich 800);
- die Vertriebskosten reduzieren sich im ersten Jahr auf 40.
- Die restlichen Beträge bleiben gleich. Die Herstellungskosten werden in Höhe der Funktionskosten ermittelt, die auf Lager genommenen Bestände sollen dagegen ausschließlich mit Einzelkosten bewertet werden.

Damit ergibt sich die in der *Abbildung 8-9* dargestellte Ausgangssituation. Die Differenz von 100 zu den Herstellungskosten der *Abbildung 8-6*, die 450 betrugen, ergibt sich aus dem Abzug der zu Teilkosten angesetzten Herstellungskosten der auf Lager gehenden Produkte (50% der Materialeinzelkosten und 50% der Fertigungseinzelkosten von insgesamt 200).

Nehmen wir weiter an, in der nächsten Periode würde dieser Lagerbestand wieder abgebaut (Produktionsmenge: 100; Absatzmenge: 200), und zwar bei sonst unveränderter Situation (gleiche Produktionsverhältnisse – bei halber Menge bedeutet dies hier halbe Einzelkosten, gleiches Preisniveau, allerdings angesichts der erhöhten Absatzmenge auf 80 gestiegene Vertriebskosten). Die *Abbildung 8-10* zeigt die veränderten Werte. Der Wert der Herstellungskosten setzt sich zusammen aus den Herstellungskosten der neu hergestellten Güter in Höhe von 350 und dem Bestandswert der in der Vorperiode hergestellten Güter in Höhe von 100.

Sie sehen an diesem Beispiel, dass die Herstellungskosten des Umsatzkostenverfahrens nur sehr schwer zu interpretieren sind. Auch wenn Bestandsveränderungen in derart exorbitanter Höhe sicherlich ungewöhnlich sind, bleibt festzuhalten, dass die Vorgehensweise – wiewohl sie sich in den letzten Jahren gegenüber alternativen Verfahren weitgehend durchgesetzt

1. Umsatzerlöse	400
2. Herstellungskosten vom Umsatz	350
3. Bruttoergebnis vom Umsatz	50
4. Vertriebskosten	40
5. Allgemeine Verwaltungskosten	100
6. Sonstige betriebliche Erträge	0
7. Sonstige betriebliche Aufwendungen	0
Betriebsergebnis	**-90**

Abb. 8-9: Situation nach der Lagerbestandserhöhung

hat – die vom Gesetzgeber gewünschte Transparenz in der Gewinn- und
Verlustrechnung nicht unbedingt erhöht.

4. Gewinn- und Verlustrechnung im IFRS-Abschluss

Auch die Gewinn- und Verlustrechnung im IFRS-Abschluss wird in Analogie zu den Vorschriften des HGB in einen betrieblichen Bereich, den Finanzbereich und den Ertragssteuerbereich untergliedert. Der Ansatz außerordentlicher Posten ist allerdings nicht zulässig.

Die Ermittlung des Ergebnisses aus betrieblicher Tätigkeit kann gem. IAS 1 (Presentation of Financial Statements) ebenfalls nach dem Gesamtkostenverfahren (*nature of expense method*) oder dem Umsatzkostenverfahren (*cost of sales method*) durchgeführt werden . Aufgrund der stärkeren internationalen Verbreitung und der besseren Eignung auch für interne Steuerungszwecke entscheiden sich immer mehr IFRS-Bilanzierer auch in Deutschland für die

1. Umsatzerlöse	800
2. Herstellungskosten vom Umsatz	450
3. Bruttoergebnis vom Umsatz	350
4. Vertriebskosten	80
5. Allgemeine Verwaltungskosten	100
6. Sonstige betriebliche Erträge	0
7. Sonstige betriebliche Aufwendungen	0
Betriebsergebnis	**170**

Abb. 8-10: Situation nach der Lagerbestandsminderung

Anwendung des Umsatzkostenverfahrens zur Ermittlung des betrieblichen Ergebnisses.

Einen Sonderfall stellen so genannte »discontinued operations« dar, d.h. aufgegebene Geschäftsbereiche, die entweder veräußert oder aber eingestellt werden sollen. Der Ausweis von Aufwendungen und Erträgen aus diesen Geschäftsbereichen ist nach IFRS in der Gewinn- und Verlustrechnung getrennt von den »continued operations« auszuweisen. Hintergrund ist wiederum das Ziel der Informationsvermittlung, denn für zukünftige Gewinne haben die Erfolge aus den aufgegebenen Geschäftsbereichen keinerlei Prognosekraft mehr.

Im Einzelfall können solche aufgegebenen Geschäftsbereiche ein sehr hohes Volumen einnehmen: So weist Bayer vor der geplanten Abspaltung der Chemie-Aktivitäten im Jahr 2003 ein operatives Konzernergebnis vor Zinsen und Steuern (EBIT) von -1.119 Mio. Euro aus; auf die abzuspaltenden Bereiche entfallen dabei -1.639 Mio. Euro. Nach der Abspaltung im Jahre 2004 liegt das EBIT bei 1.808 Mio. Euro, der Anteil der aufgegebenen Geschäftsbereiche ist auf 18 Mio. Euro, also weniger als 1%, reduziert.

5. Zusammenfassung

Die handelsrechtliche Gewinn- und Verlustrechnung scheint (vgl. auch die *Abbildung 8-11*) auf den ersten Blick sehr einfach handhabbar zu sein. Die

Gewinn- und Verlust-rechnung

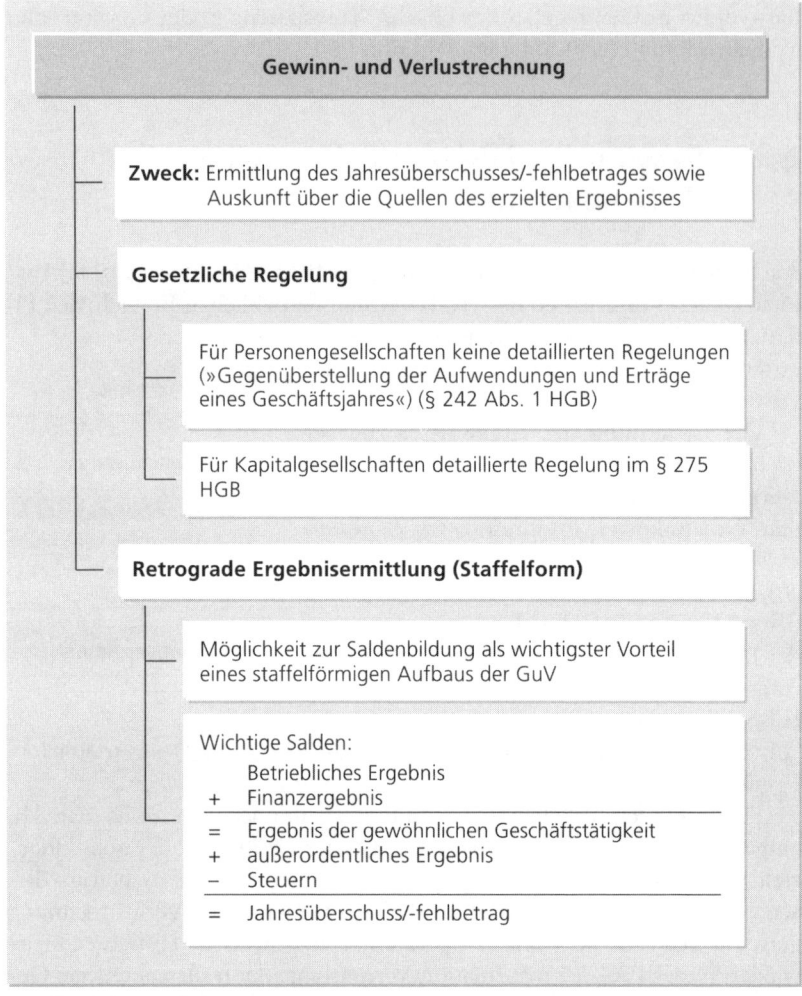

Abb. 8-11: Überblick über die handelsrechtliche GuV

im § 275 HGB aufgeführten Begriffe sind nach Kenntnis der Bilanz weitgehend geläufig.

Formal bleibt zunächst festzuhalten, dass die Aufwendungen und Erträge schrittweise retrograd saldiert werden, die GuV in Staffelform geführt wird. Als weiteres zentrales Kennzeichen der gesetzlichen Regelung lässt sich die Wahlmöglichkeit zwischen zwei Gliederungsprinzipien, dem Gesamtkostenverfahren und dem Umsatzkostenverfahren, nennen. Während ersteres in Deutschland eine lange Tradition besitzt, ist letzteres weltweit dominierend. Das Umsatzkostenverfahren wird deshalb häufig von international agierenden Unternehmen und solchen Unternehmen gewählt, die sich wesentlich auch außerhalb der Bundesrepublik mit Eigen- und Fremdkapital versorgen.

Beide Verfahren wählen unterschiedliche Prinzipien der Gliederung der Aufwendungen und Erträge im Bereich der Bestimmung des Betriebsergebnisses; das Finanz- und das außerordentliche Ergebnis werden identisch ermittelt. Beide Gliederungsprinzipien weisen für den Jahresabschluss-

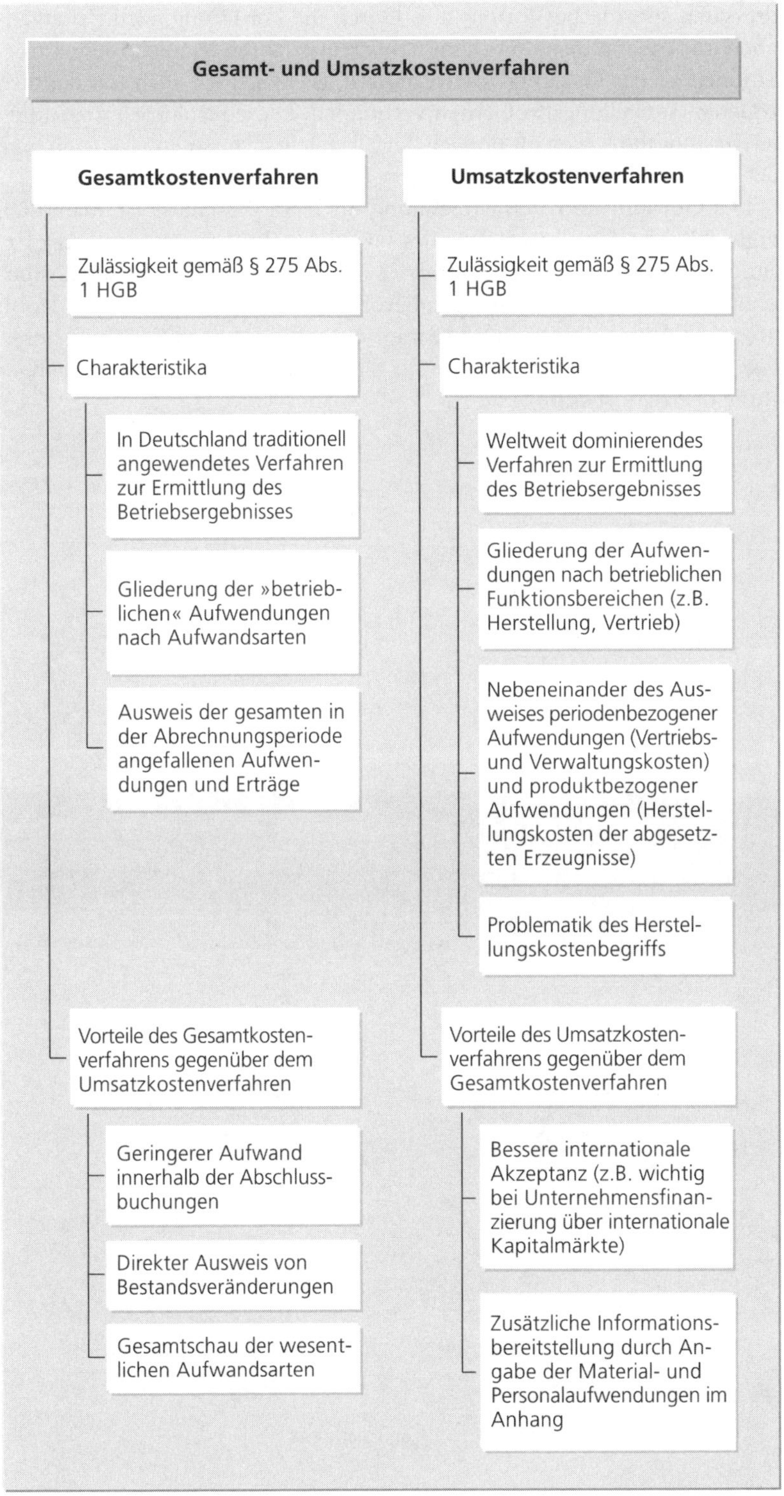

Gesamt- und Umsatzkostenverfahren

Gesamtkostenverfahren	**Umsatzkostenverfahren**
Zulässigkeit gemäß § 275 Abs. 1 HGB	Zulässigkeit gemäß § 275 Abs. 1 HGB
Charakteristika	Charakteristika

Gesamtkostenverfahren – Charakteristika

- In Deutschland traditionell angewendetes Verfahren zur Ermittlung des Betriebsergebnisses
- Gliederung der »betrieblichen« Aufwendungen nach Aufwandsarten
- Ausweis der gesamten in der Abrechnungsperiode angefallenen Aufwendungen und Erträge

Umsatzkostenverfahren – Charakteristika

- Weltweit dominierendes Verfahren zur Ermittlung des Betriebsergebnisses
- Gliederung der Aufwendungen nach betrieblichen Funktionsbereichen (z.B. Herstellung, Vertrieb)
- Nebeneinander des Ausweises periodenbezogener Aufwendungen (Vertriebs- und Verwaltungskosten) und produktbezogener Aufwendungen (Herstellungskosten der abgesetzten Erzeugnisse)
- Problematik des Herstellungskostenbegriffs

Vorteile des Gesamtkostenverfahrens gegenüber dem Umsatzkostenverfahren

- Geringerer Aufwand innerhalb der Abschlussbuchungen
- Direkter Ausweis von Bestandsveränderungen
- Gesamtschau der wesentlichen Aufwandsarten

Vorteile des Umsatzkostenverfahrens gegenüber dem Gesamtkostenverfahren

- Bessere internationale Akzeptanz (z.B. wichtig bei Unternehmensfinanzierung über internationale Kapitalmärkte)
- Zusätzliche Informationsbereitstellung durch Angabe der Material- und Personalaufwendungen im Anhang

Abb. 8-12: Gegenüberstellung des Gesamt- und des Umsatzkostenverfahrens

adressaten spezifische Vorteile auf. Durch die Forderung nach Zusatzangaben im Anhang bietet das Umsatzkostenverfahren letztlich mehr Informationen als das Gesamtkostenverfahren. Es ist jedoch auch mit deutlich größeren Aufstellungsproblemen verbunden. Diese resultieren wesentlich aus Ansatzwahlrechten im Bereich der bilanziellen Herstellungskosten (vgl. auch die zusammenfassende *Abbildung 8-12* auf der Vorseite).

Die Gewinn- und Verlustrechnung im IFRS-Abschluss ist strukturell vergleichbar zu den Vorschriften des HGB aufgebaut. Auch hier ist die Ermittlung des betrieblichen Ergebnisses nach Gesamt- oder Umsatzkostenverfahren zulässig. Der Ausweis außerordentlicher Posten ist nicht erlaubt; dafür sind Aufwendungen und Erträge aus aufgegebenen Geschäftsbereichen getrennt auszuweisen, da sie für die zukünftigen Gewinne nur eingeschränkt Prognosekraft besitzen.

Sonstige Bestandteile
der Rechnungslegung

Kapitel 9

Lernziel

An dieser Stelle der Diskussion fehlen uns am Gesamtgebäude der Rechnungslegung nur noch einige wenige Bausteine. Im Bereich der Bilanzierung bestehen noch drei wichtige Lücken: Sie sollen kennen lernen,

- was man unter aktiven und passiven Rechnungsabgrenzungsposten versteht und wann solche zu bilden sind,
- was Aufwendungen für die Ingangsetzung und Erweiterung des Geschäftsbetriebs sind,
- was es mit den so genannten »Angaben unter dem Strich« auf sich hat und
- welche Regelungen es für diese Fragestellungen innerhalb der IFRS gibt.

Weiterhin wollen wir uns dem letzten wesentlichen Element des handelsrechtlichen Jahresabschlusses einer Kapitalgesellschaft zuwenden, dem Anhang, sowie der Ergänzung des Jahresabschlusses durch den Lagebericht. Sie sollen hier kennen lernen,

- welche Funktionen der Anhang erfüllt,
- welche wesentlichen Einzelangaben er enthält,
- wie der Anhang vom Lagebericht abzugrenzen ist und
- welche zusätzlichen Rechnungslegungsinstrumente im IFRS-Abschluss neben der Bilanz und der Gewinn- und Verlustrechnung aufzustellen sind.

1. Rechnungsabgrenzungsposten

2. Aufwendungen für die Ingangsetzung und Erweiterung
    des Geschäftsbetriebs

3. Angaben »unter dem Strich«

4. Anhang

5. Lagebericht

6. Sonstige Bestandteile der Rechnungslegung nach IFRS

7. Zusammenfassung

1.   Rechnungsabgrenzungsposten

Auf den Begriff »Rechnungsabgrenzungsposten« sind wir schon im einführenden Fallbeispiel der more-copy-gmbh gestoßen. Rechnungsabgrenzungsposten sind ein weiteres Beispiel für Probleme, die aus dem Bestreben resultieren, den Erfolg einzelner Geschäftsperioden bestimmen zu wollen. Rechnungsabgrenzungsposten erfassen einen besonderen Typus von Geschäftsvorfällen, die nicht (richtig) in die Abrechnungsperiode »passen«, für die ein Unternehmen Rechnung legt.

Rechnungsabgrenzungsposten resultieren aus dem Auseinanderfallen von Zahlungszeitpunkten und Zeitpunkten der Erfolgswirksamkeit.

Derartigen Divergenzen sind wir in diesem Lehrbuch schon mehrfach begegnet, so etwa in Gestalt der erhaltenen Anzahlungen oder in Gestalt des Verbrauchs auf Ziel beschaffter Rohstoffe. Ein Rechnungsabgrenzungsposten war für die bilanzielle Erfassung dieser Geschäftsvorfälle jedoch nicht erforderlich. Rechnungsabgrenzungsposten sind – so lässt sich schon daraus erkennen – an ganz spezielle Situationen geknüpft. Diese beschreibt der § 250 Abs. 1 und 2 HGB: »Als Rechnungsabgrenzungsposten sind auf der Aktivseite Ausgaben vor dem Abschlussstichtag auszuweisen, soweit sie Aufwand für eine bestimmte Zeit nach diesem Tag darstellen. ... Auf der Passivseite sind als Rechnungsabgrenzungsposten Einnahmen vor dem Abschlussstichtag auszuweisen, soweit sie Ertrag für eine bestimmte Zeit nach diesem Tag darstellen«.

Definition der Rechnungsabgrenzungsposten im HGB

Rechnungsabgrenzungsposten fallen also dann an, wenn die Erträge (Aufwendungen), die mit Einnahmen (Ausgaben) des Geschäftsjahres verbunden sind, einem späteren Geschäftsjahr zuzuordnen sind. In diesem Fall müssen die Einnahmen und Ausgaben in das spätere Geschäftsjahr »hinübergeleitet« werden – aus diesem Grund bezeichnet man diese Rechnungsabgrenzungsposten als »*transitorisch*«.

Transitorische RAP

In ihrem Wesen erfassen Rechnungsabgrenzungsposten somit eine spezielle Art von Verpflichtung, die ein Unternehmen gegenüber einem Dritten bzw. ein Dritter gegenüber dem Unternehmen eingegangen ist, und zwar eine *Verpflichtung auf die Erbringung von Dienstleistungen*. Die *Abbildung 9-1* nennt hierfür Beispiele. Derartige Leistungsverpflichtungen sieht der Gesetzgeber als Vermögensgegenstände und Schulden besonderer Art an. Somit sind sie nicht unter den Vermögens- bzw. Schuldenbegriff subsumierbar. Ein in der nächsten Periode nutzbares Mietrecht ist prinzipiell nicht gesondert veräußerbar, und die Einzelveräußerbarkeit hatten wir (im 3. Kapitel) als entscheidendes Kriterium für das Vorliegen eines Vermögensgegenstandes herausgestellt. Rechnungsabgrenzungsposten lassen sich mit der statischen Bilanzauffassung nicht vereinbaren. Sie sind nur bei dynamischer Sicht der Bilanz vertretbar. Immer dann, wenn die dynamische Bilanzsicht für die Gläubiger kritisch wird, d.h., wenn nicht mehr sicher von einer Fortführung des Unternehmens ausgegangen werden kann (Fortfall der going-concern-Prämisse als zentraler Grundsatz ordnungsmäßiger

Rechnungsabgrenzungsposten als Verpflichtung auf Dienstleistung

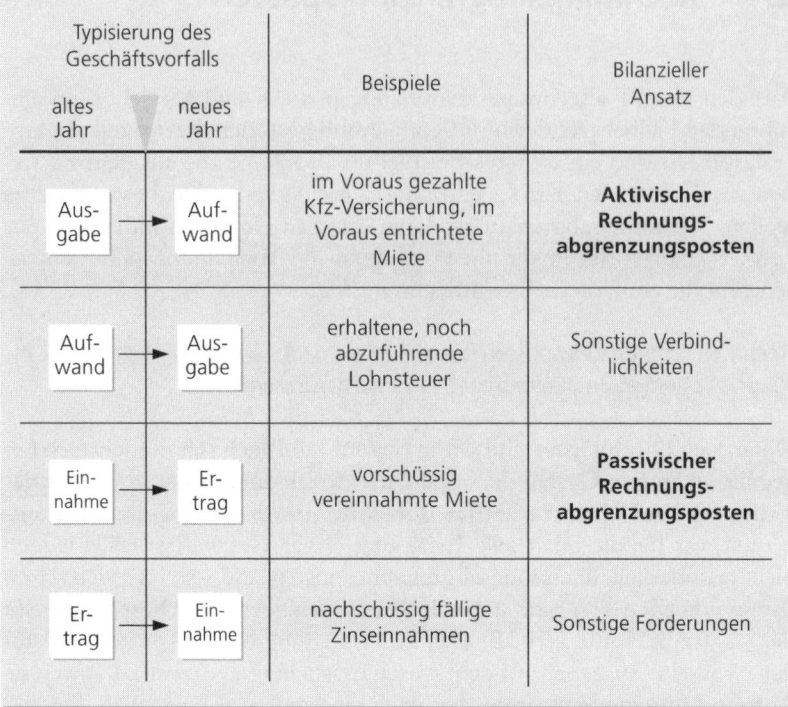

Typisierung des Geschäftsvorfalls		Beispiele	Bilanzieller Ansatz
altes Jahr	neues Jahr		
Ausgabe →	Aufwand	im Voraus gezahlte Kfz-Versicherung, im Voraus entrichtete Miete	**Aktivischer Rechnungsabgrenzungsposten**
Aufwand →	Ausgabe	erhaltene, noch abzuführende Lohnsteuer	Sonstige Verbindlichkeiten
Einnahme →	Ertrag	vorschüssig vereinnahmte Miete	**Passivischer Rechnungsabgrenzungsposten**
Ertrag →	Einnahme	nachschüssig fällige Zinseinnahmen	Sonstige Forderungen

Abb. 9-1: Einordnung des Begriffs »Rechnungsabgrenzungsposten«

Rechnungsabgrenzungsposten sind keine Vermögens- bzw. Schuldenpositionen im üblichen Sinn

Buchführung, auf die wir in Kapitel 11 ausführlich eingehen), müssen Rechnungsabgrenzungsposten deshalb auch aufgelöst werden.

Der besondere Charakter der Rechnungsabgrenzungsposten kommt auch dadurch zum Ausdruck, dass sie sowohl auf der Aktiv- als auch auf der Passivseite der Bilanz jeweils die letzte Position bilden. Der Gesetzgeber will hiermit zum Ausdruck bringen, dass es sich bei Rechnungsabgrenzungsposten nicht um Vermögens- bzw. Schuldenpositionen im üblichen Sinn handelt. Sie nehmen nur dann Beträge auf, wenn die Voraussetzungen für die Existenz eines (immateriellen) Vermögensgegenstandes (Forderung) oder einer Schuld nicht erfüllt sind (so genannter *Grundsatz der Subsidiarität der Rechnungsabgrenzungsposten*). Aufgabe der aktiven Rechnungsabgrenzungsposten ist es, die Vorleistungen des einen Vertragspartners in das Jahr zu verlagern, in dem die nach dem Vertrag geschuldete Gegenleistung des anderen Teils erbracht wird. Der passive Rechnungsabgrenzungsposten hingegen berücksichtigt, dass der bereits erfolgten Einnahme eine die Gewinnrealisierung hindernde noch nicht erfüllte Gegenleistungsverpflichtung des Bilanzierenden gegenübersteht.

Die *Abbildung 9-1* stellt weiterhin die Rechnungsabgrenzungsposten solchen sonstigen Forderungen und Verbindlichkeiten gegenüber, die sich quasi als Umkehrung der Reihenfolge von Einnahmen (Ausgaben) und Erträgen (Aufwendungen) ergeben. Sie können als »antizipative« Posten beschrieben werden: Erträge (Aufwendungen) werden »vorweggenommen«, weil die damit verbundene Einnahme (Ausgabe) erst später erfolgt. Ihrem Charakter nach unterscheiden sie sich von den transitorischen Rechnungsabgrenzungsposten jedoch wesentlich: Es handelt sich bei ihnen nicht um Verpflichtungen auf Erbringung von Dienstleistungen, sondern um *Verpflichtungen auf Leistung von Zahlungen*. Sie sind deshalb mit Sonstige Forderungen bzw. Sonstige Verbindlichkeit richtiger bezeichnet.

Neben der Festlegung der zeitlichen Folge von Aufwendungen bzw. Erträgen und Ausgaben bzw. Einnahmen weist der § 250 HGB noch auf ein weiteres wesentliches Merkmal von Rechnungsabgrenzungsposten hin: Der Zeitraum, in dem der Aufwand bzw. der Ertrag in der Zukunft anfallen wird, muss exakt – d.h. kalenderzeitmäßig – bestimmt sein. Insofern verwundert es nicht, wenn als aktivischer Rechnungsabgrenzungsposten – wie im 7. Kapitel schon behandelt – auch das Disagio aus der Aufnahme von Krediten ausgewiesen wird (§ 250 Abs. 3 HGB). Die Laufzeit der Verbindlichkeit steht fest, eine Leistungsverpflichtung des Kreditinstituts liegt in Form einer Zinsreduzierung gegenüber einem Normalzins vor.

Rechnungsabgrenzungs-
posten nehmen auch das
Disagio von Krediten auf

Schließlich ist noch auf zwei weitere Besonderheiten hinzuweisen, die im Abs. 1 des § 250 HGB angesprochen sind: »Ferner dürfen ausgewiesen werden

1. als Aufwand berücksichtigte Zölle und Verbrauchssteuern, soweit sie auf am Abschlussstichtag auszuweisende Vermögensgegenstände des Vorratsvermögens entfallen,

2. als Aufwand berücksichtigte Umsatzsteuer auf am Abschlussstichtag auszuweisende oder von den Vorräten offen abgesetzte Anzahlungen«.

Beide Positionen sind erst mit der Neugestaltung der handelsrechtlichen Rechnungslegung 1986 in diese aufgenommen worden; es handelt sich um praktisch gleich lautende steuerrechtliche Bestimmungen. Ein Beispiel sind die Kosten der Steuerbanderolen, mit denen die am Jahresende auf Lager liegenden, für Deutschland bestimmten Zigarettenbestände eines Tabakunternehmens versehen sind: Die Steuerentrichtung ist an den Erwerb der Banderolen geknüpft, der eigentliche Steuertatbestand dagegen an den Verkauf der Zigaretten. Auf beide Sonderfälle können und müssen wir aber in dieser Einführung in die handelsrechtliche Rechnungslegung nicht weiter eingehen.

2. Aufwendungen für die Ingangsetzung und Erweiterung des Geschäftsbetriebs

Die Position »Aufwendungen für die Ingangsetzung und Erweiterung des Geschäftsbetriebs« ist im § 269 HGB geregelt: »Die Aufwendungen für die Ingangsetzung des Geschäftsbetriebs und dessen Erweiterung dürfen, soweit sie nicht bilanzierungsfähig sind, als Bilanzierungshilfe aktiviert werden; der Posten ist in der Bilanz unter der Bezeichnung »Aufwendungen für die Ingangsetzung und Erweiterung des Geschäftsbetriebs« vor dem Anlagevermögen auszuweisen und im Anhang zu erläutern. Werden solche Aufwendungen in der Bilanz ausgewiesen, so dürfen Gewinne nur ausgeschüttet werden, wenn die nach Ausschüttung verbleibenden jederzeit auflösbaren Gewinnrücklagen zuzüglich eines Gewinnvortrags und abzüglich eines

**Die Position Ingangsetzungs-
aufwendungen ist eine Bilanzierungshilfe**

Verlustvortrags dem angesetzten Betrag mindestens entsprechen«. Ökonomisch sind die Aufwendungen für die Ingangsetzung und Erweiterung des Geschäftsbetriebs dem derivativen (durch Kauf erworbenen) Geschäfts- oder Firmenwert ähnlich: In beiden Fällen gründet sich die Bilanzierung auf zukünftige Ertragserwartungen des neu begonnenen bzw. übernommenen Geschäftsfeldes; lassen sich solche Erwartungen nicht valide begründen, darf eine Aktivierung nicht erfolgen. Im Gegensatz zum derivativen Geschäfts- oder Firmenwert erkennt der Gesetzgeber der hier betrachteten Position allerdings explizit keine Vermögenseigenschaft zu, indem er sie ausdrücklich (lediglich) als *Bilanzierungshilfe* bezeichnet.

Diese einschränkende Sichtweise schlägt sich auch in den restriktiveren Vorschriften zur Abschreibung nieder: Während das HGB – wie dargestellt – beim Geschäfts- oder Firmenwert eine Verteilung auf dessen gesamte Nutzungs- bzw. Wirkungsdauer zulässt, legt er bei den Aufwendungen für die Ingangsetzung und Erweiterung des Geschäftsbetriebs mit vier Jahren eine Obergrenze obligatorisch fest (»Für die Ingangsetzung und Erweiterung des Geschäftsbetriebs ausgewiesene Beträge sind in jedem folgenden Geschäftsjahr zu mindestens einem Viertel durch Abschreibungen zu tilgen« – § 282 HGB).

Gravierender ist noch die Regelung bezüglich der Ausschüttungsfähigkeit von Gewinnen: Wenn durch die Aktivierung eines derivativen Geschäfts- oder Firmenwerts der Jahresüberschuss im Vergleich zur unterlassenen Ausnutzung des Wahlrechts gesteigert wird, kann dieser Differenzgewinn – nach seiner Versteuerung – in voller Höhe an die Anteilseigner ausgeschüttet werden. Für die aktivierten Ingangsetzungsaufwendungen ist just dieses verboten: Gewinne sind erst dann wieder ausschüttungsfähig, wenn die gesamten aktivierten Aufwendungen via sukzessiver Abschreibung aus der Bilanz »verschwunden« sind.

**Ökonomischer Hintergrund
der Bilanzierungshilfe**

Der ökonomische Hintergrund der hier betrachteten Bilanzierungshilfe ist der typische Erfolgsverlauf einer gerade gegründeten Unternehmung: Während zur Schaffung der Produktionsbereitschaft und zum Aufbau der Innen- und Außenorganisation Ausgaben in erheblicher Höhe anfallen, denen nur zum geringen Teil aktivierungsfähige Vermögensgegenstände entsprechen, fließen die Erträge anfangs noch spärlich. Dies bedeutet, dass schnell hohe Verluste auflaufen können, die im Extremfall zur Überschuldung führen.

Eine ähnliche Situation liegt vor, wenn das Geschäftsfeld eines Unternehmens deutlich erweitert wird, wenn neue Produktsparten eingeführt, neue Produktionsstätten eingerichtet, neue Zweigstellen gegründet oder neue Märkte erschlossen werden. Allerdings ist die Gefahr der Überschuldung geringer als im Falle der Gründungssituation, da zumeist in den vorherigen Jahren der Geschäftstätigkeit Rücklagen angesammelt wurden.

Der Gesetzgeber weicht somit zu einem speziell beschriebenen Anlass (Gründung oder wesentliche Erweiterung eines Unternehmens) von seiner zentralen Leitidee einer vorsichtigen Bewertung ab: Im Liquidationsfall hat die Aktivposition »aktivierte Ingangsetzungsaufwendungen« für die Gläubiger keinerlei Wert, es liegt kein veräußerbarer Vermögensgegenstand vor.

Dieses Abweichen ist dem Gesetzgeber nicht leicht gefallen. Sein Unbehagen mit dieser Bilanzierungshilfe wird – außer an dem dargestellten Gewinnausschüttungsverbot und dem Abschreibungsgebot – daran deutlich, dass er nicht alle im Zusammenhang mit der Aufnahme der Geschäftstätigkeit anfallenden Aufwendungen als bilanzierungsfähig erachtet: »Aufwendungen für die Gründung des Unternehmens und für die Beschaffung des Eigenkapitals dürfen in die Bilanz nicht als Aktivposten aufgenommen werden« (§ 248 Abs. 1 HGB).

Aufwendungen für Gründungsversammlungen, für die Rechts- und Wirtschaftsberatung der Gründer, für die Aufstellung der Satzung oder für die Eintragung der Gesellschaft ins Handelsregister sind nicht als Aktivposition ausweisfähig. Der Grund für die – bezogen auf die Aufwendungen für die Ingangsetzung des Geschäftsbetriebs – unterschiedliche Behandlung ist letztlich darin zu sehen, dass im Normalfall das Leben der Gesellschaft bei den von § 248 Abs. 1 HGB mit einem Aktivierungsverbot belegten Aufwendungen noch gar nicht begonnen hat, diese also vor der Gründung anfallen.

3.   Angaben »unter dem Strich«

Die im Folgenden kurz zu streifende Regelung des HGB schlägt unmittelbar die Brücke zum anschließend zu diskutierenden Anhang. Gemeint sind Informationen für den externen Bilanzadressaten, die aus bilanzsystematischen Gründen zwar nicht in der Bilanz selber ausgewiesen werden (können), ihrer Bedeutung wegen aber mit dieser zusammen, somit »unter dem Strich«, erscheinen. So heißt es im für alle Kaufleute geltenden § 251 HGB: »Unter der Bilanz sind, sofern sie nicht auf der Passivseite auszuweisen sind, Verbindlichkeiten aus der Begebung und Übertragung von Wechseln, aus Bürgschaften, Wechsel- und Scheckbürgschaften und aus Gewährleistungsverträgen sowie Haftungsverhältnisse aus der Bestellung von Sicherheiten für fremde Verbindlichkeiten zu vermerken; sie dürfen in einem Betrag angegeben werden. Haftungsverhältnisse sind auch anzugeben, wenn ihnen gleichwertige Rückgriffsforderungen gegenüberstehen«.

Die Angaben »unter dem Strich« dienen zur weitergehenden Information der Bilanzadressaten

Sie brauchen nicht jeden der in dieser Bestimmung aufgeführten ökonomischen Tatbestände im Detail erklären zu können; wichtig ist nur, dass Sie die Intention des Gesetzgebers erkennen: Er will mit dieser Vorschrift dem Bilanzadressaten über die vorliegenden, als Rückstellungen bzw. als Verbindlichkeiten ausgewiesenen drohenden bzw. vorliegenden finanziellen Verpflichtungen des Unternehmens hinaus auch das »Bedrohungspotenzial« derartiger Verpflichtungen kenntlich machen.

Angaben »unter dem Strich« weisen auf bestimmtes »Bedrohungspotenzial« hin

Für Kapitalgesellschaften wird diese Auskunftspflicht noch dahingehend erweitert, die Haftungsverhältnisse »unter Angabe der gewährten Pfandrechte und sonstigen Sicherheiten anzugeben« (§ 268 Abs. 7 HGB). Die *Abbildung 9-2* zeigt ein Beispiel eines solchen Ausweises für den Metro-Konzern aus dem Bericht für das Geschäftsjahr 2004.

4. Anhang

Der Anhang steht in unmittelbarem Zusammenhang zur Bilanz und Gewinn- und Verlustrechnung. Er ist neben diesen beiden *dritter Bestandteil des Jahresabschlusses einer Kapitalgesellschaft*: »Die gesetzlichen Vertreter einer Kapitalgesellschaft haben den Jahresabschluss (§ 242) um einen Anhang zu erweitern, der mit der Bilanz und der Gewinn- und Verlustrechnung eine Einheit bildet ...« (§ 264 Abs. 1 HGB).

Haftungsverhältnisse Bayer-Konzern in Mio. Euro	31.12.2004	31.12.2003
Verbindlichkeiten aus Wechselobligo	8	4
Verbindlichkeiten aus Bürgschaften	178	130
Verbindlichkeiten aus Gewährleistungsverträgen	117	207
	303	341

Abb. 9-2: Haftungsverhältnisse des Bayer-Konzerns in 2004

Auch für den Anhang gilt somit die Forderung des § 264 Abs. 2 HGB, dass er »unter Beachtung der Grundsätze ordnungsmäßiger Buchführung ein den tatsächlichen Verhältnissen entsprechendes Bild der Vermögens-, Finanz- und Ertragslage der Kapitalgesellschaft« zu vermitteln hat. Er muss somit klar und übersichtlich aufgebaut und aus sich heraus verständlich sein. Personengesellschaften – mit Ausnahme der publizitätspflichtigen – müssen keinen Anhang aufstellen. In dieser Regelung kommt erneut das Bestreben des Gesetzgebers zum Ausdruck, die Auskunftspflicht eines Unternehmens an seiner Haftungsstruktur auszurichten. Ein fehlendes Durchgriffsrecht auf das Privatvermögen wird durch die Möglichkeit zu einer differenzierteren und tiefer gehenden Einsichtnahme kompensiert.

Eine Legaldefinition des Anhangs findet sich im HGB nicht

Eine gesonderte Legaldefinition des Anhangs findet sich im HGB nicht. Aus den Überschriften der §§ 284 und 285 (»Erläuterung der Bilanz und der Gewinn- und Verlustrechnung« bzw. »Sonstige Pflichtangaben«) lassen sich jedoch die wesentlichen Funktionen des Anhangs im Rahmen des Jahresabschlusses ablesen. Hier ist zunächst die *Interpretationsfunktion* zu nennen: »In den Anhang sind diejenigen Angaben aufzunehmen, die zu den einzelnen Posten der Bilanz oder der Gewinn- und Verlustrechnung vorgeschrieben ... sind« (§ 284 Abs. 1 HGB). Die Angaben im Anhang erklären damit einzelne Bilanz- und GuV-Positionen und helfen somit den Jahresabschlussadressaten, sie richtig einzuschätzen.

Interpretationsfunktion des Anhangs

So haben die Unternehmen gemäß § 284 Abs. 2 HGB folgende Angaben zu machen: »Im Anhang müssen

1. die auf die Posten der Bilanz und der Gewinn- und Verlustrechnung angewandten Bilanzierungs- und Bewertungsmethoden angegeben werden;
2. die Grundlagen für die Umrechnung in Euro angegeben werden, soweit der Jahresabschluss Posten enthält, denen Beträge zugrunde liegen, die auf fremde Währung lauten oder ursprünglich auf fremde Währung lauteten;

3. Abweichungen von Bilanzierungs- und Bewertungsmethoden angegeben und begründet werden; deren Einfluss auf die Vermögens-, Finanz- und Ertragslage ist gesondert darzustellen;

4. bei Anwendung einer Bewertungsmethode nach § 240 Abs. 4 [Durchschnittsbewertung], § 256 Satz 1 [Verbrauchsfolgen] die Unterschiedsbeträge pauschal für die jeweilige Gruppe ausgewiesen werden, wenn die Bewertung im Vergleich zu einer Bewertung auf der Grundlage des letzten vor dem Abschlussstichtag bekannten Börsenkurses oder Marktpreises einen erheblichen Unterschied aufweist;

5. Angaben über die Einbeziehung von Zinsen für Fremdkapital in die Herstellungskosten gemacht werden«.

Zur ersten dieser Pflichtangaben seien zur Illustration die entsprechenden Angaben aus dem Geschäftsbericht des Bayer-Konzerns für das Jahr 2004 wiedergegeben (vgl. *Abbildung 9-3* auf der Folgeseite), die sich allerdings wiederum auf die Anwendung der entsprechenden IFRS-Vorschriften beziehen.

Eine weitere wesentliche Funktion des Anhangs besteht darin, Bilanz und Gewinn- und Verlustrechnung von Angaben zu entlasten, die leicht zur Unübersichtlichkeit führen könnten. Auf diese *Entlastungsfunktion* weist schon der § 284 Abs. 1 HGB hin, wenn er ausführt: »In den Anhang sind diejenigen Angaben aufzunehmen, ... die im Anhang zu machen sind, weil sie in Ausübung eines Wahlrechts nicht in die Bilanz oder in die Gewinn- und Verlustrechnung aufgenommen wurden«. Auf derartige Wahlrechte sind wir schon mehrfach in diesem Lehrbuch gestoßen:

- »Ein vorhandener Gewinn- oder Verlustvortrag ist in den Posten »Bilanzgewinn/Bilanzverlust« einzubeziehen und in der Bilanz oder im Anhang gesondert anzugeben« (§ 268 Abs. 1 HGB);
- »In der Bilanz oder im Anhang ist die Entwicklung der einzelnen Posten des Anlagevermögens ... darzustellen« (§ 268 Abs. 2 HGB);
- »Die Vorschriften, nach denen er [der Sonderposten mit Rücklageanteil] gebildet worden ist, sind in der Bilanz oder im Anhang anzugeben« (§ 273 HGB).

Auf das die Haftungsverhältnisse betreffende Wahlrecht wurde weiter oben schon hingewiesen. Allerdings beschränkt sich die Entlastungsfunktion keinesfalls auf diese Wahlrechte. Von weiteren Entlastungen seien exemplarisch nur drei aufgezählt:

- »Die mit arabischen Zahlen versehenen Posten der Bilanz und der Gewinn- und Verlustrechnung können ... zusammengefasst ausgewiesen werden, wenn ... dadurch die Klarheit der Darstellung vergrößert wird; in diesem Falle müssen die zusammengefassten Posten jedoch im Anhang gesondert ausgewiesen werden« (§ 265 Abs. 7 HBG); in dieser Formulierung wird die Entlastungsfunktion des Anhangs quasi »in Reinkultur« beschrieben.
- »Die Posten [außerordentliche Aufwendungen und Erträge] sind hinsichtlich ihres Betrags und ihrer Art im Anhang zu erläutern, soweit die ausgewiesenen Beträge für die Beurteilung der Ertragslage nicht von untergeordneter Bedeutung sind« (§ 277 Abs. 4 HGB).

Sonstige Bestandteile der Rechnungslegung

- »Ferner sind im Anhang anzugeben ... die Aufgliederung der Umsatzerlöse nach Tätigkeitsbereichen sowie nach geographisch bestimmten Märkten, soweit sich, unter Berücksichtigung der Organisation des Verkaufs von für die gewöhnliche Geschäftstätigkeit der Kapitalgesellschaft typischen Erzeugnissen und ... Dienstleistungen, die Tätigkeitsbereiche und geographisch bestimmten Märkte untereinander erheblich unterscheiden« (§ 285 Nr. 4 HGB).

Abb. 9-3: Bilanzierungs- und Bewertungsprinzipien des Bayer-Konzerns

Forschungs- und Entwicklungskosten

Nach IAS 38 (Intangible Assets) sind Forschungskosten nicht und Entwicklungskosten nur bei Vorliegen bestimmter, genau bezeichneter Voraussetzungen aktivierungsfähig. Eine Aktivierung ist demnach immer dann erforderlich, wenn die Entwicklungstätigkeit mit hinreichender Sicherheit zu künftigen Finanzmittelzuflüssen führt, die über die normalen Kosten hinaus auch die entsprechenden Entwicklungskosten abdecken. Zusätzlich müssen hinsichtlich des Entwicklungsprojekts und des zu entwickelnden Produkts oder Verfahrens verschiedene Kriterien kumulativ erfüllt sein. Diese Voraussetzungen sind wie in den Vorjahren nicht gegeben. Von ihrer Art her zählen zu den Forschungs- und Entwicklungskosten insbesondere die Einzel- und Gemeinkostenanteile von Personal- und Sachkosten für eigene oder fremde anwendungstechnische, ingenieurtechnische und sonstige Abteilungen, sofern von diesen entsprechende Dienste erbracht werden, die Kosten für Versuchsanlagen und Technika (einschließlich der planmäßigen und außerplanmäßigen Abschreibungen von Gebäuden oder Gebäudeteilen, die für den Bereich Forschung und Entwicklung genutzt werden), die Kosten der klinischen Forschung sowie die laufenden Kosten für die Nutzung fremder Patente für Forschungs- und Entwicklungszwecke und Betriebsteuern, soweit sie auf Forschungseinrichtungen entfallen; darüber hinaus auch die Gebühren für die Anmeldung bzw. Zulassung eigener Patente, soweit diese nicht zu aktivieren sind.

Immaterielle Vermögenswerte

Entgeltlich erworbene immaterielle Vermögenswerte sind mit den Anschaffungskosten angesetzt. Sie werden entsprechend ihrer jeweiligen Nutzungsdauer planmäßig abgeschrieben. Die Abschreibung immaterieller Vermögenswerte, mit Ausnahme von Firmenwerten, erfolgt linear über einen Zeitraum von 3 bis 15 Jahren. Dauerhafte Wertminderungen werden durch außerplanmäßige Abschreibungen berücksichtigt. Bei Fortfall der Gründe

für außerplanmäßige Abschreibungen werden entsprechende Zuschreibungen vorgenommen, die nicht die fortgeführten Buchwerte übersteigen dürfen. Die planmäßigen Abschreibungen im Geschäftsjahr wurden den entsprechenden Funktionsbereichskosten zugeordnet.

Firmenwerte, auch solche aus der Kapitalkonsolidierung, werden in Übereinstimmung mit IAS 22 2003 (Business Combinations) aktiviert und linear über ihre voraussichtliche Nutzungsdauer, maximal jedoch über 20 Jahre, abgeschrieben. Gemäß IFRS 3 2004 (Business Combinations) wird ein Geschäftsoder Firmenwert, der aus Unternehmenszusammenschlüssen resultiert, die am oder nach dem 31. März 2004 vereinbart werden, nicht mehr planmäßig abgeschrieben.

Die Werthaltigkeit der Firmenwerte wird regelmäßig überprüft; sofern erforderlich, werden entsprechende Wertberichtigungen vorgenommen. Gemäß IAS 36 (Impairment of Assets) werden diese anhand von Vergleichen mit den diskontierten erwarteten zukünftigen Cashflows ermittelt, die durch die Nutzung derjenigen Vermögenswerte entstehen, denen die entsprechenden Goodwill-Beträge zuzuordnen sind. Die Abschreibungen aktivierter Goodwills sind in den sonstigen betrieblichen Aufwendungen enthalten.

Selbsterstellte immaterielle Vermögenswerte werden grundsätzlich nicht aktiviert. Allerdings werden im Konzern solche Entwicklungskosten aktiviert, die bei intern entwickelter Software in der Phase der Anwendungsentwicklung anfallen. Die Abschreibung dieser Kosten über die zu erwartende Nutzungsdauer beginnt mit dem erstmaligen Einsatz der Software.

Finanzanlagen

Beteiligungen sowie Wertpapiere des Anlagevermögens werden als „bis zur Endfälligkeit zu halten" oder „zur Veräußerung verfügbar" klassifiziert und entsprechend IAS 39 (Financial Instruments: Recognition and Measurement) zu fortgeführten Anschaffungskosten bzw. zu ihrem beizulegenden Zeitwert („fair value") angesetzt. Liegen Anzeichen für eine Wertminderung vor, wird ein Impairmenttest durchgeführt

und der Wertminderung durch außerplanmäßige Abschreibungen Rechnung getragen.

Sofern für eine Beteiligung oder ein Wertpapier ein Marktpreis ermittelt werden kann, liegt ein Wertminderungsbedarf dann vor, wenn erkennbar wird, dass der Wertansatz in der Bilanz voraussichtlich dauerhaft höher ist als der erzielbare Betrag. Zur Beurteilung einer dauernden Wertminderung werden die unten angegebenen Indikatoren für einen Abschreibungsbedarf herangezogen.

Existiert hingegen für eine Beteiligung oder ein Wertpapier kein notierter Marktpreis, erfolgt eine Bilanzierung zu fortgeführten Anschaffungskosten. Falls objektive, substanzielle Hinweise für einen Abschreibungsbedarf vorliegen, muss geprüft werden, ob der Buchwert den Barwert der erwarteten zukünftigen Cashflows, abgezinst mit dem für ähnliche Finanzanlagen geltenden Marktzinssatz, übersteigt. Sollte dies der Fall sein, muss in Höhe dieser Differenz eine Abschreibung vorgenommen werden.

Bayer berücksichtigt unter anderem folgende Indikatoren zur Ermittlung eines Abschreibungsbedarfs: eine Verschlechterung des Marktwertes, eine substanzielle Verschlechterung der Kreditwürdigkeit, einen konkreten Vertragsbruch, eine hohe Wahrscheinlichkeit für die Insolvenz oder das Erfordernis einer finanziellen Sanierung des Schuldners der Verbindlichkeit sowie das Verschwinden eines aktiven Marktes.

Bei Fortfall der Gründe für außerplanmäßige Abschreibungen werden entsprechende Zuschreibungen vorgenommen, die nicht die fortgeführten Buchwerte übersteigen dürfen, zu denen die Beteiligungen oder Wertpapiere ohne Vornahme der Abschreibungen bilanziert worden wären.

Die nach der Equity-Methode bewerteten Beteiligungen werden mit ihrem anteiligen Eigenkapital entsprechend der Buchwertmethode angesetzt. Unverzinsliche oder gering verzinsliche Ausleihungen sind mit dem Barwert, die übrigen Ausleihungen mit fortgeführten Anschaffungskosten bilanziert.

Gerade bei den Angaben zur Aufgliederung der Umsatzsituation kann es sich – je nach Branche bzw. Konkurrenzsituation – allerdings um sehr sensible Daten handeln. Deshalb schränkt der § 286 Abs. 2 HGB die Auskunftspflicht für den HGB-Einzelabschluss wieder ein: »Die Aufgliederung der Umsatzerlöse ... kann unterbleiben, soweit die Aufgliederung nach vernünftiger kaufmännischer Beurteilung geeignet ist, der Kapitalgesellschaft oder einem Unternehmen, von dem die Kapitalgesellschaft mindestens den fünften Teil der Anteile besitzt, einen erheblichen Nachteil zuzufügen«. Weiterhin wird – gemäß § 286 Abs. 1 HGB – die Auskunftspflicht von Kapitalgesellschaften im Anhang durch die Generalnorm »Die Berichterstattung hat insoweit zu unterbleiben, als es für das Wohl der Bundesrepublik Deutschland oder eines ihrer Länder erforderlich ist« eingeschränkt.

§ 285 Nr. 11 HGB regelt weiterhin den Ausweis des Anteilsbesitzes, einer ebenfalls sehr aussagekräftigen Angabe im Anhang. Zur Veranschaulichung dieser Pflichtinformation diene der entsprechende Überblick aus dem Konzernabschluss des Geschäftsjahres 2004 der BMW AG (vgl. *Abbildung 9-4* auf der Folgeseite).

Mit dem Anteilsbesitz haben wir jedoch schon die Entlastungsfunktion des Anhangs verlassen. Wenn man auch die Angabe der Höhe der jeweiligen Kapitalanteile noch als Differenzierung der Position Beteiligungen bzw. Anteile an verbundenen Unternehmen verstehen kann, geht die Nennung des jeweiligen Jahresüberschusses deutlich über die Informationspflichten einer Bilanz hinaus. Hier werden dem Jahresabschlussadressaten zusätzliche, nicht in der Bilanz oder der Gewinn- und Verlustrechnung ausweisfähige Informationen geliefert. Derartige Informationen enthält der Anhang noch mehrfach.

Auf eine Gruppe von diesen Zusatzinformationen sind wir an früherer Stelle bereits kurz zu sprechen gekommen: Im Anhang ist detailliert darauf einzugehen, inwieweit steuerliche Vorschriften das handelsrechtliche Jahresergebnis beeinflusst haben und in den Folgeperioden noch beeinflussen werden (§ 285 Nr. 5. und 6. HGB). Weiterhin müssen alle finanziellen Verpflichtungen aufgeführt werden, die nicht passivierungspflichtig oder -fähig sind. Im Geschäftsbericht 2004 von Bayer wird beispielsweise darauf verwiesen, dass sich die Bayer AG gegenüber der Bayer-Pensionskasse zur Bereitstellung eines Genussrechtskapitals von 150 Mio. Euro bis spätestens 2010 verpflichtet hat. Zum 31.12.2004 waren bereits 100 Mio. Euro abgerufen, so dass mögliche zukünftige Zahlungsverpflichtungen noch in Höhe von 50 Mio. Euro bestehen. Im Geschäftsbericht 2004 der Lufthansa wird an vergleichbarer Stelle ein Bestellobligo für Sachanlagevermögen und immaterielle Vermögenswerte von 3,0 Mrd. Euro ausgewiesen – dahinter verbergen sich u.a. umfangreiche Flugzeugbestellungen wie z.B. der neue Airbus A 380.

Eine weitere interessante Zusatzinformation stellen die im Anhang ebenfalls aufzuführenden *Organbezüge* dar. So liest man im Geschäftsbericht 2004 der Lufthansa AG unter dem Stichwort »Aufsichtsrat und Vorstand« detailliert aufgeführt, welche Vergütung die drei Vorstandsmitglieder Wolfgang Mayrhuber (1,273 Mio. Euro), Dr. Karl-Ludwig Kley (0,834 Mio. Euro) und Stefan Lauer (0,845 Mio. Euro) in 2004 erhalten haben. Diese Of-

**Sonstige Bestandteile
der Rechnungslegung**

Wesentliche verbundene Unternehmen der BMW AG zum 31.12.2004	Eigen-kapital in Mio. Euro	Ergebnis in Mio. Euro	Kapital-anteil in %
Inland			
BMW Bank GmbH, München	268	–	100
BMW Finanz Verwaltungs GmbH, München	216	8	100
BMW INTEC Beteiligungs GmbH, München	113	–	100
softlab GmbH für Systementwicklung und EDV-Anwendung, München	53	4	100
BMW Ingenieur-Zentrum GmbH + Co., Dingolfing	47	7	100
BMW Maschinenfabrik Spandau GmbH, Berlin	38	3	100
BMW Leasing GmbH, München	16	–	100
BMW Hams Hall Motoren GmbH, München	15	–	100
BMW Fahrzeugtechnik GmbH, Eisenach	11	–	100
BMW M GmbH Gesellschaft für individuelle Automobile, München	< 0,5	–	100
Ausland			
BMW Österreich Holding GmbH, Steyr	1.214	72	100
BMW Motoren GmbH, Steyr	638	213	100
BMW Austria Gesellschaft m.b.H., Salzburg	42	6	100
BMW Holding B.V., Den Haag	5.452	983	100
BMW Japan Corp.,Tokio	476	17	100
BMW Japan Finance Corp.,Tokio	224	20	100
BMW (South Africa) (Pty) Ltd., Pretoria	321	86	100
BMW (Schweiz) AG, Dielsdorf	289	10	100
BMW Finance N.V., Den Haag	229	37	100
BMW Overseas Enterprises N.V., Willemstad	58	1	100
BMW Italia S. p. A., Mailand	204	78	100
BMW France S. A., Montigny le Bretonneux	163	42	100
BMW Australia Finance Ltd., Melbourne, Victoria	118	16	100
BMW Belgium Luxembourg S. A./N.V., Bornem	100	41	100
BMW Australia Ltd., Melbourne, Victoria	88	20	100
BMW Canada Inc., Whitby	55	-5	100
BMW Sverige AB, Stockholm	38	7	100
BMW Korea Co., Ltd., Seoul	31	1	100
BMW Nederland B.V., Den Haag	23	12	100
BMW New Zealand Ltd., Auckland	11	2	100
BMW (UK) Holdings Ltd., Bracknell	1.815	-35	100
BMW (UK) Manufacturing Ltd., Bracknell	464	132	100
BMW (GB) Ltd., Bracknell	420	110	100
BMW Financial Services (GB) Ltd., Hook	264	58	100
BMW (UK) Capital plc, Bracknell	135	6	100
BMW Malta Ltd., Valletta	586	–	100
BMW Malta Finance Ltd., Valletta	586	–	100
BMW Coordination Center V. o. F., Bornem	594	70	100
BMW España Finance S.L., Madrid	212	–	100
BMW Ibérica S. A., Madrid	178	46	100
BMW de Mexico, S. A. de C.V., Mexico City	18	-3	100
BMW (US) Holding Corporation, Wilmington, Del.	648	-1	100
BMW of North America, LLC, Wilmington, Del.	1.017	38	100
BMW Manufacturing, LLC, Wilmington, Del.	668	117	100
BMW Financial Services NA, LLC, Wilmington, Del.	331	73	100
BMW US Capital, LLC, Wilmington, Del.	238	51	100

Abb. 9-4: Ausweis des Anteilsbesitzes der BMW AG zum 31.12.2004

fenheit wird – obwohl unter dem Stichwort »Corporate Governance« gefordert – von längst nicht allen Unternehmen gepflegt. Im Geschäftsbericht 2004 des Bayer-Konzerns finden Sie beispielsweise nur die Angaben zur Gesamtvergütung aller Vorstandsmitglieder.

Ebenso interessant wie die Vorstandsbezüge sind die Hinweise zu den *Aktienoptionsprogrammen* für Führungskräfte, die es inzwischen in den meisten börsennotierten Unternehmen in Deutschland gibt. Hier ist es – analog zur US-amerikanischen Tradition – üblich, neben einer Barvergütung, die fixe, aber auch erfolgsabhängige Prämien enthält, den Mitgliedern des Top Managements im Rahmen eines so genannten Aktienoptionsplans auch Optionen zur Verfügung zu stellen, die unter bestimmten Bedingungen zum Bezug von Aktien des eigenen Unternehmens berechtigen. Immer dann, wenn zum Bezugszeitpunkt der Aktienkurs des Unternehmens über dem im Aktienoptionsplan festgelegten Bezugskurs liegt und alle anderen Bedingungen für die Ausübung der Optionen, z.B. der Ablauf einer Wartefrist oder das Überschreiten bestimmter Gewinnschwellen, erreicht sind, können die Manager diese Optionen ausüben. Der unmittelbare Vermögensvorteil entspricht dann der Differenz zwischen Aktienkurs und Bezugskurs multipliziert mit der Anzahl der ausgegebenen Optionen.

Je nach Formulierung des Optionsplans kann der so realisierbare Betrag ein Vielfaches der Barvergütung ausmachen – was bei Gewährung der Optionen nicht immer sofort sichtbar wird. Inzwischen stehen Aktienoptionspläne deshalb wohl auch zu Recht stark in der Kritik und es werden umfangreiche Informationen gefordert – nicht zuletzt deshalb, weil die Kosten eines solchen Optionsplans, also der Vermögensvorteil des Managements, durch die Altaktionäre getragen wird: Die Ausübung reduziert (»verwässert«) den Aktienkurs, so dass das Vermögen der Altaktionäre sinkt.

In seiner in den vorstehenden Beispielen sichtbar gewordenen Ergänzungsfunktion geht der Anhang somit weit über einen »Kommentar« von Bilanz und Gewinn- und Verlustrechnung hinaus. Die für externe Jahresabschlussadressaten bereitzustellenden Zusatzinformationen haben in ihrem Umfang gegenüber den vor der Neuordnung der handelsrechtlichen Rechnungslegung im Jahr 1986 geltenden Regelungen deutlich zugenommen. Dies stellt höhere Anforderungen an das Rechnungswesen der Unternehmen, erhöht den für die Rechnungslegung erforderlichen Aufwand und liefert dem geübten Bilanzleser ein vergleichsweise detailliertes Bild der Vermögens-, Finanz- und Ertragslage. Für den ungeübten Bilanzleser (Kleinaktionäre, kleinere Gläubiger) kann die mit dem Anhang gelieferte Informationsflut allerdings den genau gegenteiligen Effekt hervorrufen: Er mag zum einen überhaupt nicht in der Lage sein, das breite Informationsspektrum richtig zu interpretieren, kann sich Detailinformationen herausgreifen, die für sich allein ein falsches Bild liefern. Er ist zum anderen aber auch der Gefahr ausgesetzt, dass er die für ihn eigentlich wichtigen Informationen in der Fülle der Daten nicht erkennt, er »den Wald vor lauter Bäumen nicht sieht«.

Informationen über Aktienoptionspläne nehmen im Anhang häufig einen erheblichen Umfang an – und sind aktuell von hohem Interesse der Jahresabschlussadressaten

Zu viele Informationen können auch schaden...

5. Lagebericht

Mit der Ergänzungsfunktion des Anhangs sind wir auf publizitätspflichtige Informationen gestoßen, die über den mit einer Bilanz und einer Gewinn- und Verlustrechnung direkt verbundenen Informationsrahmen hinausgehen. Eine derart weitergehende Unterrichtung der Jahresabschlussadressaten wird von Kapitalgesellschaften jedoch nicht nur im Anhang, sondern auch in einem gesonderten Informationsinstrument, dem Lagebericht, gefordert: »Im Lagebericht sind zumindest der Geschäftsverlauf und die Lage der Kapitalgesellschaft so darzustellen, dass ein den tatsächlichen Verhältnissen entsprechendes Bild vermittelt wird« (§ 289 Abs. 1 HGB). Der Gesetzgeber belässt es jedoch nicht bei dieser Formulierung, sondern präzisiert in den folgenden Sätzen des § 289 Abs. 1 HGB deutlich, welchen Charakter die Informationen des Lageberichts haben sollen: »Er [der Lagebericht] hat eine ausgewogene und umfassende, dem Umfang und der Komplexität der Geschäftstätigkeit entsprechende Analyse des Geschäftsverlaufs und der Lage der Gesellschaft zu enthalten. In die Analyse sind die für die Geschäftstätigkeit bedeutsamen finanziellen Leistungsindikatoren einzubeziehen und unter Bezugnahme auf die im Jahresabschluss ausgewiesenen Beträge und Angaben zu erläutern«.

Darüber hinaus fordert der Gesetzgeber – allerdings als Soll-Vorschrift – gem. § 289 Abs. 2 HGB Informationen über

1. Vorgänge von besonderer Bedeutung, die nach dem Schluss des Geschäftsjahres eingetreten sind;
2. a) die Risikomanagementziele und -methoden der Gesellschaft einschließlich ihrer Methoden zur Absicherung aller wichtigen Arten von Transaktionen, die im Rahmen der Bilanzierung von Sicherungsgeschäften erfasst werden, sowie

   b) die Preisänderungs-, Ausfall und Liquiditätsrisiken sowie die Risiken aus Zahlungsstromschwankungen, denen die Gesellschaft ausgesetzt ist, jeweils in Bezug auf die Verwendung von Finanzinstrumenten durch die Gesellschaft und sofern dies für die Beurteilung der Lage oder der voraussichtlichen Entwicklung von Belang ist;
3. den Bereich Forschung und Entwicklung;
4. bestehende Zweigniederlassungen der Gesellschaft.

Insbesondere der zweite Punkt fordert einen umfangreichen *Risikobericht*, der zum Teil – so beispielsweise im Geschäftsbericht des Metro-Konzerns – auch durch entsprechende Informationen im Anhang mit abgedeckt wird. Struktur und Inhalte des Risikoberichts für den Konzernabschluss sind durch das DRSC, nämlich im Standard DRS 5 zur Risikoberichterstattung, explizit geregelt; die freiwillige Anwendung dieser Regelungen im Risikobericht des Einzelabschlusses ist möglich.

Da der Lagebericht nicht dem Stichtagsprinzip unterliegt, sondern explizit auch zukunftsbezogene Informationen vermitteln soll, ist er – anders als der Anhang – kein Teil des Jahresabschlusses und unterliegt damit eben auch nicht den Grundsätzen ordnungsmäßiger Buchführung. Aus der identischen Formulierung (»ein den tatsächlichen Verhältnissen entsprechendes Bild«) der §§ 289 Abs. 1 und 264 Abs. 2 HGB wird jedoch deutlich, dass für die rechnungslegende Unternehmung ähnlich weitgehende Anforderungen an die Objektivität, Wirklichkeitsnähe und Vollständigkeit der ausgewiesenen Informationen bestehen. Der Lagebericht erfüllt nur dann den Sinn des Gesetzes, wenn auf alle wichtigen Vorgänge, die für den Verlauf des vergangenen Geschäftsjahres von Bedeutung waren, und auf alle Sachverhalte, die Einfluss auf die Lage der Gesellschaft am Ende des Geschäftsjahres hatten, eingegangen wird.

Aus der im § 289 Abs. 1 HGB gebrauchten Formulierung »zumindest« lässt sich ablesen, dass der Informationsfülle im Lagebericht (fast) keine Grenzen gesetzt sind; allerdings darf über die Informationsflut nicht die Richtigkeit und Klarheit des Lageberichts gefährdet werden. Im Gegensatz zu früher kann durch den expliziten Verweis auf die »bedeutsamen finanziellen Leistungsindikatoren« aber nicht mehr durch das rechnungslegende Unternehmen frei entschieden werden, ob zur Erfüllung des Informationswunsches des Gesetzgebers im Lagebericht nur qualitative Daten angegeben werden sollen. Vielmehr ist zumindest teilweise eine quantitative Prognoserechnung erforderlich. Diese kann u.U. eine Genauigkeit vortäuschen, die explizit nicht gegeben ist, kann den externen Adressaten somit »auf eine falsche Fährte führen«. Ohnehin ist das Argumentationspotential, das ein Unternehmen im Lagebericht besitzt, erheblich. Die dort anzugebenden Informationen lassen sich nicht normieren, nicht so stark in Inhalt und Ermittlung präzisieren und regeln, wie wir dies für die in die Bilanz und GuV einfließenden Daten gesehen haben – oder mit anderen Worten: eine schön bebilderte Hochglanzbroschüre mag den einen oder anderen Jahresabschlussadressaten im Fall der Fälle kritische Informationen übersehen lassen.

Man sollte sich durch den
»Hochglanzcharakter«
mancher Lageberichte nicht
täuschen lassen

6. Sonstige Bestandteile der Rechnungslegung nach IFRS

Anders als der HGB-Abschluss kennt die Rechnungslegung nach IFRS weder Ingangsetzungsaufwendungen als Bilanzierungshilfe noch aktive oder passive Rechnungsabgrenzungsposten. Obwohl letztere in deutschen IFRS-Bilanzen immer wieder aufgeführt werden, sind sie streng genommen als übrige Vermögenswerte (aktivischer Rechnungsabgrenzungsposten) bzw. Schulden (passivischer Rechnungsabgrenzungsposten) auszuweisen. Auch Angaben »unter dem Bilanzstrich« sind unter dieser Bezeichnung innerhalb der IFRS nicht üblich, allerdings ist über Eventualverbindlichkeiten z.B. aus Bürgschaften im Anhang zu berichten – es sei denn, der erwartete Ressourcenabfluss ist als äußerst unwahrscheinlich (»remote«) einzuordnen.

Der *Anhang* ist im IFRS-Abschluss häufig sehr viel umfangreicher als im Abschluss nach HGB, da in den einzelnen Standards sehr ausführliche Offenlegungsvorschriften enthalten sind. In der Praxis besteht deshalb gera-

Der Anhang ist in IFRS-
Abschlüssen deutlich
umfangreicher als im
HGB-Kontext

de bei der Aufstellung des IFRS-Abschlusses die Problematik weniger darin, die richtigen Bilanzierungs- und Bewertungsvorschriften anzuwenden, sondern vielmehr die notwendige Informations»flut« im Anhang zu beherrschen.

Ein *Lagebericht* wird nach IAS 1 (Presentation of Financial Statements) nicht gefordert, sondern unter dem Stichwort »Management Commentary« lediglich empfohlen. Aus diesem Grund schreibt der deutsche Gesetzgeber kapitalmarktorientierten Konzernen in Deutschland vor, den befreienden IFRS-Konzernabschluss in jedem Fall durch einen Lagebericht nach handelsrechtlichen Vorschriften zu ergänzen. Auch das DRSC hat mit dem Standard DRS 15 sowie dem Standard DRS 5 zur Risikoberichterstattung die Offenlegungspflichten im Lagebericht von Konzernen detailliert geregelt. Die Anwendung beider Standards für den Lagebericht zum Einzelabschluss wird dabei – wie oben schon angesprochen – empfohlen.

DRS 15 formuliert fünf Grundsätze für die Lageberichterstattung: Vollständigkeit, Verlässlichkeit, Klarheit und Übersichtlichkeit, Vermittlung der Sicht der Unternehmensleitung und Konzentration auf die nachhaltige Wertschaffung. Darauf aufbauend ergeben sich in DRS 15 folgende *Gliederungsempfehlungen für den Konzernlagebericht*:

- Geschäft und Rahmenbedingungen,
- Ertrags-, Finanz- und Vermögenslage,
- Nachtragsbericht,
- Risikobericht und
- Prognosebericht.

Kapitalmarktorientierte Unternehmen müssen in ihrem Lagebericht nach DRS 15 auch auf das unternehmensintern eingesetzte Steuerungssystem eingehen. Über die Darstellung der Vermögens-, Finanz- und Ertragslage hinaus werden zudem weitere Angaben, z.B. eine Berichterstattung über die immateriellen Werte des Konzerns, empfohlen. Im Prognosebericht soll die Unternehmensleitung schließlich nach DRS 15 ihre Erwartungen über die voraussichtliche Entwicklung des Konzerns und die damit verbundenen wesentlichen Chancen und Risiken erläutern. Der Prognosezeitraum für nicht quantitative Informationen liegt dabei bei mindestens zwei Geschäftsjahren, eine Quantifizierung der Erwartungen für das kommende Geschäftsjahr wird empfohlen.

Neben dem Anhang fordern die IFRS im Vergleich zum handelsrechtlichen Einzelabschluss noch eine Reihe zusätzlicher Rechnungslegungsinstrumente, die in Kapital 2 schon kurz angesprochen wurden. Dies sind neben der *Kapitalflussrechnung* – diese wird im folgenden Kapitel 10 noch ausführlicher behandelt –, die *Eigenkapitalveränderungsrechnung*, die sämtliche Veränderungen des Eigenkapitals systematisch darstellt, die Angaben zu nahe stehenden Personen und Unternehmen (Related Party Statement) und die *Segmentberichterstattung*. Letztere entspricht der im HGB für den Einzelabschluss geforderten Aufgliederung der Umsatzerlöse, geht jedoch weit über die Anforderungen des § 285 Nr. 4 HGB hinaus. *Abbildung 9-5* verdeutlicht dies am Beispiel des Segmentberichts des Lufthansa-Konzerns für das Jahr 2004.

Auch in der Segmentberichterstattung kommt wieder der investororientierte Charakter des IFRS-Abschlusses zum Tragen, da mit den Vorschriften des IAS 14 (Segment Reporting) zur Segmentberichterstattung sehr ausführliche Informationen über die geschäftsfeldbezogen bzw. regional aufgegliederten Aktivitäten eines Unternehmens offen gelegt werden müssen. Der Hintergrund für diese detaillierten Informationsanforderungen liegt auf der Hand: Die aggregierten Rechnungslegungsinstrumente im Konzernabschluss fassen gerade in einem diversifizierten Unternehmen ganz unterschiedliche Geschäftsrisiken und -potenziale zusammen. So ist beispielsweise denkbar, dass sich die Geschäftsbereiche Passage oder Tourismus der Lufthansa ganz anders entwickeln als der Geschäftsbereich Logistik, in dem es vor allem um das Frachtgeschäft geht – letzteres wurde z.B.

Sonstige Bestandteile der Rechnungslegung nach IFRS

Abb. 9-5: Segmentberichterstattung des Lufthansa-Konzerns für das Jahr 2004

Segmentinformationen der Deutsche Lufthansa AG nach Geschäftsfeldern 2004 in Mio. Euro	Passage Lufthansa Passage-Gruppe	Logistik Lufthansa Logistik-Gruppe	Technik Lufthansa Technik-Gruppe	Catering LSG Sky Chefs-Gruppe	Touristik Thomas Cook-Gruppe	IT Services Lufthansa Systems-Gruppe	Service- und Finanz-gesell-schaften	Summe der Segmente
Außenumsätze	10.734	2.455	1.700	1.838	-	238	-	16.965
davon Verkehrserlöse	10.518	2.351	-	-	-	-	-	12.869
Konzerninnenumsätze	473	14	1.360	496	-	390	-	2.733
Umsatzerlöse	11.207	2.469	3.060	2.334	-	628	-	19.698
Übrige Segmenterträge	987	158	131	158	-101	33	778	2.144
davon aus Equity-Bewertung	-1	8	3	11	-101	-	-5	-85
Materialaufwand	6.353	1.660	1.538	1.043	-	47	17	10.658
Personalaufwand	2.243	342	919	1.018	-	222	73	4.817
Abschreibungen	660	119	98	190	-	34	30	1.131
davon außerplanmäßig	3	8	-	23	-	-	10	44
Sonstiger betrieblicher Aufwand	2.526	444	409	413	-	289	168	4.249
Segmentergebnis	**412**	**62**	**227**	**-172**	**-101**	**69**	**490**	**987**
davon aus Equity-Bewertung	-1	8	3	11	-101	-	-5	-85
Segmentvermögen	7.743	1.394	1.994	1.247	263	215	3.237	16.093
davon aus Equity-Bewertung	182	9	75	63	263	-	-	592
Segmentschulden	6.871	660	1.471	746	-	224	1.265	11.237
davon aus Equity-Bewertung	-	-	-	-	-	-	-	-
Segmentinvestitionen	1.265	154	107	47	-	47	771	2.391
davon aus Equity-Bewertung	53	-	4	2	-	-	-	59
Sonstige wesentliche zahlungsunwirksame Aufwendungen	29	1	3	9	-	5	1	48
Mitarbeiter zum Stichtag	34.700	4.980	18.102	28.596	-	3.190	1.105	90.673
Mitarbeiter im Jahresdurchschnitt	34.695	5.042	18.128	30.572	-	3.178	1.128	92.743

Segmentinformationen der Deutsche Lufthansa AG nach Regionen 2004 in Mio. Euro	Europa inklusive Deutschland	Nordamerika	Mittel- und Südamerika	Asien/ Pazifik	Nahost	Afrika	Sonstiges	Summe der Segmente
Verkehrserlöse	8.984	1.461	275	1.718	171	260	-	12.869
andere Betriebserlöse	1.950	1.129	100	620	218	79	0	4.096
Übrige Segmenterträge	1.640	43	19	55	17	7	57	1.838
Erträge aus Equity-Bewertung	-110	4	4	17	-	-	-	-85
Segmentvermögen	14.408	1.034	78	456	65	52	-	16.093
davon aus Equity-Bewertung	467	45	12	68	-	-	-	592
Segmentinvestitionen	2.326	48	2	11	0	4	-	2.391
davon aus Equity-Bewertung	53	1	-	5	-	-	-	59

von den Auswirkungen des 11. September 2001 sehr viel weniger stark beeinflusst als die Passage. Um das Unternehmen als Ganzes beurteilen zu können, brauchen Investoren deshalb disaggregierte Informationen, die ihnen erst die Segmentberichterstattung bereitstellt.

Für den IFRS-Abschluss gibt es keine Ausweichklausel für die Segmentberichterstattung vergleichbar zu § 286 Abs. 1 und 2 HGB – auf die Aufstellung des Segmentberichts darf auch dann nicht verzichtet werden, wenn das Unternehmen befürchtet, damit wettbewerbssensible Informationen zu publizieren: Die Informationsbedarfe der Investoren – so die Perspektive der IFRS – haben in jedem Fall Vorrang.

Abb. 9-6: Überblick über
Rechnungsabgrenzungs-
posten nach HGB

7. Zusammenfassung

Mit den Rechnungsabgrenzungsposten haben wir eine Bilanzposition kennen gelernt, die – wie auch die *Abbildung 9-6* zeigt – aus dem zeitlichen Auseinanderfallen von erfolgswirtschaftlichen und finanzwirtschaftlichen Vorgängen resultiert: Rechnungsabgrenzungsposten kennzeichnen keine Forderungen oder Verbindlichkeiten, sind also keine Verpflichtungen bzw. Rechte auf Geld, sondern solche auf immaterielle Leistungen (z.B. Vermietungsleistungen).

Die Aufwendungen für die Ingangsetzung und Erweiterung des Geschäftsbetriebs sind als Bilanzierungshilfe zu verstehen und demgemäß vor dem Hintergrund des Gläubigerschutzes wie auch der statischen Bilanz-

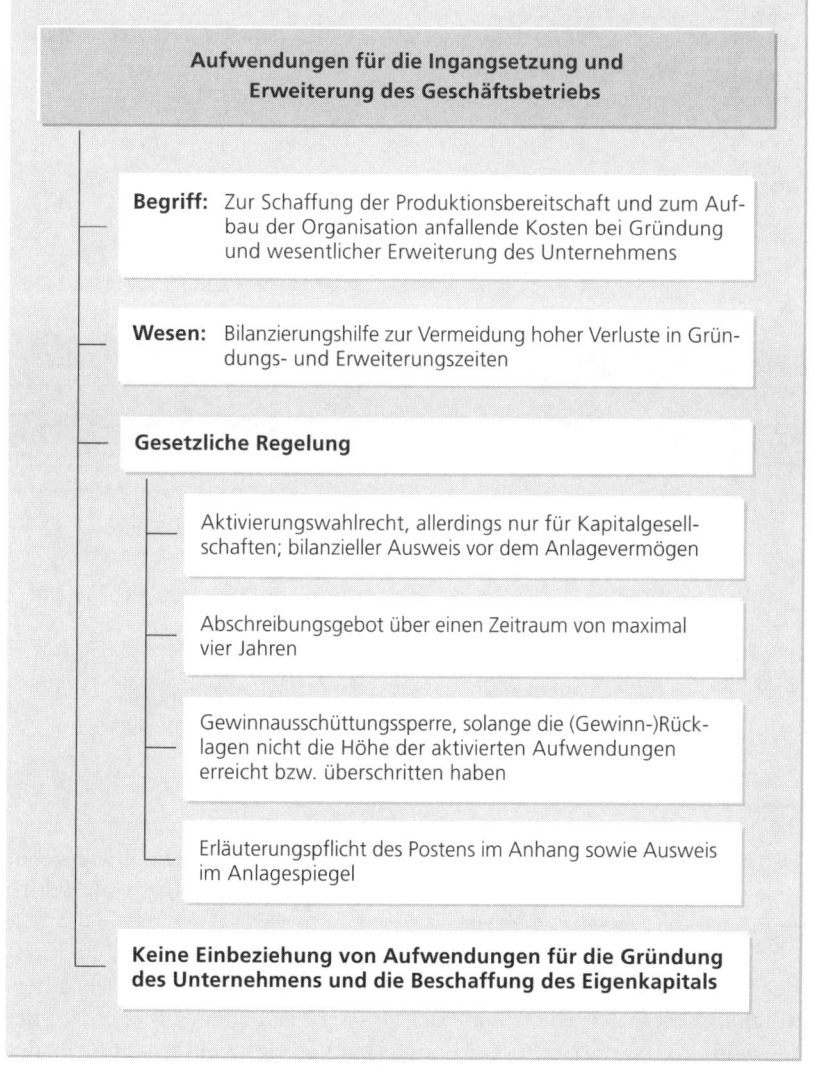

Abb. 9-7: Überblick über die Ingangsetzungsaufwendungen nach HGB

**Sonstige Bestandteile
der Rechnungslegung**

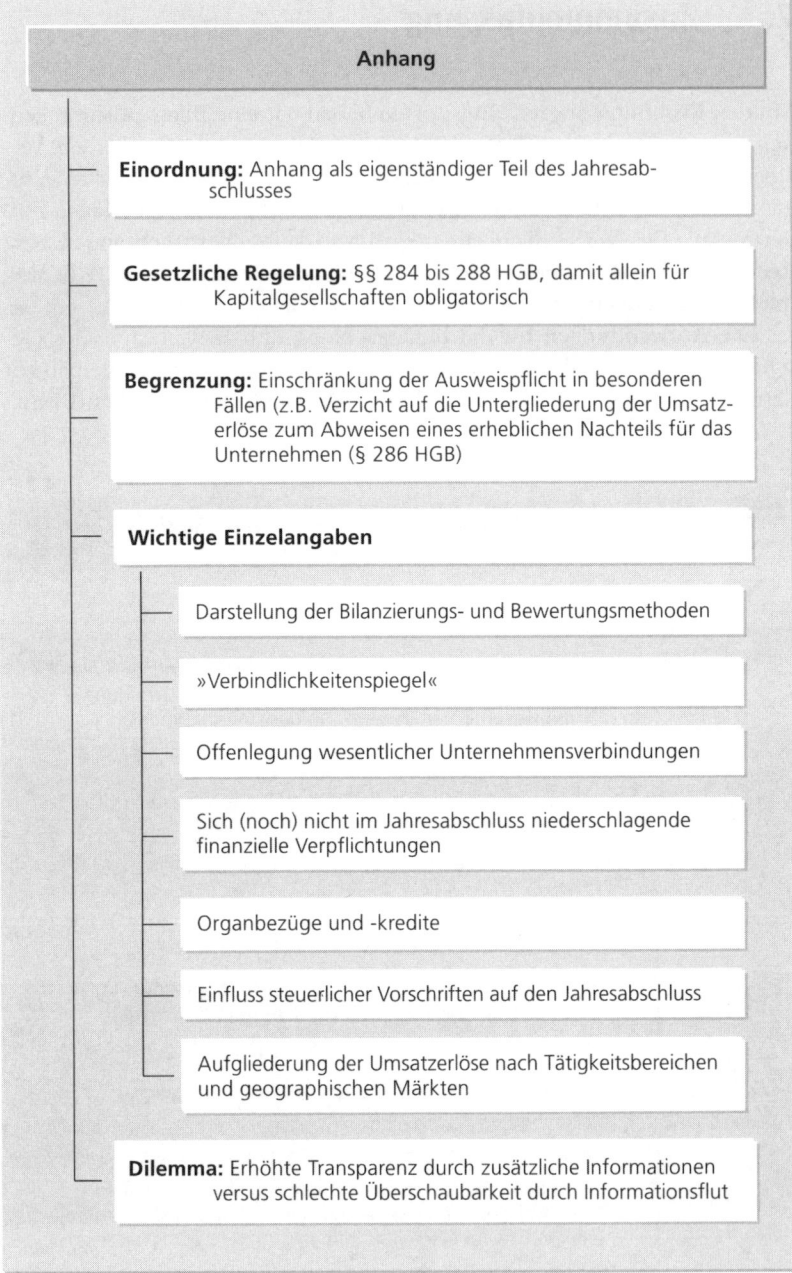

Anhang

Einordnung: Anhang als eigenständiger Teil des Jahresabschlusses

Gesetzliche Regelung: §§ 284 bis 288 HGB, damit allein für
Kapitalgesellschaften obligatorisch

Begrenzung: Einschränkung der Ausweispflicht in besonderen
Fällen (z.B. Verzicht auf die Untergliederung der Umsatz-
erlöse zum Abweisen eines erheblichen Nachteils für das
Unternehmen (§ 286 HGB)

Wichtige Einzelangaben

Darstellung der Bilanzierungs- und Bewertungsmethoden

»Verbindlichkeitenspiegel«

Offenlegung wesentlicher Unternehmensverbindungen

Sich (noch) nicht im Jahresabschluss niederschlagende
finanzielle Verpflichtungen

Organbezüge und -kredite

Einfluss steuerlicher Vorschriften auf den Jahresabschluss

Aufgliederung der Umsatzerlöse nach Tätigkeitsbereichen
und geographischen Märkten

Dilemma: Erhöhte Transparenz durch zusätzliche Informationen
versus schlechte Überschaubarkeit durch Informationsflut

Abb. 9-8: Anhang nach HGB

auffassung als problematisch anzusehen. Das strenge Abschreibungsgebot
und das Gewinnausschüttungsverbot mildern diese Problematik jedoch
(vgl. auch die *Abbildung 9-7*).

Der Anhang als dritter Teil des handelsrechtlichen Jahresabschlusses einer Kapitalgesellschaft dient der weitergehenden Information der Jahresabschlussadressaten ebenso wie der »Entschlackung« der Bilanz und der
Gewinn- und Verlustrechnung. Durch eine Vielzahl von Detailinformatio-

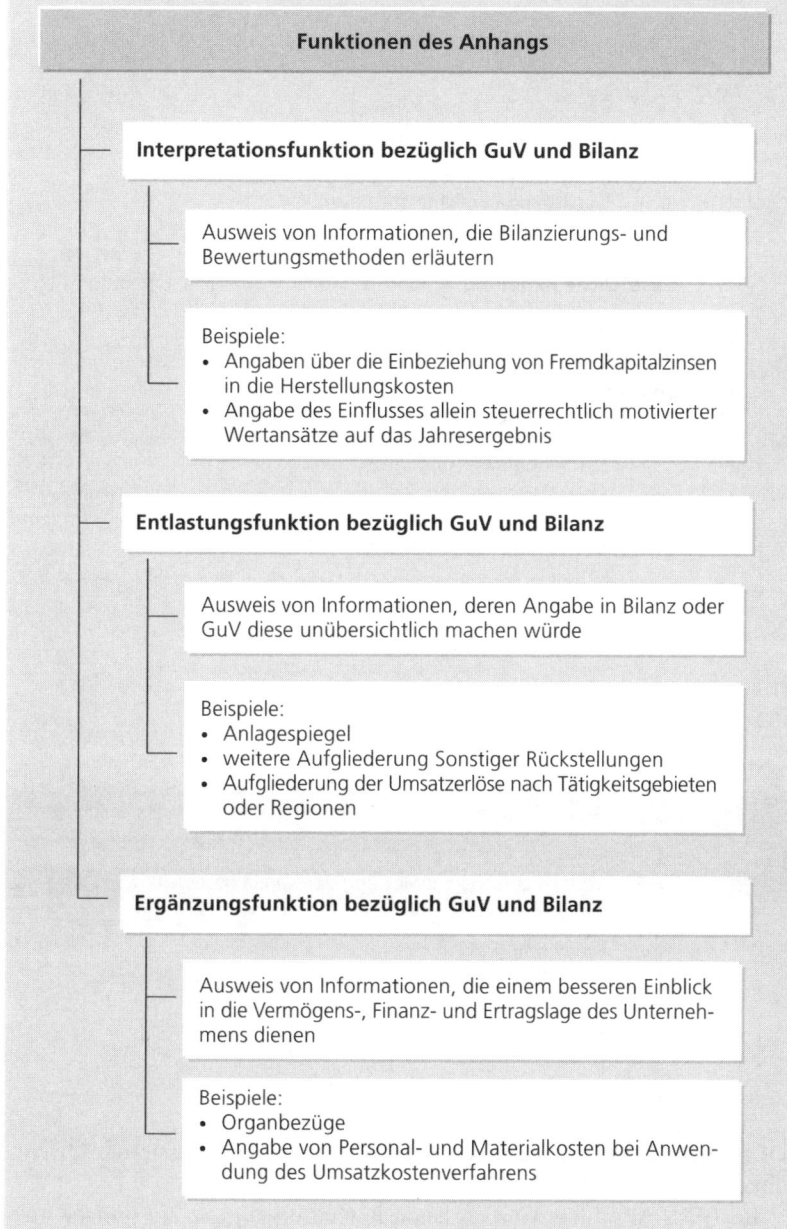

Abb. 9-9: Funktionen des
Anhangs nach HGB

nen werden versierten Adressaten tiefgehende Einblicke in das Unternehmen gewährt, die insbesondere bei mittelständischen Kapitalgesellschaften ordnungspolitisch unliebsame Konsequenzen haben könnten (vgl. auch die *Abbildungen 9-8 und 9-9*).

Der Lagebericht schließlich liefert insbesondere qualitative, für die Beurteilung eines Unternehmens ebenfalls sehr wichtige Informationen. Allerdings besteht die Gefahr, dass der Lagebericht von den Rechnungslegen-

Abb. 9-10: Überblick über
den Lagebericht nach HGB

den als Instrument zur gezielten Beeinflussung der interessierten Öffentlichkeit genutzt wird (vgl. *Abbildung 9-10*).

Im IFRS-Abschluss werden keine Rechnungsabgrenzungsposten ausgewiesen; entsprechende Sachverhalte werden unter den übrigen Vermögenswerten bzw. Schulden gezeigt. Eine Bilanzierungshilfe, wie sie der deutsche Gesetzgeber für Aufwendungen für die Ingangsetzung und Erweiterung des Geschäftsbetriebs vorsieht, existiert ebenfalls nicht. Eventualverbindlichkeiten sind im Anhang auszuweisen, sofern die Inanspruchnahme nicht sehr unwahrscheinlich ist. Der Anhang selbst ist im IFRS-Abschluss aufgrund der weitaus größeren Offenlegungspflichten in der Regel umfangreicher als bei einem vergleichbaren HGB-Abschluss. Für die Aufstellung eines Lageberichts gibt es keine Vorschriften, sondern lediglich eine

Empfehlung. Deutsche Konzerne unterliegen jedoch, selbst wenn sie einen befreienden IFRS-Konzernabschluss aufstellen, den Vorschriften des HGB zur Aufstellung des Lageberichts, dessen Ausgestaltung über die Standards DRS 15 bzw. ergänzend DRS 5 geregelt wird. Weitere Rechnungslegungsinstrumente im IFRS-Abschluss sind die Kapitalflussrechnung, die Eigenkapitalveränderungsrechnung, die Angaben zu nahe stehenden Personen und Unternehmen sowie die Segmentberichterstattung.

Grundzüge von Bilanzpolitik und Bilanzanalyse

Kapitel 10

Lernziel

An dieser Stelle des Lehrbuchs sind die wichtigsten Grundlagen der externen Rechnungslegung gelegt. Nach dem Pflichtprogramm kommen wir nun sozusagen zur Kür. Wir können mit den erworbenen Kenntnissen anfangen zu »spielen«, sie unter neuen Fragestellungen neu zusammenfügen. Eine derartige »Spielwiese« ist der Problemkreis Bilanzpolitik. Aus den erforderlichen Wissenselementen

- unterschiedliche Adressaten der externen Rechnungslegung,
- Bewertungs-, Ansatz- und Gliederungswahlrechte und
- Ermessensspielräume des Bilanzierenden

lässt sich abschätzen,

- welche Instrumente für eine derartige Politik grundsätzlich zur Verfügung stehen,
- wie diese im Detail nutzbar sind und
- mit welchen Zielsetzungen Bilanzpolitik betrieben werden kann.

Anschließend wollen wir quasi die Blickrichtung um 180° wenden und den Jahresabschluss aus der Sicht der Bilanzadressaten betrachten. In der Diskussion der Grundzüge der Bilanzanalyse werden Sie kennen lernen,

- auf welche Instrumente der Analytiker der Jahresabschlüsse zurückgreifen kann,
- welche davon besonders häufig verbreitet sind und
- welche Chancen der Analytiker besitzt, sein Analyseziel auch tatsächlich zu erreichen, d.h. inwieweit durch eine Jahresabschlussanalyse dem Externen tatsächlich ein zutreffendes und aussagefähiges Bild des Unternehmens vermittelt wird.

Unsere Ausführungen zur Bilanzpolitik und -analyse gelten strukturell sowohl für die HGB- als auch für die IFRS-Bilanz, so dass wir in diesem Kapitel keinen eigenständigen Abschnitt zur Rechnungslegung nach IFRS einfügen.

1. Grundzüge der Bilanzpolitik
   1.1. Zum Begriff Bilanzpolitik
   1.2. Ziele der Bilanzpolitik
   1.3. Bilanzpolitisches Instrumentarium
   1.4. Grenzen der Bilanzpolitik

2. Grundzüge der Bilanzanalyse
   2.1. Zum Begriff Bilanzanalyse
   2.2. Ziele der Bilanzanalyse
   2.3. Bilanzanalytisches Instrumentarium
   2.4. Grenzen der Bilanzanalyse

3. Zusammenfassung

1. Grundzüge der Bilanzpolitik

1.1. Zum Begriff Bilanzpolitik

Der Politikbegriff hat in den letzten Jahren ein immer schlechteres Image bekommen. Dieses strahlt auch auf den Begriff »Bilanzpolitik« aus. Zwar hat der Umfang bilanzpolitischer Anstrengungen der Unternehmen in den letzten Jahren stark zugenommen. Jedoch verbindet man mit Bilanzpolitik überwiegend negativ belegte Begriffsinhalte, wie verschleiern, manipulieren und falsch informieren. Hiermit tut man aber – wie dies analog wohl (hoffentlich!) auch für die allgemeine Politik gilt – den meisten Unternehmen Unrecht. Zum Beleg dieser These sei zunächst der Begriff Bilanzpolitik definiert:

> »Bilanzpolitik kann als die bewusste und im Hinblick auf die Ziele der Unternehmung zweckorientierte Gestaltung der Rechnungslegung im Rahmen der Rechtsordnung definiert werden. Sie bietet der Unternehmensleitung die Möglichkeit, die Adressaten der Rechnungslegung zu einem unternehmungszielkonformen Verhalten zu bewegen« (*Sieben u.a.* 1993, Sp. 230).

Was ist Bilanzpolitik?

In dieser etwas »holperig« klingenden Begriffsfestlegung sind insbesondere drei Aspekte besonders hervorzuheben. Zunächst geht die Definition explizit von einer Instrumentalfunktion der externen Rechnungslegung aus: Bilanz, Gewinn- und Verlustrechnung und Anhang sollen primär nicht ein möglichst exaktes Bild der betrieblichen Realität zeichnen (wie dies im Prinzip auf die interne Rechnungslegung zutrifft), sondern die Informationsbedürfnisse unterschiedlicher Adressatengruppen befriedigen. Diese Aussage steht grundsätzlich nicht im Widerspruch zur Generalnorm des § 264 Abs. 2 HGB, der vom Jahresabschluss – wie schon zitiert – »ein den tatsächlichen Verhältnissen entsprechendes Bild der Vermögens-, Finanz- und Ertragslage der Kapitalgesellschaft« verlangt. Wir hatten an mehreren Beispielen gesehen, dass unterschiedliche Adressaten denselben Sachverhalt (z.B. den Wert eines Vermögensgegenstandes) unterschiedlich beurteilen (können). Der Anspruch des »true and fair view« kann sich somit nur innerhalb dieses Rahmens unterschiedlicher Informationsinteressen bewegen. Damit steht es zugleich dem rechnungslegenden Unternehmen frei, eine – beliebige – Position in diesem Rahmen einzunehmen. Es kann sogar aus der »Not«, Externen gegenüber berichtspflichtig zu sein, eine Tugend machen und durch die Rechnungslegung um bestehende oder zukünftige Koalitionsteilnehmer werben. Wie bei jeder Werbung muss diese zum einen grundsätzlich den Tatsachen entsprechen; zum anderen sollte jedoch umgekehrt jedem Umworbenen klar sein, dass es sich bei der Information um eine Werbung handelt, d.h. um eine Aufbereitung von Informationen zum Zwecke der Verhaltensbeeinflussung.

In der Bilanzpolitik sieht ein Unternehmen seine Rechnungslegung in einer Instrumentalfunktion

Zum zweiten ist das jeder Politik innewohnende Dilemma anzusprechen, gleichzeitig mehrere gegenläufige Interessen gegeneinander austarieren zu müssen. Ein möglichst weitgehendes Bilden stiller Reserven kann zwar gegenüber dem Fiskus zu einer gewünschten Verlagerung von Ertragsteuerzahlungen führen, gegenüber aktuellen und potentiellen Geldgebern jedoch ein Bild mangelnder Ertragsstärke vermitteln. Auch im Bereich des Jahresabschlusses wird durch den notwendigen vielfältigen Interessenausgleich Politik zur *Kunst des Möglichen*.

Weiterhin enthält die obige Definition noch den Verweis auf die systematische Gestaltung der vorhandenen Rechnungslegungsspielräume. Angesichts der soeben angedeuteten Vielfältigkeit der an den Jahresabschluss geknüpften Interessen ist es für den Bilanzierenden unumgänglich, alle Ansatz- und Bewertungswahlrechte und Ermessensbereiche in ein in sich stimmiges, aufeinander abgestimmtes Gestaltungskonzept einzubringen.

Bilanzpolitik muss die zeitlichen Interdependenzen der Jahresabschlüsse beachten

Dieses muss nicht nur für ein einzelnes Jahr einen optimalen Interessenausgleich gewährleisten, sondern auch die zeitlichen Interdependenzen der Jahresabschlüsse bedenken. Ein Beispiel: Steuerzahlungen verschieben heißt nicht, sie aufzuheben. Die Steuerpolitik des Unternehmens muss ebenso wie die Dividendenpolitik – um nur zwei Politikbereiche zu nennen – langfristig ausgerichtet sein.

Schließlich ist noch ein letzter Aspekt in der oben aufgeführten Definition der Bilanzpolitik von Bedeutung: Bilanzpolitik hört dort auf, wo die Grenzen der Legalität überschritten werden und Bilanzlüge bzw. Bilanzfälschung beginnt. Bilanzpolitik kann sich nur im Rahmen der vorgegebenen Vorschriften bewegen, muss den Grundsätzen ordnungsmäßiger Buchführung folgen, darf keine Einzelbestimmungen verletzen und darf aus notwendigem kaufmännischen Ermessen keine Willkür werden lassen. Bilanzpolitik ist deshalb nicht nur die Kunst des Möglichen, sondern auch die *Kunst des Erlaubten*. Ein Unternehmen hat das Recht – und im Sinne eines ökonomischen Verhaltens wohl auch die Pflicht –, bestehende Rechnungslegungsspielräume für seine Zwecke zu nutzen. Dies ist jedem Bilanzadressaten bewusst bzw. sollte ihm bewusst sein. Er muss sich jedoch darauf verlassen können, dass das Unternehmen die gültigen Spielregeln einhält.

Bilanzpolitik ist die Kunst des Erlaubten

1.2. Ziele der Bilanzpolitik

Die Bilanzpolitik steckt – wie schon kurz angedeutet und wie auch die *Abbildung 10-1* deutlich machen soll – in einem grundsätzlichen Dilemma: Für eine Reihe von Jahresabschlussadressaten sollte die wirtschaftliche Lage des Unternehmens möglichst positiv dargestellt werden:

*   *Gläubiger* sollten den Eindruck gewinnen, dass ihren bestehenden Forderungen keinerlei Gefahren drohen, dass darüber hinaus dem Unternehmen völlig unproblematisch weitere Kredite gewährt werden können;
*   *Anteilseigner* sollten ihr Unternehmen als solide Geldanlagemöglichkeit (Kleinaktionäre) bzw. zusätzlich als geeignetes Instrument zur Wahrnehmung sozio-ökonomischer Interessen (Großaktionäre) sehen können;

Zeichnung eines eher zu optimistischen Bildes der wirtschaftlichen Lage des Unternehmens

Erhöhung der Attraktivität gegenüber den aktuellen
und potentiellen Anteilseignern

Vermittlung einer höheren Bonität gegenüber Fremdkapitalgebern

Sicherung und Vertiefung
der Lieferbeziehungen

...

**Versuch einer unternehmenszieloptimalen
Bilanzpolitik**

...

Zeitliche Verschie-
bung der Steuerlast

Vermeidung dividendenbedingter
Liquiditätsabflüsse

Stärkung der Eigenkapitalbasis durch Vermeidung
von Gewinnausschüttung

Zeichnung eines eher zu pessimistischen Bildes der wirtschaftlichen Lage des Unternehmens

Abb. 10-1: Dilemma der
Bilanzpolitik

- *Arbeitnehmern* sollte der Eindruck vermittelt werden, in einem Unternehmen zu arbeiten, für das es sich lohnt sich einzusetzen;
- *Kunden* gegenüber sollte schließlich klargemacht werden, dass sie es mit einem prosperierenden, an der Spitze der Konkurrenz stehenden Unternehmen zu tun haben, das prädestiniert dafür ist, mit ihm langfristige Lieferantenbeziehungen aufzubauen und zu pflegen.

Auf der anderen Seite besteht aber – und dies sogar zum Teil bei denselben Adressatengruppen – die entgegengesetzte Zielsetzung, also die wirtschaftliche Lage des Unternehmens eher zu schlecht darzustellen:

- *Gläubiger* sollten davon ausgehen können, dass in den Ansätzen des Jahresabschlusses noch »Luft ist«, dass das Unternehmen dem alten Kaufmannsbrauch »Mehr Sein als Scheinen« gefolgt ist;
- *Anteilseignern* sollten zur Erhöhung des finanziellen Handlungsspielraums des Unternehmens nicht alle tatsächlich erzielten Gewinne ausgeschüttet werden;
- *Kunden* sollte nicht der Eindruck vermittelt werden, dass sie für die bezogenen Produkte einen zu hohen Preis bezahlen, weil das Unternehmen hohe Gewinne erzielt;
- dem *Fiskus* schließlich sollten Ertragsteuerzahlungen erst dann entrichtet werden, wenn es sich überhaupt nicht mehr vermeiden lässt.

Mal kann ein »zu hoher«, mal ein »zu niedriger« Gewinnausweis die richtige Vorgehensweise sein

»Polsterfunktion« der bilanzpolitischen Instrumente

Welcher Weg aus diesem Dilemma gefunden, d.h. wie das bilanzpolitische Instrumentarium konkret genutzt wird, hängt von Gewicht und Bedeutung der einzelnen Adressaten, der »tatsächlichen« wirtschaftlichen Situation des Unternehmens und von den Erwartungen über dessen Entwicklung ab. Da sich diese ändern können, kann sich auch die von einem Unternehmen verfolgte Bilanzpolitik ändern. »Versteckt« man etwa in Boomzeiten soviel Gewinn wie möglich in den stillen Reserven, wird man diese bei schlechtem Konjunkturverlauf unter Umständen wieder auflösen wollen, um beispielsweise – wie von vielen Unternehmen praktiziert – eine konstante Dividendenpolitik zu ermöglichen.

Die widerstrebenden bilanzpolitischen Basisziele sind schließlich die beste Gewähr dafür, dass die bilanzierenden Unternehmen von sich aus im Normalfall keine Extremposition in der Nutzung der bilanzpolitischen Instrumente einnehmen werden. Allerdings sind solche Extrempositionen kurzfristig – z.B. zur Erlangung eines überlebenswichtigen Kredits – nicht ausgeschlossen.

1.3. Bilanzpolitisches Instrumentarium

Beim Stichwort »bilanzpolitisches Instrumentarium« wird man zuerst und vielleicht ausschließlich an die den Unternehmen offen stehenden Bilanzierungs- und Bewertungswahlrechte denken. Hiermit hat man aber – wie auch die *Abbildung 10-2* veranschaulicht – nur einen kleinen Ausschnitt des insgesamt zur Verfügung stehenden »Instrumentenkastens« vor Augen – wenngleich zugegebenermaßen auch den wichtigsten Teil.

Bilanzpolitik beginnt unter Umständen schon mit der *Wahl des Bilanzstichtags.* § 240 Abs. 2 und andere Paragraphen des HGB sprechen bei der Abrechnungsperiode stets vom »Geschäftsjahr«, nicht vom Kalenderjahr.

Schon der gewählte Bilanzstichtag kann bilanzpolitisch interessant sein

Die Möglichkeit, den Bilanzstichtag innerhalb des Jahres (einmal) frei wählen zu können, erweist sich insbesondere für Saisonunternehmen als interessant. Eine Spielzeugfabrik wird so im September sehr hohe Lagerbestände aufweisen, Ende Dezember, also nach dem Weihnachtsgeschäft, dagegen hohe Beträge an liquiden Mitteln. Es lässt sich unschwer nachvollziehen, dass die Bilanz im letzteren Fall von den Adressaten besser beurteilt wird als die entsprechende Bilanz zwei Monate vorher, da nicht jedem Adressaten die Saisonabhängigkeit deutlich bewusst sein wird.

Die bilanzpolitischen Möglichkeiten durch Freiräume bei der Festlegung des Bilanzvorlage- und -veröffentlichungstermins haben i.d.R. nur akademische Bedeutung. Gestaltungsspielräume resultieren lediglich daraus, dass der Bilanzierende die in der Zeit seit dem Bilanzstichtag gewonnenen zusätzlichen Erkenntnisse in den Jahresabschluss des vergangenen Jahres einbringen muss, sofern sie verlustbringend sind und vor dem Bilanzstichtag verursacht wurden. Eine solche Situation ist beispielsweise gegeben, wenn Ende Januar bekannt wird, dass eine Forderung uneinbringlich ist, weil der Schuldner bereits im Dezember zahlungsunfähig wurde. Dies wird auch als *Wertaufhellungsgebot* bezeichnet.

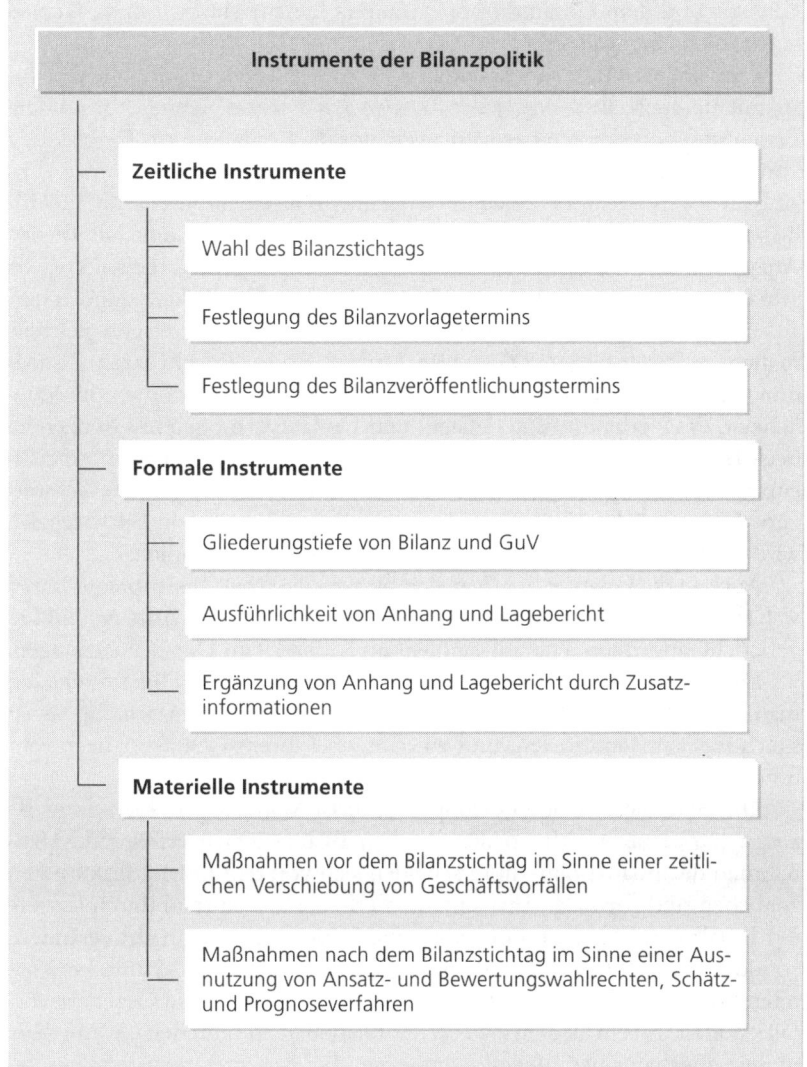

Abb. 10-2: Überblick über
bilanzpolitische Instrumente

In der Gruppe der *formalen bilanzpolitischen Instrumente* geht es zum einen darum, Gliederungswahlrechte zielentsprechend einzusetzen. Will man etwa – um Kapitalgeber anzuwerben – einen möglichst tiefen Einblick in das Unternehmen geben, so kann man beispielsweise von der Regelung des § 265 Abs. 5 HGB Gebrauch machen, der lautet: »Eine weitere Untergliederung der Posten ist zulässig; dabei ist jedoch die vorgeschriebene Gliederung zu beachten. Neue Posten dürfen hinzugefügt werden, wenn ihr Inhalt nicht von einem vorgeschriebenen Posten gedeckt wird«.

Ein konkretes Beispiel ist etwa der gesonderte Ausweis der Bewertungsdifferenzen zwischen bilanziellen Herstellungskosten und Herstellungskosten der Gewinn- und Verlustrechnung unter der Position sonstige betriebliche Aufwendungen in der GuV gemäß Umsatzkostenverfahren. Das wichtigste Gliederungswahlrecht ist ohne Zweifel das zwischen dem

Die Zuordnung zu Anlage-
oder Umlaufvermögen hängt
häufig von der Entscheidung
des Managements ab

Die »materiellen« bilanzpolitischen Instrumente sind im
Vergleich die wichtigsten

Sachverhaltsgestaltende Bilanzpolitik

Umsatz- und dem Gesamtkostenverfahren; hierauf sind wir im 8. Kapitel ausführlich eingegangen.

Zum anderen lässt sich unter der Kategorie formale bilanzpolitische Instrumente auch die *Nutzung von Zuordnungsspielräumen* nennen. Besondere Bedeutung unter diesen besitzen zweifellos die Freiräume zur Einordnung von Finanzvermögen entweder in das Anlagevermögen oder in das Umlaufvermögen. Der Erwerb eines Aktienanteils an einer Gesellschaft in Höhe von 10% kann je nach Aussage der Geschäftsführung eine langfristige Anlage zur Erzielung von Dividende oder anderer geschäftlicher Vorteile sein oder aber aus Spekulations- oder kurzfristigen Geldanlagegründen heraus erfolgen. »Von außen« ist die Stichhaltigkeit beider Aussagen gleichermaßen zu akzeptieren. Diese von Dritten kaum anfechtbaren Zuordnungsspielräume verschaffen dem bilanzierenden Unternehmen die Möglichkeit, das Verhältnis von Anlage- und Umlaufvermögen in Grenzen zu beeinflussen. Bedenkt man, dass – wie wir später sehen werden – die Bilanzanalyse häufig auf den Anteil beider Vermögensgruppen am Gesamtvermögen zurückgreift (z.B. in der so genannten »goldenen Bilanzregel«), wird die Bedeutung dieser Beeinflussungsmöglichkeit deutlich.

Auch in die Gruppe der formalen bilanzpolitischen Instrumente lassen sich schließlich die Informationsspielräume innerhalb von Anhang und Lagebericht einordnen. Hierauf sind wir im Kapitel 9 im Detail eingegangen.

Die mit Abstand wichtigste Gruppe bilanzpolitischer Hilfsmittel kann man unter dem Begriff *»materielle Instrumente«* zusammenfassen. Sie lassen sich wiederum unterteilen, und zwar in zwei ihrem Charakter nach sehr unterschiedliche Gruppen.

Die erste dieser beiden Gruppen umfasst Maßnahmen, die *vor dem Bilanzstichtag* erfolgen. Materielle, vor dem Bilanzstichtag erfolgende Maßnahmen der Bilanzpolitik unterscheiden sich von den bislang diskutierten zeitlichen und formalen Instrumenten erheblich. Während durch letztere der Inhalt von Bilanz und Gewinn- und Verlustrechnung nicht verändert, sondern letztlich nur anders dargestellt wird, erfolgen in der nun betrachteten Gruppe von Maßnahmen Entscheidungen über neue Geschäftsvorfälle, und dies allein zu dem Zweck, das Bilanzbild zu verändern. Wenn man, um ein anschauliches Bild zu gebrauchen, bei den zuerst dargestellten bilanzpolitischen Instrumenten nur Form und Farbe eines Thermometers (als Messinstrument für einen bestimmten Ausschnitt der Realität) verändert, dieses aber weiter unbeirrt die Raumtemperatur anzeigt, wird das Thermometer durch die nun betrachteten materiellen bilanzpolitischen Maßnahmen erhitzt oder gekühlt, so dass es nun eine andere Temperatur anzeigt. Derartige, auch als »sachverhaltsgestaltend« bezeichnete Maßnahmen gibt es in großer Zahl:

- Man kann den Zeitpunkt geplanter Beschaffungen von Sachanlagevermögen steuern: Eine Anschaffung kurz vor dem Bilanzstichtag führt zu einer Erhöhung des Anlagevermögens, einer Verminderung der Liquidität bzw. einer Erhöhung der kurzfristigen Verbindlichkeiten und schließlich unter Umständen zu einer Reduzierung des Periodenerfolgs, da die Regelung gilt, dass in der zweiten Jahreshälfte angeschaffte bewegliche Vermögensgegenstände unabhängig vom genauen Anschaffungstermin mit der Hälfte des jährlichen Abschreibungssatzes abgeschrieben werden dürfen.

- Verzögerte Bestellungen von Roh-, Hilfs- und Betriebsstoffen erhöhen ceteris paribus die in der Bilanz ausgewiesene Liquidität.
- Es lassen sich Aufwendungen zeitlich vor- oder nachverlagern, für die kein festliegender zeitlicher Rahmen besteht. Ein Beispiel ist etwa die zeitliche Platzierung eines Werbefeldzuges.
- Der Abschluss und/oder die Abwicklung von Geschäften kann/können vorgezogen bzw. verzögert werden.
- Als Kuriosum am Rande: Die magische Wirkung der Höhe von Vorratsvermögensbeständen im Jahresabschluss veranlasst einige Unternehmen an Sylvester dazu, ankommende LKW nicht das Werkstor passieren zu lassen, um sie nicht mehr vor Jahresende, sondern erst im Januar zu entladen. Damit erfolgt die Erfassung der Sendungen im Rechnungswesen erst im Folgejahr.

Von allen bilanzpolitischen Instrumenten kann man derartige sachverhaltsgestaltende Maßnahmen am stärksten problematisieren. Ein Unternehmen ergreift diese Maßnahmen allein deshalb, um eine bestimmte Wirkung im Jahresabschluss zu erzeugen; die Maßnahmen wären ansonsten unterblieben. Nur ein Teil von ihnen lässt sich mit dem Verweis auf damit erreichte Steuerverlagerungen (zumindest einzelwirtschaftlich) begründen. Andere sachverhaltsgestaltende Maßnahmen weisen außer der »window dressing«-Funktion keinen ökonomischen Nutzen auf, im schlimmsten Fall sind sie unwirtschaftlich.

Die zweite, in ihrer Bedeutung als Hilfsmittel der Bilanzpolitik insgesamt wichtigste Gruppe materieller bilanzpolitischer Instrumente umfasst solche, die zur Vermögens- und Erfolgsbeeinflussung *nach dem Bilanzstichtag* eingesetzt werden können. Diese basieren teils auf den vom Gesetzgeber bewusst eingeräumten Ansatz- und Bewertungswahlrechten, teils auf unabdingbaren Prognose- und Ermessensspielräumen.

Vergleicht man die bilanzpolitischen Möglichkeiten in HGB- und IFRS-Abschluss, so zeigt sich, dass im HGB-Abschluss aufgrund der Vielzahl expliziter Ansatz- und Bewertungswahlrechte vor allem diese genutzt werden, um den Vermögens- und Erfolgsausweis im gewünschten Sinne zu beeinflussen. Da es innerhalb der IFRS solche Wahlrechte nur noch in wenigen Fällen gibt, spielen hier für Fragen der Bilanzpolitik die Sachverhaltsgestaltung wie auch die Prognose- und Ermessensspielräume eine wichtige Rolle. *Abbildung 10-3* zeigt dies an einem kleinen Fallbeispiel.

Wir unterstellen einen fiktiven Technologiekonzern, der seine Bilanz zum 30.09.2001 unter Berücksichtigung der Terroranschläge vom 11. September 2001 revidiert. Ursprünglich wurde von einem Jahresgewinn von 400 Mio. € ausgegangen. Während sich im ersten Szenario die Prognosen bezüglich der Zukunft nur unwesentlich verschlechtern, wird im zweiten Szenario der Erfolg auf 25 Mio. Euro reduziert. Mit guten Argumenten können beide Szenarien vertreten werden – welches das »richtige« Bild von der Zukunft entwirft, ist erst ex post bekannt. Allerdings lassen sich auch durch das Ausnutzen von Prognose- und Ermessensspielräumen – ebenso wie bei Wahlrechten – Erfolge nicht beliebig lange »vortäuschen« oder »verstecken«: Wird beispielsweise das zweite Szenario gewählt und tritt faktisch das erste Szenario ein, werden in den Folgejahren entsprechend außerplanmäßige Erträge realisiert, z.B. weil Drohverluste nicht in dem Umfang wie erwartet eintreten.

Szenario 1: Leichter Abschwung, Erholung ab Mitte des Folgejahres			**Szenario 2:** Schwere Rezession, Erholung frühestens in drei Jahren		
Ursprünglicher Gewinn:		**400 Mio.**	**Ursprünglicher Gewinn:**		**400 Mio.**
Annahme	**Maßnahme**	**Konsequenz**	**Annahme**	**Maßnahme**	**Konsequenz**
Teil der Vorräte wird nicht verkauft	Bestände zu 25% abschreiben	- 40 Mio. €	Vorräte nahezu unverkäuflich	Bestände zu 75% abschreiben	-120 Mio. €
Leichtes Ausfallrisiko für Forderungen	Pauschalwertberichtigung	- 50 Mio. €	Erhöhtes Ausfallrisiko für Forderungen	Pauschalwertberichtigung erhöht	- 100 Mio. €
Nur geringfügige Verteuerung von Rohstoffen	Keine Drohverluste aus bestehenden Aufträgen	./.	Verteuerung wichtiger Rohstoffe	Bildung von Drohverlustrückstellungen	- 75 Mio. €
Temporäre Krise, keine Anpassung der Unternehmensstruktur	Keine Maßnahmen	./.	Krise erfordert Anpassung der Unternehmensstruktur	Restrukturierungsrückstellungen	- 80 Mio. €
Neuer Gewinn:		**310 Mio.**	**Neuer Gewinn:**		**25 Mio.**

Abb. 10-3: Beispiel für bilanzpolitische Spielräume nach IFRS

Die Ansatz- und Bewertungswahlrechte nach HGB sind in der *Abbildung 10-4* überblicksartig aufgelistet und sollten Ihnen aus der bisherigen Diskussion alle bekannt sein, so dass an dieser Stelle keine weiteren Erläuterungen erforderlich sind. Prognose- und Ermessensspielräume sind immer dann gefordert, wenn es um vernünftige kaufmännische Einschätzung geht – sowohl bei der Bewertung als auch bei der Abschätzung von Risiken, z.B. bei der Bemessung von Rückstellungen.

1.4. Grenzen der Bilanzpolitik

Den Unternehmen bietet sich – so ist an dieser Stelle klar – ein breites Spektrum bilanzpolitischer Instrumente. Dennoch wachsen die Bäume bei der zielgerichteten Gestaltung des Jahresabschlusses nicht in den Himmel:

Die Bäume der Bilanzpolitik wachsen nicht in den Himmel

- Bei allen Maßnahmen müssen die Grundsätze ordnungsmäßiger Buchführung beachtet werden; zudem gilt die Forderung des »true and fair view« des § 264 Abs. 2 HGB;
- Aktivierungs- und Passivierungswahlrechte sind nicht immer frei gestaltbar, sondern häufig an bestimmte Tatbestände und Voraussetzungen geknüpft, die vorliegen müssen;
- Ermessensspielräume werden spätestens durch den Jahresabschlussprüfer begrenzt;
- durch die weitgehende Erläuterungspflicht im Anhang wird ein Teil der bilanzpolitischen Maßnahmen durchschaubar und verliert dadurch an Wirkung;

Handelsrechtliche Ansatz- und Bewertungswahlrechte

Aktivierungswahlrechte

Nicht entgeltlich erworbene materielle Wirtschaftsgüter

Entgeltlich erworbener Firmenwert (§ 255 Abs. 4 HGB)

Ingangsetzungs- und Erweiterungsaufwendungen (§ 269 HGB)

Damnum von Verbindlichkeiten (§ 250 Abs. 3 HGB)

Geringwertige Wirtschaftsgüter

Passivierungswahlrechte

Sonderposten mit Rücklageanteil (§ 247 Abs. 3 HGB)

Aufwandsrückstellungen für Instandhaltung in den Quartalen 2 bis 4 des Folgejahres (§ 249 Abs. 1 HGB)

Andere Aufwandsrückstellungen (§ 249 Abs. 2 HGB)

Bewertungswahlrechte

Ermittlung der Herstellungskosten (§ 255 Abs. 2 HGB)

Abschreibungen auf entgeltlich erworbenen Firmenwert (§ 255 Abs. 4 HGB)

Sammelbewertungsverfahren (Verbrauchsfolgeverfahren, Festwert, Durchschnittsbewertung – § 240 Abs. 3 und 4, § 256 HGB)

Verfahren zur Ermittlung planmäßiger Abschreibungen (§ 253 Abs. 2 HGB) (durch Maßgeblichkeitsprinzip eingeschränkt)

Außerplanmäßige Abschreibungen bei voraussichtlich vorübergehender Wertminderung des Anlagevermögens (§ 253 Abs. 2 HGB)

Übernahme steuerlicher Wertansätze (§ 254 HGB)

Außerplanmäßige Abschreibungen im Rahmen vernünftiger kaufmännischer Beurteilung (§ 253 Abs. 4 HGB)

Abb. 10-4: Überblick über bilanzpolitisch bedeutsame Wahlrechte

- bilanzpolitische Maßnahmen beeinflussen die Bilanzpolitik in Folgejahren, sowie sie ihrerseits durch die Bilanzpolitik der vergangenen Jahre beeinflusst werden;
- Bilanzpolitik muss – wie anfangs schon ausgeführt – stets einen Ausgleich zwischen divergierenden Interessen suchen (Dilemma der Bilanzpolitik);
- als bilanzpolitisch vom Jahresabschlussadressaten erkannte Maßnahmen verlieren nicht nur ihre Bedeutung, sondern erreichen im schlimmsten Fall das Gegenteil dessen, was mit ihnen bezweckt war.

In der Bilanzanalyse der Rechnungslegungsadressaten findet somit die Bilanzpolitik des Rechnungslegenden ihre natürliche Grenze. Wie wirksam dieses Gegengewicht tatsächlich ausgeprägt ist, sei im folgenden Abschnitt betrachtet.

2. Grundzüge der Bilanzanalyse

2.1. Zum Begriff Bilanzanalyse

Bilanzanalyse ist mit dem Flair der höheren Weihen der Bilanzierung verbunden. Unter Bilanzanalysten stellt man sich hochqualifizierte Fachleute vor, die jeder einzelnen bilanzpolitischen Maßnahme des rechnungslegenden Unternehmens durch feinsinnige Überlegungen »auf die Schliche kommen«, denen nichts verborgen bleibt. Dieser Eindruck trifft jedoch – im Durchschnitt – nicht zu. Bilanzanalysen sind zumindest bei größeren Banken eine weitgehend standardisierte, DV-gestützte Routinearbeit, und dort herrscht auch nicht (mehr) die Illusion vor, man könne mit Hilfe der Bilanzanalyse ein Unternehmen tatsächlich durchleuchten.

Was ist Bilanzanalyse?

Inhaltlich verbindet man mit dem Begriff der Bilanzanalyse die Durchsicht und Auswertung von Jahres- bzw. Konzernabschluss und Lagebericht zum Zweck der Informationsgewinnung.

Aus dieser – zugegeben etwas abstrakten – Formulierung lassen sich folgende zentrale Merkmale des Begriffs Bilanzanalyse herausfiltern:
- Die Bilanzanalyse stützt sich vorwiegend auf den veröffentlichten Jahresabschluss und den Lagebericht. Zusätzliche Informationen, wie z.B. aus der Tagespresse, von Auskunfteien oder aus anderen Quellen, können die Bilanzanalyse ergänzen.

Merkmale der Bilanzanalyse

- Die Bilanzanalyse wird stets von Unternehmensexternen durchgeführt, die keinen umfassenden Zugriff auf interne Daten besitzen, etwa kleinere Eigen- oder Fremdkapitalgeber, Kunden, Konkurrenten und die Arbeitnehmer. Interne verfügen über weit ergiebigere Informationsquellen.
- Weiterhin lässt sich ablesen, dass sich die Bilanzanalyse wesentlich auf selektierte, aggregierte und miteinander kombinierte quantitative Infor-

mationen stützt, die Auskunft geben sollen über die Mittelherkunft, die Mittelverwendung und den Erfolg des Unternehmens, somit über die klassischen Teilbereiche der Bilanzierung, die uns schon seit dem ersten Kapitel immer wieder begegnen.

Die Bilanzanalyse endet nicht mit der Präsentation der Analyseergebnisse; deren Wertung bzw. Beurteilung – beispielsweise mittels Zeit- oder Branchenvergleichen – in der Bilanzkritik ist ebenfalls Bestandteil der Bilanzanalyse.

2.2. Ziele der Bilanzanalyse

Die grundsätzliche Zielsetzung der Bilanzanalyse wurde schon mehrfach angesprochen: Der Analytiker will aus den im Jahresabschluss enthaltenen Informationen einen möglichst umfassenden Einblick in die Finanz-, Vermögens- und Ertragslage des zu analysierenden Unternehmens erhalten. Spezieller lassen sich folgende Teilziele der Analyse aufzählen:

- Die Bilanzanalyse soll Informationen über die Verwendung der dem Unternehmen bereitgestellten Mittel liefern, insbesondere über die Art und Zusammensetzung des Vermögens und die Dauer der Vermögensbindung. Diesen Teil der Analyse bezeichnet man als *Vermögensstruktur- oder Investitionsanalyse.*
- Weiterhin will der Analytiker Informationen über die Kapitalaufbringung gewinnen, insbesondere über die Art, Zusammensetzung, Fristigkeit und Sicherheit des Kapitals, um daraus beispielsweise die Finanzierungsrisiken des Unternehmens abschätzen zu können. Hierfür hat sich der Begriff *Kapitalstruktur- oder Finanzierungsanalyse* gebildet.

Felder bzw. Bereiche der Bilanzanalyse

- Darüber hinaus hat die Bilanzanalyse zum Ziel, Informationen über die Beziehungen zwischen Mittelaufbringung bzw. Mittelherkunft (Finanzierung) und Mittelverwendung (Investition) bereitzustellen. Dieses Feld der Bilanzanalyse wird mit *Liquiditätsanalyse* bezeichnet.
- Schließlich kommt auch der *Erfolgsanalyse* erhebliche Bedeutung zu, d.h. der Beurteilung, ob das Unternehmen in der Zukunft in der Lage sein wird, Erfolge zu erwirtschaften. Dieser Analysezweig hat für die Jahresabschlussanalyse immer mehr an Gewicht gewonnen.

2.3. Bilanzanalytisches Instrumentarium

Bilanzanalyse wurde zu Anfang – zumindest bei professionellen Analytikern – als mehr oder weniger standardisiertes Procedere beschrieben. Dies hat zumindest zwei Gründe: Zum einen arbeitet die Bilanzanalyse mit quantitativen Daten; solche eignen sich stets gut für eine DV-gestützte, normierte Verarbeitung. Zum anderen steigt der Wert der durch Bilanzanalysen gelieferten Informationen mit dem Umfang von Vergleichsmöglichkeiten. Solche lassen sich – als Branchen- oder Zeitvergleich – nur gewinnen, wenn man die Analysemethoden über die Zeit hinweg konstant hält. Im Folgenden soll in knapper Form ein möglichst repräsentativer Überblick über das bilanzanalytische Instrumentarium geliefert werden. Wir können und wollen hierbei nur den grundsätzlichen Rahmen skizzieren. Eine ausführliche Darstellung würde den Rahmen eines einführenden Lehrbuchs sprengen. Wesentliches Hilfsmittel von Bilanzanalysen sind Kennzahlen:

Was sind Kennzahlen?

> Kennzahlen sind allgemein quantitative Daten, die als bewusste Verdichtung der komplexen Realität in konzentrierter Form über quantifizierbare betriebswirtschaftliche Sachverhalte informieren sollen.

Diese etwas abstrakte Definition wird verständlicher, wenn man sich die einzelnen Ausprägungen von Kennzahlen anschaut. Hier sind zunächst absolute Kennzahlen zu nennen. Die »Verdichtung der komplexen Realität in konzentrierter Form« bedeutet hier nichts anderes, als – pars pro toto – sich eine Zahl herauszusuchen, die als Maßzahl für die Beurteilung der ökonomischen Realität dient. So kommt beispielsweise in den USA dem Quartalsgewinn eine zentrale Bedeutung für die Beurteilung der Erfolgslage des Unternehmens zu.

Absolute und relative Kennzahlen sollten für bilanzanalytische Zwecke gemeinsam angewendet werden

Absolute Kennzahlen sind allein nur beschränkt aussagefähig: Zwar ist es wesentlich zu wissen, wie sich die Gewinne im Zeitablauf verändert haben oder wie sie sich im Verhältnis zum eingesetzten Kapital und zu den Umsatzerlösen verhalten. Sie müssen allerdings durch Verhältniszahlen ergänzt werden. Hiermit sind der Art nach Kennzahlen angesprochen, die in der Bilanzanalyse deutlich dominieren: *Relative Kennzahlen*. Sie treten insbesondere in zwei unterschiedlichen Varianten auf:

- Als *Gliederungszahlen* (auch »vertikale« Kennzahlen) setzen sie – abstrakt ausgedrückt – eine statistische Teilmasse zu ihrer Gesamtmasse in Beziehung. Beispiele sind etwa der Anteil des Personalaufwands am gesamten Aufwand einer Abrechnungsperiode oder die Eigenkapitalquote (Anteil des Eigenkapitals am Gesamtkapital).
- Als *Beziehungszahlen* (auch »horizontale« Kennzahlen) stellen sie den Zusammenhang zwischen zwar wesensverschiedenen, jedoch betriebswirtschaftlich miteinander in Beziehung stehenden Größen her. Als Beispiel lässt sich das Verhältnis von Anlagevermögen und Eigenkapital nennen.

Im Folgenden wollen wir betrachten, welche Ausprägungen von Kennzahlen in den zuvor genannten Teilfeldern der Bilanzanalyse anzutreffen sind. Vorab sei aber noch kurz darauf hingewiesen, dass die begriffliche Verkürzung, die schon im Titel dieses Buches sichtbar wurde (Bilanzierung statt handelsrechtlicher Einzelabschluss) im Bereich der Analyse vorliegender Jahresabschlüsse besonders missverständlich ist. Im Rahmen der »Bilanzanalyse« kommt der Analyse der Gewinn- und Verlustrechnung eine wesentlich größere Bedeutung zu als der Analyse der stichtagsbezogenen Aktiva und Passiva!

2.3.1. Investitionsanalyse

Mit der Investitionsanalyse werden Art und Zusammensetzung des Vermögens der Vermögensbindung näher betrachtet. Die wichtigsten der hierzu üblicherweise verwandten Kennzahlen sind in der *Abbildung 10-5* aufgelistet und für die drei Ihnen bereits bekannten Unternehmen, die Bayer AG, die Deutsche Lufthansa AG und die Metro AG für die Konzernabschlüsse des Geschäftsjahres 2004 berechnet. Am Ende finden Sie in den *Abbildungen 10-12* bis *10-14* die Bilanzen der drei Unternehmen, mit deren Hilfe Sie die meisten der hier vorgestellten Kennzahlen noch einmal selbst nachvollziehen können.

Geschäftsjahr 2004		Bayer	Deutsche Lufthansa	Metro
Bezeichnung der Kennzahl	Ermittlung der Kennzahl	Ausprägung der Kennzahl		
Anlagevermögensintensität	Anlagevermögen/Gesamtvermögen	0,48	0,63	0,60
Umlaufvermögensintensität	Umlaufvermögen/Gesamtvermögen	0,52	0,37	0,40
Vermögenselastizität	Umlaufvermögen/Anlagevermögen	1,09	0,59	0,67
Umschlagshäufigkeit des Anlagevermögens	Abschreibungen/Anlagevermögen	0,13	0,10	0,07
Umschlagshäufigkeit des Gesamtvermögens	Umsatzerlöse/ØGesamtvermögen	0,79	0,97	2,06
Umschlagshäufigkeit der Vorräte	Umsatzerlöse/ØVorräte	4,92	42,57	9,24
Investitionsdeckungsquote	Investitionen in Sachanlagen/Abschreibungen von Sachanlagen	0,86	1,70	1,39

Die Geschwindigkeit, mit der Vermögensteile durch den Umsatzprozess wieder zu Geld werden, ist für den Kapitalbedarf und damit bei gegebener Kapitalstruktur für die finanzielle Stabilität von entscheidender Bedeutung. Mit der Kurzfristigkeit der Vermögensbindung wird zum einen das Liquiditätspotenzial des Unternehmens erhöht (und damit die Gefahr der Illiquidität vermindert); zum anderen verbessert sich die Dispositionsflexibilität der Unternehmensleitung, was Anpassungen an Beschäftigungs- und Strukturänderungen erleichtert.

Abb. 10-5: Wichtige Kennzahlen zur Vermögensstruktur (Investitionsanalyse)

Die in der *Abbildung 10-5* ausgewiesenen Kennzahlenwerte zeigen vor dem Hintergrund dieser grundsätzlichen Aussagen ein unterschiedliches Bild, was auf die unterschiedlichen Branchenmerkmale zurückzuführen ist. So weist beispielsweise die Lufthansa als kapitalintensiver Dienstleister eine sehr viel höhere Anlagevermögensintensität auf, was auf einen hohen Anteil an Abschreibungen und damit geschäftspolitisch nicht mehr beeinflussbarer Aufwendungen zurückschließen lässt – hieraus kann eine entsprechend hohe Anfälligkeit gegenüber plötzlichen Umweltänderungen resultieren. Auch die Anlagevermögensintensität der Metro ist mit 0,60 für ein Handelsunternehmen vergleichsweise hoch – hier ist das Anlagevermögen vor allem von der Position Geschäftsgrundstücke und Gebäude dominiert.

Auch die *Umschlagshäufigkeiten* sind branchenbezogen zu interpretieren. Für die Lufthansa ist beispielsweise die Umschlagshäufigkeit des Vorratsvermögens fast aussagenlos, da sie kaum Vorräte besitzt. Für die Metro ist sie höher, da es sich um einen Handelskonzern handelt – bei Bayer reflektiert sie das Geschäftsmodell des Pharmaherstellers. Die Umschlagshäufigkeit des Anlage- bzw. Gesamtvermögens ist vor allem als Indikator für die Unternehmensliquidität zu verstehen: Je höher die Umsatzerlöse, die in Relation zum Anlage- bzw. Gesamtvermögen als Basisgröße erwirtschaftet werden, um so höher sind auch die kurzfristigen Einzahlungen und damit die Fähigkeit des Unternehmens, ausstehende Forderungen zu begleichen bzw. Investitionen selbst zu finanzieren.

Die *Investitionsdeckungsquote* gibt Ihnen schließlich darüber Auskunft, ob ein Unternehmen netto investiert: Immer dann, wenn sie größer ist als 1, werden mehr Investitionsgüter angeschafft, als an Werteverzehr durch Abschreibungen verloren geht. Sie können damit zum einen wichtige Rückschlüsse auf das Unternehmenswachstum ziehen, zum anderen aber auch – jeweils wieder im Branchenvergleich zu beurteilen – Schätzungen über zukünftige Belastungen des Ergebnisses aus Abschreibungen und damit einen reduzierten Spielraum für zukünftige unternehmerische Entscheidungen vornehmen.

2.3.2. Finanzierungsanalyse

Die Analyse der Mittelherkunft soll über Quellen und Zusammensetzung nach Art, Sicherheit und Fristigkeit des Kapitals zum Zwecke der Abschätzung der Finanzierungsrisiken Aufschluss geben. Die wichtigsten hierzu heranziehbaren Kennzahlen zeigt – wieder bezogen auf die genannten Beispielunternehmen – die *Abbildung 10-6*.

Die Zahlen weisen zunächst sehr »gesund« finanzierte Unternehmen aus. Eigenkapitalquoten und auch die geringe Bankabhängigkeit deuten auf den ersten Blick auf hohe finanzielle Unabhängigkeit hin – eine Aussage, die – wie so häufig bei der Bilanzanalyse – im Einzelfall nicht unbedingt zutreffen muss: Bayer hat sich beispielsweise zum 31.12.2004 mit einem In-

Abb. 10-6: Wichtige Kennzahlen der Kapitalstruktur (Finanzierungsanalyse)

Geschäftsjahr 2004		Bayer	Deutsche Lufthansa	Metro
Bezeichnung der Kennzahl	Ermittlung der Kennzahl	Ausprägung der Kennzahl		
Eigenkapitalquote	Eigenkapital/Gesamtkapital	0,33	0,22	0,18
Fremdkapitalquote	Fremdkapital/Gesamtkapital	0,67	0,78	0,82
Verschuldungsquote	Fremdkapital/Eigenkapital	2,08	3,55	4,93
Kreditanspannung	Wechselverbindlichkeiten/Verbindlichkeiten aus Lieferungen und Leistungen	0,06	0,00	0,03
Bankabhängigkeit	Bankverbindlichkeiten/Eigenkapital	0,04	0,23	0,34
Bürgschaftsbelastung	Eventualverbindlichkeiten/Gesamtkapital	0,01	0,08	0,02

vestitionsvolumen von knapp 7 Mrd. Euro durch Anleihen am Kapitalmarkt refinanziert und ist damit nicht nur von der Beurteilung der Aktienanalysten bezogen auf die ausgegebenen Eigenkapitaltitel abhängig, sondern auch vom Urteil der Ratingagenturen, die die Bonität der ausgegebenen Anleihen einschätzen.

Die Fremdkapitalquote ergänzt die Eigenkapitalquote zu 1,0; das Fremdkapital enthält hier sämtliche Bilanzpositionen außerhalb des Konzerneigenkapitals inklusive der Anteile außenstehender Gesellschafter.

Auffällig ist auch, dass sowohl die Kreditanspannung als auch die Bürgschaftsbelastung nur sehr geringe Werte ausweisen – dies sind jedoch Kennzahlen, die eher in mittelständischen Unternehmen Bedeutung besitzen.

2.3.3. Liquiditätsanalyse

Der Begriff »Liquiditätsanalyse« mag etwas verwirren. Mit ihm ist nicht gemeint, einen Liquiditätsstatus zu ermitteln, d.h. die Zahlungsfähigkeit des zu analysierenden Unternehmens zu einem bestimmten Zeitpunkt zu bestimmen. Derartige Fragestellungen sind zu Zeiten drohender Zahlungsunfähigkeit relevant. Zu ihrer Beantwortung reichen Bilanzzahlen keinesfalls aus. Zum einen sind sie zu wenig spezifiziert (Rückzahlungsfristen von Verbindlichkeiten z.B. nur grob ersichtlich), zum anderen für diesen Zweck falsch angesetzt: Wie wir im Laufe der Diskussion kennen gelernt haben, geht die handelsrechtliche Rechnungslegung von der Prämisse des going-concern aus.

Die Liquiditätsanalyse ermittelt keinen unmittelbaren Liquiditätsstatus

Unter dem Gesichtspunkt der Unternehmensfortführung hat die Liquiditätsanalyse danach zu fragen, wie wahrscheinlich es überhaupt zur Zahlungsunfähigkeit und damit zum Risikofall der zwangsweisen Liquidation kommt. Hierzu ist das Risiko abzuschätzen, das seine Ursache in der nur befristeten Verfügbarkeit bestimmter Kapitalteile und in der Notwendigkeit hat, das aufgenommene und erwirtschaftete Kapital zur Erfüllung der Unternehmensziele zu investieren. Je nach Art der verwendeten Daten sind zwei Vorgehensweisen für eine bilanzielle Liquiditätsanalyse denkbar: Die Liquiditätsanalyse aufgrund von Bestandsgrößen und die Liquiditätsanalyse aufgrund von Stromgrößen.

Die *Liquiditätsanalyse aufgrund von Bestandsgrößen* basiert auf dem Versuch, aus den aktuellen Beständen an Aktiva und Passiva auf die Höhe und den zeitlichen Anfall aller zukünftigen Einnahmen und Ausgaben zu schließen. Dabei wird folgende Interpretation zugrunde gelegt:

* *Aktiva = Erwartungen künftiger Einnahmen*; je langfristiger ein Vermögensposten gebunden ist, desto später ergibt sich eine entsprechende Einnahme;
* *Passiva = Erwartungen künftiger Ausgaben*; je langfristiger das Kapital zur Verfügung steht, um so später wird die Ausgabe fällig.

Wichtige im Rahmen der bestandsorientierten Liquiditätsanalyse angewendete Kennzahlen sind – wiederum mit Beispielen versehen – der *Abbildung 10-7* zu entnehmen. Die angefügte Legende zeigt die genaue Zusammensetzung der einzelnen in die Kennzahlen eingehenden Größen auf. Allerdings sind – wie Sie es bestimmt nicht anders erwartet haben – diese Zuordnungen nicht immer einheitlich definiert. So findet man z.B. bei den Liquiditätsgraden häufig die Einbeziehung der mittelfristigen Verbindlichkeiten in den Nenner des Bruches. Vor einem Vergleich von Kennzahlenwerten muss man deshalb streng genommen immer zuerst fragen, ob in die Kennzahlen auch dieselben Größen eingehen.

Geschäftsjahr 2004		Bayer	Deutsche Lufthansa	Metro
Bezeichnung der Kennzahl	Ermittlung der Kennzahl	Ausprägung der Kennzahl		
Anlagendeckungsgrad	Eigenkapital/Anlagevermögen	0,68	0,35	0,28
Anlagendeckung durch langfristiges Kapital	(Eigenkapital + langfristiges Fremdkapital)/ Anlagevermögen	1,22	0,64	0,74
Liquidität 1. Grades	liquide Mittel/kurzfristige Verbindlichkeiten	0,52	1,33	0,15
Liquidität 2. Grades	monetäres Umlaufvermögen/kurzfristige Verbindlichkeiten	1,93	2,92	0,34
Liquidität 3. Grades	(monetäres Umlaufvermögen + Vorräte)/kurzfristige Verbindlichkeiten	2,83	3,09	0,78
Working Capital (in Mio. Euro)	Umlaufvermögen - kurzfristiges Fremdkapital	9.015	1.028	-3.613
Working Capital Ratio	Umlaufvermögen/kurzfristiges Fremdkapital	1,86	1,18	0,75

Legende:
liquide Mittel = Kassenbestand, Schecks und Bankguthaben
kurzfristige Verbindlichkeiten = Verbindlichkeiten < 1 Jahr
monetäres Umlaufvermögen = liquide Mittel + Wertpapiere des Umlaufvermögens + Forderungen und sonstige Vermögenswerte
kurzfristiges Fremdkapital = Verbindlichkeiten < 1 Jahr, Rückstellungen < 1 Jahr, RAP

Abb. 10-7: Wichtige Kennzahlen zur bestandsorientierten Liquiditätsanalyse

Eine der in der *Abbildung 10-7* aufgeführten Kennzahlen hat besondere Bekanntheit erlangt: Für die Anlagendeckung durch Eigenkapital wird gemäß der so genannten *»goldenen Bilanzregel«* ein Wert von größer bzw. gleich 1 verlangt – ein Wert, der in der vorliegenden Kennzahlenanalyse von keinem der drei Unternehmen erreicht wird. Dennoch ist dies keinesfalls ein starker Indikator für Liquiditätsprobleme; gegen die bestandsgrößenorientierte Liquiditätsanalyse lassen sich nämlich zumindest zwei Einwände erheben:

Einwände gegen die bestandsorientierte Liquiditätsanalyse

- Die geforderte Fristenkongruenz zwischen Mittelherkunft und Mittelverwendung unterstellt – sollen die Aussagen valide sein – grundsätzlich eine Kongruenz der jeweiligen Bindungsintervalle, wie etwa dann, wenn zur Finanzierung einer Investition Kredite mit einer Laufzeit aufgenommen werden, die der Laufzeit der Investition entspricht. Allerdings kann es trotz Fristenkongruenz (Deckung des langfristig gebundenen Vermögens durch Eigenkapital und langfristiges Fremdkapital) zu akuten Finanzierungsproblemen kommen.
- Die Zuordnung zum Anlagevermögen einerseits und zum Umlaufvermögen andererseits liefert nur grobe Hinweise über Zahlungsstrukturen: Ein Anlagegut kann – aufgrund von erforderlichen Instandsetzungs- oder Ersatzmaßnahmen – kurzfristig erhebliche Mittel beanspruchen anstatt Mittel freizusetzen.

Der Versuch, aus den aktuellen Beständen an Aktiva und Passiva auf künftige Zahlungsgrößen zu schließen, muss deshalb als problematisch erachtet werden, liefert aber insbesondere im Branchen- und Zeitvergleich nicht uninteressante Informationen.

Im Aussagewert deutlich über der bestandsgrößenorientierten Liquiditätsanalyse angesiedelt, ordnet man üblicherweise die zweite Form der Liquiditätsanalyse, die *Liquiditätsanalyse aufgrund von Stromgrößen*, ein. Sie geht der Frage nach, welche Finanzmittel aus dem Betriebsprozess erwirtschaftet und wie diese verwendet wurden. Aus diesen Erkenntnissen sollen dann Rückschlüsse auf künftige Zahlungsströme (Cashflows) gezogen werden.

Aus der Bilanz bzw. aus der Gewinn- und Verlustrechnung im Einzelabschluss lassen sich diese Informationen jedoch nicht unmittelbar entnehmen. Allerdings kann das Jahresergebnis, das sich aus zahlungswirksamen und auch aus zahlungsunwirksamen Aufwendungen und Erträgen zusammensetzt, so korrigiert werden, dass eine zahlungsbezogene Erfolgsgröße in Form eines operativen Cashflows näherungsweise ermittelt wird. Im einfachsten Fall – dies ist die so genannte »Praktikerformel« – werden aus dem Jahresergebnis die Abschreibungen sowie die Veränderung der Rückstellungen (diese können aus der Veränderung der Bilanzposition »Rückstellungen« hergeleitet werden) als die beiden wichtigsten, nicht zahlungswirksamen Positionen herausgerechnet. Noch aussagekräftiger wird diese Praktikerformel, wenn die Veränderungen des Vorratsvermögens bzw. der Forderungen, also Investitionen in das Working Capital, berücksichtigt werden, da sie den operativen Cashflow mindern:

	Jahresüberschuss bzw. -fehlbetrag
+	Abschreibungen
+/–	Zunahme/Abnahme der Rückstellungen
–/+	Zunahme/Abnahme von Vorräten und Forderungen
=	operativer Cashflow (Näherungswert)

Einfache Ermittlung des
Cashflows

Der operative Cashflow entspricht dem Betrag an liquiden Mitteln, den das Unternehmen durch seine betrieblichen Aktivitäten während des Geschäftsjahres erwirtschaftet. Die in der Praxis häufig verwendeten Kennzahlen EBITA (Earnings Before Interest, Taxation, and Amortization) bzw. EBITDA (Earnings Before Interest, Taxation, Depreciation, and Amortization) reflektieren diese Überlegung: Diese Kennzahlen korrigieren – strukturell analog zu der eben gezeigten Praktikerformel – das Jahresergebnis vor Zinsen und Steuern (EBIT) um Abschreibungen auf Sachanlagen (Amortization) sowie Abschreibungen auf den Geschäfts- oder Firmenwert (Depreciation).

EBIT, EBITA, EBITDA

Ist der operative Cashflow negativ, so ist große Vorsicht geboten: Das Unternehmen nimmt offensichtlich durch Umsatzvorgänge, also den Verkauf von Gütern und Dienstleistungen, weniger ein, als es für laufende Produktionsvorgänge, also die Beschaffung von Rohstoffen oder die Bezahlung von Mitarbeitern, ausgeben muss. Ein ebenso deutliches Warnsignal ist gegeben, wenn aus der Investitionstätigkeit ein positiver Cashflow resultiert – dies ist dann der Fall, wenn das Unternehmen stärker desinvestiert (also »Ta-

Kapitalflussrechnung Metro Group in Mio. Euro	2004	2003
EBITA	1.809	1.590
Abschreibungen auf Sachanlagen und sonstige immaterielle Vermögenswerte	1.169	1.025
Veränderung von Pensions- und sonstigen Rückstellungen	40	-6
Veränderung des Netto-Betriebsvermögens	534	330
Ausgaben Ertragsteuern1	-562	-107
Sonstiges1	-102	264
Cash Flow aus laufender Geschäftstätigkeit	**2.888**	**3.096**
Unternehmensakquisitionen	–	-184
Investitionen in Sachanlagen (ohne Finanzierungs-Leasing)	-1.468	-1.118
Sonstige Investitionen	-226	-127
Anlagenabgänge	358	209
Cash Flow aus Investitionstätigkeit	**-1.336**	**-1.220**
Gewinnausschüttungen		
an METRO AG-Gesellschafter	-334	-334
an andere Gesellschafter	-74	-88
Veränderung der Fremdanteile am Kapital	-31	–
Aufnahme von Finanzverbindlichkeiten	1.521	1.909
Tilgung von Finanzverbindlichkeiten	-1.567	-831
Gezahlte Zinsen	-639	-574
Erhaltene Zinsen	151	141
Ergebnisübernahmen und sonstige Finanztätigkeit	-53	-2.043
Cash Flow aus Finanztätigkeit	**-1.026**	**-1.820**
Summe der Cash Flows	**526**	**56**
Wechselkurseffekte auf die Zahlungsmittel	0	0
Veränderung der Zahlungsmittel wegen erstmaliger Einbeziehung von Gesellschaften	0	233
Gesamtveränderung der Zahlungsmittel	**526**	**289**
Zahlungsmittel 1. Januar	1.581	1.292
Zahlungsmittel 31. Dezember	2.107	1.581

Abb. 10-8: Kapitalflussrechnung des Metro-Konzerns für das Jahr 2004

felsilber« veräußert) als investiert, möglicherweise um drohenden Liquiditätskrisen zu entgehen. *Abbildung 10-8* zeigt eine Kapitalflussrechnung am Beispiel der Metro für das Geschäftsjahr 2004.

2.3.4. Erfolgsanalyse

Mit der Erfolgsanalyse ist schließlich das Feld der Jahresabschlussanalyse angesprochen, das die Ursachen und Quellen des Erfolgs des rechnungslegenden Unternehmens transparenter und – branchenbezogen oder branchenübergreifend – besser vergleichbar machen will. Einen sehr einfachen Schritt auf dem Weg dorthin haben wir schon im Kapitel 8 kennen gelernt. Bereits der den Gliederungsalternativen des § 275 HGB entnehmbaren Trennung von Betriebsergebnis, Finanzergebnis und außerordentlichem Ergebnis lassen sich nämlich erste Informationen über die Erfolgsstruktur entnehmen.

Die Erfolgsanalyse wird innerhalb der Jahresabschlussanalyse häufig unterschätzt. Darauf weist auch die verkürzte Bezeichnung »Bilanzanalyse« hin. In vielen Fällen stehen bei der Jahresabschlussanalyse die Vermögenswerte der Bilanz im Vordergrund, ohne zu beachten, dass diese Wertansätze nur unter der going-concern-Prämisse relevant sind. Ob das Unternehmen aber aus eigener Kraft überhaupt in der Lage ist, seinen Betrieb langfristig fortzuführen, verrät erst die Betrachtung von Gewinn- und Verlustpositionen innerhalb der Erfolgsanalyse.

Abschließend seien drei Renditekennzahlen für die Erfolgsanalyse betrachtet, die die *Abbildung 10-9* wieder an konkreten Beispielen zeigt.

Geschäftsjahr 2004		Bayer	Deutsche Lufthansa	Metro
Bezeichnung der Kennzahl	Ermittlung der Kennzahl	Ausprägung der Kennzahl		
Gesamtkapitalrentabilität (ROI)	(Jahresergebnis + Fremdkapitalzinsen)/ØGesamtkapital	0,05	0,06	0,07
Umsatzrentabilität	(Jahresergebnis + Fremdkapitalzinsen)/Umsatzerlöse	0,06	0,06	0,03
Kapitalumschlag	Umsatzerlöse/ØGesamtkapital	0,79	0,97	2,06

Interessant ist dabei insbesondere der Zusammenhang zwischen dem Return on Investment (ROI), der hier als Gesamtkapitalrentabilität ermittelt wird, und den beiden Größen Umsatzrentabilität und Kapitalumschlag. Erweitert man die Gesamtkapitalrentabilität mit dem Umsatz und ordnet die Faktoren in Zähler und Nenner des so entstandenen Bruchs neu, so ergibt sich die Gesamtkapitalrentabilität als Produkt aus Umsatzrentabilität und Kapitalumschlag:

Abb. 10-9: Wichtige Kennzahlen zur Erfolgsanalyse

$$\frac{\text{Jahresergebnis} + \text{Fremdkapitalzinsen}}{\text{durchschnittliches Gesamtkapital}} = \frac{\text{Jahresergebnis} + \text{Fremdkapitalzinsen}}{\text{Umsatzerlöse}} \times \frac{\text{Umsatzerlöse}}{\text{durchschnittliches Gesamtkapital}}$$

Dieser Zusammenhang wird in der Unternehmenspraxis auch für die interne Steuerung von Unternehmen verwendet; er lässt sich aber auch für Analysezwecke heranziehen. Eine Steigerung des ROI ist demnach nur möglich, wenn sich ceteris paribus entweder die Umsatzrentabilität oder der Kapitalumschlag verbessern lassen.

2.4. Grenzen der Bilanzanalyse

Bilanzanalyse stellt ein weites, diffiziles und sowohl konzeptionell als auch in der Praxis weit vorangetriebenes Feld betriebswirtschaftlicher Betätigung dar. Dennoch gibt es prägnante Äußerungen, die der Bilanzanalyse (fast) jegliche Daseinsberechtigung absprechen, von der Ohnmacht oder Nutzlosigkeit der Bilanzanalyse sprechen. Deshalb müssen wir – auch wenn es nicht sehr motivierend ist – ein gerade kennen gelerntes und (hoffentlich) verstandenes Instrument gleich wieder »demontieren« – explizit auf die Grenzen von Jahresabschlussanalysen eingehen. Dies soll der Kürze der Darstellung wegen überwiegend stichwortartig erfolgen.

- *Mangelnde Zukunftsbezogenheit des Jahresabschlusses*
  Jahresabschlussanalysen sollen den Jahresabschlussadressaten Informationen für künftiges Handeln bezüglich des analysierten Unternehmens liefern. Der Jahresabschluss enthält (von wenigen Ausnahmen – wie etwa Rückstellungen für drohende Verluste aus schwebenden Geschäften – abgesehen) jedoch ausschließlich Vergangenheitsdaten. Vergangenheitsdaten eignen sich nur beschränkt als Prognosebasis. Auch der Lagebericht kann diesen Mangel nur geringfügig mindern.

- *Mangelnde Genauigkeit bzw. Vergleichbarkeit der ausgewiesenen Daten*
  Die Angaben des Jahresabschlusses sind zum einen nicht vollständig. Originäre Immaterialgüterrechte dürfen nicht bilanziert werden, passive Liquiditätsreserven (Kreditlinien) werden nicht aufgeführt, zum Ausweis nicht monetärer, qualitativer ökonomischer Daten fehlt ein explizites Vorgaberaster, schwebende Geschäfte werden nicht erfasst, es sei denn, aus ihnen drohten Verluste. Auch die zeitliche Struktur von Zahlungen innerhalb einer Rechnungsperiode wird aus dem Jahresabschluss nicht einmal im Ansatz sichtbar. Dies erschwert beispielsweise die Liquiditätsanalyse. Weiterhin sind die Angaben des Jahresabschlusses interessengefärbt, durch bilanzpolitische Maßnahmen beeinflusst. Schließlich mindert die divergierende Ausnutzung von Ansatz- und Bewertungswahlrechten die Vergleichbarkeit von Jahresabschlusswerten.

- *Dilemma der Analysemethoden*
  Schließlich sei eine Problematik angesprochen, der fast jede Art von Analysen komplexer Sachverhalte ausgesetzt ist. Der Analytiker kennt die Beschränkung der Aussagefähigkeit aller eingesetzten einzelnen Analyseinstrumente. Jede Einzelmessung kann nur spezielle Ausschnitte aus einem komplexen Bild erfassen. Weiß der Bilanzierende, womit gemessen wird, wird er die Gestaltung des Jahresabschlusses exakt auf diese Messinstrumente ausrichten. Der Analytiker wird deshalb versuchen, mehrere Instrumente gleichzeitig und miteinander kombiniert einzusetzen. Damit steigt aber zum einen der Analyseaufwand. Zum anderen führt der Einsatz mehrerer Instrumente leicht zu einer Unübersichtlichkeit des gewonnenen Bildes des Unternehmens. Jede Bilanzanalyse muss sich dieser hier nur sehr kurz skizzierten Problematik stellen.

3. Zusammenfassung

Der Jahresabschluss dient der Information von unternehmensexternen Adressaten. Diese Informationsfunktion auf der einen Seite und die Unmöglichkeit, wirtschaftliche Realität eindeutig, nur auf eine einzige Art und Weise messen zu können, führen zu einem Gestaltungsspielraum, den man mit Bilanzpolitik umschreibt. Wie die zusammenfassende, zweiteilige *Abbildung 10-10* auf den Folgeseiten zeigt, stehen für diese Beeinflussung diverse bilanzpolitische Instrumente zur Verfügung, von denen insbesondere die sachverhaltsgestaltenden Maßnahmen vor dem Hintergrund mess-

Bilanzpolitik

Begriff: Bilanzpolitik als zweckgerichtete Gestaltung des Jahresabschlusses im Rahmen der rechtlichen Vorschriften

Ziele der Bilanzpolitik

Beeinflussung der Adressaten des Jahresabschlusses

Gläubiger (z.B. Vermittlung des Eindrucks hoher Liquidität und Ertragskraft)

Anteilseigner (z.B. Vermittlung des Eindrucks stetiger Unternehmensentwicklung)

Andere (z.B. Mitarbeiter)

Beeinflussung des Gewinnausweises

Beeinflussung von Höhe und zeitlichem Anfall ertragsabhängiger Steuern

Beeinflussung des Grades der Substanzerhaltung (Gewinnausschüttungssperrfunktion)

Wichtige bilanzpolitische Instrumente

Steuerung des Erfassungszeitpunkts (vor oder nach dem Bilanzstichtag) von Geschäftsvorfällen

Vorgezogene bzw. verzögerte Rechnungsstellung

Verzögerte Annahme von Warenlieferungen

Steuerung des zeitlichen Anfalls (vor oder nach dem Bilanzstichtag) von Geschäftsvorfällen

Zeitliche Verlagerung erfolgswirtschaftlicher Vorgänge (z.B. Verkauf eines mit hohen stillen Reserven behafteten Grundstücks, Durchführung einer Werbekampagne)

Zeitliche Verlagerung allein bilanziell wirksamer Vorgänge (z.B. Reduzierung von Lagerbeständen am Periodenende)

Abb. 10-10: Überblick über den Themenkreis »Bilanzpolitik«

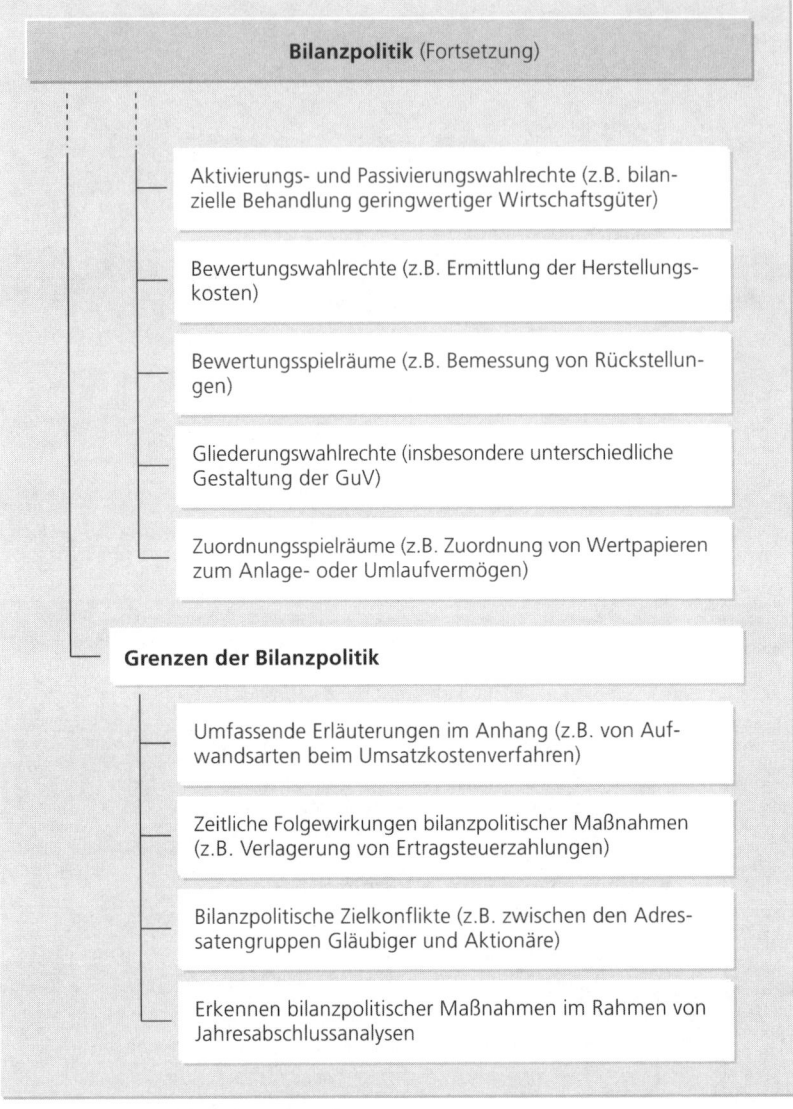

Abb. 10-10: Überblick über
den Themenkreis
»Bilanzpolitik«

theoretischer Überlegungen problematisch erscheinen. Diverse Restriktionen beschränken den Gestaltungsspielraum der Bilanzpolitik allerdings sehr wirksam.

Eine dieser Restriktionen bilden die Bemühungen der Jahresabschlussadressaten, die bilanzpolitischen Maßnahmen der Unternehmensleitung im Rahmen von Jahresabschlussanalysen zu erkennen. Wie die ebenfalls zweiteilige *Abbildung 10-11* (vgl. S. 273f.) deutlich macht, sind für Zwecke der Jahresabschlussanalyse diverse Instrumente und Hilfsmittel entwickelt worden, die in der Praxis umfassend angewendet werden. Dennoch gibt es kritische Stimmen, die den Wert derartiger Analysen als nur (sehr) beschränkt erachten. Der Ausgewogenheit des Urteils wegen sei hierzu abschließend Leffson zitiert, der sein Standardwerk »Bilanzanalyse« aus dem Jahr 1984

Bilanzanalyse

Wesen: Informationsgewinnung aus den Angaben des Jahresabschlusses zur eingehenderen Beurteilung des Unternehmens

Adressaten der Jahresabschlussanalyse

An der Unternehmensentwicklung interessierte Gruppen, denen nur die publizierten Informationen zugänglich sind

Kleinere Eigen- und Fremdkapitalgeber, Kunden, Konkurrenten, ggf. auch Mitarbeiter

Methoden der Jahresabschlussanalyse

Überwiegend quantitative Analysen insbesondere mit Hilfe von Kennzahlen

Ergänzung durch qualitative Informationen aus Anhang, Lagebericht und Fachpresse

Wichtige Analyseschwerpunkte

Analyse der Struktur und zeitlichen Bindung des Vermögens (Vermögensstruktur- bzw. Investitionsanalyse)

Analyse der Struktur und Fristigkeit des Kapitals (Kapitalstruktur- bzw. Finanzierungsanalyse)

Analyse der Beziehungen zwischen Kapitalaufbringung und Kapitalverwendung (Liquiditätsanalyse)

Schluss von aktuellen Beständen an Aktiva und Passiva auf Höhe und zeitlichen Anfall zukünftiger Zahlungsströme (bestandsgrößenorientierte Liquiditätsanalyse)

Schluss von Zahlungsströmen der Vergangenheit auf zukünftige Zahlungsströme (bewegungsgrössenorientierte Liquiditätsanalyse)

Analyse der Ertragskraft eines Unternehmens (erfolgswirtschaftliche Jahresabschlussanalyse)

Abb. 10-11: Überblick über den Themenkreis »Bilanzanalyse«

Grundzüge von Bilanzpolitik und Bilanzanalyse

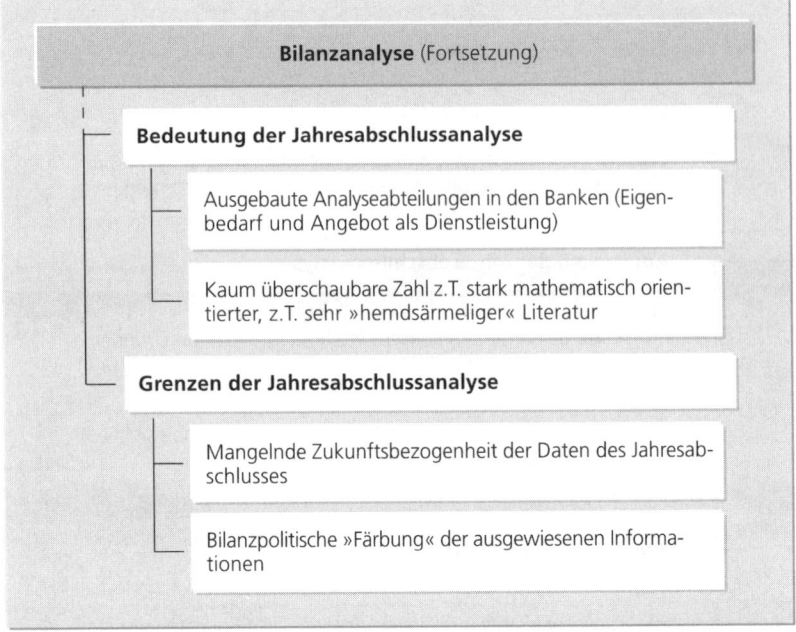

Abb. 10-11: Überblick über den Themenkreis »Bilanzanalyse«

mit folgenden Sätzen abschließt (S. 210): »Der Student, der es weitgehend gewohnt ist, mit Modellen zu arbeiten, bei denen die Ergebnisse vom Modell determiniert und damit eindeutig in ihrer Erklärung der Realität sind oder zu klaren Entscheidungen führen, wird sich durch die Unbestimmtheit der Ergebnisse dieses Buches beunruhigt fühlen. Er hat auch allen Grund, bei der Aufgabe, Jahresabschlüsse zu analysieren, beunruhigt zu sein. Stets wird er beachten müssen, dass Fehlurteile leicht möglich sind. Aber letzten Endes ist dies kein Spezifikum der Bilanzanalyse, wer Plankostenrechnungen aufstellt und auswertet oder Grundlagen für Investitionsentscheidungen sammelt, ist ähnlich fehlbar, ... Trotz der möglichen Fehlurteile kann der Ökonom auf eine Bilanzanalyse zur Beurteilung von Unternehmungen nicht verzichten. ... Wenn es gelungen ist, die Grenzen der Bilanzanalyse zu zeigen und die Skepsis des Lesers so weit zu stärken, dass vermeidbare Fehlurteile über Jahresabschlüsse verhindert werden, so hat das Buch seinen Zweck voll erreicht«.

Auf den drei folgenden Seiten finden Sie abschließend – wie angekündigt – die Bilanzen der Ihnen mittlerweile hinreichend bekannten Unternehmen, um unsere Rechnungen nachvollziehen und Ihre eigene Bilanzanalyse durchführen zu können.

Metro-Bilanzen zum 31.12.2004 und 31.12.2003 (in Mio. €)

AKTIVA	2004	2003
Anlagevermögen		
Konzessionen, gewerbliche Schutzrechte u.ä.	395	313
Selbst erstellte Software	0	0
Geschäfts- oder Firmenwert	3.932	3.987
Geleistete Anzahlungen	0	13
Immaterielle Vermögenswerte	4.327	4.313
Grundstücke und Bauten	8.818	8.731
Technische Anlagen und Maschinen	4	4
Andere Anlagen, Betriebs- und Geschäftsausstattung	1.683	1.618
Geleistete Anzahlungen und Anlagen im Bau	315	137
Sachanlagen	10.820	10.490
Anteile an verbundenen Unternehmen	5	3
Anteile an übrigen Beteiligungen	29	57
Ausleihungen	131	172
Wertpapiere des Anlagevermögens	6	6
Vorfinanzierung von Mietobjekten	0	0
Finanzanlagen	171	238
Summe Anlagevermögen	**15.318**	**15.041**
Umlaufvermögen		
Roh-, Hilfs- und Betriebsstoffe	0	0
Fertige und unfertige Erzeugnisse und Waren	6.272	5.941
Geleistete Anzahlungen	0	0
Vorräte	6.272	5.941
Forderungen aus Lieferungen und Leistungen	355	339
Übrige Forderungen und sonstige Vermögenswerte	2.302	2.061
Forderungen und sonstige Vermögenswerte	2.657	2.400
Wertpapiere	0	0
Kassenbestand, Schecks und Bankguthaben	2.130	1.593
Summe Umlaufvermögen	**11.059**	**9.934**
Latente Steuern	1.527	1.456
Rechnungsabgrenzungsposten	188	149
Bilanzsumme	**28.092**	**26.580**

PASSIVA		
Eigenkapital		
Gezeichnetes Kapital	835	835
Kapitalrücklage	2.551	2.551
Gewinnrücklagen	526	279
Konzerngewinn	827	496
Rücklage der erfolgsneutral verrechneten Positionen	0	0
Summe Eigenkapital	**4.739**	**4.161**
Anteile anderer Gesellschafter	207	188
Rückstellungen		
Rückstellungen für Pensionen und ähnliche Verpflichtungen	1.006	1.012
Steuerrückstellungen	156	197
Übrige Rückstellungen	541	561
Summe Rückstellungen	**1.703**	**1.770**
Verbindlichkeiten		
Langfristige Finanzschulden	7.803	7.802
Verbindlichkeiten aus Lieferungen und Leistungen	10.771	9.907
Übrige Verbindlichkeiten	2.245	2.097
Summe Verbindlichkeiten	**20.819**	**19.806**
Latente Steuern	509	526
Rechnungsabgrenzungsposten	115	129
Bilanzsumme	**28.092**	**26.580**

Abb. 10-12: Metro-Bilanzen 2004 und 2003

**Grundzüge von
Bilanzpolitik und
Bilanzanalyse**

Lufthansa-Bilanzen zum 31.12.2003 und 31.12.2003 (in Mio. €)

AKTIVA	2004	2003
Anlagevermögen		
Konzessionen, gewerbliche Schutzrechte u.ä.	108	105
Selbst erstellte Software	23	23
Geschäfts- oder Firmenwert	667	809
Geleistete Anzahlungen	21	16
Immaterielle Vermögenswerte	819	953
Grundstücke und Bauten	786	829
Technische Anlagen und Maschinen	7.568	7.021
Andere Anlagen, Betriebs- und Geschäftsausstattung	218	243
Geleistete Anzahlungen und Anlagen im Bau	579	423
Sachanlagen	9.151	8.516
Anteile an verbundenen Unternehmen	104	123
Anteile an übrigen Beteiligungen	921	800
Ausleihungen	214	474
Wertpapiere des Anlagevermögens	12	5
Vorfinanzierung von Mietobjekten	13	14
Finanzanlagen	1.264	1.416
Summe Anlagevermögen	**11.234**	**10.885**
Umlaufvermögen		
Roh-, Hilfs- und Betriebsstoffe	319	355
Fertige und unfertige Erzeugnisse und Waren	57	66
Geleistete Anzahlungen	0	0
Vorräte	376	421
Forderungen aus Lieferungen und Leistungen	1.556	1.498
Übrige Forderungen und sonstige Vermögenswerte	868	929
Forderungen und sonstige Vermögenswerte	2.424	2.427
Wertpapiere	952	720
Kassenbestand, Schecks und Bankguthaben	2.836	2.001
Summe Umlaufvermögen	**6.588**	**5.569**
Latente Steuern	166	194
Rechnungsabgrenzungsposten	82	84
Bilanzsumme	**18.070**	**16.732**

PASSIVA		
Eigenkapital		
Gezeichnetes Kapital	1.172	977
Kapitalrücklage	1.366	809
Gewinnrücklagen	982	1.933
Konzerngewinn	404	-984
Rücklage der erfolgsneutral verrechneten Positionen	50	-82
Summe Eigenkapital	**3.974**	**2.653**
Anteile anderer Gesellschafter	40	43
Rückstellungen		
Rückstellungen für Pensionen und ähnliche Verpflichtungen	4.132	4.327
Steuerrückstellungen	365	354
Übrige Rückstellungen	3.471	3.372
Summe Rückstellungen	**7.968**	**8.053**
Verbindlichkeiten		
Langfristige Finanzschulden	3.306	3.240
Verbindlichkeiten aus Lieferungen und Leistungen	912	911
Übrige Verbindlichkeiten	1.706	1.622
Summe Verbindlichkeiten	**5.924**	**5.773**
Latente Steuern	0	0
Rechnungsabgrenzungsposten	164	210
Bilanzsumme	**18.070**	**16.732**

Abb. 10-13: Lufthansa-Bilanzen 2004 und 2003

Bayer-Bilanzen zum 31.12.2004 und 31.12.2003 (in Mio. €)

AKTIVA	2004	2003
Anlagevermögen		
Konzessionen, gewerbliche Schutzrechte u.ä.	4.101	4.524
Selbst erstellte Software	0	0
Geschäfts- oder Firmenwert	1.877	1.936
Geleistete Anzahlungen	39	54
Immaterielle Vermögenswerte	6.017	6.514
Grundstücke und Bauten	3.284	3.358
Technische Anlagen und Maschinen	4.730	5.190
Andere Anlagen, Betriebs- und Geschäftsausstattung	525	524
Geleistete Anzahlungen und Anlagen im Bau	645	865
Sachanlagen	9.184	9.937
Anteile an verbundenen Unternehmen	58	83
Anteile an übrigen Beteiligungen	841	1.057
Ausleihungen	518	429
Wertpapiere des Anlagevermögens	237	212
Vorfinanzierung von Mietobjekten	0	0
Finanzanlagen	1.654	1.781
Summe Anlagevermögen	**16.855**	**18.232**
Umlaufvermögen		
Roh-, Hilfs- und Betriebsstoffe	1.194	1.013
Fertige und unfertige Erzeugnisse und Waren	5.014	4.865
Geleistete Anzahlungen	7	7
Vorräte	6.215	5.885
Forderungen aus Lieferungen und Leistungen	5.580	5.071
Übrige Forderungen und sonstige Vermögenswerte	4.153	3.854
Forderungen und sonstige Vermögenswerte	9.733	8.925
Wertpapiere	29	129
Kassenbestand, Schecks und Bankguthaben	3.570	2.734
Summe Umlaufvermögen	**19.547**	**17.673**
Latente Steuern	1.235	1.298
Rechnungsabgrenzungsposten	167	242
Bilanzsumme	**37.804**	**37.445**

PASSIVA		
Eigenkapital		
Gezeichnetes Kapital	1.870	1.870
Kapitalrücklage	2.942	2.942
Gewinnrücklagen	8.753	10.479
Konzerngewinn	603	-1.361
Rücklage der erfolgsneutral verrechneten Positionen	-1.900	-1.717
Summe Eigenkapital	**12.268**	**12.213**
Anteile anderer Gesellschafter	111	123
Rückstellungen		
Rückstellungen für Pensionen und ähnliche Verpflichtungen	4.999	5.072
Steuerrückstellungen	1.023	863
Übrige Rückstellungen	3.346	2.928
Summe Rückstellungen	**9.368**	**8.863**
Verbindlichkeiten		
Langfristige Finanzschulden	9.722	9.426
Verbindlichkeiten aus Lieferungen und Leistungen	2.276	2.265
Übrige Verbindlichkeiten	2.168	2.459
Summe Verbindlichkeiten	**14.166**	**14.150**
Latente Steuern	1.247	1.462
Rechnungsabgrenzungsposten	644	634
Bilanzsumme	**37.804**	**37.445**

Abb. 10-14: Bayer-Bilanzen
2004 und 2003

Grundsätze ordnungsmäßiger Buchführung

Kapitel 11

Lernziel

Wir wollen uns in diesem vorletzten Kapitel zur externen Rechnungslegung einem Themenkreis widmen, mit dem einschlägige Lehrbücher zumeist beginnen: Die Grundsätze ordnungsmäßiger Buchführung (GoB). Diese exponierte Stellung würdigt die zentrale Bedeutung, die den GoB zukommt, erweist sich didaktisch allerdings als nachteilig, da man ohne detaillierte Kenntnis der Rechnungslegungsvorschriften die Funktion der GoB insgesamt und die Ausprägung der einzelnen Grundsätze nicht nachvollziehen kann.

Eine Darstellung der GoB (erst) am Schluss des ersten Teils dieses Lehrbuchs hat darüber hinaus den Vorteil, anhand dieser zentralen »Spielregeln« den gesamten Wissensstoff der externen Rechnungslegung wiederholen zu können. Sie sollen in diesem Kapitel kennen lernen,

- warum es überhaupt Grundsätze ordnungsmäßiger Buchführung gibt,
- wie sich in den GoB die unterschiedlichen Adressaten mit ihren unterschiedlichen Interessen widerspiegeln,
- wie sich die GoB unterteilen,
- welche GoB für das Verständnis und den Aufbau der externen Rechnungslegung besonders bedeutsam sind und
- welche wichtigen Grundprinzipien das Framework der IFRS für die IFRS-Rechnungslegung enthält.

1. Grundsätze ordnungsmäßiger Buchführung als unbestimmte Rechtsbegriffe

2. Quellen der Grundsätze ordnungsmäßiger Buchführung

3. Gliederung der Grundsätze ordnungsmäßiger Buchführung
   3.1. Grundsätze der Dokumentation
   3.2. Grundsätze der Rechenschaft

4. Speziell im HGB angesprochene Grundsätze ordnungsmäßiger Buchführung

5. Die Grundprinzipien der Rechnungslegung nach IFRS

6. Zusammenfassung

1. Grundsätze ordnungsmäßiger Buchführung als unbestimmte Rechtsbegriffe

Das Handelsrecht verweist, wie wir gesehen haben, häufig auf die Grundsätze ordnungsmäßiger Buchführung; dem Charakter dieser Verweise nach versteht der Gesetzgeber unter diesen Grundsätzen eine Art *übergeordnete, letztgültige Beurteilungsinstanz*: Gibt es Auslegungsprobleme einzelner gesetzlicher Vorschriften, bilden die GoB die (einzig) gültige Messlatte, sie zu entscheiden.

Ein solches Vorgehen könnte auf den ersten Blick undurchsichtig und geheimnisvoll, zudem als eine Art »Drückebergerei« vor einer umfassenden gesetzlichen Regelung der Rechnungslegungs-Realität erscheinen. Dieser Eindruck täuscht jedoch: Zum einen ist die Formulierung von Rahmengrundsätzen – als so genannte unbestimmte Rechtsbegriffe – für einen Juristen nichts Ungewöhnliches, zum anderen wäre ein funktionierendes Rechnungslegungsrecht ohne die Generalnorm der GoB-Entsprechung (»Der Jahresabschluss ist nach den Grundsätzen ordnungsmäßiger Buchführung aufzustellen« – § 243 Abs. 1 HGB) (kaum) nicht denkbar:

Warum gibt es die GoB?

- *Komplexitätsproblem:* Wollte man alle denkbaren Regelungsbedarfe im Gesetz erfassen, würde dieses einen enzyklopädischen Umfang erreichen, auf jeden Fall aber nicht mehr überschaubar und von den Adressaten des Rechts (Unternehmen, Unternehmensbeteiligte, Verbraucher, Staat) kaum noch nutzbar sein.
- *Flexibilitätsproblem:* So wie sich die Informationsinteressen der Adressaten oder auch die Zusammensetzung dieser Informationsempfänger ändern, müssen sich auch die Rechnungslegungsvorschriften ändern. Eine gesetzliche Festschreibung aller Details würde somit einen immensen Pflegeaufwand des Regelwerks bedingen. Beim Verweis auf den unbestimmten Rechtsbegriff GoB reichen dagegen vergleichsweise geringe Modifikationen aus. Ein gutes Beispiel sind die umwälzenden Änderungen der Buchungstechnik: »Die Handelsbücher und die sonst erforderlichen Aufzeichnungen können auch ... auf Datenträgern geführt werden, soweit diese Formen der Buchführung einschließlich des dabei angewandten Verfahrens den Grundsätzen ordnungsmäßiger Buchführung entsprechen« (§ 239 Abs. 4 HGB).

Je mehr Detailregelungen, desto komplexer und änderungsintensiver das Regelwerk

- *Kompetenzproblem:* Selbst wenn der Gesetzgeber dies wollte, könnte er aufgrund mangelnder Kompetenz und Kapazität nicht jedes Detail abschließend und konsistent lösen. Wenn man bedenkt, wie viele Fachleute heute damit befasst sind, die handelsrechtlichen Bestimmungen auszulegen und zu präzisieren, von Richtern vor Handelsgerichten über Steuerberater und Wirtschaftsprüfer und deren Standesorganisationen bis hin zu Hochschullehrern, wäre es absolut illusorisch anzunehmen, diese Aufgabe mit der geringen Zahl zuständiger Beamten selbst lösen zu können.

Grundsätze ordnungsmäßiger Buchführung sind aus diesen Überlegungen heraus weder zufällig als Generalnorm für die gesamte externe Rechnungslegung vorgegeben worden, noch ist ihre Funktion als Garant eines trotz unterschiedlicher Informationsinteressen, sich wandelnder Informationsbedürfnisse der Rechnungslegungsadressaten, sich ändernder Gewichte ihres Einflusses und nicht zuletzt massiver Veränderungen der Informationserfassungs- und -verarbeitungstechnik weiter funktionierenden externen Rechnungswesens zu überschätzen.

2.   Quellen der Grundsätze ordnungsmäßiger Buchführung

Grundsätze ordnungsmäßiger Buchführung sind quasi die Spielregeln, nach denen die externe Rechnungslegung von Unternehmen in marktwirtschaftlich organisierten Volkswirtschaften abläuft. Woher kommen nun diese Spielregeln?

Um diese Frage zu beantworten, kann man zwei verschiedene Ansätze wählen: Den induktiven oder den deduktiven Weg. Der *induktive* Weg setzt an der Beobachtung des Verhaltens der Bilanzierenden, dem »Brauch ehrbarer Kaufleute« an. Die Regeln, nach denen sich »ehrbare Kaufleute« bewusst oder intuitiv richten, können dann Grundlage für die Rechnungslegung aller Kaufleute werden. Diese Vorgehensweise birgt jedoch die Gefahr eines Zirkelschlusses in sich: Welcher Kaufmann ist ehrbar? Die Antwort auf diese Frage muss lauten: (Auch) der, der die Grundsätze ordnungsmäßiger Buchführung anwendet. Wie aber kann man ehrbare Kaufleute finden, wenn man die Grundsätze ordnungsmäßiger Buchführung noch nicht definiert hat?

Die GoB können grundsätz-
lich auf einem induktiven
oder einem deduktiven Weg
bestimmt werden

Der *deduktive* Weg setzt genau umgekehrt an: Es wird gefragt, welche Zwecke die Rechnungslegung allgemein erfüllen soll. Dazu gehört neben dem bereits zitierten Gläubigerschutz beispielsweise auch die Wahrung der Interessen von Kleinanlegern oder die Sicherstellung der Funktionsfähigkeit der Finanzmärkte. Aus diesen Zwecken können dann Vorschriften für die Rechnungslegung abgeleitet werden, eben die Grundsätze ordnungsmäßiger Buchführung.

In der Vergangenheit haben sich die GoB sowohl aus einem induktiven Verständnis des Kaufmannsbrauchs abgeleitet, als auch aus einer deduktiven Vorgehensweise. Es ist heute nicht mehr eindeutig zu klären, welche Vorgehensweise letztlich stärker zur Entstehung der GoB beigetragen hat. Wenn es darum geht, neue Verfahren im Rechnungswesen als GoB-konform zu charakterisieren, dann ist jedoch – um der genannten Gefahr eines Zirkelschlusses aus dem Weg zu gehen – der deduktive Weg vorzuziehen.

Beide Wege wurden in der
Vergangenheit beschritten

Dass die Weiterentwicklung der GoB und die Klassifizierung von Neuentwicklungen im externen Rechnungswesen auch heute noch von Relevanz sind, zeigt nicht zuletzt auch die Diskussion um die Einführung elektronischer Buchführungstechniken. So war beispielsweise bis in die siebziger Jahre nur eine konventionelle Form der EDV-Buchführung möglich, in der Geschäftsvorfälle erfasst, verbucht und als Ausdruck archiviert wurden. Erst Ende der siebziger Jahre wurde die so genannte »Speicherbuchführung« als GoB-konform klassifiziert: Die Geschäftsvorfälle werden dabei erfasst und gespeichert, aber erst bei Bedarf verarbeitet (z.B. zum Jahresabschluss) und ausgedruckt. Abweichend von der jahrhundertealten Vorgehensweise gibt es bei der Speicherbuchführung damit keine regelmäßige hand- oder maschinenschriftliche Archivierung der Geschäftsvorfälle mehr. Was für uns im Zeitalter der sich immer schneller entwickelnden Informationstechnologien als ganz normal erscheint (Eingangsdaten werden nur noch elektronisch gespeichert), relativiert sich, wenn man in Betracht zieht, dass es erst 1900 in Deutschland (wieder) erlaubt war, die Geschäftsvorfälle nicht in einem gebundenen Hauptbuch, sondern in einer Loseblattsammlung aufzuzeichnen.

Die Diskussionen über die GoB-Konformität der EDV im externen Rechnungswesen hat schließlich auch zur Entwicklung von die GoB ergänzenden »Grundsätzen ordnungsmäßiger Datenverarbeitung« geführt, auf die wir im Rahmen der Grundsätze der Dokumentation im Folgenden Abschnitt noch zu sprechen kommen.

3. Gliederung der Grundsätze ordnungsmäßiger Buchführung

Die Diskussion, was alles zu den Grundsätzen ordnungsmäßiger Buchführung gezählt werden sollte und wie diese zu strukturieren sind, ist schon sehr alt. Als Beleg sei folgendes Urteil des Reichsoberhandelsgerichts aus dem Jahr 1873 (!) zitiert: »Der Bilanz liegt in der That die Idee einer fingierten augenblicklichen allgemeinen Realisierung sämmtlicher Activa und Passiva zum Grunde, wobei jedoch davon ausgegangen werden muss, dass in Wirklichkeit nicht die Liquidation, sondern vielmehr der Fortbestand des Geschäfts beabsichtigt wird und dass daher bei der Ermittlung und Feststellung der einzelnen Werthe derjenige Einfluss unberücksichtigt zu lassen ist, welcher eine Liquidation auf dieselben ausüben würde«.

Unschwer erkennt man in dieser Formulierung den Grundsatz des »going-concern«, einem zentralen, im HGB explizit verankerten GoB. Bezüglich der Strukturierung der GoB herrscht seit einiger Zeit weitgehende Übereinstimmung – ein Verdienst von Ulrich *Leffson*, der die GoB in Grundsätze der Dokumentation und Grundsätze der Rechenschaft unterteilt (vgl. *Abbildung 11-1* auf der Folgeseite).

Zentrale Grundsätze sind schon im 19. Jahrhundert formuliert worden

3.1. Grundsätze der Dokumentation

Grundsätze der Dokumentation sind quasi die »handwerklichen Rahmenbedingungen« der externen Rechnungslegung, die den Prozess der Datenerfassung, -aufbereitung und -speicherung regeln:

Grundsätze ordnungs-mäßiger Buchführung

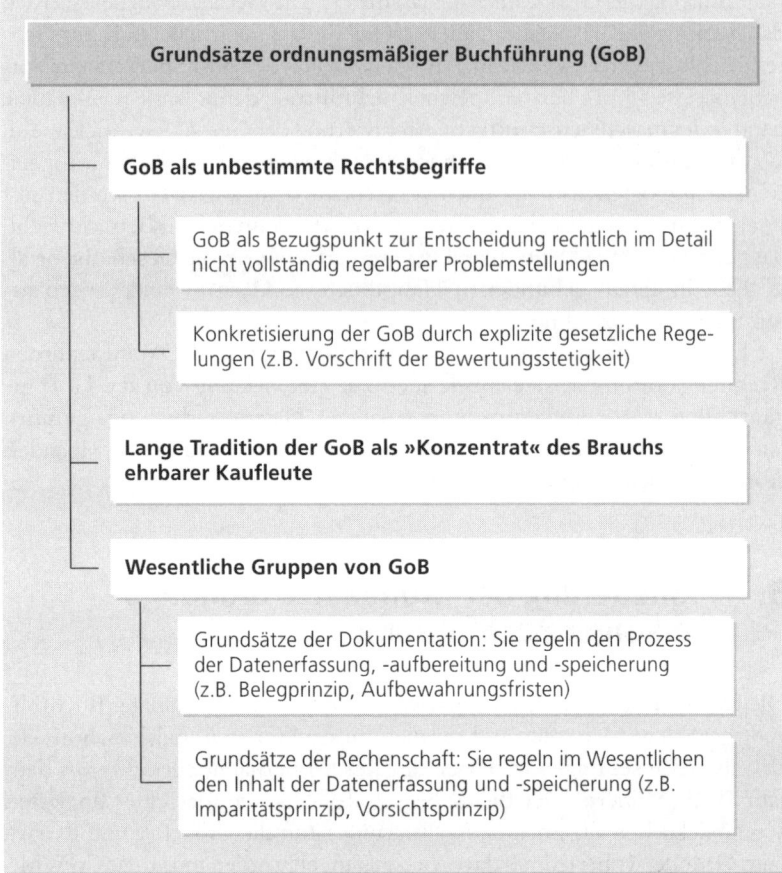

Abb. 11-1: Überblick über die GoB

Grundsätze ordnungsmäßiger Datenverarbeitung als Sonderbereich der GoB

»Die Grundsätze der Dokumentation umfassen zahlreiche allgemeine und spezielle Regeln, die dem Ziel dienen, die vollständige und nicht verfälschbare Erfassung der buchungspflichtigen Geschäftsvorfälle zu sichern« (*Leffson* 1975, Sp. 1013).

Hierzu zählen insbesondere das Belegprinzip (keine Buchung ohne Beleg), die Forderung nach einer geschlossenen Buchungssystematik und die Notwendigkeit, sämtliche Korrekturen von Buchungen kenntlich zu machen. Ein großer Teil dieser Bestimmungen ist in den ersten Paragraphen des dritten Buches des HGB expliziert worden (insbesondere §§ 238 und 239). Dennoch verbleibt die weiter oben angesprochene »Rahmenfunktion« dieser GoB, was sich besonders bei der dargestellten Diskussion der EDV-Buchführungssysteme gezeigt hat. Die ergänzend entwickelten Grundsätze ordnungsmäßiger Datenverarbeitung legen unter anderem fest,

- dass bei selbsterstellter Buchführungssoftware die Entwicklung und Anwendung organisatorisch getrennt sein muss,
- dass eine vollständige und geordnete Datenerfassung erfolgt,

- dass die Richtigkeit der Datenverarbeitung regelmäßig durch systeminterne wie auch systemexterne Kontrollen überprüft werden muss, und
- dass das Datenverarbeitungssystem auf seine technische Verarbeitungssicherheit hin geprüft und hinreichend dokumentiert ist.

3.2. Grundsätze der Rechenschaft

Die Grundsätze der Rechenschaft untergliedert *Leffson* in drei Hauptgruppen: die Rahmengrundsätze, die Grundsätze der Abgrenzung der Abrechnungsperioden und die ergänzenden Grundsätze.

Innerhalb der *Rahmengrundsätze* finden sich mit Willkürfreiheit (Richtigkeit), Klarheit und Vollständigkeit drei Grundanforderungen, die in ihrer Allgemeingültigkeit nur deklaratorischen Charakter besitzen. Das Postulat der *Willkürfreiheit* weist auf die Grenze zwischen Willkür und vernünftigem kaufmännischen Ermessen hin, die wir schon in mehreren Kapiteln kennen gelernt haben. Die beiden anderen Grundsätze lassen eine enge Nähe zu den Dokumentationsgrundsätzen erkennen und sind eher formaler Natur. Der Grundsatz der *Bilanzklarheit* fordert eine eindeutige Bezeichnung der Geschäftsvorfälle und eine tiefgehende, stark gegliederte Ordnung von Bilanz und GuV. Der Grundsatz der *Vollständigkeit* schließlich bedeutet nichts anderes als das Verbot, buchungspflichtige Vorgänge unerfasst zu lassen, regelt somit streng genommen eine Selbstverständlichkeit.

Die *Abgrenzungsgrundsätze* sind durch die Unterscheidung zwischen dem Realisations- und dem Imparitätsprinzip gekennzeichnet. Das *Realisationsprinzip* regelt die Frage, wann Aufwendungen und Erträge angefallen sind, welchen Abrechnungsperioden man sie zurechnen muss. Wie wir schon im 2. Kapitel gesehen haben, gelten nach HGB für Aufwendungen der Zeitpunkt des Werteverzehrs, für Erträge der Zeitpunkt der Rechnungsstellung als relevante Realisationszeitpunkte. Der Zahlungszeitpunkt ist nicht maßgeblich. »Fallen die Zeitpunkte des Güterausgangs und des Geldeingangs auseinander, so ist dies als ein an das Leistungsgeschäft anschließendes Kreditgeschäft zu deuten. Eine Unternehmensleistung gilt als realisiert, sobald sie den Verfügungsbereich der Unternehmung verlassen hat...« (*Leffson* 1975, Sp. 1016).

Innerhalb der IFRS wird das Realisationsprinzip etwas anders gesehen: Hier werden zum einen auch realisierbare Erträge ausgewiesen, beispielsweise im Rahmen der Bewertung von Finanzinstrumenten at fair value through profit or loss zum Zeitwert über den eigentlichen Anschaffungskosten. Zum anderen orientiert sich das Realisationsprinzip bezogen auf Umsatzvorgänge nicht – wie in den handelsrechtlichen GoB – an der rechtlichen Struktur der Transaktion (im obigen Zitat das »Verlassen« des Verfügungsbereichs des Unternehmens), sondern vielmehr an den noch bestehenden Abnahme- bzw. Zahlungsrisiken. Sendet beispielsweise ein Unternehmen einem Kunden auf Bestellung Ware zu, so darf nach handelsrechtlichen GoB ein Umsatz erst realisiert werden, wenn der Kunde zur Abnahme der Ware und Zahlung verpflichtet ist, er also die Ware behält. Nach IFRS darf schon vorher ein Umsatz realisiert werden, nämlich in Hö-

Das Imparitätsprinzip haben
wir schon mehrfach in diesem Lehrbuch behandelt

Für Leffson stellt das Vorsichtsprinzip eine Verfahrensregel für Schätzungen
dar

Das Vorsichtsprinzip lässt
sich unterschiedlich interpretieren

he des erwarteten Umsatzes unter Berücksichtigung der durchschnittlichen Retourenquote.

Das *Imparitätsprinzip* ergänzt das Realisationsprinzip, indem es zusätzlich zu bereits realisierten Aufwendungen und Erträgen (lediglich) erwartete Erfolgsgrößen (Aufwandsgrößen) ansatzpflichtig macht. »Der Zweck dieses Grundsatzes ist, dass erkennbare negative Erfolgsbeiträge der Folgeperiode(n) bereits in der betrachteten Periode den ausgewiesenen Gewinn mindern sollen, um eine Ausschüttung und Besteuerung zu verhindern. Das Prinzip bezieht sich auf (a) die schwebenden Geschäfte i.S. zweiseitig unerfüllter Verträge und (b) die durch Beschaffung von Gütern, Forderungen und anderen Vermögensgegenständen eingeleiteten Geschäfte« (*Leffson* 1975, Sp. 1017). Auf das »Ungleiche«, das dem Imparitätsprinzip seinen Namen gibt, haben wir in diesem Lehrbuch ebenfalls schon mehrfach hingewiesen: Erwartete (drohende) Verluste werden anders behandelt als erwartete Gewinne.

Die letzte von Leffson gebildete Gruppe von Rechenschaftsgrundsätzen, die Gruppe der »*ergänzenden Grundsätze*«, fasst den GoB der Stetigkeit und den der Vorsicht zusammen. Mit »*Stetigkeit*« soll der Tatsache Rechnung getragen werden, dass »viele für die Informationsempfänger notwendigen Informationen ... nur einer Reihe aufeinander folgender Jahresabschlüsse einer Unternehmung entnommen werden können« (*Leffson* 1975, Sp, 1017). Hierfür ist Vergleichbarkeit erforderlich. Diese wäre gestört, wenn das Unternehmen ständig seine Erfassungs-, Bewertungs- und Ausweismethoden willkürlich verändern würde.

Mit dem Prinzip der *Vorsicht* ist schließlich ein GoB angesprochen, den man unterschiedlich weitgehend interpretieren kann. *Leffson* selbst sieht das Vorsichtsprinzip »eng« als Verfahrensregel für Schätzungen: »Das Postulat der »vorsichtigen« Bilanzierung soll den Bilanzierenden dazu anhalten, (1) keine noch nicht sicheren Gewinnbestandteile in den Periodenerfolg einzurechnen, (2) erwartete negative Erfolgsbeiträge bereits im Erkenntniszeitpunkt gewinnmindernd zu berücksichtigen. Der Periodenerfolg soll also nicht durch zu optimistische Schätzungen möglicherweise zu hoch ausgewiesen werden. Damit soll verhindert werden, dass ein möglicherweise zu hoher Periodengewinn ausgewiesen, besteuert und u.U. ausgeschüttet wird. Zweck der vorsichtigen Bilanzierung ist also Schutz des in der Unternehmung eingesetzten Eigenkapitals gegen eine ungerechtfertigte Kapitalverringerung oder gar unbemerkte teilweise Kapitalrückzahlung. Zur Verwirklichung dieses Ziels enthalten die GoB vor allem das Realisations- und Imparitätsprinzip. Das *Vorsichtsprinzip* selbst ist eine Verfahrensregel für Schätzungen. Bei Schätzungen gewinnen wir in der Regel ein Wertintervall, selten unmittelbar einen punktuellen Wert. Hier soll das Vorsichtsprinzip verhindern, dass ein Wertansatz gewählt wird, bei dem die mit dem Bilanzgegenstand verbundenen, später anfallenden Ein- oder Auszahlungen bei Aktiven wesentlich ... niedriger und bei Passiven wesentlich höher sind, als sie bilanziert worden sind« (*Leffson* 1975, Sp. 1018 – Hervorhebung im Original).

In diesem Kontext ist das Vorsichtsprinzip tatsächlich lediglich ein ergänzender Grundsatz, dem vergleichsweise wenig Bedeutung zukommt.

Weit interpretiert kann man das Vorsichtsprinzip aber auch als direktes Abbild des Brauchs ehrbarer Kaufleute, des »Mehr Sein als Scheinen«, auffas-
sen. Zudem lässt sich eine solche Interpretation als Ausfluss des Gläubi-
gerschutzprinzips verstehen. Aus dem Vorsichtsprinzip wird in dieser Sichtweise eine Art »Über-GoB«, der alle anderen hier kurz skizzierten Grundsätze dominiert, von ihnen also nur spezifiziert wird. In der Sprache *Leff-
sons* entspricht diese Auffassung dem »Postulat der vorsichtigen Bilanzierung«.

Diese Diktion ist nicht frei von Problemen. Sie lässt offen, ob das Postulat (besteht ein signifikanter Unterschied zu einem Grundsatz?) den
Charakter eines GoB besitzt, diesen gar übergeordnet ist oder ihnen lediglich als möglicher, mehr oder weniger unverbindlicher Bezugspunkt dient.
Bei der weiten Fassung des Vorsichtsprinzips kommt man umgekehrt in die
Schwierigkeit, neben dem »Leit«grundsatz noch einen speziellen Grundsatz
als Bezugspunkt für die Vornahme von Schätzungen zu formulieren, es sei
denn, man ist der Meinung, dass das weit verstandene Prinzip der Vorsicht
auch für den engen Anwendungsfall ausreichende Orientierung liefert. Wir
wollen an dieser Stelle die Begriffsdiskussion nicht weiter vertiefen; Sie sehen aber, dass selbst fest gefügte Terminologiegebäude hinterfragbar sind.

4. Speziell im HGB angesprochene Grund-
sätze ordnungsmäßiger Buchführung

Stärker noch als im alten Rechnungslegungsrecht werden im jetzt geltenden
dritten Buch des HGB viele Grundsätze explizit im Gesetzestext benannt
bzw. festgeschrieben, die sich nahtlos in die GoB einfügen lassen. Insbesondere dient hierzu der § 252 Abs. 1 HGB, den wir im Folgenden kurz betrachten wollen (vgl. die *Abbildung 11-2* auf der Folgeseite).

Regelung der GoB in
§ 252 HGB

Bei der Bewertung der im Jahresabschluss ausgewiesenen Vermögensgegenstände und Schulden gilt insbesondere Folgendes:

1. *Die Wertansätze in der Eröffnungsbilanz des Geschäftsjahres müssen mit denen der
   Schlussbilanz des vorhergehenden Geschäftsjahres übereinstimmen.*

   Mit dieser Bilanzidentität ist streng genommen eine Selbstverständlichkeit gesetzlich festgeschrieben worden. Jeder Verstoß gegen diese Vorschrift wäre gleichbedeutend mit einem Bruch des doppischen Rechnungssystems.

   Bilanzidentität

2. *Bei der Bewertung ist von der Fortführung der Unternehmenstätigkeit auszugehen,
   sofern dem nicht tatsächliche oder rechtliche Gegebenheiten entgegenstehen.*

   Der Grundsatz des going-concern, der erst mit der Neufassung des handelsrechtlichen Rechnungslegungsrechts kodifiziert wurde, ist – wie
   schon mehrfach betont – in seiner Bedeutung für die externe Rechnungslegung kaum zu überschätzen: Eine Abkehr von diesem Prinzip
   hätte letztlich das Zusammenfallen der »normalen«, am Ende eines jeden Geschäftsjahres aufzustellenden Bilanz mit einer Liquidationsbilanz
   zur Folge, einer Bilanz, in der Vermögen und Schulden in Hinblick auf

   going-concern

**Grundsätze ordnungs-
mäßiger Buchführung**

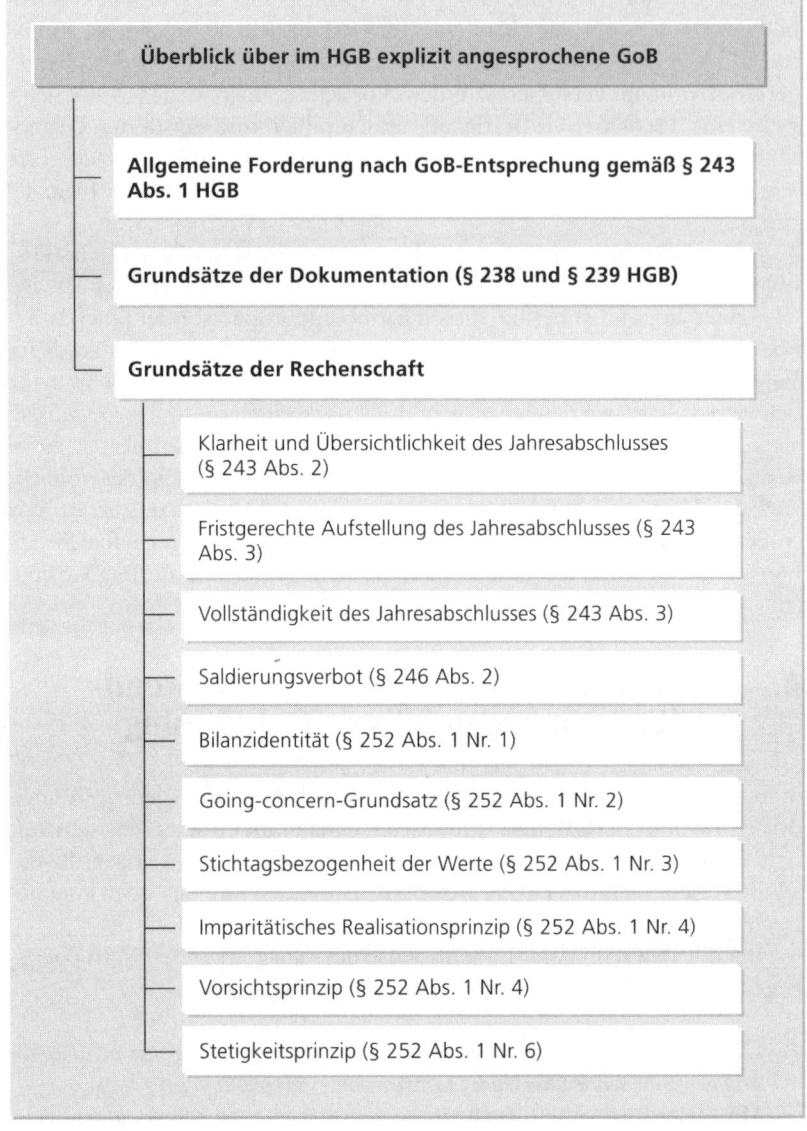

Überblick über im HGB explizit angesprochene GoB

**Allgemeine Forderung nach GoB-Entsprechung gemäß § 243
Abs. 1 HGB**

Grundsätze der Dokumentation (§ 238 und § 239 HGB)

Grundsätze der Rechenschaft

Klarheit und Übersichtlichkeit des Jahresabschlusses
(§ 243 Abs. 2)

Fristgerechte Aufstellung des Jahresabschlusses (§ 243
Abs. 3)

Vollständigkeit des Jahresabschlusses (§ 243 Abs. 3)

Saldierungsverbot (§ 246 Abs. 2)

Bilanzidentität (§ 252 Abs. 1 Nr. 1)

Going-concern-Grundsatz (§ 252 Abs. 1 Nr. 2)

Stichtagsbezogenheit der Werte (§ 252 Abs. 1 Nr. 3)

Imparitätisches Realisationsprinzip (§ 252 Abs. 1 Nr. 4)

Vorsichtsprinzip (§ 252 Abs. 1 Nr. 4)

Stetigkeitsprinzip (§ 252 Abs. 1 Nr. 6)

Abb. 11-2: GoB-bezogene
Regelungen des HGB

ihre unmittelbare »Wiederzugeldmachung« betrachtet und angesetzt
werden.

**Grundsatz der Einzel-
bewertung**

3. *Die Vermögensgegenstände und Schulden sind zum Abschlussstichtag einzeln zu bewerten.*

Gegen das Prinzip der Einzelbewertung wird – wie Sie wissen – im Gesetz selbst mehrfach verstoßen. Hierin lässt sich der allgemeine Zusammenhang erkennen, dass Generalnormen für spezielle Einzelfälle
stets durch Spezialnormen »gebrochen« werden können.

Vorsichtsprinzip

4. *Es ist vorsichtig zu bewerten, namentlich sind alle vorhersehbaren Risiken und Verluste, die bis zum Abschlussstichtag entstanden sind, zu berücksichtigen, selbst wenn
diese erst zwischen dem Abschlussstichtag und dem Tag der Aufstellung des Jahres-*

abschlusses bekannt geworden sind; Gewinne sind nur zu berücksichtigen, wenn sie am Abschlussstichtag realisiert sind.

In dieser Formulierung des § 252 HGB werden wir wieder mit dem Begriffsproblem »Vorsichtsprinzip« versus »Postulat der vorsichtigen Bilanzierung« konfrontiert. Unabhängig davon lässt sie den gemeinsamen Ursprung des Realisations- und des Imparitätsprinzips erkennen.

5. *Aufwendungen und Erträge des Geschäftsjahrs sind unabhängig von den Zeitpunkten der entsprechenden Zahlungen im Jahresabschluss zu berücksichtigen.*

Diese Vorschrift ist für alle, die Aufwendungen/Erträge von Auszahlungen/Einzahlungen unterscheiden können, völlig überflüssig.

6. *Die auf den vorhergehenden Jahresabschluss angewandten Bewertungsmethoden sollen beibehalten werden.*

Dem Stetigkeitsprinzip ist durch diese explizite Kodifizierung im § 252 Abs. 1 HGB eine noch größere Bedeutung als vor der Neuordnung des Rechnungslegungsrechts in den 80er Jahren des letzten Jahrhunderts zugekommen. Die Formulierung als Soll-Vorschrift macht deutlich, dass der Gesetzgeber zwar Ausnahmen von der Regel zulässt, für diese aber eine gesonderte Rechtfertigung verlangt, die deutlich über reine Partikularinteressen des bilanzierenden Unternehmens hinausgeht. Beispiele hierfür sind etwa gesetzliche Vorschriften (wie beispielsweise für den Übergang von einem Verbrauchsfolgeverfahren zum Durchschnittsverfahren dann, wenn die Verbrauchsfolge nicht mehr plausibel begründbar ist) oder spezielle Änderungen des Bilanzierungsumfeldes (wie etwa die Einführung einer detaillierten Kostenrechnung, die den Übergang vom Gesamtkosten- zum Umsatzkostenverfahren ermöglicht). Unabhängig von der Begründung sind die Auswirkungen derartiger Abweichungen vom Prinzip der Stetigkeit in ihren Auswirkungen auf die Vermögens-, Finanz- und Ertragslage im Anhang genau zu spezifizieren (§ 284 Abs. 2 Nr. 3 HGB).

Eine Abweichung vom Stetigkeitsprinzip liegt nach allgemeiner Auffassung schließlich dann nicht vor, wenn neue sachliche Gegebenheiten zu bewerten sind. So dürfte die Entscheidung über Abschreibungsmethoden im Anlagevermögen bei Neuzugängen in zahlreichen Fällen unabhängig von bisherigen Methoden erfolgen können, weil aufgrund neuer technischer Eigenschaften auch neue Bestimmungsgrößen der Abschreibungen (Nutzungsdauer, Einsatzmöglichkeiten, Instandhaltungsintensität und -notwendigkeit) entstanden sind.

5. Die Grundprinzipien der Rechnungslegung nach IFRS

Das Framework der IFRS fasst die Rahmengrundsätze für die Rechnungslegung nach IFRS zusammen. Es enthält dabei neben den beispielsweise in Kapitel 3 bereits angesprochenen Definitionen von Vermögenswerten, Schulden und Eigenkapital vergleichbar zu den handelsrechtlichen GoB wichtige Grundprinzipien, die für die Rechnungslegung nach IFRS maß-

**Grundsätze ordnungs-
mäßiger Buchführung**

Die Grundprinzipien haben
in IFRS eine andere Bedeutung im Vergleich zu den GoB
im HGB

Abb. 11-3: Grundprinzipien
der Rechnungslegung nach
IFRS

geblich sind. Das Framework selbst stellt aber keinen Standard dar und es wird deshalb bereits in F.2 klargestellt: »Nothing in this framework overrides any specific International Accounting Standard«. Lediglich wenn es um Regelungslücken innerhalb der IFRS geht, kann gemäß IAS 8 (Accounting Policies, Changes in Accounting Estimates and Errors) auf die Rahmengrundsätze des Frameworks zurückgegriffen werden. Aufgabe des Frameworks ist es vielmehr, eine Klammer um die Weiterentwicklung der IFRS zu bilden und so sicherzustellen, dass zwischen den einzelnen Standards keine konzeptionellen Widersprüche entstehen.

Abbildung 11-3 fasst die im Framework genannten Grundprinzipien der Rechnungslegung nach IFRS zusammen. Diese Grundprinzipien basieren auf der Generalnorm der IFRS, die Entscheidungen außenstehender Investoren durch eine »true and fair presentation« des Unternehmens zu fundieren. Die Generalnorm, die in IAS 1 (Presentation of Financial Statements) noch einmal aufgegriffen wird, hat – wie auch das Framework selbst – nicht den Charakter eines »overriding principle«. Zwar erlaubt IAS 1.17 ein einzelfallbezogenes Abweichen von bestimmten IFRS, wenn diese Generalnorm überhaupt nicht mehr erfüllt wird. Diese Ausnahmeregelung wird jedoch äußerst streng gesehen. So wird in der überwiegenden Literatur nicht einmal bezogen auf das Problem der Bilanzierung von Eigenkapital deutscher Personengesellschaften und Genossenschaften, das – wie in Kapitel 1 bzw. Kapitel 7 schon angesprochen – nach IAS 32 als Fremdkapital aus-

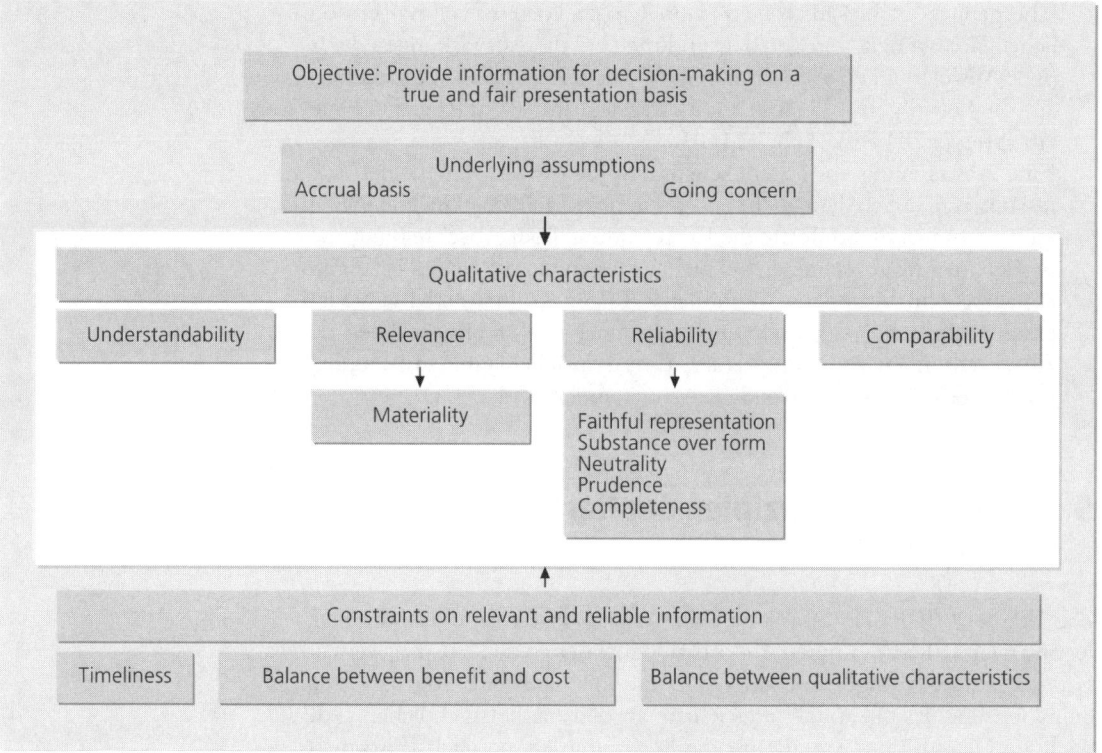

gewiesen werden muss, in IAS 1.17 eine Ausweichmöglichkeit zur Lösung dieses Bilanzierungsproblems gesehen.

Zurück zum Framework: Grundlegende Annahmen für die Sicherstellung der »true and fair presentation« sind laut IFRS-Framework zum einen die Verwendung abgegrenzter Größen (also die Rechnungslegung mittels Bilanz und Gewinn- und Verlustrechnung), d.h. »accrual basis«, sowie zum anderen die Annahme der Fortführung der Unternehmenstätigkeit (»going concern«), wie wir sie bereits aus dem HGB kennen. Unter diesen Annahmen müssen die Rechnungslegungsvorschriften innerhalb der IFRS vier Grundprinzipien genügen:

- *Verständlichkeit* (understandability): Dieses Grundprinzip bedeutet, dass die im IFRS-Abschluss enthaltenen Informationen für den »typischen« Bilanzadressaten nachvollziehbar sein müssen. Dabei wird allerdings vorausgesetzt, dass dieser Bilanzadressat mit hinreichender Sorgfalt und angemessenen Kenntnissen die Auswertung des IFRS-Abschlusses betreibt. Auf die Darstellung wichtiger, aber komplexer Sachverhalte darf deshalb nicht mit dem Hinweis auf mangelnde Verständlichkeit verzichtet werden.

- *Relevanz* (relevance): Dieses Grundprinzip impliziert, dass solche Informationen offen gelegt werden sollen, die das Entscheidungsverhalten von Investoren beeinflussen. Es wird durch den Sekundärgrundsatz der *Wesentlichkeit* (materiality) konkretisiert. So ist zwar der außerplanmäßige Wertverlust von Vermögenspositionen grundsätzlich eine relevante Information – ist der Anteil der betroffenen Vermögensposition aber sehr gering und ist der außerplanmäßige Wertverlust sehr niedrig, kann aus Wesentlichkeitsgründen auf den Ausweis des Wertverlusts verzichtet werden. Exakte Grenzen für die Wesentlichkeit werden dabei nicht vorgegeben; in der Unternehmenspraxis orientiert man sich – ähnlich wie bei der induktiven Generierung von GoB – an Vergleichsfällen anderer Unternehmen.

- *Verlässlichkeit* (reliability): Informationen müssen nicht nur entscheidungsrelevant, sondern auch verlässlich sein. Dieses Grundprinzip wird zum besseren Verständnis durch fünf weitere Sekundärgrundsätze, nämlich glaubwürdige Darstellung (faithful representation), wirtschaftliche Betrachtungsweise (substance over form), Neutralität (neutrality), Vorsicht (prudence) und Vollständigkeit (completeness), konkretisiert. Diese müssen kumulativ erfüllt sein, damit eine Information als verlässlich eingeordnet werden kann.
Insbesondere das Sekundärkriterium der Vorsicht ist dabei nicht im weiten Sinne des deutschen Vorsichtsprinzips zu interpretieren – es ist vielmehr eine Bewertungsregel, die Ermessensspielräume im Sinne einer allzu optimistischen Betrachtung einengen soll.

- *Vergleichbarkeit* (comparability): Die Möglichkeit von Zeit- und Branchenvergleichen ist – wie wir schon in Kapitel 10 gesehen haben – unerlässlich für eine aussagefähige Analyse des IFRS-Abschlusses. Dies bedeutet u.a., dass neben den aktuellen Werten in den verschiedenen Rechnungslegungsinstrumenten immer auch Vergleichswerte aus dem Vorjahr angegeben werden müssen. Wird das Stetigkeitsgebot der Bilanzierungs- und Bewertungsmethoden verletzt, z.B. durch eine Änderung der Segmentierungsstruktur, müssen grundsätzlich auch die Vorjahreszahlen angepasst werden.

Die Umsetzungen dieser Grundprinzipien in den verschiedenen Rechnungslegungsstandards stehen im Praxisfall häufig in Widerspruch zueinander. Konflikte entstehen dabei insbesondere zwischen den Grundprinzipien Relevanz und Verlässlichkeit. So ist beispielsweise die Information über eine Wertsteigerung von Renditeimmobilien für außenstehende Investoren zwar unmittelbar höchst entscheidungsrelevant. Der Erfolg ist jedoch letztlich erst dann verlässlich messbar, wenn die Immobilie tatsächlich veräußert worden ist, da in die Ermittlung des Verkehrswerts einer Immobilie in der Regel eine Vielzahl von Parametern eingehen.

Das Framework formuliert für das Abwägen zwischen den beiden Kriterien Relevanz und Verlässlichkeit deshalb drei *Nebenbedingungen*: Die Berichterstattung muss zeitnah erfolgen (timeliness), Kosten und Nutzen der Finanzberichterstattung müssen gegeneinander abgewogen werden (balance between benefit and cost) und auch zwischen den verschiedenen Grundprinzipien muss ein Ausgleich gefunden werden (balance between qualitative characteristics). Gerade die Konflikte zwischen den Grundprinzipien Relevanz und Verlässlichkeit lassen sich jedoch nicht objektiv lösen – das Spannungsfeld bleibt faktisch bestehen und wird derzeit gerade in den neuen Standards tendenziell zugunsten des Kriteriums der Relevanz aufgelöst.

6. Zusammenfassung

Sie haben sich in diesem Kapitel mit dem letzten wichtigen Element des externen Rechnungswesens auseinandergesetzt, den Grundsätzen ordnungsmäßiger Buchführung.

Die GoB sind ein unbestimmter Rechtsbegriff, der als Generalnorm über den Verfahrensweisen des externen Rechnungswesens steht. Die Grundsätze erleichtern damit nicht zuletzt die Arbeit des Gesetzgebers, da durch die Generalnorm alle GoB-konformen Verfahren im Rechnungswesen erlaubt sind.

Die GoB wurden in der Vergangenheit sowohl induktiv abgeleitet aus dem »Brauch ehrbarer Kaufleute«, als auch deduktiv aus den Anforderungen der Rechnungszwecke. Sie unterteilen sich in die Grundsätze der Dokumentation, die die Art der Aufzeichnung im externen Rechnungswesen betreffen, und die Grundsätze der Rechenschaft, die auf die inhaltliche Gestaltung des Rechnungswesens abzielen.

Die Grundprinzipien der IFRS-Rechnungslegung sind im IFRS-Framework enthalten. Es zielt auf die »true and fair presentation« des Unternehmens ab, wobei diese Zielsetzung grundsätzlich kein Abweichen von bestehenden Standards rechtfertigt. Die Grundprinzipien, mit denen eine »true and fair presentation« erreicht werden soll, lauten Verständlichkeit, Relevanz, Verlässlichkeit und Vergleichbarkeit der Informationen im IFRS-

Abschluss. Konflikte zwischen diesen Kriterien müssen über die Anwendung dreier Nebenbedingungen, nämlich zeitnahe Berichterstattung, ausgewogenen Kosten und Nutzen der Finanzberichterstattung sowie ausgewogene Berücksichtigung der oben genannten Grundprinzipien gelöst werden. Das Framework hat allerdings nicht den verbindlichen Charakter eines Standards, sondern stellt primär eine Interpretations- und Weiterentwicklungshilfe für bestehende und zukünftige Vorschriften innerhalb der IFRS dar.

Ausblick

Kapitel 12

Lernziel

Auf zum letzten Gefecht (allerdings nur für den ersten Teil des Buches)! In diesem Abschnitt geht es darum, das, was Sie in den vergangenen elf Kapiteln sukzessive erarbeitet haben, abzurunden und Sie auf die Vorlesungen zum externen Rechnungswesen im Hauptstudium einzustimmen. In diesem letzten Kapitel werden wir

- die Problematik des Konzernabschlusses anschneiden,
- Ihnen einige Hinweise zum Konzernabschluss nach IFRS geben, und
- das externe Rechnungswesen in einer Gesamtwürdigung beurteilen.

1. Der Konzernabschluss als Ergänzung zum handelsrechtlichen Einzelabschluss

Wir haben bereits in den vergangenen Kapiteln an den dargestellten Praxisbeispielen gesehen, dass für die Informationspolitik großer Unternehmen fast ausschließlich der Konzernabschluss relevant ist. Er unterscheidet sich vom Einzelabschluss dadurch,

- dass er sich nicht auf ein rechtlich selbständiges Unternehmen (z.B. die BMW AG) bezieht, sondern auf ein Gebilde rechtlich selbständiger Unternehmen, das aber wirtschaftlich eine Einheit (»Konzern«) bildet (z.B. die BMW-Gruppe) – siehe hierzu die *Abbildung 12-1*,
- dass sich aus ihm – im Gegensatz zum Einzelabschluss – keinerlei rechtliche Ansprüche auf Gewinnausschüttung, Steuerzahlung oder auch – im Falle der Unternehmensauflösung – Anteile am Liquidationserlös herleiten lassen (man spricht hier auch von fehlender Ausschüttungs- bzw. Zahlungsbemessungsfunktion),
- dass er das Informationsobjekt Konzern besser abbildet als der Einzelabschluss des Mutterunternehmens.

Durch welche Merkmale unterscheidet sich ein Konzernabschluss von einem Einzelabschluss?

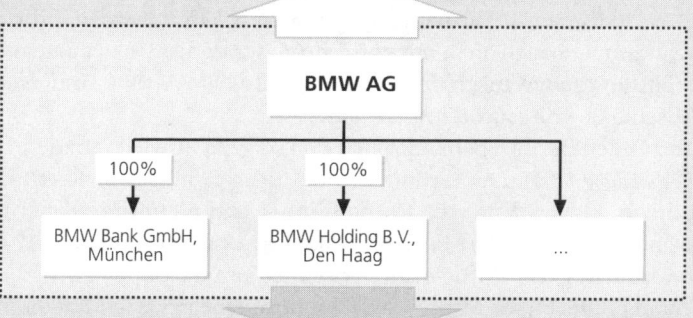

Abb. 12-1: Beziehungen zwischen Einzel- und Konzernabschluss am Beispiel der BMW AG

Letzteres sei an zwei einfachen Beispielen erläutert. Im ersten Beispiel (siehe hierzu *Abbildung 12-2*) nehmen wir an, dass ein Mutterunternehmen – hier die Brause AG – einen Kredit in Höhe von 20 Mio. Euro aufnehmen möchte. Dazu nutzt es das Tochterunternehmen Delta GmbH, das auf Weisung der Mutter den Kredit aufnimmt, diese Liquidität aber unmittelbar an die Mutter weiterleitet, indem es beispielsweise von der Brause AG ein Grundstück zu überhöhten Preisen abkauft. Die Bilanz des Mutterunternehmens weist nun eine verbesserte Finanzlage – hier einen Liquiditätszuwachs von 20 Mio. Euro – und zusätzlich einen Gewinn in Höhe von 10 Mio. Euro auf. Aus ökonomischer Sicht ist dies jedoch falsch und für die Adressaten des Abschlusses irreführend. Erst in der Konzernbilanz der Brause AG werden Mutter- und Tochterunternehmen gemeinsam abgebildet, so dass die internen Transaktionen eliminiert und die Kreditaufnahme im Konzern ebenso wie die Erfolgssituation für die Informationsbedarfe von Eigen- und Fremdkapitalgebern richtig abgebildet wird.

Ein kleiner Praxishinweis: Der amerikanische Enron-Konzern hatte seinerzeit ein »Schlupfloch« in den Vorschriften zur Konzernbilanzierung nach US-GAAP entdeckt und Transaktionen vergleichbar zu dem oben dargestellten Beispielfall über Tochterunternehmen durchgeführt, die als speziell konstruierte Zweckgesellschaften (so genannte »special purpose entities«) nicht in die Konzernbilanz von Enron einbezogen werden mussten. Als diese Praxis überhand nahm und auch noch andere Bilanzmanipulationen bekannt wurden, führte dies zum Zusammenbruch nicht nur von Enron, sondern auch der damals weltweit fünftgrößten Wirtschaftsprüfungsgesellschaft Arthur Andersen, die die Abschlüsse von Enron testiert hatte.

Brause AG (alt)			
Grundstück	10	Eigenkapital	110
Beteiligung	100		
Summe	110	Summe	110

Brause AG (neu)			
Beteiligung	100	Eigenkapital	110
Kasse	20	Gewinn	10
Summe	120	Summe	120

Delta GmbH (neu)			
Grundstück	20	Eigenkapital	100
Sonstiges Vermögen	100	Fremdkapital	20
Summe	120	Summe	120

Brause Konzern			
Grundstück	10	Eigenkapital	110
Sonstiges Vermögen	100	Fremdkapital	20
Kasse	20		
Summe	130	Summe	130

Abb. 12-2: Beispiel zur Informationsnützlichkeit einer Konzernrechnungslegung

Im zweiten Beispiel behandeln wir den so genannten Pyramiden-Effekt (vgl. *Abbildung 12-3*). Der Gründer Fritz Pfiffig gründet mit einem Eigenkapital von 40 Mio. Euro die Pfiffig GmbH und nimmt bei seiner Hausbank einen Kredit von 60 Mio. Euro auf. Das gesamte Kapital von 100 Mio. Euro wird dann von Pfiffig dazu verwendet, um die Super-Pfiffig GmbH zu gründen. Die Super-Pfiffig GmbH nimmt einen zweiten Kredit in Höhe von 150 Mio. Euro auf, den eine weitere Bank aufgrund des hohen Eigenkapitals auch gerne gewährt.

Bei einer isolierten Betrachtung liegt die Eigenkapitalquote beider Einzelunternehmen bei 40%. Fragt man sich aber, wie viel Kapital in diesem Konzernverbund tatsächlich haftet, so sind dies nur die 40 Mio. Euro, die Pfiffig eingebracht hat; das restliche Kapital von 210 Mio. Euro stammt aus Bankkrediten. Die Eigenkapitalquote im Pfiffig-Konzern liegt damit lediglich bei 16% – für die Gläubiger eine interessante und wichtige Information.

Auch dieses Beispiel zeigt Ihnen, dass sich durch die Gründung und die Verlagerung von Finanzierungsvorgängen in Tochtergesellschaften in den Einzelabschlüssen der Ausweis einer höheren Eigenkapitalquote erreichen lässt – dies wird auch als Pyramiden-Effekt bezeichnet. In dem hier vorliegenden Beispiel ist dieser Effekt noch vergleichsweise leicht zu durchschauen. Denken Sie jedoch an einen Konzernverbund mit einer Vielzahl von Mutter-Tochter-Beziehungen und Überkreuzverflechtungen, dann ist es ohne Konzernabschluss faktisch unmöglich, aus den Einzelabschlüssen die »wahre« Eigenkapitalquote im Konzern herauszulesen.

Pfiffig GmbH			
Beteiligung	100	Eigenkapital	40
		Fremdkapital	60
Summe	100	Summe	100
Super-Pfiffig GmbH			
Vermögen	250	Eigenkapital	100
		Fremdkapital	150
Summe	250	Summe	250
Pfiffig-Konzern			
Vermögen	250	Eigenkapital	40
		Fremdkapital	210
Summe	250	Summe	250

Abb. 12-3: Beispiel zur Veranschaulichung des »Pyramiden-Effekts«

Das HGB verlangt für eine Kapitalgesellschaft (Muttergesellschaft) die Aufstellung eines Konzernabschlusses generell dann, wenn über mindestens ein anderes Unternehmen (Tochtergesellschaft) die mit einer Beteiligung verbundene einheitliche Leitung ausgeübt wird (§ 290 Abs. 1 HGB) oder wenn ein so genanntes »Control-Verhältnis« vorliegt (§ 290 Abs. 2 HGB). Letzteres wird – wie bereits im Kapitel 4 angesprochen – dadurch begründet, dass der Mutter

- »die Mehrheit der Stimmrechte der Gesellschafter [der Tochtergesellschaft] zusteht« (§ 290 Abs. 2 Nr. 1 HGB),
- »das Recht zusteht, die Mehrheit der Mitglieder des Verwaltungs-, Leitungs- oder Aufsichtsorgans zu bestellen oder abzuberufen, und sie gleichzeitig Gesellschafter ist« (§ 290 Abs. 2 Nr. 2 HGB) oder
- »das Recht zusteht, einen beherrschenden Einfluss [auf die Tochtergesellschaft] ... auszuüben« (§ 290 Abs. 2 Nr. 3 HGB).

In § 297 Abs. 3 HGB fordert der Gesetzgeber weiter: »Im Konzernabschluss ist die Vermögens-, Finanz- und Ertragslage der einbezogenen Unternehmen so darzustellen, als ob diese Unternehmen insgesamt ein einziges Unternehmen wären«. Der Konzern wird also als ein eigenständiges wirtschaftliches Gebilde definiert. Dies wird als »*Einheitstheorie*« bezeichnet. Die Adressaten des Jahresabschlusses sind erst damit in der Lage, die Gesamtsituation des Konzerns in einer zusammenfassenden Darstellung zu beurteilen.

Die Erstellung des Konzernabschlusses beruht zunächst auf den Einzelabschlüssen der Mutter- und Tochterunternehmen, deren Positionen in einem ersten Schritt addiert werden. Bilanzieren Tochterunternehmen in einer fremden Währung, so müssen vorher diese Einzelabschlüsse in Euro umgerechnet werden (§ 298 HGB zum Konzernabschluss verweist hier auf 244 HGB: »Der Jahresabschluss ist ... in Euro aufzustellen«). Zudem sind die Abschlüsse aller Tochterunternehmen an die für die Mutter gültigen Rechtsvorschriften anzupassen; die Ausübung von Bilanzierungs- und Bewertungswahlrechten ist für Mutter- und Tochterunternehmen zu vereinheitlichen. Die so entstandenen korrigierten Einzelabschlüsse werden auch als *Handelsbilanz II* bezeichnet.

Die durch die Queraddition der Handelsbilanzen II erhaltene Summenbilanz bzw. Summengewinn- und -verlustrechnung stellt allerdings die Lage des Konzerns noch nicht korrekt dar; es muss noch die so genannte »Konsolidierung« durchgeführt werden. Vier Formen der Konsolidierung können unterschieden werden:

Kapitalkonsolidierung

- die *Kapitalkonsolidierung*:
  Addiert man die Eigenkapitalpositionen von Mutter- und Tochtergesellschaften, so kommt es zu einer Doppelzählung des Eigenkapitals der Tochtergesellschaften: Es ist nämlich bereits bei der Muttergesellschaft auf der Aktivseite als Finanzanlage bilanziert. Die Einheitsbilanz ist entsprechend »zu lang«. Deshalb muss das Eigenkapital der Tochtergesellschaften nach bestimmten Regeln mit den Finanzanlagen der Muttergesellschaft verrechnet werden.

Forderungs- und Schulden-konsolidierung

- die *Forderungs- und Schuldenkonsolidierung*:
  Paragraph 303 Abs. 1 HGB bestimmt: »Ausleihungen und andere Forderungen, Rückstellungen und Verbindlichkeiten zwischen den in den Konzernabschluss einbezogenen Unternehmen sowie die entsprechenden Rechnungsabgrenzungsposten sind wegzulassen«. Grund ist die fiktive Betrachtung des Konzerns als ein einziges Unternehmen: Forderungen bzw. Schulden eines Unternehmens gegenüber sich selbst sind nicht bilanzierungsfähig und müssen entsprechend aus der Summenbilanz entfernt werden.

Zwischenerfolgs-konsolidierung

- die *Zwischenerfolgskonsolidierung*:
  Gewinne bzw. Verluste aus Transaktionen zwischen den Konzernunternehmen können im Sinne der Einheitstheorie noch nicht als realisiert und damit bilanzierungsfähig betrachtet werden. Sie sind das Ergebnis von Verrechnungspreisen, die die Konzern- bzw. Unternehmensleitung nach eigenem Ermessen festsetzen kann. Konsequent kann der Gesamtkonzern einen Gewinn oder Verlust nur dann ausweisen, wenn er mit Unternehmen außerhalb des Konzernverbunds realisiert wird: Zwischenergebnisse müssen eliminiert werden.

Aufwands- und Ertrags-konsolidierung

- die *Aufwands- und Ertragskonsolidierung*:
  Durch interne Transaktionen zwischen den Konzernunternehmen werden auf beiden Seiten Aufwendungen und Erträge verursacht, die für die Erstellung der Konzerngewinn- und -verlustrechnung ebenso wie Forderungen und Schulden aufgerechnet werden müssen. Zu den Positionen, die davon betroffen sind, gehören z.B. Umsatzerlöse oder die Erhöhung des Bestands an fertigen und unfertigen Erzeugnissen.

Die so konsolidierte Konzernbilanz bzw. Konzerngewinn- und -verlustrechnung – wie oben schon an den beiden Beispielen illustriert – hat eine sehr viel stärkere Aussagekraft als die jeweiligen Einzelabschlüsse der Konzernunternehmen. Die Einflussmöglichkeiten der Muttergesellschaft auf die Darstellung der Vermögens-, Finanz- und Ertragslage wird eingeschränkt, so dass die Informationsfunktion gegenüber den externen Adressaten verbessert wird.

Im Konzernabschluss werden neben den Tochterunternehmen allerdings auch noch solche Beteiligungen gesondert berücksichtigt, auf die das Mutterunternehmen einen so genannten *maßgeblichen Einfluss* hat. Dieser wird gemäß § 311 Abs. 1 HGB bei einer Beteiligung von mehr als 20% am gezeichneten Kapital einer Kapitalgesellschaft unterstellt. In diesem Fall wird die Beteiligung als assoziiertes Unternehmen bezeichnet und muss im Konzernabschluss gem. § 312 nach der *Equity-Methode* bilanziert werden. Ohne auf die Details dieser Methode tiefer einzugehen, ist diese durch die folgenden zentralen Merkmale ausgewiesen:

- Die Beteiligung an einem assoziierten Unternehmen wird in der Konzernbilanz weiterhin unter der Vermögensposition »Beteiligungen« im Anlagevermögen ausgewiesen;
- im Gegensatz zum Einzelabschluss »atmet« jetzt der Beteiligungsbuchwert mit der Wertentwicklung des Eigenkapitals.

Thesauriert beispielsweise das assoziierte Unternehmen Gewinne, anstatt sie auszuschütten, so ist der entsprechende Anteil des Mutterunternehmens an diesen Gewinnen im Konzernabschluss zum Beteiligungsbuchwert zuzuschreiben. Damit ist – entgegen allen anderen Vorschriften im HGB – eine Erhöhung des Beteiligungsbuchwerts über die ursprünglichen Anschaffungskosten hinaus möglich. Werden die Gewinne später ausgeschüttet, so ist der Beteiligungsbuchwert aber auch wieder entsprechend zu reduzieren.

Weiterhin kennt das HGB im § 310 noch *Gemeinschaftsunternehmen*. Gemeinschaftsunternehmen (joint ventures) sind solche, an denen mehrere Gesellschaften meist mit gleichen, zumindest aber nicht mit derart unterschiedlichen Rechten beteiligt sind, dass eine allein das Gemeinschaftsunternehmen leiten kann. Vielmehr ist die Leitung nur gemeinschaftlich durch mehrere Unternehmen gleichzeitig möglich. Gemeinschaftsunternehmen erfüllen somit nicht das Kriterium der einheitlichen Leitung, werden aber trotzdem den zu konsolidierenden Unternehmen zugeordnet. Sie werden mit dem Verfahren der *Quotenkonsolidierung* erfasst. Allerdings besteht ein Wahlrecht, Gemeinschaftsunternehmen nach der oben bereits erwähnten Equity-Methode in den Konzernabschluss einzubeziehen.

Eine besondere Rolle spielt im Konzernabschluss der *Geschäfts- oder Firmenwert* (Goodwill), dessen Behandlung in § 309 HGB geregelt wird. Er entsteht immer dann, wenn das Mutterunternehmen für das Tochterunternehmen mehr bezahlt hat, als dessen Eigenkapitalanteile unter Berücksichtigung von möglichen stillen Reserven oder Lasten in Vermögen und Schulden wert sind. Denkbar ist beispielsweise, dass sich das Mutterunternehmen durch den Erwerb eines Tochterunternehmens eine stärkere Marktstellung verspricht und bereit ist, dem Verkäufer hierfür eine zusätzliche Prämie zu zahlen. Der Goodwill wird im Konzernabschluss auf der Aktivseite als Bilanzierungshilfe ausgewiesen und ist nach den Vorschriften des § 309 HGB entweder in vier Jahren oder über die planmäßige Nutzungsdauer abzuschreiben - alternativ kann er aber auch erfolgsneutral mit den Konzernrücklagen verrechnet werden.

Gerade letzteres wird als bilanzpolitische Maßnahme im HGB-Konzernabschluss gerne genutzt. Der Grund liegt auf der Hand: Zwar senkt diese Maßnahme das Konzerneigenkapital – bilanztechnisch liegt nämlich eine Aktiv-Passiv-Minderung unter Umgehung der Gewinn- und Verlustrechnung vor. Andererseits wird das Konzernergebnis nicht durch die Abschreibungen auf den Goodwill gemindert und die Gesamtkapitalrentabilität – also das Konzernergebnis vor Zinsen in Relation zur durchschnittlichen Bilanzsumme des Konzerns – steigt an. Aus diesem Grund wird die erfolgsneutrale Verrechnung des Goodwills mit den Konzernrücklagen auch in der Literatur äußerst kritisch gesehen und der deutsche Standard DRS 4 zum Konzernabschluss verbietet denn auch diese Vorgehensweise. Ein Konzern, der heute im HGB-Abschluss deshalb noch Goodwill erfolgsneutral verrechnet, mag zwar den HGB-Vorschriften genügen, verletzt aber eindeutig die vom DRSC entwickelten Grundsätze der Konzernrechnungslegung.

So viel soll an dieser Stelle zum Thema Konzernabschluss genügen. Wer sich in die Problemstellung noch weiter vertiefen möchte, der sei einerseits auf das Hauptstudium verwiesen, in dem die Konzernrechnungslegung im Detail besprochen wird, andererseits auf das Literaturverzeichnis, das einige Lehrbücher und weiterführende Titel zur Konzernrechnungslegung aufzählt.

2. Hinweise zum Konzernabschluss nach IFRS

Unternehmenszusammenschlüsse werden in der IFRS-Terminologie als »business combinations« bezeichnet. Sie entstehen dadurch, dass ein Unternehmen das gesamte Vermögen und die Schulden eines anderen Unternehmens übernimmt (asset deal), mit einem anderen Unternehmen fusioniert (Fusion) oder die Anteile eines anderen Unternehmens erwirbt (share deal). Bei Fusion und Anteilserwerb entsteht die Pflicht zur Aufstellung eines Konzernabschlusses. Darin werden – vergleichbar zum HGB-Konzernabschluss – Mutter- und Tochterunternehmen abgebildet, als wären sie ein einziges Unternehmen, auch die Konsolidierungsvorgänge sind strukturell identisch. Einige Ausnahmen betreffen u.a. den Konsolidierungskreis sowie bestimmte Detailfragen der Konsolidierungstechnik. So kann beispielsweise auf die Konsolidierung eines Tochterunternehmens, dessen Anteile nur zur Weiterveräußerung gehalten werden, gemäß § 296 Abs. 1 Nr. 3 HGB verzichtet werden, nicht jedoch nach dem relevanten Standard IFRS 3 (Business Combinations).

Auch im IFRS-Abschluss sind assoziierte Unternehmen analog zum HGB nach der Equity-Methode zu bewerten, die sich ebenfalls nur in Detailfragen von den entsprechenden HGB-Vorschriften unterscheiden (IAS 28, Accounting for Investments in Associates). Für Gemeinschaftsunternehmen gilt derzeit auch nach IFRS ein Wahlrecht zwischen der Anwendung der Quotenkonsolidierung und der Equity-Methode (IAS 31, Financial Reporting of Interests in Joint Ventures).

Eine besondere Erwähnung verdient auch hier der Goodwill aus Unternehmenserwerben. In der IFRS-Konzernbilanz darf er – im Gegensatz zur HGB-Konzernbilanz – nicht mehr planmäßig abgeschrieben werden. Vielmehr ist der Goodwill jährlich auf eine außerplanmäßige Wertminderung zu prüfen (der so genannte *Impairment-only-Approach*). Dafür wird der aktuelle Wert des Vermögens des Unternehmensbereichs, dem Goodwillanteile zugeordnet wurden, mit dem jeweiligen Buchwert dieses Vermögens verglichen. Ist die Differenz von Markt- und Buchwert kleiner als der ursprünglich dem Unternehmensbereich zugeordnete Goodwillanteil, ist eine entsprechende Abschreibung erforderlich (vgl. IAS 36, Impairment of Assets). Im Gegensatz zum HGB muss diese Abschreibung zwingend erfolgswirksam durchgeführt werden; eine erfolgsneutrale Verrechnung mit den Konzernrücklagen ist nicht erlaubt.

Mit diesen kurzen Ausführungen zum Konzernabschluss nach IFRS wird der Stoffumfang des vorliegenden Einführungswerks inhaltlich abgeschlossen. Was noch verbleibt, ist eine abschließende Gesamtwürdigung der externen Rechnungslegung, die wir im folgenden und letzten Abschnitt vornehmen wollen.

3. Gesamtwürdigung der externen Rechnungslegung

Das betriebswirtschaftliche bzw. kaufmännische Rechnungswesen lässt sich allgemein als ein Instrument definieren, das zielorientierte Informationen bereitstellen soll. Maßgebliches Ziel von Unternehmen ist die langfristige, nachhaltige Erzielung von Gewinnen. Gewinn bedeutet in erwerbswirtschaftlichen Wirtschaftssystemen Vermögenszuwachs, Mehrgeld. Rechnungsgrößen des betriebswirtschaftlichen Rechnungswesens sind damit letztlich Zahlungen. Für andere Zielgrößen (Sozialziele, Umweltziele usw.) sind Informationsinstrumente entwickelt worden (z.B. Sozialbilanz), die man üblicherweise nicht in den Begriff »kaufmännisches Rechnungswesen« einbezieht.

Unternehmen sind Wirtschaftssubjekte mit zumeist langer Lebensdauer. Zu ihrer Steuerung sind Informationen erforderlich, die Auskunft über den aktuellen Stand der Zielerreichung geben. Eine Total-Erfolgsrechnung über die gesamte Lebensdauer hinweg wird damit zwar nicht überflüssig, muss aber ergänzt werden durch fortschreitende periodenbezogene Teilrechnungen. Hieraus folgt die – stets mit Abgrenzungsproblemen und Aussagegrenzen verbundene – Notwendigkeit der Periodisierung, folgt der Übergang von einer zahlungsgrößenorientierten Rechnung zu einer Erfolgsrechnung im Sinne einer Aufwands- und Ertragsrechnung.

Unternehmen lassen sich weiter als Koalition diverser Unternehmensbeteiligter verstehen. Hieraus bestehen für die Gestaltung des Rechnungswesens zwei grundsätzliche Möglichkeiten: Entweder werden für sämtliche Koalitionäre gesonderte, auf sie speziell zugeschnittene Rechnungen erstellt, oder aber man konzipiert eine einzige, aus einem Kompromiss der unterschiedlichen Informationsinteressen hervorgegangene Rechnung. In der Realität hat sich ein Kompromiss herausgebildet:
- Die Unternehmensleitung als dominantes Koalitionsmitglied verfügt –

zumindest in Deutschland – über einen speziellen Rechenkreis, die interne Rechnungslegung, die die Kostenrechnung (als kurzfristige Rechnung) und die Investitionsrechnung (als langfristige Rechnung) umfasst;

- der Fiskus als weiteres bedeutsames Koalitionsmitglied verlangt von den Unternehmen eine zweite spezielle Rechnungslegung, die Steuerbilanz, die die Grundlage der Unternehmensbesteuerung darstellt;
- für alle anderen Koalitionäre wird eine dritte Rechnung aufgestellt, für die das Handelsrecht die entsprechenden Spielregeln bereithält. Steuerbilanz und *Handelsbilanz* zusammen bilden die externe Rechnungslegung.

Häufig wird argumentiert, dass sich diese drei zentralen Bausteine des kaufmännischen Rechnungswesens in ihrem »Wahrheitsgehalt«, in ihrer Realitätstreue maßgeblich voneinander unterscheiden. Hierzu stellt man auf die Tatsache ab, dass nur im Falle der internen Rechnungslegung Rechnungslegungsersteller und Adressat der Rechnungslegung zusammenfallen, die Handels- und Steuerbilanz mit anderen Worten so weit wie irgend möglich unternehmensinteressengefärbt sind (Bilanzpolitik), zur Steuerung des Unternehmens durch die Unternehmensleitung dagegen nur »richtige«, unverfälschte Informationen verwendet werden können. Wenn eine solche Argumentation auch im Kern einleuchtend ist, muss man deutlich ihre Grenzen sehen: Auch Unternehmensleitungen verfolgen spezielle Interessen, sind nicht neutral, so dass interessenbedingte Abweichungen von »der« Realität auftreten können. Zudem haben wir es in der Praxis nie mit einer homogenen Unternehmensleitung zu tun; sie zerfällt vielmehr in eine Vielzahl teils gleichgeordneter, teils hierarchisch strukturierter Gruppen. »Im Kleinen« stellt sich der internen Rechnungslegung damit dieselbe Problematik wie der externen Rechnungslegung – wir werden hierauf im zweiten Teil dieses Lehrbuchs noch mehrfach zu sprechen kommen.

Die Rechnungslegung insgesamt muss sich somit von der Illusion lösen, ihr könne jemals eine »richtige«, allgemeingültige und endgültige Abbildung der wirtschaftlichen Realität gelingen. Sie ist vielmehr stets Interessen ausgesetzt, kontextabhängig. Dieses versucht die *Abbildung 12-4*, speziell auf die externe Rechnungslegung bezogen, zu veranschaulichen. Das Verständnis für die Rechnungslegung erschließt sich dem »Newcomer« am leichtesten, wenn man die für sie geltenden Bestimmungen – von speziellen Gesetzesvorschriften bis zu den GoB – als eine Art Satz von Spielregeln versteht, die einen geordneten Ablauf des Wirtschaftslebens sicherstellen sollen. Grobe Verstöße gegen diese Spielregeln werden geahndet, »kleine Fouls« bleiben häufig unentdeckt. Spielregeln schließlich unterliegen zumeist im Detail und zuweilen grundsätzlich Veränderungen. Dies gilt auch für die externe Rechnungslegung. Ein heute adäquates Rechnungslegungskonzept kann sich morgen als ungeeignet erweisen.

Besonders die Elemente der angelsächsischen Rechnungslegung, die auf den internationalen Kapitalmärkten dominieren, beeinflussen derzeit die Adäquanz der deutschen externen Rechnungslegung. Wenn Unternehmen sich direkt über Kapitalmärkte finanzieren wollen, müssen sie ihre Ab-

Die externe Rechnungslegung ist – wie jede Rechnungslegung – kontextabhängig. Rechnung legen heißt nicht, naturwissenschaftlichen Prinzipien entsprechend zu messen

Abb. 12-4: Kontextabhängigkeit der externen Rechnungslegung

schlüsse auch an die dort geltenden Normen anpassen. In Europa geschieht dies ab 2005 bzw. 2007 zwingend durch die Konzernbilanzierung nach IFRS – soll aber (auch) der US-amerikanische Kapitalmarkt in Anspruch genommen werden, ist (zusätzlich) die Bilanzierung nach US-GAAP erforderlich.

Sie können mit Spannung in den nächsten Jahren beobachten, inwieweit internationale Einflüsse die Gestaltung der externen Rechnungslegung in Deutschland beeinflussen werden – für deutsche Unternehmen wird dabei besonders interessant, wie sich das HGB im Zuge der nächsten »Modernisierung« des deutschen Bilanzrechts verändern wird. Sie haben so die Chance, eine der spannendsten Weiterentwicklungen in der deutschen Bilanzierung seit der Entstehung des HGB vor über hundert Jahren hautnah mitzuerleben.

Teil 2:

Kostenrechnung

Fallbeispiel zur Einführung in die Kostenrechnung

Kapitel 13

Lernziel

Mehrfach in diesem Buch wurde schon kurz angedeutet, warum sich neben dem externen Rechnungswesen ein zweiter, unmittelbar an die Unternehmensleitung gerichteter Rechnungszweig entwickelt hat. In diesem Kapitel sollen einführend

- diese Gründe näher analysiert und verständlich gemacht sowie
- die wichtigsten Probleme dargestellt werden, die sich dem internen Rechnungswesen, speziell der Kostenrechnung, bei der Lösung seiner (ihrer) Aufgaben stellen.

Zur besseren Verständlichkeit wollen wir hierzu wiederum auf die uns aus dem 1. Kapitel bekannte Studenten-Gesellschaft, die more-copy-gmbh, zurückgreifen. Vorab aber noch ein Wort zur Komplexität und Schwierigkeit des internen Rechnungswesens, speziell der Kostenrechnung. Nach allgemeiner (auch eigener!) Erfahrung stellt sich die Kostenrechnung seinem »Entdecker« als kaum überschaubar dar, als System, in dem mit den verschiedensten Verfahren vielfach Kosten hin und her gerechnet werden, ohne dass man genau weiß, warum die Verrechnung so und nicht anders erfolgt, warum es so unterschiedliche Verrechnungsmethoden gibt und welche von diesen denn nun das »richtige« Verfahren darstellt. Alles scheint möglich. Dies gilt nicht nur für Studenten, sondern auch für den Großteil der Führungskräfte in den Unternehmen, die mit Kostendaten versorgt werden bzw. mit diesen arbeiten müssen.

Intention dieses Lehrbuchs ist es, ein festes Geländer durch diesen »Verrechnungsnebel« zu legen, klar zu machen, warum es so viele unterschiedliche, konkurrierende Vorgehensweisen innerhalb der Kostenrechnung gibt, wann man welche davon warum auswählt und anwendet. Sie werden spätestens bei der Wiederholung dieses Kapitels merken, dass die im Folgenden angesprochenen Zwecke der Kostenrechnung und die (anhand weniger Beispiele skizzierten) Erfassungs- und Verrechnungsprobleme repräsentativ sind für die Kostenrechnung allgemein, dass sich die Komplexität der Kostenrechnung überwiegend nur daraus ergibt, dass eine Vielzahl von für sich allein sehr einfachen Verrechnungsvorgängen miteinander verbunden werden muss.

1. More than copy

Abs, Primus und Schäff haben die kargen Gründerzeiten ihrer more-copy-gmbh endgültig überwunden. Nicht zuletzt durch die vielfältigen fachlichen Anregungen im Hauptstudium ist die Gesellschaft deutlich gewachsen. Neuen Räumlichkeiten sind neue Geschäfte gefolgt:

- Abs managt – zusammen mit Schaffer, einem als Hilfskraft angestellten Studenten des 1. Semesters – den im Volumen ausgeweiteten Kopierbereich selbständig.
- Primus hat sich auf den Handel mit Kopiergeräten verlegt; zusammen mit Schäff residiert er hierzu in einem zusätzlich angemieteten Zimmer.
- Schäff kümmert sich um die Organisation, Rechnungslegung und denkt an zukünftige Geschäftsfelder – und dies trotz der hervorragenden Erfolgslage der more-copy-gmbh: 38,9% Verzinsung auf das eingesetzte Kapital ist doch ein hervorragender Wert (eine Kopie der auf der letzten Studentenvollversammlung von ihm stolz präsentierten Gewinn- und Verlustrechnung des gerade abgelaufenen Jahres ist in der *Abbildung 13-1* wiedergegeben).

	Jahr 2004
Umsatzerlöse	76.900,00
Toner- und Papieraufwand	1.800,00
Handelsware (bezogene Kopiergeräte)	42.500,00
Personalaufwand	15.750,00
Abschreibungen	850,00
Mieten	2.580,00
Wartungskosten Kopierer	525,00
Telefon	475,00
Strom/Heizung	2.700,00
Jahresüberschuss	9.720,00

Abb. 13-1: GuV der more-copy-gmbh

Rechnungszwecke in unserer more-copy-gmbh

Zum primus inter pares bestimmt, sorgt sich Schäff nämlich um drohende Konkurrenz. Ganz getreu der alten volkswirtschaftlichen Weisheit »Hohe Monopolrenten ziehen Konkurrenz magisch an«, wartet er fast täglich auf die Eröffnung eines alternativen Kopierladens. Auf eine solch signifikante Änderung seiner Marktposition möchte er schon heute vorbereitet sein. Dabei interessiert ihn insbesondere die Frage, inwieweit er einen preislichen Fehdehandschuh des potenziellen Konkurrenten aufgreifen könnte, mit anderen Worten, um wieviel er den mittlerweile auf 12 Cent pro Kopie gesteigerten Preis (jede Kopie allerdings mit Qualitätsgarantie, darauf legt Schäff großen Wert!) senken könnte, ohne in die Verlustzone zu geraten. Auch Ideen wie Mengen- oder Treuerabatte schwirren ihm im Kopf herum.

Darüber hinaus ist es für ihn eine noch völlig offene Frage, ob zusätzlich zur Neuanschaffung eines zweiten Kopierers im letzten Jahr demnächst ein drittes, sehr leistungsfähiges Gerät gekauft werden sollte, das auch überformatige Kopien erstellen könnte. Abs liegt ihm schon seit geraumer Zeit mit diesem Plan in den Ohren. Diesem kommt es dabei weniger auf die mögliche zusätzliche Nachfrage an, sondern vielmehr darauf, den sehr tonerintensiven alten Kopierer »aus den Gründertagen« mehr oder weniger stilllegen zu können.

Schließlich lässt Schäff die ständig bei jeder passenden und unpassenden Gelegenheit von Primus geäußerte These keine Ruhe mehr, dass der

Erfolg der more-copy-gmbh eigentlich nur auf seine Handelsspannen bei den verkauften Kopiergeräten zurückzuführen sei.

Die Frage erhält deshalb (erhebliche) Brisanz, weil Primus auch das Thema »Gewinnverteilung« auf die Tagesordnung gebracht hat. Zum einen haben die Gründer nicht exakt gleich viel Mittel auf den Tisch gelegt (Abs und Primus je 8.500 Euro, Schäff »nur« 8.000 Euro). Zum anderen wäre es doch – so seine Meinung – fair, wenn der mehr Geld bekäme, der mehr zur Erfolgs-Party beitrüge – die Auswirkungen des Studiums sind deutlich zu spüren. Zu allem Überfluss ist kürzlich der Rektor der FOAM-Schule an Schäff herangetreten mit der Idee, ob die more-copy-gmbh, auf die man im übrigen sehr stolz sei, nicht in Zukunft die Vervielfältigung der Hochschulnachrichten übernehmen könnte; derzeit müsse die Hochschule dafür bei einem Drucker einen Preis von 4 Cent pro Seite entrichten.

2. Ermittlung von Spartenerfolgen

Schäff überdenkt seine Beurteilungs- bzw. Entscheidungsprobleme: Alle haben unmittelbaren Einfluss auf den Erfolg der more-copy-gmbh, benötigen deshalb zu ihrer Fundierung erfolgswirtschaftliche Informationen. Erfolge zu ermitteln – so hat er in der Veranstaltung »Externes Rechnungswesen« gelernt – ist Aufgabe der Gewinn- und Verlustrechnung. Als er diese auf die genannten Fragestellungen hin analysieren will, erlebt er allerdings eine Enttäuschung: Die GuV liefert zwar eine Aussage über den Periodenerfolg der more-copy-gmbh insgesamt, lässt aber keinerlei Rückschlüsse auf die (Teil-)Erfolge des Kopiergeschäfts und des Handels mit Kopierern zu. Diese Aussage gilt generell:

Die GuV liefert Ergebnisinformationen – allerdings nur vergleichsweise pauschale

> Die Gewinn- und Verlustrechnung ermittelt den Erfolg der rechnungslegenden Unternehmung als Ganzes. Sparten- oder Produkterfolge sind aus ihr aber nicht ersichtlich.

Daran ändert auch die Vorschrift des HGB (§ 285 Abs. 4) nichts, im Anhang als Teil des Jahresabschlusses großer Kapitalgesellschaften die Umsatzerlöse weiter aufzugliedern. Gleiches gilt auch für die im Kapitel 9 angesprochene, von Konzernen geforderte Segmentberichterstattung. Schäff lässt sich nicht entmutigen. Da er den Jahresabschluss selbst erstellt hat, verfügt er über eine Liste sämtlicher Einzelbuchungen im abgelaufenen Jahr. Es müsste – so seine Überlegung – nun doch nicht allzu schwer sein, jeden Beleg daraufhin zu überprüfen, ob er dem Kopiergeschäft einerseits oder dem Handel mit Kopierern andererseits zuzurechnen ist. Diesen Weg geht die Kostenrechnung generell:

> Die Kostenrechnung baut im Wesentlichen auf der externen Rechnungslegung (speziell der Finanzbuchhaltung) auf. Die Aufwendungen und Erträge werden – wertmäßig z.T. geringfügig verändert – auf der Basis der Einzelbelege (einzelne Geschäftsvorfälle) mit weiteren Informationen versehen (»kontiert«). Bei

diesen zusätzlichen Informationen handelt es sich um solche, die eine differenzierte Zuordnung der Beträge zu bestimmten »Kalkulationsobjekten« oder »Bezugsobjekten« zulassen. Eine wichtige Gruppe derartiger Kalkulations- oder Bezugsobjekte sind Produkte.

Eine Reihe von Beträgen lässt sich leicht zuordnen:

- die Umsatzerlöse, für die Kassenbelege bzw. Verkaufsrechnungen vorliegen,
- der Toner- und Papieraufwand,
- die Kosten für die als Handelswaren bezogenen Kopierer,
- die Miete des Kopierladens, die dort zu zahlenden Strom- und Heizungskosten, die Telefonkosten des dort installierten Telefons und die Abschreibung der Möbel, die im Kopierladen aufgestellt sind, schließlich auch
- die Personalkosten des nur mit dem Kopiererhandel befassten Primus.

Schäff tut etwas, was man in der »richtigen« Kostenrechnung als Kontierung bezeichnet

Anschließend verbleiben allerdings einige Belege, mit denen Schäff zunächst nichts Rechtes anfangen kann. Die ersten davon sind die Überweisungsbelege seines eigenen Gehalts. Er kann diese weder dem Kopiergeschäft noch dem Handel mit Kopiergeräten direkt zuordnen, da er in der Funktion eines Verwaltungsleiters für beide Produktsparten gleichzeitig bzw. gemeinsam zuständig ist. Schäff beschließt deshalb, zunächst eine eigene, dritte, mit »Verwaltung« überschriebene Rubrik von Belegen zu bilden.

Nicht alle Kosten lassen sich direkt, unmittelbar für einzelne Produkte erfassen und diesen zuordnen. Kosten, für die eine direkte Zuordnung nicht gelingt, sammelt man deshalb im ersten Schritt in speziellen »Töpfen«, die man Kostenstellen nennt.

Mit der Separierung des Bereichs »Verwaltung« hat Schäff in der Belegzuordnung ein direktes Abbild der Organisation der more-copy-gmbh erstellt: Den beiden Spartenbereichen Kopiergeschäft und Kopiergerätehandel ist eine Funktion Geschäftsführung bzw. Verwaltung – quasi als Serviceabteilung – an die Seite gestellt. Dies veranschaulicht auch die *Abbildung 13-2* (vgl. Folgeseite). Verallgemeinernd lässt sich festhalten:

Die Bildung und Gliederung von Kostenstellen folgt der organisatorischen Gliederung des Unternehmens. Allerdings sind auch Abweichungen von dieser Regel möglich.

Kostenstellen werden auch allein für Verrechnungszwecke gebildet

Mit einem Grund für diese möglichen Abweichungen wird Schäff konfrontiert, als er die noch verbleibenden Buchungsbelege durchsieht: Was passiert mit den Kosten für das von ihm und Primus gemeinsam genutzte Zimmer, das dort aufgestellte Mobiliar und das Telefon? Sie fallen für die Verwaltung und den Handel mit Kopiergeräten gemeinsam an; sie lassen sich nicht direkt beiden Bereichen getrennt zuordnen. Schäff bleibt nichts anderes übrig, als zunächst einen vierten Belegstapel anzulegen, d.h. eine

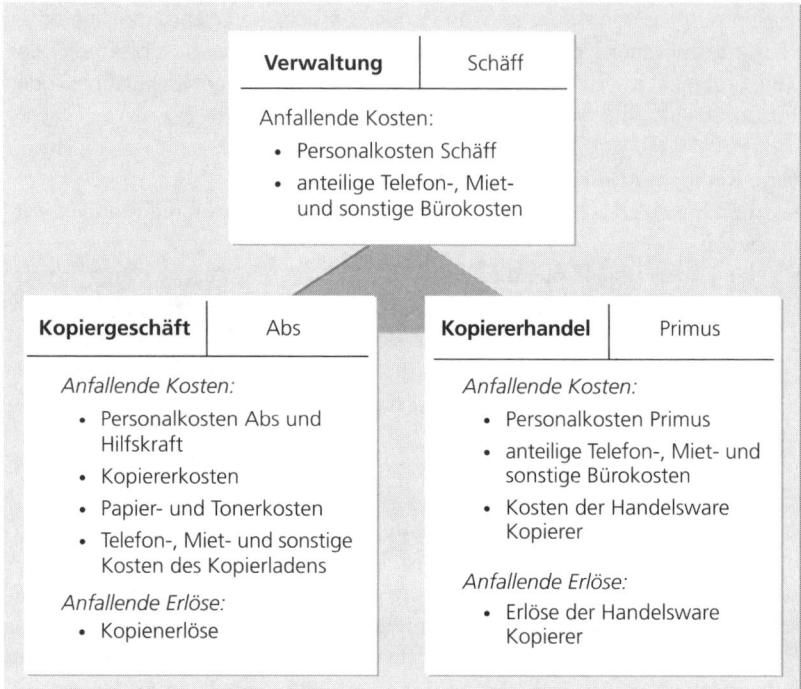

Abb. 13-2: Organisationsbereiche der more-copy-gmbh

weitere Kostenstelle einzurichten. Diese entspricht jedoch keinem Organisationsbereich, sondern dient allein dazu, Kosten zu sammeln, die sich weder direkt Produkten noch direkt einer anderen Kostenstelle zuordnen lassen, um sie anschließend in Summe weiterzuverrechnen. Kostenstellen dieser Art bezeichnet man deshalb auch als »Verrechnungskostenstellen«.

Folgende Beträge sammeln sich in der Verrechnungskostenstelle »Büroraum« an:

- 100 Euro (Abschreibungen für Büroausstattung),
- 1.200 Euro (Mieten und Mietnebenkosten),
- 325 Euro (Telefongebühren) und
- 600 Euro (Strom- und Heizungskosten).

Wie sollen nun aber diese Kosten in Höhe von 2.250 Euro auf die Verwaltung und den Handel mit Kopiergeräten aufgeteilt werden? Schäff schwebt nach kurzer Überlegung eine einfache Zweiteilung der Kosten vor. Er nutzt wie Primus den Raum, hat wie dieser einen Schreibtisch, bedient sich wie dieser der Garderobe und des Schirmständers, hält sich auch nicht länger im Büro auf als sein Kommilitone. Könnte Primus etwas gegen diese gerechte Teilung einwenden? Etwa, weil Schäff den größeren Schreibtisch in der Mitte des Raumes besitzt, unter diesem der einzige Teppich des Büros liegt und er den kürzeren Weg zur Toilette hat? Er ärgert sich schon jetzt über die kleinliche Einstellung von Primus, insbesondere da dieser das gemeinsame Telefon übermäßig nutzt. Nein, diesen Verteilungsschlüssel wird er im Ernstfall erfolgreich verteidigen! Schon dieses kleine erste Beispiel macht deutlich:

Es gibt grundsätzlich keinen »richtigen« Schlüssel im Sinne eines Berechnungsmodus zur Aufteilung solcher Kosten, die für mehrere Bezugsobjekte (hier: Kostenstellen) gemeinsam anfallen. Letztere Kosten bezeichnet man als Gemeinkosten. Jede Gemeinkostenschlüsselung ist stets hinterfragbar, auch wenn sie noch so plausibel erscheint.

Schäff trägt die nun sortierten Zahlen in eine Tabelle ein und rechnet anschließend die Kosten des Büroraums den beiden Kostenstellen Kopiererhandel und Verwaltung zu gleichen Teilen zu. Das Ergebnis dieser Zuordnung und Berechnung zeigt die *Abbildung 13-3*. Die Ergebnisse sind sehr aufschlussreich. Primus scheint tatsächlich annähernd Recht zu haben mit seiner Behauptung, auf ihn allein sei der Erfolg der more-copy-gmbh zurückzuführen. Er kann sich schon lebhaft ausmalen, was diese Zahlen für die Frage der Gewinnverteilung bedeuten werden!

	Kopiergeschäft	Kopiererhandel	Verwaltung	Büro	Summe
Umsatzerlöse	14.400,00	62.500,00			76.900,00
Toner- und Papierkosten	1.800,00				1.800,00
Bezogene Kopiergeräte		42.500,00			42.500,00
Personalaufwand	6.750,00	4.500,00	4.500,00		15.750,00
Abschreibungen Kopierer	625,00				625,00
Abschreibungen Büroausstng.	125,00			100,00	225,00
Mieten	1.380,00			1.200,00	2.580,00
Wartungskosten Kopierer	525,00				525,00
Telefon	150,00			325,00	475,00
Strom/Heizung	2.100,00			600,00	2.700,00
Summe Kosten	13.455,00	47.000,00	4.500,00	2.225,00	67.180,00
Vorläufiger Spartenerfolg I	945,00	15.500,00	-4.500,00	-2.225,00	9.720,00
Verrechnung Bürokosten		-1.112,50	-1.112,50	←⎤	
Vorläufiger Spartenerfolg II	945,00	14.387,50	-5.612,50		9.720,00

Abb. 13-3: Berechnung der vorläufigen Spartenergebnisse

Aber die Rechnung ist ja noch nicht zu Ende; deshalb endet sie bei einer vorläufigen Erfolgsgröße. Die Verwaltung steht noch »gleichberechtigt« neben den beiden Sparten, als ein innerbetrieblicher Servicebereich neben zwei direkt mit der Herstellung und dem Vertrieb von Produkten befassten Bereichen, »neudeutsch« als ein cost-center neben zwei profit-centern. Schäff hält es für völlig unsinnig, für sich ein eigenes Ergebnis (im Sinne einer Erlös-/Kosten-Differenz) zu bilden. Es ist ja nicht seine Aufgabe, an Dritte Leistungen zu verkaufen, sondern intern den beiden Kommilitonen Arbeiten – und zwar von diesen ungeliebte – abzunehmen! Er geht deshalb im nächsten Schritt daran, »seine« Verwaltungskostenstelle auf die beiden Produktsparten Kopiergeschäft und Kopiererhandel aufzuteilen.

Kostenstellen, die gleichzeitig für mehrere Produkte bzw. Produktgruppen Leistungen erbringen (sogenannte »Endkostenstellen«), werden in der Kostenrechnung zumeist vollständig auf die betroffenen Produkte »umgelegt«, d.h. man verrechnet sämtliche auf diesen Kostenstellen angefallenen Kosten nach bestimmten Schlüsseln direkt auf die Produkte.

Wie schon bei der Verrechnungskostenstelle Büro steht Schäff bei der Verteilung der Verwaltungskosten vor dem Problem, nach welchem Schlüssel er diese Kosten weiterverrechnen soll. Bei der Aufteilung der Bürokosten hatte er sich von einer sehr plausiblen Grundidee leiten lassen: Er hatte die Kosten danach zugerechnet, wie intensiv das Büro von ihm und Primus jeweils genutzt worden ist – eine seiner Überzeugung nach faire und gerechte Schlüsselung.

Immer wieder dieselbe Frage: Wie können Kosten »gerecht« aufgeteilt werden?

Die traditionelle Kostenrechnung richtet sich bei der Schlüsselung von Kosten stets an einer möglichst verursachungsgerechten Verteilung aus. Sie interpretiert dabei »verursachungsgerecht« im Sinne von »anteiliger Leistungsinanspruchnahme«: Derjenige, der eine Kostenstelle mehr in Anspruch genommen hat als ein anderer, soll auch mehr Kosten belastet bekommen.

Zwei Kommentare seien noch angebracht: (1) Ausnahmen von der soeben formulierten Regelung ergeben sich insbesondere dann, wenn die Gewährleistung einer »verursachungsgerechten Schlüsselung« zu aufwendig ist, d.h. wenn es unwirtschaftlich wäre, die zu einer verursachungsgerechten Schlüsselung erforderlichen Schlüsselgrößen zu erfassen. Ein Beispiel ist etwa die verursachungsgerechte Zuordnung von Stromkosten in einer Fertigungshalle mit einer großen Zahl von Maschinen. Zwar ließe sich der Stromverbrauch jeder einzelnen Anlage exakt erfassen, man müsste »lediglich« jeweils einen Stromzähler installieren. Nur – gerade dies wäre sehr unwirtschaftlich! (2) An dem Zusatz »traditionell« lässt sich ablesen, dass die geschilderte Vorgehensweise heute von Vielen nicht mehr geteilt wird. Warum dies so ist, wie dies zu beurteilen ist und welche Konsequenzen daraus zu ziehen sind, werden wir noch ausführlich diskutieren.

Was bedeutet nun aber »verursachungsgerechte Schlüsselung« bei Verwaltungskosten? Schäff ist zunächst ratlos, erinnert sich dann aber an die Lehrveranstaltung »Externes Rechnungswesen«, als bei der Berechnung der Herstellungskosten gemäß § 255 Abs. 2 HGB auf eine so genannte »Zuschlagskalkulation« verwiesen wurde. Ein Blick in ein Kostenrechnungslehrbuch gibt Schäff Gewissheit: Verwaltungs(gemein)kosten werden meistens als prozentualer Zuschlag auf die Herstellkosten verrechnet, wobei Herstellkosten die Summe aus Materialkosten und Fertigungskosten sind. Er geht gleich ans Werk – heraus kommt die Aufstellung, die die *Abbildung 13-4* zeigt. Verteilungsbasis sind die auf den beiden Kostenstellen bzw. für die beiden Sparten bis zu diesem Verrechnungsschritt angefallenen Kosten.

Bereits das HGB verweist auf übliche Kalkulationsverfahren der Kostenrechnung

Wie nicht anders zu erwarten, gerät das Spartenergebnis des Kopiergeschäfts schon unter die Nulllinie. Nicht nur aus diesem Grund befriedigt das Ergebnis der Rechnung Schäff nicht. Er sieht schon das zunächst verblüffte, dann viel Ärger verheißende Gesicht von Primus vor sich, wenn dieser entdeckt, dass sein Kopiergerätehandel weit mehr Verwaltungskosten tragen muss als das Kopiergeschäft,

	Kopier-geschäft	Kopierer-handel	Verwal-tung	Büro	Summe
Umsatzerlöse	14.400,00	62.500,00			76.900,00
Toner- und Papierkosten	1.800,00				1.800,00
Bezogene Kopiergeräte		42.500,00			42.500,00
Personalaufwand	6.750,00	4.500,00	4.500,00		15.750,00
Abschreibungen Kopierer	625,00				625,00
Abschreibungen Büroausstng.	125,00			100,00	225,00
Mieten	1.380,00			1.200,00	2.580,00
Wartungskosten Kopierer	525,00				525,00
Telefon	150,00			325,00	475,00
Strom/Heizung	2.100,00			600,00	2.700,00
Summe Kosten	13.455,00	47.000,00	4.500,00	2.225,00	67.180,00
Vorläufiger Spartenerfolg I	945,00	15.500,00	-4.500,00	-2.225,00	9.720,00
Verrechnung Bürokosten		-1.112,50	-1.112,50	◄——┘	
Vorläufiger Spartenerfolg II	945,00	14.387,50	-5.612,50		9.720,00
Herstellkosten	13.455,00	48.112,50	——┐		
Verrechnung Verwaltungskosten	-1.226,56	-4.385,94	◄——┘		
Spartenerfolg	-281,56	10.001,56			9.720,00

Abb. 13-4: Sparten-
ergebnisse nach
Verrechnung der Verwal-
tungskosten – Variante 1

- obwohl dort zwei Leute arbeiten, er jedoch seinen Job alleine macht (das bedeutet mindestens die doppelte Zahl von Lohn- und Gehaltszahlungen, Kontakten mit den Krankenkassen und anderen personalbezogenen Aktivitäten),
- obwohl er mit wenigen Geschäften das Geld der more-copy-gmbh verdient, während vom Kopiergeschäft her eine Fülle von »Klecker«beträgen verbucht werden muss und
- obwohl Schäff – wenn er diesen Aufgabenbereich überhaupt wahrnehme – Planungs- und Kontrollaufgaben wohl nur für das mühselige copy-business durchzuführen hätte,

kurz: obwohl er selbst die Verwaltung so gut wie gar nicht in Anspruch nehme. Schäff überlegt, ob er es auf einen langen Disput mit Primus ankommen lassen sollte. Wie könnte ein anderer Weg der Kostenverteilung aussehen? Nun, wenn man sich gar nicht mehr anders zu helfen weiß, verbleibt immer noch die Möglichkeit der Durchschnittsbildung, d.h. der Gleichverteilung der 5.612,50 Euro auf die beiden Sparten.

Mit der Verteilung von
Kosten für dispositive
Leistungen tut sich die
Kostenrechnung schwer

Kosten von Bereichen, die dispositive Tätigkeiten erbringen (z.B. Verwaltung, Forschung und Entwicklung), auf Produkte oder andere Kostenstellen zuzurechnen, bereitet generell erhebliche Schwierigkeiten. Die (traditionelle) Kostenrechnung behilft sich zumeist mit sehr pauschalen, sehr ungenau erscheinenden Schlüsseln.

Der Grund für diese Zurechnungsprobleme liegt in der schwierigen bzw. unmöglichen Messbarkeit von dispositiven Leistungen. Wir werden darauf

Fallbeispiel

in den folgenden Kapiteln noch mehrfach zurückkommen.

Als Schäff seine Rechnung durch eine Gleichverteilung der Verwaltungskosten korrigiert, erhält er eine Tabelle, die die *Abbildung 13-5* zeigt. Wie nicht anders zu erwarten, zieht der nun gewählte Verrechnungsmodus der Verwaltungskosten das Kopiergeschäft noch deutlicher unter die Nulllinie. *Der Kernbereich der more-copy-gmbh schreibt in erheblichem Maße rote Zahlen.*

	Kopiergeschäft	Kopiererhandel	Verwaltung	Büro	Summe
Umsatzerlöse	14.400,00	62.500,00			76.900,00
Toner- und Papierkosten	1.800,00				1.800,00
Bezogene Kopiergeräte		42.500,00			42.500,00
Personalaufwand	6.750,00	4.500,00	4.500,00		15.750,00
Abschreibungen Kopierer	625,00				625,00
Abschreibungen Büroausstng.	125,00			100,00	225,00
Mieten	1.380,00			1.200,00	2.580,00
Wartungskosten Kopierer	525,00				525,00
Telefon	150,00			325,00	475,00
Strom/Heizung	2.100,00			600,00	2.700,00
Summe Kosten	13.455,00	47.000,00	4.500,00	2.225,00	67.180,00
Vorläufiger Spartenerfolg I	945,00	15.500,00	-4.500,00	-2.225,00	9.720,00
Verrechnung Bürokosten		-1.112,50	-1.112,50 ←		
Vorläufiger Spartenerfolg II	945,00	14.387,50	-5.612,50		9.720,00
Herstellkosten	13.455,00	48.112,50			
Verrechnung Verwaltungskosten	-2.806,25	-2.806,25	←		
Spartenerfolg	-1.861,25	11.581,25			9.720,00

Abb. 13-5: Spartenergebnisse nach Verrechnung der Verwaltungskosten – Variante 2

Schäff ist elektrisiert. Er hat eine präzise Vorstellung davon, was passieren kann, wenn Primus die Zahlen sieht. Eine Ausrichtung der von ihm gewünschten Prämien an den Spartenerfolgen würden Abs gänzlich leer ausgehen lassen. Ihn selbst beträfe dies nicht. Als »Leiter der Verwaltung« besitzt er keine Produktverantwortung. Seine Prämie müsste sich am Gesamtergebnis der Gesellschaft ausrichten. Wie er Primus kennt, hätte er allenfalls mit der Forderung zu rechnen, für seinen geringeren Einsatz an Eigenkapital »bestraft« werden zu müssen. Primus und Abs könnten die von ihnen mehr eingelegten 500 Euro ja auch auf die Bank bringen. Schäff macht kurz eine überschlägige Rechnung: 500 Euro x 3% = 15 Euro. Na, so wild kann es ja nicht werden. Oder fallen den beiden noch Argumente für höhere Zinssätze ein?

Immer dann, wenn an die Zahlen der Kostenrechnung Incentiveregelungen geknüpft sind, ist es nicht auszuschließen, dass Fragen nach der richtigen Kostenverrechnung überlagert werden von Fragen, wie Einzelne am meisten von den Verrechnungen profitieren können.

Das im Geschäft gebundene Kapital wird in der Kostenrechnung durch kalkulatorische Zinsen berücksichtigt. Für deren Ansatz stehen unterschiedliche Berechnungswege zur Auswahl.

3. Überprüfung der Preisstellung für das Kopiergeschäft

Was ist zu tun? Die von Schäff anfangs gewünschte Information über einen Preissenkungsspielraum im Kopiergeschäft kehrt sich um in die Frage, wie hoch der Preis sein müsste, um Kostendeckung zu erzielen. Im Umgang mit Tabellenkalkulationsprogrammen geübt, lässt die Antwort auf diese Frage nicht lange auf sich warten: Die Kopiersparte erreicht erst bei 14 Cent pro verkaufte Kopie wieder die Gewinnzone. Ein Cent mehr bedeutet 1.200 Euro mehr an Umsatzerlösen. Kosten steigen nicht. Deshalb wird der Spartenerfolg der Kopierersparte auf 538,75 Euro angehoben.

Schäff trifft sich mit Abs und diskutiert die Situation. Nachdem sich dieser vom Schock der schlechten Erfolgslage »seines« Copyshops erholt hat, weist er die Forderung von Schäff nach Preiserhöhungen weit von sich: Ob Schäff denn noch nie etwas von einer marktkonträren Preisstellung, einem »Sich-aus-dem-Markt-Herauskalkulieren« gehört habe; das stehe doch in jedem guten Kostenrechnungslehrbuch. Eine Preiserhöhung würde – neben der Magnetwirkung auf potenzielle Konkurrenten – sicher dazu führen, dass die Kommilitonen (noch) weniger kopieren würden, und dann wäre das Defizit des Kopiergeschäfts höher statt niedriger als vorher.

Was ist zu tun, um aus dem Verlust einen Gewinn zu machen?

Dieser Argumentation kann Schäff schlecht massiv entgegentreten, trifft sie doch genau seine geheimen Ängste, die ihn zu einer Überprüfung des – nun leider nicht vorhandenen – preispolitischen Spielraums im Kopierbereich getrieben hatte. Gemeinsam mit Abs überlegt er deshalb nach einiger Bedenkzeit, ob sie nicht besser umgekehrt die Nachfrage nach Kopien ankurbeln, ob sie nicht besser die Preise für Kopien senken sollten. Allerdings kommen beide bei der Beantwortung dieser Frage zunächst nicht weiter. Zum einen haben sie keinen Anhaltspunkt dafür, wie stark denn die Nachfrage auf Preissenkungen reagieren würde. Zum anderen geben die bislang von Schäff erstellten Unterlagen keine Auskunft über die Höhe der Kosten bei verändertem Kopienabsatz.

Schäff erbittet Bedenkzeit. Er greift sich am Abend nochmals den unter der Überschrift »Kopiergeschäft« gesammelten Stapel von Einzelbelegen und überprüft jeden einzelnen Beleg daraufhin, ob die dort erfassten Kosten und Erlöse sich wohl mit der Anzahl verkaufter Kopien verändern werden oder aber von solchen Änderungen unbeeinflusst sind. Das Ergebnis seiner Analysen, eine Einteilung in fixe und variable Kosten, zeigt die *Abbildung 13-6*.

Bei zwei Belegarten fällt es ihm nicht schwer, eine unmittelbare Variabilität festzustellen:

- Die Umsatzerlöse bestimmen sich direkt als Produkt aus Kopienmenge und Preis pro Kopie.

	Kopiergeschäft	Veränderlichkeit des Betrags	Bezugsgröße
Umsatzerlöse	14.400,00	variabel	Kopienzahl
Toner- und Papierkosten	1.800,00	variabel	Kopienzahl
Personalaufwand	6.750,00	fix	
Abschreibungen Kopierer	625,00	fix (?)	
Abschreibungen Büroausstattung	125,00	fix	
Mieten	1.380,00	fix	
Wartungskosten Kopierer	525,00	fix (?)	
Telefon	150,00	variabel (?)	???
Strom/Heizung	2.100,00	fix	
Verrechnung Verwaltungskosten	2.806,25	fix	

Abb. 13-6: Spaltung der Kosten und Erlöse des Kopiergeschäfts

- Die Kosten für Toner und Papier hängen ebenfalls unmittelbar vom Kopiervolumen ab. Dabei kann Schäff aus den vorliegenden Rechnungen und den – nach Anruf bei Abs – bekannten Kopiervolumina des alten Kopierers (40.000 Kopien) und des neuen Geräts (80.000 Kopien) errechnen, dass pro Kopie auf dem neuen Gerät 0,01 Euro, auf dem alten Kopierer 0,025 Euro Toner- und Papierkosten anfallen.

Umsatzerlöse und Materialkosten (hier: Kosten für Toner und Papier) hängen bei den meisten Unternehmen in ihrer Höhe unmittelbar von der Menge erstellter Produkteinheiten ab. Sie werden deshalb als Einzelerlöse bzw. als Einzelkosten direkt den Produkten zugerechnet.

Andere Positionen sind ebenso unzweifelhaft vom Kopiervolumen unbeeinflusst: Dies beginnt mit den Personalkosten und endet mit der Miete für den Kopierladen; letztere muss von der more-copy-gmbh bezahlt werden, um überhaupt das Kopiergeschäft betreiben zu können. Allein drei Belegtypen bereiteten ihm Schwierigkeiten:

- *Telefongebühren*: Sicher wird die Zahl der Gesprächseinheiten nicht völlig unbeeinflusst davon sein, wie viele Kopien der Laden »durchsetzt«; allerdings kennt er auch die »geschäftsschädigende« Handlungsweise von Abs und Schaffer, ab und an ein privates Gespräch zu führen; zudem rufen sie ihn zuweilen in geschäftlichen Dingen an. Mangels genauerer Informationen entschließt sich Schäff deshalb, die Telefongebühren als nicht vom Kopiervolumen abhängig zu betrachten. Dieses Verhalten ist bei der Kostenspaltung typisch: Bestehen Zweifel in der Kategorisierung variable Kosten/fixe Kosten, rechnet man einen Kostenbetrag den fixen Kosten zu. Analoges gilt auch bei der Differenzierung zwischen Einzel- und Gemeinkosten.

»Im Zweifel« werden Kosten der Kategorie »fix« zugeordnet

- *Abschreibungen der Kopierer*: Sie sind in der Finanzbuchhaltung als zeitproportional angesetzt (lineare Abschreibungen). Grundsätzlich befriedigt Schäff dieser Ansatz nicht; er vermutet, dass die Höhe des Wertverzehrs der Kopierer auch von dem Grad ihrer Nutzung abhängt, was man spätestens beim Verkauf der Geräte merken müsste. Er erinnert sich aber auch an die langen Diskussionen in der Veranstaltung »Externes Rechnungswesen«, als es darum ging, ob bzw. wie sich nutzungsabhängige Abschreibungen (mehr oder weniger) objektiv bestimmen lassen. Aus Vereinfachungsgründen geht er deshalb nicht vom finanzbuchhalterischen Ansatz ab. Somit zählen die Abschreibungen zu den nicht kopienzahlabhängigen Kosten.

- *Wartungskosten der Kopierer.* Bei den Wartungskosten ergreift Schäff dasselbe Unbehagen wie bei den Abschreibungen: Eigentlich müste doch der Wartungsbedarf der Geräte unmittelbar mit der Zahl angefertigter Kopien korrelieren. Er schaut nochmals in die Serviceunterlagen und stößt schnell auf die entscheidende Passage des Wartungsvertrags: »Die Kopiergeräte sind zweimal im Jahr zu warten. Pro Wartung wird ein Pauschalbetrag von 100,00 Euro (Kopierertyp Ultra XL) bzw. von 162,50 Euro (Kopierertyp Supra GT) zuzüglich Mehrwertsteuer in Rechnung gestellt«. Risiko und Chancen eines mit sich verändernder Nutzung der Geräte ändernden Umfangs erforderlicher Wartungsarbeiten trägt somit das mit der Wartung beauftragte Serviceunternehmen. Für die more-copy-gmbh sind die Kosten also fix.

Um die Veränderung des Erfolgs eines Produkts bzw. einer Sparte bei Veränderungen der entsprechenden Absatzmengen bestimmen zu können, ist es unumgänglich, eine Kostenspaltung vorzunehmen. Diese setzt prinzipiell bei jedem einzelnen Kostenbetrag an. Sie ist damit mit einem erheblichen Analyseaufwand verbunden.

Schäff fängt an zu rechnen, ermittelt für alternative Absatzmengen die kostendeckenden Preise. Das Ergebnis trägt er in ein Diagramm ein, das die *Abbildung 13-7* zeigt. Dem Diagramm ist zu entnehmen, dass eine absatzankurbelnde Preissenkungsstrategie im Grundsatz völlig richtig wäre, da der kostendeckende Preis mit steigender Kopienzahl deutlich sinkt. Der Grund für diesen Zusammenhang liegt auf der Hand: Jede zusätzliche Kopie erbringt den vollen Umsatzerlös, verursacht aber nur Toner- und Papierkosten als zusätzlich anfallende Kosten (in der Rechnung ist dabei ein konstanter, von der Zahl angefertigter Kopien unabhängiger Durchschnittspreis von 0,015 Euro pro Kopie unterstellt; die Annahme, dass stets der neue Kopierer exakt doppelt so intensiv wie der alte eingesetzt wird, könnte man durchaus kritisch hinterfragen – wir wollen es hier aber bei der reinen Nennung der Annahme belassen). Die Differenz beider Beträge dient zur Deckung der (ohnehin anfallenden) Fixkosten. Man nennt diese Erlös-Kosten-Differenz deshalb auch »Deckungsbeitrag«.

Durch die Verrechnung ohnehin anfallender Fixkosten auf die einzelnen Produkteinheiten (Fixkostenproportionalisierung)

Abb. 13-7: Abhängigkeit der Kosten pro Kopie von der Zahl angefertigter Kopien

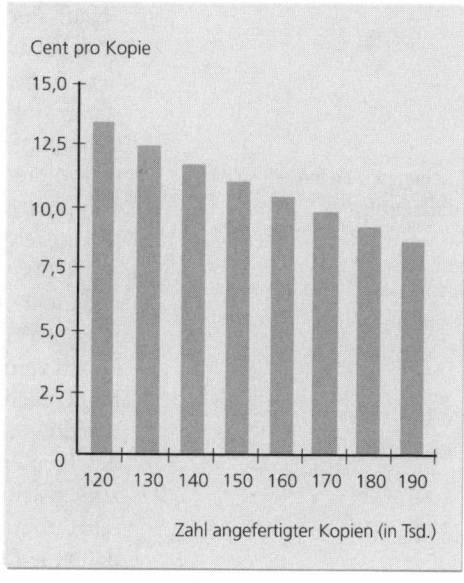

ist der Wert »Kosten pro Stück« abhängig von der Absatzmenge. Eine bei Kostenunterdeckung vorgenommene Preiserhöhung kann deshalb bei normaler Nachfrage (negativ geneigte Preis-Absatz-Funktion) nicht zu einer Ergebnisverbesserung, sondern umgekehrt zu einer Erhöhung des Verlustes führen! Erkennt man diesen Zusammenhang nicht, kommt es zu einem »sich-aus-dem-Markt-Herauskalkulieren«.

4. Vorteilhaftigkeit des Projekts »Hochschulnachrichten«?

Schäff diskutiert wenig später das Ergebnis seiner Überlegungen mit Abs. Dieser fühlt sich zunächst in seiner Einschätzung bestätigt, dass der Kopienpreis keinesfalls erhöht werden darf. Darüber hinaus ist er beeindruckt von der Kostenentwicklung pro Kopie bei steigender Absatzmenge. Allerdings ist ihm nicht klar, woher zusätzliche Nachfrage über einige Prozent Steigerung hinaus kommen sollte. Da erinnert sich Schäff an das Angebot des Rektors, die Hochschulnachrichten über die more-copy-gmbh abwickeln zu lassen. Beide werden unruhig: Ein hohes Kopiervolumen für diese Publikation würde die normalen Kopien von einem Teil des Kostendrucks befreien ... Mit welchem Kopiervolumen ist überhaupt zu rechnen? Ein Anruf schafft Klarheit: Die Hochschulnachrichten erscheinen viermal im Jahr, haben jeweils ca. 20 Seiten Umfang und werden an ca. 3.000 Leser versandt. Schäff rechnet schnell hoch: Bei einem Gesamtkopiervolumen von 120.000 + 240.000 = 360.000 Stück ergäbe sich ein Durchschnittspreis von etwas knapp 6 Cent, ermittelt aus 14.461 Euro Fixkosten + 360.000 Kopien à 1,5 Cent/Kopie (variable Kosten) / 360.000 Kopien.

Zusätzliche Nachfrage durch Druck der Hochschulnachrichten könnte der Kalkulation helfen...

Begeisterung kommt auf, wird allerdings von beiden gleich wieder gebremst.

- Schäff findet auf dem Notizzettel, auf dem er die Anfrage des Rektors notiert hatte, den Vergleichspreis von 4 Cent, den die Hochschule bisher pro Seite bezahlen muss. Wenn die more-copy-gmbh, um ins Geschäft zu kommen, lediglich 3,5 Cent als Preis pro Seite verlangt, ergibt sich eine Senkung des kostendeckenden Preises für das bisherige Kopiervolumen auf gerade 9,5 Cent. Diese Berechnung fällt noch etwas komplizierter aus. Der Betrag ermittelt sich wie folgt: (14.461 Euro [Fixkosten] + 360.000 Kopien x 1,5 Cent pro Kopie [variable Kosten] – 240.000 Kopien x 3,5 Cent pro Kopie [Erlöse für die Hochschulnachrichten]) / 120.000 Kopien.

...aber ganz so einfach ist es doch nicht!

- Abs gibt zu bedenken, wie man denn überhaupt ein solches Kopiervolumen vernünftig abwickeln wolle. Er müsse zum einen sicherlich Schaffer deutlich länger einsetzen (Personalkosten!); zum anderen reichten die beiden vorhandenen Kopiergeräte wohl kaum aus, die Verdreifachung des Kopiervolumens zu verkraften. Er benötige dann einen weiteren, zudem sehr leistungsfähigen Kopierer (Abschreibungen, Wartungskosten!), aber den habe er ja schon seit langem gefordert. Wie sähe denn dann die Rechnung aus?

Schäff vertröstet Abs und macht sich am Abend daran, die neue Sachlage zu kalkulieren. Er sucht sich dazu die Notiz von Primus heraus, der für den neu anzuschaffenden Kopierer folgende Werte genannt hat:

- Anschaffungspreis: 5.225 Euro
- Wartungskosten p.a.: 300 Euro
- Toner- und Papierkosten liegen auf dem bekannten – niedrigen – Niveau von 1 Cent pro Kopie.

Um die Abschreibungen zu berechnen, verwendet Schäff dieselbe Nutzungsdauer, wie er sie für den zweiten Kopierer angesetzt hat (5 Jahre). Für den zusätzlichen Personaleinsatz geht er davon aus, dass Schaffer doppelt so lange schaffen muss wie bisher. Schließlich setzt er – als grob geschätzten Wert – 150 Euro mehr Stromkosten an.

Vorteilhaftigkeit des Projekts »Hochschulnachrichten«?

> »Moderne« Kostenrechnung soll die Unternehmensleitung bei der Fundierung und Kontrolle von Entscheidungen unterstützen. Sie erfasst zunächst jedoch nur Vergangenheitsdaten (angefallene Kosten). Diese lassen sich um so schlechter für in die Zukunft gerichtete Entscheidungen verwenden, je stärker diese Entscheidungen die bisherige Kostenstruktur verändern. Unabhängig davon müssen für Entscheidungen stets weitere Leistungs- und Kostendaten erhoben werden.

Die Kostenrechnung kann um so eher für Entscheidungen helfen, je mehr die Verhältnisse in der Vergangenheit auch in der Zukunft gelten

Das Ergebnis dieser Berechnung (vgl. *Abbildung 13-8*; sie zeigt das Ergebnis für den Kopienpreis von 12 Cent für die »Normal«kopie (bei 3,5 Cent für die »Hochschul«kopie)) ist ernüchternd: Von der stolzen Reduzierung des Durchschnittspreises der bislang verkauften Kopien ist nicht einmal ein

	Kopier-geschäft	Kopierer-handel	Verwal-tung	Büro	Summe
Umsatzerlöse	22.800,00	62.500,00			85.300,00
Toner- und Papierkosten	4.200,00				4.200,00
Bezogene Kopiergeräte		42.500,00			42.500,00
Personalaufwand	9.000,00	4.500,00	4.500,00		18.000,00
Abschreibungen Kopierer	1.670,00				1.670,00
Abschreibungen Büroausstng.	125,00			100,00	225,00
Mieten	1.380,00			1.200,00	2.580,00
Wartungskosten Kopierer	825,00				825,00
Telefon	150,00			325,00	475,00
Strom/Heizung	2.250,00			600,00	2.850,00
Summe Kosten	19.600,00	47.000,00	4.500,00	2.225,00	73.325,00
Vorläufiger Spartenerfolg I	3.200,00	15.500,00	-4.500,00	-2.225,00	11.975,00
Verrechnung Bürokosten		-1.112,50	-1.112,50		
Vorläufiger Spartenerfolg II	3.200,00	14.387,50	-5.612,50		11.975,00
Verrechnung Verwaltungskosten	-2.806,25	-2.806,25			
Spartenerfolg	393,75	11.581,25			11.975,00

Abb. 13-8: Erfolgsrechnung bei Realisierung des Projekts »Hochschulnachrichten«

Cent übriggeblieben. Schäff und Abs setzen sich erneut zusammen und kommen schnell zu einem Konsens: Für eine derart geringe Senkung der Durchschnittskosten sind sie nicht gewillt, die erheblichen zusätzlichen Fixkosten und das damit verbundene Beschäftigungsrisiko in Kauf zu nehmen!

5. Vorteilhaftigkeit des Ersatzes des alten Kopierers?

Für Abs ist das abendliche Gespräch mit Schäff dennoch nicht ohne Folgen, sind doch in den diversen Berechnungen von Schäff sämtliche Informationen enthalten, seinen alten Traum von einem neuen Kopierer erfolgswirtschaftlich zu beurteilen. Er macht sich ans Werk und hat schnell die Kosten pro Kopie auf dem ungeliebten »Schätzchen« ausgerechnet: *Abbildung 13-9* zeigt den Rechengang und das Ergebnis: knapp 4 Cent sind ein nicht ungünstiger Wert.

Ungeduldig führt er dieselbe Rechnung für den neuen Kopierer durch. Probleme bereiten ihm lediglich die Großkopien: Zum einen weiß er nicht genau, wie hoch die Nachfrage nach diesen sein wird. In Ermangelung besserer Informationen nimmt er als reinen »Daumenwert« 5000 Stück an. Zum anderen muss er die Kosten für Toner und Papier pro Großkopie schätzen. Hier geht er von der plausiblen Überlegung aus, dass diese Kosten wohl im Durchschnitt doppelt so hoch seien wie die Kosten pro Normalkopie, da ja zwei Blätter DIN A4 genau einem Blatt DIN A3 entsprechen. Schließlich beschäftigt ihn der Gedanken, ob nun eine Großkopie mit denselben Abschreibungs- und Wartungskosten belastet werden soll wie eine Normalkopie. Er entschließt sich, es der Einfachheit halber so zu handhaben.

Kalkulationsdaten alter Kopierer	
Restbuchwert	500,00 €
Restnutzungsdauer	2 Jahre
Wartungskosten (p.a.)	200,00 €
Kosten für Toner und Papier (pro Kopie)	0,025 €
Zahl Kopien (p.a. geschätzt)	40.000

Wirtschaftlichkeitsberechnung alter Kopierer	
Abschreibungen	250,00 €
Wartungskosten	200,00 €
Toner- und Papierkosten	1.000,00 €
Gesamtkosten	1.450,00 €
Kosten pro Kopie	0,036 €

Abb. 13-9: Ermittlung der Durchschnittskosten des alten Kopierers

Die ermittelten Zahlen (vgl. *Abbildung 13-10* auf der Folgeseite) lassen ihn allerdings nicht frohlocken: Über einen halben Cent für die Normalkopie Kostennachteil (!) gegenüber dem alten Kopierer ist ein deutlicher Wert, wenngleich sich sicherlich mit weniger als 6 Cent Kosten pro Großkopie erhebliche Gewinne erwirtschaften ließen.

Der Kostennachteil erscheint ihm so unplausibel (es müsste doch billiger werden!), dass er zur Sicherheit noch einmal bei Primus zurückfragt, ob es mit dem Preis für den neuen Kopierer denn seine Richtigkeit habe. Primus bestätigt die genannten Werte, weist Abs aber gleichzeitig darauf hin, dass dieser nicht den günstigen Inzahlungnahmepreis des alten Kopierers vernachlässigen dürfe: Bei Kauf des neuen Kopierers sei der Hersteller bereit, 1.200 Euro für das alte Gerät zu bezahlen, nächstes Jahr nur noch 750 Euro und in zwei Jahren – als eine Art Anerkennungsprämie – 350 Euro.

Abs ist verunsichert: Kann man sich denn nicht mehr auf die Zahlen von Schäff verlassen? In dessen Finanzbuchhaltung erscheint der alte Kopierer aktuell mit 500 Euro und zwei Jahren Restnutzungsdauer; Primus hält letzteren Wert um mindestens ein Jahr zu kurz angesetzt – wie käme sonst der Kopiererhersteller auf die Staffelung seiner Inzahlungnahmepreise?

Bilanzielle Abschreibungen lassen sich in der Regel nicht unverändert in das interne Rechnungswesen übertragen. Abweichungen ergeben sich insbesondere dann, wenn entsprechende Informationen über Investitions- und / oder Desinvestitionsentscheidungen benötigt werden.

Kalkulationsdaten neuer Kopierer	
Anschaffungskosten	5.750,00 €
Nutzungsdauer	5 Jahre
Wartungskosten (p.a.)	300,00 €
Kosten für Toner und Papier	
• pro Normalkopie	0,01 €
• pro A3-Kopie	0,02 €
Zahl Kopien (p.a. geschätzt)	
• Normalkopien	40.000
• A3-Kopien	5.000

Wirtschaftlichkeitsberechnung neuer Kopierer	
Abschreibungen	1.150,00 €
Wartungskosten	300,00 €
Toner- und Papierkosten	500,00 €
Gesamtkosten	1.950,00 €
Kosten pro Kopie	
• Normalkopie	0,042 €
• A3-Kopie	0,052 €

Abb. 13-10: Ermittlung der Durchschnittskosten des neuen Kopierers

Abs führt die Rechnung mit neuen Zahlen durch; die sich ergebenden Werte sind zwar günstiger als die alten (vgl. die *Abbildung 13-11*), ändern aber grundsätzlich nichts am Kostennachteil des neuen Kopierers. Eine Ersatzinvestition ist somit unter den gegebenen Voraussetzungen unwirtschaftlich.

Abb. 13-11: Korrigierte Ermittlung der Durchschnittskosten des alten Kopierers

6.   Zusammenfassung

Im einführenden Fallbeispiel haben Sie in sehr komprimierter Form einen Überblick über die Kostenrechnung erhalten, im Einzelnen über die Fragestellungen, die zum Aufbau eines zur externen Rechnungslegung parallelen Rechnungszweiges geführt haben, die wichtigsten Entscheidungsprobleme der Kostenrechnung (Preiskalkulation, Preisbeurteilung, Wirtschaftlichkeitsrechnungen), die Einstellungen von Menschen zur und Wirkungen der Kostenrechnung auf Menschen, das prinzipielle Vorgehen der Kostenrechnung (Ableitung der Rechengrößen aus der Finanzbuchhaltung, Zu-

Kalkulationsdaten alter Kopierer	
Restwert	1.200,00 €
Restnutzungsdauer	3 Jahre
Wartungskosten (p.a.)	200,00 €
Kosten für Toner und Papier (pro Kopie)	0,025 €
Zahl Kopien (p.a. geschätzt)	40.000

Wirtschaftlichkeitsberechnung alter Kopierer	
Abschreibungen	400,00 €
Wartungskosten	200,00 €
Toner- und Papierkosten	1.000,00 €
Gesamtkosten	1.600,00 €
Kosten pro Kopie	0,040 €

ordnung zu Kostenstellen und Kostenträgern, Kostenspaltung, Kostenverrechnung) und die bedeutsamsten dabei auftretenden Erfassungs- und
Verrechnungsprobleme.

In den folgenden Kapiteln kommen keine wirklich völlig neuen Prob-
lemstellungen hinzu. Wir wollen vielmehr Schritt für Schritt die zunächst
nur sehr exemplarisch »angerissenen« Probleme vertiefen und verallgemei-
nern. So einfach ist Kostenrechnung!

Einführung in die Erfassungs- und Verrechnungsaufgaben der Kostenrechnung

Kapitel 14

Lernziel

Nachdem anhand des Fallbeispiels der more-copy-gmbh die grundsätzliche Thematik der Kosten- und Erlösrechnung deutlich gemacht worden ist, soll im zweiten Kapitel der Versuch unternommen werden, einen Eindruck über die Breite und Vielgestaltigkeit, zugleich aber auch über die Einfachheit der Kostenrechnung (als Kurzwort für den etwas umständlichen Begriff der »Kosten-, Erlös- und Ergebnisrechnung«) zu vermitteln. Sie werden im Einzelnen

- das »Grundmodell« der Kostenrechnung kennen lernen,
- erfahren, warum die Produktionstheorie so wichtig für die Kostenrechnung ist und
- einen Überblick über die Breite und wichtigsten Ausprägungen der Erfassungs-, Abbildungs- und Verrechnungsaufgaben der Kostenrechnung gewinnen.

1. Abbildung von Faktoreinsatz und Leistungserstellung im Rechnungswesen

Im Kern unterscheidet sich die Abbildungsfunktion der Kostenrechnung nicht von derjenigen der Gewinn- und Verlustrechnung: Sie muss wie diese den Wertverzehr (Kosten anstelle von Aufwand) und die Wertentstehung (Erlöse anstelle von Erträgen) aufzeichnen und beide Erfolgsvariablen einander gegenüberstellen. Wie Sie im externen Rechnungswesen kennen gelernt haben, erfolgt diese Gegenüberstellung in der Gewinn- und Verlustrechnung allerdings nur wenig differenziert: Dort interessiert überwiegend die Höhe der einzelnen Salden, nicht deren Detailstruktur. Insbesondere für Zwecke der Erfolgsplanung und -kontrolle erweist sich diese Vorgehensweise als (zu) wenig ergiebig. Will man genauere Aussagen über die Abhängigkeit des Erfolgs von bestimmten Einflussgrößen – z.B. die Zusammensetzung des Produktionsprogramms, Änderungen der Absatzmengen oder Kostensteigerungen bei bestimmten Einsatzstoffen – erhalten, kommt man nicht umhin, genau zu analysieren, wie Kosten und Erlöse voneinander abhängen. In welchen Schritten man dabei vorzugehen hat, zeigt die *Abbildung 14-1* im Überblick.

Ausgangspunkt der Analyse sind zwei Überlegungen: (1) Erlöse werden nur deshalb erzielt, weil das Unternehmen Sach- und/oder Dienstleistungen am Markt absetzt. (2) Analog fallen Kosten nur deshalb an, weil Produktionsfaktoren, d.h. zur Leistungserstellung eingesetzte materielle und immaterielle Güter, verbraucht (z.B. Rohstoffe) oder in Anspruch genommen (beispielsweise eine Produktionslizenz) wurden. Kurz: Erfolgswirtschaftliche Vorgänge fußen in aller Regel auf realgüterwirtschaftlichen Transaktionen; sie ergeben sich zumeist durch die Bewertung von erstell-

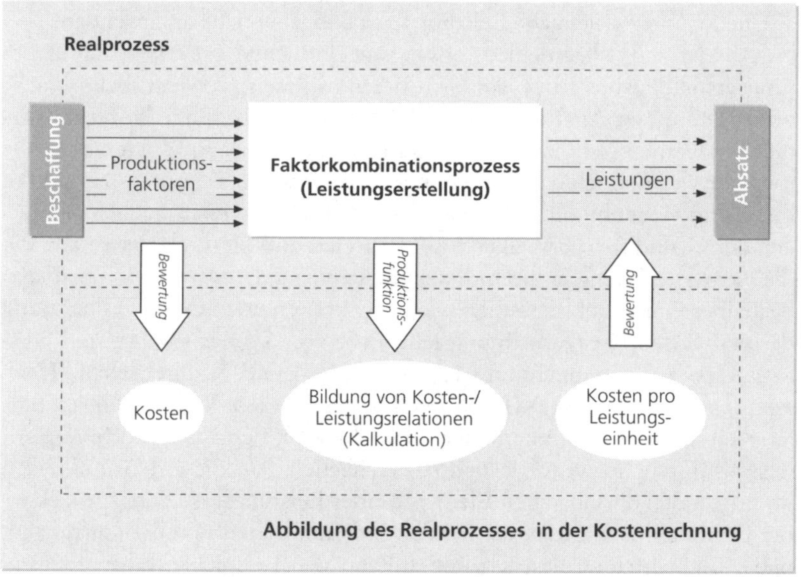

Detaillierungsbedarf der Daten der externen Rechnungslegung

Realprozess

Beschaffung

Produktionsfaktoren → **Faktorkombinationsprozess (Leistungserstellung)** → Leistungen

Absatz

Bewertung | *Produktionsfunktion* | *Bewertung*

Kosten | Bildung von Kosten-/ Leistungsrelationen (Kalkulation) | Kosten pro Leistungseinheit

Abbildung des Realprozesses in der Kostenrechnung

Abb. 14-1: Abbildungsfunktion des internen Rechnungswesens

Erfassungs- und Verrechnungsaufgaben der Kostenrechnung

Komplexität als Kernproblem der Kostenrechnung

Die Heterogenität der Leistungserstellung erfordert entsprechend heterogene Methoden der Kostenrechnung

ten Leistungen und verzehrten Produktionsfaktoren. Will man die Beziehungen zwischen Erlösen und Kosten herausarbeiten, muss man deshalb auf die vorgelagerten Realprozesse zurückgehen, muss man den *Zusammenhang zwischen eingesetzten Produktionsfaktoren und ausgebrachten Leistungen ermitteln.*

Dieser Zusammenhang kann in der Realität äußerst undurchsichtig und komplex sein. Um beispielsweise ein Automobil zu produzieren, sind mehrere tausend unterschiedliche Teile bzw. Komponenten miteinander zu verschrauben, zu verkleben, zu vernieten, zu verschweißen, einzubauen, einzusetzen und anzuschließen. Ein hoher Prozentsatz dieser Teile ist seinerseits wieder ein Ergebnis eines Produktionsprozesses; so setzt sich z. B. ein Motor aus einer Vielzahl von Dreh- und Gussteilen zusammen, deren Bereitstellung diverse vorgelagerte Produktionsschritte umfasst. Es gibt kaum noch industrielle Produkte, die in ihrer Herstellung nicht zahlreiche Fertigungsstufen durchlaufen. Wie will man trotz dieser Komplexität Kosten und Erlöse eines Erzeugnisses einander exakt gegenüberstellen?

Die Lösung ist im Prinzip sehr einfach: Man muss in der Kostenrechnung im ersten und zugleich wichtigsten Schritt jeden einzelnen Leistungserstellungsprozess gesondert analysieren. Dann kann man im zweiten Schritt für anstehende Fragestellungen (z.B. wie viel kostet die Herstellung meines Produkts 0815?) die Einzelinformationen entsprechend miteinander verknüpfen. Im Fallbeispiel bedeutete dies, Verwaltung und zwei Produktsparten zunächst getrennt voneinander abzubilden, bevor dann die Spartenerfolge durch Verrechnung der Verwaltungskosten ermittelt wurden. Sie können sich sicher vorstellen, dass ein solches, auf den einzelnen Leistungsprozess abstellendes Unterfangen für die Kostenrechnung in mittelgroßen und großen Unternehmen einen erheblichen erstmaligen Gestaltungsaufwand und nicht unbeträchtlichen laufenden Pflegeaufwand erfordert. Nur: Große intellektuelle Schwierigkeiten bedeutet dies nicht; man hat – etwas vereinfachend gesagt – immer nur dieselbe Analysemethodik auf neue, unterschiedliche Leistungserstellungsbereiche anzuwenden.

An der sehr allgemeinen, etwas umständlichen Formulierung »Leistungserstellungsbereiche« lässt sich bereits ablesen, wo denn beim Nachvollziehen dieser Analysemethodik vermutlich die größten Probleme auftauchen werden: Wir haben es bei der Erstellung eines Produktes nicht nur mit sehr vielen, noch dazu aufeinander aufbauenden Teilprozessen zu tun; diese sind vielmehr auch überaus heterogen. Diese Heterogenität ist letztlich der Grund für die Vielfalt von Methoden und Methodenvarianten, die die Kostenrechnung in ihrem Instrumentenkasten birgt – Sie können spaßeshalber einmal die sich über zwei Druckseiten erstreckende Gliederung des etablierten Kostenrechnungslehrbuchs von *Siegfried Hummel* und *Wolfgang Männel*, Kostenrechnung 1, Abschnitte 4 und 5, durchsehen (*Hummel/Männel* 1986, S. XI-XII). Nur derjenige, der diese Vielgestaltigkeit hinlänglich nachvollziehen kann, hat gute Chancen, sich Kostenrechnung anders als durch Auswendiglernen zu erschließen. Aus diesem Grund sollen im Folgenden die einzelnen Elemente eines Leistungserstellungsprozesses, die Produktionsfaktoren, die Produktionsfunktionen und die Leistungen, näher betrachtet, strukturiert und anhand von Beispielen transparent gemacht werden. Wenn Ihnen die Struktur beim ersten Lesen nicht sofort im Gedächtnis verbleibt, ist das eher normal: Strukturierungen helfen demjenigen am meisten, der über den größten Fundus an Detailwissen verfügt. Andererseits erleichtern Strukturen auch die Einordnung und damit Reproduzierbarkeit von einzelnen Fakten. Ideal wäre es, wenn Sie sich bei einer Gesamtwiederholung des Kostenrechnungsstoffs dieses Lehrbuchs noch einmal intensiv mit der folgenden Strukturierung (Unterscheidung von Produktionsfaktoren, Produktionsfunktionen und Leistungen) auseinandersetzen würden.

2. Produktionsfaktoren

2.1. Arten von Produktionsfaktoren

Systematisierungen von Produktionsfaktoren finden sich in der wirtschaftswissenschaftlichen Literatur – wie sollte es anders sein – in großer Zahl. Eine der ältesten Unterteilungen ist die in *Boden* (als Gesamtheit der Naturkräfte), *Arbeit* (als wirtschaftliche Tätigkeit des Menschen) und *Kapital* (als produzierte Produktionsmittel). Sie ist auf die Abbildung volkswirtschaftlicher Produktionsprozesse ausgerichtet und erweist sich deshalb für mikroökonomische Fragestellungen als zu wenig differenziert. Von *Gutenberg* (1951, S. 1-8) stammt die »klassische« betriebswirtschaftliche Systematisierung, die die Arbeitsleistung des Menschen in *objektbezogene Arbeit* und *dispositive Tätigkeiten* (Betriebsführung, Planung und Organisation), das Kapital in *Betriebsmittel* (Gebäude, Maschinen, Werkzeuge, Einrichtungen) und *Werkstoffe* (in die Produkte eingehende Ausgangs- bzw. Grundstoffe) unterteilt. Für Fragen der Kostenerfassung und Kostenverrechnung erweist sich aber auch diese Differenzierung als nicht optimal geeignet. Für die Bewertung der für einen Produktionsprozess benötigten Produktionsfaktoren sind vielmehr insbesondere drei Aspekte bedeutsam:

> »Klassische« Strukturierungen von Produktionsfaktoren...

- Stammt der Produktionsfaktor aus dem eigenen Unternehmen oder wurde er fremdbezogen? Bei *Fremdbezug* stehen mit den Anschaffungskosten Wertansätze unmittelbar zur Verfügung, bei *selbst erstellten* Produktionsfaktoren müssen diese Wertansätze erst noch ermittelt werden (Herstellungskosten).

> ... sind für die Kostenrechnung nicht sehr geeignet. Dieser geht es um andere Kriterien

- Wird der Produktionsfaktor im Produktionsprozess unmittelbar verbraucht (*Verbrauchsgut* oder Repetierfaktor), wie z. B. Material, Energie) oder steht er dem Produktionsprozess für eine längere Zeit zur Verfügung (*Gebrauchsgut* (Potenzialfaktor), wie z.B. Maschinen, Patente)? Im letzteren Fall resultieren – wie am Beispiel der Abschreibungen in der externen Rechnungslegung betrachtet – erhebliche Probleme, Kosten den einzelnen Einheiten der Nutzung (z.B. einer bestimmten Maschinenstunde) zuzurechnen.
- Bei Gebrauchsgütern: Befindet sich der Produktionsfaktor im Eigentum des Unternehmens (*Eigentumspotenzial*, wie z.B. eine gekaufte Maschine) oder wird er dem Unternehmen von Dritten zur (entgeltlichen)

Nutzung zur Verfügung gestellt (*Vertragspotenzial*, wie etwa die Arbeitsleistung eines Gehaltsempfängers oder die Anmietung eines Gebäudes)? Im Fall des Vertragspotenzials ist – abgesehen von eventuellen Verlängerungen – das Ende der Nutzungsdauer des Potenzialfaktors bekannt; im Fall des Eigentumspotenzials kann das Unternehmen das Ende nur schätzen, sei es, dass man über entsprechende Erfahrungen bei vergleichbaren Gebrauchsgütern verfügt (z. B. betriebsübliche Nutzungsdauer von Antriebsmaschinen), sei es, dass man auf Standardwerte zurückgreift (z. B. auf solche aus den steuerlichen AfA-Tabellen). Hieraus resultieren Abbildungs- und Verrechnungsprobleme.

Alle drei Differenzierungen führen zu dem auf die Abbildungsfunktion der Kostenrechnung bzw. – personifiziert – auf die Bedürfnisse eines Kostenrechners zugeschnittenen Produktionsfaktorsystem, das die *Abbildung 14-2* zeigt (in Anlehnung an *Männel* 1980, S. 110).

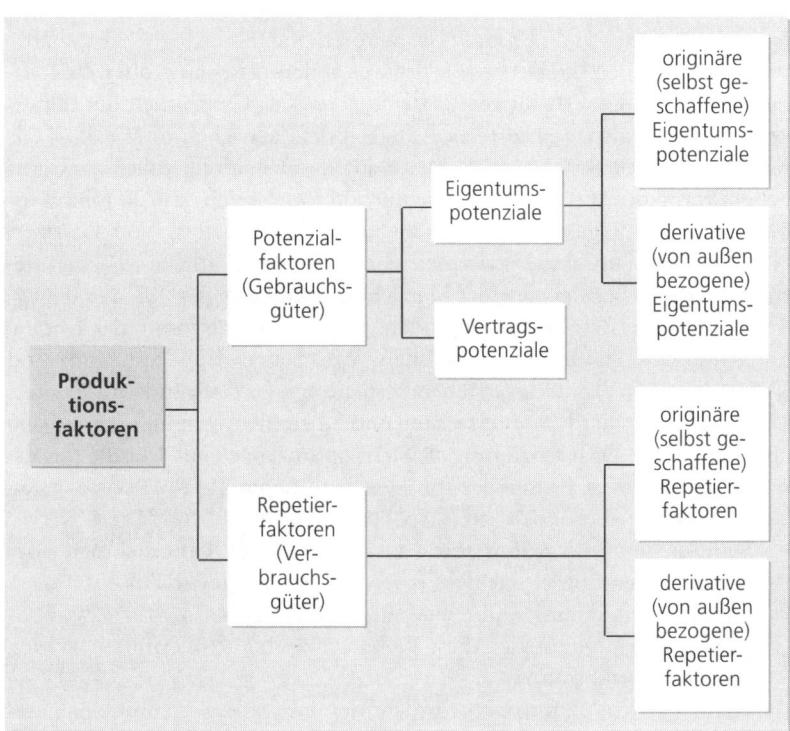

Abb. 14-2: Kostenrechnungsrelevantes Produktionsfaktorsystem

2.2. Bewertung des Ge- und Verbrauchs von Produktionsfaktoren

Nachdem wir einen Überblick darüber gewonnen haben, welche Produktionsfaktoren zur Leistungserstellung eingesetzt werden, gilt es im zweiten Schritt der Frage nachzugehen, wie die Inanspruchnahme von Produktionsfaktoren zu bewerten ist. Auf den ersten Blick scheint die Antwort wenig problematisch: 1 Stunde Einsatz eines Akkordlöhners belastet das Unternehmen exakt mit X Euro pro Akkordstunde, 1 l Diesel zum Betrieb eines LKW mit Y Euro pro Liter Diesel, 1 qm Blech mit Z Euro pro qm Blech usw. Für alle Beispiele gilt folgende Beziehung:

Mit einer solchen Sichtweise macht man es sich allerdings in aller Regel etwas zu einfach. Einen Grund für erforderliche Differenzierung haben wir schon bei der Bestimmung der Anschaffungskosten im externen Rechnungswesen kennen gelernt: Der Einsatz eines Produktionsfaktors im Leistungserstellungsprozess ist nur dann möglich, wenn er dem Unternehmen zur Verfügung steht, d. h. wenn er zuvor bereitgestellt wurde. Diese Bereitstellung erfordert spezielle »Serviceleistungen« (Projektierung, Auswahl und Bestellung, Antransport usw.), die ihrerseits mit Kosten verbunden sind (Anschaffungsnebenkosten). Am Beispiel des Produktionsfaktors Personal lässt sich anschaulich zeigen, dass man insgesamt zumindest vier wesentliche Phasen im »Leben« eines Produktionsfaktors zu beachten hat (vgl. *Abbildung 14-3*). Jede dieser Phasen verursacht Kosten, und zumindest für die Kosten der ersten und der letzten Phase (Einstellung und Freisetzung) gilt, dass sie sich keinesfalls durch die schlichte Gleichung »Personalkosten = Zahl der Arbeitsstunden x Lohnsatz« erfassen und abbilden lassen.

Das zweite wesentliche Problem, das sich einer einfachen Berechnung der Kosten als Produkt aus Menge und Preis entgegenstellt, beschreibt man in der Theorie unter dem Stichwort »nicht-lineare Entgeltfunktionen«, zu-

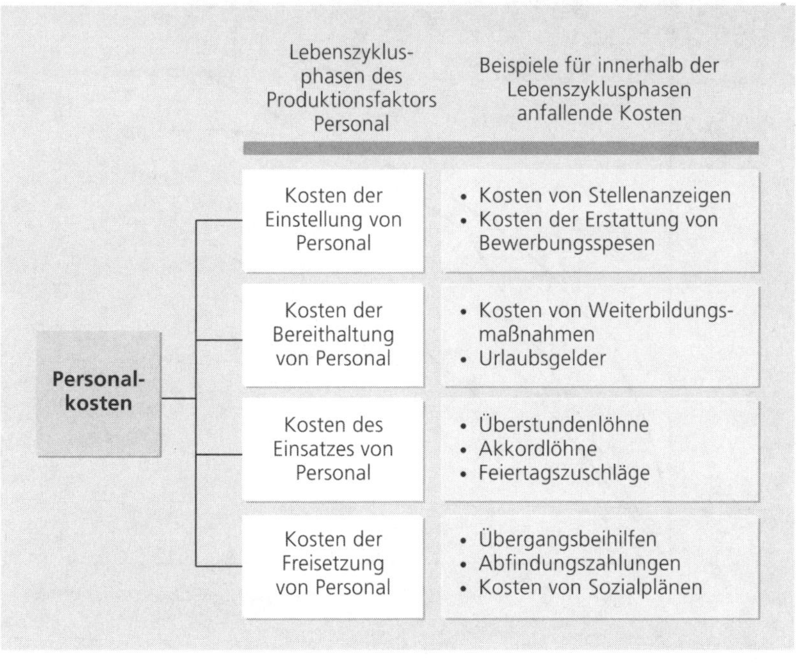

Der kostenrechnerische »Idealfall«

Nicht-lineare Beziehung zwischen Faktoreinsatz und Kostenhöhe

Lebenszyklusphasen des Produktionsfaktors Personal	Beispiele für innerhalb der Lebenszyklusphasen anfallende Kosten
Kosten der Einstellung von Personal	• Kosten von Stellenanzeigen • Kosten der Erstattung von Bewerbungsspesen
Kosten der Bereithaltung von Personal	• Kosten von Weiterbildungsmaßnahmen • Urlaubsgelder
Kosten des Einsatzes von Personal	• Überstundenlöhne • Akkordlöhne • Feiertagszuschläge
Kosten der Freisetzung von Personal	• Übergangsbeihilfen • Abfindungszahlungen • Kosten von Sozialplänen

Personalkosten

Abb. 14-3: Kosten verursachende Phasen »im Leben« eines Produktionsfaktors

gegebenermaßen einem auf den ersten Blick wenig griffigen Terminus. Der sich dahinter verbergende Zusammenhang ist im Grunde ganz einfach:

- »Entgeltfunktion« meint die Abhängigkeit des insgesamt zu zahlenden Faktorpreises von der Bereitstellungsmenge;
- »nicht-linear« weist darauf hin, dass der Preis pro Einheit von der Bereitstellungsmenge abhängt.

Von vielen möglichen Ausprägungen seien in der *Abbildung 14-4* lediglich drei Varianten wiedergegeben. Variante 1 veranschaulicht die Gewährung eines so genannten *»angestoßenen Mengenrabatts«*. In den Genuss eines solchen Mengenrabatts kommen Sie auf einem Jahrmarkt, wenn ein Schießbudenbesitzer Ihnen offeriert: »5 Schuss 2 Euro, jeder weitere Schuss 25 Cent«. Ab einer bestimmten Faktormenge sinkt der Preis pro Einheit für jede zusätzliche nachgefragte Einheit, wobei es mehrere dieser Rabattschwellen geben kann. Gebräuchlicher ist die Rabattform des sogenannten *»durchgerechneten Rabatts«*, den die Variante 2 zeigt. Werden hier Rabattschwellen überschritten, so reduziert sich der Preis pro Einheit für die gesamte bezogene Menge. Beispiele sind etwa Bonusregeln, die an das Erreichen eines bestimmten Jahresumsatzes geknüpft sind, oder Mindermengenzuschläge, die erhoben werden, wenn Kleinbestellungen einen bestimmten Rechnungsbetrag nicht überschreiten.

Während sich diese beiden Rabattformen durch eine Kombination mehrerer linearer Preis-Mengen-Funktionen ergeben, trifft man schließlich auch auf generell nicht-lineare Funktionsverläufe. Das »klassische« Beispiel wurde bereits im einführenden Fallbeispiel angesprochen: Preis-Absatz-

Unterschiedliche Rabattformen als Beispiele

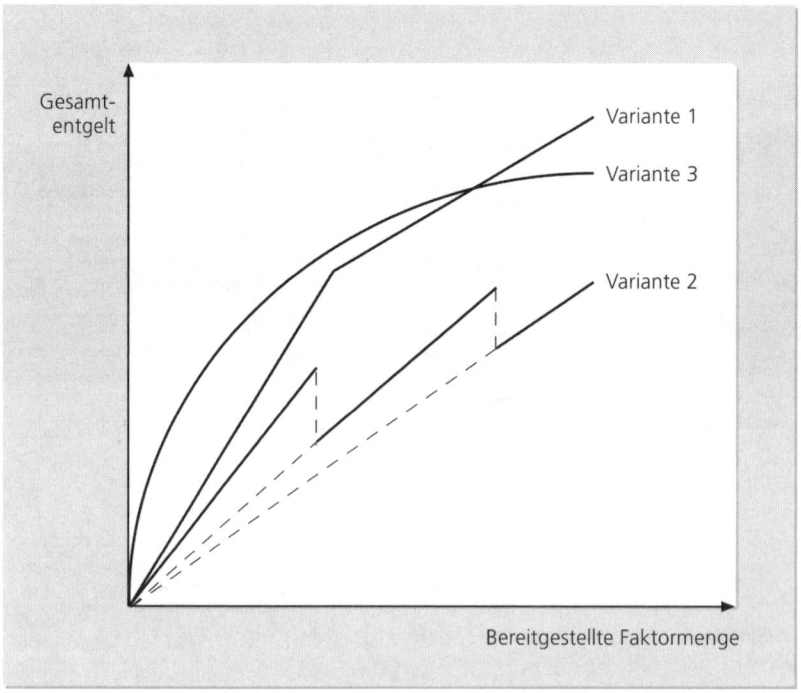

Abb. 14-4: Typische Verläufe nicht-linearer Entgeltfunktionen

Funktionen werden häufig als negativ geneigt angenommen, so dass bei steigender Faktormenge das Gesamtentgelt nur degressiv steigt (Variante 3).

Sie können schon anhand dieser wenigen Beispiele erahnen, welch großen Problemen die Kostenrechnung ausgesetzt ist, wenn sie Produktionsfaktorverbräuche bewertet. Strebt man eine genaue Erfassung der Zusammenhänge an, so muss man sich von der zwar nahe liegenden, aber unrealistischen Annahme lösen, Kosten ergäben sich als Produkt aus Faktormenge und Preis pro Einheit. Dennoch unterstellt fast jede in der Praxis implementierte Kostenrechnung gewollt lineare Kostenfunktionen als Standardabhängigkeit. Dies geschieht nur zum geringen Teil aufgrund mangelnden kostenrechnerischen Know-hows oder fehlender Rechenkapazitäten. Zwei Gründe sind vielmehr hierfür verantwortlich:

- Zum einen empfinden es viele Kostenrechner als »ungerecht«, dass gleiche Einheiten eines eingesetzten Produktionsfaktors unterschiedlich bewertet werden: Was kann das 1.001 Stück dafür, dass es ab 1.000 Stück einen Mengenrabatt gibt? Dieser kann nur deshalb erzielt werden, weil zuvor die anderen 1.000 Stück bereitgestellt wurden. Also müssen alle Stücke anteilig in den Genuss der Preissenkung kommen – oder?! Mit diesem – ganz grundsätzlichen – Argument werden wir uns noch mehrfach in diesem Lehrbuch auseinandersetzen.

Gründe für die Verwendung linearer Kostenfunktionen

- Zum anderen stehen einer Abbildung aller Nicht-Linearitäten erhebliche Erfassungskosten entgegen. Es ist evident, dass zur Beschreibung einer linearen Funktion weniger Informationen benötigt werden als zur Beschreibung einer nicht-linearen Funktion.

Empirische Untersuchungen (vgl. *Kilger* 1987, S. 39) haben zudem gezeigt, dass die Annahme der Linearität in der Praxis häufig tatsächlich weitgehend zutrifft. Die Annahme linearer Kostenverläufe wird somit zum einen bewusst vorgenommen, zum anderen erweist sie sich aus Wirtschaftlichkeitsgründen heraus als kaum vermeidbar. Wir kommen an dieser Stelle zum ersten Mal mit einem Grundproblem jeder Kostenrechnung in Berührung: Sie soll zwar der Unternehmensleitung und anderen Entscheidungsträgern wichtige Informationen liefern, diese Servicefunktion aber ohne erhebliche eigene Kosten (Kosten der Kostenrechnung) erfüllen. Die Kostenrechnung soll nicht nur die Wirtschaftlichkeit des Unternehmens und einzelner Bereiche verbessern helfen, sondern muss auch selber wirtschaftlich sein. Dieses Wirtschaftlichkeitspostulat setzt der Detaillierung und Genauigkeit der Kostenrechnung eine quasi natürliche Grenze, eine Grenze allerdings, deren Lage im Einzelfall nur sehr schwer bestimmt werden kann. Diesem grundsätzlichen Problem werden wir noch mehrfach in den folgenden Kapiteln dieses Lehrbuchs begegnen.

3. Leistungen

Auf der »anderen Seite« des Produktionsprozesses stehen die erstellten Leistungen. Der Leistungsbegriff ist in der Betriebswirtschaftslehre alles andere als unumstritten. Er diente lange Zeit als Gegenbegriff zu den Kosten, was sich unmittelbar an der Bezeichnung des internen Rechnungswesens als »Kosten- und Leistungsrechnung« ablesen lässt. In dieser Funktion wird der Leistungsbegriff allerdings immer mehr durch den Terminus »Erlös« ersetzt.

Leistung versteht man heute zumeist als (gewünschtes) materielles oder immaterielles Ergebnis eines Leistungserstellungsprozesses – als produzierte Sach- oder Dienstleistung – und nicht als deren Wert.

Kenntnis über die erbrachten Leistungen wird im Unternehmen für sehr unterschiedliche Zwecke benötigt (vgl. im Überblick *Weber* 2002, S. 176-178). Das Spektrum reicht von Anreizfragestellungen bis hin zur Leistungsdokumentation gegenüber Dritten. In diesem Buch interessiert uns davon nur die Frage, wie Leistungen für die Kostenrechnung benötigt werden. Für sie kommt zwei Differenzierungen der Leistungen eine besondere Bedeutung zu. Zum einen lassen sich Sachleistungen und Dienstleistungen unterscheiden. Mit dem Begriff »*Sachleistung*« verbindet man Leistungen, bei denen die Nutzenstiftung für den Käufer oder Empfänger durch ein materielles Gut erfolgt. Der Bedarf nach individueller Fortbewegung wird durch ein Automobil, der Bedarf nach Verpflegung durch Nahrungsmittel, der Bedarf nach Unterhaltung (hoffentlich) durch ein Fernsehgerät befriedigt. *Dienstleistungen* dagegen erfolgen zwar an materiellen Gütern, sind ihrem Wesen nach jedoch immaterieller Natur. Um Hochschulausbildung zu leisten, werden zwar Sie als Studenten benötigt, die Ausbildungsleistung als solche ist aber nicht stofflich. Gleiches gilt für Beförderungsleistungen, Beratungsleistungen, Handelsleistungen und andere Dienstleistungen.

Diese Unterscheidung von Sach- und Dienstleistungen ist zwar grundsätzlich weniger festgefügt, als sie auf den ersten Blick erscheint. Dennoch gilt als Tendenzaussage, dass Dienstleistungen erheblich größere Probleme bereiten, sie exakt zu erfassen, als Sachleistungen, die man – da »anfassbar« – relativ leicht messen, wiegen oder zählen kann. Mit dem Problem der Quantifizierung von Dienstleistungen müssen sich nicht nur Dienstleistungsunternehmen plagen, es gilt z.B. auch für den Großteil staatlicher Verwaltungen und Betriebe und für den dispositiven Bereich innerhalb von Unternehmen: Man kann zwar leicht die Kosten eines Vorstands bestimmen; doch auf welche Leistungseinheiten soll man diese Kosten zurechnen? Der einzelne Vorstandsbeschluss ist hierfür sicherlich genauso ungeeignet wie viele andere Bezugsgrößen auch.

Zum anderen kann man danach differenzieren, an wen die erstellten Leistungen abgegeben werden sollen. Hier lassen sich grundsätzlich *absatzbestimmte* Leistungen von den für interne Stellen bestimmten sogenannten Wiedereinsatzleistungen oder »*innerbetrieblichen*« Leistungen unterschei-

Leistungen lassen sich in
Sachleistungen und Dienstleistungen differenzieren...

...für die Kostenrechnung ist
insbesondere ihre unter-
schiedliche Messbarkeit
relevant

den. Diese Differenzierung scheint insbesondere für die Bewertung der Leistungen bedeutsam zu sein: Für absatzbestimmte Leistungen steht mit dem Verkaufserlös ein quasi »natürlicher« Wertansatz zur Verfügung. Wiedereinsatzleistungen dagegen werden in der Kostenrechnung typischerweise mit ihren *Herstellkosten* bewertet. Diese zu ermitteln, d.h., die Kosten des Produktionsfaktoreinsatzes »richtig« den erstellten Leistungen zuzurechnen, ist die zentrale Verrechnungsaufgabe der Kostenrechnung. Allerdings lässt sich diese strikte Trennung der Wertansätze nicht vollständig durchhalten: Um den Erfolg einer Absatzleistung ermitteln zu können, muss man ihr nicht nur die Verkaufserlöse, sondern auch die angefallenen Kosten zuordnen. Umgekehrt bewertet man auch Wiedereinsatzleistungen nicht selten mit *Marktpreisen*, sei es mit Verkaufspreisen (»Was könnte man am Markt für die Leistung erzielen, wenn man sie nicht im eigenen Betrieb einsetzte?«), sei es mit Einkaufspreisen (»Was müsste am Markt für vergleichbare Leistungen gezahlt werden?«). Die Trennung in absatzbestimmte und innerbetriebliche Leistungen ist deshalb für die Abbildungsaufgabe der Kostenrechnung weniger bedeutsam, als sie auf den ersten Blick erscheint.

Die Kalkulation innerbetrieblicher Leistungen macht einen großen Teil der Arbeit einer Kostenrechnung aus

4. Produktionsfunktionen

Im Folgenden geht es nicht darum, akribisch, bis ins Detail gehend die in der Betriebswirtschaftslehre und Volkswirtschaftslehre unterschiedenen Produktionsfunktionen zu diskutieren. Ziel ist es vielmehr, Ihnen einen Eindruck über die Vielgestaltigkeit dieser produktionswirtschaftlichen Abhängigkeitsbeziehungen zu vermitteln. Dieser Eindruck soll Ihnen helfen, die Heterogenität der Kalkulations- und Verrechnungsverfahren der Kostenrechnung zu verstehen. Diese gibt es nur, weil die abzubildende Realität derart heterogen ist.

4.1. Produktionsprozesstypen

Bei der Unterscheidung von Produktionsprozesstypen kann man auf eine ganze Reihe von Kriterien abstellen. So differenziert man z.B. stoffumformende (z.B. Pressvorgang eines Bleches) und stoffumwandelnde Fertigungsprozesse (wie etwa die Synthese eines chemischen Stoffes), daneben chemische, physikalische und biologische Prozesse. Für Fragen der Kostenrechnung erweist sich eine weitere Unterscheidung als besonders bedeutsam, und zwar die nach der *Art der Stoffverwertung*. Wie die *Abbildung 14-5* zeigt, gilt es, vier verschiedene Fälle zu differenzieren.

   Bei der *analytischen (zerlegenden) Stoffverwertung* werden aus einem maßgeblichen Einsatzstoff mehrere Ausbringungsstoffe hergestellt. Diese Art der Fertigung ist typisch für naturnahe Produktionsprozesse, in denen Rohstoffe in ihre Bestandteile zerlegt werden. Als »klassische« Beispiele lassen sich Fleischfabriken oder Raffinerien auführen. Für die Kostenrechnung

Analytische Stoffverwertung

Erfassungs- und Verrechnungsaufgaben der Kostenrechnung

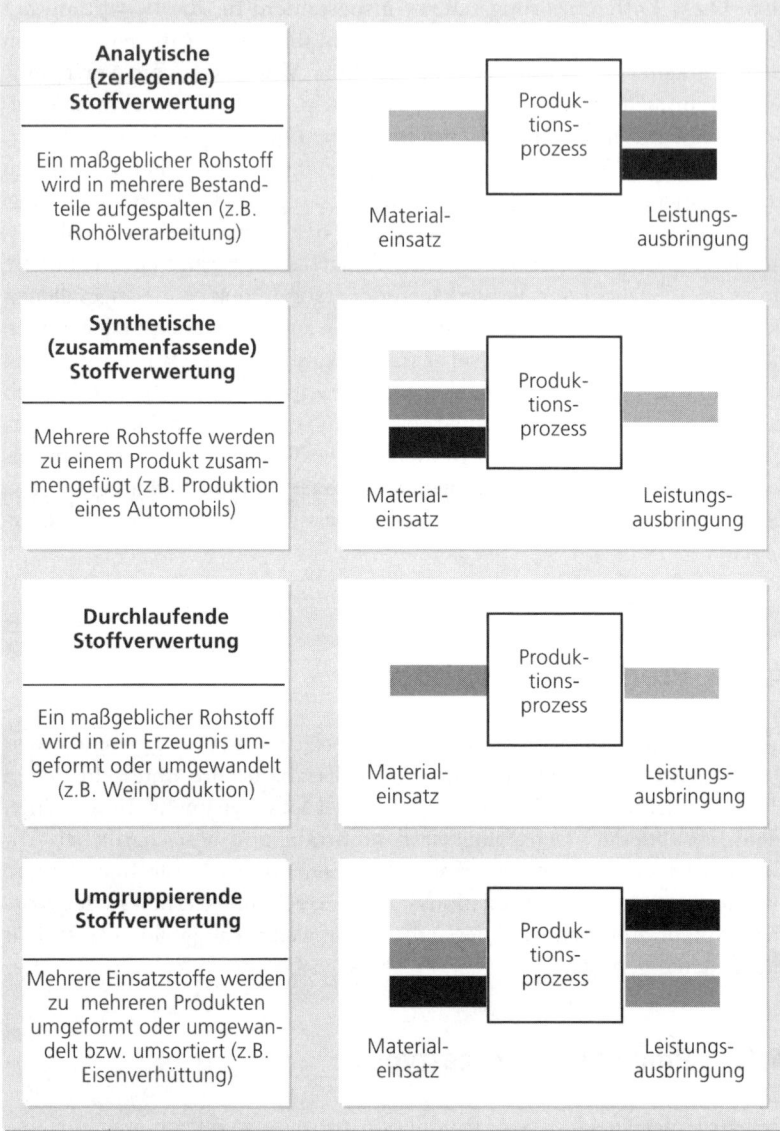

Abb. 14-5: Arten der Stoffverwertung als Bestimmungsfaktoren für die Gestaltung der Kalkulationsaufgabe der Kostenrechnung

Synthetische Stoffverwertung

ergibt sich bei dieser Art der Stoffverwertung ein erhebliches Zurechnungsproblem: Wie sollen die Kosten einer Tonne Rohöl »gerecht« auf die einzelnen Destillate (von Kerosin bis zu Teer) aufgeteilt werden? Zur Lösung dieses Problems wurden spezifische Kalkulationsverfahren entwickelt, die allesamt angreifbar sind: Alle Versuche, Kuppelproduktionskosten »richtig« oder »eindeutig« aufzuteilen, sind gescheitert (wenn Sie das Thema näher interessiert, finden Sie in folgender Quelle einen schönen Überblick: *Riebel* 1996, Sp. 992-1004).

Synthetische (zusammenfassende) Stoffverwertung ist typisch für alle Industrien, deren Bezeichnung die Silbe »bau« enthält, wie z. B. Maschinenbau, Fahrzeugbau, Apparatebau, Bauindustrie. Hier werden jeweils mehrere Einsatzstoffe zu einem Endprodukt zusammengefügt. Die Kalkulationsaufgaben der Kostenrechnung sind im Vergleich zur analytischen Stoffverwertung grundsätzlich einfacher lösbar: Man hat »nur« (z.B. durch manuelle Aufschreibungen oder durch Stücklisten) festzuhalten, welche Einsatzstoffe in welchem Umfang in ein Produkt eingehen. Eine Stückliste ist dabei eine Aufstellung aller Bestandteile, die in ein Produkt eingehen; Stücklisten spielen in der Praxis u.a. eine bedeutsame Rolle als Datenlieferant der Kostenrechnung. Operationale Probleme entstehen in der Praxis allenfalls durch die z.T. extrem hohe Typenvielfalt und die häufigen Änderungen der Teile im Rahmen von Produktpflege.

Durchlaufende Stoffverwertung ist typisch für dienstleistungsnahe Produktionsprozesse, in denen an einem Objekt (z.B. einem Werkstück) bestimmte Verrichtungen durchgeführt werden. Beispiele sind etwa Veredelungsprozesse (z.B. Färben von Stoffen), Oberflächenbehandlungen (z.B. Galvanisieren, Lackieren, Härten) oder Reifeprozesse (Lagern von Wein, Käse u.a.m.). Wie unmittelbar einsichtig, treten bezüglich des Einsatzstoffes hier keine nennenswerten Kalkulationsprobleme auf.

Umgruppierende Stoffverwertung lässt sich schließlich als Kombination der analytischen und der synthetischen Prozessart verstehen. Sie tritt ebenfalls häufig bei rohstoffnahen Prozessen auf, wenn z.B. aus Eisenerz, Schrott und einigen Zusatzstoffen im Hochofen Roheisen, Schlacke und Gase erzeugt werden. Von den Kalkulationsproblemen her entspricht die umgruppierende weitgehend der analytischen Stoffverwertung.

Wichtig für die Zurechnung von Kosten auf Leistungen ist schließlich auch die Frage, ob, wie und wie häufig sich die einzelnen nacheinander erstellten Leistungen voneinander unterscheiden. Im Grenzfall der *Einzelfertigung* ist jede Leistung ein Unikat, das gesondert kalkuliert werden muss. Dieser Fall ist z.B. für den Großanlagenbau typisch. Im entgegengesetzten Grenzfall der *Massenfertigung* wird dieselbe Leistung (fast) unbegrenzt wiederholt erbracht. Hier reicht es zumeist aus, eine große Zahl von Leistungseinheiten mit denselben, exemplarisch kalkulierten Kosten zu bewerten. Typischerweise ermittelt man hierzu mit Hilfe exakter Verbrauchsmengen- und Zeitstatistiken Standardwerte (z.B. 1,5 Bearbeitungsstunden je Automobil in der Endmontage), die nur bei Änderungen im Produktionsablauf oder bei Produktvariationen aktualisiert werden. Die Kalkulationen erfolgen dann streng genommen nicht mehr auf der Basis von *Istkosten*, d.h. den tatsächlich bei jedem einzelnen Stück festgestellten Kosten, sondern auf Basis sogenannter *Standardkosten*.

4.2. Unterschiedliche Grade der Prozessbereitschaft

An dieser Stelle sei Ihr Abstraktionsvermögen noch ein wenig weiter strapaziert: Sicher ist nicht auf den ersten, wohl auch nicht auf den zweiten Blick erkennbar, was mit »Graden der Prozessbereitschaft« gemeint sein soll. Inhalt und Intention werden deutlich, wenn man sich ein Beispiel betrachtet, z.B. eine Anlage zur Herstellung von Plastikpressteilen. Um Plastikschalen oder Ähnliches herstellen zu können, benötigt man zunächst eine Fabrikhalle, in der die Anlage aufgestellt wird, Ver- und Entsorgungseinrichtungen und die Produktionsanlage selbst. Durch die entsprechenden Investitionen wird eine *Fertigungskapazität* aufgebaut. Ebenfalls zur Kapazität ist schließlich das geschulte Bedienungspersonal der Anlage zu zählen.

Zur angestrebten produktiven Nutzung des Prozesses »Pressen von Plastikteilen« reicht es aber nicht aus, lediglich Kapazitäten bereitzustellen.

Betriebsbereitschaft

Diese müssen auch einsatzbereit sein. Dies bedeutet, die Anlage mit den benötigten Presswerkzeugen zu versehen, sie auf die erforderliche Betriebstemperatur zu bringen, die Arbeiter verfügbar zu haben und schließlich das Kunststoffgranulat an der Anlage bereitzustellen. Hat man alles kombiniert, ist die Anlage bereit zu produzieren; es besteht *Betriebsbereitschaft*. Erst auf

Produktiver Einsatz

dieser »Bereitschaftsphase« des Prozesses »Pressen von Plastikteilen« kann die eigentliche Prozessnutzung aufsetzen, können einzelne Plastikteile gepresst, können Leistungen erbracht werden.

Die sich für die Kostenzurechnung ergebenden Probleme werden am deutlichsten an einem Beispiel transparent, dem Sie in diesem Lehrbuch schon einmal begegnet sind: Welche Kosten fallen an, wenn Sie dem ICE Hamburg-München in Frankfurt zusteigen, um nach Nürnberg zu fahren? Streng genommen sind dies nur die Kosten des Papiers der Fahrkarte. Alle

**Konsequenzen für die
Kostenzurechnung**

anderen Kosten der Fahrt des Zuges muss die Deutsche Bahn AG auch dann in voller Höhe tragen, wenn Sie nicht zusteigen, der Zug ohne Sie fährt. Übersetzt in die oben getroffene Unterscheidung bedeutet dies, dass die Kosten des Prozesstyps »Fahrt eines ICE« weitgehend unabhängig davon anfallen, in welchem Maße der Prozess tatsächlich genutzt wird, d. h. in welchem Maße Transportleistungen produziert werden. Die Kosten werden vielmehr von den vorgelagerten Prozessstufen, der – hier im wahrsten Sinne des Wortes – »dynamischen« Betriebsbereitschaft (z.B. Kosten des verbrauchten Stroms, Kosten der Reinigung des Zuges) bzw. der Kapazität des Prozesses (insbesondere Kosten der Triebköpfe und Waggons) bestimmt; sie lassen sich nicht direkt den einzelnen Transportleistungen zurechnen. Die Frage, was mit diesem großen Kostenblock passiert, beantworten unterschiedliche Kostenrechnungssysteme sehr unterschiedlich. Die Vorschläge reichen von einer vollständigen Zurechnung (als »anteilige« Kosten von Kapazität und Betriebsbereitschaft) bis hin zu einem völligen Zurechnungsverzicht. Warum es derart divergente Auffassungen gibt, wie diese zu beurteilen sind und unter welchen Bedingungen man auf welche zurückgreifen sollte, werden wir im Verlauf der weiteren Diskussionen noch im Detail betrachten.

5.   Kombination von Einzelprozessen

Wenn Sie bislang den auf das Vermitteln von Strukturen gerichteten Ausführungen gefolgt sind, werden Sie auch keine Mühe haben, die letzte noch offenstehende Frage nachzuvollziehen, die Frage, wie in einem Unternehmen die bislang ausschließlich betrachteten Einzelprozesse zueinander in Beziehung stehen. Um eine relevante Größenordnung für die Bedeutung der Frage zu vermitteln: Die Zahl der Einzelprozesse (»Kosten- und Leistungsstellen«) überschreitet schon in mittelständischen Unternehmen nicht selten die Zahl Hundert; in Großunternehmen ist leicht eine Null anzuhängen. Dennoch: Im Kern ist auch dieses Kombinationsproblem wiederum sehr einfach zu begreifen, da es sich auf zwei für die Kostenverrechnung bedeutsame Grundformen der Verflechtung reduzieren lässt.

Zwei Grundformen der
Leistungsbeziehung sind zu
unterscheiden

Der erste zu diskutierende Typ der Leistungs- und Verrechnungsbeziehung zweier (oder mehrerer) Leistungsprozesse ist die *einseitige Leistungsverflechtung*. Diesen Fall zeigt die *Abbildung 14-6*. Schematisch dargestellt sind

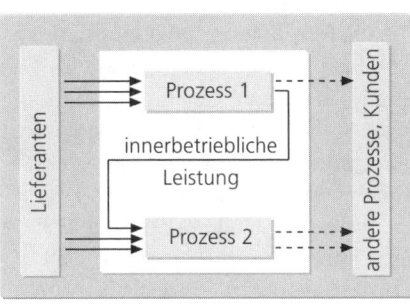

in ihr zwei Prozesse, die jeweils aus unterschiedlichen, vom Beschaffungsmarkt bezogenen Produktionsfaktoren unterschiedliche Leistungen produzieren. Der Prozess 2 kommt dabei nicht mit externen Faktoren aus, sondern ist darüber hinaus auf Leistungen des Prozesses 1 angewiesen. Ein typisches Beispiel für diese Verflechtungskonstellation ist eine Organisationseinheit »Stromerzeugung«, die für eine Reihe von Fertigungsstellen elektrische Energie erstellt. Kostenrechnerisch bereitet dieser Verflechtungstyp kaum Probleme: Im ersten Schritt sind – um bei dem Beispiel zu bleiben – für die Stromerzeugung (Prozess 1) die Kosten pro produzierte Kilowattstunde zu ermitteln. Im zweiten Schritt erfolgt eine Verrechnung dieser Kosten auf jede empfangende Fertigungsstelle (Prozess 2) gemäß deren Anteil am Gesamtverbrauch von Strom.

Abb. 14-6: Einseitige Leistungsbeziehungen zwischen
Einzelprozessen

Kostenrechnerisch schwieriger wird es, wenn nicht nur ein Prozess Leistungen einseitig an einen anderen Prozess liefert, die bei diesem Produktionsfaktoren darstellen, sondern wenn diese Beziehung auch umgekehrt gilt (vgl. *Abbildung 14-7*). In diesem Fall der *wechselseitigen Leistungsverflechtung* ergibt sich quasi eine Schleife, die für Kalkulationszwecke unliebsame Konsequenzen hat. Dies

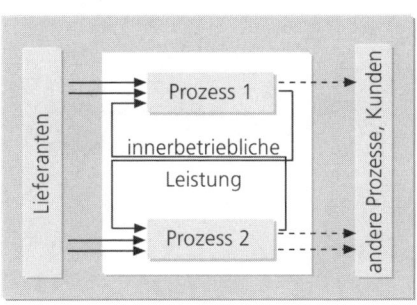

sei am oben begonnenen Beispiel veranschaulicht. Nehmen wir an, dass sich unter den Empfängern des Stroms die Instandhaltungsabteilung befindet, die ihrerseits allerdings häufig auch Reparatur-, Wartungs- und Instandsetzungsarbeiten am Kraftwerk vornimmt. Die Instandhaltungsstelle kann die Kosten ihrer

Abb. 14-7: Wechselseitige
Leistungsbeziehungen zwischen Einzelprozessen

Instandhaltungsleistungen nicht bestimmen, ohne zu wissen, wie teuer die Stromlieferungen vom Kraftwerk sind; das Kraftwerk kann diese nicht kalkulieren, ohne die Kosten der empfangenen Instandhaltungsleistungen zu kennen: ein circulus vitiosus. Er lässt sich prinzipiell nur dann auflösen, wenn man beide Prozesse gleichzeitig kalkuliert, wenn man die Kalkulationsaufgabe in einem System von Gleichungen (im Beispiel zwei mit zwei Unbekannten) löst – wir werden darauf im 19. Kapitel ausführlich zurückkommen.

6. Zusammenfassung

Die Kostenrechnung hat – unabhängig von vielen anderen Zwecken – grundsätzlich die Aufgabe, ein möglichst »passendes«, objektives Abbild der betrieblichen Abläufe (Realprozesse) zu liefern. Diese Abbildungsaufgabe kann nur dann gelingen, wenn die einzelnen Produktionsprozesse im Detail analysiert werden. Diese Analyse muss ermitteln, welche Produktionsfaktoren und welche Leistungen in welchem Umfang ein- bzw. ausgebracht werden und wie Faktorinput und Leistungsoutput zueinander in Beziehung stehen, welche funktionale Verknüpfung zwischen beiden besteht. Bei dieser Analyse wird der Kostenrechner mit einer schillernden Vielfalt von unterschiedlichen Prozessausprägungen konfrontiert. Er muss deshalb einen bestimmten Analyse- und Typisierungsraster entwickeln. Einige zentrale Bestandteile dieses Rasters wurden in diesem Abschnitt dargestellt und in ihrer Bedeutung für die Kostenrechnung kurz diskutiert.

Abschließend nochmals der schon anfangs gegebene Hinweis: Grämen Sie sich nicht, wenn Sie an dieser Stelle die vorgetragene Strukturierung noch nicht richtig verinnerlicht haben. Sie werden in den folgenden Kapiteln zu allen angesprochenen Strukturelementen genügend Beispiele präsentiert bekommen, so dass sich sukzessiv die an dieser Stelle vermutlich noch weitgehend leere Struktur mit Leben füllen wird.

Grundtatbestände und Grund-
aufbau der Kostenrechnung

Kapitel 15

Lernziel

Im letzten Kapitel haben Sie – quasi im Schnelldurchgang – einen ersten Überblick über grundlegende Strukturmerkmale der Kostenrechnung gewonnen. Der Blick war dabei analytisch, auf den einzelnen Leistungserstellungsprozess gerichtet. Um diese Einzelstrukturen besser einordnen zu können, wird im Folgenden versucht, Ihnen einen nachvollziehbaren Eindruck über das Gesamtgebäude der Kostenrechnung zu vermitteln. Dieses »Springen« zwischen einer globalen, ganzheitlichen und einer sehr ins Detail gehenden, quasi atomistischen Betrachtungsebene ist bewusst gewollt. Hiermit wird versucht, sich auf das menschliche Lernverhalten auszurichten: Sie benötigen, um neues Wissen zu speichern, quasi einen Zugriffspfad zu den neuen Informationen. Dieser wird durch die Grundstruktur der neuen Erfahrung geliefert. Diese Grundstruktur können Sie allerdings ohne in die Struktur einfügbare Einzelinformationen kaum richtig erkennen. Umgekehrt führen zu viele Details ohne erkennbare Struktur ebenfalls nicht weiter.

Durch die folgende Darstellung des Gesamtgebäudes »Kostenrechnung« sollen Sie

- genauer vertraut gemacht werden mit zentralen Grundbegriffen der Kostenrechnung (wie z.B. dem Begriff der Kostenstelle),
- den traditionellen Aufbau der Kostenrechnung als Abfolge aus Kostenerfassung (»Kostenartenrechnung«), Kostenzuordnung zu Leistungserstellungsprozessen (»Kostenstellenrechnung«) und Verrechnung auf die erstellten Produkte (»Kostenträgerrechnung«) kennen lernen und
- nachvollziehen können, warum eine Kostenrechnung so aufgebaut ist und nicht anders.

Bei der Diskussion des zuletzt genannten Lernziels werden Sie erkennen, dass sich das Gesamtgebäude »Kostenrechnung« nur vor dem Hintergrund der Rechnungszwecke verstehen lässt, die eine Kostenrechnung zu erfüllen hat. Mit der Betrachtung dieser Rechnungszwecke wollen wir deshalb auch das Kapitel beginnen.

1. Rechnungszwecke der Kostenrechnung

1.1. Traditionelle Unterscheidung von Rechnungszwecken

Kostenrechnung ist (der wesentliche) Teil des internen Rechnungswesens eines Unternehmens. Insofern leiten sich ihre Aufgaben aus dem *Informationsbedarf für Führungsaufgaben* ab. Für Dritte (z.B. Banken, Aktionäre) muss die Kostenrechnung nur wenige Daten bereitstellen (z.B. Ermittlung der Wertansätze für unfertige Erzeugnisse im Umlaufvermögen), wenngleich hier – wie wir noch sehen werden – eine der zentralen Wurzeln der Kostenrechnung liegt, die auch aktuell wieder an Bedeutung gewinnt.

Traditionell werden die Aufgaben der Kostenrechnung in Dokumentation, Planung und Kontrolle differenziert. Zur *Dokumentation* vermittelt sie der Unternehmensführung ein Abbild des Unternehmensprozesses. Hierbei hält sie die innerhalb der Abrechnungsperiode angefallenen Kosten und Leistungen ihrer Art und Höhe nach fest und zeigt damit – im Zusammenspiel mit den erzielten Erlösen – zugleich auf, wie der Erfolg der betrieblichen Leistungserstellung insgesamt oder aufgespalten nach Produktarten entstanden ist. Ihrem Charakter nach ist die Kostenrechnung in dieser Funktion eine Nachrechnung.

Zur *Planung* stellt die Kostenrechnung der Unternehmensführung Prognose- und Vorgabeinformationen zur Verfügung, wodurch diese in die Lage versetzt wird, sich bei Entscheidungen einen Willen zu bilden und ihn durchzusetzen. Prognoseinformationen geben dabei an, welche zahlenmäßigen monetären Auswirkungen die einzelnen zur Wahl stehenden Handlungsalternativen in der Zukunft haben werden. Am Beispiel der Wahl zwischen zwei Verfahren X und Y hieße das, jeweils die erwarteten Kosten der beiden Verfahren bereitzustellen. Die Kostenrechnung kann diese Aufgabe immer dann gut erfüllen, wenn für die Handlungsalternativen viel Erfahrung aus der Vergangenheit vorliegt (im Beispiel beide Verfahren etwa seit Jahren parallel in zwei Kostenstellen betrieben werden). Für weitgehend Neues (z.B. Kostenvergleich beider bekannter mit einem innovativen Verfahren) eignet sie sich nicht. *Vorgabeinformationen* leiten sich aus Prognoseinformationen ab. Sie geben eine nicht zu unter- bzw. überschreitende Sollgröße an, die den ausführenden Organen durch die Unternehmensführung vorgegeben wird. Bezogen auf das Beispiel würde dies bedeuten, den prognostizierten Kostenbetrag des kostengünstigeren Verfahrens als – mit einer gewissen Bandbreite – nicht zu überschreiten vorzugeben.

Die Einhaltung der von ihr ermittelten Vorgabeinformationen und damit zugleich die Einhaltung des Unternehmensziels überwacht die Kostenrechnung im Rahmen ihrer *Kontrollaufgabe.* Sie stellt dabei den angefallenen Kosten und Leistungen ihre jeweiligen Sollgrößen gegenüber. Treten nicht mehr tolerable Abweichungen auf, so werden sowohl die Ist- als auch die Sollgrößen einer Abweichungsanalyse unterzogen, die die Ursachen der Abweichungen feststellt. Die Unternehmensführung kann mit den hieraus gewonnenen Informationen mögliche Fehlerquellen erkennen und beseitigen.

Traditionell wird zwischen Dokumentations-,...

...Planungs-...

...und Kontrollaufgaben unterschieden

Diese traditionelle Grundeinteilung der Aufgaben der Kostenrechnung weist jedoch Schwächen auf. Zum einen geht sie etwas zu sorglos mit dem Begriff »Dokumentation« um. Schon vom Wort her sollte man die Dokumentationsfunktion auf die »rechtlich gesicherte Ermittlung von Ergebnissen, an die sich Ansprüche unbestreitbar knüpfen können« (*Illetschko* 1961, S. 195), beschränken. Nur dann, wenn die Kostenrechnung über die Einhaltung gesetzlicher oder vertraglicher Pflichten informieren soll, kommt der Erfassung von Ist-Daten eine originäre Bedeutung zu. Ansonsten dient sie stets anderen Zwecken. Das wurde schon bei der Beschreibung der Planungs- und Kontrollfunktion deutlich. Vergangenheitsdaten bilden häufig die wesentliche Basis der Ermittlung von Planwerten. Auch eine Kontrolle ist ohne Ist-Werte nicht möglich.

Schwächen der traditionellen Untergliederung der Rechnungszwecke

Zum anderen ist die Unterscheidung von Planungs-, Ermittlungs- und Kontrollaufgaben sehr grob. Über Aufgabeninhalte sagt sie nichts aus (»Was oder wofür soll geplant werden?«). Da die Unternehmen – im Gegensatz zur externen Rechnungslegung – grundsätzlich frei sind, ob sie eine Kostenrechnung betreiben und wie sie diese ausgestalten wollen, sollte die Aufgabenstrukturierung sich an der Frage ausrichten, für welche Verwendungen welche Informationen benötigt werden. Um diese Frage hinreichend beantworten zu können, müssen wir uns im ersten Schritt damit beschäftigen, wie Menschen grundsätzlich mit Informationen umgehen.

1.2. Nutzungs- bzw. Verwendungsarten von Kostenrechnungsinformationen

Die Literatur zur Kostenrechnung hat sich sehr lange nicht damit auseinander gesetzt, was denn die Empfänger der Kosten- und Ergebnisinformationen mit diesen exakt »anfangen«. Einen ersten Hinweis darauf, wie unterschiedlich dies sein kann, gibt uns eine Differenzierung, die sich in einem der weltweit am meisten gelesenen amerikanischen Textbooks von *Horngren / Datar / Foster* (2003, S. 8) findet. Als »problem solving« bezeichnen die Autoren die Funktion der Kostenrechnung, Informationen für konkrete Managementprobleme zu liefern. Hier können wir unschwer die Planungs- und Kontrollaufgaben einsortieren. »Scorekeeping« meint als weitere Funktion das reine Sammeln und Berichten erfasster Kosteninformationen, was der oben genannten Dokumentationsfunktion gleich kommt. Unter »attention directing« schließlich lernen wir eine dritte Funktion kennen, die einen neuen Aspekt anspricht: Kosten lenken die Aufmerksamkeit des Managements. Dadurch z.B., dass ein Marketing-Manager die mit einem bestimmten Kunden erzielten Erfolg kennt, wird er Maßnahmen zur Kundenbindung stärker im Auge haben, als wenn ihm die Kostenrechnung nur produktbezogene Erfolgsinformationen lieferte.

Unterscheidung in »problem solving«, »scorekeeping« und »attention directing«

Fragen zur Nutzung von Informationen sind in anderen Teildisziplinen der Betriebswirtschaftslehre näher betrachtet worden. Aus dem Marketing stammt eine Differenzierung, die wir der folgenden Diskussion zugrunde legen wollen. Unterschieden werden drei ganz heterogene Nutzungsarten (vgl. *Menon / Varadarajan* 1992):

Instrumentelle Nutzung

Die erste vorzustellende Nutzungsart wird Ihnen intuitiv plausibel sein: Die Informationen werden hier direkt und unmittelbar für die Lösung bestimmter Probleme herangezogen: Sie erinnern sich bestimmt noch an die verschiedenen Fragestellungen, für die Schäff Antworten aus dem Rechnungswesen suchte. Kostenrechnung hilft in diesem Sinne Managern, besser zu entscheiden. Eine solche entscheidungsbezogene Nutzung wird »instrumentell« genannt. Welche Entscheidungen für die Versorgung mit Kostenrechnungsinformationen am ehesten geeignet sind, werden wir gleich noch näher betrachten.

Konzeptionelle Nutzung

Darüber hinaus können Kostenrechnungsinformationen das allgemeine Verständnis des Geschäfts und der Situation fördern, in denen sich der Manager befindet. Bei dieser Nutzung steht nicht ein konkretes Problem im Vordergrund, sondern eine bestimmte »Sichtweise der Welt«, ein bestimmtes Modell. Wenn Sie derzeit in eine öffentliche Verwaltung schauen, so finden Sie dort die Mitarbeiter in einer Orientierung auf den jährlichen Haushalt verhaftet: Eine zu tätigende Investition ist mit allen von ihr ausgelösten Zahlungen im Haushaltsplan einer oder – je nach Zahlungsmodalität – wenigen Periode(n) zugeordnet. Damit »kostet« die Nutzung eines Gebäudes oder Schwimmbads auch nichts; einmal finanziert, sind die Zahlungen »aus den Augen, aus dem Sinn«. Wenn nun dort eine Kostenrechnung eingeführt wird, so bedeutet dies eine grundlegende Abkehr von diesem alten Denken; die Verwaltungsbeamten müssen sich an das periodische Erfolgskonzept der Kostenrechnung gewöhnen. Ob ein Abschreibungsbetrag dann – je nach gewählter Nutzungsdauer – auf 100.000 Euro oder nur 90.000 Euro lautet, ist für diesen Umdenkungsprozess nicht relevant; es geht vielmehr um die Tatsache, dass überhaupt abgeschrieben wird. Wenn die Kostenrechnung in dieser Weise die Denkprozesse und Handlungen der Menschen verändert, spricht man von »konzeptioneller Nutzung«.

Konzeptionelle Nutzung der Kostenrechnung bedeutet, sie als eine Umgangssprache zwischen Kaufleuten und Nicht-Kaufleuten zu verstehen

Symbolische Nutzung

Eine dritte Art der Nutzung löst sich schließlich explizit von der Annahme, dass eine gelieferte Information vom Manager zuerst verarbeitet wird, um unmittelbar oder zu einem späteren Zeitpunkt in Kenntnis dieser Informationen Entscheidungen zu treffen. Von »symbolischer Nutzung« wird dann gesprochen, wenn die Kostenrechnungsinformationen erst dann herangezogen werden, wenn die Entscheidungen an sich schon getroffen sind, die Informationen aber zur Durchsetzung eigener Entscheidungen und zur Beeinflussung anderer Menschen (Manager und Mitarbeiter) verwendet werden. Eine solche Verwendung mag bei Ihnen intuitiv Abneigung hervorrufen, da Sie symbolische Nutzung »automatisch« mit Manipulation verbinden. Allerdings gibt es auch eine »moralische« Variante symbolischer Nutzung, die mit der Frage »Wie sag ich´s meinem Kinde?« veranschaulicht werden kann: Wenn ein Vorstand aus seiner strategischen Gesamtschau zu einer bestimmten Entscheidung kommt, die einem drei Hierarchiestufen tiefer angesiedelten Abteilungsleiter vermittelt werden soll, so kann die

Mit einer möglichst objektiven Sicht der Realität hat die symbolische Nutzung nichts mehr zu tun

»Übersetzung« in Kostengrößen der richtige Weg sein; der Abteilungsleiter wäre leicht damit überfordert, das strategische Gesamtbild des Vorstands zu verstehen und selbst in Handlungen umzusetzen.

Alle drei Nutzungsarten finden sich tatsächlich im praktischen Einsatz der Kostenrechnung wieder. Eine empirische Studie (*Homburg et al.* 1998, S. 37) zeigt, dass über die Nutzungsarten hinweg kaum Unterschiede bestehen: Mit geringem Vorsprung geht die konzeptionelle Nutzung durchs Ziel, knapp gefolgt von der instrumentellen und der symbolischen. Diese empirische Erkenntnis wirft durchaus ein neues Licht auf gewohnte Argumentationslinien der Kostenrechnungszwecke: Wenn Sie zum Anfang dieses Kapitels zurückblättern, haben wir dort primär in instrumenteller Perspektive argumentiert. Einer solchen Sicht entspricht auch all das, was in den traditionellen Lehrbüchern unter dem Stichwort »Entscheidungsorientierung der Kostenrechnung« diskutiert wird. Bevor wir auf die anderen Nutzungsarten zurückkommen, sei diese Diskussion kurz nachgezeichnet.

Alle drei Nutzungsarten finden sich in der Praxis ähnlich stark ausgeprägt

1.3. Fundierung und Kontrolle von Entscheidungen als instrumentelle Nutzung der Kostenrechnung

Eine der wichtigsten Entscheidungsbereiche im Unternehmen ist die Preisbildung für die herzustellenden und abzusetzenden Produkte. Die Kostenrechnung verfolgte deshalb die Kalkulation von Preisen schon von ihren ersten Anfängen an als einen maßgeblichen Rechnungszweck: die Ermittlung der Information, wie viel eine bestimmte Produkteinheit nun denn wirklich koste, welchen Preis man verlangen müsse, um »auf seine Kosten zu kommen«.

Preiskalkulation überstrahlte in den dreißiger Jahren nicht zuletzt deshalb alle anderen Rechnungszwecke, weil durch die stark ausgeweitete Staatstätigkeit immer mehr Leistungen zu Preisen abgesetzt wurden, die nach den Vorschriften des Gesetzgebers aus den Kosten abzuleiten waren. Derartige gesetzliche Preisbildungsbestimmungen bestehen heute fast unverändert. Nach den Leitsätzen für die Preisbildung bei öffentlichen Aufträgen (LSP) ist immer dann, wenn sich kein direkter oder vergleichbarer Marktpreis für das zu beziehende Gut finden lässt, ein Selbstkostenerstattungspreis anzusetzen. Marktpreise fehlten bzw. fehlen aber nicht nur dann, wenn sehr spezielle Leistungen für den Staat produziert werden. »Marktlos« sind auch alle neuen Produkte, für die sich ein Marktpreis als Ergebnis aus Angebot und Nachfrage erst noch herausbilden muss. Schon im Rahmen der ersten Produktideen muss ein Unternehmen grobe Vorstellungen über die erwarteten Produktkosten besitzen, um zusammen mit dem antizipierten Produktnutzen für den Kunden die marktliche Realisierbarkeit der Idee abschätzen zu können.

Zwar lässt sich der Preis einer Leistung bei »normalen«, auf Märkten gehandelten Gütern nicht unmittelbar aus den Kosten seiner Herstellung ableiten; es sind zusätzlich die erwartete Preis-Absatz-Funktion des Produkts

Der erste und wichtigste Rechnungszweck der Kostenrechnung war die Aufgabe, auskömmliche Preise zu kalkulieren

und mögliche Ausstrahlungseffekte auf Absatz und Umsatz anderer Produkte zu beachten. Umgekehrt lässt sich aber ein Produktpreis in den meisten Fällen auch nicht ohne Kosteninformationen bestimmen. Zudem ist eine gewisse Renaissance der Preiskalkulationsaufgabe zu beobachten. Speziell mittelständische Unternehmen werden zunehmend mit dem Angebot großer Kunden konfrontiert, ganze auszugliedernde Funktionsabschnitte in toto zu übernehmen. Die Großunternehmen wollen ihre Fertigungstiefe erheblich reduzieren (»Konzentration auf die Kernkompetenzen«). Sie sind bereit, langfristig angelegte Kooperationen mit Zulieferern einzugehen (»Wertschöpfungspartnerschaften«). In solchen Partnerschaften bildet sich der Preis aber nicht über einen Markt, sondern auf Basis von Kosten. Deshalb wird genau auf jene Prinzipien zurückgegriffen, die für die Gestaltung der Kostenrechnung Anfang dieses Jahrhunderts bestimmend waren.

Bestehen für gefertigte Produkte Marktpreise, so ändert sich die Ausrichtung der Preiskalkulationsaufgabe von der Preisplanung zur Preiskontrolle. In den Vordergrund tritt die *Beurteilung der Preisauskömmlichkeit*, d.h. die Beantwortung der Frage, welches Produkt Gewinn und welches Verlust erzielt, darüber hinaus, wie groß die Preisspielräume bei den einzelnen Produkten sind. Wieder kann die Kostenrechnung nicht alle hierfür erforderlichen Informationen bereitstellen, wieder ist zusätzlich die Kenntnis insbesondere der Preis-Absatz-Funktionen, Preiselastizitäten und erfolgswirtschaftlichen Potenziale der Produkte erforderlich. Allein durch die systematische Aufdeckung und Abbildung der Produkterfolge liefert sie jedoch erhebliche (Denk-)Anstöße zur laufenden Überprüfung des Produktions- und Absatzprogramms und der Preispolitik. Darüber hinaus kann die Kostenrechnung durch die Angabe von *Preisuntergrenzen* (Ab welchem Preis decken die erzielten Erlöse die angefallenen Kosten nicht mehr?) absatzpolitische Entscheidungen wirkungsvoll unterstützen.

Hilfestellung vermag die Kostenrechnung – entsprechend ausgebaut – auch für andere Marketingfelder zu leisten. Im Rahmen der Vertriebspolitik dient sie so der Analyse und Überwachung von Märkten, Verkaufsgebieten, Kundengruppen, Kunden und Absatzwegen. Der differenzierte Ausweis von Kosten, Erlösen und Deckungsbeiträgen (wir werden den Begriff später – im Kapitel 21 – genauer erläutern) lässt Stärken und Schwächen der einzelnen Absatzpotenziale erkennen und liefert damit der Unternehmensleitung das informatorische Rüstzeug für gezielte absatzpolitische Maßnahmen.

Im Rahmen der *Produktionsprogrammplanung* muss die Kostenrechnung detailliert die Erfolgsstruktur der einzelnen Programmkomponenten aufzeigen. Dies beinhaltet auch die genaue kostenmäßige Abbildung der einzelnen zur Leistungserstellung erforderlichen Produktionsvorgänge. Nur so lässt sich z.B. erkennen, welches Produkt einen betrieblichen Engpass am ergiebigsten nutzt. Im Rahmen der *Ablaufplanung* hat die Kostenrechnung die erfolgsmäßigen Wirkungen unterschiedlicher Fertigungsverfahren, Bearbeitungsreihenfolgen, Bearbeitungsquanten (Losgrößen) und unterschiedlicher Bearbeitungstermine zu ermitteln. Sie liefert damit die informatorische Grundlage für Optimierungsrechnungen einerseits und Vorgaben für die Kostenstellenleiter andererseits. Im Rahmen der *Beschaffungs- und*

Grundtatbestände und Grundaufbau der Kostenrechnung

Entschei-dungs-felder	Wichtige von der Kostenrechnung zu fundierende und zu kontrollierende Entscheidungen
Lieferanten-bezogene Entscheidungs-felder	• Festlegung des Bereitstellungswegs (welcher Bereitstellungsweg – z.B. Direkteinkauf versus Einkauf über Handel?) • Lieferantenauswahl (welche Lieferanten?) • Lieferquotenfestlegung (welche Mengen eines Produktionsfaktors von welchem Lieferanten?) • Lieferterminplanung (welche Lieferabrufe zu welchem Termin?)
Produktions-faktor-bezogene Entscheidungs-felder	• Auswahl der Art zu beschaffender Produktionsfaktoren (welche Produktionsfaktoren – z.B. Personal versus Anlagen?) • Festlegung der Produktionsfaktorqualitäten (welche Qualität – z.B. welcher Reinheitsgrad eines Rohstoffs?) • Festlegung der Beschaffungsmengen (welche Mengen von welchem Produktionsfaktor?) • Festlegung der Beschaffungstermine (welche Produktionsfaktormengen zu welchem Zeitpunkt?)
Prozess-bezogene Entscheidungs-felder	• Auswahl der Art durchzuführender Produktionsprozesse (welche Prozesse – z.B. Direktwerbung versus Zeitschriftenwerbung, NC-gesteuerte Fertigung versus manuelle Produktion?) • Festlegung des Trägers des Produktionsprozesses (make or buy – z.B. Eigen- oder Fremdtransport?) • Festlegung wichtiger Prozessdeterminanten (welche Prozessbedingungen – z.B. welche einzuhaltenden Fertigungstoleranzen, welche Intensität bzw. Produktionsgeschwindigkeit?) • Festlegung der Produktionsquanten (insbesondere welche Losgrößen?) • Festlegung der Prozessreihenfolgen (welche Prozesse in welcher Reihenfolge – Reihenfolge- und Maschinenbelegungsplanung) • Festlegung der Prozesstermine (welcher Prozess zu welchem Zeitpunkt?)
Leistungs- bzw. produkt-bezogene Entscheidungs-felder	• Auswahl der Art zu erstellender Produkte (welche Sparten, Produktgruppen und Produkte?) • Festlegung der Produktqualitäten (welche Qualität – z.B. Reinheitsgrade, Fehlertoleranzen?) • Festlegung der Produktions- und Absatzmengen (welche Mengen von welchem Produkt?) • Festlegung der Produktpreise (welche Preise für welchen Kunden auf welchem Markt für welche Auftragsklasse?) • Festlegung der Produktbereitstellungstermine (welche Produktmengen zu welchem Zeitpunkt, welcher Lieferservicegrad für welches Produkt und welchen Kunden?)
Leistungs-empfänger-bezogene Entscheidungs-felder	• Festlegung der Vertriebsgebiete (welche Vertriebsgebiete (Märkte) in welchem Umfang – z.B. welche Exportquote – mit welchen Produkten?) • Festlegung der Vertriebswege (welcher Vertriebsweg – z.B. Direktverkauf versus Verkauf über Großhandel – für welches Produkt und/oder welchen Kunden?) • Festlegung der zu beliefernden Kunden (welche Kunden für welches Produkt mit welchen Mengen – z.B. Festlegung maximaler Lieferanteile?) • Festlegung der Lieferbedingungen (welche Lieferschnelligkeit, welche Liefergenauigkeit – z.B. welcher Servicegrad für welches Produkt und/oder welchen Kunden?)

Abb. 15-1: Überblick über von der Kostenrechnung zu unterstützende Entscheidungsprobleme

Bereitstellungsplanung schließlich hilft die Kostenrechnung beispielsweise durch Kostenvergleiche in Make-or-Buy-Problemen (Entscheidungen über Eigenerstellung oder Zukauf von Bauteilen bis hin zu ganzen Produkten) oder bei der Ermittlung von Preisobergrenzen im Einkauf (Wie viel darf ein bestimmter Rohstoff maximal kosten, damit sich die Herstellung des daraus gefertigten Erzeugnisses noch lohnt?).

Die *Abbildung 15-1* stellt die Felder entscheidungsbezogener, instrumenteller Nutzung der Kostenrechnung im Überblick zusammen.

1.4. Beeinflussung und Koordination des Verhaltens von Menschen als instrumentelle, konzeptionelle und symbolische Nutzung der Kostenrechnung

Die Ausführungen im letzten Abschnitt werden Ihnen vermutlich intuitiv plausibel und unmittelbar nachvollziehbar vorgekommen sein. Kostenrechnung erscheint in dieser Perspektive als ein *objektives Messinstrument*, dessen Informationen die kostenrechnerische Realität möglichst exakt und unverzerrt abbilden.

Diese quasi naturgesetzliche Perspektive wird der Unternehmensrealität aber nicht gerecht. »Das Unternehmen« ist eine sprachliche Verkürzung; stets handeln Menschen im und für das Unternehmen. Auf diese Menschen sind die Informationen auszurichten. Sie zu vernachlässigen, ist nur dann zulässig, wenn ihr Verhalten genau prognostizierbar ist – Sie mögen hier beispielsweise an einen Arbeiter am Band denken, der nur wenige Handgriffe in immer gleicher Weise, getaktet durch die Bandsteuerung, zu erledigen hat. Manager müssen aber ein deutlich breiteres Aufgabenspektrum wahrnehmen, innerhalb dessen viele Aktivitäten nicht vorausplanbar sind, sondern hoher Unsicherheit unterliegen (z.B. Einschätzung der Reaktion von Wettbewerbern, Vorhersage des Verhaltens von Kunden, Prognose des Fertigstellungstermins einer Produktinnovation). In einem solchen Umfeld hängt es (stark) vom einzelnen Manager ab, wie und wie erfolgreich das Geschäft gemacht wird. Wenn dies so ist, macht es Sinn, auf die Fähigkeiten und Einstellungen dieser Manager einzugehen. Insbesondere gilt es zu hinterfragen, welche Fähigkeiten diese für ihre Aufgabenerfüllung besitzen und welche Ziele sie persönlich mit ihrer Arbeit im und für das Unternehmen verfolgen. Negativ formuliert muss »das Unternehmen« damit rechnen, dass die Manager kognitive Begrenzungen aufweisen und eigennützig, zuweilen auch opportunistisch handeln. Wiederum dieses vorausgesetzt, muss sich auch die Betrachtung der Kostenrechnung ändern; sie muss – plakativ ausgedrückt – den Menschen entdecken.

In diesem Sinne stellt sich der Kostenrechnung als eine wesentliche Aufgabe, Informationen zur *Beeinflussung und Lösung interpersoneller Interessenkonflikte* zu liefern. Die Kostenrechnung soll in diesem Sinne einerseits als Verhandlungshilfe dienen, beispielsweise für einen Kostenstellenleiter stichhaltige Daten zur Rechtfertigung möglicher Kostenüberschreitungen gegenüber vorgesetzten Instanzen bereitstellen. Andererseits kann die Kostenrechnung auch eine *Konfliktregelungsfunktion* wahrnehmen. Fordert z.B.

Menschen müssen dann von der Betriebswirtschaftslehre näher betrachtet werden, wenn ihr Handeln viele Freiheitsgrade besitzt

Funktionen einer verhaltensorientiert verstandenen Kostenrechnung

der Produktionsleiter eine Fertigung in möglichst großen Losen, der Leiter der Logistik dagegen eine möglichst geringe Lagerhaltung (also möglichst kleine Lose mit häufigen Loswechseln), so kann die Bestimmung der kostengünstigsten Losgröße für beide Beteiligten die akzeptable Grundlage der Lösung ihres Konflikts sein.

Diese Funktionen lassen sich unmittelbar in die drei vorgestellten Nutzungsarten der Kostenrechnung einordnen.

- Wenn ein Bereichsleiter zum wirtschaftlichen Umgang mit zentralen Ressourcen (z.B. einer Rechtsabteilung oder der zentralen IT) angehalten werden soll, so hilft die Kostenrechnung, indem sie eine pauschale Umlagenverrechnung durch eine »Bepreisung« tatsächlich in Anspruch genommener Einzelleistungen ersetzt. In diesem Sinne wirkt sie zur Verhaltensbeeinflussung *instrumentell*.
- Wenn neben den klassischen Produktionsbereichen nun auch typische »Gemeinkostenbereiche« mit Hilfe des Instruments der Prozesskostenrechnung (wir werden auf diese im 20. Kapitel noch näher eingehen) genauer kostenmäßig durchleuchtet und abgebildet werden, so hilft dies, die Verhandlungen zwischen den an der gesamten betrieblichen Wertschöpfung beteiligten Instanzen auf eine einheitliche Grundlage zu stellen (*konzeptionelle* Wirkung).
- Wenn zur Umsetzung einer besseren logistischen Performance die Kosten von Beständen durch Einbeziehung aller möglichen Kostenbestandteile (Fehlmengenkosten, andere Opportunitätskosten) stark verteuert werden, so haben wir eine *symbolische* Nutzung der Kostenrechnung vor uns.

Verhaltensorientierung ist in
den USA schon seit langem
eine übliche Perspektive auf
die Kostenrechnung

Diese verhaltensorientierte Sichtweise der Kostenrechnung ist in Deutschland erst seit kurzem »entdeckt« worden (z.B. im Rahmen der Prinzipal-Agenten-Theorie). In den USA ist sie dagegen fest verankert, wie das folgende Zitat zeigt: »A management accounting system should have two simultaneous functions: (a) to help managers make wise economic decisions and (b) to motivate managers and other employees to aim and strive for goals of the organization.« (*Horngren / Datar / Foster* 2003, S. 13). Warum dieser Unterschied besteht und was er für die Beurteilung der einzelnen Kostenrechnungssysteme bedeutet, sei an dieser Stelle allerdings nicht weiter analysiert. Hierzu fehlt uns noch diverses Basiswissen über Aufbau und Wirkungsweise der Kostenrechnung. Wir wollen erst an dessen Aufbau arbeiten, bevor wir die angesprochenen Fragestellungen bei der Darstellung der einzelnen Kostenrechnungsvarianten diskutieren.

2. Kostenarten-, Kostenstellen- und Kostenträgerrechnung

Zu den in der Kostenrechnung am meisten diskutierten Begriffen zählen ohne Zweifel die Termini Kostenarten, Kostenstellen und Kostenträger. Sie kennzeichnen quasi unterschiedliche »Verrechnungszustände« der Kosten oder unterschiedliche Stadien der Erfüllung der Kalkulationsaufgabe der Kostenrechnung. Ihnen ist dabei typischerweise jeweils ein eigener kostenrechnerischer Bereich zugeordnet (Kostenartenrechnung, Kostenstellenrechnung, Kostenträgerrechnung), die in späteren Kapiteln noch detaillierter betrachtet werden.

2.1. Kostenarten

Wie wir im übernächsten Kapitel dieses Buches ausführlich diskutieren werden (und Sie ansatzweise im einführenden Fallbeispiel schon gesehen haben), sind die zumeist aus der Finanzbuchhaltung übernommenen Kostenarten das »Rohmaterial« der Kostenrechnung. Was nicht als Kostenart abgebildet wird, kann auch nicht einer Kostenstelle oder einem Kostenträger zugeordnet werden.

Kostenarten strukturieren den »Rechnungsstoff« der Kostenrechnung

> Kostenarten bilden den gesamten (kostenrechnungsrelevanten) Werteverzehr eines Jahres nach unterschiedlichen Arten von Produktionsfaktoren unterteilt ab, ohne diesen jedoch – neben seiner artmäßigen Strukturierung (z.B. Materialkosten, Personalkosten) – weiter auf bestimmte Ursachen des Verzehrs zurückführen zu können.

Die Kostenartenrechnung ist demgemäß ein zwar wichtiger, intellektuell aber wenig herausfordernder Bereich der Kostenrechnung.

2.2. Kostenstellen

2.2.1. Zum Begriff »Kostenstelle«

Kostenstellen – als zweiter wesentlicher Basisbegriff der Kostenrechnung – sind so häufig in der einschlägigen Literatur definiert worden, dass hier nicht unbedingt noch ein weiterer Versuch der Begriffsbildung erfolgen muss. Wir wollen vielmehr auf eine bewährte Definition zurückgreifen (*Hummel/Männel* 1986, S. 190):

Mit den Kostenstellen wird der Leistungserstellungsprozess in seinen Elementen und Verflechtungen sichtbar gemacht

> Kostenstellen sind funktional, organisatorisch oder nach anderen ... Kriterien voneinander abgegrenzte Teilbereiche eines Unternehmens, für die die von ihnen jeweils verursachten Kosten erfasst und ausgewiesen, gegebenenfalls auch geplant und kontrolliert werden.

Warum werden Kostenstellen gebildet? Antworten auf diese Frage sind wir implizit in den ersten beiden Kapiteln des Kostenrechnungsteils dieses Buches schon mehrfach begegnet. Sie lassen sich verkürzt zu folgender Aussage zusammenfassen:

> Ohne eine differenzierte Kostenstellenbildung könnte die Kostenrechnung das komplexe Netzwerk der betrieblichen Leistungserstellung nicht richtig abbilden.

Im Prinzip entspricht jedem einzelnen Leistungserstellungsprozess eine einzelne Kostenstelle. Damit werden für jeden Einzelprozess Höhe und Struktur des Kostenanfalls sowie der erbrachten Leistungen transparent. Dies ermöglicht zum einen spezifische Planungen und Kontrollen. Diese reichen von der grundsätzlichen Infragestellung der Kostenstelle (Ist es weiterhin effizient, die in der Kostenstelle erbrachten Leistungen selbst zu erstellen oder sollten diese nicht besser fremdbezogen werden?) bis hin zu laufenden Kontrollen, ob die Kostenstelle noch ihre Sollkosten einhält (was das genau ist, werden wir im 20. Kapitel näher diskutieren). Zum anderen schafft die Kostenstellenbildung die Voraussetzung, die Kosten im vielstufigen Leistungserstellungsprozess richtig zuordnen zu können. Hierzu werden im ersten Schritt die Kosten pro Kostenstelle auf die dort erstellten Leistungen bezogen (kalkuliert) und dann im zweiten Schritt grundsätzlich dem Umfang nachgefragter Leistungen entsprechend auf die »Leistungsempfänger« (andere Kostenstellen oder Kostenträger (Produkte)) verrechnet.

2.2.2. Grundsätze der Kostenstellenbildung

Wenn nun prinzipiell Klarheit darüber besteht, warum man Kostenstellen bildet, stellt sich die Anschlussfrage, wie man bei der Kostenstellenbildung vorgeht. Hierzu finden Sie in der Literatur »Kataloge von Grundsätzen«, von denen einer im Folgenden wiedergegeben sei (vgl. *Hummel/Männel* 1986, S. 198):

In der Literatur finden sich viele Strukturierungen dafür, wie eine Kostenstellenbildung erfolgen soll – ein Beispiel

Kostenstellen sollten in der Weise gebildet werden, dass jeweils möglichst weitgehend eindeutige proportionale Beziehungen zwischen den anfallenden Kosten und den von der Kostenstelle erstellten Leistungen feststellbar sind. Dies ist eine wichtige Voraussetzung für die Ermittlung aussagefähiger kostenstellenbezogener Verrechnungssätze.

Diese Aussage muss nicht weiter erläutert oder kommentiert werden.

Um wirksame Wirtschaftlichkeitskontrollen durchführen zu können, sollte eine Identität von Kostenstelle und Verantwortungsbereich angestrebt werden. Gilt dies nicht, besteht die Gefahr mangelnder Motivation und Unwirtschaftlichkeit.

Im Englischen spricht man hier auch vom Grundsatz der »controllability«. Werden einem Kostenstellenleiter Kosten angelastet, auf deren Anfall er keinen Einfluss hat, wird er dies als ungerecht empfinden und zugleich in die Versuchung geführt, die Kostenverantwortung auch für andere, von ihm beeinflussbare Kosten abzulehnen. Auf der andere Seite kennt man schon aus der Volkswirtschaftslehre die (Binsen-)Weisheit, dass freien Gütern stets die Gefahr innewohnt, verschwendet zu werden.

Die Kostenstellen sollten klar voneinander abgegrenzt werden, so dass jederzeit eine zweifelsfreie Zuordnung der Kosten auf einzelne Kostenstellen vorgenommen werden kann: Die Kostenstellengliederung muss eindeutig sein.

Dieser Grundsatz bedarf keiner näheren Erläuterung.

Beim Separieren einzelner Kostenstellen sollte man prinzipiell nur so weit differenzieren, wie dies wirtschaftlich gerechtfertigt erscheint und die Übersichtlichkeit nicht gefährdet. Der von einer Steigerung des Differenzierungsgrades zusätzlich ausgelöste Datenerfassungs-, Rechen- und Arbeitsaufwand muss in einer ökonomisch vertretbaren Relation zu der dadurch zusätzlich erzielbaren Aussagefähigkeit der Kostenstellenrechnung stehen.

Wieder begegnen wir hier dem schon mehrfach angesprochenen Konflikt, in dem sich die Kostenrechnung stets befindet: Sie soll auf der einen Seite immer mehr Rechnungszwecke immer besser und schneller erfüllen; auf der anderen Seite jedoch betrachtet man die Kosten der Kostenrechnung zunehmend als mögliches Objekt von Rationalisierungsbestrebungen. Außerdem gilt der Zusammenhang: Je komplexer die Kostenrechnung, desto weniger wird sie vom Nutzer der Kostenrechnungsdaten verstanden; je weniger sie verstanden wird, desto weniger wird sie auch genutzt!

> *Genauigkeit versus Erfassungs-, Verarbeitungs- und Auswertungskosten – ein »klassischer« Konflikt für die Gestaltung der Kostenrechnung*

2.2.3. Arten von Kostenstellen

Im einführenden Fallbeispiel haben wir schon kennen gelernt, dass es zum einen mehrere unterschiedliche Arten von Kostenstellen gibt und dass zum anderen hinter dieser Differenzierung letztlich Fragen der Zurechnung der auf den Kostenstellen gesammelten Kosten auf die Kostenträger (Produkte) stehen. Als Basisunterscheidung differenziert man – wie auch die *Abbildung 15-2* auf der Folgeseite zeigt – Vorkostenstellen von Endkostenstellen:

Unter einer Vorkostenstelle versteht man eine Kostenstelle, deren Leistungen für andere Kostenstellen erbracht werden. Endkostenstellen wirken dagegen direkt an der Bereitstellung, Fertigstellung und Vermarktung der absatzbestimmten Produkte bzw. ihrer Vorstufen mit.

Entsprechend den unterschiedlichen Leistungsempfängern haben die beiden Kostenstellengruppen auch unterschiedliche »Kostenempfänger«: Vorkostenstellen verrechnen ihre Kosten auf andere (Vor- oder End-)Kostenstellen, Endkostenstellen dagegen direkt auf die Produkte. Ausgenommen von dieser Regel sind nur einige wenige Sonderfälle, die wiederum leistungswirtschaftlich bedingt sind: Es kommt zuweilen vor, dass eine Endkostenstelle außerhalb ihres normalen Fertigungsprogramms Leistungen für andere Kostenstellen erbringt, eine Dreherei beispielsweise ein Ersatzteil für die Werkzeugmaschine einer anderen Kostenstelle fertigt. Diese Fälle werden – wie wir später noch sehen werden – vor der eigentlichen Kalkulation vorab ausgeglichen.

> *Nicht, um Sie zu verwirren: Haupt- und Nebenkostenstellen sind Endkostenstellen, Hilfskostenstellen sind Vorkostenstellen*

Fragt man nach der weiteren Differenzierung der Kostenstellen, begegnet man zunächst – wie häufig in der Betriebswirtschaftslehre – einem Begriffswirrwarr: Synonym zum Begriff Vorkostenstelle wird in Theorie und Praxis der Begriff »Hilfskostenstelle« verwandt; dem Terminus End-

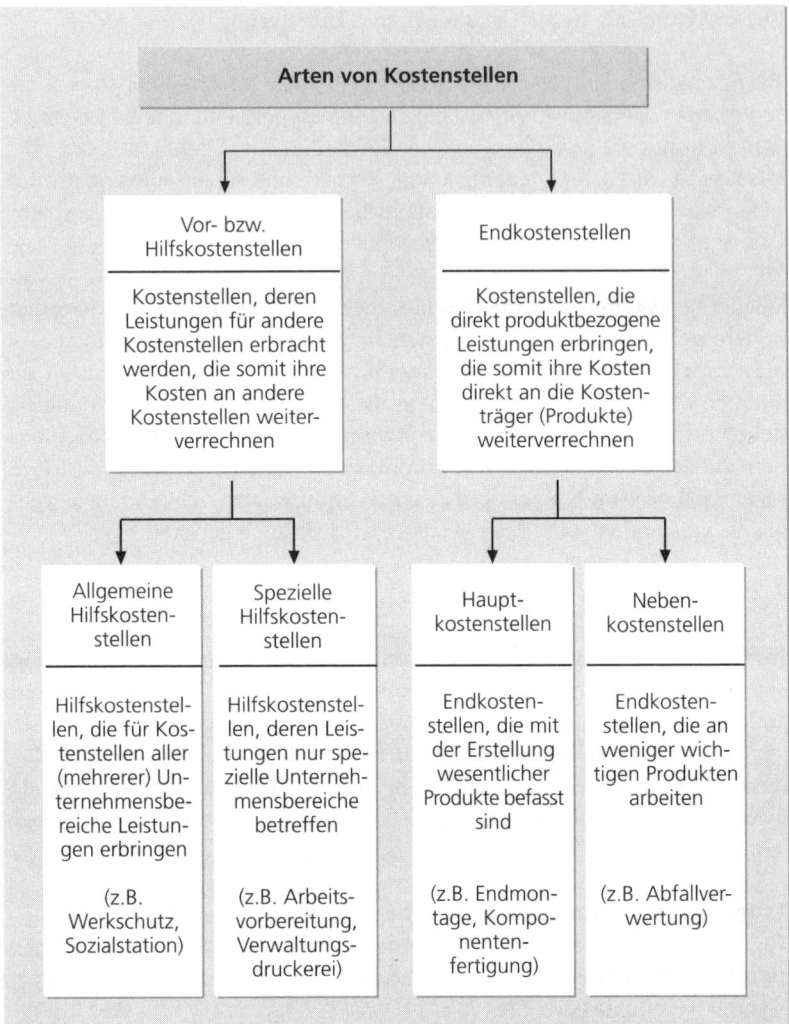

**Abb. 15-2: Wichtige Arten
von Kostenstellen**

kostenstelle stehen dagegen gleich zwei Begriffe gegenüber, die die Endkostenstellen ihrer Bedeutung nach weiter differenzieren: Mit »Hauptkos-
tenstellen« bezeichnet man solche Endkostenstellen, die wesentliche produktbezogene Leistungen erstellen (in einem Automobilunternehmen etwa das Presswerk, die Motorenfertigung, Lackiererei und Endmontage), mit
»Nebenkostenstellen« solche, in denen für das Unternehmen weniger bedeutsame Leistungen produziert werden (z.B. die Abfallverwertung). Innerhalb der Vor- bzw. Hilfskostenstellen kann man schließlich nach dem Kreis
der Leistungsempfänger zumindest noch »allgemeine Hilfskostenstellen« –
sie erbringen Leistungen für sehr viele andere Kostenstellen (z.B. Werk-
schutz, Energieerzeugung, Sozialstation) – und Hilfskostenstellen spezieller Unternehmensbereiche unterscheiden (z.B. die dem Fertigungsbereich
zugeordnete Arbeitsvorbereitung oder die Druckerei in der Verwaltung).

2.3. Kostenträger

Der Begriff »Kostenträger« ist von den in diesem Kapitel behandelten drei Grundbegriffen sicher der plastischste:

> Kostenträger sind allgemein Objekte, die Kosten (er-)tragen müssen. Die Kostenträgerrechnung hat entsprechend zur Aufgabe, den Kostenträgern Kosten zuzurechnen, diese – als terminus technicus – zu »kalkulieren«.

Was verbirgt sich nun hinter dem sehr abstrakten, konturenlosen Ausdruck »Objekte«? Typischerweise sind dies die betrieblichen Produkte, die materiellen oder immateriellen Absatzleistungen. Für sie soll – wie anfangs ausgeführt – die Kostenrechnung die jeweiligen für sie angefallenen Kosten bestimmen. Da sie zugleich auch Quellen bzw. Träger der erzielten Erlöse sind, lässt eine derartige Kalkulation unmittelbar Aussagen über die Vorteilhaftigkeit der Produkte zu.

Daneben bezeichnet man zuweilen auch innerbetriebliche, d.h. von Vorkostenstellen für andere Kostenstellen erbrachte Leistungen als Kostenträger (vgl. z.B. *Schweitzer/Küpper* 2003, S. 156), ausgehend von der Tatsache, dass auch diese Leistungen mit Kosten belastet, also kalkuliert werden (müssen). Allerdings ist eine solche Terminologie wenig konsistent. Zum einen findet die Kalkulation der innerbetrieblichen Leistungen in der Kostenstellenrechnung statt; dagegen beschränkt sich die Kostenträgerrechnung allein auf Absatzleistungen. Zum anderen müsste man den Kostenträgerbegriff dann auch auf andere Kalkulationsobjekte ausdehnen, so u.a. auf Kunden, Märkte und Vertriebswege. Dieses ist allerdings nicht üblich; vielmehr verwendet man für diese den allgemeineren Begriff »Bezugsobjekt«.

Während sich die Kostenstellengliederung an der Organisation des Unternehmens ausrichtet, wird die Strukturierung der Kostenträger unmittelbar von der Strukturierung des Absatzprogramms bestimmt. Typischerweise differenziert man auf unterster Ebene Produktvarianten, darauf folgend Produkte, fasst diese dann zu Produktgruppen und -sparten zusammen, aus denen sich schließlich das Gesamtprogramm zusammensetzt. Kostenrechnerische Probleme grundsätzlicher Art ergeben sich bei dieser Strukturierung nicht. Allerdings wird die Kostenrechnung häufig mit einem Massenphänomen konfrontiert: Das Produktprogramm größerer Unternehmen umfasst nicht selten eine fünfstellige Anzahl von unterschiedlichen Verkaufsobjekten, die jeweils von der Kostenträgerrechnung gesondert kalkuliert werden sollen. Zudem ändern sich Produkte oder die Zusammensetzung des Produktprogramms ständig. Mit der Bewältigung dieser Massenaufgabe sind nicht unbeträchtliche Kosten verbunden; neben direkten Änderungskosten fallen hierunter auch die ökonomischen Folgen von Fehlinformation aufgrund unterlassener Anpassung der Daten.

Die Gliederung der Kostenträger wird durch das Absatzprogramm des Unternehmens bestimmt

3. Traditioneller Aufbau der Kostenrechnung

Abschließend wollen wir kurz beleuchten, wie die drei genannten Teilgebiete der Kostenrechnung, die Kostenarten-, die Kostenstellen- und die Kostenträgerrechnung, typischerweise miteinander zusammenhängen. »Typischerweise« bezieht sich dabei sowohl auf den Status quo in der Praxis als auch auf die Mehrzahl der Kostenrechnungssysteme, denen Sie in den Lehrbüchern begegnen (exakt: für alle Systeme außer der Einzelkosten- und Deckungsbeitragsrechnung, auf die wir im letzten Kapitel dieses Buches noch zurückkommen).

Ausgangspunkt der Kostenrechnung ist – wie auch die *Abbildung 15-3*

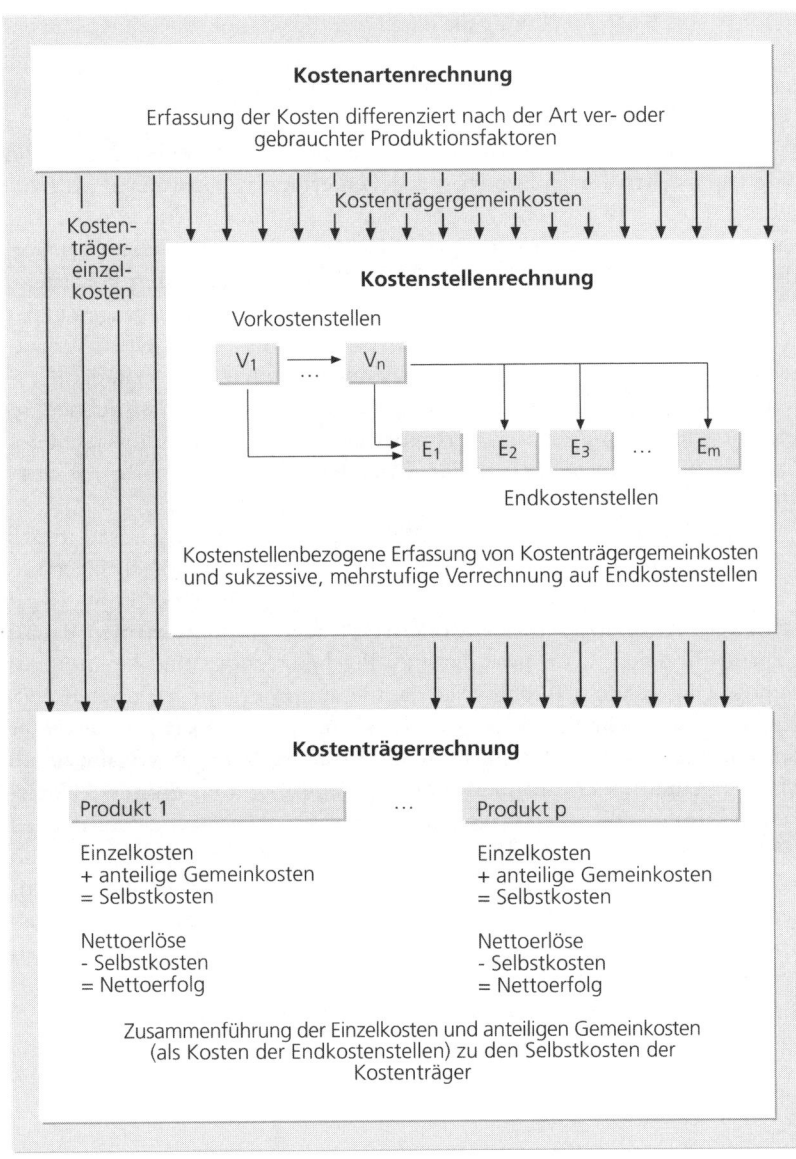

Abb. 15-3: Traditioneller Grundaufbau der Kostenrechnung

zeigt – die Kostenartenrechnung. Erstens sammelt sie alle anfallenden Kosten, zweitens trennt sie diese Beträge in zwei Gruppen: in Kosten, die sich unmittelbar Produkten zuordnen lassen (*Einzelkosten*), sowie in solche, für die eine derartige unmittelbare Zurechenbarkeit nicht gegeben ist (*Gemeinkosten*). Erstere werden direkt in die Kostenträgerrechnung (also auf die Produkte) verrechnet, letztere dagegen den Kostenstellen zugeordnet, in denen sie angefallen sind. In der Kostenstellenrechnung erfolgt dann eine sukzessive Verrechnung der Kosten von den Vorkostenstellen auf die Endkostenstellen. Die dort gesammelten (teils direkt dort erfassten, teils auf diese von anderen Kostenstellen verrechneten) Kosten werden im abschließenden dritten Schritt in der Kostenträgerrechnung – wie vorab schon die Einzelkosten – den Kostenträgern zugeordnet, auf diese verrechnet. Die *Abbildung 15-3* zeigt schließlich auch noch die Gegenüberstellung der kalkulierten Kosten mit den erzielten Erlösen, mit der man das Feld der Kostenrechnung streng genommen schon in Richtung Erfolgsrechnung verlassen hat.

Dieser typische Grundaufbau der Kostenrechnung lässt sich letztlich nur dann richtig verstehen, wenn man zu seiner Erklärung Rechnungszwecke heranzieht. Anfangs wurde ausgeführt, dass die wesentliche, alles überstrahlende Aufgabe der Kostenrechnung lange Zeit in der Ermittlung der Selbstkosten der Produkte – als Basis für Preisentscheidungen – gesehen wurde. (Nur) Vor diesem Hintergrund wird die Trennung der Kostenarten in Einzelkosten und Gemeinkosten verständlich: Direkt zurechenbare Kosten werden den Produkten direkt zugerechnet; ihre Einbeziehung in die Kostenstellenrechnung würde diese nur unnötig aufblähen. Anders ist allerdings zu argumentieren, wenn man den Rechnungszweck Wirtschaft-

Abb. 15-4: Überblick über die Zwecke der Kostenrechnung

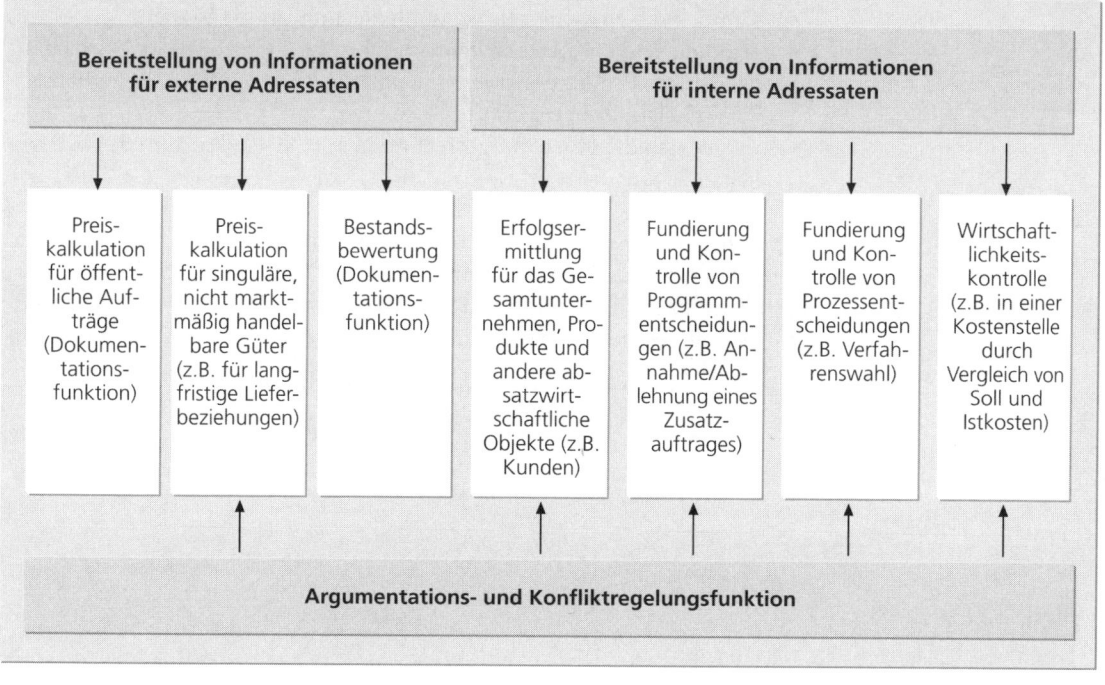

lichkeitskontrolle in den Vordergrund stellt: Zur Beurteilung der Wirtschaftlichkeit einer Endkostenstelle wäre es sinnvoll, alle dort zu verantwortenden (im Sinne von zu beeinflussenden) Kosten auszuweisen, zu planen und zu kontrollieren. Da zu diesen häufig auch Einzelkosten zählen (in einem Presswerk beispielsweise die Kosten des verformten Bleches), ist der getrennte Abrechnungsgang von Einzel- und Gemeinkosten für die Wirtschaftlichkeitskontrolle unpassend, zumindest aber unpraktisch: Man muss dann nämlich – wie wir im Kapitel 18 noch sehen werden – die in einer Kostenstelle anfallenden Einzelkosten in einer gesonderten, zusätzlichen Rechnung planen, erfassen und kontrollieren.

4.   Zusammenfassung

Aufbau und Gestaltung der Kostenrechnung lassen sich nur dann richtig verstehen, wenn man die von diesem Informationsinstrument zu erfüllenden Zwecke kennt. Anfangs stand der Zweck der Preiskalkulation im Vordergrund. Sie bestimmte auch den traditionellen Grundaufbau der Kostenrechnung. Wie auch die *Abbildung 15-4* auf der Vorseite zeigt, sind über die Jahre und Jahrzehnte hinweg diverse Rechnungszwecke hinzugekommen. Nach dem 2. Weltkrieg wurde insbesondere die Unterstützung der Unternehmensführung bei deren Entscheidungsfindung betont. Ganz aktuell erfährt der Aspekt der Verhaltensorientierung (auch) in Deutschland starke Aufmerksamkeit.

Die Grundstruktur der Kostenrechnung wurde durch diese Entwicklungen jedoch nicht verändert. Nach wie vor

- sammelt die Kostenartenrechnung die anfallenden Kosten,
- ermöglicht die Kostenstellenrechnung die Kontrolle der Wirtschaftlichkeit der Produktionsprozesse und die Kalkulation des innerbetrieblichen Leistungsnetzwerks und
- richtet sich die Kostenträgerrechnung auf die Kalkulation der betrieblichen Erzeugnisse.

Kostenstellen und Kostenträger stehen auch bei einer entscheidungsorientierten Ausrichtung der Kostenrechnung im Mittelpunkt. Änderungen ergeben sich allerdings bei der Art der Kostenverrechnung. Mit den Grundformen dieser Verrechnung beschäftigt sich der nächste Abschnitt dieses Lehrbuchs.

Grundformen der Kalkulation von Leistungen

Kapitel 16

Lernziel

Im letzten Kapitel haben wir wesentliche Bausteine betrachtet, die erforderlich sind, um unser Betrachtungsobjekt Kostenrechnung zu verstehen. Nun fehlt uns in dieser – nach dem Fallbeispiel – zweiten Annäherung nur noch ein Analyseschritt, und zwar der, wie und nach welchen Prinzipien Kosten innerhalb der Ihnen vorgestellten Grundstrukturen verteilt, verrechnet und kalkuliert werden. Dieses Defizit aufzufüllen, ist Ziel dieses Kapitels. Zur Veranschaulichung der Kalkulationsmethodik werden wir dabei auf einen einzelnen »Nukleus«, einen Leistungserstellungsprozess, abstellen. Im Einzelnen werden Sie erfahren,

* welche grundsätzlichen Kalkulations»philosophien« in der Kostenrechnung diskutiert werden (Zurechnungsprinzipien),
* dass sich der Kostenrechner von den vier Grundrechenarten bei der Kalkulation, d.h. bei der Zurechnung von Kosten auf Leistungen, primär der Addition und der Division bedient und
* dass die Division in Abhängigkeit von der Verschiedenartigkeit der zu kalkulierenden Leistungen unterschiedlich kompliziert ausfällt.

Auf die im Folgenden dargestellten Grundprinzipien und Grundformen der Kalkulation werden Sie in den kommenden Kapiteln dieses Lehrbuchs noch häufig wieder stoßen, z.T. als eigenständige Kalkulationsverfahren (wie z.B. die Zuschlagskalkulation), z.T. als Bausteine umfassender Kalkulationskomplexe (z.B. im Rahmen der innerbetrieblichen Leistungsverrechnung). Zusätzliche Kalkulationsmodi werden Sie nicht kennen lernen. So einfach ist Kostenrechnung!

1. Zur grundsätzlichen Kennzeichnung des Kalkulationsproblems

Kalkulation bedeutet die Ermittlung der für eine bestimmte Leistung (ein bestimmtes Leistungsquantum) angefallenen Kosten.

Diese Ermittlung kann sehr unterschiedlich schwer fallen. Im Grenzfall steht der zu bestimmende Wert quasi automatisch zur Verfügung, wie dann, wenn Sie bei einem besonders zugkräftigen Länderspiel ihre gerade gekaufte Eintrittskarte 10 Minuten vor Spielbeginn an einen zahlungskräftigen Fußballfan mit saftigem Aufschlag wieder verkaufen. Die Kosten dieser »Distributionsleistung« liegen mit den Kosten der Eintrittskarte unmittelbar fest. Ähnlich einfach gestaltet sich die Kalkulationsaufgabe, wenn sie in einer reinen Addition von Einzelbelegen besteht, wie im Falle eines Erfinders, der sein geniales Produkt von einem Fremdunternehmen produzieren und von einem Vertreter verkaufen lässt. Die Kosten der Fremdproduktion (Eingangsrechnung) und die Provision bilden in Summe die Produktkosten.

Um derart »additiv« kalkulieren zu können, muss man die zur Leistungserstellung in Anspruch genommenen (ge- oder verbrauchten) Produktionsfaktormengen kennen. Deren Bestimmung kann zum einen auf einer *exakten Einzelerfassung* fußen. So zeichnet man etwa im Großanlagenbau sämtliches verbautes Material genauso gesondert auf wie die Arbeitszeiten der mit der Anlage befassten Ingenieure und Handwerker. Zum anderen kann man sich bei der Erfassung der Faktormengen häufig auch auf *Standard- oder Erfahrungswerte* stützen, wie etwa dann, wenn in Stücklisten die für ein in Serie hergestelltes Produkt erforderlichen Rohstoffmengen oder in Arbeitsgangplänen die für sie aufzuwendenden Arbeitszeiten aufgeführt sind.

Die Aufzeichnung der Faktorinanspruchnahme bedeutet aber nur eine notwendige, keine hinreichende Bedingung für eine additive Kalkulation. Um Kosten zu bestimmen, ist noch ein zweiter Schritt erforderlich: Die *Bewertung der Faktormengen*. Auch diese Aufgabe kann sehr unterschiedlich schwer fallen. In den meisten der gerade aufgeführten Beispiele muss man lediglich auf die vorhandenen Belege schauen; auf der Eintrittskarte, der Fremdleistungsrechnung oder der Rechnung für eine Materiallieferung steht neben der Menge auch der zu zahlende Preis, also der relevante Wertansatz (Anschaffungskosten). Probleme bekommen wir aber schon bei der Bewertung der geleisteten Arbeitsstunden: Wie Sie aus dem 14. Kapitel (*Abbildung 14-3*) wissen, fällt nur ein (kleiner) Teil der Personalentgelte unmittelbar leistungsbezogen an, werden Angestellte und Arbeiter auch (überwiegend) für ihre Leistungsbereitschaft, nicht nur für ihre tatsächlich geleistete Arbeit bezahlt. Wenn man durch Zeitaufnahmen genau festhalten kann, wie lange ein Arbeiter zum Einbau der Sitze in eine Rohkarosse braucht (z.B. 3 Minuten), bedeutet dies folglich nicht automatisch, dass damit auch die Lohnkosten für diesen Arbeitsgang pro Rohkarosse feststehen (0,05 Stunden x Stundensatz). Dieser unmittelbare Zusammenhang besteht nur

Erfassungsalternativen

Die einfache Gleichung »Menge x Preis« funktioniert nicht immer – wir kennen dieses Problem bereits aus dem 14. Kapitel

Bewertungsprobleme gibt es insbesondere bei den Potenzialfaktoren

dann, wenn der Arbeiter Akkordlohn bezieht. Als »Zeitlöhner« verändern sich die für ihn anfallenden Personalkosten mit dem Umfang erbrachter Leistungen nicht. Dieses »Phänomen« ist keinesfalls auf den Produktionsfaktor Personal beschränkt. Analoges gilt beispielsweise auch für die Kosten von Produktionsanlagen, deren Bearbeitungszeiten pro Stück man direkt festhalten kann, deren Kosten aber nicht unmittelbar von der Produktionsmenge bestimmt werden – auf den genauen Zusammenhang zwischen Kostenhöhe und Veränderung der erbrachten Leistungen werden wir im 18. Kapitel (unter den Stichworten »Kostenauflösung« bzw. »Kostenspaltung«) noch näher eingehen.

Was bedeutet dies nun für die Kalkulation? Auf diese Frage sind sehr unterschiedliche Antworten möglich. Unter dem Stichwort »Kostenzurechnungsprinzipien« finden Sie in der einschlägigen Literatur hierzu eine kaum überschaubare Flut von Stellungnahmen (vgl. z.B. *Dierkes/Kloock* 2002, Sp. 1177-1186). Die geäußerten Meinungen, zu deren Begründung teilweise sogar die Philosophie bemüht wurde, lassen sich vereinfacht zu zwei Grundausrichtungen verdichten, dem Verursachungsprinzip und dem Marginalprinzip.

> Das Verursachungsprinzip ordnet einem Leistungsquantum sämtliche Kosten zu, die dieses verursacht hat. »Verursachung« wird dabei für Verbrauchsgüter (Repetierfaktoren) als bewerteter Verbrauch, für Gebrauchsgüter (Potenzialfaktoren) als bewertete anteilige Inanspruchnahme interpretiert.

Kosten als Folge von Leistungen

Gedanklicher Hintergrund des *Verursachungsprinzips* ist ein finales Denken: Alle Produktionsfaktoren sind (nur deshalb) verbraucht bzw. anteilig eingesetzt worden, um Leistungen zu produzieren. Deshalb ist es zulässig, angebracht, ja richtig, den Leistungen auch alle angefallenen Kosten zuzurechnen. Diese Finalbeziehung betrifft im Beispiel des Sitzeinbaus nicht nur den Automobilwerker, sondern auch das Transportband, das zum Einbau benötigte Werkzeug, die Meister des betreffenden Montageabschnitts, schließlich auch die Fertigungshalle, deren Beleuchtung und anderes mehr. Alle Kosten eines Leistungserstellungsprozesses sind dem Verursachungsprinzip entsprechend auf alle in diesem Prozess erstellten Leistungen zu verteilen.

Dem Verursachungsprinzip liegt letztlich eine eher langfristige Sichtweise zugrunde: Der Aufbau von Kapazitäten (im Beispiel: die Einstellung des Arbeiters bis hin zum Bau der Fertigungshalle) erfolgt (nur) deshalb, weil man davon ausgeht, dass sich die mit Hilfe dieser Kapazitäten erstellten Leistungen gewinnbringend verkaufen lassen, mit anderen Worten: dass alle erstellten Leistungen zusammen die Kosten der Kapazität tragen können. Vor dem Hintergrund dieser Überlegung ist es plausibel, jeder einzelnen Leistung einen entsprechenden Kostenanteil zuzurechnen.

Das *Marginalprinzip* dagegen interessiert sich nicht für – mehr oder weniger langfristig geplante – Zweckbestimmungen von Verbrauchsgütern und Kapazitäten. Seine Blickrichtung ist sehr kurzfristiger Natur:

Das Marginalprinzip ordnet – idealtypisch – einem Leistungsquantum genau die Kosten zu, die nicht entstanden wären, wäre das betreffende Leistungsquantum nicht erstellt worden, oder – mit anderen Worten – die allein aufgrund des (zusätzlichen) Leistungsquantums (zusätzlich) entstanden sind.

Das Marginalprinzip ist stets auf *Grenzentscheidungen* bezogen:
- Lohnt sich ein bestimmter Zusatzauftrag?
- Wie wirkt sich eine (geringe) Erhöhung der Produktionsmenge auf das Unternehmensergebnis aus?
- Welche Kosten fallen weg, wenn der Betrieb eine Woche über die Jahreswende hinweg stillgelegt wird?
- Soll ein bestimmter Instandhaltungsauftrag besser von einem fremden Handwerker oder von der eigenen Instandhaltungstruppe ausgeführt werden?
- usw.

Wegen dieser kurzfristigen Ausrichtung interessiert der Teil der Kosten nicht, der ohnehin, auch ohne die betrachtete Entscheidung, anfällt. Da nicht entscheidungsrelevant, bleibt er außerhalb der Betrachtung. Das Marginalprinzip stellt allein auf die *Grenzkosten* ab, das Verursachungsprinzip dagegen auf die *Durchschnittskosten*.

Was bedeuten nun beide unterschiedlichen Zurechnungsprinzipien für unser obiges Bewertungsproblem »Was kosten 3 Minuten Einsatz eines Arbeiters«? Die Antwort hierauf ist leicht: Das Marginalprinzip macht die Antwort auf diese Frage davon abhängig, wie der Arbeiter entlohnt wird: Im Falle eines (reinen) Akkordlohnes wird die Zeit mit dem entsprechenden Akkordsatz bewertet, im Falle eines Zeitlohnes lautet der Bewertungsfaktor »0«; es fallen dann keine zusätzlichen, sich mit der Zahl der produzierten Fahrzeuge unmittelbar verändernden Kosten an. Das Verursachungsprinzip dagegen wird unabhängig von der Lohnform Kosten ermitteln, im zweiten Fall den Monatslohn durch die Zahl der durchschnittlich im Monat geleisteten Arbeitsstunden dividieren.

Hiermit haben wir bereits – fast unbemerkt – das Terrain der addierenden Kalkulation verlassen. Bevor wir Kosten addieren können, müssen wir zuvor durch Division Kosten pro Faktoreinheit errechnen. Die Division wird in der Kalkulation allerdings nicht nur benötigt, um die (Durchschnitts-)Kosten von Faktorquanten zu bestimmen. Der Standardfall bezieht sich vielmehr auf solche Produktionsfaktoren, die nur in sehr mittelbarer Beziehung zur Leistungserstellung stehen, für die sich das für eine Leistungseinheit benötigte Verbrauchsquantum nicht oder nur schwer bestimmen lässt. Bleiben wir beim Beispiel der Endmontage eines Automobils: Im Gegensatz zu den reinen Fertigungszeiten gibt es für die Zeiten des Leitungspersonals (Schichtleiter, Meister) keine tragfähige Basis, sie leistungsbezogen zu erfassen, da diese Zeiten nicht von der Zahl der Fahrzeuge, sondern (allenfalls) von der Zahl zu führender Mitarbeiter bestimmt werden. Ähnliches gilt etwa für die Kosten der Fertigungsfläche (Bestimmungsgröße: Flächenbedarf der Anlagen, nicht deren Auslastung als die von ihnen geleistete produktbezogene Arbeit) oder für die Stromkosten zum Antrieb des Montagebandes bzw. zur Beleuchtung der Montageplätze (Bestimmungsgröße: Schichtzahl, nicht Produktionsmenge in den Schichten). Produktionsfaktoren dieser Art überwiegen in der Praxis deutlich, dies sowohl zahlenmäßig als auch bezogen auf das entsprechende Kostenvolumen.

Das Marginalprinzip stuft die Kosten derartiger Produktionsfaktoren als irrelevant ein: Da sich noch nicht einmal die Faktorverbräuche für einzelne erstellte Leistungen direkt erfassen lassen, dürfen die Kosten solcher Produktionsfaktoren keinesfalls kalkuliert, d.h. leistungsbezogen zugerechnet werden; sie fallen – wie schon in der kurzen Beschreibung deutlich wurde – explizit nicht für einzelne Leistungen, sondern (lediglich) zur Herstellung und Sicherstellung der Leistungsbereitschaft des gesamten Prozesses an. Das Verursachungsprinzip hingegen fordert gemäß seinem finalen Grundansatz eine leistungsbezogene Aufteilung – und hiermit beginnt das »eigentliche« Kalkulieren der Kostenrechnung, hierfür sind diverse, teils nur begrifflich, teils methodisch unterschiedliche Kalkulationsverfahren entwickelt worden. Deren Ausprägung hängt wesentlich davon ab, welche Leistungen erstellt werden, genauer: wie homogen bzw. verschiedenartig diese sind.

Bevor im Folgenden die für unterschiedliche Homogenitätsgrade der Leistungen anzuwendenden Kalkulationsverfahren skizziert werden, fasst die *Abbildung 16-1* die wichtigsten Unterschiede zwischen dem Verursachungs- und dem Marginalprinzip zusammen.

2. Grundtypen von Kalkulationsaufgaben

2.1. Kalkulation homogener Leistungen

Betrachten wir zunächst einen Leistungserstellungsprozess, der nur eine einzige Leistungsart ausbringt, dessen Output somit aus homogenen Leistungseinheiten besteht. Derartige Prozesse gibt es häufig und zudem in sehr unterschiedlicher Gestalt. Sie werden vielleicht zuerst an Massenfertigung denken, z.B. von Rohstahl in einem Stahlwerk, von PVC oder anderen Kunststoffen in der chemischen Industrie oder von Zement in einem Zementwerk. Homogene Leistungen werden aber auch von internen Stellen erbracht, etwa vom unternehmenseigenen Kraftwerk, das Strom produziert, der DV, die den nutzenden Bereichen Rechnerkapazität (CPU-Minuten) bereitstellt, oder von einem Gebäude, das Fläche »produziert«.

Will man derart homogene Leistungen kalkulieren, kann man es sich sehr einfach machen: Man summiert die für die einzelnen Produktionsfaktorarten anfallenden Kosten und dividiert anschließend diese Summe durch die Zahl der insgesamt produzierten Leistungseinheiten. Bei den leistungsbezogen direkt erfassbaren Kosten erspart man sich durch dieses Vorgehen Erfassungsaufwand: Eine Einzelerfassung der Faktorverbräuche ist nicht erforderlich. Bei den weiteren, (nur) nach dem Verursachungsprinzip zurechenbaren Kosten entspricht die Division exakt der Grundphilosophie der

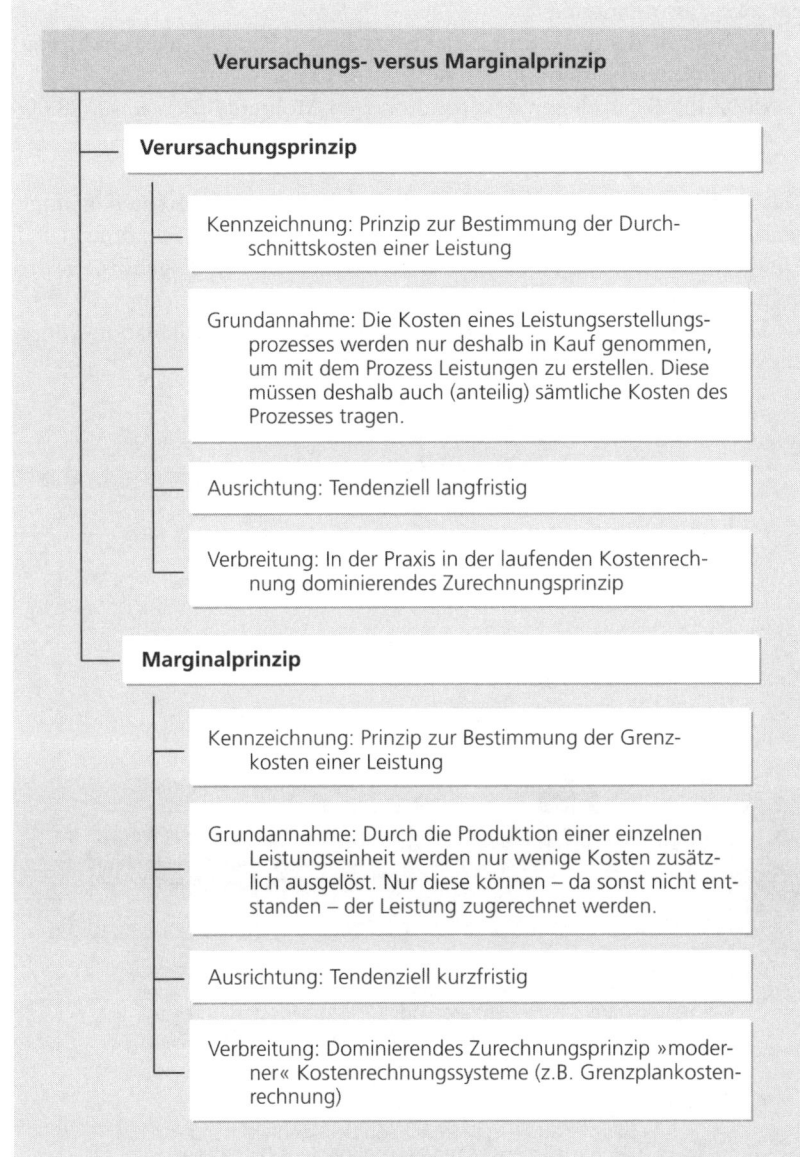

Verursachungs- versus Marginalprinzip

Verursachungsprinzip

Kennzeichnung: Prinzip zur Bestimmung der Durchschnittskosten einer Leistung

Grundannahme: Die Kosten eines Leistungserstellungsprozesses werden nur deshalb in Kauf genommen,
um mit dem Prozess Leistungen zu erstellen. Diese
müssen deshalb auch (anteilig) sämtliche Kosten des
Prozesses tragen.

Ausrichtung: Tendenziell langfristig

Verbreitung: In der Praxis in der laufenden Kostenrechnung dominierendes Zurechnungsprinzip

Marginalprinzip

Kennzeichnung: Prinzip zur Bestimmung der Grenzkosten einer Leistung

Grundannahme: Durch die Produktion einer einzelnen
Leistungseinheit werden nur wenige Kosten zusätzlich ausgelöst. Nur diese können – da sonst nicht entstanden – der Leistung zugerechnet werden.

Ausrichtung: Tendenziell kurzfristig

Verbreitung: Dominierendes Zurechnungsprinzip »moderner« Kostenrechnungssysteme (z.B. Grenzplankostenrechnung)

Abb. 16-1: Zentrale Prinzipien der Kostenzurechnung
im Überblick

Verursachungsgerechtigkeit: Alle Leistungseinheiten haben in gleicher
Weise die Prozesskapazität in Anspruch genommen und müssen deshalb
auch in gleicher Höhe Kostenanteile tragen.

Eine derartige »Divisionskalkulation« setzt nur ein Mindestmaß an Ausgangsdaten voraus, weit weniger Daten als andere Kalkulationsverfahren.
Um dies deutlich zu machen, wollen wir hier und im Folgenden ein Beispiel
betrachten, die Mohrenkopfkonditorei »Negerkuss«. Sie stellt die saftigsten,
süßesten und schokoladenhaltigsten, aber auch die teuersten Negerküsse
der Region her. Der Chefkonditor will wissen, was ein Mohrenkopf pro
Stück für ihn in der Herstellung im Durchschnitt kostet. Hierfür braucht er

Unser Beispiel – political
nicht ganz korrekt: Die
Mohrenkopfkonditorei
»Negerkuss«

nur zwei Informationen:
- die Summe der insgesamt in der betrachteten Periode (hier: ein Monat) angefallenen Kosten; sie betrage 25.000 Euro;
- die Zahl der in dieser Zeit produzierten Mohrenköpfe; sie sei 88.000 Stück.

Das Verfahren fragt nicht nach der näheren Aufteilung der Kosten in unterschiedliche Bestandteile und behandelt alle erzeugten Mohrenköpfe gleich: **Einfacher geht es nicht!** Mit (gerundet) 28 Cent liefert die Divisionskalkulation ein Ergebnis, das den hohen Verkaufspreis rechtfertigt.

Die wichtigsten Merkmale des soeben skizzierten Kalkulationsvorgehens zeigt die *Abbildung 16-2*.

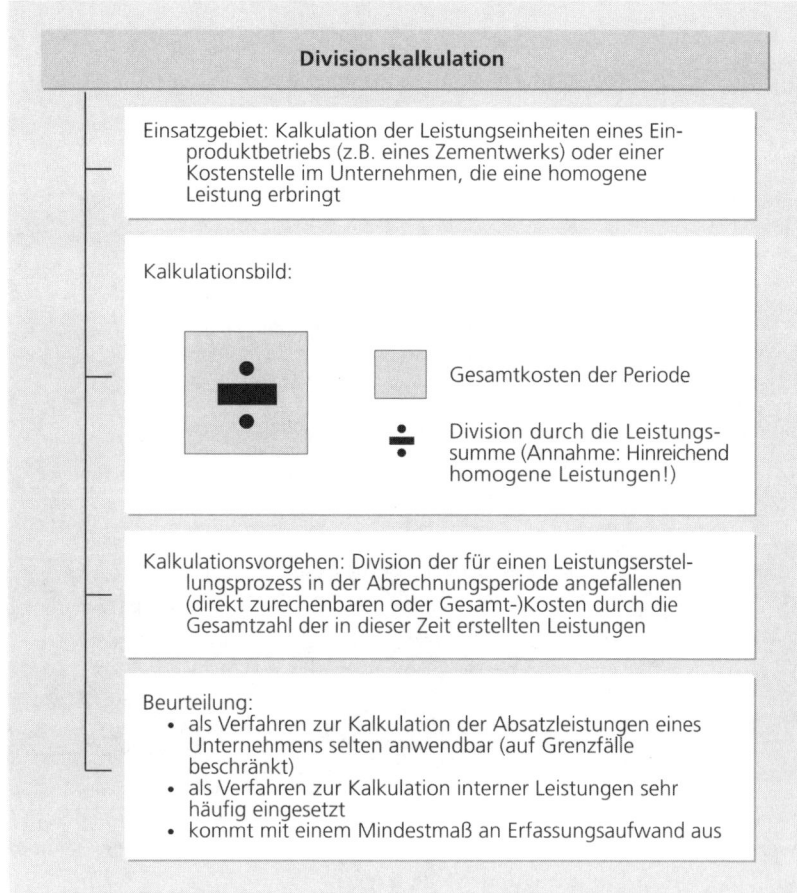

Abb. 16-2: Zusammenfassende Kennzeichnung der Divisionskalkulation

2.2. Kalkulation ähnlicher Leistungen

Bei genauerem Hinsehen entpuppt sich der Fall homogener Leistungen schnell als ein in der Realität kaum vorkommender Grenzfall. Ein Stahlwerk produziert nebeneinander unterschiedliche Rohstahlgüten, ein Zementwerk unterschiedliche Zementsorten, bei chemischen Basisprodukten kann man zumindest unterschiedliche Güteklassen (z.B. Reinheitsgrade) differenzieren, neben Zentralrechnerleistung (CPU-Minuten) stellt die DV-Abteilung z.B. auch die Nutzung von Peripheriegeräten (etwa von Druckern, Bildschirmen usw.) zur Verfügung, Strom wird in unterschiedlichen Spannungs- und Leistungsklassen produziert und schließlich macht es Sinn, wenig belastete Flächen für Verwaltungsstellen von Flächen zu unterscheiden, die schwere Fertigung, z.B. ein Presswerk, beherbergen. Es spricht viel dafür, dass diese Leistungsdifferenzierung in Zukunft noch zunehmen wird; das immer speziellere Eingehen auf (objektiv vorhandene oder unterstellte) individuelle Kundenbedürfnisse ist eine wesentliche Wettbewerbsstrategie; in der Automobilindustrie laufen trotz der relativ wenigen Typenreihen pro Jahr nur ein paar Fahrzeuge vom Band, die völlig identisch sind.

Unterschiedliche Leistungen erfordern spezielle Kalkulationen; diese wiederum sind ohne zusätzlichen Erfassungsaufwand nicht möglich – es sei denn, man kann die *Leistungsdifferenzierung standardmäßig im Kalkulationsverfahren abbilden*. Dieses ist dann möglich, wenn sich die einzelnen Leistungsvarianten bezogen auf die Leistungserstellung nicht allzu stark voneinander unterscheiden, wie etwa – als Standardbeispiel – Bleche unterschiedlicher Stärke in einem Walzwerk, die lediglich unterschiedlich lange gewalzt werden müssen. Man wird in einem solchen Fall zu analysieren versuchen, wie sich die Unterschiede auf den Kostenanfall auswirken, ob man hierfür valide und stabile Aussagen treffen kann. Bleiben wir beim Blechbeispiel: Muss ein dünnes Blech doppelt so lange gewalzt werden wie ein dickes, so kann man ihm auch doppelt so hohe Kosten zurechnen, 1 m dünnes Blech entsprechen 2 m dickem Blech, beide können mit dem Umrechnungsfaktor von 2 miteinander vergleichbar, äquivalent gemacht werden. Das Kalkulationsverfahren, das für derartige Fälle angewendet wird, heißt deshalb auch »Äquivalenzzahlenkalkulation«.

Betrachten wir zur Veranschaulichung wiederum unseren Mohrenkopfkonditor. Er gibt sich mit dem Durchschnittswert der 28 Cent nicht mehr zufrieden, sondern möchte es genauer wissen. Er ist nicht davon überzeugt, dass alle drei Mohrenkopfsorten, die er produziert, exakt dasselbe in der Herstellung kosten. Um seinen Informationswunsch zu erfüllen, sind mehrere Schritte erforderlich. Zunächst braucht er *genauere Leistungsdaten*. Aus seinen Aufzeichnungen entnimmt er folgende Einzelwerte:

- einfache Mohrenköpfe: 80.000 Stück;
- Mandelmohrenköpfe: 4.000 Stück;
- Kokosmohrenköpfe: ebenfalls 4.000 Stück.

Im nächsten Schritt benötigt er zusätzliche Informationen darüber, wie sich die Sorten im Kostenanfall unterscheiden. Zwei unterschiedliche Ansätze gehen dem Konditor hierbei durch den Kopf:

- Die Mandel- und die Kokosmohrenköpfe brauchen zusätzliches Material: Im letzten Monat musste er für Mandeln 200 Euro und für Kokos 100 Euro ausgeben.
- Die drei Mohrenkopfsorten nehmen unterschiedlich Zeit für ihre Herstellung in Anspruch. Die genauen Werte zeigt die *Abbildung 16-3*.

Grundformen der Kalkulation von Leistungen

Diese Situation ist typisch, will man das Äquivalenzzahlenverfahren anwenden: Stets hat sich der Kalkulierende dafür zu entscheiden, welchen der nach kurzer Analyse erkannten möglichen Kosteneinflussfaktoren er als bestimmend heranziehen will. Einen Königsweg dafür gibt es nicht; will man es ganz genau wissen, hat man ein genaueres Kalkulationsverfahren anzuwenden. In unserem Beispiel entscheidet sich der Konditor für die unterschiedliche zeitliche Belastung in der Herstellung: Ein Mandelmohrenkopf benötigt 2 Minuten, ein Kokosmohrenkopf doppelt so lange und ein »einfacher« Mohrenkopf schließlich nur eine Minute. Diese Zeiten sind unmittelbar als Äquivalenzzahlen verwendbar: Ein einfacher Mohrenkopf erhält damit gerade ein Viertel der Kosten eines Kokosmohrenkopfes! Das weitere Kalkulationsvorgehen lässt sich am besten am konkreten Beispiel zeigen (vgl. *Abbildung 16-4*). Nur eine Anmerkung: Mittels der Recheneinheiten werden die unterschiedlichen Grade der Kostenverursachung und die unterschiedlichen Produktionsmengen gleichermaßen berücksichtigt.

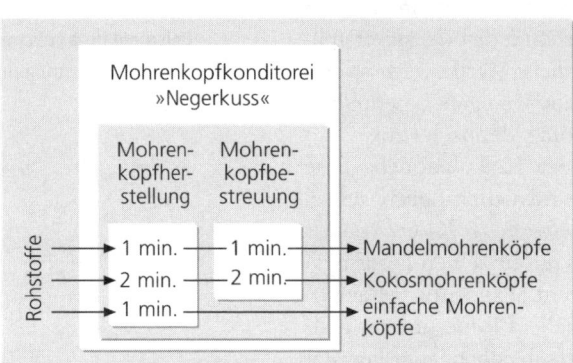

Abb. 16-3: Von den Mohrenkopfsorten benötigte Herstellungszeiten

Die Äquivalenzzahlenrechnung mag Ihnen an dieser Stelle vielleicht etwas kompliziert erscheinen; sie ist dennoch das einfachste Verfahren, unsere drei Mohrenkopfsorten getrennt zu kalkulieren. Sie werden gleich sehen, dass die nun folgenden beiden Kalkulationsverfahren noch deutlich mehr Informationen und Rechenaufwand benötigen, um durchgeführt zu werden. Zuvor sei jedoch die Äquivalenzzahlenrechnung in der *Abbildung 16-5* zusammengefasst.

---

1) *Bestimmung der Äquivalenzzahlen*

- einfacher Mohrenkopf   1
- Mandelmohrenkopf   2
- Kokosmohrenkopf   4

2) *Bestimmung der Summe der Recheneinheiten*

$$1 \cdot 80.000$$
$$+ \ 2 \cdot \ 4.000$$
$$+ \ 4 \cdot \ 4.000 = 104.000$$

3) *Bestimmung der Kosten pro Recheneinheiten*

$$25.000 / 104.000 = 0,24 \text{ Euro}$$

4) *Bestimmung der Kosten pro Mohrenkopfsorte*

- einfacher Mohrenkopf   0,24 Euro $\cdot$ 1 = 0,24 Euro
- Mandelmohrenkopf   0,24 Euro $\cdot$ 2 = 0,48 Euro
- Kokosmohrenkopf   0,24 Euro $\cdot$ 4 = 0,96 Euro

Abb. 16-4: Kalkulation der Mohrenköpfe mit Hilfe von Äquivalenzzahlen

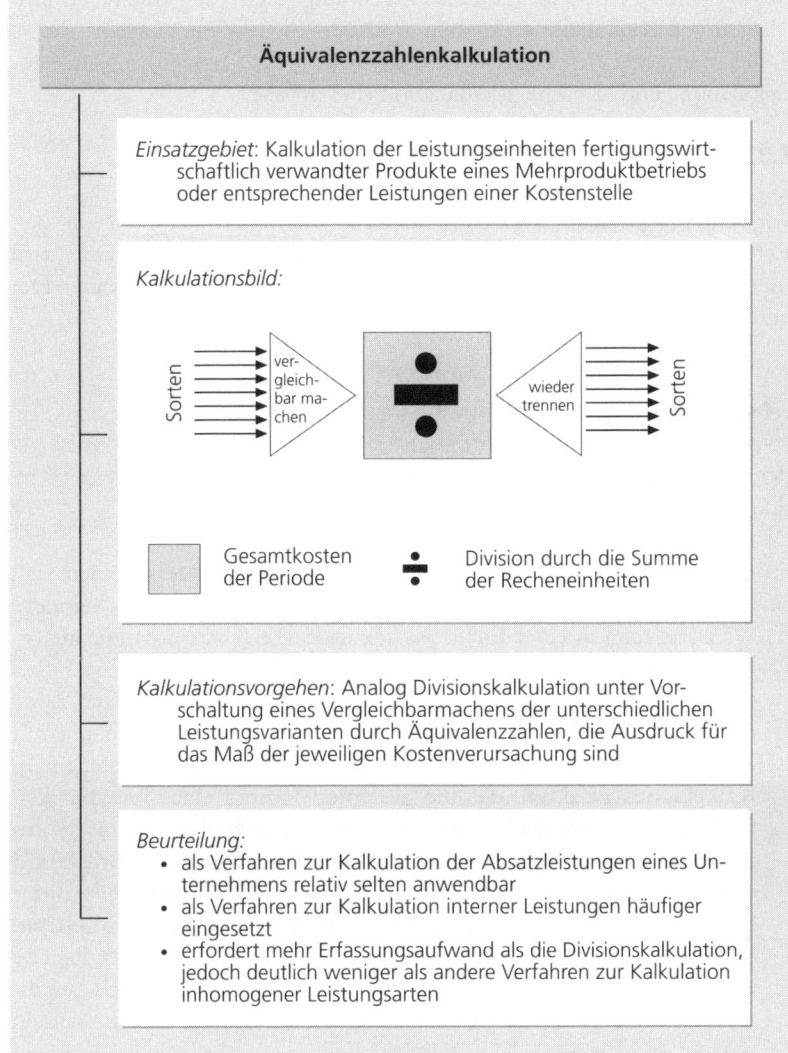

Abb. 16-5: Zusammenfassende Kennzeichnung der Äquivalenzzahlenkalkulation

2.3. Kalkulation unterschiedlicher Leistungen

Erbringt ein Leistungserstellungsprozess unterschiedliche Leistungsarten, so sind diese zumeist zu verschieden, um mittels feststehender Austauschverhältnisse gleichnamig gemacht zu werden:

- Ein Lager nimmt sehr unterschiedliche Lagermittel (Behälter, Paletten, Gestelle) in unterschiedlicher Größe auf, in denen die Lagergüter aufbewahrt werden.
- Auf einem Webstuhl werden ganz verschiedene Stoffsorten gefertigt, die sich z.B. in der Webgeschwindigkeit und der Reißfestigkeit (Zahl der Unterbrechungsprozesse) deutlich voneinander unterscheiden.
- Von regelmäßig zu erbringenden Inspektions- und Wartungsarbeiten abgesehen, gleicht keine Instandhaltungsleistung der anderen. Usw. usw.

Aus diesem Grund birgt die Kostenrechnung noch zwei weitere Grundformen von Kalkulationsvorgehen in ihrem »Instrumentenkasten«. Diese findet man unter den Begriffen »Verrechnungssatz- bzw. Bezugsgrößenkalkulation« und »Zuschlagskalkulation« beschrieben.

2.3.1. Verrechnungssatzkalkulation

Verrechnungssatzkalkulationen gleichen in ihrem Grundaufbau auf den ersten Blick der Divisionskalkulation wie ein Ei dem anderen. Dies wird auch an der folgenden, von *Hummel/Männel* (1986, S. 381) stammenden Definition deutlich:

> »Für die Verrechnungssatzkalkulation ist kennzeichnend, dass die Kosten einzelner Kostenstellen oder Kostenplätze proportional zu deren Leistungsvolumen verrechnet werden. Man bezieht die kostenstellenbezogen erfassten Kosten auf die Kostenstellenleistung und ermittelt so die leistungsbezogenen Verrechnungssätze«.

Trotz der übereinstimmenden Kalkulationsmethode unterscheiden sich beide Verfahren aber zumindest in zwei Punkten signifikant voneinander:

(1) Während man in einer Divisionskalkulation stets versucht, die ausgebrachte Leistungsmenge direkt (outputorientiert) zu messen, steht bei einer Verrechnungssatzkalkulation die *Messung der Prozessinanspruchnahme* im Vordergrund. So werden »normale« Produktionsprozesse häufig mit Hilfe der so genannten *Maschinenstundensatzrechnung* abgerechnet, einem Kalkulationsverfahren, das die gesamten Kosten eines maschinellen Leistungserstellungsprozesses (z.B. in einer Dreherei) auf die insgesamt zur Verfügung stehenden Betriebsstunden der Anlagen bezieht. Die auf den Maschinen gefertigten Leistungen werden dann entsprechend ihrer Fertigungsdauer mit dem einheitlichen Maschinenstundensatz belastet. Diese Prozessorientierung der Verrechnungssatzkalkulation ist nicht zu umgehen: Die erstellten Leistungsarten sind zu unterschiedlich, um ihre Ausbringungsmengen direkt miteinander vergleichen zu können (»Äpfel und Birnen«). Eine Vergleichbarkeit besteht lediglich bezogen auf die Inanspruchnahme der Prozesskapazität.

(2) Eine Divisionskalkulation beschränkt – wie ausgeführt – die Leistungserfassung auf die Aufzeichnung der Gesamtleistung. Gleiches trifft – leistungsvariantenbezogen – auf die Äquivalenzzahlenkalkulation zu. Eine Verrechnungssatzkalkulation stellt dagegen prinzipiell stets auf die einzelnen Einheiten der Nutzung des Leistungserstellungsprozesses ab, kalkuliert diese sukzessiv, gesondert (*einzelleistungsbezogene Kalkulation*). Dieses Vorgehen lässt sich am besten anhand einer Fertigungsstelle veranschaulichen, die nacheinander einzelne Fertigungsaufträge (z.B. Lose unterschiedlicher Drehteile) bearbeitet. Auf dem einem Auftrag beigefügten Begleitschein werden nach Durchlauf durch die Stelle die angefallenen Fertigungszeiten und gegebenenfalls andere auftragsbezogene Daten (z.B. Materialverbrauch, Ausschuss) erfasst. Aufgrund dieser Angaben erfolgt dann in der Kostenrechnung eine direkte, auftragsbezo-

gene Kalkulation, dies entweder am Periodenende, wenn die gesamte Inanspruchnahme des Prozesses feststeht, oder – auf Basis einer für die Abrechnungsperiode erwarteten Prozessnutzung – immer dann, wenn eine Leistung erbracht wurde. Allerdings bedeutet der grundsätzliche Einzelleistungsbezug einer Verrechnungssatzkalkulation nicht automatisch auch eine Einzelerfassung. Wie schon kurz angesprochen, versuchen Unternehmen, so weit wie möglich mit Hilfe von *Standardwerten* (üblicher Materialverbrauch, übliche Bearbeitungszeiten) Erfassungsarbeit einzusparen. Vom Rechengang her wird damit der Übergang von einer Verrechnungssatzkalkulation zu einer Äquivalenzzahlenkalkulation fließend.

Betrachten wir zur Veranschaulichung der Verrechnungssatzkalkulation wiederum unsere Mohrenkopfproduktion. Bezüglich der Erfassung der erbrachten Leistungen stellt sich für den Konditor kein zusätzliches Problem, da er keine Schwankungen der Kosten im Monat, sondern nur durchschnittliche Kosten über den Monat hinweg für die drei Mohrenkopfsorten bestimmen will. Auch die Inanspruchnahme der beiden Arbeitsstellen in der Herstellung kennt er bereits. Was ihm fehlt, sind detailliertere Kosteninformationen. Diese betreffen zunächst die Aufteilung auf den Bereich der Rohstoffe einerseits und der »eigentlichen« Fertigung andererseits. Neben den 100 Euro für Kokos und 200 Euro für Mandeln ermittelt er noch 2.200 Euro für Schokolade, Zuckermasse und Böden. An Fertigungskosten verbleiben damit 22.500 Euro. Nach einiger Zuordnungsarbeit kann er diesen Betrag wie folgt aufteilen:

Beispiel

* Mohrenkopfherstellung: 14.000 Euro
* Mohrenkopfbestreuung: 8.500 Euro.

Die dann erfolgenden Rechenschritte lassen sich wiederum am besten anhand der konkreten Zahlen darstellen. Die *Abbildung 16-6* zeigt den Rechengang und das Ergebnis der Berechnungen.

Abschließend verbleibt es dem Konditor nur noch, die Rohstoffkosten zuzuordnen. Hiermit verlassen wir zwar streng genommen die Verrechnungssatzkalkulation, indem wir Einzelkosten berechnen – Sie erinnern sich vielleicht noch an das Kalkulationsbild, das die *Abb. 15-3* zeigte. Um das Beispiel von den Zahlen her konsistent zu halten, können wir die Rohstoffkosten aber nicht einfach vergessen. Zu ihrer Ermittlung reicht eine einfache Division aus:

Der Rechengang im Detail

* alle Mohrenkopfarten betreffende Materialkosten: 2.200 Euro/88.000 Mohrenköpfe = 0,025 Euro/Kopf
* zusätzliche Kosten pro Mandelmohrenkopf: 200 Euro/4.000 Mohrenköpfe = 0,05 Euro/Kopf
* zusätzliche Kosten pro Kokosmohrenkopf: 100 Euro/4.000 Mohrenköpfe = 0,025 Euro/Kopf.

Nimmt man alles zusammen, ergeben sich damit für die drei Mohrenkopfsorten folgende – gerundete – Gesamtkosten pro Stück:
* einfacher Mohrenkopf: 0,18 Euro

1) *Ermittlung der Gesamtkapazität der Prozesse*

Mohrenkopfherstellung		Mohrenkopfbestreuung	
Kostensumme:	14.000 Euro	Kostensumme:	8.500 Euro
Leistungssumme:		Leistungssumme:	
4.000 • 1 min.	= 4.000 min.	4.000 • 1 min.	= 4.000 min.
4.000 • 2 min.	= 8.000 min.	4.000 • 2 min.	= 8.000 min.
80.000 • 1 min.	= 80.000 min.		12.000 min.
	92.000 min.		

2) *Ermittlung der Verrechnungssätze (Kosten pro Kapazitätseinheit)*

Mohrenkopfherstellung	Mohrenkopfbestreuung
14.000 Euro/92.000 min. = 0,15 Euro/min.	8.500 Euro/12.000 min. = 0,71 Euro/min.

3) *Durchführung der Verrechnungssatzkalkulation*

	einfacher Mohrenkopf	Mandel-mohrenkopf	Kokos-mohrenkopf
Kosten Mohren-kopfherstellung	0,15 Euro/min. •1 min. = 0,15 Euro	0,15 Euro/min. •1 min. = 0,15 Euro	0,15 Euro/min. • 2 min. = 0,30 Euro
+ Kosten Mohren-kopfbestreuung		0,71 Euro/min. •1 min. = 0,71 Euro	0,71 Euro/min. • 2 min. = 1,42 Euro
= Kosten der Herstellung	0,15 Euro	0,86 Euro	1,72 Euro

Abb. 16-6: Kalkulation der Mohrenköpfe mit Hilfe von Verrechnungssätzen

- Mandelmohrenkopf: 0,94 Euro
- Kokosmohrenkopf: 1,77 Euro

Die genauere Kalkulation führt also zu immer unterschiedlicheren Werten für die drei Mohrenkopfsorten – so verschieden hatte sie der Konditor keinesfalls erwartet! Allerdings sind diese präziseren Informationen – wie wir gesehen haben – mit zusätzlichen Erfassungs- und Verrechnungsarbeiten verbunden. Höherer Informationswert gegen höhere Informationskosten: eine für die Gestaltung der Kostenrechnung typische Situation!

Eine Zusammenfassung der Merkmale der Verrechnungssatz- bzw. Bezugsgrößenkalkulation zeigt die *Abbildung 16-7*.

2.3.2. Zuschlagskalkulation

Die letzte hier zu diskutierende Grundform der Kalkulation ist in ihrer Anwendung zwar nicht grundsätzlich, jedoch in praxi – und in den Lehrbüchern – durchweg auf die Kalkulation von Durchschnittskosten beschränkt. Die Zuschlagskalkulation wird durch zwei Wesensmerkmale ge-

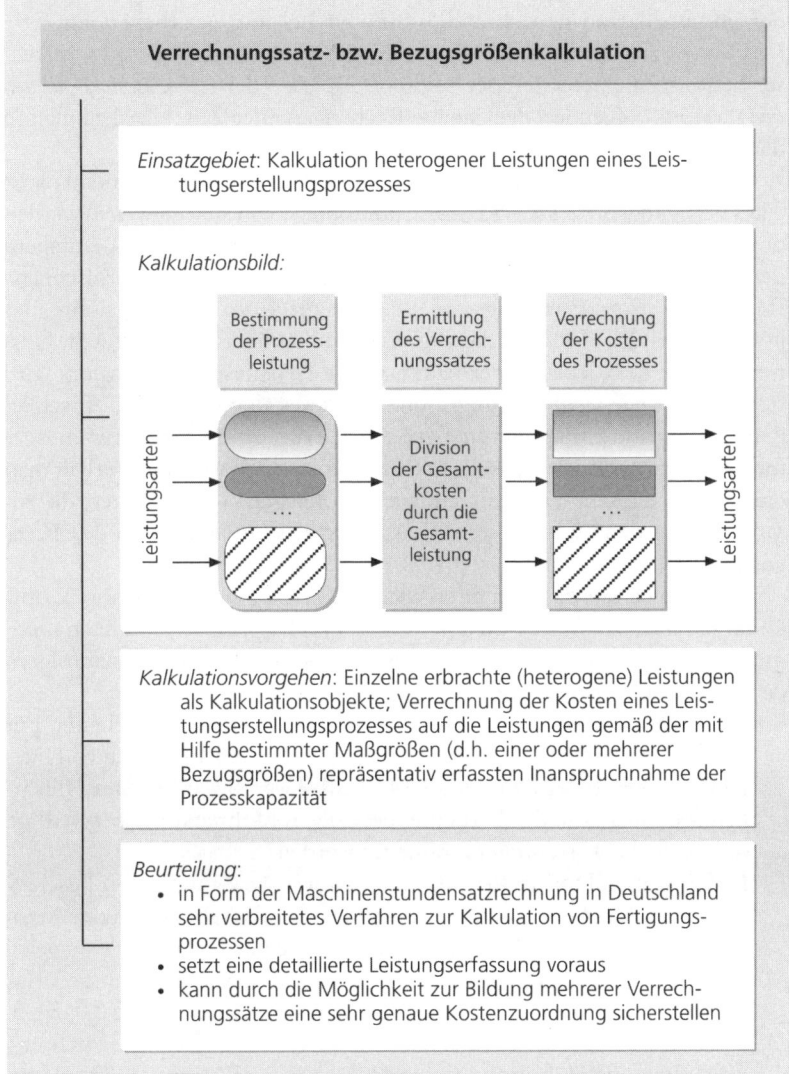

Verrechnungssatz- bzw. Bezugsgrößenkalkulation

Einsatzgebiet: Kalkulation heterogener Leistungen eines Leistungserstellungsprozesses

Kalkulationsbild:

Bestimmung der Prozessleistung

Ermittlung des Verrechnungssatzes

Verrechnung der Kosten des Prozesses

Leistungsarten

Division der Gesamtkosten durch die Gesamtleistung

...

Leistungsarten

Kalkulationsvorgehen: Einzelne erbrachte (heterogene) Leistungen als Kalkulationsobjekte; Verrechnung der Kosten eines Leistungserstellungsprozesses auf die Leistungen gemäß der mit Hilfe bestimmter Maßgrößen (d.h. einer oder mehrerer Bezugsgrößen) repräsentativ erfassten Inanspruchnahme der Prozesskapazität

Beurteilung:
- in Form der Maschinenstundensatzrechnung in Deutschland sehr verbreitetes Verfahren zur Kalkulation von Fertigungsprozessen
- setzt eine detaillierte Leistungserfassung voraus
- kann durch die Möglichkeit zur Bildung mehrerer Verrechnungssätze eine sehr genaue Kostenzuordnung sicherstellen

Abb. 16-7: Zusammenfassende Kennzeichnung der Verrechnungssatzkalkulation

kennzeichnet: zum einen durch die *Art der Verrechnung* (Verrechnung eines Kostenblockes als prozentualer Zuschlag auf einen anderen), zum anderen durch die *spezielle Festlegung des Inhalts der beiden Kostenblöcke.*

Bei der Zuschlagskalkulation werden die Kosten eines Leistungserstellungsprozesses in zwei Gruppen unterteilt. In die eine Gruppe fallen Kosten, die den erstellten Leistungen direkt zugerechnet werden (können). Diese nennt man *Einzelkosten.* Die andere Gruppe nimmt Kosten auf, bei denen eine derartige Zurechnung nicht möglich ist. Diese bezeichnet man als *Gemeinkosten.*

Wenn Sie unter dem Stichwort »Zuschlagskalkulation« in der einschlägigen Literatur nach Beispielen für Einzelkosten suchen, werden Sie insbesondere auf zwei Kostenarten stoßen: Zum einen sind dies die Personalkosten der unmittelbar an den absatzbestimmten Leistungen arbeitenden *Fertigungslöhnern*, zum anderen die Materialkosten (genauer: die *Rohstoffkosten*) dieser Leistungen. Am ersten der beiden Beispiele – der *Lohnzuschlagskalkulation* – sei im Folgenden der genaue Rechengang der Zuschlagskalkulation dargestellt.

Die gesamten (tatsächlich angefallenen oder geplanten) Gemeinkosten eines Fertigungsprozesses (z.B. der Endmontage von Automobilen) werden durch die gesamten in diesem Prozess (geplant oder tatsächlich) anfallenden Fertigungslöhne dividiert. Diese Division ermittelt einen Zuschlags-Prozentsatz (Euro Fertigungsgemeinkosten pro Euro Fertigungslohn), der in der Praxis die 100%-Marke zumeist deutlich übersteigt. Für jede Leistungseinheit (z.B. jedes in der Endmontage fertiggestellte Fahrzeug) wird festgehalten, wie viel Fertigungslöhne für dieses angefallen sind. Anschließend multipliziert man diesen Betrag mit dem ermittelten Fertigungsgemeinkostenzuschlag der jeweiligen (End-)Kostenstelle. Dadurch erhält man die der Leistungseinheit zuzurechnenden anteiligen Gemeinkosten, die zusammen mit den Einzelkosten die kalkulierten Gesamtkosten des Fertigungsprozesses ergeben.

Machen wir uns das Verfahren wiederum am Beispiel der Mohrenkopfkonditorei klar. Im Mittelpunkt der Lohnzuschlagskalkulation stehen – nomen est omen – die Lohnkosten. Unser Konditor ermittelt hierzu folgende zusätzliche Informationen:

- In der Mohrenkopfherstellung arbeiten überwiegend Facharbeiter. Für sie fielen im letzten Monat 8.403 Euro Lohnkosten an. Für einen Hilfsarbeiter musste der Konditor 1.147 Euro Lohn bezahlen. Der Hilfsarbeiter ist allein mit der Fertigung derjenigen Mohrenköpfe beschäftigt, die zur Kokossorte weiterverarbeitet werden.

- In der Mohrenkopfbestreuung geht es – was die Zahl der dort beschäftigten Arbeiter betrifft – weit ruhiger zu. Für die sehr schwierige Mandelbeschichtung beschäftigt der Konditor einen erfahrenen, zugleich sehr freizeitorientierten Gesellen für jeweils ein paar Stunden pro Tag. Trotzdem musste er im letzten Monat den stolzen Betrag von 2.043 Euro an ihn entrichten. Für einen Facharbeiter, der die Kokosbeschichtung durchführt, fielen Lohnkosten in Höhe von 1.857 Euro an. Der Konditor vermutet, dass er nicht ganz ausgelastet ist. Genauere Informationen darüber stehen ihm allerdings nicht zur Verfügung.

Mit der Ermittlung der Lohneinzelkosten liegen zugleich die Gemeinkosten der beiden Fertigungsstellen vor:

- in der Mohrenkopfherstellung in Höhe von 14.000 Euro abzüglich der beiden Lohnkostenbeträge (8.403 Euro und 1.147 Euro), also von 4.450 Euro;
- für die Mohrenkopfbestreuung lautet die entsprechende Berechnung 8.500 Euro ./. 2.043 Euro ./. 1.857 Euro = 4.600 Euro.

Damit ist der Konditor in der Lage, die Gemeinkostenzuschläge zu berechnen. Sie lauten wie folgt:

- Mohrenkopfherstellung: 4.450 Euro / 9.550 Euro = 46,60%. Auf 1 Euro Lohn entfallen damit etwas mehr als 46 Cent Gemeinkosten;
- Mohrenkopfbestreuung: 4.600 Euro / 3.900 Euro = 117,95%; hier übersteigen die Gemeinkosten die Einzelkosten – wie bereits angemerkt, eine in der Kalkulationspraxis typische Relation.

Die eigentliche Kalkulation ist damit ein Kinderspiel. Der *Abbildung 16-8* sind die einzelnen Vorgehensschritte und das Kalkulationsergebnis zu entnehmen. Nur zwei Hinweise zum Rechengang seien noch gegeben:
- Die 0,10 Euro Fertigungslöhne pro Minute für die einfachen und die Mandelmohrenköpfe ergeben sich aus den Facharbeiterlöhnen (8.403 Euro) und den von ihnen geleisteten Zeiten (80.000 + 4.000 Minuten).
- Die Beträge in der Tabelle sind ungerundet gerechnet.

	einfacher Mohrenkopf	Mandel-mohrenkopf	Kokos-mohrenkopf
Lohnkosten Mohren-kopfherstellung			
• Fertigungszeit	80.000 min.	4.000 min.	8.000 min.
• Fertigungslöhne	0,10 Euro/min.	0,10 Euro/min.	0,14 Euro/min.
• Summe	8.002,86 Euro	400,14 Euro	1.147,00 Euro
Fertigungsgemein-kosten	3.729,08 Euro	186,45 Euro	534,47 Euro
Fertigungskosten Mohrenkopfherstellung	11.731,94 Euro	586,59 Euro	1.681,47 Euro
Lohnkosten Mohren-kopfbestreuung			
• Fertigungszeit		4.000 min.	8.000 min.
• Fertigungslöhne		0,51 Euro/min.	0,23 Euro/min.
• Summe		2.043,00 Euro	1.857,00 Euro
Fertigungsgemein-kosten		2.409,69 Euro	2.190,31 Euro
Fertigungskosten Mohrenkopfbestreuung		4.452,69 Euro	4.047,31 Euro
Fertigungskosten	11.731,94 Euro	5.039,28 Euro	5.728,78 Euro
Materialkosten	2.000,00 Euro	300,00 Euro	200,00 Euro
Gesamtkosten	13.731,94 Euro	5.339,28 Euro	5.928,78 Euro
pro Stück	0,17 Euro	1,33 Euro	1,48 Euro

Abb. 16-8: Kalkulation der Mohrenköpfe mit Hilfe der Lohnzuschlagskalkulation

Wenn Sie die Ergebnisse der *Abbildung 16-8* mit den Ergebnissen der *Abbildung16-6* vergleichen, werden Sie erhebliche Unterschiede bei den beiden »Luxussorten« feststellen. Diese sind auf den grundsätzlichen, wesentlichen Unterschied zwischen beiden Kalkulationsverfahren zurückzuführen: Die Lohnzuschlagskalkulation bezieht sämtliche in einem Leistungserstellungsprozess anfallenden Kosten auf einen (einzigen) Produktionsfaktor, nämlich das Personal. Der mit den Lohnkosten bewertete Einsatz dieses Produktionsfaktors ist die Maßgröße für die Inanspruchnahme des Prozesses durch erstellte Leistungen. Die Verrechnungssatzkalkulation dagegen greift bei ihrem Versuch, die Prozessinanspruchnahme abzubilden, zum einen auf Mengen- und Zeit-, nicht auf Wertgrößen zurück. Zum anderen ist sie prinzipiell offen, d.h. nicht auf eine bestimmte Bezugsgröße festgelegt. Dies kann in einem Lager die Zahl der lagernden Paletten, in einer Einkaufsabteilung die Zahl der ausgeschriebenen Bestellungen, in der Sozialstation die Behandlungszeit der Mitarbeiter sein; in einer Fertigungskostenstelle bieten sich hierzu die effektiven Laufzeiten der Maschinen, in einer anderen die Maschinenlaufzeiten und deren Rüstzeiten, in einer dritten die gesamte Betriebszeit (einschließlich aller Nebenzeiten) an. Stets wird auf eine repräsentative Messung der Prozessinanspruchnahme Wert gelegt. Gelingt diese nicht durch eine Bezugsgröße, bildet man – wenn vom Erfassungsaufwand her wirtschaftlich vertretbar – mehrere. Eine solche Differenzierung ist der (Lohn-)Zuschlagskalkulation grundsätzlich fremd.

Bei den beiden »Luxus«-
Mohrenköpfen zeigen sich
die Unterschiede zwischen
Verrechnungssatz- und Zu-
schlagskalkulation deutlich

Eine Zusammenfassung der Merkmale der Zuschlagskalkulation zeigt die *Abbildung 16-9*.

2.4. Kalkulation von Kuppelprodukten

Ganz fertig sind wir aber mit dem Kapitel noch nicht. Uns fehlt noch eine weitere Grundform der Kalkulation von Leistungen. Gemeint sind Leistungen, die aus einem Prozess der analytischen Stoffverwertung hervorgehen – Sie erinnern sich vielleicht noch an die Ausführungen im Kapitel 14. Analytische Stoffverwertung schafft eine sehr hohe Verbundenheit der erzeugten Leistungen. Zum Teil entstehen die Leistungen in einem festen Mengenverhältnis – denken Sie etwa an die Nahrungsmittelindustrie bei der Verwertung von Tieren –, zum Teil lassen sich die Mengenverhältnisse in Grenzen variieren – ein Beispiel hierfür sind Raffinierungsprozesse in der petrochemischen Industrie. Für die Kalkulation ist dies sehr unschön: Während bei synthetischer Produktion – wie etwa bei unserer Herstellung von Negerküssen – die Materialkosten leicht als Einzelkosten den drei Mohrenkopfsorten zugeordnet werden konnten, scheitert dies bei Kuppelproduktion kläglich. Gleiches gilt für die Kosten der entsprechenden Produktionsprozesse. Erst dann, wenn die Spaltprodukte nach dem Kuppelproduktionsprozess gesondert weiterverarbeitet werden, fällt die Kostenzuordnung wieder leicht bzw. ist mit den »normalen« kostenrechnerischen Schwierigkeiten behaftet.

Kuppelprodukte stellen einen Kostenrechner vor gravierende Probleme

Sollen die Kosten trotzdem auf die einzelnen Kuppelprodukte aufgeteilt werden, geht es nicht mehr um eine möglichst verursachungsgerechte Zuordnung, sondern man ist schon mit einer grundsätzlich machbaren zufrieden. Drei grundsätzliche Herangehensweisen an das Problem wurden hierzu entwickelt:

- Die erste der drei löst das Problem von der Verwertungsseite der Kuppelprodukte her. Die so genannte »*Marktwertmethode*« rechnet die Kosten

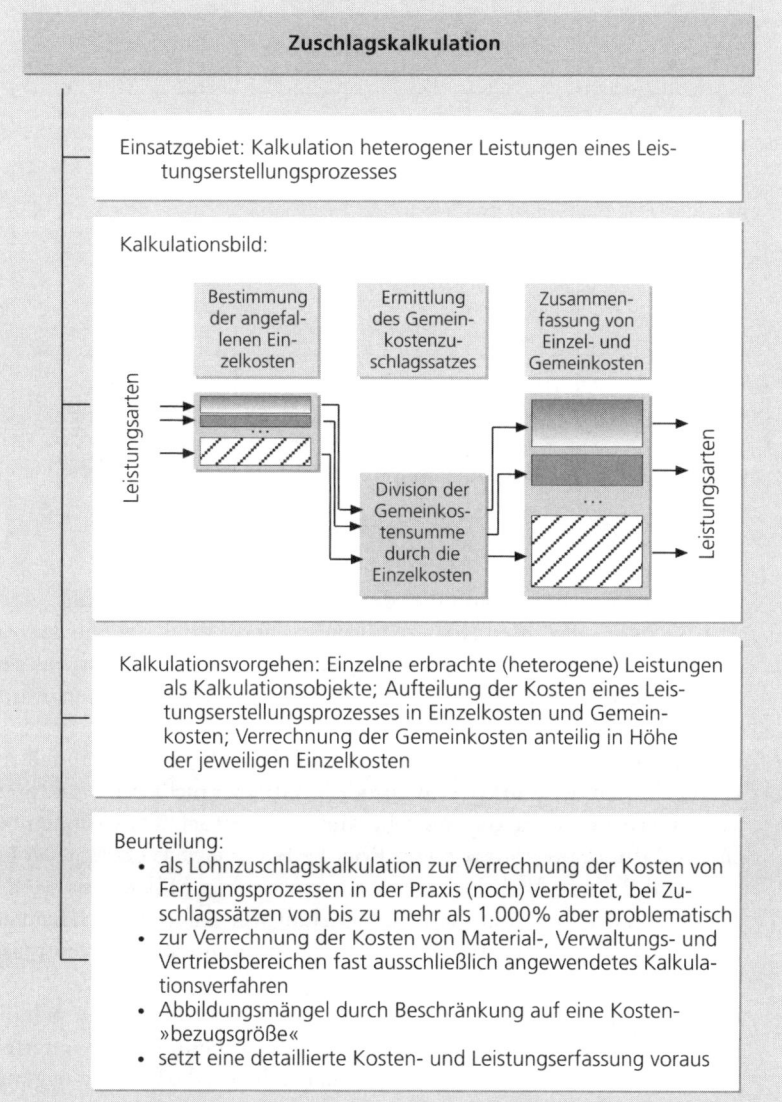

Abb. 16-9: Zusammenfassende Kennzeichnung der Zuschlagskalkulation

in Relation zu den Marktwerten der im Kuppelproduktionsprozess erzeugten Spaltprodukte (wozu diese – als Anwendungsvoraussetzung der Methode – sämtlich bekannt sein müssen). Die Marktpreise dienen damit als eine Art von Äquivalenzzahlen. Die *Abbildung 16-10* zeigt die Berechnung in ihrem oberen Teil. Fallen für die Spaltprodukte unterschiedliche Weiterverarbeitungskosten an, sind die Marktpreise durch die Differenz aus Marktpreisen und Weiterverarbeitungskosten zu ersetzen. Im Ergebnis liefert die Marktwertmethode für alle Kuppelprodukte eine übereinstimmende prozentuale Gewinnspanne. Die Methode folgt in ihrem Vorgehen dem *Tragfähigkeitsprinzip*. Dieses besagt, dass Produkte mit einem hohen Erlös auch hohe Kosten tragen können. Das

**Die Marktwertmethode folgt
dem Tragfähigkeitsprinzip**

Produkte	Marktwert	Äquivalenz-ziffer	Gesamt-kosten	Herstell-kosten
Gas	600 GE	6		420 GE
Koks	200 GE	2	700 GE	140 GE
Teer	100 GE	1		70 GE
Benzol	100 GE	1		70 GE
	1.000 GE			700 GE

Produkte	Produkt-typ	Marktwert	Kosten	Restkosten
Gas	Haupt			300 GE =
Koks	Neben	200 GE	200 GE	700 Gesamtkosten
Teer	Neben	100 GE	100 GE	- 400 Kosten der Nebenprodukte
Benzol	Neben	100 GE	100 GE	

Abb. 16-10: Verfahren zur Kalkulation von Kuppelprodukten im Vergleich

etwas sozialromantisch anmutende Prinzip löst sich von der Idee einer verursachungsgerechten Kostenzuordnung und wird deshalb in der traditionellen Kostenrechnung nicht angewandt – allerdings ist im Fall der Kuppelproduktion ja auch keine verursachungsgerechte Kostenzuordnung möglich.

• Die zweite Methode zur Kalkulation von Kuppelprodukten ähnelt rechentechnisch der Marktwertmethode, greift aber nicht auf Marktpreise, sondern auf produktspezifische Merkmale zurück. Dies können bei einem Raffinierungsprozess von Rohöl z.B. das jeweils erzeugte Volumen und die mit Ausbringenmengen gewichteten Molekulargewichte oder Heizwerte sein. Für diese Schlüsselungsverfahren hat sich kein eigener Begriff gebildet. Da dieses Vorgehen unmittelbar einsichtig ist, verzichtet die *Abbildung 16-10* auf ein eigenes Rechenbeispiel.

• Die *Restwertrechnung* schließlich ist (nur) dann anwendbar, wenn sich die Kuppelprodukte in ein Haupt- und mehrere Nebenprodukte unterteilen lassen. Ein anschauliches Beispiel hierfür liefert die Eisenerzeugung, bei der im Hochofen Eisen als Hauptprodukt und Schlacken sowie Gichtgas als Nebenprodukte entstehen. In der Restwertrechnung werden im ersten Schritt die Erlöse (bzw. Erlöse abzüglich der Weiterverarbeitungskosten – das kennen wir schon von der Marktwertmethode) der Nebenprodukte von den Gesamtkosten des Kuppelproduktionsprozesses abgezogen. Die verbleibenden Kosten werden dann im zweiten Schritt dem Hauptprodukt zugeordnet. Die Plausibilität eines solchen Vorgehens ist unmittelbar einsichtig; das Kalkulationsproblem wird damit elegant umgangen. Die *Abbildung 16-10* zeigt das Vorgehen in ihrem unteren Teil

Die Restwertrechnung erfordert eine auf ein Hauptprodukt ausgerichtete Kuppelproduktion

Ein Hinweis sei noch angebracht: Wir haben in diesem Kapitel die Grundtypen der Kalkulation kennen gelernt, ohne im Detail zu fragen, in welchem

Teilgebiet der Kostenrechnung wir uns befinden. Was sich hinter dieser Aussage verbirgt, wird spätestens dann sichtbar, wenn Sie in andere Einführungsbücher in die Kostenrechnung hineinsehen. Hier finden Sie die Äquivalenzzahlenrechnung oder die Verrechnungssatzkalkulation – als Beispiele – nur im Bereich der Kostenträgerrechnung. Am gleichen kalkulatorischen Vorgehen ändert dies nichts.

3. Zusammenfassung

Kosten zu kalkulieren ist das, was die Kostenrechnung letztlich ausmacht, was in einem Unternehmen in kaum überschaubarer Vielzahl parallel, sukzessiv und simultan für die verschiedensten Zwecke in den unterschiedlichsten Ausprägungen durchgeführt werden muss. Dieses nicht nur für »Kostenrechnungsnewcomer« kaum überschaubare Rechnungsknäuel lässt sich – wie gezeigt – auf eine sehr geringe Zahl von Kalkulationsgrundmustern zurückführen. Für deren Differenzierung wiederum sind – wie auch die zusammenfassende *Abbildung 16-11* auf der Folgeseite veranschaulicht – im Wesentlichen (lediglich) zwei Einflussgrößen bestimmend: die Frage nach der Heterogenität bzw. Homogenität der zu kalkulierenden Leistungen und die – von einigen schon fast philosophisch betrachtete – Frage, ob man einer Leistung nur die sich unmittelbar durch diese verändernden oder auch die zur Leistung in – mehr oder weniger engem – finalen Bezug stehenden Kosten zurechnen sollte.

Vier Kalkulationsgrundformen wurden unterschieden, die unter den genannten Bezeichnungen ausführlich in der einschlägigen Literatur beschrieben und diskutiert werden. Alle Verfahren werden dort jedoch enger aufgefasst, als Sie dies hier kennen gelernt haben. Wir sind der sonst üblichen Beschränkung auf die Betrachtung allein von absatzbestimmten Leistungen (Leistungen von Endkostenstellen) nicht gefolgt. Dies hat den Vorteil, eine wenig sinnvolle Differenzierung, die sich in jedem Lehrbuch findet, nicht noch ein weiteres Mal nachzuvollziehen, eine gleiche Struktur nicht unter zwei unterschiedlichen Namen wiederholt präsentieren zu müssen. Allerdings ist damit auch der Nachteil verbunden, dass Sie bei der Nachbereitung des Stoffes in anderen Quellen vermutlich Orientierungsproblemen ausgesetzt sind.

Grundformen der Kalkulation von Leistungen

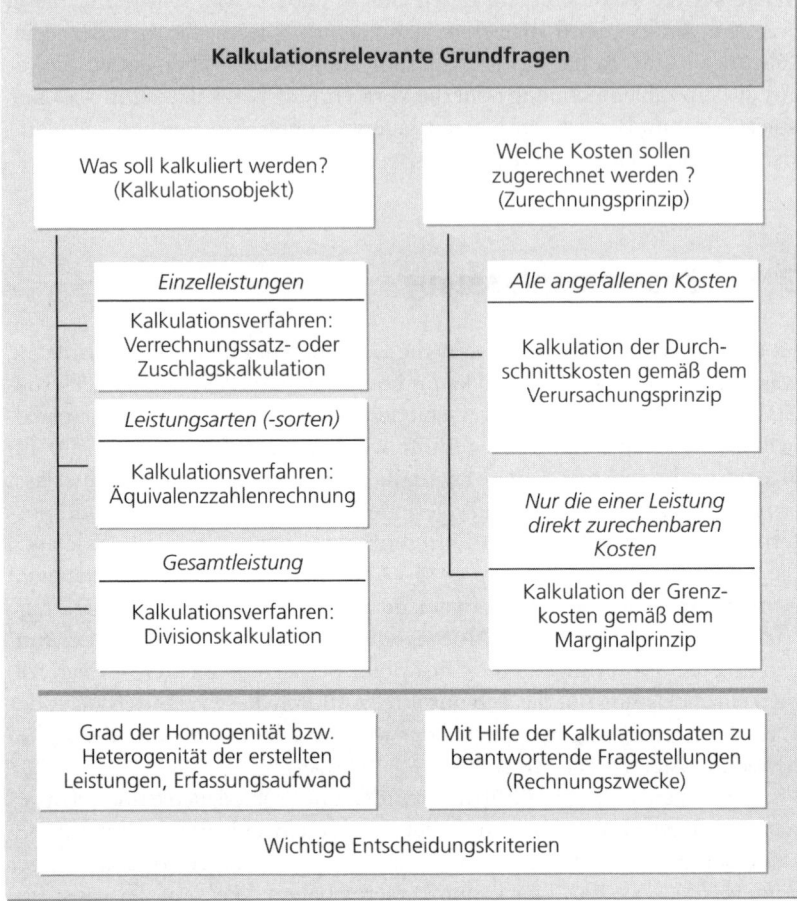

Kalkulationsrelevante Grundfragen

Was soll kalkuliert werden?
(Kalkulationsobjekt)

Welche Kosten sollen
zugerechnet werden ?
(Zurechnungsprinzip)

Einzelleistungen

Kalkulationsverfahren:
Verrechnungssatz- oder
Zuschlagskalkulation

Leistungsarten (-sorten)

Kalkulationsverfahren:
Äquivalenzzahlenrechnung

Gesamtleistung

Kalkulationsverfahren:
Divisionskalkulation

Alle angefallenen Kosten

Kalkulation der Durch-
schnittskosten gemäß dem
Verursachungsprinzip

*Nur die einer Leistung
direkt zurechenbaren
Kosten*

Kalkulation der Grenz-
kosten gemäß dem
Marginalprinzip

Grad der Homogenität bzw.
Heterogenität der erstellten
Leistungen, Erfassungsaufwand

Mit Hilfe der Kalkulationsdaten zu
beantwortende Fragestellungen
(Rechnungszwecke)

Wichtige Entscheidungskriterien

Abb. 16-11: Grundfragen der
Kalkulation im Überblick

Kosten- und Erlösarten

Kapitel 17

Lernziel

Im 14. Kapitel haben Sie – quasi im Schnelldurchgang – einen ersten Einblick in das sich einer Kostenrechnung stellende Aufgabenfeld gewonnen. Sie wurden dort und im anschließenden Kapitel 15 mit einer Struktur vertraut gemacht, die sich im Laufe der weiteren Diskussion zunehmend mit konkreten Beispielen anfüllen wird. Im Folgenden geht es nun darum, das näher darzustellen, womit die Kostenrechnung »rechnet«, den Rechnungsstoff, die Kosten und Erlöse. Sie werden kennen lernen,

- welche Kostenarten man typischerweise unterscheidet,
- woher die Kosten stammen, d.h. wie und in welchen anderen Informationssystemen sie erfasst werden,
- welchen Bezugsobjekten (z.B. welchem Kostenträger oder welcher Kostenstelle) die unterschiedlichen Kostenarten zugeordnet werden und
- welche Strukturierungen und Zuordnungen für die Erlöse gelten.

1. Was sind Kostenarten?

2. Wichtige Kostenarten im Überblick
   2.1. Materialkosten
   2.2. Personalkosten
   2.3. Anlagenkosten

3. Erfassung von Erlösen
   3.1. Zeitpunkt der Erfassung der Erlöse
   3.2. Erlösschmälerungen
   3.3. Erlösarten

4. Zusammenfassung

1. Was sind Kostenarten?

Mit den Kostenarten betrachten wir quasi den Stoff, aus dem die Träume eines Kostenrechners gemacht sind, genauer die Ausgangsdaten, die für die laufenden, für die verschiedensten Zwecke erstellten Auswertungen benötigt werden. Dieses »Ausgangsmaterial« wird in einem Teil der Kostenrechnung gesammelt, den man – wie Sie an dieser Stelle schon wissen – als *Kostenartenrechnung* bezeichnet.

> »Die Kostenartenrechnung hat die Aufgabe, sämtliche für die Erstellung und Verwertung betrieblicher Leistungen innerhalb einer Periode anfallenden Kosten vollständig, eindeutig und überschneidungsfrei nach einzelnen Kostenarten gegliedert zu erfassen und auszuweisen« (*Hummel/Männel* 1986, S. 128).

Die Kostenartenrechnung kann man somit als eine Art Datenbank verstehen, die sehr viele Daten mit bestimmten Merkmalen versehen abspeichert und für Abfragen (Auswertungen) bereit hält. Zu fragen ist nun, wie dieser Datenpool strukturiert ist, welche Merkmale der Kosten im Einzelnen hier festgehalten werden. Diese Frage lässt sich noch weiter unterteilen:

- Welche Eigenschaften von Kosten benötigt man für kostenrechnerische Aufgaben (z.B. zur Kalkulation eines Erzeugnisses, zur Kontrolle der Wirtschaftlichkeit der Leistungserstellung usw.)?
- Welche dieser Eigenschaften können bereits im »Urstadium«, zum Zeitpunkt der erstmaligen Erfassung der Kosten, bestimmt bzw. ermittelt werden?

Bestimmungsgrößen einer Kostenartenbildung

Zur Beantwortung dieser beiden Fragen kann man z.B. das Glossar eines Kostenrechnungslehrbuchs heranziehen und nachschlagen, welche Unterstichworte unter dem Stichwort »Kosten« zu finden sind. Man wird dort u.a. auf folgende vier Begriffspaare stoßen.

Einzel- und Gemeinkosten

Wie Sie schon aus dem einführenden Fallbeispiel und dem 15. Kapitel wissen, gibt es zum einen Kosten, die sich sehr einfach direkt den Erzeugnissen zurechnen lassen (wie z.B. die Kosten der für ein Automobil benötigten Reifen). Zum anderen – und überwiegenden Teil – ist eine solche direkte Zurechenbarkeit allerdings nicht gegeben: Der Vorstand als Beispiel muss gesondert »umgelegt« werden – keine Angst, er wird diesen Vorgang überleben: Die Formulierung des »Umlegens« ist ein Terminus technicus der Kostenrechnung (»Kostenumlage«). Die hier bewusst verkürzte Aussage lautete genauer, dass die vom Vorstand verursachten Kosten in einem speziellen Kalkulationsschritt auf die Produkte aufgeteilt werden müssen. Im ersten Fall spricht man von (Kostenträger-)Einzelkosten, im zweiten Fall von (Kostenträger-)Gemeinkosten.

Die Unterscheidung in Einzelkosten und Gemeinkosten stellt auf die unterschiedliche Zurechenbarkeit von Kosten zu den Erzeugnissen (Kostenträgern) ab. Das Merkmal der Zurechenbarkeit lässt sich grundsätzlich

Die Unterscheidung von Einzel- und Gemeinkosten wird nach der Zurechenbarkeit von Kosten auf Produkte hin vorgenommen

schon zum Zeitpunkt der erstmaligen Erfassung eines Kostenbetrags bestimmen; hierfür liegen in den Unternehmen zumeist feste Zuordnungsvorschriften bzw. entsprechende Erfassungssysteme vor. So weiß man aus Stücklisten und Teileverwendungsnachweisen, welche Rohstoffe in welche Produkte eingehen, man weiß aus Lohnzetteln, für welche Fertigungsaufträge (und damit für welche Produkte) ein Fertigungslöhner Arbeit erbracht hat. Die produktbezogene Zurechenbarkeit ist damit in der Tat ein für die Kostenartenrechnung relevantes – und zudem sehr wichtiges – Merkmal. Allerdings prägt es nicht deren Struktur. Es bestimmt vielmehr den Weg der Weiterverrechnung der Kostenarten in die Kostenstellen- und die Kostenträgerrechnung, also einen sich an die zunächst erfolgende Datenerfassung und -sammlung anschließenden Zuordnungsvorgang.

Variable und fixe Kosten

Wir sind schon im einführenden Fallbeispiel darauf gestoßen (und werden an späterer Stelle (im Kapitel 18) darüber noch ausgiebig diskutieren), dass sich ein Teil der Kosten mit Veränderungen der erstellten Leistungsmenge verändert, ein anderer Teil von derartigen Veränderungen zumindest kurzfristig unbeeinflusst bleibt. Diese Erkenntnis führt zur Unterscheidung von variablen und fixen Kosten.

Merkmal der Variabilität von Kosten

Das Merkmal der Variabilität ist für den Grundaufbau der Kostenartenrechnung ebenfalls nicht ausschlaggebend, darüber hinaus – im Gegensatz zum Merkmal der Zurechenbarkeit – nicht einmal exakt zum Zeitpunkt der erstmaligen Datenerfassung bestimmbar. Die Frage, ob die auf der gerade erhaltenen Stromrechnung ausgewiesenen Kosten leistungsabhängig sind oder nicht, kann valide erst bei Betrachtung jedes einzelnen Leistungserstellungsprozesses beantwortet werden. »Variabel« und »fix« kennzeichnet Merkmale von Gemeinkosten. Die Unterscheidung ist deshalb für die Kostenstellenrechnung relevant.

Primäre und sekundäre Kosten

Eine weitere Unterscheidung von Kosten»arten« sei angesprochen, die sich auf die Kostenstellenrechnung bezieht. Mit *primären* Kosten werden solche Beträge bezeichnet, die direkt aus der Kostenartenrechnung in die Kostenstellenrechnung übernommen werden. Die Summe der Primärkosten entspricht also der Summe der Gemeinkosten. In der Kostenstellenrechnung erfolgen dann – wie und warum, werden wir im Kapitel 19 sehen – diverse Verrechnungen von Kosten zwischen Kostenstellen. Diejenigen Kosten, die eine Kostenstelle von anderen Kostenstellen empfängt, nennt man *sekundäre* Kosten. Die Unterscheidung »primär« und »sekundär« betrifft also ausschließlich die Kostenstellenrechnung.

Merkmal der »Kostenherkunft« in der Kostenstellenrechnung

Grundkosten, Anderskosten, Zusatzkosten

Eine letzte Differenzierung sei angesprochen, die uns dann zum Begriff der Kostenarten führt. Wie ebenfalls im Fallbeispiel bereits kurz angetippt, stammt ein Großteil des Rechnungsstoffs der Kostenrechnung aus der externen Rechnungslegung (*Grundkosten*). Ein Teil dieser Daten wird auf die speziellen Bedürfnisse der Kostenrechnung umgeformt (*Anderskosten*), nur

Merkmal der »Beziehung zur Finanzbuchhaltung«

ein – von der Zahl, allerdings nicht von der Höhe der Beträge – marginaler Rest neu hinzugefügt (*Zusatzkosten*).

Das Merkmal der Beziehung der Kostenarten zu dem Datenmaterial der Finanzbuchhaltung ist somit für die Kostenartenrechnung sehr relevant. Zum einen wird damit der Umfang des Rechnungsstoffs bestimmt. Zum anderen sieht die Finanzbuchhaltung eine Gliederung der Aufwandskonten nach der Art der verbrauchten Güter und Dienstleistungen vor (Materialaufwand, Personalaufwand usw.). Zwar ist die Kostenartenrechnung nicht zwangsläufig genauso zu gliedern, wie es die Finanzbuchhaltung für die Aufwandsarten vorsieht. Schon erfassungstechnische Gründe legen es allerdings nahe, die Unterschiede zwischen beiden nicht zu groß werden zu lassen.

»Kostenart« meint Ähnliches wie »Aufwandsart«

> Kostenarten stellen auf die Art der eingesetzten bzw. verbrauchten Produktionsfaktoren ab. »Art« ist dabei als »Güterart« zu verstehen, also im Sinne der Differenzierung von Material, Personal, Dienstleistungen usw. Kostenart meint von der Strukturierungsrichtung her damit letztlich dasselbe wie Aufwandsart; die Aufwandskonten können weitgehend als Kostenkonten übernommen werden.

Die *Abbildung 17-1* zeigt einen Kostenartenplan, wie man ihn in vielen Unternehmen vorfindet. Die auf Güterarten abstellende Gliederung der Kostenartenrechnung wird in der einschlägigen Literatur kaum hinterfragt, als selbstverständlich dargestellt. Ein Grund für die gewählte Gliederungssystematik ist sicher der, dass unterschiedliche Güterarten unterschiedlichen Marktentwicklungen (insbesondere Preisentwicklungen) unterliegen, es also Sinn macht, sie getrennt voneinander auszuweisen. Weiterhin werden die Kosten häufig in sehr unterschiedlicher Weise erfasst, etwa Perso-

40/41	**Material**		**46**	**Steuern, Gebühren, Beiträge, Versicherungsprämien u. dergleichen**
400	Stoffverbrauch-Sammelkonto			
401-402	Einsatzstoffe		460-463	Steuern
...	...		464-467	Abgaben, Gebühren und dergleichen
410-411	Hilfsstoffe		468	Beiträge und Spenden
412-415	Betriebsstoffe		469	Versicherungsprämien
416	Verpackungsstoffe			
...	...		**47**	**Mieten, Verkehrs-, Büro- und Werbekosten und dergleichen**
42	**Brennstoffe, Energie usw.**		470-471	Raum-, Maschinenmieten und dergleichen
420-424	Brenn- und Treibstoffe			
425-429	Energie und dergleichen		...	...
			479	Finanzspesen und sonst. Kosten
43-44	**Personalkosten und dergleichen**			
			48	**Kalkulatorische Kosten**
45	**Instandhaltung, verschiedene Leistungen**		480	Betriebsbedingte Abschreibungen
			481	Betriebsbedingte Zinsen
450-454	Instandhaltung		482	Betriebsbedingte Wagnisprämien
455	Allgemeine Dienstleistungen		483	Betriebsbedingter Unternehmerlohn
456	Entwicklungs-, Versuchs- und Konstruktionskosten		484	Sonstige kalkulatorische Kosten
457-459	Mehr- und Minderkosten		**49**	**Innerbetriebliche Kosten und Leistungsverrechnung, Sondereinzelkosten und Sammelverrechnungen**

Abb. 17-1: Kostenartengliederung des Gemeinschaftskontenrahmens für die Industrie (GKR)

nalkosten in sehr detaillierten, von der Personalabteilung betriebenen Personalabrechnungssystemen, Stromrechnungen dagegen direkt in der Finanzbuchhaltung. Schließlich wird – wie angesprochen – mit der Gliederung nach Güterarten das Gliederungsprinzip der Finanzbuchhaltung übernommen – und damit die Möglichkeit, einen großen Teil des Rechnungsstoffs der Kostenrechnung quasi kostenlos aus dieser zu erhalten.

2. Wichtige Kostenarten im Überblick

Nachdem nun grundsätzliche Klarheit über den Begriff »Kostenart« besteht, wollen wir im Folgenden einige wesentliche Kostenarten genauer betrachten. Dabei wird neben den jeweiligen spezifischen Problemen immer die Frage zu beantworten sein, auf welche Weise die Kostenarten in die Kostenartenrechnung gelangen, d.h., wie und wo sie erfasst werden.

2.1. Materialkosten

2.1.1. Wichtige Arten von Materialkosten

Für die Unterteilung der Materialkosten ist die Zurechenbarkeit auf Kostenträger maßgeblich

Nach dem Kriterium der Zurechenbarkeit auf Kostenträger kann man zwei wesentliche Gruppen von Materialarten unterscheiden: so genanntes »Einzelkostenmaterial« und so genanntes »Gemeinkostenmaterial«. Einzelkostenmaterial unterteilt sich wiederum in zwei Untergruppen, in *Rohstoffe* und *Hilfsstoffe*.

Unter Rohstoffen versteht man solches Material, das unmittelbar in die Erzeugnisse eingeht und einen bedeutsamen Teil von ihnen ausmacht.

Hierzu zählen das Rohöl in einer Raffinerie, Bleche in der Automobilindustrie, Mikro-Chips in der DV-Branche, Zellstoff in der Windelproduktion oder Betonfertigteile in der Bauindustrie. Rohstoffkosten werden als Einzelkosten den Produkten direkt zugeordnet; sie werden aus der Kostenartenrechnung direkt in die Kostenträgerrechnung übernommen.

Kosten von Hilfsstoffen werden weniger genau verrechnet als Kosten von Rohstoffen

Als Hilfsstoffe bezeichnet man dagegen solches Material, das zwar auch direkt in die Produkte eingeht, aber nur einen unwesentlichen Teil von ihnen ausmacht. Als typische Beispiele für Hilfsstoffe lassen sich Klebstoff und Nägel in der Möbelindustrie oder Schrauben und Plastikkleinteile im Automobilbau nennen.

Es wird Ihnen an dieser Stelle sicher nicht unmittelbar einleuchten, warum ein Kostenrechner zwischen wesentlichen und unwesentlichen Produktbestandteilen differenziert. Der Grund wird aber schnell deutlich, wenn Sie sich vergegenwärtigen, dass größere Unternehmen eine vier- bis fünfstellige Zahl von Produkten (einschließlich Produktvarianten) produzieren und häufig eine noch größere Anzahl von Ausgangsstoffen verarbeiten. Zudem sind weder Produkte noch Materialien statischer Natur, sondern laufenden Änderungen unterworfen. Wollte man die Kosten jeder unmittelbar in die Produkte eingehenden Materialart direkt zurechnen, verursachte dies einen unvertretbar hohen Erfassungs- und Verrechnungsaufwand. Just aus diesem Grund beschränkt man die direkte Zuordnung auf wesentliche Materialarten. Kosten der *Hilfsstoffe* werden in den Kostenstellen erfasst, in denen diese Materialien verbaut werden. Sie werden mit den dort insgesamt anfallenden Kosten gemeinsam den Produkten zugerechnet. Hilfsstoffkosten sind damit ihrem Wesen nach Einzelkosten, werden wegen des (zu) hohen Erfassungsaufwands aber als Gemeinkosten behandelt. Man bezeichnet sie deshalb auch als »*unechte*« Gemeinkosten.

Hilfsstoffkosten als »unechte« Gemeinkosten

Da letztlich Erfassungskosten maßgeblich für die Zuordnung zu den Kategorien »wesentlicher Bestandteil« und »unwesentlicher Bestandteil« sind, kann man keine generelle Aussage darüber treffen, ob eine bestimmte Materialart zu den Rohstoffen oder zu den Hilfsstoffen zählt. Diese Frage lässt sich nur konkret »vor Ort«, im Unternehmen bestimmen.

Unter das so genannte »*Gemeinkostenmaterial*« fallen zunächst die *Betriebsstoffe*. Hierunter versteht man die zum Betrieb der Produktionsanlagen benötigten Stoffe, insbesondere Öle und Fette, zuweilen auch Energie, wenn diese nicht als gesonderte Kostenartengruppe geführt wird. Kosten von Betriebsstoffen werden – wie Hilfsstoffkosten – in den Kostenstellen erfasst, in denen sie verbraucht werden, und von dort auf die Kostenträger verrechnet.

Neben Roh- und Hilfsstoffen gibt es als weitere wichtige Materialart die Betriebsstoffe

Schließlich verbleiben Materialarten, die man in der Praxis häufig expressis verbis als »Gemeinkostenmaterial« bezeichnet und damit den Begriff nicht – wie hier – als Oberbegriff für alles nicht direkt für Kostenträger erfassbare Material verwendet. Unter diese Rubrik fallen dann etwa das Büromaterial und das Instandhaltungsmaterial. Erfassung und Verrechnung der für dieses Gemeinkostenmaterial anfallenden Kosten entsprechen denen der Betriebsstoffkosten.

Einen Überblick über die unterschiedlichen Materialkostenarten gibt die *Abbildung 17-2* (siehe Folgeseite).

2.1.2. Erfassung der Materialverbräuche

Die Erfassung von Materialverbräuchen ist ein sehr anschauliches und zudem typisches Beispiel dafür, wie stark sich die Kostenrechnung stets im Spannungsfeld zwischen genauer Abbildung wirtschaftlicher Tätigkeit einerseits und möglichst geringen Kosten der Kostenerfassung andererseits befindet. Vier unterschiedliche Wege zur Erfassung der Materialverbräuche stehen Unternehmen grundsätzlich zur Auswahl.

Der ungenaueste Erfassungsweg ist der, auf eine Erfassung der Material*verbräuche* zu verzichten, statt dessen nur die Material*zugänge* abzubilden. Viele Belege über (kleine) Verbrauchsmengen werden »eingetauscht« gegen wenige Belege über (große) Zugangsmengen. Die *Gleichsetzung von Verbrauch und Zugang* entspricht exakt dem Vorgehen des Ihnen aus der externen Rechnungslegung bekannten Festwertverfahrens (vgl. S. 129f. dieses Buches). Aufgrund der hohen potenziellen Ungenauigkeit greift man hierauf nur für betragsmäßig wenig bedeutsame Betriebsstoffe und anderes unbedeuten-

Die »Festwertmethode« findet man auch in der Kostenrechnung

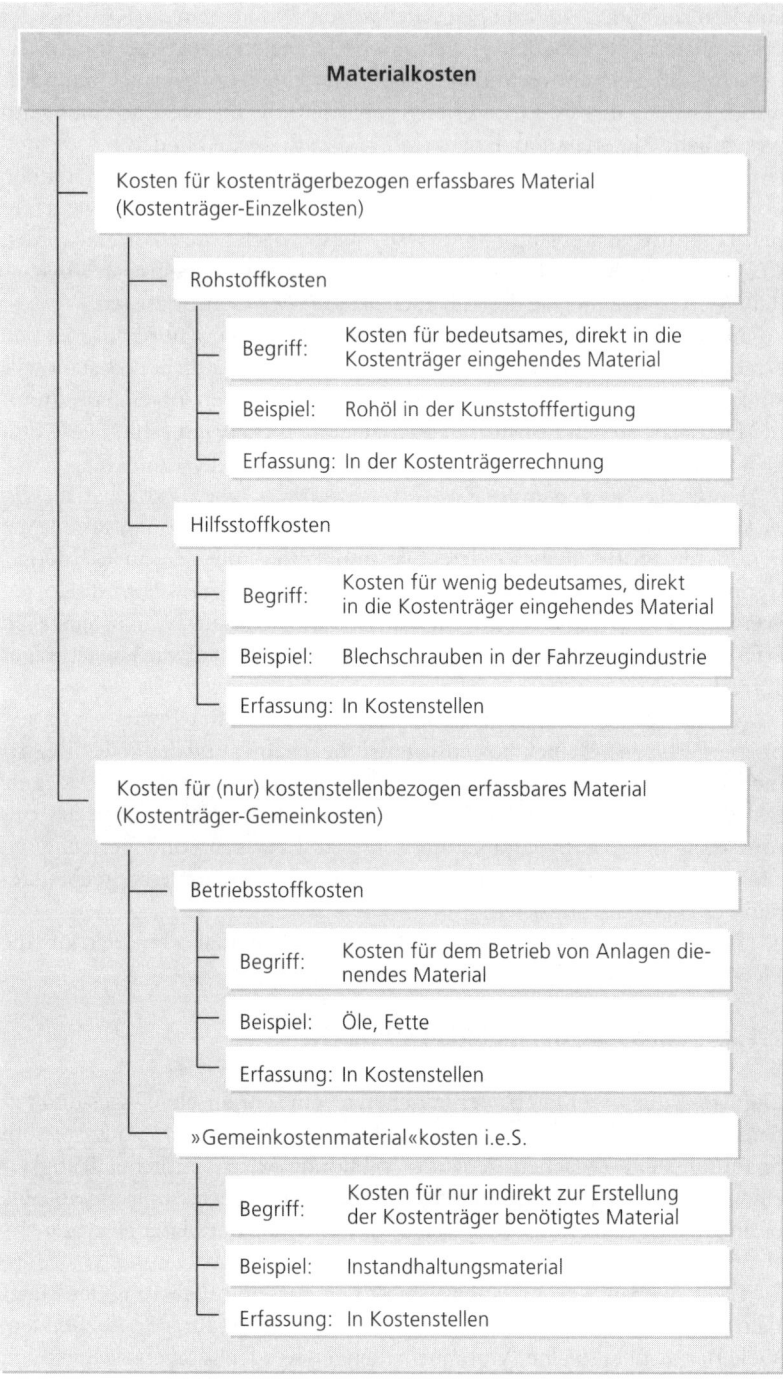

Materialkosten

Kosten für kostenträgerbezogen erfassbares Material
(Kostenträger-Einzelkosten)

Rohstoffkosten

Begriff: Kosten für bedeutsames, direkt in die Kostenträger eingehendes Material

Beispiel: Rohöl in der Kunststofffertigung

Erfassung: In der Kostenträgerrechnung

Hilfsstoffkosten

Begriff: Kosten für wenig bedeutsames, direkt in die Kostenträger eingehendes Material

Beispiel: Blechschrauben in der Fahrzeugindustrie

Erfassung: In Kostenstellen

Kosten für (nur) kostenstellenbezogen erfassbares Material
(Kostenträger-Gemeinkosten)

Betriebsstoffkosten

Begriff: Kosten für dem Betrieb von Anlagen dienendes Material

Beispiel: Öle, Fette

Erfassung: In Kostenstellen

»Gemeinkostenmaterial«kosten i.e.S.

Begriff: Kosten für nur indirekt zur Erstellung der Kostenträger benötigtes Material

Beispiel: Instandhaltungsmaterial

Erfassung: In Kostenstellen

Abb. 17-2: Untergliederungen der Materialkosten

des Gemeinkostenmaterial zurück.

Eine genauere Erfassung des Materialverbrauchs erzielt man mit dem Verfahren der sogenannten »*Rückrechnung*«. Auch dieses verzichtet auf eine Aufzeichnung des exakten Ist-Verbrauchs, baut allerdings auf differenzierten Informationen über Standard-Verbräuche auf. Wesentliche Datenquellen sind hierbei zum einen Stücklisten, in denen pro Erzeugnis die erforderlichen Materialarten mit den – erwarteten bzw. kalkulierten – Verbrauchsmengen festgehalten sind, und zum anderen die entsprechenden Produktionsstatistiken (Aufzeichnungen über Produktionsmengen). Liegen derartige Ausgangsinformationen vor, erspart man sich häufig die Produkteinheit für Produkteinheit erfolgende Ist-Erfassung. Abweichungen zwischen Ist- und Standardverbräuchen sind dann allerdings nicht stückbezogen und auch für größere Zeitabstände (z.B. ein Jahr) nur dann möglich, wenn der exakte Materialverbrauch mit Hilfe eines anderen Erfassungsverfahrens ermittelt wird.

Ein derartig exaktes Erfassungsverfahren bildet die *Inventurmethode*, die Sie ebenfalls schon aus der externen Rechnungslegung kennen. Sie ermittelt den Gesamtverbrauch eines Zeitabschnitts anhand der Gleichung

Inventurmethode als Ergänzung der anderen Erfassungsarten

Verbrauch = Anfangsbestand + Zugang ./. Endbestand

und setzt eine körperliche Aufnahme des Anfangs- und des Endbestandes voraus. Wegen dieser (aufwendigen) Bestandszählung wird die Inventurmethode nur als Ergänzung anderer Verbrauchserfassungsverfahren angewandt. Allerdings sind die hohen mit der Bestandszählung verbundenen Kosten nicht der einzige Grund. Die Inventurmethode trifft darüber hinaus keine Aussage darüber, warum der Verbrauch erfolgte, ob es sich um einen ordentlichen, d.h. für die Leistungserstellung erforderlichen, oder aber um einen außerordentlichen Verbrauch handelt (z.B. Verderb, Diebstahl). Diese Information ist aber für den Kostenrechner von erheblicher Bedeutung.

Ganz genau werden Materialverbräuche schließlich mittels der *Fortschreibungsmethode* (Skontration) festgehalten. Sie zeichnet jeden einzelnen Verbrauchsvorgang (z.B. mit Hilfe von Materialentnahmescheinen bei jeder Anforderung von Material) gesondert auf. Ihr Name resultiert aus einer lagerorientierten Betrachtung: Wenn jeder Entnahme- und Zugangsvorgang im Detail festgehalten wird, kann auch permanent der Lagerbestand fortgeschrieben werden. Was das Lager »außerplanmäßig« verlassen hat, lässt sich allerdings wiederum nur durch eine Inventur ermitteln.

Die *Abbildung 17-3* fasst die Aussagen zur Materialverbrauchserfassung kurz zusammen (vgl. Folgeseite).

2.1.3. Bewertung der Materialverbräuche

Wenn Sie sich – sei es im Praktikum, sei es nach dem Studium – in einem Unternehmen mit der Bewertung von Materialverbräuchen befassen müssen, wird dies primär im Zusammenhang mit der Frage stehen, ob Sie mit tatsächlichen Ist-Werten (Anschaffungskosten) rechnen oder aber Standardwerte (im Sinne durchschnittlicher Anschaffungswerte) verwenden sollen. Das Rechnen mit Standardwerten für Material ist in der Praxis weit verbreitet. Es erspart angesichts der häufigen Materialpreisschwankungen ständige Anpassungen der Kostenwerte und bietet Vorteile für die Kontrolle

Ist-Kosten oder Standard-Kosten als Wertansätze?

406

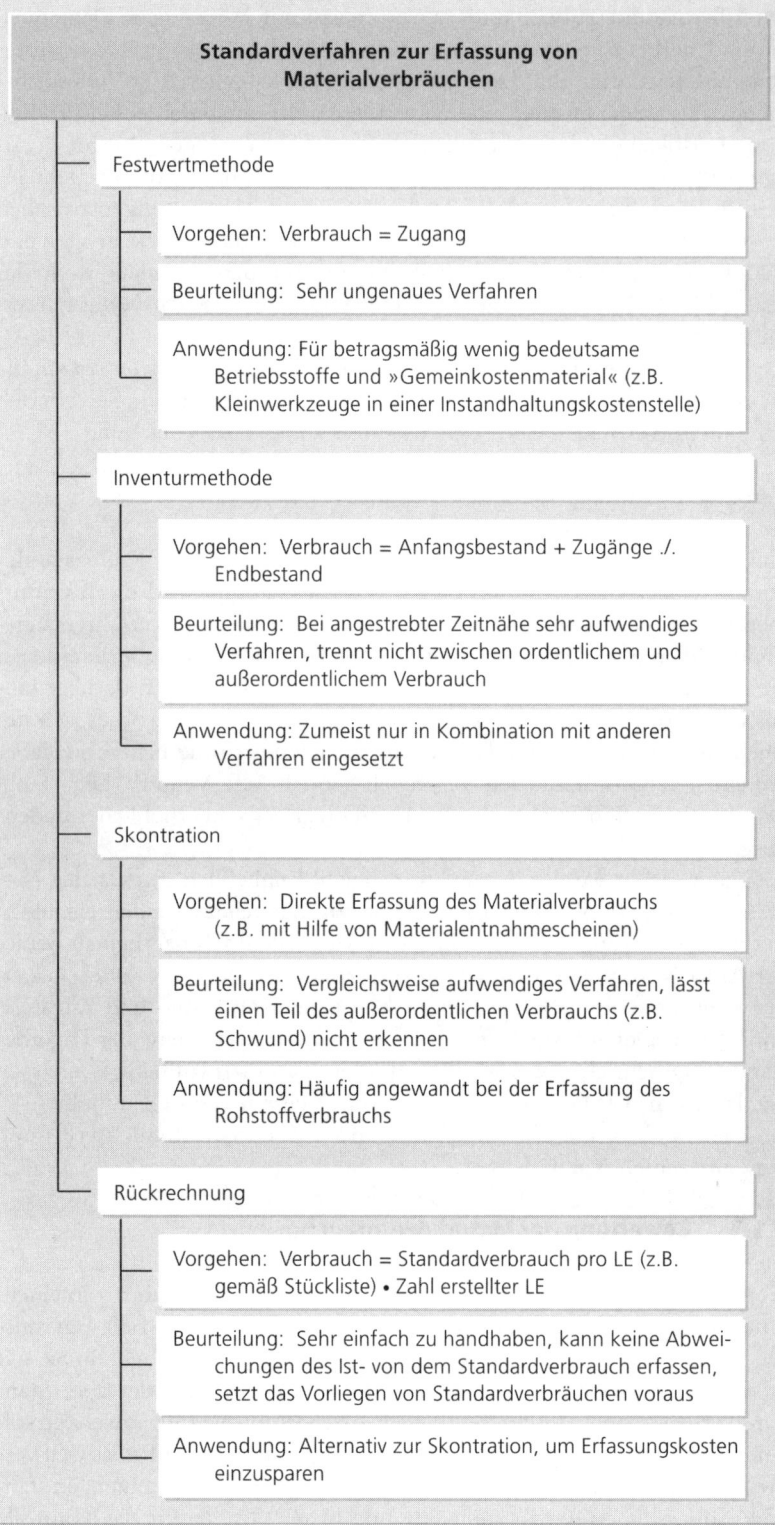

Standardverfahren zur Erfassung von Materialverbräuchen

Festwertmethode

Vorgehen: Verbrauch = Zugang

Beurteilung: Sehr ungenaues Verfahren

Anwendung: Für betragsmäßig wenig bedeutsame Betriebsstoffe und »Gemeinkostenmaterial« (z.B. Kleinwerkzeuge in einer Instandhaltungskostenstelle)

Inventurmethode

Vorgehen: Verbrauch = Anfangsbestand + Zugänge ./. Endbestand

Beurteilung: Bei angestrebter Zeitnähe sehr aufwendiges Verfahren, trennt nicht zwischen ordentlichem und außerordentlichem Verbrauch

Anwendung: Zumeist nur in Kombination mit anderen Verfahren eingesetzt

Skontration

Vorgehen: Direkte Erfassung des Materialverbrauchs (z.B. mit Hilfe von Materialentnahmescheinen)

Beurteilung: Vergleichsweise aufwendiges Verfahren, lässt einen Teil des außerordentlichen Verbrauchs (z.B. Schwund) nicht erkennen

Anwendung: Häufig angewandt bei der Erfassung des Rohstoffverbrauchs

Rückrechnung

Vorgehen: Verbrauch = Standardverbrauch pro LE (z.B. gemäß Stückliste) • Zahl erstellter LE

Beurteilung: Sehr einfach zu handhaben, kann keine Abweichungen des Ist- von dem Standardverbrauch erfassen, setzt das Vorliegen von Standardverbräuchen voraus

Anwendung: Alternativ zur Skontration, um Erfassungskosten einzusparen

Abb. 17-3: Materialverbrauchserfassung im Überblick

der Wirtschaftlichkeit der Produktion: Kostenveränderungen aufgrund schwankender Preise sind zumeist vom Kostenverantwortlichen (Kostenstellenleiter) nicht beeinflussbar und damit auch nicht von ihm zu vertreten. Als problematisch kann sich eine solche Standardbildung allerdings dann erweisen, wenn sich das Ausgleichen bzw. Glätten unterschiedlicher Preise nicht auf zeitablaufbedingte Schwankungen, sondern auf die Lieferungen unterschiedlicher Lieferanten desselben Materials bezieht. Ein derartiges »multi-sourcing« ist in der Praxis – z.B. aus Risikoüberlegungen heraus – weit verbreitet. Zur Beantwortung der Frage, wie denn das Material in einem solchen Fall gespaltener Preise »richtig« zu bewerten ist, muss man mehrere Fälle unterscheiden:

- Werden die Materialien von den Lieferanten stets im selben Mengenverhältnis beschafft (z.B. jeweils 25% von vier Lieferanten), ist eine Durchschnittsbildung angebracht (richtig).
- Bezieht das Unternehmen dagegen zuerst so viel Mengen wie möglich vom billigsten Lieferanten, erst die darüber hinaus benötigten Mengen von der(n) teureren Bezugsquelle(n), gibt es zwei Fälle auseinander zu halten: (1) Überlegt man, wie viel Kosten für eine geringfügige Erhöhung (Verminderung) des Materialverbrauchs *zusätzlich* anfallen (wegfallen), ist der höhere Preis relevant, da nur die teurere Bezugsquelle von dieser Entscheidung betroffen wäre. (2) Geht es dagegen um eine deutliche Reduzierung der Verbrauchsmenge, so wäre neben der teureren auch die billigere Bezugsquelle betroffen. Der wegfallende Materialverbrauchswert müsste dann aus beiden Preisen kombiniert ermittelt werden.

Bewertung zu unterschiedlichen Einstandspreisen

So differenziert rechnet man in der Praxis jedoch allenfalls in Ausnahmefällen; der hiermit verbundene Rechen- und Erfassungsaufwand wäre zu hoch. Zudem sind die Preisdifferenzen zwischen den Beschaffungsquellen typischerweise relativ gering.

Nicht nur theoretisch ist schließlich noch eine weitere Fragestellung sehr interessant. Die Kostenrechnung soll – das haben wir schon mehrfach angesprochen – u.a. dazu dienen, den Führungskräften Entscheidungshilfen zu geben (Lohnt sich ein bestimmtes Produkt noch? Soll der eigene Fuhrpark beibehalten oder das Transportaufkommen nicht besser einem Logistikdienstleister übertragen werden? usw.). Entscheidungen sind stets auf die Zukunft gerichtet. Was nützen also historische Kostenwerte (Anschaffungskosten) für Entscheidungen? Diese Überlegung führt unmittelbar zu den *Wiederbeschaffungskosten* als Wertansatz.

Wiederbeschaffungskosten für Materialverbräuche anzusetzen, entspricht entscheidungstheoretischen Prinzipien: Die einer Entscheidung zuzurechnenden Konsequenzen sind genau jene Änderungen, die sich durch die Entscheidung ergeben haben. Wird Material für einen Produktionsauftrag verbaut, wird das Unternehmen im Normalfall auf den Verbrauch mit einer Ersatzbeschaffung des Materials reagieren, um wieder produktionsbereit zu sein. Hiermit sind wir exakt bei den Wiederbeschaffungskosten als relevantem Wertansatz angelangt. Expressis verbis werden Sie dennoch kaum ein Unternehmen in Deutschland finden, das den Materialkosten exakte Wiederbeschaffungswerte zugrunde legt. Für jeden einzelnen Ver-

Wiederbeschaffungskosten als entscheidungsorientierter Wertansatz brauchsvorgang zu ermitteln, wie hoch die aktuellen Wiederbeschaffungspreise sind, überforderte ohne Zweifel die Kostenrechnung. Allerdings gehen viele Unternehmen bei Entscheidungsrechnungen von Plankosten aus, d.h. von während der Planungsperiode (zumindest ein Monat, häufig ein Jahr) durchschnittlichen zukünftigen Kosten.

2.2. Personalkosten

Betragsmäßig ähnlich bedeutsam wie Materialkosten sind die Personalkosten. Beide haben die detaillierte Abbildung in der Finanzbuchhaltung gemein. Mit der *Lohn- und Gehaltsbuchführung* widmet sich den Personalkosten zumeist sogar ein gesonderter Buchungskreis.

2.2.1. Untergliederung der Personalkosten

Die Lohn- und Gehaltsbuchführung erfasst die Entgelte der Beschäftigten sehr detailliert, von den Monatslöhnen bis hinunter zu Entgeltbestandteilen für Betriebsratssitzungen, Fortbildung und Schwangerschaft. Die Hauptstrukturierung folgt der – insbesondere historisch bedingten – Unterteilung in Lohnkosten (für Arbeiter) und Gehälter (für Angestellte). Innerhalb der Lohnkosten sind wiederum zwei Untergruppen zu differenzieren:

Differenzierung der Löhne nach der Zurechnung auf die Produkte

- *Fertigungslöhne* als Entgelte des Personals, das unmittelbar an der Erstellung der Kostenträger mitwirkt. Fertigungslöhne werden i.d.R. als Kostenträgereinzelkosten behandelt und aus der Kostenartenrechnung direkt in die Kostenträgerrechnung verrechnet.
- *Hilfslöhne* als Personalentgelte von nicht direkt kostenträgerbezogen eingesetzten Arbeitern, wie z.B. Lager- und Transportmitarbeitern. Hilfslöhne werden als Gemeinkosten kostenstellenbezogen erfasst.

Für Gehaltskosten existiert eine derartige Differenzierung nicht. Der Grund hierfür ist einfach. Typischerweise arbeiten Gehaltsempfänger nicht unmittelbar an den Produkten, sondern nehmen Steuerungsvorgänge für diese objektbezogene Arbeit (z.B. als Arbeitsvorbereitung, Fertigungsleitung, Verwaltung) vor oder erbringen andere Serviceleistungen (z.B. Sozialstation).

Differenzierung der Personalnebenkosten

Eine weitere wichtige Unterteilung der Personalkosten ist die in direkte Löhne und Gehälter einerseits und in *Personalnebenkosten* andererseits. Bei den Nebenkosten lassen sich gesetzliche Personalnebenkosten – wie z.B. Beiträge zur Berufsgenossenschaft, zur Renten-, Arbeitslosen- und Sozialversicherung – von freiwilligen Personalnebenkosten trennen, zu denen z.B. Sonderzahlungen (wie Weihnachts- und Urlaubsgeld), Zuschüsse zum Kantinenessen, Umzugsbeihilfen oder Beihilfen für Fortbildungsmaßnahmen zählen. Diese von der Bezeichnung »Neben-« her so unbedeutend erscheinenden Beträge erreichen bei Lohnempfängern mittlerweile dieselbe Größenordnung wie die direkten Löhne; Gehaltsnebenkosten sind dagegen deutlich niedriger als die direkten Gehälter. Die *Abbildung 17-4* fasst diese Untergliederung der Personalkosten kurz zusammen.

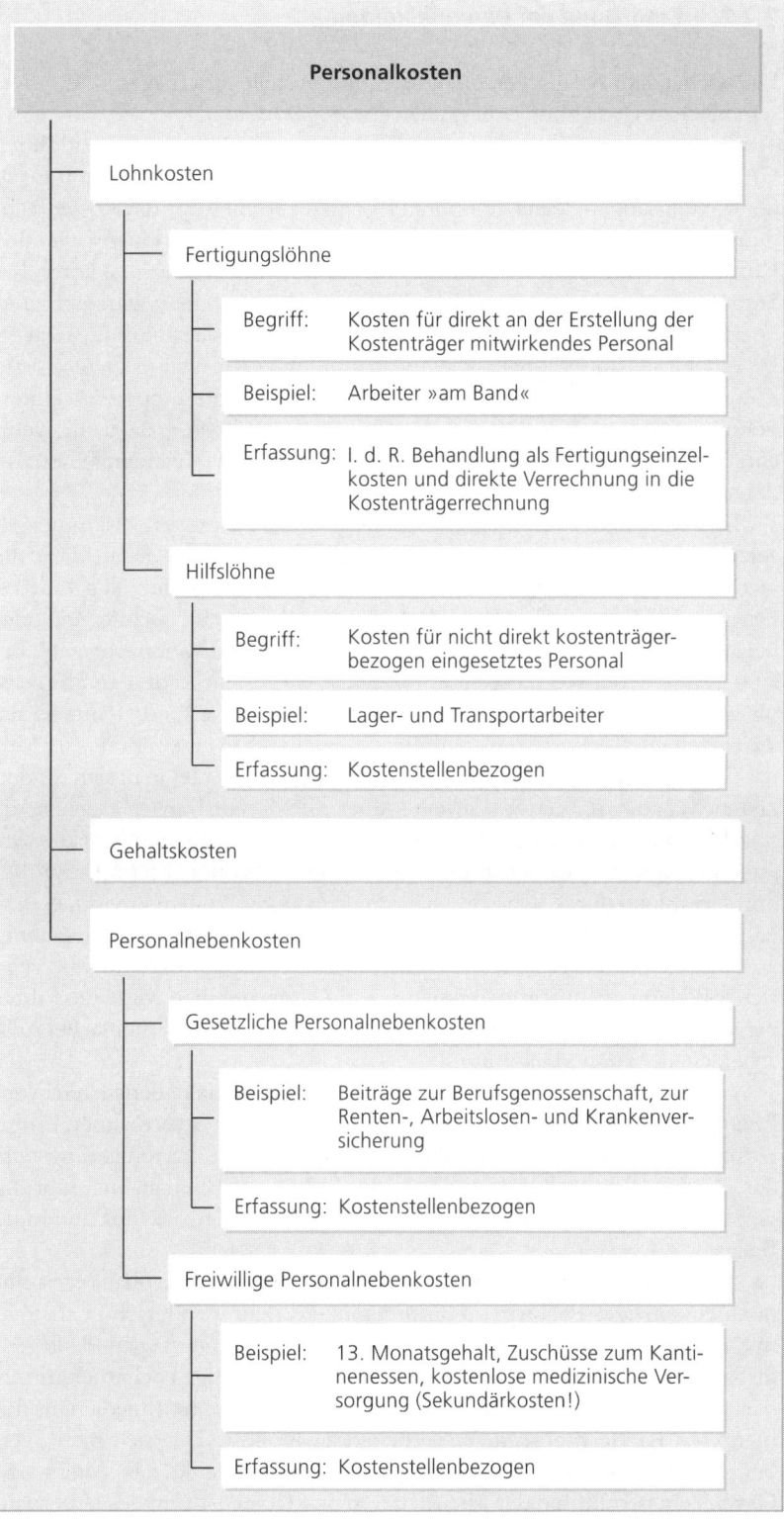

Abb. 17-4: Untergliederung
der Personalkosten

2.2.2. Ermittlung der Personalkosten

Die soeben skizzierten Personalkostenbestandteile unterliegen sehr unterschiedlichen Berechnungsmethoden (*Entgeltfunktionen*).

Die einfachsten Verhältnisse liegen bei den Gehältern und Zeitlöhnen vor, die in konstanter Höhe Monat für Monat gezahlt werden. Im Bereich der leistungsabhängigen Entlohnungsformen kommen auf die Kostenrechnung Probleme deshalb zu, weil es ein breites Spektrum an entsprechenden Entgeltformen gibt, vom Prämienlohn bis hin zum »reinen« Akkordlohn. Stets muss man beachten, welche Teile des Entgelts den Charakter eines Sockelbetrages besitzen und welcher Teil direkt arbeitsleistungsabhängig ist. Eine reine Leistungsabhängigkeit des Entgelts findet man in Deutschland allerdings nicht mehr. Selbst im Falle des Stückakkords muss das Unternehmen seinen Akkordlöhnern Mindestentgelte zahlen, bzw. dann, wenn eine Minderleistung betriebsbedingt ist (z.B. aufgrund fehlenden Materials), den durchschnittlichen Akkord der letzten Monate.

Der Bereich der Personalnebenkosten ist sehr heterogen zusammengesetzt. Ein Teil davon verändert sich – mehr oder weniger – genauso wie die zugrunde liegenden Löhne und Gehälter, ein Teil gehorcht völlig anderen Gesetzmäßigkeiten, wie z.B. im Falle der Zuschüsse zur Verpflegung oder bei aperiodischen Sonderzahlungen, wie Urlaubs- und Weihnachtsgeld. Bei letzteren steht der Kostenrechner – verkürzt dargestellt – vor dem Problem, ob er diese Sonderzahlungen – sofern er sie im Voraus kennt – anteilig auf die einzelnen Monate verteilen (umlegen) oder aber in einem Betrag im Monat der Zahlung ausweisen soll. Üblicherweise entscheidet man sich für den ersten Weg, d.h. für den Ansatz eines über alle Monate hinweg gleichen, die Sonderzahlungen einschließenden Werts. Diesem Vorgehen liegt das Argument zugrunde, dass sich der Arbeitnehmer das Recht zum Erhalt der Sonderzahlung durch seine Beschäftigung im gesamten Jahr erwirbt, es deshalb ungerecht wäre, mit diesem Betrag allein den Monat der Auszahlung zu belasten. Dass ein solches Vorgehen allerdings nicht problemfrei ist, zeigt sich z.B. dann, wenn ein Arbeitnehmer ein Unternehmen Mitte des Jahres verlässt und keinen entsprechenden Anteil des 13. Monatsentgelts bei Ausscheiden ausgezahlt bekommt.

Unbeeinflusst von diesem Einwand werden Personalnebenkosten in der Praxis zumeist als Prozentsatz auf Löhne und Gehälter verrechnet. Damit reduziert die Kostenrechnung die sehr weitgehende Differenzierungstiefe der Personalaufwendungen, wie sie die Lohn- und Gehaltsbuchführung vorsieht, erheblich. Eine feinere Aufgliederung wäre für sie nur unnötiger Ballast.

Schließlich verbleibt im Zusammenhang mit den Personalkosten nur noch ein einziges Problem zu diskutieren, das man wunderschön abstrakt mit »*interpersonelle Entgeltunterschiede*« benennen kann. Der zugrunde liegende Sachverhalt ist sehr einfach: Eine unverheiratete junge Facharbeiterin erhält für dieselbe Arbeit deutlich weniger Entgelt als ihr altgedienter, mit mehreren Kindern gesegneter verheirateter Kollege. Das sich hierin verbergende Problem wird offensichtlich, wenn man bedenkt, dass Alters- und Geschlechtsstrukturen der Mitarbeiter in den Kostenstellen des Unterneh-

Hohe Heterogenität der Personalnebenkosten

In der Praxis werden Personalnebenkosten zumeist als Prozentsatz der Personalkosten verrechnet

mens nicht übereinstimmen müssen, eine Kostenstelle mehr »teure« Kollegen/innen beschäftigen kann als eine andere. Ist es in einem solchen Fall angebracht, opportun oder richtig, die tatsächlichen Personalkosten anzusetzen, oder sollte man nicht besser mit Standardwerten pro Lohn- und Gehaltsgruppe rechnen?

In der Praxis neigt man üblicherweise der zweiten Variante zu, dies zum einen geprägt durch ein gewisses Gerechtigkeitsdenken (was kann eine Kostenstelle dafür, dass sie über eine ungünstigere Altersstruktur verfügt als die andere?). Zum anderen will man zuweilen auch deshalb keine detaillierten Personalkosten ausweisen, um das Gehaltsgeheimnis zu bewahren: Gibt es in einer Kostenstelle nur einen einzigen Gehaltsempfänger (z.B. Leiter der Kostenstelle), kann jeder aus dem Kostenstellenbericht (Liste der in der Kostenstelle angefallenen Kosten, die zumeist monatlich erstellt wird) ablesen, wie viel er verdient hat. Ganz unproblematisch ist eine solche Normierung der Entgelte innerhalb der Lohn- und Gehaltsklassen allerdings nicht, wie abschließend zwei Argumente zeigen sollen:

Genauigkeit versus
Gerechtigkeit?

- Im Falle der Schließung eines Betriebsbereichs fallen nicht die Standardentgelte, sondern die tatsächlich gezahlten Löhne und Gehälter weg.
- Eine »schiefe« Altersstruktur ist oft nicht zufällig, sondern sachlich bedingt: Manche Vorgänge erfordern z.B. erfahrene, mit den Produktionsbedingungen vertraute Mitarbeiter, für die eine entsprechend lange Betriebszugehörigkeit unabdingbar ist.

2.3. Anlagenkosten

2.3.1. Mögliche Bestandteile der Anlagenkosten

Die neben Materialkosten und Personalkosten dritte wesentliche Kostenart sind die Anlagenkosten.

> Unter »Anlagenkosten« versteht man alle für die Bereitstellung, Nutzung, Bereithaltung und Ausmusterung von Anlagen (unmittelbar) anfallenden Kosten.

Wie man schon an dem Klammerausdruck »unmittelbar« ablesen kann, gibt es im Detail nicht unerhebliche Abgrenzungsprobleme. Die *Abbildung 17-6* veranschaulicht die unterschiedlichen möglichen Schichten des Anlagenkostenbegriffs (vgl. Folgeseite).

Im Kern der Anlagenkosten stehen ohne Zweifel der Kaufpreis der entsprechenden Anlagen (Maschinen, maschinelle Einrichtungen, Gebäude) bzw. deren Miet- oder Leasingkosten.

Im Kern der Anlagenkosten
stehen die Anschaffungs-
kosten der Anlagen

Aus der externen Rechnungslegung ist Ihnen bekannt, dass man dabei nicht stehen bleiben muss (kann?). Gemäß § 255 Abs. 1 HGB zählen zu den Anschaffungskosten einer Anlage alle Kosten, »die geleistet werden, um einen Vermögensgegenstand zu erwerben und ihn in einen betriebsbereiten Zustand zu versetzen, soweit sie dem Vermögensgegenstand einzeln zugerechnet werden können«. Hierunter fallen Dienstleistungskosten (wie z.B. Frachten) ebenso wie Kosten der Nullserie, Kosten, die vor dem eigent-

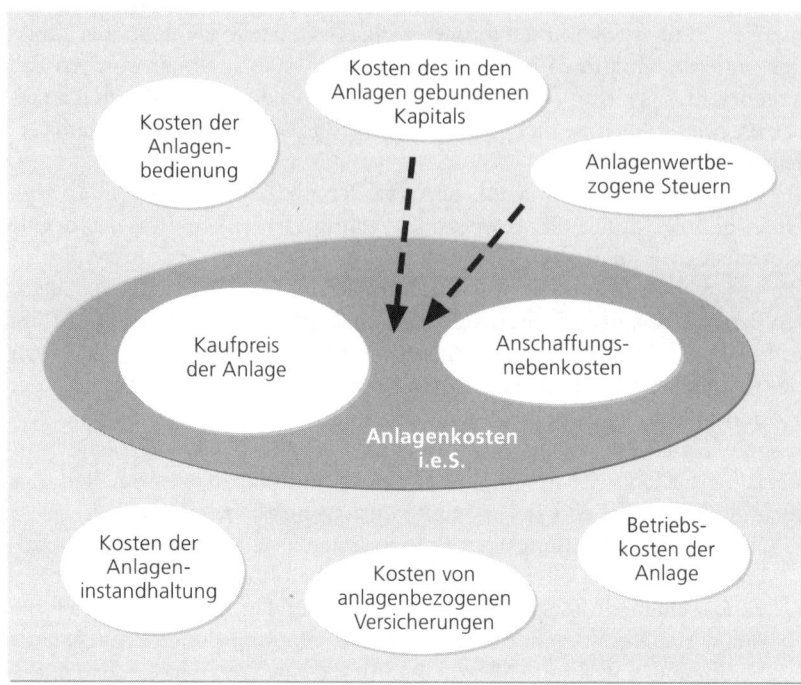

Abb. 17-5: Abgrenzung des
Begriffs »Anlagenkosten«

lichen Beschaffungsakt anfallen (beispielsweise Kosten des Besuchs von Fachmessen zur Kaufvorbereitung), in gleicher Weise wie Kosten im Anschluss an die Anlagenlieferung (etwa Kosten der Maschinenfundamentierung). Diese Einbeziehung von (im weiteren Sinn) Nebenkosten in die Anschaffungskosten bedeutet streng genommen eine Vermischung von Kostenarten. Diese Vermischung ist allerdings aus drei Gründen heraus nicht nur tolerabel, sondern sinnvoll und notwendig:

- Das Leistungsgefüge eines Unternehmens setzt sich aus einer Vielzahl aufeinander aufbauender Leistungsprozesse zusammen. Jeder Prozess (Beispiel: Endmontage eines Automobils) benötigt für seine Durchführung Produktionsfaktoren (z.B. Montagebänder). Diese stehen dem Prozess aber nicht automatisch zur Verfügung, sondern müssen jeweils erst bereitgestellt werden. Diese Bereitstellung erfordert einen eigenen Leistungsprozess (z.B. Installation der Montagebänder). Für diesen wiederum sind Produktionsfaktoren erforderlich (z.B. Schlosser des eigenen Anlagenbaus). Diese müssen ihrerseits wieder »bereitgestellt« werden (z.B. Personentransport zur Kostenstelle). Diese Bereitstellung als eigener Prozess erfordert Produktionsfaktoren usw. Jeder Versuch, diese mehrfache Ineinanderschachtelung »sauber« in der Kostenartenrechnung abzubilden, muss scheitern.

Gründe für die Einbeziehung der Nebenkosten in die Anlagenkosten

- Die Nebenkosten sind im Verhältnis zu Kaufpreis bzw. Miete/Leasing zumeist unbedeutend.
- Die Nebenkosten sind untrennbar an die Anlage gebunden; ohne die Entscheidung, die Anlage für einen Produktionsprozess einzusetzen, wären sie nicht angefallen. Sie sind in nur sehr unbedeutendem Umfang eigenständig disponibel. Dies gilt z.B. dann, wenn es mehrere Alterna-

tiven des Bereitstellungsprozesses gibt, Sie etwa einen Neuwagen für Ihre Eltern direkt vom Werk abholen können oder der normale Weg der Auslieferung zum Händler gewählt wird.

Aus diesen Gründen schließt sich auch die Kostenrechnung der Einbeziehung von Anschaffungsnebenkosten in die Anschaffungskosten einer Anlage und damit in die Anlagenkosten an. Eine Übereinstimmung mit der externen Rechnungslegung besteht prinzipiell auch bei der Periodisierung der Anschaffungskosten, der Berechnung von Abschreibungen. Hierauf wird in einem gesonderten Abschnitt noch näher eingegangen.

Nimmt man den Gedanken der engen Bindung an die Anlage und der betragsmäßig vergleichsweise geringen Bedeutung auf, so kann man zwei weitere Kostenarten als potenziell in die Anlagenkosten »eingemeindungsfähig« erachten: Gemeint sind kalkulatorische Zinsen und solche Steuern, die sich unmittelbar einzelnen Anlagen zurechnen lassen.

Weitere »Kandidaten« für Anlagenkosten

Der Ansatz *kalkulatorischer Zinsen* basiert auf der Überlegung, dass – im Falle des Anlagenkaufs – Kosten und Nutzen einer Anlage zeitlich sehr unterschiedlich verteilt sind: Während die Anschaffungskosten geballt zum Bereitstellungszeitpunkt anfallen, erstrecken sich die Rückflüsse – sie resultieren aus dem Verkauf der auf der Anlage gefertigten Produkte – über die gesamte Nutzungsdauer der Anlage hinweg. Das anfangs investierte Kapital bleibt somit geraume Zeit in der Anlage gebunden, kann in dieser Frist nicht anderweitig zinsbringend angelegt bzw. muss für diese Frist als Fremdkapital aufgenommen und verzinst werden. In ersterer Sichtweise deutet man das gebundene Kapital als Eigenkapital, das zwar nicht mit Auszahlungen, wohl aber mit entgangenen Einzahlungen (*Opportunitätskosten*) verbunden ist. Hieraus wird deutlich, dass kalkulatorische Zinsen zu einem Teil den Charakter von *Zusatzkosten* besitzen.

Geht man vereinfachend davon aus, dass die Rückflüsse jedes Jahr exakt der Höhe der Abschreibungen entsprechen, kommt man zu einem Verlauf des in einer Anlage gebundenen Kapitals, wie ihn idealtypisch die *Abbildung 17-6* zeigt, idealtypisch deshalb, weil der stetige Verlauf der Kurve einen völlig gleichmäßigen Abverkauf der Produkte unterstellt.

Der Abbildung ist unmittelbar zu entnehmen, dass im Durchschnitt, auf die gesamte Nutzungsdauer bezogen, die Kapitalbindung die Hälfte der Anschaffungskosten ausmacht; das links schraffierte Dreieck entspricht flächenmäßig exakt dem rechts schraffierten. Zinsen auf das in den Anlagen gebundene Kapital berechnet man in der Kostenrechnung deshalb für jedes Jahr gleichbleibend nach der Formel: (Anschaffungswert / 2) • kalkulatorischer Zinssatz. Die Höhe des Zinssatzes orientierte sich in der Vergangenheit i.d.R. am Zinssatz für langfristiges Fremdkapital. Dieser Wertansatz ist zwar keinesfalls der allein richtige oder allein sinnvolle. So gibt es einige Unterneh-

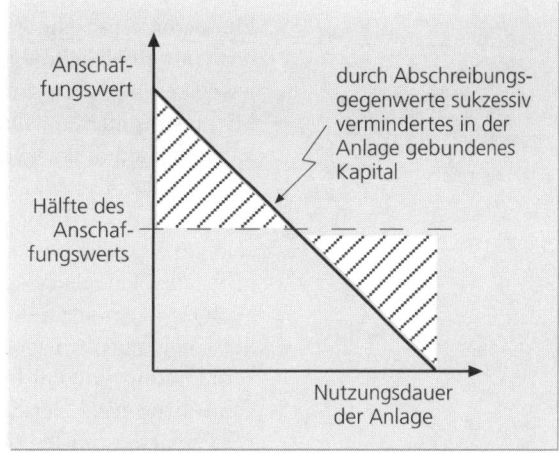

Abb. 17.6: Idealtypische Entwicklung der Kapitalbindung

men, die Zinssätze von mehr als 20% ansetzen, insbesondere, um damit bestimmte Lenkungseffekte zu erreichen. Da aber bei einem Mehr oder Weniger benötigten Kapitals typischerweise zuerst die Höhe des Fremdkapitals (als variabelster Kapitalquelle) verändert wird, lässt sich der Fremdkapitalzins als guter Näherungswert den kalkulatorischen Zinsen zugrunde legen.

Aktuell kommt ein anderer Wert ins Spiel, der sich aus dem Kapitalmarkt ableitet: Im Zuge der zunehmenden Wertorientierung der Unternehmenssteuerung macht es Sinn, den z.B. für die Berechnung wertorientierter Steuerungsgrößen verwendeten risikoadjustierten Zinssatz (»WACC« – Weighted Average Cost of Capital) auch für die Kostenrechnung zu verwenden. Dieser Zinssatz folgt der Grundidee, dass im Unternehmen eingesetztes Kapital Risiko trägt, das sich ein Investor entsprechend entgelten lässt. Je risikoreicher das Geschäft eines Unternehmens, desto höher die geforderte Risikoprämie. Riskoreicher gilt ein Unternehmen u. a. dann, wenn sein Wert stärker schwankt als der vergleichbarer Unternehmen. Bei an der Börse gehandelten Unternehmen ist die Kursvolatilität (Kursschwankungsbreite) im Vergleich zum Aktienmarkt insgesamt somit ein direktes Risikomaß (»Betafaktor«). Genauer ergibt sich die unternehmensspezifische, durch den Kapitalmarkt erwartete Rendite als

$$\substack{\text{unternehmensspezifische} \\ \text{erwartete Rendite}} = \substack{\text{risikoloser} \\ \text{Zins}} + \substack{\text{unternehmens-} \\ \text{spezifischer} \\ \text{Betafaktor}} \cdot \left(\substack{\text{erwartete} \\ \text{Rendite des} \\ \text{Marktes}} - \substack{\text{risikoloser} \\ \text{Zins}} \right)$$

Der damit ermittelte Zins für das Eigenkapital wird dann mit dem Zins für das vom Unternehmen aufgenommene Fremdkapital – gewichtet mit den jeweiligen Anteilen am Gesamtkapital – zum WACC zusammengefasst. Hieraus resultieren kalkulatorische Zinssätze, die deutlich über die Fremdkapitalkosten hinausgehen.

Kalkulatorische Zinsen sind – wie die kurzen Überlegungen gezeigt haben – einerseits unmittelbar an den Anlagenwert gebunden und andererseits im Verhältnis zu den Abschreibungen weniger bedeutsam. Andererseits fallen kalkulatorische Zinsen aber nicht nur für Anlagen, sondern z.B. auch für Lagerbestände an und übertreffen bei Gebäuden und anderen ähnlich langlebigen Anlagen die Abschreibungshöhe mitunter deutlich. Vor diesem Hintergrund wird verständlich, dass man in der Praxis auf zwei unterschiedliche Wege der Behandlung kalkulatorischer Zinsen stößt:

In der Praxis finden sich zwei
unterschiedliche Vorgehensweisen zur Behandlung von
kalkulatorischen Zinsen

- Entweder werden sie unmittelbar Vermögensgegenständen zugeordnet, hier als eine weitere Komponente der Anlagenkosten behandelt (kalkulatorische Zinsen und Abschreibungen werden dann in der Anlagenkartei häufig zur Kostenart »*Kapitalkosten*« zusammengefasst),
- oder man weist sie zunächst in der Kostenartenrechnung in einer Summe aus und verteilt sie – als eigenständige Kostenart – von dort aus mit häufig sehr pauschalen Schlüsseln auf Kostenstellen und weiter auf Kostenträger.

Ähnliches gilt für die *Kostensteuern*. Hierunter versteht man solche Steuerarten, die an den Ge- oder Verbrauch von Produktionsfaktoren geknüpft sind. Ertragssteuern beziehen sich demgegenüber auf die Höhe des erzielten Ergebnisses, sind somit kein Element der in der Kostenartenrechnung zu erfassenden Beträge.

Die vier weiteren in der *Abbildung 17-5* ausgewiesenen Kosten»schichten« werden schließlich durchweg nicht unter die Kostenart »Anlagenkosten« subsumiert. Zwar fallen Instandhaltungskosten, Betriebs- und Bedienungskosten sowie anlagenbezogene Versicherungen nur deshalb an, weil eine Anlage installiert wurde und man sie zur Leistungserstellung einsetzt; der Grad der selbständigen Disponierbarkeit dieser Kosten ist aber derart hoch, dass sich eine feste Zuordnung als unzweckmäßig erweist.

2.3.2. Bestimmung der kalkulatorischen Abschreibungen

Im Kapitel 4 dieses Lehrbuchs haben wir uns schon ausführlich mit dem Problemkreis »Abschreibungen« beschäftigt. Im Folgenden wird deshalb nicht mehr auf das grundsätzliche Phänomen der (planmäßigen) Abschreibungen, d. h. die aus der Periodisierung resultierende Notwendigkeit eingegangen, Anschaffungskosten auf die Jahre der Nutzungsdauer aufzuteilen. Vielmehr sollen kostenrechnungsspezifische Aspekte diskutiert und Unterschiede der Abschreibungen in der Kostenrechnung und der handelsrechtlichen Rechnungslegung dargestellt werden. Diese Unterschiede betreffen zunächst die Abschreibungsmethode.

In der externen Rechnungslegung dominiert die *Buchwertabschreibung*, somit eine Form degressiver Abschreibung. Sie entspricht sowohl dem grundsätzlichen Verlauf des potenziellen Verkaufserlöses der gebrauchten Anlagen, als sie auch steuerliche Vorteile aufweist. In der Kostenrechnung sind degressive Abschreibungsverläufe allerdings unüblich. Sie widersprechen dem der Kostenrechnung häufig innewohnenden Bestreben, Kosten »gerecht« aufzuteilen: Was kann das erste Jahr der Nutzung einer Anlage dafür, dass es gerade das erste ist? Die Anlage wurde nicht für ein Jahr, sondern für ihre gesamte Nutzungsdauer bereitgestellt; die Anschaffungskosten müssen – so die Argumentation – damit gleichmäßig auf die einzelnen Jahre der Nutzung bzw. – bei leistungsabhängiger Abschreibung – auf die einzelnen Nutzungsquanten (z.B. Maschinenstunden) aufgeteilt werden. Die lineare Abschreibung ist die Standard-Abschreibungsmethode der Kostenrechnung. Nicht durchgesetzt hat sich die kostenrechnerische Begründung für einen degressiven Abschreibungsverlauf, die auf die Entwicklung der Instandhaltungskosten verweist: Typischerweise nehmen die Instandhaltungskosten mit dem Alter einer Anlage (deutlich) zu. Degressive Abschreibungen und progressive Instandhaltungskosten zusammen führten wiederum zu einer weitgehend konstanten Kostensumme, einer Gleichbelastung der einzelnen Perioden.

Darüber, welche der beiden »Normalisierungssichten« nun die richtige ist, kann man trefflich, letztlich aber ohne Erfolg streiten: Es gibt keinen allgemeingültigen, richtigen Weg, die Anschaffungskosten auf die einzelnen Jahre der Nutzung aufzuteilen.

Plädoyer für Wiederbeschaffungswerte als Abschreibungsbasis

Ausgangsdaten des Beispiels

Berücksichtigung von Steuern

Neben der Abschreibungsmethode können sich bilanzielle und kalkulatorische Abschreibungen auch in der Abschreibungssumme unterscheiden. Während für die externe Rechnungslegung die Anschaffungswerte obligatorisch sind, wird für die Kostenrechnung häufig die Verwendung von *Wiederbeschaffungswerten* vorgeschlagen. Die Begründung ähnelt derjenigen, die wir schon bei der Bewertung von Materialverbräuchen kennen gelernt haben: Es nützt einem Unternehmen wenig, wenn es durch die Abschreibungen die historischen Anschaffungswerte vom Markt entgolten bekommt, da zum Zeitpunkt der Ersatzbeschaffung der Anlage ein aufgrund von Inflation zumeist (deutlich) höheres Preisniveau besteht. Eine Ersatzbeschaffung ist in diesem Fall nur dann möglich, wenn das Unternehmen über das in Form der Abschreibungsgegenwerte zurückgeflossene Kapital hinaus zusätzliches Geld investiert; die Substanz kann im Falle anschaffungswertbezogener Abschreibungen ohne zusätzliche Kapitalzuführung nicht erhalten werden. Erst eine Abschreibung des zum Zeitpunkt der Ersatzbeschaffung vermutlich zutreffenden Anlagenpreises (Wiederbeschaffungskosten) ermöglicht *Substanzerhaltung*.

Die Motivation einer solcher Sichtweise wollen wir uns im Folgenden an einem Beispiel klarmachen (vgl. die *Abbildung 17-7*). Betrachtet wird eine Anlage, die zu einem Preis von 100.000 Euro eingekauft wird und dem Unternehmen (voraussichtlich) zehn Jahre zur Nutzung zur Verfügung steht. Die Anlage wird – so die Unterstellung – voll durch einen hierzu aufgenommenen Kredit (Zinssatz: 8%) finanziert. Der Kredit wird am Ende der Nutzungsdauer zurückgezahlt; Zinsen fallen jährlich an. Es wird weiterhin eine jährliche Preissteigerungsrate auf dem relevanten Anlagenmarkt von 2,5% über die nächsten 10 Jahre angenommen. Neben den Abschreibungen setzt das Unternehmen kalkulatorische Zinsen nach der Ihnen mittlerweile bekannten Formel (Anschaffungswert/2 x Zinssatz) an. Da die über den Verkauf der Produkte zurückfließenden Beträge – das Unternehmen verdient also zumindest die kalkulierten Kosten – dazu verwendet werden, anderweitiges Fremdkapital zurückzuzahlen, lautet die Höhe des Zinssatzes wiederum 8%.

Setzt das Unternehmen anschaffungswertbezogene Abschreibungen an, so ergeben die soeben aufgeführten Prämissen des Beispiels die ersten vier Zeilen des Teiles 1 der *Abbildung 17-7*. Um die darauf folgenden fünf Zeilen zu verstehen, muss man zunächst bedenken, dass das Unternehmen nicht im »luftleeren Raum« agiert, seine wirtschaftlichen Aktivitäten vielmehr u.a. auch steuerliche Konsequenzen besitzen. Auf diese wird bei der Diskussion von Abschreibungen in der Kostenrechnung zumeist nicht Bezug genommen; wir werden jedoch insbesondere bei den wiederbeschaffungswertbezogenen Abschreibungen sehr deutlich sehen, wie wichtig die Einbeziehung steuerlicher Aspekte ist.

Diese steuerlichen Wirkungen greifen schon im ersten Jahr der Anlagennutzung. In diesem müssen für den Kredit 8.000 Euro Zinsen gezahlt werden, denen aber nur 4.000 Euro am Markt erlöste kalkulatorische Zinsen gegenüberstehen. Die Differenz von 4.000 Euro mindert den steuerpflichtigen Gewinn des Unternehmens, führt somit bei einem Satz ertragsabhängiger Steuern von angenommen 60% zu einer Steuerersparnis von

2.400 Euro (Zeile 7). Hierdurch reduziert sich die Zinsdifferenz auf 1.600 Euro (Zeile 8). Damit liegen am Jahresende konkret 10.000 Euro ./. 8.000 Euro + 4.000 Euro + 2.400 Euro = 8.400 Euro »reinvestitionsbereit« in der Kasse des Unternehmens (Zeile 9). Dieses Geld – wie als Prämisse angenommen – zur Rückzahlung anderen Fremdkapitals verwendet, erbringt somit im zweiten Jahr der Nutzungsdauer einen Zins»gewinn« (vermiedene Fremdkapitalzinsen) von 8.400 Euro x 8% = 672,00 Euro (Zeile 5 der nächsten Spalte). Dieser Zinsgewinn muss wiederum versteuert werden bzw. vermindert die zu Steuerersparnissen führende Differenz zwischen Fremdkapitalzinsen und kalkulatorischen Zinsen. Die -3.328 Euro der Zeile 6 ergeben sich damit aus 4.000 Euro ./. 8.000 Euro + 672 Euro.

Nach dem gleichen »Strickmuster« wie im ersten Jahr der Nutzung ergeben sich die 17.068,80 Euro im zweiten Jahr als 8.400 Euro + 10.000 Euro ./. 8.000 Euro + 4.000 Euro + 672 Euro + (8.000 Euro ./. 4.000 Euro ./. 672 Euro) x 60%. Verfolgt man die Spalten weiter, so erkennt man, dass (erst) im siebten Jahr der Nutzung der Zinssaldo positiv wird, die Verzinsung des reinvestitionsfähigen Kapitalrückflusses ausreicht, die 4.000 Eu-

Abb. 17-7: Beispiel zur Veranschaulichung der Erfolgswirkungen unterschiedlicher Abschreibungsverfahren

Teil 1: Anschaffungswertbezogene Abschreibungen

Perioden	1	2	3	4	5	6	7	8	9	10
1 Abschreibungsbetrag	10.000	10.000	10.000	10.000	10.000	10.000	10.000	10.000	10.000	10.000
2 Kumulierte Abschreibungen	10.000	20.000	30.000	40.000	50.000	60.000	70.000	80.000	90.000	100.000
3 Kalkulatorische Zinsen	4.000	4.000	4.000	4.000	4.000	4.000	4.000	4.000	4.000	4.000
4 Finanzierungskosten	8.000	8.000	8.000	8.000	8.000	8.000	8.000	8.000	8.000	8.000
5 Verzinsung reinvestitionsfähiger Betrag	0	672	1.366	2.081	2.820	3.582	4.369	5.180	6.018	6.883
6 Zinsdifferenz (Zeilen 3 - 4 - 5)	-4.000	-3.328	-2.634	-1.919	-1.180	-418	369	1.180	2.018	2.883
7 Steuerkorrektur (Zeile 6 • 60%)	2.400	1.997	1.580	1.151	708	251	-222	-708	-1.211	-1.730
8 Steuerkorrigierte Zinsdifferenz	-1.600	-1.331	-1.054	-768	-472	-167	147	472	807	1.153
9 Reinvestitionsfähiger Betrag	8.400	17.069	26.015	35.247	44.775	54.608	64.755	75.228	86.035	97.188

Teil 2: Wiederbeschaffungswertbezogene Abschreibungen

	1	2	3	4	5	6	7	8	9	10
1 Abschreibungsbetrag	12.801	12.801	12.801	12.801	12.801	12.801	12.801	12.801	12.801	12.801
2 Kumulierte Abschreibungen	12.801	25.602	38.403	51.203	64.004	76.805	89.606	102.407	115.208	128.008
3 Kalkulatorische Zinsen	4.000	4.000	4.000	4.000	4.000	4.000	4.000	4.000	4.000	4.000
4 Finanzierungskosten	8.000	8.000	8.000	8.000	8.000	8.000	8.000	8.000	8.000	8.000
5 Verzinsung reinvestitionsfähiger Betrag	0	762	1.548	2.359	3.196	4.060	4.951	5.871	6.821	7.801
6 Zinsdifferenz	-4.000	-3.238	-2.452	-1.641	-804	60	951	1.871	2.821	3.801
7 Zu versteuernde Abschreibungsdifferenz	2.801	2.801	2.801	2.801	2.801	2.801	2.801	2.801	2.801	2.801
8 Zu versteuernder Saldo	-1.199	-438	348	1.160	1.997	2.861	3.752	4.672	5.622	6.602
9 Steuerkorrigierter Saldo	-480	-175	139	464	799	1.144	1.501	1.869	2.249	2.641
10 Reinvestitionsfähiger Betrag	9.520	19.345	29.485	39.949	50.747	61.892	73.392	85.261	97.510	110.151

Teil 3: Tageswertbezogene Abschreibungen

	1	2	3	4	5	6	7	8	9	10
1 Abschreibungsbetrag	10.000	10.250	10.506	10.769	11.038	11.314	11.597	11.887	12.184	12.489
2 Kumulierte Abschreibungen	10.000	20.250	30.756	41.525	52.563	63.877	75.474	87.361	99.545	112.034
3 Kalkulatorische Zinsen	4.000	4.000	4.000	4.000	4.000	4.000	4.000	4.000	4.000	4.000
4 Finanzierungskosten	8.000	8.000	8.000	8.000	8.000	8.000	8.000	8.000	8.000	8.000
5 Verzinsung reinvestitionsfähiger Betrag	0	672	1.374	2.106	2.870	3.667	4.498	5.365	6.269	7.212
6 Zinsdifferenz	-4.000	-3.328	-2.626	-1.894	-1.130	-333	498	1.365	2.269	3.212
7 Zu versteuernde Abschreibungsdifferenz	0	250	506	769	1.038	1.314	1.597	1.887	2.184	2.489
8 Zu versteuernder Saldo	-4.000	-3.078	-2.120	-1.125	-92	981	2.095	3.252	4.453	5.700
9 Steuerkorrigierter Saldo	-1.600	-1.231	-848	-450	-37	392	838	1.301	1.781	2.280
10 Reinvestitionsfähiger Betrag	8.400	17.169	26.321	35.871	45.834	56.226	67.064	78.365	90.146	102.426

Anschaffungswertbezogene
Abschreibung deckt noch
nicht einmal die Anschaf-
fungswerte – dies liegt am
Berechnungsmodus der
kalkulatorischen Zinsen

Auch eine wiederbeschaf-
fungswertbezogene
Abschreibung reicht nicht
zur Substanzerhaltung

Bei hohen Inflationsraten
sind alle Abschreibungs-
basen weit von Substanz-
erhaltung entfernt

ro Zinsdifferenz auszugleichen. In Summe (vgl. die letzte Spalte des 1. Teil der *Abbildung 17-7*) verbleibt jedoch ein Defizit: Anschaffungswertbezogene Abschreibung in Verbindung mit dem üblichen Ansatz von kalkulatorischen Zinsen führt nicht einmal zur Ansammlung der gesamten Anschaffungskosten zum Ende der Nutzungsdauer. Die verbleibende (geringe) Lücke ist darauf zurückzuführen, dass die vereinfachende Durchschnittsbildung (Anschaffungswert/2) nur unter Vernachlässigung von Zinseszinseffekten den tatsächlichen Kostenverlauf exakt wiedergibt; die beiden Dreiecke der *Abbildung 17-6* sind zwar in der graphischen Darstellung, nicht aber in ihrer realen ökonomischen Konsequenz exakt gleich groß!

Der zweite Teil der *Abbildung 17-7* zeigt die Wirkungen wiederbeschaffungswertbezogener Abschreibungen, also von Abschreibungen, die als Abschreibungssumme den (erwarteten) Wiederbeschaffungswert am Ende der Nutzungsdauer der Anlage verwenden. Der Tabellenteil ist analog zum Teil 1 aufgebaut, verzichtet einerseits auf eine erklärende Zeile und enthält andererseits zwei Zeilen zusätzlich. Nicht mehr explizit angegeben ist der Wert der Steuerkorrektur. Wie sie berechnet wird, sollte nun klar sein. Die beiden zusätzlichen Zeilen (7 und 8) berücksichtigen, dass steuerlich lediglich anschaffungswertbezogene Abschreibungen ansatzfähig sind, die Differenz zwischen wiederbeschaffungswertbezogenen und anschaffungswertbezogenen Abschreibungen somit – analog der Zinsdifferenz, nur hier in der Wirkung genau umgekehrt – versteuert werden muss. Diese Steuerbeträge sorgen dafür, dass der am Ende der Nutzungsdauer zur Verfügung stehende reinvestitionsfähige Betrag mit 110.150,62 Euro den Wiederbeschaffungswert (128.008,45 Euro) deutlich unterschreitet. Wollte man angesichts der Steuerwirkungen dennoch den Wiederbeschaffungswert reinvestitionsbereit ansammeln, so müsste man einen jährlichen Abschreibungsbetrag wählen, der mit ca. 16.500 Euro die bisherige Differenz zwischen wiederbeschaffungs- und anschaffungswertbezogener Abschreibung (2.800 Euro) mehr als verdoppelt (der Betrag ermittelt sich näherungsweise als (Wiederbeschaffungswert/Nutzungsdauer - Anschaffungswert/Nutzungsdauer)/(1-Steuerquote))!

Der dritte Teil der *Abbildung 17-7* zeigt die Situation für den Fall tageswertbezogener Abschreibungen. Bei tageswertbezogener Abschreibung steigt der Abschreibungsbetrag von Jahr zu Jahr mit der Anlagenwertentwicklung (Steigerung des jeweiligen Marktpreises der Anlage). Tageswertbezogene Abschreibungen haben den Vorteil, leicht ermittelt werden zu können, sie liegen im Ergebnis jedoch – zumindest bei der unterstellten Inflationsrate – nicht signifikant höher als die anschaffungswertbezogene Abschreibung.

Die *Abbildung 17-7* unterstellt durchgängig eine Preissteigerungsrate von (nur) 2,5%. Um die Auswirkung unterschiedlich hoher Inflation zu veranschaulichen, stellt die *Abbildung 17-8* die drei Abschreibungs»verfahren« für ein breites Spektrum alternativer Inflationsraten gegenüber. Es zeigt sich u.a., dass bei 10% jährlicher Preissteigerung bei anschaffungswertbezogener Abschreibung nur noch ein gutes Drittel der Wiederbeschaffungskosten angesammelt werden kann gegenüber ca. 2/3 bei wiederbeschaffungswertbezogener Abschreibung. Steigende Inflationsraten führen – so zeigt die

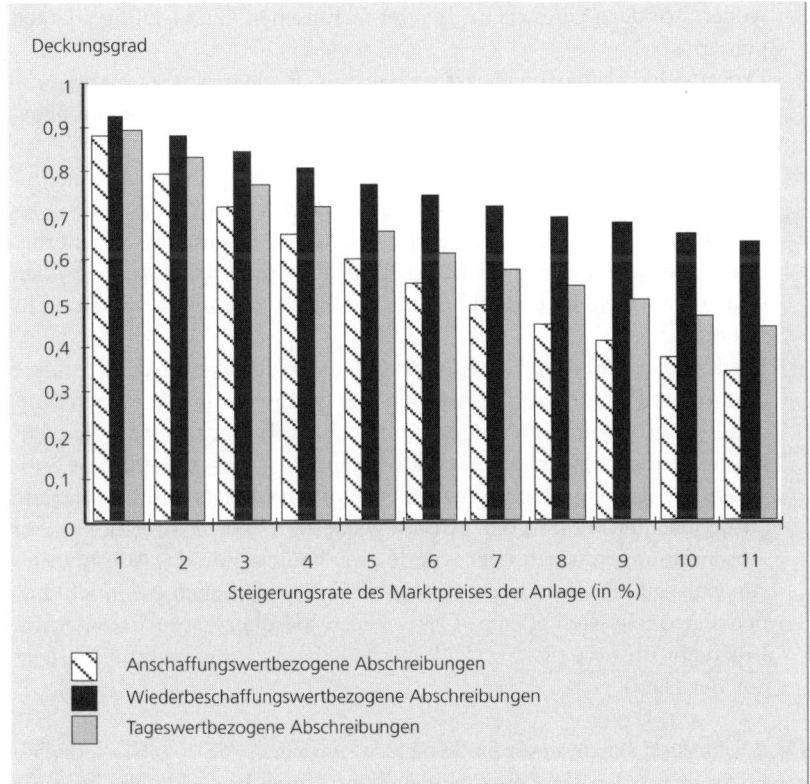

Deckungsgrad

Steigerungsrate des Marktpreises der Anlage (in %)

◪ Anschaffungswertbezogene Abschreibungen
■ Wiederbeschaffungswertbezogene Abschreibungen
▨ Tageswertbezogene Abschreibungen

Abb. 17-8: Deckung der Wiederbeschaffungskosten bei alternativen Preissteigerungsraten der Anlagen

Graphik – zu einer immer weitergehenden »Auszehrung« der Unternehmenssubstanz, und dies aufgrund des Steuereffekts selbst dann, wenn das Unternehmen wiederbeschaffungswertbezogene Abschreibungen ansetzt. Noch deutlich höhere Abschreibungsraten erscheinen angebracht, anschaffungswertbezogene Abschreibungen auf jeden Fall allein in die externe Rechnungslegung verbannt. So weit, so gut, aber wirklich schlüssig?

Bei genauerem Hinsehen weist eine solche Argumentation eine Reihe von »Pferdefüßen« auf. Das Konzept wiederbeschaffungswertbezogener Abschreibungen geht implizit von mehreren, zum Teil nicht ganz unproblematischen Prämissen aus:

- Analog der Argumentation beim Material muss eine jetzt erfolgende (zu kalkulierende) Inanspruchnahme der Anlage zu einer Vorverlegung des Ersatzzeitpunktes, zu einer Verkürzung der Nutzungsdauer führen. Dies unterstellt einen rein nutzungsabhängigen Verschleiß der Anlage. Wie schon bei der Diskussion der Abschreibungen im Rahmen der externen Rechnungslegung im 4. Kapitel ausgeführt (S. 97-105), lässt sich eine solche Annahme in der Realität kaum halten. Nutzungsabhängiger und zeitabhängiger Verschleiß spielen fast immer unauflöslich zusammen.

- Die Anlage ist wiederbeschaffbar. Angesichts der dynamischen technischen Entwicklung gilt diese Prämisse nur selten. Zudem wird man zumeist keine Anlage identischer Leistungsfähigkeit wiederbeschaffen

Prämissen des Konzepts wiederbeschaffungswertbezogener Abschreibungen

wollen, sondern eine solche, die der technischen Entwicklung adäquat gefolgt ist.

- Der Wiederbeschaffungswert ist bekannt. Realiter ist diese Annahme angesichts der mehrjährigen Nutzungsdauer der Anlagen kaum gegeben. Hieraus resultieren erhebliche Schätzprobleme.

- Für die Anlage besteht zum Ersatzbeschaffungszeitpunkt weiterhin (immer noch) ein Bedarf. Wiederbeschaffungskosten als Wertansatz setzen die ökonomische Sinnhaftigkeit der Handlungsalternative »Wiederbeschaffung« voraus. Angesichts ständig kürzerer Produktlebenszyklen und sich wandelnder Produktionstechnologien steht diese Prämisse sehr in Frage.

- Die Kunden sind dazu bereit, (schon) heute in den Preisen der Produkte das höhere Preisniveau der Anlagen von morgen (oder bei langen Nutzungsdauern: von übermorgen) zu bezahlen. Betrachtet man die technische Entwicklung in den letzten Jahrzehnten, so ist eine spürbare Substitution von menschlicher Arbeitskraft durch Anlagenautomatisierung zu beobachten. Durch den Ansatz wiederbeschaffungswertbezogener Abschreibungen bezahlt der Kunde zwar heute schon das Automatisierungsniveau künftiger Jahre, muss gleichzeitig aber auch die (noch) hohen Personalkosten tragen. Dass er sich hierüber kaum freuen wird, Freude nur für die nicht so kalkulierende Konkurrenz aufkommt, liegt auf der Hand.

Die Diskussion sei an dieser Stelle nicht weiter vertieft. Sie sollten lediglich sensibilisiert werden, dass auch eine auf den ersten Blick so nahe liegende und plausible Analogie stets kritisch hinterfragt werden muss. Bei genauerem Hinsehen lassen sich wiederbeschaffungswertbezogene Abschreibungen nur für ganz bestimmte Kontexte, nicht als »die (stets) richtige« Vorgehensweise begründen. Sie üben dennoch einen erheblichen Reiz auf die Praxis aus – böse Zungen behaupten, der Reiz von wiederbeschaffungswertbezogenen Abschreibungen resultiere allein daraus, dass man – wie bei anderen Anders- und insbesondere bei Zusatzkosten auch – auf diesem eleganten Wege Gewinne in Kosten umdefinieren und so einer Diskussion über die (zu hohe) Gewinnhöhe entziehen könne. Allerdings kehrt sich dieses Argument in Zeiten sinkender Wiederbeschaffungspreise um. Solche Marktentwicklungen liegen u. a. bei Technologiebrüchen vor, wie sie etwa

Vielleicht ist ja die Forderung nach wiederbeschaffungswertbezogenen Abschreibungen nur ein eleganter Versuch, Gewinne in Kosten umzudefinieren...

Perioden	1	2	3	4	5	6	7	8
Abschreibungsbetrag	10.000	10.000	10.000	10.000	10.000	10.000	10.000	10.000
Kumulierte Abschreibungen	10.000	20.000	30.000	40.000	50.000	60.000	70.000	80.000
Kalkulatorische Zinsen	4.000	4.000	4.000	4.000	4.000	4.000	4.000	4.000
Finanzierungskosten	8.000	8.000	8.000	8.000	8.000	8.000	8.000	8.000
Verzinsung reinvestitionsfähiger Betrag	0	672	1.366	2.081	2.820	3.582	4.369	5.180
Zinsdifferenz	-4.000	-3.328	-2.634	-1.919	-1.180	-418	369	1.180
Zu versteuernde Abschreibungsdifferenz	0	0	0	0	0	0	0	0
Zu versteuernder Saldo	-4.000	-3.328	-2.634	-1.919	-1.180	-418	369	1.180
Steuerkorrigierter Saldo	-1.600	-1.331	-1.054	-768	-472	-167	147	472
Reinvestitionsfähiger Betrag	8.400	17.069	26.015	35.247	44.775	54.608	64.756	75.228
Wiederbeschaffungskosten	102.500	105.063	107.689	110.381	113.141	115.969	118.869	121.840

im Telekommunikationsbereich (Wechsel analoge/digitale Technologie) zu beobachten waren. Verständlicherweise haben hier die regulierten Unternehmen anders argumentiert...

Das Konzept der wiederbeschaffungswertbezogenen Abschreibungen wird – u.a. wegen der Schätzprobleme – typischerweise nicht in der gezeigten, sondern in einer angenäherten Form realisiert: Zumeist schreiben Unternehmen Anlagen anschaffungswertbezogen ab. Sie verwenden bei der Abschreibungsberechnung steuerlich zulässige (kurze) Abschreibungsdauern, die regelmäßig realiter deutlich überschritten werden. Sie setzen diese Abschreibungsbeträge dann aber über die gesamte tatsächliche (längere) Laufzeit der Anlagen an (sogenannte »Über-Null-Abschreibung«). Den Wettlauf mit den Wiederbeschaffungskosten kann man – wie die *Abbildung 17-9* zeigt – dabei allerdings kaum gewinnen: Schon bei einer Preissteigerungsrate von gerade 2,5% muss die tatsächliche Nutzungsdauer die steuerliche Nutzungsdauer um mehr als 100% übersteigen – d.h. die »normal« auf 10 Jahre abgeschriebene Altanlage muss im Beispiel auch nach über 20 Jahren noch wirtschaftlich einsetzbar sein!

Konzept der »Über-Null-Abschreibung«

3. Erfassung von Erlösen

Die Kostenrechnung rechnet nicht – wie der Name suggeriert – nur mit Kosten; wer Ergebnisse berechnen will, braucht auch positive Erfolgsvariablen. In der externen Rechnungslegung sind dies die Erträge; im internen Rechnungswesen stehen den Kosten die Erlöse gegenüber. Kostenrechnung steht also begrifflich nur pars pro toto. Diese begriffliche Verkürzung spiegelt allerdings auch die geringe Aufmerksamkeit wider, die Erlöse im internen Rechnungswesen generell erfahren.

Aus dem Themenkreis Erlösrechnung sind für ein einführendes Lehrbuch insbesondere drei Fragestellungen relevant:
* Wann sind die Erlöse zu erfassen?
* Wie behandelt man die vielfältigen Abzüge, die die Höhe der Erlöse schmälern?
* Gibt es entsprechend den Kostenarten Erlösarten?

Abb. 17-9: Beispiel einer »Über-Null-Abschreibung«

9	10	11	12	13	14	15	16	17	18	19	20	21
0.000	10.000	10.000	10.000	10.000	10.000	10.000	10.000	10.000	10.000	10.000	10.000	10.000
0.000	100.000	110.000	120.000	130.000	140.000	150.000	160.000	170.000	180.000	190.000	200.000	210.000
4.000	4.000	4.000	4.000	4.000	4.000	4.000	4.000	4.000	4.000	4.000	4.000	4.000
8.000	8.000	8.000	8.000	8.000	8.000	8.000	8.000	8.000	8.000	8.000	8.000	8.000
6.018	6.883	7.775	8.216	8.671	9.140	9.625	10.125	10.641	11.173	11.723	12.290	12.875
2.018	2.883	3.775	4.216	4.671	5.140	5.625	6.125	6.641	7.173	7.723	8.290	8.875
0	0	10.000	10.000	10.000	10.000	10.000	10.000	10.000	10.000	10.000	10.000	10.000
2.018	2.883	13.775	14.216	14.671	15.140	15.625	16.125	16.641	17.173	17.723	18.290	18.875
807	1.153	5.510	5.686	5.868	6.056	6.250	6.450	6.656	6.869	7.089	7.316	7.550
6.035	97.188	102.698	108.385	114.253	120.309	126.559	133.009	139.665	146.534	153.623	160.939	168.490
4.886	128.008	131.209	134.489	137.851	141.297	144.830	148.451	152.162	155.966	159.865	163.862	167.958

3.1. Zeitpunkt der Erfassung der Erlöse

Die erste im Rahmen der Erlöserfassung zu beantwortende Frage ist die nach dem Erfassungszeitpunkt. In der externen Rechnungslegung hat man sich auf zwei unterschiedliche Zeitpunkte geeinigt:

- Werden Leistungen an Dritte verkauft, gelten Erträge zum Zeitpunkt der Rechnungsstellung als realisiert. Für die Wahl dieses Zeitpunkts sind letztlich Risikoaspekte maßgebend: Von allen einem Geschäft anhaftenden Risiken (vom Beschaffungs- über das Produktions- bis hin zum Absatzrisiko) liegt bei Rechnungsstellung lediglich noch das Zahlungsausfallrisiko vor, das als tolerabel bzw. beherrschbar angesehen wird. Frühere Zeitpunkte (»schwebende Geschäfte«) sind dem Gesetzgeber dagegen zu unsicher.

> **Zwei Zeitpunkte sind für die Erfassung in der Finanzbuchhaltung relevant**

- Werden (Sach-)Leistungen auf Lager produziert, dürfen zum Zeitpunkt des Lagerzugangs Erträge in Höhe der Herstellungskosten angesetzt werden. Der Gesetzgeber geht hierbei davon aus, dass sich diese Kosten beim Verkauf der Produkte auf jeden Fall am Markt erzielen lassen werden. Bestehen an dieser Prämisse begründete Zweifel, so muss ein niedrigerer Wertansatz gewählt werden.

Wenn Risikogesichtspunkte für die Festlegung des Realisationszeitpunkts in der externen Rechnungslegung bestimmend sind, muss man sich fragen, ob diese Sichtweise auch für die Kosten- und Erlösrechnung zutrifft bzw. ob man dieselben Zeitpunkte wählen muss. Hierauf sind sehr unterschiedliche Antworten möglich. Diese im Detail zu diskutieren, würde den Rahmen einer Einführung in die interne Rechnungslegung bei Weitem überschreiten. Zwei Aussagen lassen sich jedoch festhalten:

- Abweichungen von diesem Procedere sind sowohl möglich als auch sinnvoll. So muss man beispielsweise nicht dem Verbot, schwebende Geschäfte zu bilanzieren, folgen. Man kann den erwarteten Erlös eines Geschäfts – ganz oder teilweise – schon zum Zeitpunkt des Geschäftsabschlusses ausweisen, zumindest aber dann, wenn die wesentlichen Leistungen des Unternehmens erbracht sind (Fertigstellung des abzusetzenden Produkts). Wie wir gesehen haben, sehen die internationalen Rechnungslegungsbestimmungen – im Gegensatz zum HGB – ein solches Vorgehen ohnehin vor.

> **Abweichungen vom Vorgehen der externen Rechnungslegung?**

- Die Frage, wann Erlöse realisiert sind, wurde in der einschlägigen Literatur bislang kaum explizit behandelt. Implizit schließt man sich durchweg (in Theorie und Praxis) der Auffassung der externen Rechnungslegung an.

3.2. Erlösschmälerungen

Die für eine bestimmte Absatzleistung erzielbaren Erlöse sind häufig nicht einfach zu ermitteln, da der auf der Rechnung ausgewiesene Verkaufspreis durch eine Vielzahl von – mehr oder weniger bedeutsamen – Erlösschmälerungen gemindert wird.

Die erfassungschronologisch erste Erlösschmälerungsart sind *Rabatte*. Hierzu zählen z.B. Mengenrabatte, Kundenrabatte oder Aktionsrabatte. Rabatte werden nicht im Rechnungswesen erfasst, da sie »noch auf der Rechnung« von den Basispreisen abgesetzt werden und somit direkt zu einem verringerten Rechnungsbetrag führen. Ihnen kommt immer mehr der Charakter eines Werbeinstruments zu: Für die Höhe des (tatsächlich) erzielten Erlöses ist es irrelevant, ob ein Preis von 200 Euro bei einem Rabatt von 50% oder ein Preis von 100 Euro ohne Rabatt verlangt wird. Für den Kunden mag aber der hohe Rabatt den Anschein eines besonders vorteilhaften Geschäfts vermitteln. Darüber hinaus lassen sich Rabatthöhen schneller und flexibler verändern als Basispreise, die z.B. in festen, für einen längeren Zeitraum geltenden Preislisten aufgeführt sind.

Die nächste Erlösschmälerungsart, die *Skonti*, fallen erst einige Tage nach Rechnungsstellung an. Skonti wurden im Rechnungswesen lange Zeit als Entgelt für ein vom Warengeschäft losgelöstes Kreditgeschäft angesehen und damit als neutrale Aufwendungen bzw. Erträge behandelt. Eine solche Sichtweise ist allerdings nicht haltbar. Dies kann man schon daran ersehen, dass der »Zinssatz« für einen Skonto»kredit« im Vergleich zu sonstigen Fremdkapitalzinssätzen völlig »aus dem Rahmen fällt« (z.B. ergeben 2% Skonto bei Zahlung innerhalb von 7 Tagen über 180% per annum!). Skonto ist vom zugrunde liegenden Warengeschäft nicht zu trennen. Deshalb sind Kundenskonti Erlösschmälerungen, Lieferantenskonti Anschaffungspreisminderungen.

Das zeitliche Auseinanderfallen zwischen Rechnungsstellung und Skontoanfall bereitet nicht unerhebliche erfassungstechnische Probleme. Bei jedem Zahlungseingang muss prinzipiell – falls Skonto in Anspruch genommen wurde – eine Korrektur des zunächst verbuchten Rechnungsbetrages erfolgen, und dies nicht pauschal – gegen ein Sammelkonto – sondern rechnungsspezifisch. Aus diesem Grund gehen viele Unternehmen den vereinfachenden Näherungsweg, aus Erfahrungen Standardsätze für Skonti anzusetzen, bei der Zahlungsbedingung »2% innerhalb von 7 Tagen« z.B. 1,5%, weil typischerweise ein Viertel der Kundschaft diese Zahlungsfrist verstreichen lässt. Um diese Standardsätze wird dann – für die interne Rechnungslegung – jeder Rechnungsbetrag schon zum Zeitpunkt der Rechnungsstellung automatisch verkürzt. Eine einzelrechnungsbezogene Skontoerfassung kann dann unterbleiben. Für kundenbezogene Erfolgsanalysen ist ein solches Vorgehen allerdings – wie leicht nachzuvollziehen – nicht unproblematisch.

Noch größere Erfassungsprobleme treten bei den *Boni* auf, die als eine Form von nachträglichen Rabatten zumeist auf sämtliche Umsätze eines Jahres (bzw. einer Abrechnungsperiode) bezogen gewährt werden. Da sich die Gesamtumsätze aus einer Vielzahl von Einzelrechnungen zusammensetzen, bedeutete eine exakte rechnungsbezogene Zuordnung der Bonusbeträge einen untragbar hohen Erfassungsaufwand. Im Falle planbarer Boni – d.h. das Unternehmen kann aufgrund seiner Absatzplanung davon ausgehen, dass bestimmte Kunden in den Genuss eines solchen Rabatts kommen – wird man deshalb im internen Rechnungswesen wiederum mit Standardsätzen arbeiten, die Boni gleich vom Rechnungsbetrag absetzen.

Um eine weitere, allerdings vergleichsweise selten auftretende Form von Erlösschmälerungen handelt es sich schließlich bei den *Konventionalstrafen*. Konventionalstrafen sind gemäß den §§ 339 ff. BGB Geldsummen, deren Zahlung der Schuldner dem Gläubiger für den Fall verspricht, dass er seine vertraglichen Verbindlichkeiten nicht oder nicht in gehöriger Weise erfüllt. Häufig wird mit Konventionalstrafen die Einhaltung von Fertigstellungsterminen für Bauprojekte abgesichert. Oftmals ist das bestellende Unternehmen bei derartigen Überschreitungen nicht mehr verpflichtet, die bestellte Leistung abzunehmen. Es kann somit letztlich der Fall eintreten, dass keine Erlöse erzielt werden, dennoch aber Konventionalstrafen zu zahlen sind. Dann werden die Erlösschmälerungen zu »*negativen Erlösen*« (vgl. zu dieser Begriffsprägung *Männel* 1983, S. 65).

Eine kurze Zusammenfassung der zu der Erlöserfassung getroffenen Aussagen gibt die *Abbildung 17-10*.

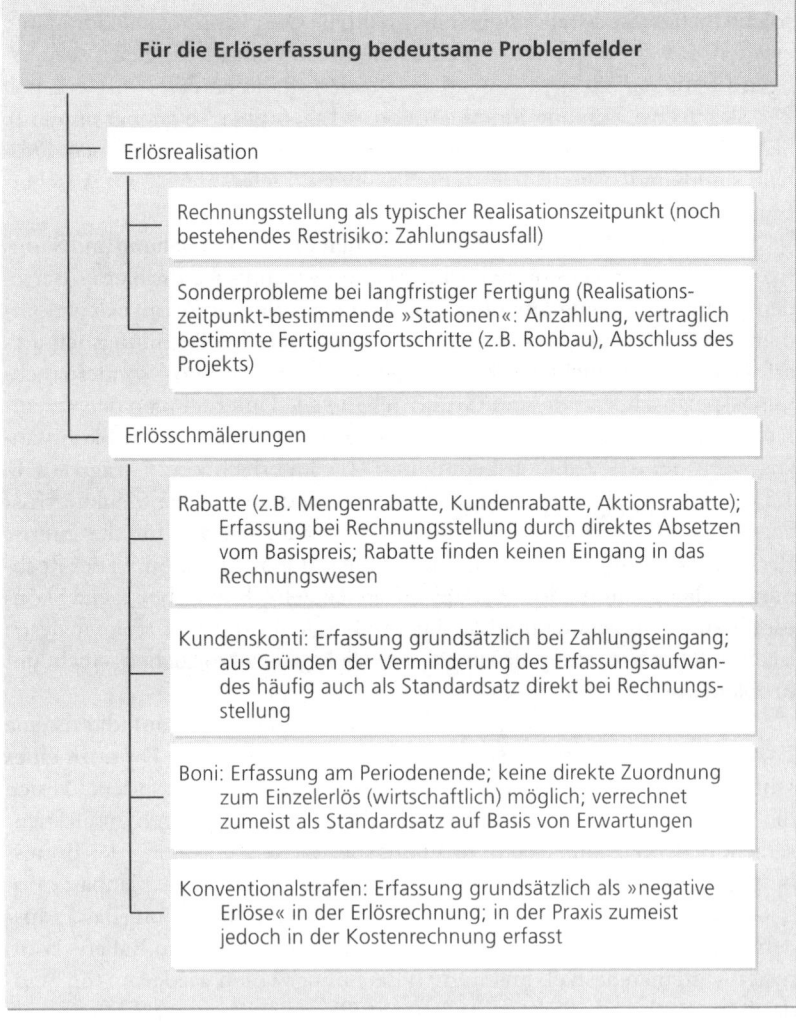

Für die Erlöserfassung bedeutsame Problemfelder

Erlösrealisation

Rechnungsstellung als typischer Realisationszeitpunkt (noch bestehendes Restrisiko: Zahlungsausfall)

Sonderprobleme bei langfristiger Fertigung (Realisationszeitpunkt-bestimmende »Stationen«: Anzahlung, vertraglich bestimmte Fertigungsfortschritte (z.B. Rohbau), Abschluss des Projekts)

Erlösschmälerungen

Rabatte (z.B. Mengenrabatte, Kundenrabatte, Aktionsrabatte); Erfassung bei Rechnungsstellung durch direktes Absetzen vom Basispreis; Rabatte finden keinen Eingang in das Rechnungswesen

Kundenskonti: Erfassung grundsätzlich bei Zahlungseingang; aus Gründen der Verminderung des Erfassungsaufwandes häufig auch als Standardsatz direkt bei Rechnungsstellung

Boni: Erfassung am Periodenende; keine direkte Zuordnung zum Einzelerlös (wirtschaftlich) möglich; verrechnet zumeist als Standardsatz auf Basis von Erwartungen

Konventionalstrafen: Erfassung grundsätzlich als »negative Erlöse« in der Erlösrechnung; in der Praxis zumeist jedoch in der Kostenrechnung erfasst

Abb. 17-10: Erfassung von Erlösen

3.3. Erlösarten

Dieses Kapitel begann mit der Diskussion der Frage »Was sind Kostenarten?«. Es soll mit der analogen Fragestellung »Was sind Erlösarten?« abschließen. Deren Beantwortung kann allerdings ungleich kürzer ausfallen. Eine allgemeine, »standardmäßige« Gliederung der Erlösarten gibt es nicht. Zu unterschiedlich sind die zugrunde liegenden Leistungen. Allenfalls könnte man zwischen »Sachleistungserlösen« und »Dienstleistungserlösen« unterscheiden. Die Gliederung der Erlösarten wird in jedem Unternehmen unterschiedlich durch das Produktions- und Absatzprogramm geprägt.

Erlösarten oder Erlösträger?

Allerdings könnte diese kurze Antwort auch noch kürzer – und völlig divergent – ausfallen. Folgt man der soeben gegebenen Interpretation des Begriffs »Erlösart«, so muss man feststellen, dass er sich kaum vom Begriff des Kostenträgers unterscheidet. Eine analoge Begriffsbildung legte deshalb durchaus nahe, statt von Erlösarten hier von Erlösträgern zu sprechen. Denkt man diesen Gedanken zu Ende, bleibt für einen gesonderten Erlösartenbegriff kaum Platz – aber wir wollen uns hier in einem einführenden Lehrbuch nicht in tiefschürfender Begriffsbildung verlieren!

4. Zusammenfassung

Die Erfassung des Rechnungsstoffs (Kosten und Erlöse) ist eine wenig attraktive, jedoch überaus bedeutsame Aufgabe der internen Rechnungslegung. Was nicht an Daten erfasst ist, steht nicht für Auswertungsrechnungen zur Verfügung. Die Datenerfassung ist stets der »Flaschenhals« des Rechnungswesens. Die Kosten der Kostenrechnung werden von diesem maßgeblich bestimmt. Aus diesem Grund stützt sich die Kostenrechnung so weit wie möglich auf ohnehin schon im Unternehmen vorhandene Daten, insbesondere auf die Teilsysteme der externen Rechnungslegung. Moderne kaufmännische Software beschränkt schon von ihrem grundsätzlichen Aufbau her die Differenzen zwischen beiden Rechnungszweigen auf ein Minimum (Grundsatz der Einmalerfassung von Daten).

Die Kostenartenrechnung speist sich wesentlich aus der Finanzbuchhaltung

Abweichungen zwischen Daten der Finanzbuchhaltung und der Kostenartenrechnung (Betriebsbuchhaltung) betreffen neben dem Differenzierungsgrad primär den Wertansatz (Anderskosten). Umbewertungen werden jedoch nicht nur laufend (z.B. wiederbeschaffungs- statt anschaffungswertbezogene Abschreibungen), sondern auch fallweise vorgenommen (wie etwa bei der Bestimmung von Kosten von Lagerbeständen in Entscheidungsrechnungen).

Die *Abbildung 17-11* fasst die Aussagen zur Erfassung des Rechnungsstoffs der Kosten- und Erlösrechnung stichwortartig zusammen.

Kosten- und Erlösarten

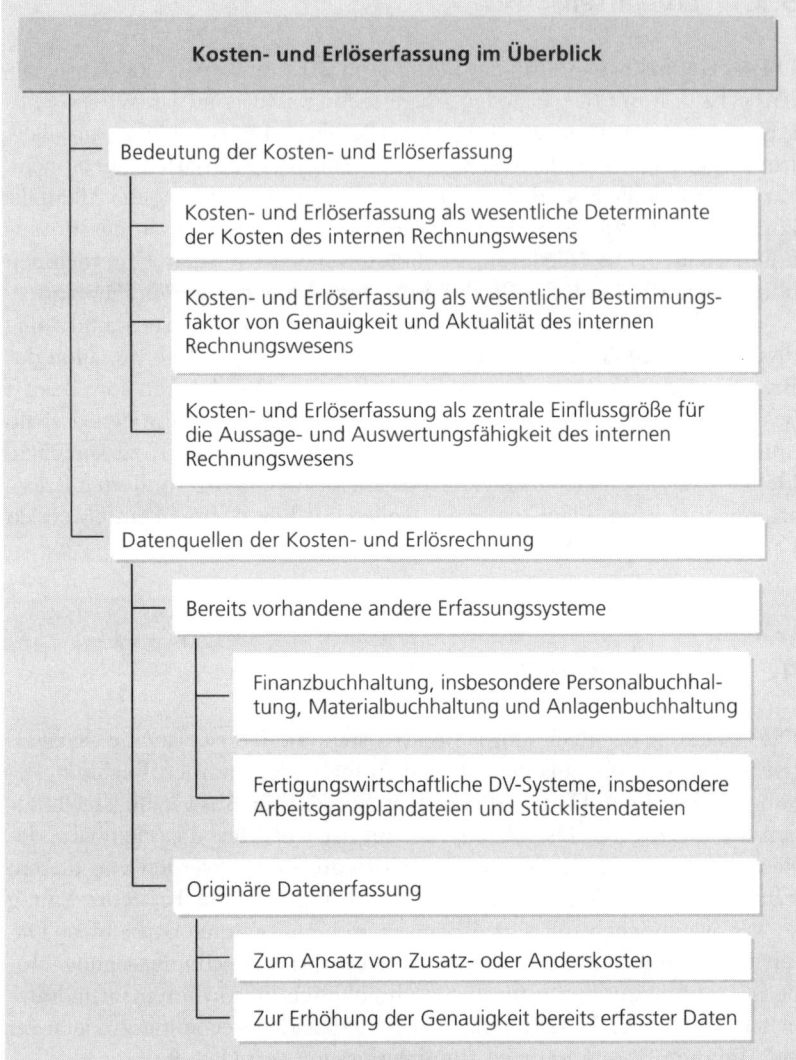

Abb. 17-11: Zusammenfassende Kennzeichnung der Erfassung des Rechnungsstoffs der internen Rechnungslegung

Kostenstellenbezogene Kosten-
planung und -kontrolle

Kapitel 18

Lernziel

An die im vorangegangenen Kapitel dargestellte Kostenartenrechnung
schließt sich die Kostenstellenrechnung an. Diese erfüllt unterschiedliche
Rechnungszwecke. Von diesen wollen wir im Folgenden einen zentralen Bereich herausgreifen, den kostenstellenbezogenen Planungs- und Kontroll-
aspekt – der Verrechnungsaspekt folgt im anschließenden Kapitel. Im Einzelnen werden Sie kennen lernen

- welche Bedeutung der kostenstellenbezogenen Kostenplanung und
  Kostenkontrolle zukommt,
- welche spezifischen Instrumente die Kostenrechnung für diesen Kontext entwickelt hat,
- was man unter »Kostenauflösung« bzw. »Kostenspaltung« zu verstehen
  hat und warum diese eine unabdingbare Voraussetzung für eine adä-
  quate Kostenplanung und Kostenkontrolle darstellt,
- wie sich die »Starre Plankostenrechnung«, die »Flexible Plankostenrechnung« und die »Grenzplankostenrechnung« voneinander unterscheiden und
- welche kostenbasierten Entscheidungsrechnungen man kennen muss,
  um innerhalb eines vorgegebenen Kostenplans optimal zu wirtschaften.

1. Bedeutung und Elemente einer kostenstellenbezogenen Kostenplanung und -kontrolle
   1.1. Periodenbezogene Kostenplanung und -kontrolle
   1.2. Maßnahmenbezogene Kostenplanung und -kontrolle

2. Kostenauflösung als Voraussetzung einer effektiven Kostenplanung
   und -kontrolle
   2.1. Motivation zur Auflösung von Kosten
   2.2. Kostenauflösungsverfahren

3. Kostenplanung und -kontrolle in unterschiedlichen Plankosten-
   rechnungssystemen
   3.1. Starre Plankostenrechnung
   3.2. Flexible Plankostenrechnung
   3.3. Grenzplankostenrechnung
   3.4. Zusammenfassung

4. Fundierung und Kontrolle kurzfristiger Anpassungsentscheidungen

5. Zusammenfassung

1. Bedeutung und Elemente einer kostenstellenbezogenen Kostenplanung und -kontrolle

1.1. Periodenbezogene Kostenplanung und -kontrolle

Schon in den zwanziger Jahren des letzten Jahrhunderts wurde von den Unternehmen immer stärker die Notwendigkeit erkannt, die Zukunft aktiv zu planen, sie nicht allein reaktiv hinzunehmen. Modelle zur Unternehmensgesamtplanung wurden entwickelt, die die unterschiedlichen Teilpläne systematisch miteinander verknüpften. Von diesen interessieren uns im Folgenden nur die so genannten »formalzielbezogenen« Elemente, also die Planungen, welche monetäre Größen, speziell Erfolgsvariablen (Kosten und Erlöse) zum Inhalt haben.

Formalzielplanungen sind auf monetäre Größen gerichtet

Um den Erfolg eines Unternehmens insgesamt exakt zu planen, müssen Kosten für jeden einzelnen Verantwortungsbereich – also kostenstellenbezogen – geplant werden. Liegen diese valide geplant vor, ist es wiederum nur ein kleiner Schritt, sie als einzuhaltende Budgetwerte zu verwenden, und damit jeden einzelnen Kostenstellenleiter auf die sich im Gesamtplan ausdrückenden Unternehmensziele hin auszurichten. Die Planung wird zur *Budgetierung*. Diese schließlich erfordert zwangsläufig eine periodische Kontrolle der Planerfüllung. Budgetierung ohne Kontrolle ist schnell wirkungslos. Erst Kontrollen verhindern »motivationsbedingte« Plan-Ist-Abweichungen – etwa, weil ein Kostenstellenleiter die Ziele nicht so ernst nimmt – und liefern durch Analysen (trotzdem) aufgetretener Abweichungen wertvolle neue Erkenntnisse. Kontrollen sind zwar zumeist nicht gerade beliebt, aber aufgrund der beiden genannten Aspekte überaus wirkungsvoll (wen der Themenkreis Kontrolle näher interessiert, sei auf *Schäffer* 2002 verwiesen).

Kontrollen sind aus mehreren Gründen heraus sehr wichtig

Umgekehrt sind Kontrollen ohne vorherige valide Planungen wenig fruchtbar: Wenn man einem Kostenstellenleiter dieses Jahr unreflektiert das um die Preissteigerungsrate erhöhte Budget des letzten Jahres vorgibt, kann man zwar am Jahresende die Einhaltung der Budgetwerte überprüfen; diese Kontrolle sagt aber nichts darüber aus, ob der Kostenanfall überhaupt sinnvoll war. Es kann leicht sein, dass man – um ein berühmtes Zitat von Schmalenbach, einem der »Urväter« der deutschen Betriebswirtschaftslehre, zu gebrauchen – »Schlendrian mit Schlendrian« vergleicht. Tragfähige Aussagen erhält man dann, wenn man vorab analytisch, mit Hilfe arbeitswissenschaftlicher und ingenieurwissenschaftlicher Methoden einen Vergleichsmaßstab erarbeitet hat, der ein hohes, jedoch im betrieblichen Alltag durchaus erreichbares Maß an Effizienz und Effektivität verkörpert.

Heute finden Sie kein größeres Unternehmen in Deutschland mehr, in dem die kostenstellenbezogene Kostenplanung und Kostenkontrolle nicht eine längere Tradition aufweist. In komplexen, lange vor dem Beginn der Planungsperiode einsetzenden Budgetierungsprozessen werden – ausgehend von den erwarteten Absatzmengen –

• die von den einzelnen Kostenstellen zu erbringenden (innerbetrieb-

lichen oder absatzbestimmten) Leistungen bestimmt,
- für diese anschließend die anzuwendenden Produktionsprozesse geplant,
- für diese die erforderlichen Produktionsfaktormengen ermittelt und schließlich
- die daraus resultierenden Kosten berechnet.

An diese Kostensumme ist der Kostenstellenleiter für die Planungsperiode (zumeist ein Jahr, zuweilen auch kürzer) fest gebunden. Er darf sie nur in begründeten Ausnahmefällen überschreiten und muss auftretende Abweichungen verantworten. Dies heißt – wie wir noch sehen werden – nicht, dass er für jede von ihm zunächst zu verantwortende Abweichung auch tatsächlich verantwortlich ist. Er ist allerdings stets gefordert, den Nachweis seiner »Unschuld« zu führen. Für diese Fragestellung wurde das Instrument der *Abweichungsanalyse* gestaltet, das am Periodenende die geplanten und die realisierten Kosten einander gegenüberstellt, Abweichungen ermittelt und durch eine bestimmte Verfahrensmethodik analysiert, warum die Abweichungen aufgetreten sind und wer für diese Ursachen verantwortlich ist. Hiermit soll die Abweichungsanalyse nicht die Maßregelung von Verantwortlichen bewirken, sondern Maßnahmen anstoßen, die helfen, die Abweichungen in Zukunft zu vermeiden.

> Kostenstellenbezogene Kostenplanung und Kostenkontrolle ist zum einen ein Instrument zur Durchsetzung der Unternehmensziele bei (bzw. trotz) Dezentralisierung der Entscheidungskompetenz. Zum anderen dient sie als Hilfsmittel zur Erreichung von Wirtschaftlichkeit in den Kostenstellen, indem sie ein systematisches Lernen fördert und fordert.

Noch ein weiterer Zweck kommt hinzu, ein Zweck, den wir im letzten Kapitel schon kurz gestreift haben (bei der Diskussion, ob Wiederbeschaffungskosten ein relevanter Wert zur Bewertung von Güterverbräuchen in der Kostenrechnung sind bzw. sein können): Die Kostenrechnung soll auch als Instrument zur Fundierung und Kontrolle von Entscheidungen dienen. Entscheidungen sind ex definitione in die Zukunft gerichtet. Streng genommen dürfen damit als entscheidungsrelevante Kosten nur zukunftsbezogene Kosten (Plankosten), keine vergangenheitsbezogenen Kosten (Istkosten) angesetzt werden – oder mit anderen Worten: Die Kostenplanung liefert die relevanten Ausgangsinformationen für Plankalkulationen.

1.2. Maßnahmenbezogene Kostenplanung und -kontrolle

Eine periodenbezogene (zumeist auf ein Jahr gerichtete) Planung kann aufgrund der jeder Planung innewohnenden Unsicherheit nur einen mehr oder weniger grob spezifizierten Handlungsrahmen für die Kostenstellenleitungen vorgeben. Innerhalb dieses Rahmens bestehen – zumindest bei konventioneller Produktion – diverse Freiheitsgrade für die Kostenstellenleitung, z.B. die Losgrößen festzulegen, Auftragsreihenfolgen zu bestimmen (welcher Auftrag soll zuerst, welcher zuletzt gefertigt werden – typischer Planungszeitraum in hierfür konzipierten PPS-Systemen (Produktionsplanungs- und -steuerungssystemen) ist eine Woche) oder für bestimmte Arbeitsumfänge über den Bereitstellungsweg (Eigenfertigung oder Fremdbezug) zu entscheiden. Mit anderen Worten: Trotz eines bestehenden Kostenplans sind diverse, täglich anfallende Entscheidungen mit Kosten zu untermauern und nach ihrer Durchführung zu kontrollieren. Kostenplanung und -kontrolle beschränkt sich damit nicht auf Abrechnungsperioden, sondern bezieht sich auch auf Einzelmaßnahmen. Hierzu sind wiederum spezifische, sich vom periodenbezogenen Vorgehen deutlich unterscheidende Instrumente geschaffen worden, auf die wir später noch genauer eingehen werden.

2. Kostenauflösung als Voraussetzung einer effektiven Kostenplanung und -kontrolle

2.1. Motivation zur Auflösung von Kosten und dafür unterstellte Grundannahmen

Den anspruchsvollen Zielen der kostenstellenbezogenen Kostenplanung und -kontrolle entsprechen hohe Anforderungen an die für ihre Durchführung benötigten Plankostenwerte. Diese müssen u.a. in der Lage sein,

- das für die geplante Leistungsmenge optimale (im Sinne von minimal erreichbare) Kostenniveau anzugeben und
- Auskunft zu geben, auf welche Ursachen Kostenabweichungen zurückzuführen sind (Abweichungen der Leistungsmenge, der Faktorpreise oder der Wirtschaftlichkeit der Leistungserstellung – dies sind die drei »klassischen« Abweichungsgründe, mit denen wir uns im Abschnitt 3. dieses Kapitels gleich noch detailliert beschäftigen werden).

Was müssen Plankostenwerte leisten können?

Es ist unmittelbar einsichtig, dass diese Anforderungen nur erfüllt werden können, wenn die Plankosten Ergebnis einer analytischen Durchdringung der Leistungserstellungsprozesse in jeder Kostenstelle sind. Letztlich müssten für alle Teilprozesse Produktionsfunktionen und für alle dafür benötigten Produktionsfaktoren Entgeltfunktionen bestimmt werden, so wie wir dies im 14. Kapitel in den Grundzügen skizziert haben. Aufgrund der Vielfältigkeit der zu analysierenden Leistungserstellungsprozesse wäre damit aber in den meisten Unternehmen ein zu hoher, wirtschaftlich nicht zu rechtfertigender Erfassungs- und Pflegeaufwand verbunden: Es reicht nicht aus, Kosten- und Leistungsabhängigkeiten ein einziges Mal zu ermitteln; da diese sich im Zeitablauf ändern können, muss ihre Gültigkeit vielmehr ständigen Überprüfungen unterzogen werden. Verzichtet man aus Kostengründen hierauf, wird der Informationswert der Kostenrechnung immer schlechter. Aus Vereinfachungsgründen geht man in den Unternehmen einen Näherungsweg, betreibt man Kostenauflösung.

Auch die Pflege der erhobenen Kosten- und Leistungsabhängigkeiten kostet Geld

Kostenstellenbezogene Kostenplanung und -kontrolle

Unter Kostenauflösung versteht man eine Spaltung der zur Leistungserstellung anfallenden Kosten in solche, die sich mit dem Leistungsvolumen in ihrer Höhe verändern, und solche, die von derartigen Veränderungen in ihrer Höhe unbeeinflusst sind.

Eine solche Trennung beinhaltet in zweifacher Hinsicht nicht unbeträchtliche Vereinfachungen: Zum einen fasst man das in einer Kostenstelle produzierte Leistungsprogramm in seinen unterschiedlichen quantitativen und qualitativen Eigenschaften zu einer einheitlichen Maßgröße, der *Beschäftigung* der Kostenstelle, zusammen. Auf ein solches Vorgehen sind wir schon bei der Diskussion der Verrechnungssatzkalkulation im 16. Kapitel gestoßen, etwa in der Gestalt des Maschinenstundensatzes. Auch die damit verbundenen Probleme wurden dort schon offensichtlich. Der Terminus »Beschäftigung« drückt zudem präzise lediglich eine Begriffsintention aus (repräsentative Messung der Inanspruchnahme einer Kostenstelle mit einer Maßgröße); sie lässt im konkreten Anwendungsfall jedoch ein ganzes Spektrum von Ausprägungsmöglichkeiten zu. Zum anderen beschränkt man die Abhängigkeitsbeziehungen zwischen Kosten und Beschäftigung auf (nur) zwei Standardausprägungen: *Variablen* bzw. proportionalen Kosten stehen *fixe* Kosten gegenüber.

Kostenauflösungen sind mit erheblichen Vereinfachungen verbunden

Unter variablen bzw. proportionalen Kosten versteht man dabei Kosten, die Änderungen der Beschäftigung gleichgerichtet folgen, während fixe Kosten von solchen Beschäftigungsänderungen unbeeinflusst bleiben.

Diese definitorische Aussage bedarf allerdings noch in mehrfacher Hinsicht der Differenzierung.

Die Unterteilung in variabel und fix stellt nicht auf Kurzfristzeiträume ab.
Auf lange Sicht sind alle Kosten variabel, auf sehr kurze Sicht alle Kosten fix. Deshalb ist es erforderlich, den für die Kostenauflösung relevanten Betrachtungszeitraum anzugeben. Hierfür wählt man zumeist ein halbes bis ein Jahr: »Es hat sich in der Praxis als richtig und sinnvoll herausgestellt, bei der Gliederung der Kosten nach ihren fixen und proportionalen Bestandteilen von einer Fristigkeit von etwa einem halben Jahr bis zu einem Jahr auszugehen« (*Plaut* 1984, S. 24). Das, was *Plaut* unscharf als »in der Praxis als richtig und sinnvoll« gekennzeichnet hat, können wir an dieser Stelle der Diskussion präziser festmachen: Wenn die Spaltung in variable und fixe Kosten als (vereinfachendes) Instrument der periodenbezogenen Kostenplanung und -kontrolle dient, muss sie auch von einem entsprechenden Betrachtungszeitraum ausgehen.

Die Trennung in variabel und fix entspricht dem Planungszeitraum der operativen Planung

Die Unterteilung in variabel und fix stellt nicht auf infinitesimal kleine Änderungen der Beschäftigung ab.
Es geht der Kostenauflösung nicht darum, feinste Abhängigkeitsbeziehungen wiederzugeben; hierdurch würde sie so differenziert und komplex, dass ihr Grundansatz, die Vereinfachung, nicht mehr erfüllt würde. »Variabel« und »fix« stellt vielmehr auf wesentliche (größere) Beschäftigungsänderun-

gen ab. Kostenspaltung will z.B. Aussagen darüber treffen, wie sich die Kosten bei einer auf einen Beschäftigungsmonat bezogenen 20%igen Beschäftigungsreduzierung verändern.

Variabel wird zumeist auf proportional eingegrenzt.
Wie schon im 14. Kapitel angesprochen, macht man es sich in der Kostenrechnung zumeist leicht, indem man Beschäftigungsabhängigkeit mit Beschäftigungsproportionalität gleichsetzt, also für die variablen Kosten einen linearen Verlauf unterstellt. Dieses ist allerdings mehr als eine allein aus rechentechnischen Gründen heraus vorgenommene Vereinfachung, da eine Vielzahl von Studien die Tragfähigkeit der Annahme belegt hat (vgl. z.B. *Kilger* 1993, S. 150f.).

Man beschränkt sich darauf, alle nicht variablen Kosten als fix anzusetzen.
Alle Kosten, die sich nicht mit der Beschäftigung verändern, sind fix, unveränderbar. Die Nicht-Veränderbarkeit bezieht sich dabei auf denselben Planungshorizont, den wir schon zuvor für die Kostenauflösung generell festgestellt haben: Letztlich ist fix das, was aufgrund leistungswirtschaftlicher Planungen während der Planungsperiode nicht verändert werden kann. Dies bedeutet nicht, dass für sie eine generelle Unbeeinflussbarkeit besteht, nur, dass damit ein anderes Entscheidungsfeld betroffen ist (z.B. die Investitionsplanung). Allerdings – so sei an dieser Stelle angemerkt – wird diese Unterscheidung in der Praxis nicht selten vergessen und die Kategorisierung eines Kostenbetrags als fix führt damit dazu, ihm nur noch verminderte Aufmerksamkeit zu schenken.

Mit der Bildung lediglich zweier Kostenkategorien betreibt man schließlich quasi eine »Schwarz-Weiß-Malerei«. Viele Kostenarten lassen sich bei näherer Betrachtung exakt weder der einen noch der anderen Kategorie zuordnen, sondern sind als »sprungfix« zu kategorisieren. Dies trifft beispielsweise auf die Kosten von Instandhaltungsfachkräften zu, die in einer größeren Instandhaltungswerkstatt beschäftigt sind: Diese Kosten steigen zwar nicht mit jeder zusätzlich nachgefragten Instandhaltungsleistung; dennoch führt eine Beschäftigungsänderung zu Kostenänderungen, da entsprechend der Steigerung bzw. Reduzierung des Instandhaltungsleistungsvolumens Fachkräfte zusätzlich eingestellt werden müssen bzw. freigesetzt werden können. Hieraus resultiert ein treppenförmiger Verlauf der Kostenfunktion, wie ihn die *Abbildung 18-1* für den Fall (a) zeigt.

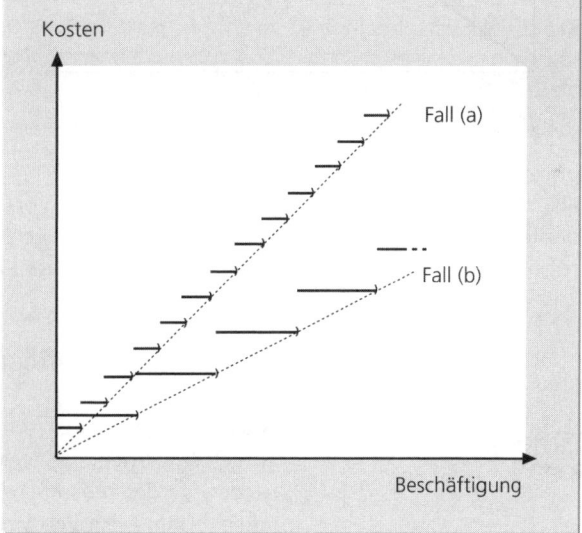

Abb. 18-1: Beispiele für sprungfixe Kostenverläufe

Diese »Treppenstufen« können unterschiedlich groß ausfallen. Der Fall (b) der *Abbildung 18-1* zeigt so im Vergleich den Verlauf der Personalkosten der Instandhaltungsmeister, die jeweils mehrere Handwerker (hier drei) be-

Kostenstellenbezogene Kostenplanung und -kontrolle

aufsichtigen und leiten. Der *Abbildung 18-1* ist schließlich auch zu entnehmen, welchen Abbildungsfehler die Kostenplanung und -erfassung begeht, wenn sie die beiden sprungfixen Kostenverläufe proportionalisiert; im Falle der Handwerker-Personalkosten wird man ihn eher tolerieren, d.h. diese Kosten als variabel einstufen können, als im Falle der Meistergehälter.

> Für die Trennung der Kosten in fixe und variable Elemente nimmt man schließlich auch an, dass die Kosten bei Beschäftigungsausweitung auf Basis derselben funktionalen Beziehung steigen, die ihr Sinken bei Beschäftigungsrückgang bestimmt.

Diese Annahme entspricht zumeist nicht der Realität. Kosten können typischerweise schneller aufgebaut als wieder abgebaut werden. Dieses Phänomen, das die *Abbildung 18-2* schematisch zeigt, bezeichnet man als *Kostenremanenz*. Betroffen sind insbesondere proportionalisierte sprungfixe Kosten. Beschäftigungsrückgänge führen für sie – wie in der *Abbildung 18-1* gezeigt – nur »mit Verzögerung« zu Kostenreduzierungen. Zudem sind die zugrunde liegenden Potenziale (im Beispiel: Mitarbeiter der Instandhaltungswerkstatt) auch nicht automatisch dann abbaubar, wenn ihre Leistung nicht mehr benötigt wird; es bestehen vielmehr vielfältige arbeitsrechtliche, wirtschaftliche, soziale, betriebspolitische, arbeitsorganisatorische und psychologische Abbauhemmnisse bzw. Abbauverzögerungen. Auf diese weist die Kostenspaltung in variable und fixe Elemente nicht hin. Hieraus resultieren Abbildungsfehler und Anwendungsgefahren. Aus diesem Grund wurden von mehreren Seiten Vorschläge unterbreitet, die Fixkosten zusätzlich nach dem Grad ihrer zeitlichen Abbaufähigkeit, nach der »Mindestdauer der Unveränderlichkeit« (*Layer* 1967, S. 195-198) zu differenzieren.

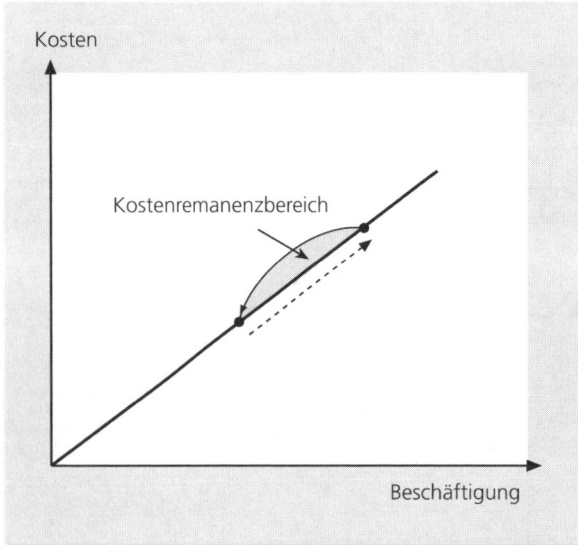

Abb. 18-2: Schematische Darstellung der Kostenremanenz

2.2. Kostenauflösungsverfahren

Nachdem nun klar ist, warum Kosten gespalten bzw. in Kostenkategorien aufgelöst werden, und welche z.T. sehr weitgehenden Prämissen hierfür getroffen werden müssen, wollen wir im Folgenden betrachten, wie diese Kostenspaltung vollzogen werden kann. Hierfür sind insbesondere drei Verfahren entwickelt worden.

2.2.1. Buchtechnische Kostenauflösung

Für die von allen Kostenauflösungsverfahren unpräziseste und zudem unbestimmteste Methode hat sich der Begriff »buchtechnische Kostenauflösung« gebildet:

> »Die »buchtechnische« Kostenauflösung erfolgt in der Form, dass alle verbuchten Kostenbelege von den Kostenrechnern daraufhin überprüft werden, ob die betreffenden Beträge zu den fixen oder variablen Kosten gehören« (*Hummel/Männel* 1983, S. 55).

Nach welchen Kriterien diese Zuordnung erfolgen soll, sagt die einschlägige Literatur nicht. Gleichermaßen finden sich keine Aussagen darüber, über welche Wissensbasis Kostenrechner verfügen müssen, um diese Zuordnungsaufgabe – quasi »am grünen Tisch« – erfüllen zu können. Es steht zu vermuten, dass die Ergebnisse eines solchen Vorgehens pauschal, wenig genau und damit wenig aussagefähig sind. Zudem verleitet ein solches Vorgehen dazu, die Zuordnung der Kosten zu Kostenkategorien kostenartenbezogen einheitlich zu gestalten, d.h. nicht auf die spezifischen Kostenabhängigkeitsbeziehungen in den Kostenstellen abzustellen. Beleuchtungsstrom in der Verwaltung löst dann ebenso variable Kosten aus wie Strom zum Antrieb von Maschinen in der Produktion. Diese undifferenzierte, ebenfalls zu Abbildungsfehlern führende Form der Kostenspaltung trifft man in der Praxis häufiger an. Insbesondere dem Rechnungszweck der Wirtschaftlichkeitskontrolle kann die buchtechnische Kostenauflösung damit typischerweise nur sehr unzureichend genügen.

2.2.2. Mathematisch-statistische Kostenauflösung

Eine weitere Form der Kostenauflösung versucht, die variablen und fixen Bestandteile anhand einer Untersuchung bereits angefallener, historischer Kosten zu ermitteln. Im einfachsten Fall (sogenannter *»proportionaler Satz«* von *Schmalenbach*) reichen hierzu zwei Gesamtkostenbeträge aus, die bei unterschiedlichen Beschäftigungsgraden angefallen sind: Die Kostenfunktion »ergibt sich« in Form der durch beide Punkte verlaufenden Geraden, eine graphisch nur ein Lineal erfordernde Lösung. Algebraisch muss man im ersten Schritt die Kostendifferenz durch die Beschäftigungsdifferenz dividieren, um die variablen Kosten pro Beschäftigungseinheit zu erhalten. Diese multipliziert mit der Beschäftigung und von den Gesamtkosten abgezogen, ergibt im zweiten Schritt die Fixkosten.

Wie unmittelbar einsehbar, eröffnet eine derartige Beschränkung auf zwei Messpunkte Zufälligkeiten und Ungenauigkeiten Tür und Tor. Deshalb bezieht man zumeist eine Vielzahl von Kosten-/Beschäftigungswerten in die Analyse ein und wertet sie mit bekannten mathematisch-statistischen Methoden (z.B. der linearen Regressionsrechnung) aus. Die *Abbildung 18-3* zeigt dies schematisch. Ein derartiges Vorgehen setzt keine großen methodischen Kenntnisse voraus und ist sehr einfach durchzuführen; es erfordert insbesondere keine zusätzliche Datenerfassung. Dieser Vorteil wird

438

Kostenstellenbezogene Kostenplanung und -kontrolle

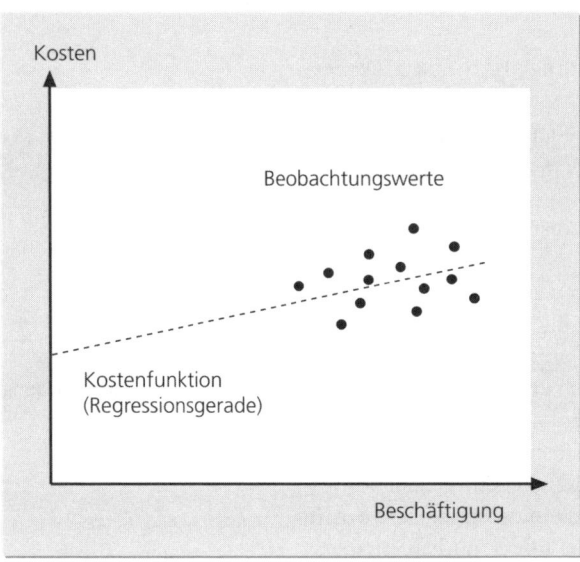

allerdings durch zwei wesentliche Nachteile erkauft: Zum einen darf (sollte) nicht der Fall eintreten, dass die einzelnen Streupunkte (Kosten-/Beschäftigungs-Kombinationen) von der Beschäftigung her eng zusammenliegen. Je schmaler das Streufeld ist, desto ungenauer werden ceteris paribus die Ergebnisse. Eine große Streubreite ist aber in praxi oftmals nicht vorhanden; der Auslastungsgrad schwankt über die Monate hinweg häufig nur um wenige Prozentpunkte. Zum anderen geht die mathematisch-statistische Kostenauflösung von gegebenen Strukturen aus, unterstellt, dass Vergangenheitswerte sich unmittelbar zur Vorhersage von Plankosten heranziehen lassen. Eine unwirtschaftliche Produktionsweise kann damit durch ein exakt aussehendes Berechnungsverfahren »geadelt« werden und damit als richtig und anstrebenswert erscheinen. Preisänderungen, Änderungen der Wirtschaftlichkeit der Leistungserstellung oder Verfahrensänderungen werden allerdings nicht berücksichtigt und verfälschen damit das Ergebnis der Regressionsrechnung.

Abb. 18-3: Vorgehen der mathematisch-statistischen Kostenauflösung

Auch die mathematisch-statistische Kostenauflösung ist damit eine zwar einfach durchzuführende, aber in toto wenig überzeugende Kostenspaltungsmethode.

2.2.3. Planmäßige Kostenauflösung

Als letzte hier zu diskutierende Form der Kostenspaltung verbleibt die so genannte »planmäßige« Kostenauflösung. Basis dieser Methode sind die Produktionsfunktionen in den einzelnen Kostenstellen. Sie geben Faktorverbräuche für alternative Leistungsvolumina an, aus denen sich durch Bewertung Kosten ableiten lassen. Die planmäßige Kostenauflösung muss damit alle Schritte gehen, die wir im 14. Kapitel beschrieben haben. Hieraus lässt sich unmittelbar eine Bewertung dieser Methodik ableiten: Sie liefert grundsätzlich sehr valide Aussagen über die Leistungsabhängigkeit der Kosten, erfordert jedoch auch hochqualifiziertes Personal (»Kosteningenieure«) und ist zeitaufwendig – insbesondere dann, wenn die einmal ermittelten Kostenfunktionen immer zeitnah an Veränderungen im Produktionssystem angepasst werden sollen.

Kostenfunktionen sind keine naturwissenschaftlich-technisch gegebenen Zusammenhänge, sondern »leben« durch die Entscheidungen von Menschen

Das Begriffsmerkmal »planmäßig« gibt abschließend Gelegenheit, auf einen grundsätzlichen Aspekt der für die Kostenplanung und -kontrolle durchgeführten Kostenspaltung hinzuweisen, der bislang nur implizit angesprochen, quasi »zwischen den Zeilen« erkennbar war: »Wegen der Dispositionsbestimmtheit vieler Kostenarten [ist] eine betriebswirtschaftlich sinnvolle Aufteilung in fixe und proportionale Kosten stets nur in Verbindung mit einer Kostenplanung möglich. Kostenfunktionen sind keine na-

439

Kostenauflösung als Vor-
aussetzung einer effek-
tiven Kostenplanung und
-kontrolle

turwissenschaftlich determinierten Gesetzmäßigkeiten, sondern Funktionen, die weitgehend von Entscheidungen abhängig sind. Daher wird durch
die Kostenauflösung nicht festgelegt, wie sich die Kostenarten verhalten
werden, sondern wie sie sich unter Zugrundelegung bestimmter Dispositionen verhalten sollen« (*Kilger* 1993, S. 362).

Eine kurze Zusammenfassung der Aussagen zu Kostenauflösungsverfahren gibt die *Abbildung 18-4* (siehe Folgeseite).

3. Kostenplanung und -kontrolle in unter-schiedlichen Plankostenrechnungs-systemen

Vollzieht sich die Kostenplanung und -kontrolle systematisch, in einem geschlossenen System, so spricht man von einer »Plankostenrechnung«. Mit
ihrer Gestaltung hat sich das betriebswirtschaftliche Rechnungswesen seit
Anfang der 50er Jahre intensiv auseinander gesetzt. Insbesondere H.G. *Plaut*
und W. *Kilger* haben sich hier Verdienste erworben. Wie kaum anders zu erwarten, führte die Entwicklung zu unterschiedlichen Systemvarianten, die
im Folgenden geordnet nach ihrer Komplexität behandelt werden sollen.
Wir werden uns dabei explizit nur mit der Planung der Gemeinkosten beschäftigen. Der Grund für diese Beschränkung ist einfach: Die Einzelkos-
tenplanung bereitet im Vergleich zur Gemeinkostenplanung nur wenig
Probleme; liegen Stücklisten für die Rohstoffe und arbeitsgangbezogene
Sollzeiten für die Fertigungslöhne vor, bedarf es »nur« noch einer Multipli-
kation mit den geplanten Erzeugnismengen, eine Aufgabe, die in EDV-Zei-
ten das Wort »nur« tatsächlich verdient.

3.1. Starre Plankostenrechnung

Die einfachste (und zugleich Ur-)Form einer Plankostenrechnung ist die
»Starre Plankostenrechnung«. Sie plant Kostenstelle für Kostenstelle die
Faktorverbräuche und die daraus resultierenden Kosten lediglich für *einen*,
nämlich den für die Planungsperiode erwarteten Beschäftigungsgrad. Basis
dieser Planung sind vollzogene Kostenauflösungen, Vergangenheitswerte
oder reine Schätzungen. Damit ergibt sich ein Funktionsbild der Kostenplanung, wie es die *Abbildung 18-5* auf der Seite 441 in ihrem oberen Teil
zeigt.

»Funktionsbild« ist dabei allerdings ein wenig übertrieben, denn mehr
als einen Punkt (Plankosten bei Planbeschäftigung) enthält das Diagramm
nicht! Die enthaltenen Informationen reichen auch aus, den Preis zu ermitteln, mit dem die einzelnen erbrachten Leistungen während der Be-
trachtungsperiode (z.B. innerhalb des Jahres) verrechnet werden: Der Planverrechnungssatz ergibt sich – und dies gilt auch für die anderen noch dar-
zustellenden Systeme der Plankostenrechnung – durch einfache Division
der Plankosten durch die Planbeschäftigung.

Kostenstellenbezogene Kostenplanung und -kontrolle

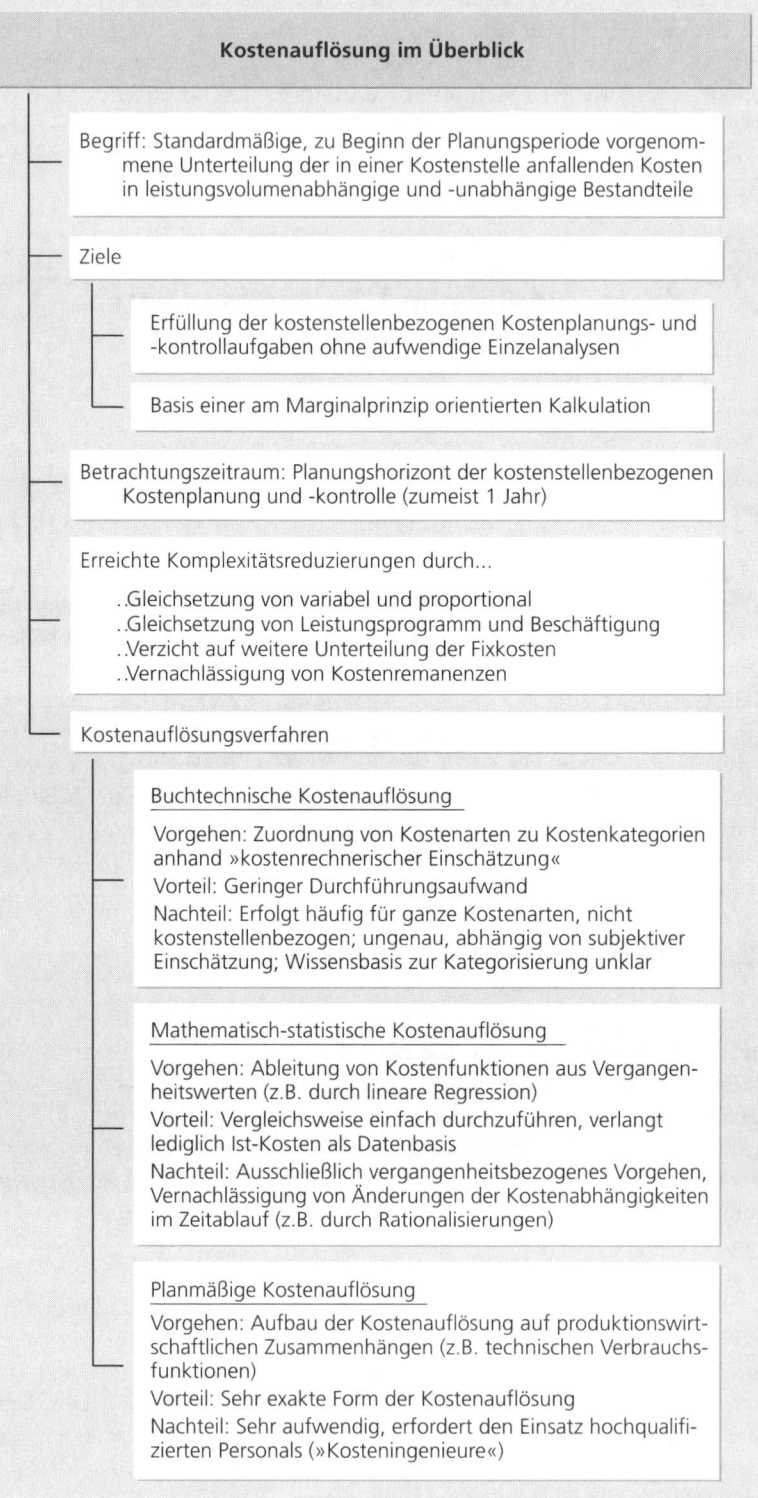

Kostenauflösung im Überblick

Begriff: Standardmäßige, zu Beginn der Planungsperiode vorgenommene Unterteilung der in einer Kostenstelle anfallenden Kosten in leistungsvolumenabhängige und -unabhängige Bestandteile

Ziele

Erfüllung der kostenstellenbezogenen Kostenplanungs- und -kontrollaufgaben ohne aufwendige Einzelanalysen

Basis einer am Marginalprinzip orientierten Kalkulation

Betrachtungszeitraum: Planungshorizont der kostenstellenbezogenen Kostenplanung und -kontrolle (zumeist 1 Jahr)

Erreichte Komplexitätsreduzierungen durch...
..Gleichsetzung von variabel und proportional
..Gleichsetzung von Leistungsprogramm und Beschäftigung
..Verzicht auf weitere Unterteilung der Fixkosten
..Vernachlässigung von Kostenremanenzen

Kostenauflösungsverfahren

Buchtechnische Kostenauflösung

Vorgehen: Zuordnung von Kostenarten zu Kostenkategorien anhand »kostenrechnerischer Einschätzung«
Vorteil: Geringer Durchführungsaufwand
Nachteil: Erfolgt häufig für ganze Kostenarten, nicht kostenstellenbezogen; ungenau, abhängig von subjektiver Einschätzung; Wissensbasis zur Kategorisierung unklar

Mathematisch-statistische Kostenauflösung

Vorgehen: Ableitung von Kostenfunktionen aus Vergangenheitswerten (z.B. durch lineare Regression)
Vorteil: Vergleichsweise einfach durchzuführen, verlangt lediglich Ist-Kosten als Datenbasis
Nachteil: Ausschließlich vergangenheitsbezogenes Vorgehen, Vernachlässigung von Änderungen der Kostenabhängigkeiten im Zeitablauf (z.B. durch Rationalisierungen)

Planmäßige Kostenauflösung

Vorgehen: Aufbau der Kostenauflösung auf produktionswirtschaftlichen Zusammenhängen (z.B. technischen Verbrauchsfunktionen)
Vorteil: Sehr exakte Form der Kostenauflösung
Nachteil: Sehr aufwendig, erfordert den Einsatz hochqualifizierten Personals (»Kosteningenieure«)

Abb. 18-4: Zusammenfassung des Problemkreises »Kostenauflösung«

Wie sieht nun das Bild am Ende der Planungsperiode aus? Zu diesem Zeitpunkt verfügt man über zwei zusätzliche Informationen: Zum einen kennt man die tatsächlich angefallenen (Ist-) Kosten, zum anderen die realisierte (Ist-)Beschäftigung. Damit weiß man zugleich auch, wie viele Kosten die Kostenstelle in der Planungsperiode insgesamt an leistungsempfangende Kostenstellen verrechnet hat:

Die Starre Plankostenrechnung verrechnet ihre Kosten gemäß dem Durchschnittsprinzip an die Empfänger ihrer Leistungen weiter. Hierzu wird auf Basis der Plankosten und der Planbeschäftigung am Periodenanfang ein Planverrechnungssatz (Plankostensatz) gebildet, mit dem im Laufe der Periode alle erstellten Leistungen bewertet und verrechnet werden.

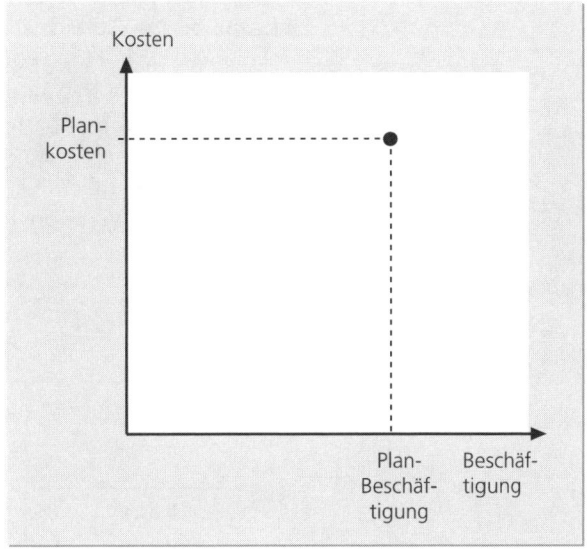

Damit ergibt sich ein Datenkranz, wie ihn die *Abbildung 18-5* in ihrem unteren Teil zeigt. Die verrechneten Plankosten ergeben sich dabei aus der Formel Planverrechnungssatz (Plankosten dividiert durch Planbeschäftigung) multipliziert mit der Istbeschäftigung. Die Abbildung macht deutlich, dass die Kontrollinformationen, die die Starre Plankostenrechnung liefert, überaus dürftig sind: Die Fragezeichen sollen symbolisieren, dass der Kostenstellenverantwortliche am Periodenende lediglich eine Abweichung konstatieren, nicht aber interpretieren kann. Hierfür fehlen valide Vergleichswerte. *Die Starre Plankostenrechnung versagt für Zwecke der Kostenkontrolle vollständig.*

Dennoch sollte man diese Form der Plankostenrechnung nicht völlig »verdammen«. Ihre Einführung kann zum einen der erste Schritt sein, um den Gedanken einer systematischen Kostenplanung und eines sich anschließenden Plan-Ist-Vergleichs in einem Unternehmen erstmals einzuführen, somit die notwendige Akzeptanz für stärker ausgebaute – und damit auch aufwendigere – Plankostenrechnungssysteme zu schaffen. Beispielsweise sind Plankostenrechnungen in

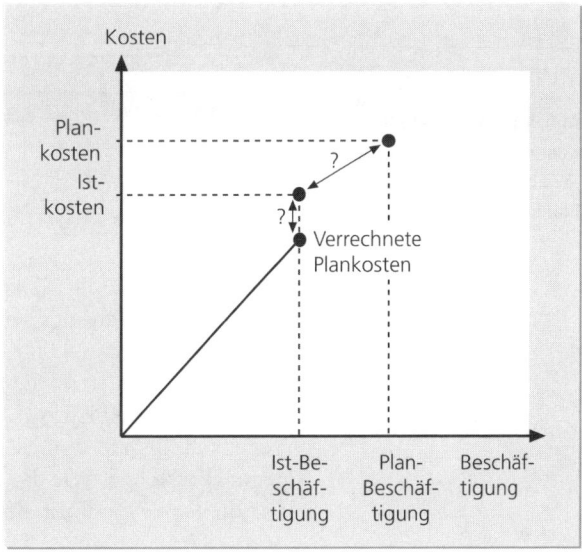

Abb. 18-5: Kostenplanung und -kontrolle im System der Starren Plankostenrechnung

mittelständischen Unternehmen noch wenig verbreitet. Zum anderen entziehen sich viele dispositive Leistungsbereiche einer analytischen Kostenplanung: Produktions- und Kostenfunktionen für Führungstätigkeiten sind bislang noch nicht entwickelt worden. Für viele »Verwaltungs«kostenstellen kommt man deshalb in der Praxis um einen vergleichsweise pauschalen, häufig auf Vergangenheitswerten basierenden Ansatz von Plankosten nicht herum.

Machen wir uns das Vorgehen an einem kleinen Beispiel deutlich. Betrachtet wird eine Instandhaltungskostenstelle. Für diese sind im vergangenen Jahr 2003 Kosten in Höhe von 100.000 Euro angefallen. Wie die *Abbildung 18-6* zeigt, setzen sich diese aus Personalkosten, Anlagenkosten, Materialkosten und verrechneten Sekundärkosten zusammen. Die Leistungsabgabe betrug 2.000 Instandhaltungsstunden. Damit ergab sich ein Verrechnungssatz in Höhe von 100.000 Euro / 2.000 Ih-Stunden, also von genau 50 Euro pro Ih-Stunde. Für 2004 wird mit einer vergleichbaren Kostenstruktur und Beschäftigung gerechnet. Allerdings ist bezogen auf die Personalkosten eine 10%ige Lohnsteigerung zu erwarten (das Beispiel stammt offensichtlich nicht aus Deutschland!). Die Plankosten lauten damit auf einen Wert von 105.000 Euro, der Planverrechnungssatz beträgt 52,50 Euro.

Kostenstelle Instandhaltung				
	Kostenplanung		Kostenkontrolle	
	Istwert 2003	Planwert 2004	Istwert 2004	Abweichung (Ist − Soll)
Personalkosten	50.000 €	55.000 €	56.000 €	+1.000 €
Anlagenkosten	30.000 €	30.000 €	30.000 €	0 €
Materialkosten	15.000 €	15.000 €	20.000 €	+5.000 €
Sekundärkosten	5.000 €	5.000 €	3.000 €	−2.000 €
Gesamtkosten	100.000 €	105.000 €	109.000 €	+4.000 €
Beschäftigung	2.000 h	2.000 h	1.800 h	−200 h
Verrechnungssatz	50,00 €/h	52,50 €/h	52,50 €/h	
Verrechnete Plankosten	100.000 €	105.000 €	94.500 €	+14.500 €

Abb. 18-6: Beispiel zur Kostenplanung und -kontrolle im System der Starren Plankostenrechnung

Wie ebenfalls die *Abbildung 18-6* zeigt, liegt der Kostenrechner mit diesen Erwartungen allerdings gründlich daneben. Am Jahresende 2004 sind nicht nur die Kosten um 4.000 Euro höher als geplant; auch die Beschäftigung wird nicht »getroffen«, sie fällt 200 Stunden niedriger aus. Verrechnet wurden damit 94.500 Euro (1.800 Ih-Stunden multipliziert mit dem geplanten Verrechnungssatz von 52,50 Euro), denen Istkosten von 109.000 Euro gegenüberstehen. Wie die 14.500 Euro Differenz zu erklären ist, dafür liefert die Starre Plankostenrechnung keine Hilfestellung.

3.2. Flexible Plankostenrechnung

Eine Abweichungsanalyse im eigentlichen Wortsinn lässt sich erst mit dem System der Flexiblen Plankostenrechnung durchführen. Die Flexible Plankostenrechnung *plant* die Kosten einer Kostenstelle bzw. eines Verantwortungsbereichs *auf der Basis von Kostenfunktionen*, ermittelt folglich im ersten Schritt Plankosten für unterschiedliche Beschäftigungsgrade. Voraussetzung hierzu ist eine Kostenauflösung in proportionale und fixe Kosten, sowie es die *Abbildung 18-7* zeigt. In der *Kostenverrechnung* besteht dagegen kein Unterschied zur Starren Plankostenrechnung: Die Plankosten dividiert durch die Planbeschäftigung bilden den Plan-Verrechnungssatz, mit dem Leistungen der Kostenstelle während der Planperiode kalkuliert werden.

Am Ende der Planperiode sind zwei Kostenwerte zueinander in Beziehung zu setzen: Die insgesamt über die Planperiode hinweg sukzessiv verrechneten Plankosten und die Istkosten. Die ursprünglich für die Planbeschäftigung ermittelten Plankosten sind vor dem Hintergrund der Wirtschaftlichkeitskontrolle deshalb wenig aussagefähig, weil sie ex definitione nicht die Abweichungen der Ist-Beschäftigung von der Plan-Beschäftigung berücksichtigen können. Sie haben lediglich dann eine wesentliche Bedeutung, wenn sie die Basis der Kostenbudgetierung bilden.

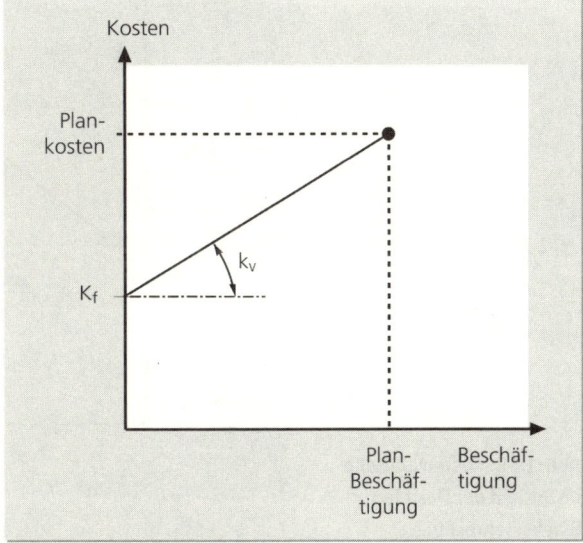

Aber auch die verrechneten Plankosten müssen noch korrigiert werden: Bedingt durch den Verteilungsmodus der Fixkosten sind im Falle einer Beschäftigungsüberschreitung (Ist-Beschäftigung > Plan-Beschäftigung) stets zu viel Fixkosten verrechnet worden, im Falle einer Beschäftigungsunterschreitung dagegen zu wenig. Dieser »Fixkostenproportionalisierungsfehler« wird durch den Übergang von den verrechneten Plankosten zu so genannten »Sollkosten« korrigiert.

Abb. 18-7: Kostenplanung im System der Flexiblen Plankostenrechnung

> Sollkosten sind dabei die Kosten, die sich aufgrund der anfangs geplanten Kostenfunktionen für die Ist-Beschäftigung ergeben – mit anderen Worten: die Kosten, die man am Periodenanfang geplant hätte, wenn die eingetretene Ist-Beschäftigung genau vorausgesehen worden wäre.

Begriff der Sollkosten

Die zwischen Sollkosten und verrechneten Plankosten bestehende Differenz bezeichnet man – wie auch die *Abbildung 18-8* auf der Folgeseite zeigt – als *Beschäftigungsabweichung*.

Beschäftigungsabweichung

Die verbleibende Differenz zwischen den Sollkosten und den Istkosten kann – lässt man Planungsfehler (wie z.B. eine falsche Ermittlung einer Kostenfunktion) außer Acht – prinzipiell auf zwei Einflussfaktoren zurückzuführen sein:

• Zum einen besteht die Möglichkeit, dass sich die den Kostenfunktionen zu Grunde liegenden Entgeltfunktionen geändert haben, andere Preise pro Leistungseinheit im Ist vorliegen.

• Zum anderen können jedoch auch abweichende Faktorverbräuche eingetreten sein.

Kostenstellenbezogene Kostenplanung und -kontrolle

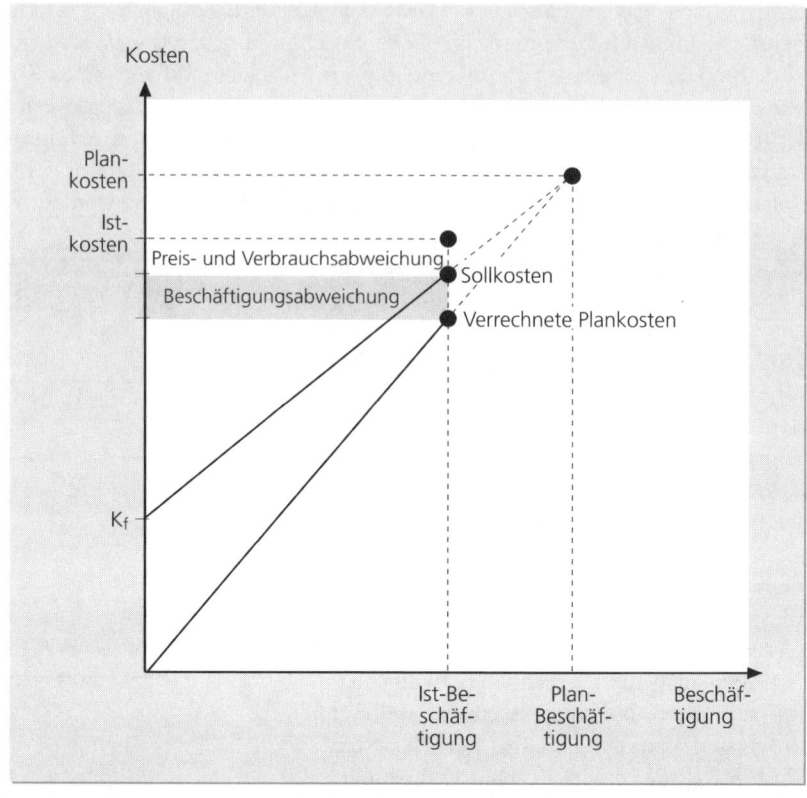

Abb. 18-8: Kostenkontrolle im System der Flexiblen Plankostenrechnung

Preis- und Verbrauchs-abweichung

Beide Einflussgrößen berücksichtigt die Flexible Plankostenrechnung in zwei getrennten Abweichungsarten, der *Preisabweichung* und der *Verbrauchsabweichung* (in der *Abbildung 18-8* sind beide nicht getrennt voneinander dargestellt; um dies tun zu können, müssten wir eine Sollkostenfunktion auf Istpreis-Basis ergänzen, die das Ganze aber sehr unübersichtlich gestalten würde). Ursachen von Preisabweichungen sind z.B. unerwartete Preisschwankungen auf den Beschaffungsmärkten, Wechselkursschwankungen, Wechsel von Lieferanten oder plötzliche konjunkturelle Einflüsse. Diese Faktoren können typischerweise vom Kostenstellenleiter nicht beeinflusst werden; Preisabweichungen sind folglich keine von diesem zu verantwortenden Abweichungen. Abweichungsverantwortung trägt allenfalls die Beschaffungsabteilung.

Abweichungsverantwortung kommt dem Kostenstellenleiter *nur für die* verbleibende Abweichung, die *Verbrauchsabweichung*, zu. Typische Gründe für hiermit erfasste Kostenüberschreitungen sind schlechte Einsatzplanung des Personals, unnötige Überstunden und Nichteinhaltung von Qualitätsstandards (Ausschuss und Nacharbeit). Die Letztverantwortung der Verbrauchsabweichung muss allerdings nicht unbedingt beim Kostenstellenleiter verbleiben: Erhöhte Ausschusszahlen sind so beispielsweise häufig auch auf schlechtere Materialqualität, Mehrverbräuche auf ein in anderen Unternehmensbereichen verursachtes Abgehen von der optimalen Produktionsintensität zurückzuführen (z.B. durch das trotz verplanter Kapazitäten notwendige Einschieben eines für einen guten Kunden unbedingt noch zu bearbeitenden Auftrags). Verbrauchsabweichungen liefern somit keine unbestechlichen Kontrollinformationen, sondern (lediglich) Anregungsinformationen zur Vornahme von Kontrollen.

Auch das Vorgehen der Flexiblen Plankostenrechnung wollen wir an einem Zahlenbeispiel deutlich machen. Wir greifen hierzu wieder auf unsere Instandhaltungskostenstelle zurück. Um sie planen und kontrollieren zu können, ist – wie wir wissen – eine Kostenspaltung erforderlich. Der Einfachheit halber sei diese buchtechnisch vollzogen. Das Ergebnis zeigt die *Abbildung 18-9*.

Kostenstelle Instandhaltung – Kostenplanung

	Charakteri-sierung	Istwert 2003	Planwert 2004
Personalkosten	variabel	50.000 €	55.000 €
Anlagenkosten	fix	30.000 €	30.000 €
Materialkosten	variabel	15.000 €	15.000 €
Sekundärkosten	variabel	5.000 €	5.000 €
Gesamtkosten		100.000 €	105.000 €
Beschäftigung		2.000 h	2.000 h
Verrechnungssatz		50,00 €/h	52,50 €/h
Verrechnete Plankosten		100.000 €	105.000 €

Abb. 18-9: Beispiel zur Kostenplanung im System der Flexiblen Plankostenrechnung

Für die Kostenkontrolle ist als zusätzliche Information zu berücksichtigen, dass die ursprünglich erwartete Lohnsteigerung nicht 10%, sondern 12% betrug. Ansonsten hat sich gegenüber den ursprünglichen Planparametern (Verbrauchsfunktionen, Planpreise) nichts geändert. Damit ergeben sich die in der *Abbildung 18-10* ausgewiesenen Werte.

Kostenstelle Instandhaltung – Kostenkontrolle

	Planwert 2004	Istwert 2004 Istmenge zu Planpreisen	Istwert 2004 Istmenge zu Istpreisen	Abweichung (Ist – Soll)
Personalkosten	55.000 €	55.000 €	56.000 €	+1.000 €
Anlagenkosten	30.000 €	30.000 €	30.000 €	0 €
Materialkosten	15.000 €	20.000 €	20.000 €	+5.000 €
Sekundärkosten	5.000 €	3.000 €	3.000 €	–2.000 €
Gesamtkosten	105.000 €	108.000 €	109.000 €	+4.000 €
Beschäftigung	2.000 h	1.800 h		–200 h
Verrechnungssatz	52,50 €/h	52,50 €/h		
Verrechnete Plankosten	105.000 €	94.500 €		+14.500 €

Abb. 18-10: Beispiel zur Kostenkontrolle im System der Flexiblen Plankostenrechnung

Die Abweichungsanalyse vollzieht sich dann – wie bereits ausgeführt – in drei Schritten. Zunächst wird die Beschäftigungsabweichung ermittelt: Wäre die Ist-Beschäftigung in der Planung »korrekt« mit 1.800 Stunden prognostiziert worden, wären Gesamtkosten in Höhe von 97.500 Euro geplant worden (30.000 Anlagenkosten als Fixkosten und 37,50 Euro pro Instandhaltungsstunde multipliziert mit 1.800 Stunden als variable Kosten). Damit ergibt sich die Beschäftigungsabweichung als Differenz zwischen den so ermittelten Sollkosten und den verrechneten Plankosten mit 3.000 Euro. Erklärt werden müssen somit noch 11.500 Euro. Hierfür können entweder abweichende Preise und/oder abweichende Verbrauchsmengen ursächlich sein. Beides ist im Beispiel der Fall.

Die Ermittlung der Preisabweichung lässt sich auf die Personalkosten beschränken; die Preise der anderen Einsatzgüter haben sich – wie oben vermerkt – im Beispiel nicht verändert. Die geplante Lohnsteigerung ist nicht bei 10% stehen geblieben; die Löhne wurden um 12% erhöht. Damit ergibt sich eine Preisabweichung von 1.000 Euro. Die verbleibende Differenz (11.500 Euro – 1.000 Euro) ist damit als Verbrauchsabweichung identifiziert. Für diese hat sich der Kostenstellenleiter zu verantworten. Insbesondere wird er zu erläutern haben, warum die Personalkosten – obwohl als variabel eingestuft – nicht mit dem 20%igen Beschäftigungsrückgang in gleicher Weise gesunken, sondern (von der Preissteigerung abgesehen) unverändert geblieben sind. Vielleicht liefert ihm dieses Kapitel mit dem Hinweis auf Kostenremanenzen eine plausible Begründung...

Bei den beiden zuletzt genannten Abweichungsarten Preis- und Verbrauchsabweichung wird man schließlich noch mit dem für die Abweichungsanalyse unliebsamen Problem von *Abweichungsüberschneidungen* konfrontiert, die in der *Abb. 18-8* – um sie einfach zu halten – ganz vernachlässigt sind: Neben einem allein auf Preisveränderungen und einem allein auf Abweichungen von den Standardverbräuchen zurückzuführenden Abweichungsbetrag gibt es auch einen – kleinen – Abweichungsteil, der sich auf beide Veränderungen gleichzeitig bezieht. Dies sei anhand einer kurzen, sehr vereinfachten Beispielrechnung deutlich gemacht:

Istkosten (K_i) = Istfaktormenge (m_i) x Istpreis (p_i)
Sollkosten (K_s) = Sollfaktormenge (m_s) x Sollpreis (p_s)

Um beide besser zueinander in Beziehung setzen zu können, drücken wir nun die Istwerte als Summand aus Sollwert und einer Abweichungsdifferenz $(d_m$ = Mengenabweichung; d_p = Preisdifferenz) aus:

$$K_i = (m_s + d_m) \times (p_s + d_p)$$

Damit ergibt sich als Istkosten-Sollkosten-Abweichung (A) folgende Gleichung:

$$A = (m_s + d_m) \times (p_s + d_p) - m_s \times p_s$$
$$A = m_s \times p_s + m_s \times d_p + d_m \times p_s + d_m \times d_p - m_s \times p_s$$
$$A = m_s \times d_p + d_m \times p_s + d_m \times d_p$$

Sollmenge x Preisdifferenz lässt sich eindeutig der Preisabweichung, Sollpreis x Mengendifferenz eindeutig der Verbrauchsabweichung zuordnen.

Es verbleibt das Produkt aus Preisdifferenz und Mengendifferenz. Die Flexible Plankostenrechnung betrachtet diesen (zumal als Produkt zweier Differenzen betragsmäßig geringen) Wert als Bestandteil der nicht vom Kostenstellenleiter zu verantwortenden Preisabweichung. Als Verbrauchsabweichung soll möglichst nur das ausgewiesen werden, was tatsächlich kostenstellenbezogen verantwortbar ist.

Auf das Beispiel der Instandhaltungskostenstelle bezogen lassen sich die eben aufgeführten Gleichungen wie folgt spezifizieren: Der Sollpreis beträgt 55.000 Euro, die Preisdifferenz 1.000 Euro; der Soll-Personaleinsatz ermittelt sich als Quotient aus 1.800 geleisteten Ist-Stunden und den 2.000 Soll-Stunden (0,9). Damit beträgt die »Mengendifferenz« 0,1 (1 − 0,9). Als Preisabweichung ergibt sich dann: A = 0,9 x 1.000 + 0,1 x 1.000 = 1.000. Just diesen Wert hatten wir auch in der zum Beispiel angestellten Abweichungsanalyse ermittelt.

Einen zusammenfassenden Überblick über die in der Flexiblen Plankostenrechnung grundsätzlich unterschiedenen Abweichungsarten gibt die *Abbildung 18-11* auf der Folgeseite. Nochmals sei darauf hingewiesen, dass es sich hierbei allerdings nur um eine Basisunterteilung handelt. Je genauer man auf die tatsächliche Verantwortbarkeit der Verbrauchsabweichung abstellt, desto mehr Einflüsse wird man voneinander trennen, desto mehr Abweichungsarten bilden müssen (vgl. etwa den Überblick bei *Schweitzer/Küpper* 2003, S. 304-314).

3.3.   Grenzplankostenrechnung

Das dritte entwickelte Plankostenrechnungssystem, die Grenzplankostenrechnung, bietet schließlich für Zwecke der Kostenkontrolle prinzipiell keine zusätzlichen Erkenntnisse. Die Grenzplankostenrechnung unterscheidet sich von der Flexiblen Plankostenrechnung lediglich durch die Art der Verrechnung der Plankosten: Grenzplankostenrechnungen setzen als Verrechnungssätze lediglich die variablen (proportionalen) Kosten an. Damit entfällt bei der Kostenkontrolle »automatisch« die Beschäftigungsabweichung. Auf die Begründung dieses Vorgehens werden wir noch im 21. Kapitel dieses Lehrbuchs ausführlich zurückkommen.

Die Grenzplankostenrechnung unterscheidet sich von der Flexiblen Plankostenrechnung nur in der Kostenverrechnung

3.4.   Zusammenfassung

Zusammenfassend können wir feststellen, dass der systematischen laufenden Kostenplanung mit anschließendem Soll-Ist-Vergleich in den Unternehmen eine sehr hohe Bedeutung zur Wirtschaftlichkeitserzielung und -verbesserung zukommt. Zumeist zeigen sich erhebliche Kosteneinsparungen nach Einführung von Plankostenrechnungen. Die nicht gerade niedrigen Kosten der Systemimplementierung (insbesondere für die Kosten der Erfassung der Kostenabhängigkeiten) werden nicht selten schon innerhalb des ersten Jahres wieder »verdient«. Allerdings sollte man dies nicht als einen Beweis dafür heranziehen, eine auf genauen Kostenanalysen fußen-

Plankostenrechnungssysteme holen zumeist schnell das Geld zu ihrer Einführung wieder herein

Kostenstellenbezogene Kostenplanung und -kontrolle

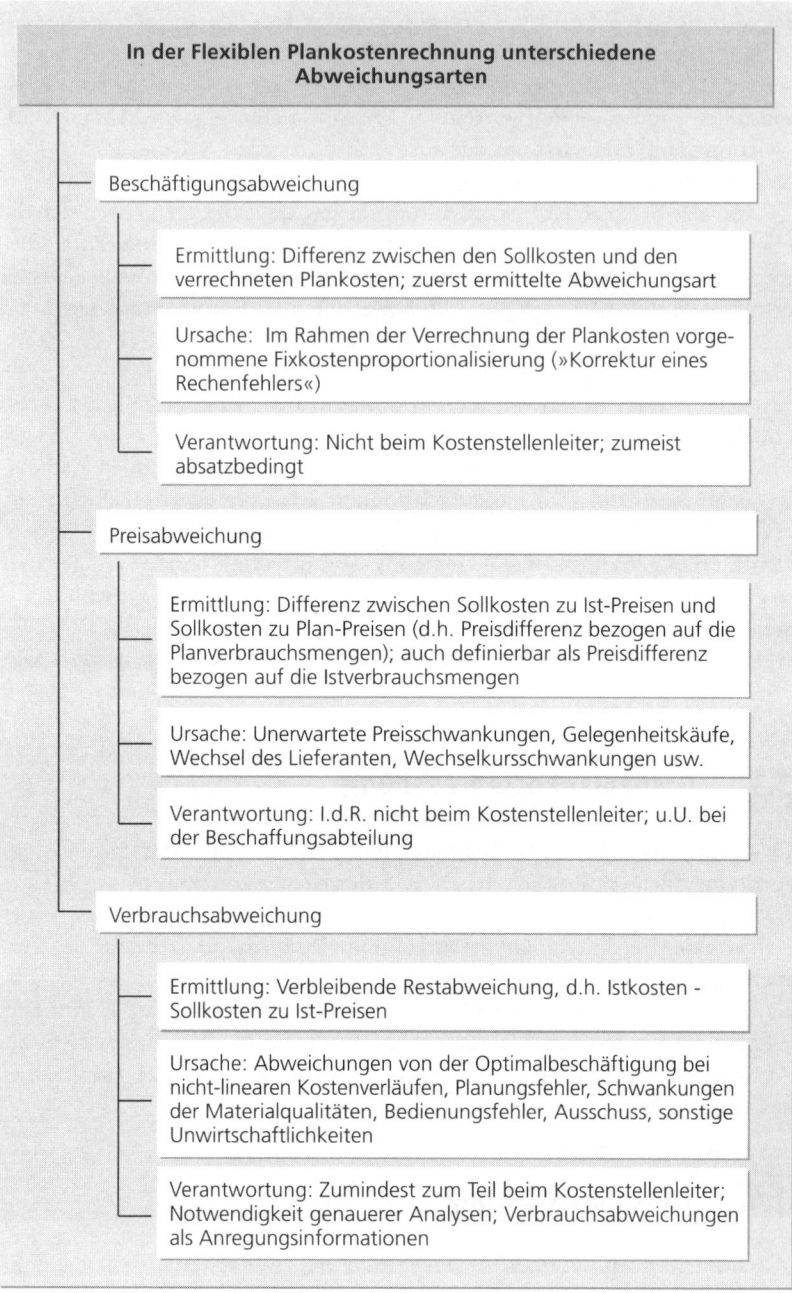

In der Flexiblen Plankostenrechnung unterschiedene Abweichungsarten

Beschäftigungsabweichung

Ermittlung: Differenz zwischen den Sollkosten und den verrechneten Plankosten; zuerst ermittelte Abweichungsart

Ursache: Im Rahmen der Verrechnung der Plankosten vorgenommene Fixkostenproportionalisierung (»Korrektur eines Rechenfehlers«)

Verantwortung: Nicht beim Kostenstellenleiter; zumeist absatzbedingt

Preisabweichung

Ermittlung: Differenz zwischen Sollkosten zu Ist-Preisen und Sollkosten zu Plan-Preisen (d.h. Preisdifferenz bezogen auf die Planverbrauchsmengen); auch definierbar als Preisdifferenz bezogen auf die Istverbrauchsmengen

Ursache: Unerwartete Preisschwankungen, Gelegenheitskäufe, Wechsel des Lieferanten, Wechselkursschwankungen usw.

Verantwortung: I.d.R. nicht beim Kostenstellenleiter; u.U. bei der Beschaffungsabteilung

Verbrauchsabweichung

Ermittlung: Verbleibende Restabweichung, d.h. Istkosten - Sollkosten zu Ist-Preisen

Ursache: Abweichungen von der Optimalbeschäftigung bei nicht-linearen Kostenverläufen, Planungsfehler, Schwankungen der Materialqualitäten, Bedienungsfehler, Ausschuss, sonstige Unwirtschaftlichkeiten

Verantwortung: Zumindest zum Teil beim Kostenstellenleiter; Notwendigkeit genauerer Analysen; Verbrauchsabweichungen als Anregungsinformationen

Abb. 18-11: Überblick über Abweichungsarten

de Plankostenrechnung pauschal als »das« anzuwendende Kostenrechnungssystem zu propagieren:

- Rationalisierungserfolge, die bei der Einführung von Plankostenrechnungen auftreten, können auch darauf zurückzuführen sein, dass der status quo ante erhebliche Mängel aufgewiesen hat. Kosteneinsparungen lassen sich dann wesentlich dadurch erklären, dass man sich im Unternehmen überhaupt erstmals mit der Analyse des Kostenanfalls auseinandergesetzt hat. Ein laufendes Rechnungssystem ist für derartige Rationalisierungsmaßnahmen nicht erforderlich.

- Häufig wird als zentrales Argument auf die mangelnde Validität von Vergangenheitsdaten zur zielgerichteten Beeinflussung zukünftigen Verhaltens verwiesen. *Schmalenbachs* Worte des »Vergleichs von Schlendrian mit Schlendrian« haben wir schon zitiert. Der Auffassung ist grundsätzlich zuzustimmen. Allerdings muss bedacht werden, dass die Güte von Plankostenwerten zur Ermittlung und Bewertung von Abweichungen unmittelbar von der Konstanz des Planungsfeldes abhängt. Gleichbleibende Produktionsverhältnisse etwa lassen mit hoher Sicherheit Verbrauchsabweichungen dem Verantwortungsbereich des Kostenstellenleiters zuordnen. Ständig wechselnde Produktionsbedingungen dagegen bieten dem Verantwortlichen genügend »Ausredemöglichkeiten«. Diese Korrelation zwischen der Konstanz des Planungsfeldes und der Aussagefähigkeit der Planwerte gilt aber analog auch für Vergangenheitswerte: Eine Erhöhung der variablen Kosten gegenüber dem Vormonat bei gleichen Produktionsbedingungen weist genauso auf Unwirtschaftlichkeit hin wie eine entsprechende Abweichung zwischen Plan- und Istkosten.

- Plankostenrechnungen der skizzierten Form unterstellen eine Aufteilung des die Produktion betreffenden Entscheidungsfeldes: Auf der einen Seite stehen die Entscheidungen zum Einsatz der Produktionsfaktoren, auf der anderen Seite die Entscheidungen über die Gestaltung der Produktionskapazitäten. Fixe Kosten interessieren für die laufende Kostenplanung und -kontrolle nur am Rande. Dies hat in der Praxis häufig dazu geführt, dass sie nicht genügend Beachtung gefunden haben (implizite Gleichsetzung von »fix« und »nicht beeinflussbar«).

- Eine Plankostenrechnung wird nur dann zu einer (deutlichen) Kostensenkung führen, wenn in den Kostenstellen tatsächlich proportionale Kosten durch den Kostenstellenleiter beeinflussbar sind. Die Entwicklung der Produktionstechnologie hat jedoch diesen gestaltbaren Teil durch die weitgehende Automatisierung immer weiter zurückgedrängt. Die Wirtschaftlichkeit der Produktion ist dann wesentlich »in die Anlagen hineinkonstruiert«.

Diese und ähnliche Überlegungen führen dazu, der Plankostenrechnung einen zwar wichtigen Stellenwert im internen Rechnungswesen eines Unternehmens zuzuweisen, sie aber keinesfalls als ein kostenrechnerisches »Muss« anzusehen.

4. Fundierung und Kontrolle kurzfristiger Anpassungsentscheidungen

Durch die periodische Kostenplanung wird – zusammen mit der Leistungsplanung – jeder Kostenstelle ein Vorgaberahmen gesetzt. Dieser Rahmen kann – schon aus Gründen der Planungsunsicherheit – nie so eng ge-

Laufend ist ein breites
Spektrum von Entscheidun-
gen innerhalb der
Kostenstellen zu treffen

steckt sein, dass er keinen Raum für laufende, ständig zu treffende Einzel-entscheidungen darüber lässt, wie dieser Rahmen auszufüllen ist. Eine Pro-duktionskostenstelle muss so beispielsweise bei der in der Regel wochen-weise erstellten Produktionsplanung festlegen, in welchen Losgrößen, in welcher Reihenfolge, auf welchen Anlagen und mit welchen Verfahren wel-che der anstehenden Aufträge abgewickelt werden sollen.

Um diese Anpassungsentscheidungen treffen zu können, benötigt der Kostenstellenleiter (auch) Kosteninformationen, und zwar potenziell sehr unterschiedliche, da Art und Inhalt dieser Entscheidungen stark divergie-ren können. Es ist nicht die Aufgabe eines einführenden Kostenrech-nungslehrbuchs, dieses Problemfeld umfassend darzustellen. Im Folgenden soll es lediglich darum gehen, Ihnen einen Überblick über die wesentlichen Typen von mit Kosten zu untermauernden Entscheidungen zu vermitteln. Hierzu wollen wir als Anschauungsobjekt eine Instandhaltungswerkstatt ei-nes Unternehmens betrachten, für die die Kostenplanung am Periodenan-fang den in der *Abbildung 18-12* dargestellten Kosten- und Leistungsplan er-stellt hat.

| Kostenarten | Plankosten | | |
	variabel	fix	gesamt
Gemeinkostenlöhne	906.000 €		906.000 €
Gehälter		150.000 €	150.000 €
Werkzeugkosten	12.700 €		12.700 €
Sonstiges Instandhaltungsmaterial	12.500 €		12.500 €
Büromaterial		1.000 €	1.000 €
Stromkosten		10.000 €	10.000 €
Kalkulatorische Abschreibungen		75.000 €	75.000 €
Kalkulatorische Zinsen		20.000 €	20.000 €
Telefongebühren		2.500 €	2.500 €
Raumkosten		120.000 €	120.000 €
Sonstige Kosten		10.000 €	10.000 €
Gesamtkosten	931.200 €	388.500 €	1.319.700 €
Planleistung (geleistete Instandhaltungsstunden)			33.000
Planverrechnungssatz	28,22 €		39,99 €

Abb. 18-12: Kosten- und
Leistungsplan einer Instandhaltungskostenstelle

Zur Disposition steht nun eine Instandhaltungsarbeit in einer Fertigungs-kostenstelle, für die man auch das Angebot eines Fremdinstandhaltungs-unternehmens eingeholt hat. Die zur Entscheidungsvorbereitung erforder-lichen Ausgangsdaten – die sich beim Stundensatz der eigenen Handwer-ker auf die Daten der *Abbildung 18-12* beziehen – zeigt die folgende Tabel-le (*Abbildung 18-13*).

| Ausgangsdaten | Eigeninstandhaltung | | Freminstand-haltung |
	variabel	fix	
Instandhaltungsmaterial	512,50 €		995,95 €
Arbeitszeit der Handwerker (in Stunden)	75		50
Stundensatz der Handwerker			45,00 €
Sonstige direkt erfassbare Kosten	25,00 €	11,77 €	289,25 €

Abb. 18-13: Ausgangsdaten
für eine Kostenvergleichsrechnung

Die Antwort auf die Frage, ob sich das Angebot des Fremdinstandhalters günstiger erweist als die Selbstdurchführung der Instandhaltungsmaßnahme, kann auf sehr unterschiedliche Weise erfolgen. In einer entscheidungstheoretischen Perspektive muss man auf relevante Kosten abstellen:

Fundierung und Kontrolle kurzfristiger Anpassungsentscheidungen

> Für eine (beliebige) Entscheidung sind nur die Kosten relevant, die aufgrund dieser Entscheidung entstehen oder wegfallen.

Welche Kosten sind nun im konkreten Fall entscheidungsrelevant? Zum einen zählen dazu sicher die Fremdinstandhaltungskosten, da diese explizit nur im Falle des Kontraktes mit dem Instandhaltungsunternehmen anfallen. Als Eigeninstandhaltungskosten zeigen die Ausgangsdaten zwei ebenfalls unmittelbar als relevant erkennbare Kostenpositionen: die Kosten des benötigten Instandhaltungsmaterials (im Kostenplan der Instandhaltungswerkstatt sind als Instandhaltungsmaterialkosten nur Beträge für Kleinteile und Hilfsmaterialien (z.B. Schweißstäbe u.ä.) angesetzt; der Großteil der Instandhaltungsmaterialkosten (insbesondere Kosten für Ersatzteile) wird – so wird unterstellt – den empfangenden Kostenstellen direkt angelastet) und die sonstigen direkt erfassbaren Kosten. Was ist aber mit den Personalkosten der Handwerker? Angesichts des geringen Stundenvolumens (ca. zwei Mannwochen) der Maßnahme verändern sich diese nicht in Abhängigkeit davon, wie die Make-or-Buy-Frage entschieden wird. Bei Fremdinstandhaltung wird c.p. lediglich die Beschäftigung der Werkstatt geringer sein, nicht aber deren Kapazität abgebaut werden. Damit sind die Personalkosten der eigenen Handwerker irrelevant, sie dürfen nicht mit berücksichtigt werden. Der erste Teil der *Abbildung 18-14* zeigt damit einen Kostenvorteil von fast 3.000 Euro für die Variante Eigeninstandhaltung.

Welche Kosten sind relevant?

Aus den Werten der Kostenplanung abgeleitet ergäben sich dagegen für die Variante Eigeninstandhaltung zwei mögliche andere Ergebnisse, je nachdem, ob wir eine Flexible Plankostenrechnung (vgl. den dritten Teil der *Abbildung 18-14*) oder eine Grenzplankostenrechnung (vgl. den zweiten Teil der *Abbildung 18-14*) unterstellen: Im Fall der Grenzplankostenrechnung würde man die Personalstunden mit dem Quotienten aus der Gesamtsumme geplanter variabler Kosten (931.200 Euro) und der Planbeschäftigung (33.000 Stunden), also mit 28,22 Euro/h bewerten, im Fall der Flexiblen Plankostenrechnung zusätzlich auch die fixen Kosten verrechnen (1.319.700 Euro / 33.000 Stunden = 39,99 Euro/h). Wie den beiden Tabellen zu entnehmen ist, »kippt« – wenn auch sehr knapp – im letzteren Fall die Vorteilhaftigkeit, wird die Eigeninstandhaltung teurer als die Fremdinstandhaltung.

Unterschiedliche Wertansätze führen zu unterschiedlichen Vorteilhaftigkeitsaussagen

Dem Kriterium »Entscheidungsrelevanz« genügen im Beispiel allerdings beide Werte nicht. Bei der Flexiblen Plankostenrechnung leuchtet dies unmittelbar ein, da diese neben den variablen Kosten auch Fixkosten verrechnet, so wie wir dies im Abschnitt 3.2. beschrieben haben. Dass auch die Grenzplankostenrechnung jedoch für Entscheidungen der genannten Art falsche Informationen liefert, wird häufig übersehen: Der sie kennzeichnenden Kostenspaltung liegt – wie ausführlich in diesem Kapitel hergeleitet – der gesamtleistungsbezogene, auf die Planungsperiode gerichtete Kos-

Vergleich kurzfristig relevanter Kosten

Daten	Eigen-instand-haltung	Fremd-instand-haltung
Instandhaltungsmaterial	512,50 €	995,95 €
Arbeitszeit der Handwerker (in Stunden)	75	50
Stundensatz der Handwerker	0,00 €	45,00 €
Personalkosten	0,00 €	2.250,00 €
Sonstige direkt erfassbare Kosten	25,00 €	289,25 €
Gesamtkosten	537,50 €	3.535,20 €

Vergleich variabler Kosten

Daten	Eigen-instand-haltung	Fremd-instand-haltung
Instandhaltungsmaterial	512,50 €	995,95 €
Arbeitszeit der Handwerker (in Stunden)	75	50
Stundensatz der Handwerker	28,22 €	45,00 €
Personalkosten	2.116,50 €	2.250,00 €
Sonstige direkt erfassbare Kosten	25,00 €	289,25 €
Gesamtkosten	2.654,00 €	3.535,20 €

Vergleich Vollkosten

Daten	Eigen-instand-haltung	Fremd-instand-haltung
Instandhaltungsmaterial	512,50 €	995,95 €
Arbeitszeit der Handwerker (in Stunden)	75	50
Stundensatz der Handwerker	39,99 €	45,00 €
Personalkosten	2.999,32 €	2.250,00 €
Sonstige direkt erfassbare Kosten	25,00 €	289,25 €
Gesamtkosten	3.536,82 €	3.535,20 €

Abb. 18-14: Gegenüberstellung unterschiedlicher Kostenvergleiche

tenplanungsaspekt zugrunde; die Fristigkeit der Anpassungsentscheidungen innerhalb des Planungsrahmens stimmt aber ex definitione mit der des Rahmens selbst nicht überein, oder – mit anderen Worten – nur ein Teil der (planungs-)variablen Kosten sind tatsächlich auch kurzfristig veränderbar.

Allerdings kann man auch dem Vergleich kurzfristig relevanter Kosten nicht unbesehen vertrauen. Er unterstellt nämlich für die Variante Eigeninstandhaltung implizit eine Unterbeschäftigung: Die 75 Handwerkerstunden sind frei verfügbar, die eigenen Instandhalter könnten im Falle der

Fremdinstandhaltung lediglich »Däumchen drehen« bzw. die Werkstatt ausfegen. Diese Prämisse aus den Augen zu verlieren, ist ebenso gefährlich wie die unreflektierte Verwendung der Vollkosten.

Gilt die Prämisse Unterbeschäftigung nicht mehr, liegen also Kapazitätsengpässe vor, stellt sich eine ganz andere Entscheidungssituation: Es geht dann nicht mehr um die Frage, ob (vorhandene) Kapazitäten für eine bestimmte Verwendung eingesetzt werden sollen oder nicht, sondern darum, ob man sie deshalb, weil man sie für eine zusätzliche Verwendung einsetzen will, einer anderen, bisher geplanten Verwendung entziehen soll. Deshalb muss die Methode des Rechnens mit relevanten Kosten deutlich abgeändert werden: *Das Rechnen mit absoluten Kostendifferenzen wird durch ein Rechnen mit relativen Kostendifferenzen abgelöst*, das implizit stets danach fragt, wo – d.h. in welcher Verwendung – die knappen Kapazitäten am sinnvollsten eingesetzt werden können.

Ein einfaches, ebenfalls auf die Instandhaltungswerkstatt abstellendes Beispiel wird Ihnen den Zusammenhang verdeutlichen. Betrachtet wird ein einzelner Spezialhandwerker, der für drei verschiedene Instandhaltungsarbeiten eingeplant werden könnte. Ziel der Einsatzplanung ist es, ihn denjenigen Auftrag durchführen zu lassen, der die höchsten – dann einsparbaren – Fremdinstandhaltungs(mehr)kosten verursacht. Bedenkt man, dass der Einsatz des Handwerkers für eine Instandhaltungsmaßnahme seine Arbeit an anderer Stelle verhindert, sind die auf eine Handwerkerstunde als Kapazitätseinheit bezogenen, d.h. *engpassbezogenen Fremdleistungsmehrkosten* das relevante Entscheidungskriterium. In der *Abbildung 18-15* sind die jeweils für die betrachteten Entscheidungsalternativen zusätzlich anfallenden Fremd- und Eigeninstandhaltungskosten ebenso wie der Rechengang und das Ergebnis der Einsatzplanung ausgewiesen.

Die Auswahl des durchzuführenden Instandhaltungsauftrags nach dem Kriterium »engpassbezogene Ersparnisse der Eigeninstandhaltung« führt in diesem Beispiel dazu, den Spezialhandwerker zunächst die Maßnahme 1

	Kosten- und Mengeninformationen	Alternative Einsatzmöglichkeiten des Spezialhandwerkers		
		Auftrag 1	Auftrag 2	Auftrag 3
1	Instandhaltungsmaterial	512,50 €	675,00 €	4.936,10 €
2	Sonstige Eigeninstandhaltungskosten	25,00 €	12,50 €	87,19 €
3	Eigeninstandhaltungskosten	537,50 €	687,50 €	5.023,29 €
4	Instandhaltungsmaterial	955,95 €	1.199,25 €	3.998,98 €
5	Personalkosten	2.282,28 €	2.881,85 €	2.004,40 €
6	Sonstige Fremdinstandhaltungskosten	289,25 €	598,30 €	115,91 €
7	Fremdinstandhaltungskosten	3.527,48 €	4.679,40 €	6.119,29 €
8	Kostenersparnis durch Eigeninstandhaltung	2.989,98 €	3.991,90 €	1.096,00 €
9	Einsatzdauer des Spezialhandwerkers (Stunden)	27	40	12
10	Engpassbezogene Kostenersparnis durch Eigeninstandhaltung	110,74 €	99,80 €	91,33 €
11	Rang	1	2	3

Abb. 18-15: Beispiel einer engpassbezogenen Kostenvergleichsrechnung

ausführen zu lassen. Trotz der höheren absoluten Einsparung für die Instandhaltungsarbeit 2 (3.991,90 Euro gegenüber 2.989,98 Euro) erweist sich dieses Vorgehen als vorteilhaft. Der Spezialhandwerker kann nämlich neben der Maßnahme 1 in den 40 Stunden (= Zeitbedarf zur Durchführung des Instandhaltungsauftrags 2) zusätzlich z.B. auch noch die dritte mögliche Arbeit erledigen, wodurch insgesamt (2.989,98 + 1.096,00 - 3.991,90 =) 94,08 Euro Fremdleistungskosten im Vergleich zur Durchführung des Auftrags 2 mehr eingespart werden können.

Ein solches Rechnen mit engpassbezogenen relevanten Kosten führt immer dann zum richtigen Ergebnis, wenn die Kapazität nur bei einem Faktor beschränkt ist. Liegen mehrere Engpässe vor, so muss zur Lösung des

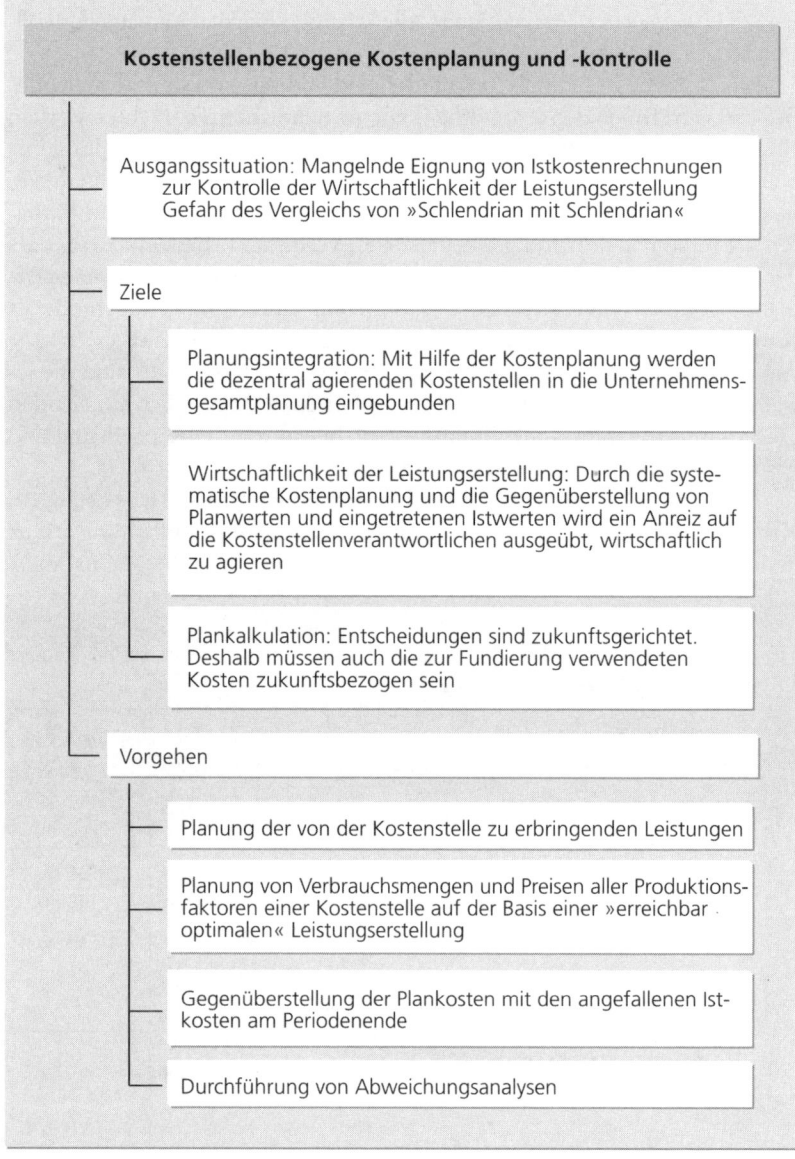

Kostenstellenbezogene Kostenplanung und -kontrolle

Ausgangssituation: Mangelnde Eignung von Istkostenrechnungen zur Kontrolle der Wirtschaftlichkeit der Leistungserstellung Gefahr des Vergleichs von »Schlendrian mit Schlendrian«

Ziele

Planungsintegration: Mit Hilfe der Kostenplanung werden die dezentral agierenden Kostenstellen in die Unternehmensgesamtplanung eingebunden

Wirtschaftlichkeit der Leistungserstellung: Durch die systematische Kostenplanung und die Gegenüberstellung von Planwerten und eingetretenen Istwerten wird ein Anreiz auf die Kostenstellenverantwortlichen ausgeübt, wirtschaftlich zu agieren

Plankalkulation: Entscheidungen sind zukunftsgerichtet. Deshalb müssen auch die zur Fundierung verwendeten Kosten zukunftsbezogen sein

Vorgehen

Planung der von der Kostenstelle zu erbringenden Leistungen

Planung von Verbrauchsmengen und Preisen aller Produktionsfaktoren einer Kostenstelle auf der Basis einer »erreichbar optimalen« Leistungserstellung

Gegenüberstellung der Plankosten mit den angefallenen Istkosten am Periodenende

Durchführung von Abweichungsanalysen

Abb. 18-16: Überblick über
Kostenplanung und
-kontrolle

Entscheidungsproblems auf Verfahren der linearen Programmierung zurückgegriffen werden. Da es hier weniger um die Rechenmethodik als um den Ansatz »richtiger« Kostenwerte geht, wollen wir auf derartige Rechnungen jedoch nicht mehr eingehen.

5. Zusammenfassung

Kostenstellenbezogene Kostenplanung und Kostenkontrolle (vgl. auch die zusammenfassende *Abbildung 18-16*) haben die Bedeutung der Kostenrechnung in der Praxis erheblich aufgewertet, sie fest als wesentliches betriebswirtschaftliches Informationssystem verwurzelt. Durch die systematische Kostenplanung gewann die Kostenrechnung einen zentralen Stellenwert in der betrieblichen Gesamtplanung. Zugleich geht von ihr ein bedeutender Anstoß auf die Wirtschaftlichkeit der Leistungserstellung aus.

Die entsprechenden Systementwicklungen sind in Deutschland mit den Namen H.G. *Plaut* und W. *Kilger* verbunden. Beide setzten die Plankostenrechnung auf eine feste ingenieurs- bzw. produktionswirtschaftliche Grundlage. Basis der von ihnen entwickelten bzw. vorangetriebenen Konzepte sind Produktionsfunktionen, die den Zusammenhang zwischen Leistungserstellung (Output) und Einsatz von Produktionsfaktoren (Input) bei effizienter Produktionsweise beinhalten. Sie sind die Grundlage für aussagefähige Wirtschaftlichkeitskontrollen ebenso wie für Plankalkulationen.

Die Ursprünge der so fundierten Plankostenrechnung liegen im Grenzkostendenken. Für die Planung und Kontrolle der in einer Kostenstelle anfallenden Kosten sind nur die Kosten relevant, die vom Kostenstellenleiter beeinflusst werden können. Da dieser für die kapazitative Ausstattung typischerweise keine Verantwortung trägt – derartige Entscheidungen wurden (und werden noch heute oftmals) an hierarchisch höherer Stelle getroffen – interessieren für den Kostenplanungs- und -kontrollzweck nur die variablen Kosten. Von den beiden von *Plaut* und *Kilger* entwickelten Systemvarianten – die abschließende *Abbildung 18-17* zeigt zusätzlich auch noch die Starre Plankostenrechnung – geht die Grenzplankostenrechnung somit der Flexiblen Plankostenrechnung zeitlich voraus. Da letztere eine Verrechnung von Vollkosten zulässt, also unproblematisch in den gewohnten Abrechnungsgang der Kostenstellen- und Kostenträgerrechnung eingebunden werden kann, war sie es aber, die sich schließlich in den Unternehmen vorrangig durchgesetzt hat.

Durch die zu einer validen Planung und Kontrolle der Kosten notwendige Kostenspaltung öffnete sich die Kostenrechnung schließlich auch für die Anforderung, Informationen für die Fundierung und Kontrolle von Entscheidungen zu liefern, wenn auch für diesen Rechnungszweck häufig noch eine zusätzliche Analyse erforderlich ist, um die unterschiedlichen Zeithorizonte zu berücksichtigen (z.B. ein Jahr bei der kostenstellenbezogenen Kostenplanung versus Kurzfristzeiträume bei Anpassungsentscheidungen).

Kostenstellenbezogene Kostenplanung und -kontrolle

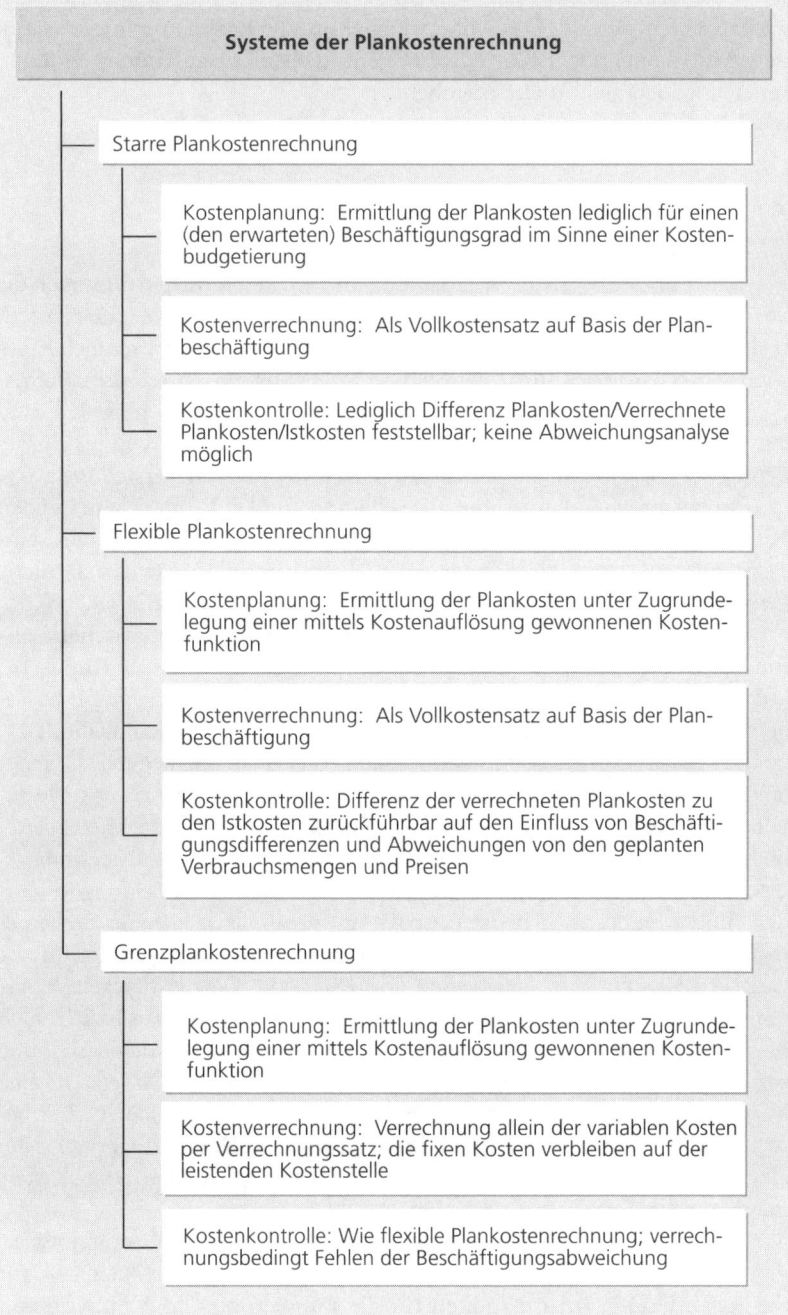

Systeme der Plankostenrechnung

Starre Plankostenrechnung

Kostenplanung: Ermittlung der Plankosten lediglich für einen (den erwarteten) Beschäftigungsgrad im Sinne einer Kostenbudgetierung

Kostenverrechnung: Als Vollkostensatz auf Basis der Planbeschäftigung

Kostenkontrolle: Lediglich Differenz Plankosten/Verrechnete Plankosten/Istkosten feststellbar; keine Abweichungsanalyse möglich

Flexible Plankostenrechnung

Kostenplanung: Ermittlung der Plankosten unter Zugrundelegung einer mittels Kostenauflösung gewonnenen Kostenfunktion

Kostenverrechnung: Als Vollkostensatz auf Basis der Planbeschäftigung

Kostenkontrolle: Differenz der verrechneten Plankosten zu den Istkosten zurückführbar auf den Einfluss von Beschäftigungsdifferenzen und Abweichungen von den geplanten Verbrauchsmengen und Preisen

Grenzplankostenrechnung

Kostenplanung: Ermittlung der Plankosten unter Zugrundelegung einer mittels Kostenauflösung gewonnenen Kostenfunktion

Kostenverrechnung: Verrechnung allein der variablen Kosten per Verrechnungssatz; die fixen Kosten verbleiben auf der leistenden Kostenstelle

Kostenkontrolle: Wie flexible Plankostenrechnung; verrechnungsbedingt Fehlen der Beschäftigungsabweichung

Abb. 18-17: Überblick über die Systeme der Plankostenrechnung

Verrechnung der Kosten zwischen Kostenstellen

Kapitel 19

Lernziel

Auch in diesem Kapitel wird es – wie schon im letzten Kapitel und im Kapitel 16 – wiederum um die Verrechnung der für Kostenstellenleistungen angefallenen Kosten gehen. Anders als zuvor liegt der Schwerpunkt der Betrachtung nun allerdings nicht auf einem einzelnen Leistungserstellungsprozess (einer einzelnen Kostenstelle), sondern auf der Kostenstellengesamtheit. Wie schon im 15. Kapitel angesprochen, besitzen Unternehmen eine Vielzahl von Kostenstellen, die untereinander durch Leistungsbeziehungen vielstufig verbunden sind. Dieses Geflecht von Leistungsbeziehungen zwischen Vor- und Endkostenstellen objektiv abzubilden und rechnungszweckbezogen adäquat kostenmäßig zu verrechnen, ist Aufgabe der Kostenstellenrechnung. Zur Erfüllung dieser Aufgabe wurden diverse Kalkulations- und Verrechnungstechniken entwickelt. Ziel dieses Kapitels ist es,

- Sie mit der Struktur des Verrechnungsproblems vertraut zu machen (hierbei werden wir auf die Basisunterscheidung zurückgreifen, die wir im 14. Kapitel getroffen haben),
- die einzelnen Kalkulationstechniken in ihrem Aufbau und ihren Unterschieden darzustellen und zu erläutern, warum diese Divergenzen bestehen, sowie
- Ihnen den Stoff an mehreren Beispielen konkret zu veranschaulichen.

1. Struktur des Verrechnungsproblems

Wenn Sie ein anderes Lehrbuch zur Kostenrechnung aufschlagen, werden Sie unter dem Stichwort »Kostenstellenrechnung« eine Vielzahl von Methoden finden, die nacheinander ausführlich beschrieben werden. Was bei dieser Darstellung zumeist fehlt, ist eine explizite Begründung, warum es gerade diese Verfahren gibt (warum nicht mehr, warum nicht weniger?) und wie diese Verfahrensvarianten zueinander in Beziehung stehen (schließen sie sich aus, ergänzen sie sich?). Diese Begründung kann nur gelingen, wenn man zuvor die zu Grunde liegende Abbildungsaufgabe strukturiert. Für diese Strukturierung erweisen sich insbesondere drei Kriterien als bestimmend:

- das jeweilige Kalkulationsobjekt,
- der Umfang der Kostenverrechnung und die
- Art der Verflechtung der Leistungsströme.

Kriterien zur Differenzierung der Verrechnungsaufgabe der Kostenstellenrechnung

1.1. Verrechnungsobjekt

Im 16. Kapitel haben wir ausführlich die Grundformen der Kalkulation von Leistungen dargestellt. Diese Diskussion wurde wesentlich von der Frage bestimmt, ob sich die Kalkulationsaufgabe auf die einzelnen erstellten Leistungseinheiten richtet oder nicht. Diese Differenzierung ist natürlich auch für die Kostenstellenrechnung relevant.

Eine *einzelleistungsbezogene Verrechnung* wird man angesichts der mit ihr verbundenen hohen Kosten nur dann wählen, wenn die hohe Abbildungsgenauigkeit explizit benötigt wird. Hierfür können sehr unterschiedliche Gründe maßgeblich sein:

- Man vermutet ein *hohes Rationalisierungspotenzial* in der entsprechenden Kostenstelle, zu dessen Aufdeckung eine genaue Leistungserfassung und -kalkulation hilfreich ist. Eine derartige Situation liegt z.B. im Logistikbereich vieler Unternehmen vor. Empirische Beispiele zeigen eindrucksvoll auf, dass Lager-, Umschlags- und Transportkosten durch eine detaillierte Abbildung, Planung und Kontrolle oftmals deutlich reduzierbar sind.
- Man beobachtet, dass *ohne eine genaue Verrechnung* erstellter innerbetrieblicher Leistungen mit diesen – als »freie Güter« – bei den Leistungsempfängern *unwirtschaftlich verfahren* wird. Immer dann, wenn interne Leistungen kostenlos sind (z.B. Beratungsleistungen von Stabskostenstellen), besteht die Gefahr, mehr davon in Anspruch zu nehmen, als tatsächlich benötigt werden. Eine Leistungskalkulation und -verrechnung erzieht dagegen zu einem wirtschaftlichen Umgang mit knappen Ressourcen. So bemüht man sich beispielsweise in den Unternehmen verstärkt darum, Instandhaltungs- und Anlagenverbesserungskosten systematisch den einzelnen Instandhaltungsobjekten (insbesondere Produktionsanlagen) zuzurechnen, um damit valide Aussagen über Höhe, Struktur und Beeinflussbarkeit dieser Kosten in den anlagennutzenden Kostenstellen zu gewinnen.

Gründe für eine einzelleistungsbezogene Kalkulation

Verrechnung der Kosten zwischen Kostenstellen

- Eine Kostenstelle produziert außerhalb ihres »normalen« Leistungsprogramms *Sonderleistungen* oder für Sonderabnehmer. Dieser Fall tritt in der Praxis relativ häufig auf. Ein typisches Beispiel ist etwa die Produktion von Ersatzteilen für die Instandhaltungsabteilung durch die Endkostenstelle Dreherei in einem Maschinenbauunternehmen oder der Eigenbau einer Anlage für den Eigengebrauch, an dem mehrere Vor- und Endkostenstellen beteiligt sind. Derartige Sonderfälle »stören« den normalen Verrechnungsweg in der Kostenstellenrechnung und werden deshalb »vorab«, durch entsprechende einzelleistungsbezogene Verrechnungen berücksichtigt.

Liegen die soeben skizzierten Gründe nicht vor, scheut man häufig die hohen mit einer einzelleistungsbezogenen Verrechnung verbundenen Erfassungskosten und wendet weniger exakte Verrechnungswege an. Im ungenauesten Fall sehen diese den Ansatz von pauschalen Schlüsseln vor.

> Schlüssel sind in der Kostenrechnung Größen zur Verrechnung von Kosten einer Kostenstelle auf andere Kostenstellen, die sich von der Erfassung tatsächlich erbrachter Leistungen lösen und statt dessen lediglich auf mehr oder weniger plausiblen »Leistungsvermutungen« basieren.

So verrechnet man beispielsweise häufig die Kosten einer Sozialstation nach der Zahl der Beschäftigten auf die Kostenstellen, unterstellend, dass »in the long run« das Krankheitsrisiko bzw. die Behandlungshäufigkeit eines Mitarbeiters in jeder Kostenstelle gleich hoch ist. Eine genaue Aufzeichnung der Behandlungsfälle würde in aller Regel deutliche Abweichungen von dieser Annahme zeigen, ist aber auch mit deutlich höherem Erfassungsaufwand verbunden.

Schlüssel werden in der Kostenrechnung sehr häufig verwendet

Schlüssel werden in der Praxis überaus häufig verwendet. Dies gilt insbesondere für die Unternehmen, deren Kostenrechnung nach den Prinzipien der Vollkostenrechnung aufgebaut ist, die die Kosten damit nach dem Verursachungsprinzip in der Kostenstellenrechnung verrechnen – wir werden auf dieses Kostenrechnungssystem im 20. Kapitel noch näher eingehen. Schlüssel werden – allerdings weit seltener – aus Wirtschaftlichkeitsgründen auch dann herangezogen, wenn man die innerbetrieblichen Leistungen gemäß dem Marginalprinzip kalkuliert. Ein typisches Beispiel hierfür sind Hilfsstoffkosten, die man exakt einzelleistungsbezogen erfassen könnte, worauf man aber zugunsten einer leicht anzuwendenden Verteilung mit Hilfe eines Schlüssels verzichtet. Hierbei spricht man dann – wie wir schon gesehen haben – von »unechten Gemeinkosten«. Einen Überblick über die wichtigsten Arten von Schlüsseln gibt die *Abbildung 19-1*.

Das Abgehen von einer einzelleistungsbezogenen Kostenverrechnung kann allerdings auch weniger weit gehen, als auf sehr pauschale Schlüssel zurückzugreifen. Kostenrechner beschreiten häufig den Weg, den *Grad der Leistungsdifferenzierung zu vermindern*. Bezogen auf das Beispiel der Sozialstation bedeutet dies dann etwa, nicht die Art und Dauer der Behandlung verrechnungsrelevant zu erfassen, sondern lediglich die Zahl der Behandlungsfälle. Wie unterschiedlich die Ergebnisse unterschiedlicher Verrech-

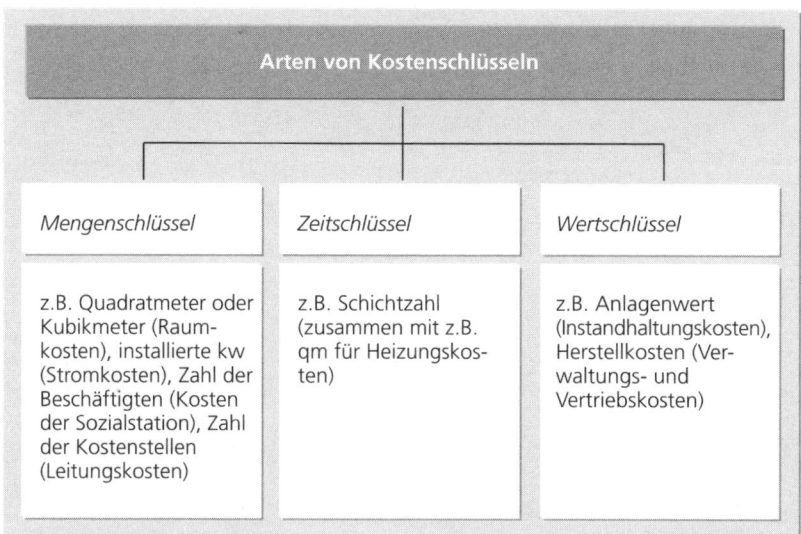

Abb. 19-1: Überblick über
wichtige Arten von
Schlüsseln

nungsverfahren ausfallen können, soll ein kleines Beispiel demonstrieren, das zugegebenermaßen konstruiert, aber nicht atypisch ist (vgl. die *Abbildung 19-2* auf der Folgeseite). Betrachtet wird eine Instandhaltungswerkstatt, die für drei Fertigungskostenstellen zuständig ist. Als Verrechnungsmodi werden unterschieden:

Verrechnung auf Basis von Schlüsseln
- Zahl der Fertigungskostenstellen
- Wert der in den Fertigungskostenstellen installierten Anlagen
- Abschreibungen der in den Fertigungskostenstellen installierten Anlagen.

Leistungsbezogene Verrechnung
- Geleistete Instandhaltungsstunden
- Geleistete Instandhaltungsstunden und verbrauchtes Material.

Darüber, welcher der angegebenen Schlüssel der beste – im Sinne von der Leistungsstruktur angemessenste – ist, lässt sich trefflich streiten. Während man die Zahl der »betreuten« Kostenstellen noch vergleichsweise einfach als sehr willkürlich klassifizieren kann, finden sich für die beiden anderen Ansätze durchaus empirische Belege (z.B. *Heck* 1980, S. 115-126). Abgesehen von dem dadurch auftretenden Wahlproblem sind beide allenfalls grobe Näherungslösungen, denn das, was als grundsätzlicher statistisch ermittelbarer Zusammenhang bestimmbar ist, muss und wird nicht auf jeden Einzelfall zutreffen.

Das Beispiel zeigt im Ergebnis sehr stark voneinander abweichende Verteilungen der Instandhaltungskosten. Dies macht unmittelbar deutlich, dass in der Kostenstellenrechnung dann, wenn man auf eine exakte leistungsbezogene Verrechnung verzichtet, ein erheblicher Spielraum zur Allokation von Kosten besteht. Dies kann zum einen von Unternehmen bewusst ausgenutzt werden, etwa für interne Lenkungszwecke, aber auch für an Unter-

Über Schlüssel lässt sich
trefflich streiten – es gibt
keinen »einzig richtigen«
Schlüssel, nur einen
mehr oder weniger
zweckmäßigen!

Verrechnung der Kosten
zwischen Kostenstellen

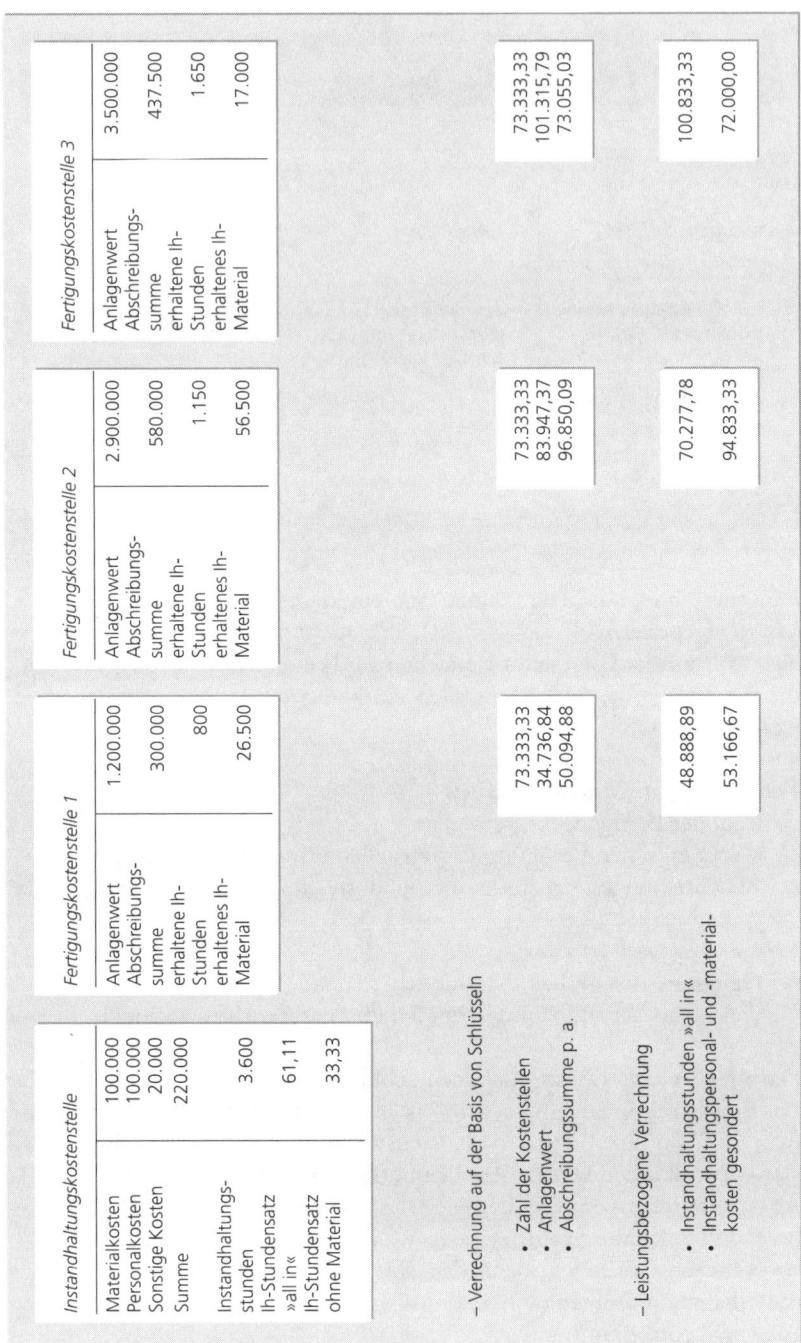

Abb. 19-2: Beispielhafte Gegenüberstellung unterschiedlicher Verrechnungsmodi

nehmensexterne gerichtete Auswertungen, so etwa für die Kalkulation der Selbstkosten öffentlicher Aufträge. So kann man diejenigen Endkostenstellen stärker belasten (d. h. Schlüssel wählen, die dieses bewirken), über die diese Aufträge schwerpunktmäßig abgewickelt werden. Der Spielraum bewirkt zum anderen aber auch potenzielle Motivationsprobleme beim Empfänger der innerbetrieblichen Leistungen: Es kann von einem Kostenstellenleiter nicht verlangt werden, die Berechnung sämtlicher seiner Kostenstelle angelasteten Umlagen zu hinterfragen bzw. nachzuvollziehen; er nimmt diese zumeist als »gottgegeben«, von ihm nicht beeinflussbar hin. Bedenkt man, dass derartigen Umlagen stets Leistungen gegenüberstehen, die wirtschaftlich zu steuern sind, wird die Problematik dieser Einstellung deutlich.

Schließlich scheitert eine genaue einzelleistungsbezogene Verrechnung häufig auch an der Art der von den Kostenstellen erbrachten Leistungen. Wie wir schon im 15. Kapitel gesehen haben, bestehen für Dienstleistungen, speziell für Verwaltungsleistungen, grundsätzliche Messprobleme. Wenn man die Kosten solcher Kostenstellen überhaupt verrechnen will, bleibt keine andere Möglichkeit, als zu sehr pauschalen, durchaus problematischen Schlüsseln zu greifen, so etwa die Kosten der Fertigungsleitung nach der Zahl der »Köpfe« auf die Fertigungskostenstellen zu verteilen.

1.2.　Verrechnungsumfang

Im 16. Kapitel haben wir als zwei grundsätzliche Verrechnungsumfänge (Anteile der in die Verrechnung einbezogenen Kosten) die *Vollkosten* und die *Grenzkosten* kennen gelernt. Erstere wurden aus dem Verursachungsprinzip (in seiner Interpretation als Finalprinzip), letztere aus dem Marginalprinzip abgeleitet. Im letzten Kapitel kam – als zwischen diesen beiden grundsätzlichen Wertansätzen liegend – die Verrechnung der variablen Kosten hinzu, wobei die Abgrenzung der einzubeziehenden variablen Kosten auf den für eine kostenstellenbezogene Kostenplanung relevanten Zeithorizont (zumeist 1 Jahr) abstellt. Auch diese fasst man in der Literatur als unter das Marginalprinzip fallend auf. Die drei unterschiedlichen Verrechnungsumfänge sind auch für die Kalkulation der innerbetrieblichen Leistungen innerhalb der Kostenstellenrechnung maßgebend. In einführenden Lehrbüchern zur Kostenrechnung kommt diese Pluralität zumeist zu kurz. Im Abschnitt zur Kostenstellenrechnung werden nur Vollkostenverrechnungen diskutiert. Auf die Verrechnung der variablen Kosten bzw. der Grenzkosten geht man (erst) im Rahmen der Darstellung »moderner« Teilkostenrechnungssysteme ein – was man unter diesen zu verstehen hat und warum das »modern« in Anführungszeichen steht, werden wir später noch näher betrachten.

Unterschiedliche Wertansätze können auch für die Verrechnung innerhalb der Kostenstellenrechnung gelten

Bei einer Verrechnung nur eines Teils der Kosten von einer Vorkostenstelle auf andere Vorkostenstellen gilt es, an dieser Stelle nur auf zwei Tatbestände aufmerksam zu machen. Zum einen stellt sich die Frage, was denn mit den auf einer Vorkostenstelle verbleibenden Kosten geschieht. Auf diese Frage sind insgesamt drei Antworten entwickelt worden:

Behandlung nicht verrechneter Kosten, die im ersten Schritt bei den Kostenstellen verblieben sind

- Sie werden am Periodenende in einem »großen Topf« gesammelt, über alle Kostenstellen hinweg zusammengefasst und den über die direkt zurechenbaren Kosten hinaus von den Produkten erzielten Erfolgen (Deckungsbeiträgen) gegenübergestellt. In dieser Weise verfährt das Teilkostenrechnungssystem »*Direct Costing*«.

- Sie werden den Produkten soweit differenziert wie irgend möglich zugeordnet. Hierzu fasst man die Produkte zu Gruppen und Sparten zusammen. Der Grundgedanke dabei ist der folgende: Wenn bestimmte Kosten nicht den einzelnen Produkteinheiten zugerechnet werden können, besteht eine Zurechenbarkeit vielleicht jedoch für das Produkt insgesamt (z.B. Kosten des Produkt-Managers) oder für eine Produktgruppe oder -sparte. Ein solches Vorgehen ist für die »*Stufenweise Fixkostendeckungsrechnung*« typisch.
- Sie werden zwar nicht im ersten, wohl aber in einem sich anschließenden zweiten Abrechnungsgang verrechnet: Zunächst erfolgt eine Kalkulation mit den Grenzkosten; kennt man diese Werte, schließt sich eine Vollkosten-Kalkulation an. Diese auf den ersten Blick etwas skurril wirkende Variante ist sehr häufig verbreitet (»*Parallelkalkulation*«). Sie ermöglicht es, für unterschiedliche Fragen die jeweils passenden Werte auszuwählen. Ihre Realisierung ist softwaretechnisch kein Problem.

Zuordnung der verrechneten
Kosten zu Kostenkategorien
in der empfangenden
Kostenstelle

Auf diese Antworten werden wir später noch detaillierter eingehen. Zum anderen stellt sich erfahrungsgemäß bei der Verrechnung nur variabler Kosten bzw. allein der Grenzkosten die Frage, was denn mit diesen Kosten in der Kostenstelle passiert, die die Kosten (wie die dazugehörigen Leistungen) empfängt, konkret, ob sie dort zur selben Kostenkategorie zählen wie in der leistenden bzw. verrechnenden Kostenstelle oder nicht. Eine generell gültige Antwort hierauf lässt sich nicht geben. So können die variablen Stromkosten des unternehmenseigenen Kraftwerks in der Kostenstelle Dreherei als Antriebsstrom für die Drehbänke wiederum variabel sein, in der Kostenstelle Fertigungsleitung als Beleuchtungsstrom dagegen fix. Kostenspaltung ist – wie wir schon im letzten Kapitel diskutiert haben – ein kostenstellenbezogenes, auf den einzelnen Leistungserstellungsprozess abstellendes Vorgehen.

1.3. Form der Leistungsverflechtung

Als letztes – und sehr wesentliches – Strukturmerkmal der kostenstellenbezogenen Kostenverrechnung ist die Form der Leistungsverflechtung zu diskutieren. Im 14. Kapitel (*Abbildungen 14-6* und *14-7*) haben wir die hierzu relevante Unterscheidung zwischen einer einseitigen und einer *wechselseitigen Leistungsbeziehung* bereits kennen gelernt. Wie man einseitige Leistungsbeziehungen in der Kostenrechnung berücksichtigt, wurde ebenfalls schon oftmals in diesem Lehrbuch gezeigt. Es stellt sich hier somit allein die Frage, was denn das für die Kalkulation Besondere einer wechselseitigen Leistungsbeziehung, einer Leistungsverflechtung, ausmacht. Um dieses zu demonstrieren, wollen wir uns ein kleines Beispiel ansehen.

Betrachtet seien zwei Vorkostenstellen, eine Instandhaltungsstelle und eine Gebäudekostenstelle, die beide für diverse andere Kostenstellen innerbetriebliche Leistungen erbringen. Einen kleinen Anteil des Leistungsvolumens tauschen beide untereinander aus (vgl. die Angaben im ersten Teil der *Abbildung 19-3*). Beide Kostenstellen werden am Jahresende mit Hilfe einer

Gebäude	
Gesamtleistung [qm]	2.456,00
Anteil Instandhaltung [qm]	212,00
Primärkosten	455.880,57
Kosten pro Leistungseinheit	185,62
Verrechnung an andere Kostenstellen	416.529,32
Verrechnung an Instandhaltung	39.351,25
Verrechnung von Instandhaltung	60.525,05

Instandhaltung	
Gesamtleistung [h]	12.567,00
Anteil Gebäude [h]	1.345,00
Primärkosten	565.515,45
Kosten pro Leistungseinheit	45,00
Verrechnung an andere Kostenstellen	504.990,40
Verrechnung an Gebäude	60.525,05
Verrechnung von Gebäude	39.351,25

1. Iterationsschritt

Gebäude	
Gesamtleistung [qm]	2.456,00
Anteil Instandhaltung [qm]	212,00
Primärkosten	455.880,57
Kosten pro Leistungseinheit	185,62
Verrechnung an andere Kostenstellen	416.529,32
Verrechnung an Instandhaltung	39.351,25
Verrechnung von Instandhaltung	60.525,05
Delta-Kosten pro Leistungseinheit	24,64
Verrechnung an Instandhaltung	5.224,47
Verrechnung an andere Kostenstellen	55.300,57
Summe Verrechnung andere Kst.	471.829,89
Verrechnung von Instandhaltung	4.211,62

Instandhaltung	
Gesamtleistung [h]	12.567,00
Anteil Gebäude [h]	1.345,00
Primärkosten	565.515,45
Kosten pro Leistungseinheit	45,00
Verrechnung an andere Kostenstellen	504.990,40
Verrechnung an Gebäude	60.525,05
Verrechnung von Gebäude	39.351,25
Delta-Kosten pro Leistungseinheit	3,13
Verrechnung an Gebäude	4.211,62
Verrechnung an andere Kostenstellen	35.139,63
Summe Verrechnung andere Kst.	540.130,04
Verrechnung von Gebäude	5.224,47

2. Iterationsschritt

Gebäude	
Gesamtleistung [qm]	2.456,00
Anteil Instandhaltung [qm]	212,00
Primärkosten	455.880,57
Kosten pro Leistungseinheit	185,62
Verrechnung an andere Kostenstellen	416.529,32
Verrechnung an Instandhaltung	39.351,25
Verrechnung von Instandhaltung	60.525,05
Delta-Kosten pro Leistungseinheit	24,64
Verrechnung an Instandhaltung	5.224,47
Verrechnung an andere Kostenstellen	55.300,57
Summe Verrechnung andere Kst.	471.829,89
Verrechnung von Instandhaltung	4.211,62
Delta-Kosten pro Leistungseinheit	1,71
Verrechnung an Instandhaltung	363,54
Verrechnung an andere Kostenstellen	3.848,08
Summe Verrechnung andere Kst.	475.677,97
Verrechnung von Instandhaltung	559,16

Instandhaltung	
Gesamtleistung [h]	12.567,00
Anteil Gebäude [h]	1.345,00
Primärkosten	565.515,45
Kosten pro Leistungseinheit	45,00
Verrechnung an andere Kostenstellen	504.990,40
Verrechnung an Gebäude	60.525,05
Verrechnung von Gebäude	39.351,25
Delta-Kosten pro Leistungseinheit	3,13
Verrechnung an Gebäude	4.211,62
Verrechnung an andere Kostenstellen	35.139,63
Summe Verrechnung andere Kst.	540.130,04
Verrechnung von Gebäude	5.224,47
Delta-Kosten pro Leistungseinheit	0,42
Verrechnung an Gebäude	559,16
Verrechnung an andere Kostenstellen	4.665,32
Summe Verrechnung andere Kst.	544.795,35
Verrechnung von Gebäude	363,54

Abb. 19-3: Grundprinzipien der Iteration im Falle wechselseitiger Leistungsverflechtungen

Verrechnung der Kosten
zwischen Kostenstellen

Verrechnungssatzkalkulation bzw. Divisionskalkulation vollständig entlastet – zumindest versucht man dieses, denn nach dem gewohnten Rechengang stehen auf beiden Kostenstellen wiederum Kosten belastet (60.525,05 Euro Instandhaltungskosten bei der Gebäudekostenstelle bzw. 39.351,25 Euro Raumkosten bei der Instandhaltungskostenstelle). Der Grund hierfür ist einfach: Um die gesamten Kosten der Gebäudekostenstelle zu kennen, muss man wissen, was eine Stunde Instandhaltungsleistung kostet. Dieser Verrechnungspreis seinerseits ist nicht bekannt, solange man nicht den Preis pro qm genutzten Gebäudes weiß – ein Teufelskreis. Die Verrechnung im ersten Teil der *Abbildung 19-3* steckt hiervor quasi den Kopf in den Sand, negiert den circularen Leistungsverbund, allerdings – wie man sieht – ohne Erfolg. Die Abrechnungsaufgabe ist nach dem ersten Verrechnungsschritt nicht gelöst, denn die Kostenstellen sind noch nicht vollständig entlastet.

Lösung des Problems durch
immer wiederholtes Machen
desselben Fehlers!

Was nun folgt, widerspricht sämtlichen Erkenntnissen der Lerntheorie: Den offensichtlichen Verrechnungsfehler kann man dann heilen, wenn man ihn nur oft genug hintereinander begeht, man aus dem Fehler somit anscheinend gar nicht klug wird! Im Ernst: Die Grundidee, deren Erfolg im zweiten und dritten Teil der *Abbildung 19-3* deutlich abzulesen ist, besteht darin, dieselbe Verrechnungsprozedur solange iterativ auf den durch Rückverrechnung sich ergebenden Verrechnungs»rest« anzuwenden, bis dieser Rest unbedeutend geworden ist. Die *Abbildung 19-3* beschränkt sich darauf, lediglich die ersten beiden Schritte dieses »*Iterationsverfahrens*« zu zeigen. Die Reduktion des Rests um jeweils eine Zehnerpotenz ist eindrucksvoll genug. Nach zwei weiteren Iterationsschritten ist man im Bereich weniger Euro, so dass man in praxi das Verfahren an dieser Stelle abbrechen kann. Beide Kostenstellen sind bis auf einen unbedeutenden Rest vollständig entlastet; sie haben ihre Kosten in toto an die anderen leistungsempfangenden Kostenstellen verrechnet.

Intellektuell anregend ist das Iterationsverfahren gerade nicht, eher etwas stumpfsinnig, da dieselbe Prozedur immer wiederholt, dieselbe Rechenschleife immer wieder durchlaufen wird, bis ein akzeptables Ergebnis vorliegt. Dennoch wird es in der Praxis standardmäßig angewandt. Dieser scheinbare Widerspruch löst sich schnell auf, wenn man bedenkt, dass Kostenrechnung in praxi nur noch als DV-Programm denkbar ist: Einer DV-Anlage ist es angesichts der heutigen Rechnergeschwindigkeiten weitgehend egal, wie häufig bestimmte Rechenoperationen innerhalb eines unveränderten Abrechnungsrahmens durchlaufen werden müssen.

Kostenrechnung finden Sie
heute in der Praxis nur noch
als DV-Programm

Aber auch die intellektuell anregendere Lösungsvariante wechselseitiger Leistungsverflechtung sei Ihnen nicht vorenthalten, wenngleich mit einem System linearer Gleichungen heute ebenfalls kein Nobelpreis mehr zu gewinnen ist:

> Das Gleichungsverfahren erfasst zunächst die innerbetrieblichen Leistungsverflechtungen durch ein System linearer Gleichungen, in das die Mengen innerbetrieblicher Leistungen als bekannte Daten, die gesuchten Verrechnungspreise dagegen als unbekannte Größen (Variablen) eingehen. Die Anzahl der Gleichungen entspricht der Zahl der in die gegenseitige Leistungsverrechnung einbezogenen Leistungsbeziehungen (vgl. *Hummel/Männel* 1986, S. 230).

Um dies zu verdeutlichen, zeigt die *Abbildung 19-4* für das uns bekannte Beispiel der beiden Vorkostenstellen die Aufstellung der beiden Gleichungen und die (wenig problematische) Lösung des Gleichungssystems. Der Preis von 212,22 Euro pro qm Raumfläche, den die anderen Kostenstellen (außer der Instandhaltungsstelle – die Verrechnung von Kosten zu dieser Kostenstelle ist ja im Verrechnungssatz implizit schon berücksichtigt) entrichten müssen, stimmt dabei weitgehend mit dem Ergebnis des 2. Iterationsschrittes der *Abbildung 19-3* überein (185,62 Euro + 24,64 Euro + 1,71 Euro =) 211,97 Euro, kann aber durch ein Iterationsverfahren prinzipiell nie genau erreicht, sondern nur beliebig angenähert werden.

---

1. Aufstellung der Gleichungen

Gebäudekostenstelle

$$
\begin{array}{rcl}
\text{Kostenbelastung} & = & \text{Kostenentlastung} \\
\text{Primärkosten + Sekundärkosten} & = & \text{Kostenentlastung} \\
Pk_g + (m_i \cdot p_i) & = & m_g \cdot p_g \\
455.880{,}57\ \text{€} + 1.345\ \text{h} \cdot p_i & = & 2.456\ \text{qm} \cdot p_g
\end{array}
$$

Instandhaltungskostenstelle

$$
\begin{array}{rcl}
\text{Kostenbelastung} & = & \text{Kostenentlastung} \\
\text{Primärkosten + Sekundärkosten} & = & \text{Kostenentlastung} \\
Pk_i + (m_g \cdot p_g) & = & m_i \cdot p_i \\
565.515{,}45\ \text{€} + 212\ \text{qm} \cdot p_g & = & 12.567\ \text{h} \cdot p_i
\end{array}
$$

2. Lösung des Gleichungssystems

$$
\begin{array}{rcl}
45{,}00\ \text{€/h} + 0{,}0169\ \text{qm/h} \cdot p_g & = & p_i \\[4pt]
455.880{,}57\ \text{€} + 1.345\ \text{h} \cdot & & \\
(45{,}00\ \text{€/h} + 0{,}0169\ \text{qm/h} \cdot p_g) & = & 2.456\ \text{qm} \cdot p_g \\[4pt]
185{,}62\ \text{€/qm} + 0{,}5476\ \text{h/qm} \cdot & & \\
(45{,}00\ \text{€/h} + 0{,}0169\ \text{qm/h} \cdot p_g) & = & p_g \\
185{,}62\ \text{€/qm} + 24{,}64\ \text{€/qm} + 0{,}009254 \cdot p_g & = & p_g \\
210{,}26\ \text{€/qm} & = & 0{,}990746\ p_g \\
p_g & = & 212{,}22\ \text{€/qm} \\[4pt]
45{,}00\ \text{€/h} + 0{,}0169\ \text{qm/h} \cdot 212{,}22\ \text{€/qm} & = & p_i \\
p_i & = & 48{,}59\ \text{€/h}
\end{array}
$$

Abb. 19-4: Lösung wechselseitiger Leistungsverflechtungen mit Hilfe des Gleichungsverfahrens

2. Standardverrechnung von Kostenstellenleistungen

An dieser Stelle ist die meiste Arbeit zur Erklärung der Verrechnungsvorgänge innerhalb der Kostenstellenrechnung bereits geleistet – auch wenn wir gerade erst die Hälfte des Kapitels gemeinsam hinter uns gebracht haben.

Sie werden in diesem Abschnitt sehen, dass – wie schon oftmals vorher »versprochen« – die »normale« innerbetriebliche Leistungsverrechnung lediglich eine mehrfache Anwendung derselben Verrechnungsmodi darstellt, nur Verrechnungsfleiß, nicht Verrechnungsesprit verlangt. Der Abschnitt 3. wird sich dann mit der Verrechnung von außerhalb des normalen Leistungsspektrums der Kostenstellen erbrachten innerbetrieblichen Leistungen befassen.

2.1. Anbauverfahren

Ziel der Kostenverrechnung in der Kostenstellenrechnung ist die sukzessive Zuordnung der (Kostenträger-)Gemeinkosten auf die betrieblichen Erzeugnisse. Will man es sich möglichst einfach machen, kann man diese Aufgabe sehr schnell lösen, indem jede Vorkostenstelle ausschließlich an Endkostenstellen verrechnet, indem man somit alle Leistungsbeziehungen zwischen den Vorkostenstellen vernachlässigt. Für dieses Vorgehen hat sich der Begriff »*Anbauverfahren*« gebildet.

> Das Anbauverfahren ist ein Verfahren zur standardmäßigen Verrechnung der auf den Vorkostenstellen gesammelten Kosten auf die Endkostenstellen. Um Verrechnungsaufwand einzusparen, werden die zwischen den Vorkostenstellen bestehenden Leistungsbeziehungen nicht berücksichtigt.

Wie das Anbauverfahren im Detail vorgeht, zeigt die *Abbildung 19-5* für einen kleinen Beispielbetrieb mit 6 Vorkostenstellen und 5 Endkostenstellen (vgl. Seite 472). Der erste Teil der Abbildung gibt die Primärkosten der Vorkostenstellen wieder, daneben für die Endkostenstellen lediglich die Abschreibungen, die hier als Schlüssel zur Verteilung der Instandhaltungskosten für die Kostenverrechnung herangezogen werden: Da wir die Endkostenstellenkosten nicht weiter verrechnen wollen, die Kostenstellenrechnung mit anderen Worten nicht in eine Kostenträgerrechnung einfließen lassen wollen, brauchen wir für die Endkostenstellen nicht die gesamten Primärkosten anzugeben. Der zweite Teil der *Abbildung 19-5* führt die Ausgangsdaten auf, die für die im Beispiel gewählten Verteilungsschlüssel erforderlich sind:

- Quadratmeter zur Verteilung der Gebäudekosten,
- installierte Kilowatt als Maß zur Umlage der Stromkosten und
- Zahl der Beschäftigten zur Verrechnung der Primärkosten der Sozialstation, der Fertigungsleitung und der Arbeitsvorbereitung.

Der dritte und letzte hier noch etwas zu erklärende Teil der *Abbildung 19-5* zeigt schließlich die direkte, unmittelbare Umlage aller Vorkostenstellen an die Endkostenstellen. Alle Leistungsverflechtungen zwischen den Vorkostenstellen bleiben unberücksichtigt.

Die Beurteilung des Anbauverfahrens ist schnell vollzogen: Die Vernachlässigung von Leistungsbeziehungen zwischen Vorkostenstellen führt zu Abbildungsfehlern. »Die sich in solchen Fällen ergebenden Ungenauigkeiten kann die Praxis nur dann hinnehmen, wenn die zwischen einzelnen Vorkostenstellen fließenden Leistungsströme nicht von allzu großer Bedeutung sind« (*Hummel/Männel* 1986, S. 229). Das zu bestimmen, was eine »nicht allzu große Bedeutung« ausmacht, ist allerdings – man merkt es schon der wachsweichen Formulierung an – nicht immer leicht möglich. Letztlich werden wir auch hier – wie schon so häufig – mit dem Problem konfrontiert, dass man den Nutzen exakter (und damit zugleich den Schaden ungenauerer) Kostendaten nicht präzise ermitteln kann.

2.2.   Stufenleiterverfahren

Um die Ungenauigkeiten des Anbauverfahrens zu vermeiden, d.h. um eine – im Rahmen des gegebenen Verrechnungsmodus der Vollkostenrechnung – exakte Verrechnung zu erreichen, muss man Kosten auch zwischen den Vorkostenstellen verrechnen. Hierzu kann man in einem ersten Ansatz versuchen, die Verrechnungsaufgabe durch eine sukzessive, kumulierende Verrechnung zu lösen. Diese erfordert es, die Vorkostenstellen in eine bestimmte Ordnung zu bringen. In dieser Ordnung beginnt der Abrechnungsgang mit einer Vorkostenstelle, die (möglichst) keine innerbetrieblichen Leistungen von anderen Vorkostenstellen empfängt, umgekehrt aber an diese und/oder an Endkostenstellen solche abgibt. An der zweiten Stelle des Abrechnungsgangs steht eine Vorkostenstelle, für die das soeben Gesagte ebenfalls zutrifft, allerdings bis auf die Tatsache, dass sie von der zuerst betrachteten Vorkostenstelle Leistungen empfängt und Kosten belastet bekommt. Wie die Verrechnungsbeziehungen der als Dritte berücksichtigten Kostenstelle aussieht, können Sie sich jetzt sicherlich alleine vorstellen – oder Sie betrachten hierzu nochmals die *Abbildung 19-5* (diesmal den Teil auf der Seite 435). Ihr ist auch auf den ersten Blick zu entnehmen, wieso ein derartiges Kalkulationsvorgehen mit »Stufenleiterverfahren« bezeichnet wird: Es zeigt sich durch die fortschreitende Entlastung der Vorkostenstellen ein typischer treppenförmiger Verlauf. Die letzte Vorkostenstelle belastet all ihre Kosten direkt an die Endkostenstellen weiter.

Vergleicht man die Summen der an die Endkostenstellen verrechneten Kosten des Stufenleiterverfahrens und des Anbauverfahrens, so zeigen sich durchweg Differenzen: Die Kostenstellen Endbearbeitung und Verwaltung und Vertrieb werden weniger stark, die anderen Endkostenstellen stärker belastet. Beiden Abbildungen ist auch unmittelbar der Grund hierfür zu entnehmen: Die Verrechnungssätze sind für die zuerst verrechneten Vorkostenstellen beim Stufenleiterverfahren niedriger, für die »hinteren« Vorkostenstellen dagegen höher (da zunehmend mit Sekundärkosten anderer Vor-

Verrechnung der Kosten zwischen Kostenstellen

Ausgangsdaten

Kostenarten \ Kostenstellen	Gebäude	Strom-erzeugung	Sozial-station	Instand-haltung	Fertigungs-leitung	Arbeitsvor-bereitung	Dreherei	Schlosse-rei	Härterei	Endbear-beitung	Verwal-tung
							Endkostenstellen				
		Vorkostenstellen									
Gemeinkostenmaterial	0	0	4.500	6.750	1.000	3.000					
Betriebsstoffkosten	0	1.900	0	1.250	0	0					
Energiekosten	0	450.000	0	0	0	0					
Gemeinkostenlöhne	0	90.000	0	180.000	0	45.000					
Gehälter	60.000	80.000	180.000	60.000	220.000	240.000	500.000	650.000	700.000	500.000	125.000
Abschreibungen	280.000	200.000	20.000	25.000	2.000	15.000					
Sonstige Kosten	105.000	12.000	2.000	5.000	10.000	5.000					
SUMME	445.000	833.900	206.500	278.000	233.000	308.000					

Verteilungsziffern

	Gebäude	Strom-erzeugung	Sozial-station	Instand-haltung	Fertigungs-leitung	Arbeitsvor-bereitung	Dreherei	Schlosse-rei	Härterei	Endbear-beitung	Verwal-tung
qm		200	150	100	30	80	1.250	850	1.500	2.000	1.000
Installierte kw	2.000		250	1.000	250	500	20.000	20.000	30.000	20.000	2.000
Beschäftigte	1	3	3	5	2	5	30	40	25	50	10

Kostenverrechnung Anbauverfahren

	Verrechnungssätze		Dreherei	Schlosse-rei	Härterei	Endbear-beitung	Verwal-tung
Verrechnung Gebäudekosten	67,42	(nach qm)	84.280	57.311	101.136	134.848	67.424
Verrechnung Stromkosten	9,06	(nach installierten kw)	181.283	181.283	271.924	181.283	18.128
Verrechnung Sozialstation	1.332,26	(nach der Zahl der Beschäftigten)	39.968	53.290	33.306	66.613	13.323
Verrechnung Instandhaltung	0,11	(nach der Abschreibungshöhe)	56.162	73.010	78.626	56.162	14.040
Verrechnung Fertigungsleitg.	1.606,90	(nach der Zahl der Beschäftigten)	48.207	64.276	40.172	80.345	
Verrechnung Arbeitsvorbereit.	2.124,14	(nach der Zahl der Beschäftigten)	63.724	84.966	53.103	106.207	
SUMME			473.623	514.135	578.269	625.457	112.915

Abb. 19-5: Beispiel zur Veranschaulichung des Anbau- und des Stufenleiterverfahrens

Kostenverrechnung Stufenleiterverfahren

											Gebäude
Verrechnung Gebäudekosten	62.151	124.302	93.226	52.828	77.689	4.972	1.865	6.215	9.323	12.430	62,15
Kosten nach Verrechnung						312.972	234.865	284.215	215.823	846.330	
Verrechnung Stromkosten	18.007	180.070	270.105	180.070	180.070	4.502	2.251	9.004	2.251	9,00	
Kosten nach Verrechnung						317.474	237.115	293.219	218.074		
Verrechnung Sozialstation	13.058	65.291	32.646	52.233	39.175	6.529	2.612	6.529	1.305,83		
Kosten nach Verrechnung						324.003	239.727	299.748			
Verrechnung Instandhaltung	15.036	60.142	84.199	78.185	60.142	1.804	241	0,12			
Kosten nach Verrechnung						325.807	239.968				
Verrechnung Fertigungsltg.	0	79.989	39.995	63.991	47.994	7.999	1.599,78				
Kosten nach Verrechnung						333.806					
Verrechnung Arbeitsvorbereit.	0	115.106	57.553	92.084	69.063	2.302,11					
SUMME	108.252	624.900	577.724	519.392	474.133						

kostenstellen belastet) als beim Anbauverfahren. Allerdings handelt es sich hierbei nur um eine Tendenzaussage; der Umlagesatz der Fertigungsleitung pro Beschäftigten ist im Beispiel beim Stufenleiterverfahren niedriger als beim Anbauverfahren.

Die Validität eines solchen Verrechnungsvorgehens steht und fällt mit einer Prämisse:

> Das Stufenleiterverfahren geht davon aus, dass nur einseitige Leistungsbeziehungen zwischen den Vorkostenstellen bestehen bzw. dass Leistungsrückflüsse unbedeutend sind.

Gilt diese Prämisse nicht, liefert auch das Stufenleiterverfahren falsche Ergebnisse. Im Beispiel werden so vier Leistungsrückflüsse nicht erfasst: (1) die Leistungen der Fertigungsleitung für die Stromerzeugung und die Instandhaltung (8 von 155 betreuten Mitarbeitern), (2) die Leistungen der Instandhaltung für die Stromerzeugung und die Sozialstation (ca. 8% des zu betreuenden Anlagevermögens), (3) die Leistungen der Sozialstation für die Stromerzeugung (4 von insgesamt 170 betreuten Beschäftigten) sowie (4) die Leistungen der Stromerzeugung für die Gebäudekostenstelle.

Ob die damit verbundenen Abbildungsfehler akzeptiert werden können, lässt sich grundsätzlich nie allgemeingültig entscheiden. So kann das Unternehmen beispielsweise in einer Branche arbeiten, in der es bei der Kalkulation auf die zweite Stelle hinter dem Komma ankommt. Da schon der Übergang vom Anbauverfahren zum Stufenleiterverfahren nur eine vergleichsweise sehr

Abbildungsfehler des Stufenleiterverfahrens am Beispiel

geringe Änderung der Sekundärkostenverrechnung erbracht hat – bis auf Verwaltung und Vertrieb (4,6% Divergenz) liegt die Abweichung in der Größenordnung von unter einem Prozent –, wird man allerdings nur selten den Abbildungsfehler nicht tolerieren können. Um das exakte Ergebnis zu erhalten, bedürfte es wiederum des Iterations- oder des Gleichungsverfahrens – mit 6 Gleichungen mit 6 Unbekannten wäre Letzteres allerdings hier »mit Bleistift und Papier« schon etwas mühsamer zu lösen als im Beispiel des Abschnitts 1.

3. Sonderverrechnung von Kostenstellenleistungen

Neben dem »normalen« Leistungsfluss innerhalb der Vorkostenstellen sind in praxi noch Leistungsbeziehungen zu beobachten, die nur sporadisch, quasi »außer der Reihe« bestehen. Sie erfordern eine gesonderte Berücksichtigung in der Kostenstellenrechnung. Hierfür sind spezielle, notwendigerweise stets einzelleistungsbezogene Verrechnungsverfahren entwickelt worden, die Sie unter drei Begriffen in der Literatur finden: *Kostenartenverfahren*, *Kostenstellenausgleichsverfahren* und *Kostenträgerverfahren*.

3.1. Kostenartenverfahren

Das Kostenartenverfahren ist ein Verfahren zur Kalkulation einer in einer Vor- oder Endkostenstelle (vollständig) erstellten Leistung, die *außerhalb des normalen Leistungsspektrums der Kostenstelle* erbracht wurde. Das Kostenartenverfahren genießt in vielen Kostenrechnungslehrbüchern keinen guten Ruf. So ist beispielsweise von einer »Verzerrung des Kostenbildes« die Rede, und es wird von »wesentlichen Nachteilen ... für Kostenkontrolle und -vergleiche« gesprochen (*Kosiol* 1972, S. 142). Was derart harsche Kritik hervorruft, wird an folgender Definition des Kostenartenverfahrens unmittelbar sichtbar:

> »Beim Kostenartenverfahren werden die innerbetriebliche Leistungen empfangenden Kostenstellen nur mit den für diese Leistungen direkt als Einzelkosten erfassbaren primären Kosten(arten) belastet. Die Gemeinkosten innerbetrieblicher Leistungen wälzt dieses Verfahren nicht weiter. Sie belasten die leistende Kostenstelle« (*Hummel/Männel* 1986, S. 236).

Ursprüngliches Motiv für ein solches Vorgehen war tatsächlich das Streben nach möglichst einfacher Erfassung und Verrechnung der »Sonder«leistung, – auch zu Lasten von Abbildungsfehlern. Für die Erstellung eines Ersatzteils in der Dreherei hat man beispielsweise nur die Arbeitszeit des entsprechenden Arbeiters und das benötigte Material festzuhalten; die Personal- bzw. Materialbuchführung liefern zu diesem Mengengerüst unmittelbar die relevanten Wertansätze; die normale Abrechnung der Endkostenstelle wird von diesem Verrechnungsvorgang somit gar nicht berührt.

Der zentrale Einwand gegen das Kostenartenverfahren stellt nun darauf ab, dass bei der Leistungskalkulation zweierlei Maß angewandt wird: Die »normalen« Leistungen einer Kostenstelle werden mit anteiligen Gemeinkosten belastet, die Sonderleistungen davon verschont, obwohl sie ebenfalls die Kostenstellenkapazität in Anspruch genommen haben. So stichhaltig, wie es auf den ersten Blick erscheint, erweist sich dieses Argument bei näherem Hinsehen allerdings nicht:

- Selbst dann, wenn man in der Kostenstellenrechnung als Verrechnungsprinzip auf dem Verursachungsprinzip aufbaut, kann man eine Grenzkostenkalkulation der Sonderleistung vertreten. Durch eine Verrechnung allein der Einzelkosten wird der besondere Charakter der »außer der Reihe« erbrachten Leistung entsprechend berücksichtigt: Die Erstellung der Sonderleistung nimmt keinerlei Einfluss auf die normale Kostenverrechnung. Die *Abbildung 19-6* macht dies an einem konkreten Zahlenbeispiel deutlich: Die beiden Kostenstellenberichte vor und nach Verrechnung des Ersatzteils sind völlig identisch, ebenso der Gemeinkostenzuschlagssatz.

Allerdings sprechen auch gewichtige Gründe für das Kostenartenverfahren

- Ebenso schwer wiegt der Einwand, dass das Kostenartenverfahren umgekehrt das einzig auf Schlüsselungen verzichtende und damit »objektivere« Verfahren zur Kalkulation innerbetrieblicher Sonderleistungen darstellt, da es am Marginalprinzip ausgerichtet ist. Bezugspunkt einer solchen häufig anzutreffenden Aussage ist die Auffassung, dass die Anwendung des Marginalprinzips zu einer wirklichkeitsgetreueren Abbildung der Realität führt als die Anwendung des Verursachungsprinzips. Wir werden auf die Berechtigung einer solchen Sichtweise noch im Kapitel 21 bei der Diskussion unterschiedlicher Teilkostenrechnungssysteme zurückkommen.

Das Kostenartenverfahren verdient die anfangs wiedergegebene harsche Kritik damit nicht, zumal es erfassungstechnisch sehr einfach zu gestalten ist.

3.2. Kostenstellenausgleichsverfahren

Das Kostenstellenausgleichsverfahren wurde mit dem Ziel geschaffen, die (vermeintlichen) Abbildungsmängel des Kostenartenverfahrens zu beseitigen:

> Das Kostenstellenausgleichsverfahren kalkuliert innerbetriebliche Sonderleistungen mit den Vollkosten, also neben den direkt zurechenbaren Einzelkosten auch mit anteiligen Gemeinkosten. Damit werden die Sonderleistungen mit den normal zu kalkulierenden Leistungen der Kostenstelle »auf eine Stufe« gestellt.

Diese Form der Gleichbehandlung lässt sich auch der *Abbildung 19-7* entnehmen: Im Vergleich zur Situation vor der Verrechnung der Kosten des Ersatzteils vermindert sich der Gemeinkostenzuschlagssatz (geringfügig)

Erfasste Einzelkosten für die Anfertigung eines Ersatzteils in der Dreherei

Fertigungslöhne	250 €
Materialkosten	50 €

Situation ohne das gefertigte Ersatzteil

Kostenstelle Dreherei

Hilfslöhne	125.000 €
Gehälter	250.000 €
PERSONALKOSTEN	375.000 €
Betriebsstoffkosten	25.000 €
Sonstiges Gemeinkostenmat.	12.000 €
MATERIALKOSTEN	37.000 €
Energiekosten	150.000 €
Abschreibungen	250.000 €
Kalkulatorische Zinsen	48.000 €
Sonstige Kosten	20.000 €
SUMME GEMEINKOSTEN	880.000 €
Fertigungslöhne	425.000 €
Materialeinzelkosten	275.000 €
Verrechnungssatz	207,06%

Situation unter Berücksichtigung des gefertigten Ersatzteils

Kostenstelle Dreherei

Hilfslöhne	125.000 €
Gehälter	250.000 €
PERSONALKOSTEN	375.000 €
Betriebsstoffkosten	25.000 €
Sonstiges Gemeinkostenmat.	12.000 €
MATERIALKOSTEN	37.000 €
Energiekosten	150.000 €
Abschreibungen	250.000 €
Kalkulatorische Zinsen	48.000 €
Sonstige Kosten	20.000 €
SUMME GEMEINKOSTEN	880.000 €
Fertigungslöhne	425.000 €
Materialeinzelkosten	275.000 €
Verrechnungssatz	207,06%

Verrechnung der Ersatzteilkosten

Fertigungseinzelkosten	250,00 €
Materialeinzelkosten	50,00 €
GESAMTKOSTEN	300,00 €

Abb. 19-6: Beispiel zum Kostenartenverfahren

um 0,1%. Indem beide Leistungstypen mit demselben Gemeinkostenzuschlag belastet werden, kommen die normalen absatzbestimmten Leistungen der Stelle somit in den »Genuss« einer Kostenreduzierung.

Beurteilung des Kostenstellenausgleichsverfahrens

Zur Beurteilung des Kostenstellenausgleichsverfahrens muss an dieser Stelle nichts mehr ausgeführt werden: Der vermeintlichen objektiveren Abbildung der Realität stehen die beiden für das Kostenartenverfahren sprechenden Argumente gegenüber, die wir gerade kennen gelernt haben.

3.3. Kostenträgerverfahren

Als letztes hier zu diskutierendes Verfahren zur Verrechnung von Sonderleistungen verbleibt das Kostenträgerverfahren. Dies wird dann angewandt, wenn die zu kalkulierende Leistung zu ihrer Fertigstellung mehrerer Kos-

Situation ohne das gefertigte Ersatzteil			Situation unter Berücksichtigung des gefertigten Ersatzteils	
Kostenstelle Dreherei			*Kostenstelle Dreherei*	
SUMME GEMEINKOSTEN	880.000 €		SUMME GEMEINKOSTEN	880.000 €
Fertigungslöhne	425.000 €		Fertigungslöhne	425.250 €
Materialeinzelkosten	275.000 €		Materialeinzelkosten	275.050 €
Verrechnungssatz	207,06 %		Verrechnungssatz	206,94 %

Verrechnung der Ersatzteilkosten

Fertigungseinzelkosten	250,00 €
Fertigungsgemeinkosten	517,34 €
Materialeinzelkosten	50,00 €
GESAMTKOSTEN	817,34 €

Abb. 19-7:
Beispiel zum
Kostenstellen-
ausgleichs-
verfahren

tenstellen bedarf, wenn sie wie ein Produkt mehrere Kostenstellen durchläuft. Ein solcher Fall ist insbesondere typisch für den Eigenbau von Anlagen.

Der Begriff Kostenträgerverfahren lässt sich weitgehend in die Begriffskategorie »überhöht« einsortieren, denn letztlich beinhaltet das Kostenträgerverfahren nichts anderes als eine mehrfach, für jede beteiligte Kostenstelle nacheinander durchzuführende Anwendung des Kostenstellenausgleichsverfahrens. Auf ein gesondertes Beispiel können wir deshalb hier auch getrost verzichten.

Beim Kostenträgerverfahren müssen Sie sich kaum etwas Zusätzliches merken

4. Zusammenfassung

In der Kostenstellenrechnung vollzieht sich der Großteil der Verrechnungsaufgabe der Kostenrechnung. In praxi sind Kostenstellenpläne mit mehreren tausend Kostenstellen nicht selten. Hierdurch wird die Kostenstellenrechnung für Kostenrechnungs»outsider« schnell unüberschaubar. Ein Kostenstellenleiter weiß so selten, wie die diversen Umlagen und Verrechnungen von anderen Kostenstellen zustande kommen.

Dennoch ist die Verrechnungsaufgabe innerhalb der Kostenstellenrechnung alles andere als schwer. Wie die zusammenfassende *Abbildung 19-8* zeigt, gelten für sie exakt dieselben Kriterien und grundsätzlichen Möglichkeiten, die wir schon im 16. Kapitel kennen gelernt haben. Die gleichen Verrechnungsschritte sind nun lediglich mehrfach hintereinander auszuführen. Probleme bereiten lediglich wechselseitige Leistungsverflechtungen, denen man mit einer Auflösung mit Hilfe von Gleichungen oder – in

Verrechnung der Kosten zwischen Kostenstellen

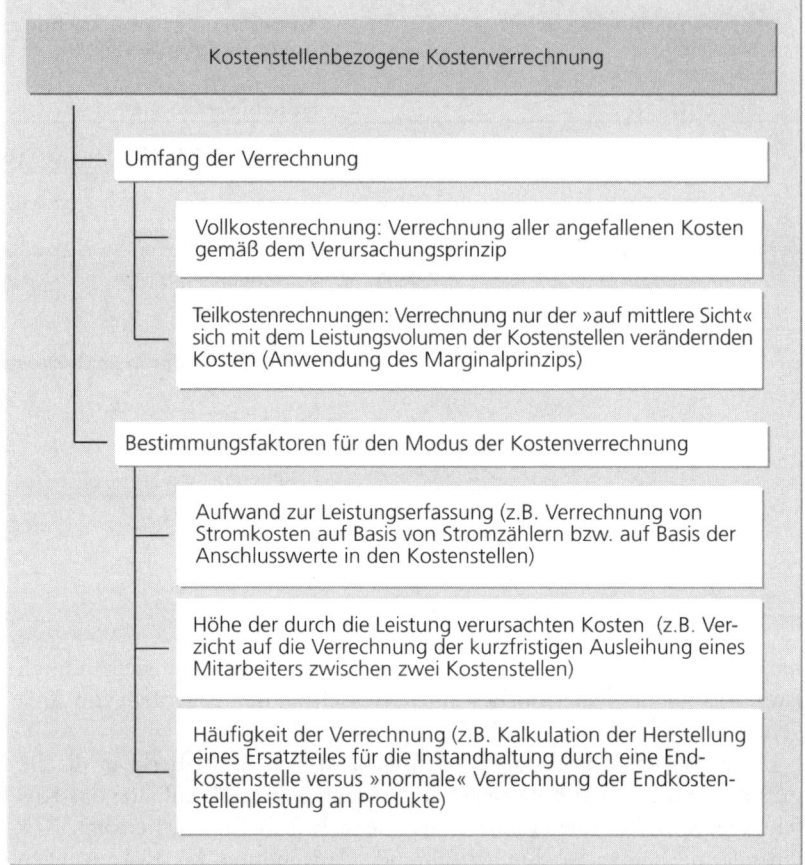

Abb. 19-8: Grundprinzipien und Varianten der kostenstellenbezogenen Kostenverrechnung

der Praxis üblich – durch das Iterationsverfahren begegnet. Die vielen Verfahren, denen Sie in Lehrbüchern im Zusammenhang mit der Verrechnung innerbetrieblicher Leistungen begegnen, erklären sich also aus zwei Gründen heraus:

- Zum einen geht es um die Genauigkeit der Erfassung von wechselseitigen Leistungsverflechtungen,
- zum anderen gibt es – wie die *Abbildung 19-9* zeigt – neben standardmäßigen Leistungsströmen auch Sonderleistungen, die von Endkostenstellen an Vor- oder an andere Endkostenstellen erbracht werden.

Die Abbildung macht schließlich deutlich, wie wenig Wahlmöglichkeit für die Verrechnung verbleibt: Nimmt man das Gleichungs- und das Iterationsverfahren als Sonderfall heraus, bestehen jeweils nur zwei Wahlmöglichkeiten für ein Verrechnungsproblem, eine nicht unbeträchtliche Reduzierung der auf den ersten Blick so großen Vielzahl von Verfahren!

	Standard-mäßige Verrechnung der Kostenstellenkosten	Sonderverrechnung einzelner innerbetrieblicher Leistungen	Anbau- und Stufenleiterverfahren	Iterations- und Gleichungsverfahren	Kostenartenverfahren	Kostenstellenausgleichsverfahren	Kostenträgerverfahren
Vorkostenstellen an Vorkostenstellen	●		○/●	●			
Vorkostenstellen an Endkostenstellen	●		●	●			
Endkostenstellen an Vorkostenstellen		●		●	●	●	
Endkostenstellen an Endkostenstellen		●		●	●	●	
Kostenstellen an aktivierungspflichtige Leistungen		●					●

Abb. 19-9: Charakteristika der unterschiedlichen für die Kostenstellenrechnung diskutierten Verrechnungsverfahren

Vollkostenrechnung

Kapitel 20

Lernziel

Zu Beginn des Kostenrechnungsteils dieses Lehrbuchs haben Sie einen Einblick in die grundsätzlichen Abbildungsaufgaben und Verrechnungsstrukturen der Kostenrechnung gewonnen, dann detaillierter die Kostenarten- und die Kostenstellenrechnung kennen gelernt. Nun wollen wir die bisher diskutierten Wissensbausteine zu den »Idealtypen« der Kostenrechnung (Kostenrechnungssystemen) zusammenfügen, denen Sie – in mehr oder weniger reiner Form – als »Realtypen« in der Praxis begegnen werden. Dabei werden wir auch intensiv auf das bislang noch nicht behandelte dritte Teilgebiet traditioneller Kostenrechnung, die Kostenträgerrechnung, eingehen.

Dieser erste Abschnitt beschäftigt sich mit dem historisch ältesten Kostenrechnungssystem, der Vollkostenrechnung. Sie werden konkret erfahren,

- welche Rechnungszwecke die Vollkostenrechnung verfolgt,
- wie dieses Kostenrechnungssystem aufgebaut ist,
- wie man die Vollkostenrechnung vor dem Hintergrund der von ihr zu erfüllenden Rechnungszwecke zu beurteilen hat und
- wieso sie unter dem Stichwort »Prozesskostenrechnung« seit einigen Jahren eine neue Blüte erlebt.

Ein Zusammenfügen von Wissensbausteinen zu einem neuen Ganzen, hier also von unseren Kostenerfassungs- und -verrechnungskenntnissen zu Kostenrechnungssystemen, ist unvermeidlich mit kurzen Wiederholungen der Wissensbausteine verbunden. Diese Wiederholungen sollten Sie nicht als ein notwendiges Übel betrachten. Sie sind beabsichtigt und sollen helfen, Ihre bisher erworbenen Kenntnisse weiter zu festigen.

1. Für die Vollkostenrechnung dominante Rechnungszwecke

2. Grundprinzip der Vollkostenrechnung

3. Grundaufbau der Vollkostenrechnung

4. Mängel der Vollkostenrechnung

5. Prozesskostenrechnung
    5.1. Grundsätzliche Charakterisierung
    5.2. Vorgehen der Prozesskostenrechnung
    5.3. Beispiel zum Vergleich traditionelle Kalkulation – Prozess-
         kostenkalkulation
    5.4. Beurteilung der Prozesskostenrechnung

6. Zusammenfassende Beurteilung der Vollkostenrechnung

1. Für die Vollkostenrechnung dominante Rechnungszwecke

Die Wurzeln der Kostenrechnung reichen tief in den Boden der Ökonomie. Man trifft auf kostenrechnerische Überlegungen im alten Rom genauso wie in den grundlegenden mikroökonomischen Arbeiten des 18. Jahrhunderts. Der Kern ist stets der gleiche: Es geht um den Zusammenhang zwischen dem Ergebnis eines Produktionsvorgangs und dem dafür erforderlichen Faktoreinsatz, dies nicht – wie in der Produktionstheorie – mengenmäßig, sondern ausgedrückt in Wertgrößen. Ohne Kostenfunktionen gäbe es keine Volkswirtschaftslehre, keine Ökonomie schlechthin. Deshalb verwundert es nicht, dass alle Grundfragen der Kostenrechnung an der Schwelle des vorletzten Jahrhunderts bereits angedacht waren. Die Trennung in Einzel- und Gemeinkosten war ebenso bekannt wie die Spaltung der Kosten in fixe und variable Elemente. Selbst die Idee der später noch zu behandelnden Prozesskostenrechnung hat *Schmalenbach* in einem Aufsatz schon 1899 sehr präzise beschrieben (*Schmalenbach* 1899, S. 98-172)!

Eine breitere praktische Umsetzung dieser grundlegenden Ideen erfolgte allerdings erst in der Zeit nach dem ersten Weltkrieg, in der sich ein entsprechender »Kaufmannsbrauch« herausbildete. Maßgeblichen Anteil hieran hatten Verbände, so z.B. der VDMA (»*Verband Deutscher Maschinenbau-Anstalten*«). Dessen Mitgliedern stellte sich ein Problem in besonderem Maße, mit dem allerdings auch viele andere Unternehmen konfrontiert wurden: Bedingt durch den häufig vorhandenen Unikatcharakter ihrer Produkte (»Einzelfertigung«) mussten Auftrag für Auftrag Preise ermittelt werden. Preise lassen sich am besten dann durchsetzen, wenn sie durch entsprechend angefallene Kosten »entschuldigt« werden. Gelingt es also, ein Preisberechnungsverfahren zu gestalten, das wegen seiner Kostenfundierung von den Kunden akzeptiert wird, muss man sich nur noch um die Höhe des Gewinnzuschlags Gedanken machen bzw. diesen vor Vertragsabschluss verhandeln. Die sehr effektive Verbandsarbeit des VDMA reichte bis hinein in die Sprache: Wenn Kosten »verursachungsgerecht« zugerechnet werden, muss man schon ein wahrer Querulant sein, wenn man diese Selbstkosten nicht akzeptiert! Auf der anderen Seite setzt das Vorliegen eines Gerechtigkeitsgefühls hohe Anforderungen an die Begründung der ausgewiesenen Werte. Gerechtigkeit ist prinzipiell ein subjektives Konstrukt. Unternehmen wie Menschen sind unterschiedlich. Soll eine Lösung allgemeine Gültigkeit besitzen, muss sie hinreichend plausibel und nachvollziehbar sein. Insofern hilft eine verursachungsgerechte Kostzurechnung nicht nur dem Anbieter – wie eben argumentiert –, sondern in gleicher Weise auch den Abnehmern – beste Voraussetzung dafür, als »Spielregel« Verkehrsgeltung zu erreichen.

Das Grundgerüst des VDMA-Vorschlags wurde später in den Jahren der Zentralverwaltungswirtschaft im »3. Reich« immer stärker ausgestaltet und normiert, der Weg zu »der« Kostenrechnung, wie wir sie heute als geschlossenes System kennen, geebnet.

Schon von Anfang an stand somit bei der Vollkostenrechnung die Kalkulation von Preisen im Vordergrund. Dieser Rechnungszweck bestimmt

Die Wurzeln der Kostenrechnung reichen weit zurück

Die Notwendigkeit, Preise zu kalkulieren, ist der Ausgangspunkt der Vollkostenrechnung

Die Vollkostenrechnung liefert Spielregeln für das Zusammenspiel von Anbietern und Nachfragern

zum einen den im 15. Kapitel bereits vorgestellten Grundaufbau der Rechnung als eine Abfolge von Kostenarten-, Kostenstellen- und Kostenträgerrechnung, zum anderen die Vorgehensphilosophie der Verrechnung der Kosten auf Leistungen und Produkte, die nach dem Verursachungsprinzip erfolgt.

Neben der Preisbildung und Preiskontrolle soll die Vollkostenrechnung grundsätzlich noch einem zweiten Rechnungszweck dienen: Sie soll Ansatzpunkte dafür liefern, die Wirtschaftlichkeit der Leistungserstellung zu beurteilen. Dieser Rechnungszweck wurde seit Beginn der Kostenrechnung als sehr bedeutsam herausgestellt. Er prägt die Vollkostenrechnung in ihrem Aufbau allerdings *nicht* bzw. nur sehr eingeschränkt. Die Vollkostenrechnung kann lediglich die Frage beantworten, in welchem Verantwortungsbereich (Kostenstelle) wie hohe Kosten im Ist angefallen sind und wie sich dieser Kostenanfall gegenüber dem Vorjahr verändert hat. Darüber, ob die Kosten aufgrund von Unwirtschaftlichkeit zu hoch sind, d.h. wie gut (bzw. wie schlecht) die Kostenverantwortlichen gearbeitet haben, gibt sie keine Auskunft. Hierfür fehlen ihr die relevanten Vergleichswerte.

Den Zweck der Wirtschaftlichkeitskontrolle kann die Vollkostenrechnung nur sehr eingeschränkt erfüllen

2. Grundprinzip der Vollkostenrechnung

Das Grundprinzip, das »Wesen« der Vollkostenrechnung leitet sich unmittelbar aus dem dominierenden Rechnungszweck der Preiskalkulation ab. Ausgehend von der Gesamtsumme der in einer Abrechnungsperiode angefallenen Kosten sollen die auf jedes Produkt (genauer: auf jede gefertigte und abgesetzte Einheit eines Produkts) jeweils entfallenden Kosten bestimmt werden. Nichts scheint naheliegender bzw. logisch stringenter, als die Gesamtsumme der Kosten anteilig zuzurechnen, d.h. sie vollständig aufzuteilen. Just dieses nimmt die Vollkostenrechnung vor, just dieses ist für sie namensgebend:

> Vollkostenrechnung bedeutet somit, dass die »vollen« Kosten (man sollte semantisch treffender von »sämtlichen angefallenen Kosten« sprechen) auf die Produkte und deren Einheiten verteilt werden. Die Summe der den Produkten zugerechneten Kosten und die Gesamtkosten sind damit identisch.

Diese Kostenverteilung bzw. -aufschlüsselung basiert auf dem Verursachungsprinzip, aus dem man eine *Kostenverrechnung gemäß der (anteiligen) Inanspruchnahme von Produktionsfaktoren* ableitet: Das Produkt, das mehr Einheiten eines Rohstoffs verbraucht, bekommt entsprechend mehr Materialkosten zugerechnet, das Produkt, das weniger Bearbeitungszeiten auf einer Maschine benötigt, entsprechend weniger Abschreibungen. Letztlich liegt diesem Vorgehen ein Normalisierungs- bzw. Ausgleichsbestreben zugrunde, das sich für den angestrebten Zweck eines möglichst gerechten Interessenausgleichs als sehr geeignet erweist.

Das Verursachungsprinzip ist für den Zweck eines möglichst gerechten Interessenausgleichs sehr geeignet

Die Vollkostenrechnung strebt eine ganzheitliche Kalkulationssicht an (»Welche Kosten sind insgesamt für ein Produkt angefallen?«), vermeidet (bewusst oder unbewusst) marginalanalytische Denkansätze (»Wie verändern sich die Kosten, wenn vom Produkt eine Einheit mehr oder weniger produziert und abgesetzt wird?«).

3. Grundaufbau der Vollkostenrechnung

Der Grundaufbau der Vollkostenrechnung ist – wie schon in der *Abb. 15-3* im 15. Kapitel veranschaulicht – durch eine Abfolge dreier Teilrechnungen, der Kostenartenrechnung, Kostenstellenrechnung und Kostenträgerrechnung gekennzeichnet. Obgleich an dieser Stelle zum Teil reine Wiederholung, wollen wir den Erfassungs- und Verrechnungsweg noch einmal kurz nachzeichnen.

In der *Kostenartenrechnung* werden sämtliche anfallenden Kosten – getrennt nach Kostenarten – gesammelt. Die wesentliche Datenquelle der Kostenartenrechnung ist die Finanzbuchhaltung; die meisten Beträge werden als Grundkosten unmittelbar aus dieser übernommen. Nur wenige Zusatzkosten kommen hinzu (z.B. kalkulatorische Eigenkapitalzinsen oder kalkulatorischer Unternehmerlohn im Falle von Personengesellschaften). Einige Aufwandspositionen werden schließlich umbewertet (Anderskosten, wie z.B. kalkulatorische Abschreibungen). Ebenfalls noch in der Kostenartenrechnung erfolgt eine Selektion aller angefallenen Kosten dahingehend, ob sie sich unmittelbar den erstellten Produkten zuordnen lassen (Einzelkosten) oder ob keine unmittelbare Abhängigkeitsbeziehung besteht (Gemeinkosten).

> Einzelkosten gehen direkt in die Kostenträgerrechnung ein. Gemeinkosten werden zunächst den Leistungserstellungsprozessen zugeordnet, in denen bzw. für die sie angefallen sind.

Diese Zuordnung ist der Ausgangspunkt der *Kostenstellenrechnung*. Die Kostenstellenrechnung richtet für jeden wichtigen Leistungserstellungsprozess im ersten Schritt eigene Abrechnungsbezirke (Kostenstellen) ein, die die (Kostenträger-)Gemeinkosten aus der Kostenartenrechnung aufnehmen. Die auf den Vorkostenstellen gesammelten Kosten werden anschließend in einem vielstufigen Verrechnungsprozess auf die Endkostenstellen so weitergewälzt, dass nach Durchführung der Verrechnung die Vorkostenstellen völlig entlastet sind. Diese innerbetriebliche Leistungsverrechnung bildet den Schwerpunkt des Aufgabenfeldes der Kostenstellenrechnung (»Verschiebebahnhof der Gemeinkosten«).

Sind alle Kosten auf den Endkostenstellen gesammelt, erfolgt im letzten Schritt des Vorgehens der Vollkostenrechnung die eigentliche Kalkulation der Produkte, die Zusammenfassung der aus der Kostenartenrechnung übernommenen Einzelkosten mit den aus der Kostenstellenrechnung stammenden anteiligen Gemeinkosten. Diesen letzten Schritt bezeichnet man als *Kostenträgerrechnung*. Zur Lösung der Kalkulationsaufgabe stehen mit der lange Zeit stark dominierenden Lohnzuschlagskalkulation und der Bezugs-

Vollkostenrechnung

Materialeinzelkosten
+ Materialgemeinkosten
= *Materialkosten*

Fertigungseinzelkosten
+ Fertigungsgemeinkosten
+ Sondereinzelkosten der Fertigung
+ = *Fertigungskosten*

= *Herstellkosten*
+ Verwaltungsgemeinkosten
+ Vertriebsgemeinkosten
+ Sondereinzelkosten des Vertriebs

= **Selbstkosten**

Abb. 20-1: Kalkulations-
schema der Vollkosten-
rechnung

größenkalkulation (insbesondere der Maschinenstundensatzrechnung) zwei konkurrierende Verfahren gegenüber. Unabhängig von dieser Verfahrensalternative folgt das Kalkulationsvorgehen der Kostenrechnung übereinstimmend einer Abfolge aus Einzel- und Gemeinkostenpositionen, die derart »common sense« darstellen, dass sie sich sogar in gesetzlichen Bestimmungen niedergeschlagen haben. Gemeint sind die *Leitsätze für die Preisbildung bei öffentlichen Aufträgen*, die für Produkte ohne vorliegenden Marktpreis eine Selbstkostenkalkulation mit einer genauen Auflistung der anzusetzenden Kalkulationspositionen vorsehen. Dieses Vorgehen zeigt die *Abbildung 20-1*.

Der »common sense« bezieht sich nicht nur auf die einzelnen Kalkulationszeilen, sondern auch auf deren Beziehungen untereinander: Die Materialgemeinkosten werden den Produkten als Prozentsatz der Materialeinzelkosten belastet, die Fertigungsgemeinkosten als Prozentsatz der Fertigungseinzelkosten (Fertigungslöhne). Für die Verwaltungs- und Vertriebsgemeinkosten zieht man schließlich – in Ermangelung anderer, plausiblerer Bezugsbasen – die Herstellkosten als Schlüssel heran. Bei den im Kalkulationsschema enthaltenen *Sondereinzelkosten* handelt es sich um Beträge, die zwar nicht Einheit für Einheit eines Erzeugnisses, wohl aber für ein einzelnes Erzeugnis insgesamt anfallen. Beispiele sind Kosten von Formen oder Presswerkzeugen im Bereich der Fertigung oder Kosten spezifischer Versandverpackungen im Bereich des Ver-

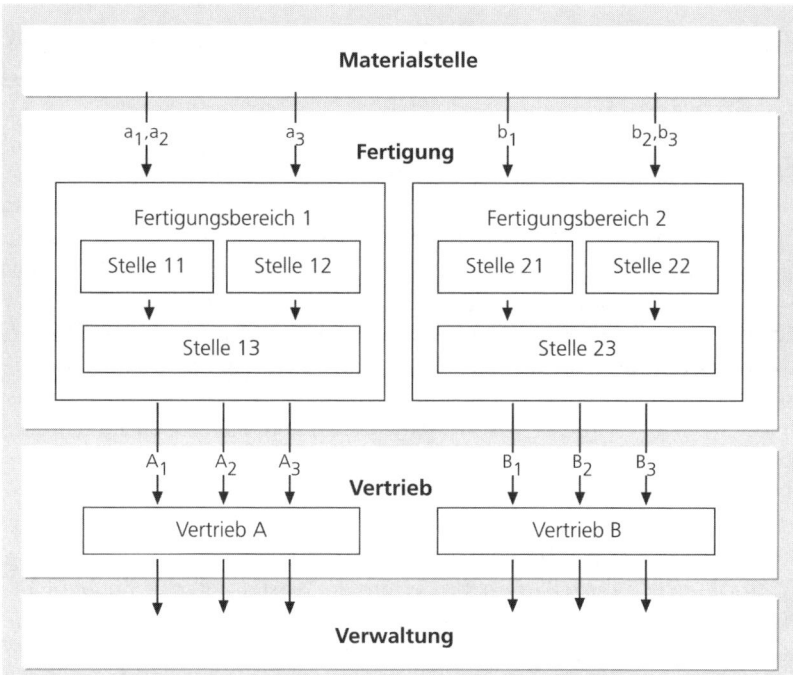

Abb. 20-2: Leistungsstruktur
des betrachteten Unternehmens

triebs. Das Kalkulationsschema muss schließlich im Bereich der Fertigungskosten dann modifiziert werden, wenn das Unternehmen statt der Lohnzuschlagskalkulation eine Verrechnungssatzkalkulation anwendet. In diesem Fall entfällt die Differenzierung in Fertigungseinzel- und -gemeinkosten.

Die Kostenträgerrechnung schließt mit einer *Ergebnisrechnung* ab, die den Vollkosten der Produkte deren erzielte Erlöse gegenüberstellt und Nettoerfolge ermittelt. Der Vorgehensphilosophie der Vollkostenrechnung entsprechend ist die Summe dieser Nettoerfolge identisch mit dem Gesamterfolg des Unternehmens im betrachteten Zeitabschnitt.

Dieses Vorgehen der Vollkostenrechnung wollen wir im Folgenden anhand eines konkreten, sehr einfach aufgebauten Zahlenbeispiels nachvollziehen – insbesondere finden sich im betrachteten Unternehmen keine Vorkostenstellen, werden also keine innerbetrieblichen, nicht absatzbestimmten Leistungen erbracht. Die zu lösende Kalkulationsaufgabe zeigt in ihrer Struktur die *Abbildung 20-2*, die Ausgangsdaten die *Abbildung 20-3*. Die An-

Abb. 20-3: Ausgangsdaten zur Gegenüberstellung der Erfolgsrechnungen unterschiedlicher Kostenrechnungssysteme

	A_1	A_2	A_3	Summe A	B_1	B_2	B_3	Summe B	Gesamt
Produktions- und Absatzmengen	1.000	1.200	200		600	500	300		
Erlöse/Erlösschmälerungen									
Bruttoerlöse	95.000	120.000	34.000	249.000	108.000	90.000	60.000	258.000	507.000
Kundenskonti	1.900	2.400	680	4.980	3.240	2.700	1.800	7.740	12.720
Preisnachlässe	250	900	100	1.250	1.500	200	300	2.000	3.250
Kostenstellenkosten									
• Variable Kosten									
Materialstelle	500	550	120	1.170	400	390	250	1.040	2.210
Fertigungsstelle 11	3.900	4.800		8.700					8.700
Fertigungsstelle 12			1.000	1.000					1.000
Fertigungsstelle 13	1.500	1.200	900	3.600					3.600
Fertigungsstelle 21					1.100			1.100	1.100
Fertigungsstelle 22						4.500	3.200	7.700	7.700
Fertigungsstelle 23					1.700	1.500	1.400	4.600	4.600
Vertrieb A	100	100	70	270					270
Vertrieb B					80	50	20	150	150
• Fixe Kosten									
Materialstelle									4.000
Fertigungsstelle 11									37.500
Fertigungsstelle 12									14.500
Fertigungsstelle 13									4.900
Fertigungsstelle 21									13.500
Fertigungsstelle 22									14.000
Fertigungsstelle 23									50.500
Vertrieb A									9.500
Vertrieb B									12.000
Verwaltung									27.000
Kostenträgereinzelkosten									
Materialstelle	37.000	47.000	6.500	90.500	26.000	31.000	26.000	83.000	173.500
Fertigungsstelle 11	18.000	25.000		43.000					43.000
Fertigungsstelle 12			6.000	6.000					6.000
Fertigungsstelle 13	2.000	2.200	750	4.950					4.950
Fertigungsstelle 21					9.500			9.500	9.500
Fertigungsstelle 22						6.900	5.100	12.000	12.000
Fertigungsstelle 23					4.900	3.700	2.000	10.600	10.600

gaben sind im Bereich der den Kostenstellen zugeordneten Kosten (Gemeinkosten) differenzierter, als wir sie für eine Nettoergebnisrechnung benötigen: Die Vollkostenrechnung unterscheidet nicht zwischen variablen und fixen Kostenstellenkosten. Da wir das Beispiel aber später weiterführen wollen, sind diese Informationen hier bereits mit aufgeführt.

	A_1	A_2	A_3	B_1	B_2	B_3	Gesamt
Materialeinzelkosten	37.000	47.000	6.500	26.000	31.000	26.000	173.500
+ Materialgemeinkosten	1.324	1.682	233	931	1.110	931	6.210
= Materialkosten	38.324	48.682	6.733	26.931	32.110	26.931	179.710
Kosten 1. Fertigungsvorgang Fertigungseinzelkosten	18.000	25.000	6.000	9.500	6.900	5.100	70.500
+ Fertigungsgemeinkosten	19.340	26.860	15.500	14.600	12.478	9.223	98.000
= Fertigungskosten (1)	37.340	51.860	21.500	24.100	19.378	14.323	168.500
Kosten 2. Fertigungsvorgang Fertigungseinzelkosten	2.000	2.200	750	4.900	3.700	2.000	15.550
+ Fertigungsgemeinkosten	3.434	3.778	1.288	25.471	19.233	10.396	63.600
= Fertigungskosten (2)	5.434	5.978	2.038	30.371	22.933	12.396	79.150
= Fertigungskosten	42.774	57.838	23.538	54.471	42.311	26.719	247.650
Herstellkosten	81.098	106.520	30.271	81.402	74.421	53.650	427.360
+ Verwaltungs-/Vertriebsgemeinkosten	9.283	12.193	3.465	9.318	8.519	6.141	48.920
Selbstkosten	90.381	118.713	33.736	90.720	82.940	59.791	476.280
Nettoerlöse	92.850	116.700	33.220	103.260	87.100	57.900	491.030
Nettoergebnis	2.469	-2.013	-516	12.540	4.160	-1.891	14.750
Nettoergebnis pro Stück	2,47	-1,68	-2,58	20,90	8,32	-6,30	

Abb. 20-4: Ermittlung der Nettoergebnisse der Produkte

Die *Abbildung 20-4* zeigt den typischen Abrechnungsgang der Nettoergebnisrechnung, das von den Materialeinzelkosten bis zu den Selbstkosten fortschreitende progressive Kumulieren von Einzel- und Gemeinkosten mit der abschließenden Gegenüberstellung der Nettoerlöse. Die daraus resultierenden Nettoergebnisse sind sämtlich produktbezogen; produktgruppenbezogene Nettoerfolge ergäben sich erst durch zusätzliche Additionen. Im Ergebnis weist die *Abbildung 20-4* bei einem insgesamt »ausreichenden« Unternehmensergebnis (3% Umsatzrendite) für zwei Produkte »rote« Zahlen aus: Die Nettoerlöse der Produkte A_2 und B_3 decken nicht ganz die ihnen zugerechneten Vollkosten (geringfügige Differenzen in der Quersummierung gehen auf Rundungen zurück).

4. Mängel der Vollkostenrechnung

Der Vollkostenrechnung liegt keine marginalanalytische Sichtweise zu Grunde

Die Vollkostenrechnung will – wie dargestellt – alle anfallenden Kosten auf die hergestellten und abgesetzten Produkte verteilen. Deckt jedes Produkt die ihm zugerechneten Kosten, kann kein Verlust auftreten. Diese Erkenntnis ist eine wesentliche Hilfestellung zur Festlegung bzw. Beurteilung von Verkaufspreisen. Allerdings wohnen der Erkenntnis auch erhebliche Probleme inne. Der Ausweis isolierter Nettoerfolge für die einzelnen Produkte verleitet sehr leicht zu der Annahme, dass genau diese Beträge wegfielen, wenn man das betreffende Erzeugnis nicht mehr anbieten würde. In einer derartigen marginalanalytischen Sichtweise darf man jedoch die Ergebnisse der Vollkostenrechnung nicht interpretieren. Wie schon angedeutet, ist ihr ein solches Differenzdenken grundsätzlich fremd.

»Vollkosten« dürfen nicht mit »für Produktentscheidungen unmittelbar relevanten Kosten« gleichgesetzt werden.

Schlüssel sind nie richtig
oder falsch, sondern nur
mehr oder weniger
zweckmäßig

Einer solchen Gleichsetzung stehen die diversen, vielstufigen Kostenschlüsselungen gegenüber, die die gesamte Vollkostenrechnung durchziehen. Die *Abbildung 20-5* (vgl. Folgeseite) gibt einen kurzgefassten Überblick darüber, welche Arten von Aufteilungen von Gemeinkosten zu unterscheiden sind, beginnend bei der Übernahme von Kostenarten aus der Finanzbuchhaltung (Abschreibungen) bis hin zu »klassischen« Kostenträgergemeinkosten. Sie sind grundsätzlich nicht unproblematisch, da sich die »Richtigkeit« eines Schlüssels nie beweisen lässt. Ihre Auswahl ist eine Frage von Plausibilität und Akzeptanz. Diese grundsätzliche Problematik schlägt allerdings dann in Willkür um, wenn die Festlegung von Schlüsselgrößen explizit zur Manipulation von Werten genutzt wird. Dies zu verhindern, ist im Rahmen kostenbasierter Abrechnung öffentlicher Aufträge Aufgabe spezieller Preisprüfer.

Alle Kosten den Produkten zuzurechnen, erweckt den Eindruck, dass sie sich unmittelbar mit diesen verändern würden. (Leidvolle) Erfahrungen vieler Unternehmen zeigen, dass das Verbot einer marginalanalytischen Interpretation von Vollkostenwerten den Kostenrechnungsadressaten (Managern) in der Praxis häufig nicht (ausreichend) bewusst ist. Hieraus resultieren *Anwendungsgefahren* der Vollkostenrechnung, von denen hier nur die drei wichtigsten genannt werden sollen:

Streichungen von (scheinbaren) Verlustprodukten aus dem Produktions- und Absatzprogramm führen zumeist nicht zu einer Verbesserung, sondern zu einer Verschlechterung des Unternehmensergebnisses, weil die vom entsprechenden Produkt bislang getragenen Fixkostenanteile jetzt von den verbleibenden Produkten übernommen werden müssen.

Darstellung der Gefahren der
Vollkostenrechnung an einem Beispiel

Dieser Zusammenhang soll anhand des begonnenen Zahlenbeispiels veranschaulicht werden. In der *Abbildung 20-4* waren drei Produkte als Verlustprodukte ausgewiesen. Streicht man mit A_2 und B_3 zwei von ihnen aus diesem Grund aus dem Produktions- und Absatzprogramm, so wird man – wie die *Abbildung 20-6* zeigt – mit einer massiven Verschlechterung des Unternehmensergebnisses konfrontiert; nur ein Produkt (B_1) schreibt noch schwarze Zahlen. Dieser Effekt beruht auf der unterschiedlichen Reagibilität der Erfolgsvariablen: Während die variablen Kosten der beiden »Verlust«-Produkte A_2 und B_3 nach ihrer Streichung ebenso entfallen wie ihre Nettoerlöse, bleibt der Block an Fixkosten in allen Unternehmensbereichen

Vollkostenrechnung

Objektbezogene Typen von Kostenschlüsselungen	Beschreibung des Verbundphänomens	Beispiel
Schlüsselung von Periodengemeinkosten	Die Bindungsdauer eines Kostenquantums (z.B. des Anschaffungspreises einer Anlage) übersteigt die Länge der Abrechnungsperiode	Abschreibungen, Rückstellungsraten für Pensionsverpflichtungen
Schlüsselung von Kostenträgerstückgemeinkosten	Ein Kostenquantum fällt für mehrere Einheiten eines Erzeugnisses gemeinsam an	Proportionalisierung der Kosten einer produktbezogenen Pauschallizenz
Schlüsselung von Kostenträgergemeinkosten	Ein Kostenquantum fällt für mehrere Kostenträger gemeinsam an	Kosten des Leiters einer Montagestelle, über die mehrere Produkte in Serienfertigung laufen
Schlüsselung von Kostenstellengemeinkosten	Ein Kostenquantum fällt für mehrere Kostenstellen gemeinsam an	Kosten der Arbeitsvorbereitung, die im Zuge der Entlastung der Vorkostenstellen auf die Fertigungsendkostenstellen umgelegt werden

Abb. 20-5: Arten von in der Vollkostenrechnung vorgenommenen Schlüsselungen

(zunächst) unverändert erhalten und muss nun von weniger Kostenträgern getragen werden. Das Beispiel ist zugegebenermaßen konstruiert, um die Gefahr einer falsch verstandenen vollkostenorientierten Programmpolitik deutlich herauszustellen:

- In praxi wird man zum einen nach Streichung eines Produkts stets einen Teil der Fixkosten abbauen können. Dieser ist allerdings zumeist deutlich geringer als der vom Produkt zuvor getragene Fixkostenbetrag.
- Zum anderen entfällt mit der Streichung eines einzigen Produkts in der Regel nicht gleich ein derart großer Umsatzanteil.

Allerdings liegt gerade hierin eine große Gefahr: Während man in unserem einfachen Beispiel die nach Streichung eines Produkts fehlende Fixkostendeckung sehr schnell und sehr deutlich erkennen kann, besteht diese Transparenz angesichts der großen, häufig vier- oder fünfstelligen Zahl von Produkten im Unternehmen für einen Produktmanager realiter nicht oder nur in Ausnahmefällen; Abweichungen des Periodenerfolgs können auf diver-

	A_1	A_2	A_3	B_1	B_2	B_3	Gesamt
Materialeinzelkosten	37.000		6.500	26.000	31.000		100.500
+ Materialgemeinkosten	1.991		350	1.400	1.669		5.410
= Materialkosten	38.991		6.850	27.400	32.669		105.910
Kosten 1. Fertigungsvorgang							
Fertigungseinzelkosten	18.000		6.000	9.500	6.900		40.400
+ Fertigungsgemeinkosten	41.400		15.500	14.600	18.500		90.000
= Fertigungskosten (1)	59.400		21.500	24.100	25.400		130.400
Kosten 2. Fertigungsvorgang							
Fertigungseinzelkosten	2.000		750	4.900	3.700		11.350
+ Fertigungsgemeinkosten	5.309		1.991	30.597	23.103		61.000
= Fertigungskosten (2)	7.309		2.741	35.497	26.803		72.350
= Fertigungskosten	66.709		24.241	59.597	52.203		202.750
Herstellkosten	105.700		31.091	86.996	84.872		308.660
+ Verwaltungs-/Vertriebsgemeinkosten	16.712		4.916	13.754	13.419		48.800
Selbstkosten	122.412		36.006	100.750	98.291		357.460
Nettoerlöse	92.850		33.220	103.260	87.100		316.855
Nettoergebnis	-29.562		-2.786	2.510	-11.191		-41.030
Nettoergebnis pro Stück	-29,56		-13,93	4,18	-22,38		

se Ursachen zurückzuführen sein, Straffungen des Programms sind nur eine davon. Die Gefahr der Fehlinterpretation der Nettoergebnisse ist offensichtlich.

Abb. 20-6: Ermittlung der Nettoergebnisse nach Streichung der beiden scheinbaren Verlustprodukte

Vollkostenwerte als Preise innerbetrieblicher Leistungen führen bei make-or-buy-Überlegungen zumeist zu einer fortschreitenden Unterbeschäftigung der leistenden Servicebereiche (als eine Art internes »Aus-dem-Markt-heraus-Kalkulieren«).

Ein Beispiel: Fremdvergabe einer innerbetrieblichen Leistung führt ceteris paribus zu einem Rückgang der Beschäftigung in der Servicekostenstelle. Dies wiederum zieht dann, wenn die Kapazitäten nicht in gleichem Maße abgebaut werden, eine Erhöhung der Verrechnungspreise nach sich, da die Fixkosten auf weniger Leistungen verteilt werden. Teurere Eigenleistungskosten führen zu verstärkter Fremdleistung, diese zu weiter sinkender Beschäftigung in der Servicekostenstelle usw. usw.

Vollkostenwerte führen zu falschen Verfahrenswahlentscheidungen.

Derartige Fehlentscheidungen werden – wie das folgende Zitat von H.G. *Plaut* (1984, S. 23f.) zeigt – in der Praxis häufig getroffen: »Ich habe in mei-

Die Erfahrungen eines
Praktikers

ner langjährigen Praxis tausende und abertausende solcher Fehlentscheidungen aufgrund von Vollkostenvergleichen erlebt. ... Es ist durchaus [durch technischen Fortschritt, a.d.V.] nicht ungewöhnlich, ja normal, dass eine ältere, dafür aber weniger leistungsfähige Werkzeugmaschine nur einen Fixkostenanteil von 20% an den Vollkosten hat, während die neue einen solchen von 40% aufweist. Dafür benötigt die neue Maschine nur 75% des Zeitaufwandes für diesen Arbeitsgang. ... Das sind ganz normale Daten, und so ist es erklärlich, dass sehr häufig in der Verfahrenswahl Fehlentscheidungen getroffen werden. Was soll der Arbeitsvorbereiter anderes tun, wenn er nur die Vollkosten kennt, als ... die weniger leistungsfähige Maschine zu belegen und bis zur Kapazitätsgrenze auszulasten, bevor er die neue und in Wirklichkeit billigere Maschine belegt? Für den technisch versierten Betriebswirt ist es immer wieder erschütternd zu sehen, dass in vielen Betrieben aufgrund falscher Verfahrensauswahl moderne Anlagen schlecht ausgelastet herumstehen, während weniger leistungsfähige und damit weniger fixkostenintensive Maschinen voll, ja manchmal mehrschichtig arbeiten.«

Die Vollkostenrechnung ist also – etwas abstrakt formuliert – für alle Anpassungsentscheidungen im Rahmen eines gegebenen Aktionsfeldes als Informationsquelle ungeeignet. Solche Anpassungsentscheidungen sind in der täglichen Praxis allerdings nicht selten, wie die folgende kleine Auswahl von Fragestellungen zeigt: Soll auf eine Preissenkung eines Konkurrenten geantwortet werden? Welches Produkt sollte im nächsten Jahr besonders forciert werden? Lohnt sich der verstärkte Fremdbezug von Instandhaltungsleistungen? Soll der Staplertransport zu Lasten des Trailertransports eingeschränkt werden? Lohnt sich ein bestimmter Auslandsmarkt bei hohen anfallenden Versandkosten überhaupt? Das der Vollkostenrechnung zugrunde liegende Kostenzurechnungsprinzip (Kostenverursachung im Sinne der anteiligen Inanspruchnahme von Kapazitäten) erweist sich – im Sinne der Lieferung relevanter Informationen – allenfalls für längerfristig wirksame Entscheidungen als tragfähig, da nur bzw. am ehesten dann eine entsprechende Veränderung bzw. Veränderbarkeit der Kapazitäten möglich erscheint.

Die Praxis verwendet die
Vollkostenrechnung
unbeeindruckt von allen
Warnungen der Theorie

Zusammen mit der mangelnden Eignung zur Wirtschaftlichkeitskontrolle und den angesprochenen Anwendungsgefahren bei Fehlinterpretation der Vollkostenwerte ergibt sich somit in summa ein sehr negatives Bild der Vollkostenrechnung. Obwohl die massiven Schwächen schon seit Jahrzehnten bekannt sind, findet man allerdings eine Vollkostenrechnung auch heute noch in fast jedem Unternehmen vor, ja, sie erlebt heute geradezu eine Renaissance. Wesentlichen Anteil hieran hat eine Entwicklung, die unter dem Schlagwort »Prozesskostenrechnung« oder »Activity Based Costing« belegt ist. Was sich dahinter verbirgt, werden wir im folgenden Abschnitt näher betrachten. Warum die Praxis den Empfehlungen der Theorie bezüglich der Vollkostenrechnung nicht folgt, wird uns dann noch ganz am Ende dieses Kapitels beschäftigen.

5. Prozesskostenrechnung

5.1. Grundsätzliche Charakterisierung

Prozesskostenrechnung ist ein Begriff, der in der jüngeren Vergangenheit die Kostenrechnungsdiskussion und -gestaltung stark beeinflusst hat. Die Prozesskostenrechnung wird in Deutschland z.T. auch als Vorgangskalkulation bezeichnet. In den USA werden – bei ähnlichem Inhalt – die Begriffe Activity Based Costing oder Cost-Driver Accounting verwandt. Obwohl z.T. anders dargestellt, stellt die Prozesskostenrechnung kein neues Kostenrechnungssystem dar, das den traditionell unterschiedenen Systemen der Vollkostenrechnung, der Plankostenrechnung oder den unterschiedlichen Formen der Teilkostenrechnung – die wir im folgenden Kapitel noch näher vorstellen werden – vergleichbar wäre. Die Kernideen der Prozesskostenrechnung sind grundsätzlich in all diesen Kostenrechnungssystemen realisierbar. Allerdings ist der Gestaltungsfokus der Rechnung in einem wesentlichen Merkmal – dem Abstellen auf Kosten- und Leistungsstrukturbetrachtungen, die über Kurzfristzeiträume hinausgehen – mit dem der Vollkostenrechnung deckungsgleich. Deshalb wird die Prozesskostenrechnung auch in diesem Lehrbuch als Modifikation bzw. Verfeinerung der Vollkostenrechnung dargestellt.

Die Prozesskostenrechnung setzt an Praxismängeln der traditionellen Kostenrechnungssysteme, speziell an Mängeln in der Behandlung von Gemeinkosten, an. Die Kritik betrifft zum einen die Lohnzuschlagskalkulation der Vollkostenrechnung. Man argumentiert, dass Fertigungslöhne angesichts der stark vorangeschrittenen Produktionsautomatisierung nur noch ein schlechter Indikator für die produktbezogene Kostenverursachung in den Fertigungskostenstellen seien. Diese Kritik findet sich insbesondere in den USA, in der die überwiegende Mehrzahl der Unternehmen auch heute noch auf der Basis von »direct labor« kalkuliert. Die Kritik betrifft zum anderen die Behandlung der der Fertigung vor- und nachgelagerten Dienstleistungsbereiche, wie z.B. Bestelldisposition, Fertigungsvorbereitung und -steuerung, Lagerungen und Transporte. Für sie dominieren – wie wir gesehen haben – in der Vollkostenrechnung sehr grobe, pauschale Verrechnungsmodi (z.B. in Form von Umlagenanlastung), und auch in der Plankostenrechnung werden sie unzureichend durchdrungen: Die analytische Kostenplanung, die wir im 18. Kapitel kennen gelernt haben, wird in den Unternehmen in aller Regel nur auf »produktive« Bereiche, konkret auf Fertigungsendkostenstellen angewandt. Vorleistungen erbringende Kostenstellen, letztlich der gesamte Gemeinkostenbereich, wird von der Rechnung vernachlässigt. Durch die verbesserte Durchdringung dieser Bereiche verspricht die Prozesskostenrechnung sowohl eine bessere interne Steuerung als auch eine genauere Produktkalkulation.

Die Prozesskostenrechnung setzt an Differenzierungsmängeln der traditionellen Vollkostenrechnung an

5.2. Vorgehen der Prozesskostenrechnung

Die Prozesskostenrechnung geht in mehreren Schritten vor. Die Schritte sind jedem Kostenrechner aus den bekannten Kostenrechnungssystemen weitgehend oder gänzlich geläufig. Konzeptioneller Neuigkeitswert kommt ihnen nicht bzw. nur sehr eingeschränkt zu – was Ihren Lernaufwand durchaus begrenzt!

1. Schritt: Leistungs- und Prozessanalyse

Grundidee der Prozesskostenrechnung ist es, auch im Gemeinkostenbereich erbrachte Leistungen als Basis für die Zuordnung von Kosten zu Produkten zu verwenden. Verwaltungsleistungen werden – wie Ihnen an dieser Stelle der Diskussion geläufig – in den traditionellen Kostenrechnungssystemen nicht erfasst und kalkuliert. Definitions- und Erfassungsprobleme sind hierfür ebenso begründend wie eine hohe Vielgestaltigkeit der Verwaltungstätigkeit. Die Prozesskostenrechnung nähert sich dem Problem in zwei Schritten:

- Zum einen versucht sie, die Vielfalt der erbrachten Leistungen durch die *Bündelung* wichtiger Aktivitäten *zu Hauptprozessen* zu reduzieren, für die sich eine Zuordnung zu den Produkten herstellen lässt. Hauptprozesse fassen Teilprozesse zusammen, die sich über mehrere Kostenstellen hinweg erstrecken. Beispiel hierfür ist etwa der Hauptprozess »Aufnahme eines zusätzlichen Produkts in das Produktionsprogramm« mit den Aktivitäten Konstruktion, Produkttest, Kalkulation, Einplanung in die Produktion, Erstellung von Stücklisten, Vergabe einer Artikelnummer, Einrichtung eines Lagerplatzes und Änderung der Transportplanung.
- Zum anderen *analysiert* die Prozesskostenrechnung die *einzelnen Aktivitäten* in den betroffenen Kostenstellen genauer. Dabei geht es zum einen um die Definition und Abgrenzung der einzelnen Aktivitäten, zum anderen um Fragen ihrer Erfassbarkeit. So hat man sich etwa in einer Transportkostenstelle dafür zu entscheiden, ob man als Leistungsmaß die abgefertigte Tonnage (»Tonnen-Kilometer«), das bewegte Transportvolumen, die Zahl bewegter Paletten und/oder Behälter, zusätzlich die Transportdauer (z.B. Eiltransporte!), vielleicht sogar die Transportzeit (u.U. relevant für die Höhe der Personalkosten: Nachtzuschläge!) verwenden will. Alle Merkmale können unterschiedliche Leistungen definieren und mit unterschiedlichem Kostenanfall verbunden sein. Je differenzierter man Aktivitäten definiert, desto schwieriger und aufwändiger wird aber auch die laufende Erfassung der erbrachten Leistungen.

Je differenzierter die Aktivitäten, desto schwieriger die laufende Erfassung der erbrachten Leistungen

2. Schritt: Zuordnung von Kosten zu Prozessen

Jedem Teilprozess bzw. jeder Aktivität sind die von ihm verursachten Kosten zuzuordnen. Das hierfür notwendige Vorgehen ist dem Kostenrechner geläufig:

- Beanspruchen die unterschiedlichen Aktivitäten dieselben Produktionsfaktoren, so sind Verrechnungsverfahren wie etwa eine Verrechnungssatzkalkulation anzuwenden.

- Unterscheiden sich die Aktivitäten im Erstellungsprozess stark voneinander – werden sie z.B. von unterschiedlich spezialisierten Mitarbeitern erbracht –, so muss man versuchen, die Kostenstelle weiter in kleinere Abrechnungsbezirke aufzuspalten (»Kostenplätze«).

In beiden Fällen wird man mit den bekannten Problemen der Kostenverbundenheit und der Notwendigkeit ihrer Aufteilung konfrontiert. In vielen Beispielen zur Prozesskostenrechnung finden sich deshalb (erhebliche) Kostenschlüsselungen. Dieses ist ihr allerdings nicht als Spezifikum anlastbar, sondern betrifft jeden Ansatz, der einem Prozess alle mit der Leistungserstellung verbundenen Kosten, nicht nur den kleinen, unmittelbar beeinflussten Kostenanteil, zuordnen will.

Typische Zuordnungsprobleme

3. Schritt: Bestimmung der Kostentreiber

Für die unterschiedenen Prozessarten sind im nächsten Schritt die jeweiligen »Kostentreiber« (cost-driver) zu ermitteln, also die Faktoren, die die Prozessinanspruchnahme der entsprechenden Leistungen bestimmen. Für die Aktivität Fertigungsplanung wäre dies z.B. die Zahl der zu bearbeitenden Fertigungsaufträge, gegebenenfalls unterteilt in Standard- und Sonderaufträge, für die angesprochene Transportleistung eine der genannten Leistungsgrößen (z.B. Zahl der transportierten Behälter). Besitzt eine Aktivität einen starken Anteil dispositiver Tätigkeit, findet sich ein solcher Kostentreiber nur schwerlich. Kosten derartiger Prozesse werden in der Prozesskostenrechnung auch als »*leistungsmengenneutral*« bezeichnet.

Ähnlichkeiten dieses 3. Schritts der Prozesskostenrechnung zum Vorgehen einer Verrechnungssatz- bzw. Bezugsgrößenkalkulation sind trotz der unterschiedlichen Notation nicht zu übersehen. Wir werden darauf im Schritt 5 nochmals zurückkommen.

4. Schritt: Prozessmengenermittlung

Für die Kostentreiber sind die jeweiligen Mengenausprägungen (z.B. Zahl abgewickelter bzw. im nächsten Jahr abzuwickelnder Fertigungsaufträge) zu bestimmen. Dies bedeutet im Vergleich zum traditionellen Vorgehen in der Kostenrechnung – wie bereits angemerkt – einen nicht unerheblichen zusätzlichen Erfassung- und/oder Planungsaufwand, da derartige Informationen bislang nur selten erfasst und/oder geplant worden sind. Nur für einen Teil der Daten stehen vorhandene DV-Systeme zur Verfügung (z.B. Betriebsdatenerfassungssysteme, aus denen man viele materialflussbezogene Daten gewinnen kann).

Zusätzlicher Erfassungsaufwand

5. Schritt: Prozesskostenermittlung

Im 5. Schritt werden Kosten pro Prozessmengeneinheit (z.B. pro Fertigungsauftrag) ermittelt. Dieses Vorgehen gleicht dem, was wir bei der Bezugsgrößen- bzw. Verrechnungssatzkalkulation kennengelernt haben. Es gibt innerhalb der Befürworter der Prozesskostenrechnung unterschiedliche Auffassungen, ob man in diese Prozesskosten pro Prozesseinheit auch die Kosten der leistungsmengenneutralen Prozesse einbeziehen sollte oder nicht. Dieser Frage liegt die Überlegung zugrunde, ob man die Prozesskostenrechnung nicht allein als Vollkostenrechnung sehen, sondern sie auch als Teilkostenrechnung gestalten sollte.

Unabhängig davon gilt es, in der praktischen Anwendung der Prozesskostenrechnung einen wichtigen Unterschied zu üblichen Bezugsgrößen- bzw. Verrechnungssatzkalkulationen zu berücksichtigen: In einer Fertigungskostenstelle wird die Produktionsfunktion wesentlich durch den Produktionsfaktor Anlagen festgelegt; Menschen arbeiten an Maschinen bzw. diesen zu; ihre Arbeitszeit wird durch die Maschinentakte bestimmt. Verwaltungsprozesse sind dagegen im Wesentlichen menschendeterminiert. Die Leistung von Menschen ist viel stärker beeinflussbar und schwankt potenziell viel stärker. Damit unterliegt die Aussage »Kosten pro ausgeführten Beschaffungsauftrag« in der Bestellabwicklung einer deutlich höheren Schwankungsbreite als die »Kosten pro gepresstes Blechteil« in der Kostenstelle Presse.

6. Schritt: Prozesskostenkalkulation

Im letzten Schritt werden die Prozesskosten den Produkten im Rahmen der Kostenträgerrechnung belastet. In kostenrechnerischen Termini ausgedrückt, wandelt die Prozesskostenrechnung dazu bisherige Vorkostenstellen in Endkostenstellen um: Während bislang z.B. die Fertigungssteuerung an die Fertigungsendkostenstellen verrechnet wurde, verrechnet sie ihre Kosten in der Prozesskostenrechnung direkt auf die Produkte. Hierzu muss man zusätzlich festhalten, wieviel Prozessmengeneinheiten jedes Produkt jeweils in Anspruch genommen hat. Auch hiermit sind erhebliche Erfassungs- und/oder Planungskosten verbunden. Zudem ergeben sich vielfältige Verdichtungsprobleme, auf die an dieser Stelle aber nicht eingegangen werden soll.

5.3. Beispiel zum Vergleich traditionelle Kalkulation – Kalkulation der Prozesskosten

»Unkurante Sorten, welche in kleinen Quantitäten gemacht werden, erfordern höhere Preise; besonders das Verwaltungspersonal hat oft große Scherereien dadurch. So wirken die Gestehungskosten dieser Artikel schädlich auf die kuranten Sorten ein. Einer weitergehenden Arbeitsteilung stehen gerade diese Unkuranten oft entgegen. So weit eine exakte Feststellung dieser Einflüsse möglich ist, darf sie nicht unterbleiben. Eine richtige Kalkulation würde auch auf dem Markte ihren Einfluß zeigen in der Weise, dass manche kurante Ware die unkurantere verdrängen würde, und das wirkte günstig auf die Produktion zurück«. Dieses prägnante Zitat stammt von dem schon mehrfach zitierten »Altmeister« der Kostenrechnung, *Eugen Schmalenbach* - aus dem Jahr *1899!* Das Thema Prozesskostenrechnung ist also alles andere als neu! *Schmalenbach* fordert eine »richtige Kalkulation«; das Vorgehen der Prozesskostenrechnung wäre ganz in seinem Sinne. Warum das so ist, sei im Folgenden an einem Beispiel veranschaulicht. Es wird den Unterschied zwischen der bisherigen, traditionellen Vollkostenermittlung

Die Defizite der traditionellen Vollkostenrechnung, die der Entwicklung der Prozesskostenrechnung zugrunde liegen, sind schon Ende des 19. Jahrhunderts bekannt gewesen

und der differenzierten Sichtweise der Prozesskostenrechnung aufzeigen. Der Preis der Aussagefähigkeit des Beispiels ist allerdings eine gewisse Komplexität der Rechnung.

Produktbezogene Ausgangsdaten

	Produkt A$_1$	Produkt A$_2$	Produkt B$_1$	Produkt B$_2$	Produkt C$_1$	Produkt C$_2$	Andere Produkte	Summe
Zahl der A-Teile	2	0	24	25	48	50	255	404
Zahl der B-Teile	14	7	55	60	23	25	820	1.004
Zahl der C-Teile	55	70	155	196	44	48	3.955	4.523
Bestellvolumen								
- Zahl an Behältern	4.450	535	15.750	26.850	18.750	19.450	425.678	511.463
- Materialeinzelkosten	1.550.750	215.875	4.515.487	6.896.381	1.450.750	1.560.545	145.685.679	161.875.467
Durchschnittlicher Eingangslagerbestand	35.125	45.745	105.634	141.345	75.635	98.451	8.345.705	8.847.640
Auflegungshäufigkeit	18	2	36	48	48	48	815	1.015
Internes Transportvolumen (in Behältern)	3.950	600	16.125	28.238	28.750	30.125	1.250.765	1.358.553
Durchschnittlicher Versandlagerbestand	145.950	225.750	198.566	205.675	125.675	115.390	15.345.750	16.362.756
Versandvolumen								
- Zahl der versendeten Behälter	5.150	750	18.550	32.900	28.985	30.434	550.456	667.225
- Zahl der Lieferungen	25	2	115	125	255	255	4.550	5.327
Fertigungseinzelkosten	4.487.915	700.500	10.234.790	16.550.534	3.750.129	3.965.345	212.583.956	252.273.169

Sonstige Ausgangsdaten

Kostenstellen	Bestell-disposition	Waren-annahme	Eingangs-lager	Einkauf	Summe Materialbereich	Interner Transport	Fertigungs-steuerung	andere Fertigungshilfsstellen	Summe Fertigungshilfsstellen
Summe der Gemeinkosten	2.223.671	4.114.776	2.550.980	9.440.990	18.330.417	18.955.234	5.345.905	35.789.145	60.090.284
Summe der Einzelkosten					161.875.467				

Kostenstellen	Fertigungs-hauptstellen	Versand-disposition	Versand-lager	Versand-transport	Verkauf	Vertrieb insgesamt	Verwaltung	Summe
Summe der Gemeinkosten	195.655.348	11.555.895	10.125.900	32.567.856	6.998.112	61.247.763	44.235.670	379.559.482
Summe der Einzelkosten	252.273.169							414.148.636

Abb. 20-7: Ausgangsdaten des Beispiels

Vollkostenrechnung

Betrachtet wird ein großes mittelständisches Unternehmen mit einem Kostenvolumen von ca. 800 Mio. Euro und einem Produktspektrum von gut 4.500 Produkten. Aus diesem seien sechs aus unterschiedlichen Produktgruppen stammende Erzeugnisse näher betrachtet. Insgesamt liegen die in der *Abbildung 20-7* aufgeführten Ausgangsdaten vor (siehe Vorseite). Die Abbildung zeigt ausgewählte Kostenstellen des Gemeinkostenbereichs (sämtlich Logistik-Kostenstellen), für die gesonderte Kosten- und Leistungsinformationen gegeben sind.Geht man die produktbezogenen Ausgangsdaten durch, werden die Anforderungen an die Leistungserfassung deutlich, die letztlich die Kosten der Prozesskostenrechnung bzw. der Verfeinerung der Vollkostenrechnung bestimmen:

- Als Leistungsmessgröße der Bestelldisposition muss erzeugnisbezogen die Zahl von eingehenden Teilen spezifiziert nach A, B oder C-Teilen bekannt sein. Die meisten Unternehmen sind hierzu DV-technisch in der Lage.

- Entsprechendes gilt für die Einlagerung bezogen auf den durchschnittlichen Eingangslagerbestand.

- Problematisch dagegen ist in der Praxis die Leistungsmessung für die Warenannahme. Die Ausgangsdaten weisen als Messgröße die Zahl an eingegangenen Behältern aus. Um über die Gesamtzahl (511.463) zu verfügen, benötigt man entweder eine unmittelbare Erfassung des Materialstroms (z.B. durch Scanning oder durch Erfassungsgeräte an den Staplern) oder man muss aus den beschafften Materialmengen über festliegende Behälterinformationen und Materialflusswege im Wareneingang den Umfang der Abfertigungsaufgabe errechnen. Im Beispiel fehlt jegliche über reine Mengendaten hinausgehende Differenzierung. Die einzelnen behälterbezogenen Abfertigungsvorgänge im Wareneingang werden damit als unmittelbar vergleichbar angesehen – sicher eine nicht unproblematische Unterstellung, die allerdings eine erhebliche Vereinfachung des Erfassungsproblems bedingt.

Probleme der Leistungs-erfassung

- Ähnliche Probleme bereitet die Leistungserfassung für den innerbetrieblichen Transport, die ebenfalls als Kostentreiber (Bezugsgröße) die Behälterzahl wählt. Hier ist die Unterstellung vergleichbaren Transportaufwandes für alle Behälter aller unterschiedlichen Produkte jedoch noch weitgehender bzw. realitätsferner. Genauere Daten der unterschiedlichen Transportbedingungen erforderten aber einen ganz erheblichen Erfassungsaufwand.

- Wiederum unproblematisch sind die Kostentreiber (Bezugsgrößen) für die Produktionssteuerung (Auftragshäufigkeit) und die Versanddisposition (Zahl der Lieferungen) zu bestimmen. Im Versandlager wird wie im Wareneingangsbereich nur der durchschnittliche Bestandswert als für die Kalkulation verwandte Messziffer der Leistungen gewählt. Die Leistungen der noch verbleibenden Kostenstellen des Versandtransports (Eigentransporte) abzubilden, fällt schließlich wiederum schwerer. Im Beispiel ist die sehr ungenaue, damit aber vergleichsweise leicht erfassbare Messgröße »Zahl der versendeten Behälter« zugrunde gelegt. Im Idealfall wären die Daten einer einzelobjektbezogenen Leistungserfassung heranzuziehen.

Als sonstige Ausgangsdaten sind schließlich nur die Zahlen ausgewiesen, die zum angestrebten Kalkulationsvergleich unabdingbar sind. Insbesondere fehlt eine Differenzierung der nicht-logistischen Fertigungshilfsstellen und der Endkostenstellen in der Fertigung. Der gesamte Fertigungsbereich muss

Vorbereitung der Kalkulation

Kostenstellen	Bestell-disposition	Waren-annahme	Eingangs-lager	Einkauf	Summe Material-bereich	Interner Transport	Fertigungs-steuerung	andere Fertigungshilfsstellen	Summe Fertigungshilfsstellen
Summe der Gemeinkosten	2.223.671	4.114.776	2.550.980	9.440.990	18.330.417	18.955.234	5.345.905	35.789.145	60.090.284
Summe der Einzelkosten					161.875.467				
Umlagen bzw. Aggregation					18.330.417				
Gemeinkostenzuschlagssatz					11,32%				

Kostenstellen	Fertigungs-hauptstellen	Versand-lager	Versand-disposition	Versand-transport	Verkauf	Vertrieb insgesamt	Verwaltung	Summe
Summe der Gemeinkosten	195.655.348	10.125.900	11.555.895	32.567.856	6.998.112	61.247.763	44.235.670	379.559.482
Summe der Einzelkosten	252.273.169							414.148.636
Umlagen bzw. Aggregation	255.745.632					61.247.763	44.235.670	793.708.118
Gemeinkostenzuschlagssatz	101,38%					8,90%	6,43%	

Durchführung der Kalkulation

	A_1	A_2	B_1	B_2	C_1	C_2	Summe
Materialeinzelkosten	1.550.750	215.875	4.515.487	6.896.381	1.450.750	1.560.545	16.189.788
Materialgemeinkosten	175.603	24.445	511.324	780.931	164.280	176.713	1.833.295
Materialkosten	1.726.353	240.320	5.026.811	7.677.312	1.615.030	1.737.258	18.023.083
Fertigungseinzelkosten	4.487.915	700.500	10.234.790	16.550.534	3.750.129	3.965.345	39.689.213
Fertigungsgemeinkosten	4.549.960	710.142	10.375.669	16.778.347	3.801.748	4.019.927	40.235.523
Fertigungskosten	9.037.605	1.410.642	20.610.459	33.328.881	7.551.877	7.985.272	79.924.736
Herstellkosten	10.763.958	1.650.962	25.637.269	41.006.193	9.166.907	9.722.529	97.947.819
Vertriebsgemeinkosten	957.926	146.925	2.281.559	3.649.299	815.798	865.245	8.716.753
Verwaltungsgemeinkosten	691.854	106.116	1.647.837	2.635.675	589.203	624.916	6.295.600
Selbstkosten	12.413.738	1.904.004	29.566.665	47.291.166	10.571.909	11.212.691	112.960.173

Abb. 20-8: Traditionelle Produktkalkulation

damit hier im Beispiel »in einem Zug« kalkuliert werden. Für das Aussagenziel des Beispiels ist diese Vereinfachung jedoch unproblematisch.

Das traditionelle Kalkulationsvorgehen und die dafür zu vollziehenden vorbereitenden Schritte zeigt die *Abbildung 20-8* (siehe Vorseite). Ob ein Unternehmen im Bereich der Fertigung tatsächlich – wie hier unterstellt – die althergebrachte Lohnzuschlagskalkulation anwendet oder aber zur Maschinenstundensatzrechnung übergegangen ist, erweist sich für die Art der Zurechnung der im Beispiel gesondert betrachteten Fertigungsgemeinkosten als unerheblich. Beide Kalkulationsverfahren sind nicht auf eine detaillierte, auf die Inanspruchnahme der erstellten Dienstleistungsprozesse abstellende Verrechnung ausgerichtet.

Um nach den Prinzipien der Prozesskostenrechnung vorzugehen, sind im ersten Schritt die Verrechnungssätze für die von der Leistungsstruktur her differenziert erfassten Gemeinkostenstellen zu ermitteln. Im Einzelnen handelt es sich dabei – wie auch die *Abbildung 20-9* zeigt – um die folgenden Zahlen (aus der jeweiligen Berechnung wird stets auch der angenommene Kostentreiber sichtbar. Zur Auswahl sei an dieser Stelle keine weitere Begründung gegeben. Sie müsste weitgehend selbsterklärend sein):

- *Warenannahme*: 4.114.776 Euro / 511.463 bestellte Behälter = 8,05 Euro/Behälter
- *Eingangslager*: 2.550.980 Euro / 8.847.640 Euro durchschnittlicher Eingangslagerbestand = 28,83%
- *Interner Transport*: 18.955.234 Euro / 1.358.553 transportierte Behälter = 13,95 Euro/Behälter
- *Fertigungssteuerung*: 5.345.905 Euro / 1.015 Auflegungshäufigkeit = 5.267 Euro/Los

- *Versandlager*: 10.125.900 Euro / 16.362.756 Euro durchschnittlicher Versandlagerbestand = 61,88%
- *Versanddisposition*: 11.555.895 Euro / 5.327 Lieferungen = 2.169,31 Euro/Lieferung
- *Versandtransport*: 32.567.856 Euro / 667.225 versendete Behälter = 48,81 Euro/Behälter.

Es verbleibt die *Bestelldisposition*. Hier können wir nicht so einfach rechnen, da sich die einzelnen Materialarten in ihrem Dispositionsverhalten zu stark voneinander unterscheiden. Im Sinne einer Äquivalenzzahlenkalkulation ist wie folgt vorzugehen:

- Feststellung des Ausmaßes unterschiedlichen Dispositionsverhaltens: Hier sei ermittelt, dass A-Teile wöchentlich, B-Teile alle zwei Wochen und C-Teile zweimonatlich geordert werden. Dies bedeutet Äquivalenzzahlen von 8, 4 und 1.
- Die Zahl der Recheneinheiten ergibt sich dann mit $8 \cdot 404 + 4 \cdot 1.004 + 1 \cdot 4.523 = 11.771$.
- Pro Recheneinheit fallen 2.223.671 Euro / 11.771 RE = 188,91 Euro an, was zugleich den Wert pro C-Teil bedeutet. Für A- und B-Teile lauten die Zahlen 1.511,29 und 755,64 Euro.

Damit haben wir fast alle Werte beieinander. Es fehlen nur noch die Zuschlagssätze für die Kostenstellen, die wie bisher pauschal kalkuliert werden. Deren Ermittlung zeigt die *Abbildung 20-9*. Da diverse vormals Vorkostenstellen abrechnungstechnisch nun zu Endkostenstellen geworden

Vorbereitung der Kalkulation

Kostenstellen	Bestell-disposition	Waren-annahme	Eingangs-lager	Interner Transport	Fertigungs-steuerung	Versand-lager	Versand-disposition	Versand-transport
Summe der Gemeinkosten	2.223.671	4.114.776	2.550.980	18.955.234	5.345.905	10.125.900	11.555.895	32.567.856
Kalkulation Bestelldisposition								
- 8 • A-Teile + 4 • B-Teile + C-Teile	11.771							
- Kosten pro A-Teil	1.511,29							
- Kosten pro B-Teil	755,64							
- Kosten pro C-Teil	188,91							
Kalkulation Warenannahme								
- Kosten pro bestelltem Behälter		8,05						
Kalkulation Eingangslager								
- Kosten pro € Lagerbestand			0,29					
Kosten interner Transport								
- Kosten pro transportiertem Behälter				13,95				
Kalkulation Auftragsvorbereitung								
- Kosten pro Fertigungsauftrag					5.267			
Kalkulation Versandlager								
- Kosten pro € Lagerbestand						0,62		
Kalkulation Versanddisposition								
- Kosten pro Lieferung							2.169,31	
Kalkulation Versandtransport								
- Kosten pro versendetem Behälter								48,81

Kostenstellen	andere Fertigungs-hilfsstellen	Fertigungs-hauptstellen	Einkauf	Verkauf	Verwaltung
Gemeinkostensumme	35.789.145	195.655.348	9.440.990	6.998.112	44.235.670
Umlage Fertigungshilfsstellen	-35.789.145	35.789.145			
Summe Gemeinkosten		231.444.493	9.440.990	6.998.112	44.235.670
Zuschlagsbasis		252.273.169	161.875.467	688.224.685	688.224.685
Gemeinkostenzuschlagssatz		91,74%	5,83%	1,02%	6,43%

Abb. 20-9: Vorbereitung der prozessorientierten Kalkulation

sind, reduziert sich der Fertigungsgemeinkostenzuschlag im Beispiel um gut 10%. Eine noch weit stärkere Reduzierung gilt für den Beschaffungs- und den Vertriebsbereich; hier sind nur noch die jeweiligen Marketingfunktionen per Zuschlag umzulegen.

Im Ergebnis zeigt die *Abbildung 20-10* die exakte Zuordnung der Gemeinkosten. Unter Inkaufnahme einer Verlängerung der Kalkulation, die DV-technisch allerdings kaum Schwierigkeiten bereitet, werden Vollkostenwerte für die Produkte ermittelt, die deutlich von denen der traditionellen Kalkulation abweichen. Die Gesamtsumme der Kosten ist bis auf geringe Abweichungen gleichgeblieben. Bei diesen Abweichungen handelt es sich nicht um einen Rundungs- bzw. Rechenfehler. Vielmehr berücksichtigt die Differenz den durch Veränderung des Kalkulationsmodus zwischen den betrachteten Produkten und dem restlichen Erzeugnisprogramm des Unternehmens – das im Beispiel nicht näher analysiert bzw. berücksichtigt wurde – stattgefundenen Umverteilungseffekt. Geändert im Vergleich zur traditionellen Kalkulation hat sich jedoch die Verteilung der Kosten. Die zum Schluss ausgewiesenen Differenzwerte lassen sich keinesfalls als übertrieben bzw. praxisfern bezeichnen. Praktische Erfahrungen zeigen vielmehr, dass man eher mit (deutlich) höheren Differenzen rechnen kann. Der Wert der durch derartige Kalkulationen gewonnenen Informationen für die Steuerung des Produktions- und Absatzprogramms ist evident.

Die Prozesskostenrechnung führt produktbezogen zu (deutlich) anderen Kalkulationswerten

5.4. Beurteilung der Prozesskostenrechnung

Die Prozesskostenrechnung kann als letzte »Innovation« in der Kostenrechnungslandschaft gelten. Neue kostenrechnerische Konzepte enthält sie jedoch nicht. Bekannte Begriffe (»Bezugsgröße«) werden durch neue (»Cost Driver«) ersetzt, ohne dass sich die Begriffsinhalte nennenswert ändern. Die Prozesskostenrechnung postuliert zudem nachdrücklich den Weg zu höherer Detaillierung, ohne den Beleg der Wirtschaftlichkeit dieses Vorgehens anzutreten. Deshalb ist es verständlich, dass die Prozesskostenrechnung in der Praxis nur selten als Element der laufenden Kostenrechnung realisiert wird, sie überwiegend als fallweise Rechnung eingesetzt wird. Allerdings hat die Diskussion um die Prozesskostenrechnung dazu geführt, den Gemeinkostenbereichen eine stärkere (und dringend erforderliche) kostenrechnerische Aufmerksamkeit zukommen zu lassen – und hier liegen in den Unternehmen häufig große Rationalisierungspotenziale!

6. Zusammenfassende Beurteilung der Vollkostenrechnung

Mit der Vollkostenrechnung beginnt das, was man ein Kostenrechnungssystem nennen kann. Zwar führen die Wurzeln des Rechnens mit Kosten sehr weit in die Geschichte zurück. Kostenrechnung im heute verstandenen Sinn, d.h. als laufendes, parallel zur externen Rechnungslegung geführtes

	A₁	A₂	B₁	B₂	C₁	C₂	Summe
Materialeinzelkosten	1.550.750	215.875	4.515.487	6.896.381	1.450.750	1.560.545	16.189.788
Kosten Bestelldisposition							
- A-Teile	3.023	0	36.271	37.782	72.542	75.564	225.182
- B-Teile	10.579	5.290	41.560	45.339	17.380	18.891	139.038
- C-Teile	10.390	13.224	29.281	37.027	8.312	9.068	107.301
Kosten Warenannahme	35.801	4.304	126.710	216.011	150.846	156.477	690.150
Kosten Eingangslager	10.137	13.189	3.457	40.753	21.807	28.386	144.720
Verrechnung Einkaufskosten	90.444	12.590	263.355	402.215	84.611	91.015	944.230
Materialkosten	1.711.113	264.472	5.043.121	7.675.507	1.806.248	1.939.946	18.440.409
Fertigungseinzelkosten	4.487.915	700.500	10.234.790	16.550.534	3.750.129	3.965.345	39.689.213
Fertigungsgemeinkosten	4.117.375	642.664	9.389.765	15.184.056	3.440.503	3.637.950	36.412.314
Kosten Interner Transport	55.112	8.372	224.984	393.991	401.135	420.320	1.503.914
Kosten Arbeitsvorbereitung	94.804	10.534	189.608	252.811	252.811	252.811	1.053.380
Fertigungskosten	8.755.207	1.362.069	20.039.148	32.381.393	7.844.579	8.276.426	78.658.821
Herstellkosten	10.466.320	1.626.541	25.082.269	40.056.900	9.650.827	10.216.372	97.099.230
Kosten Versandläger	90.319	139.703	122.880	127.280	77.773	71.408	629.362
Kosten Versanddisposition	54.233	4.339	249.470	271.163	553.173	553.173	1.685.551
Kosten Versandtransport	251.376	36.608	905.442	1.605.879	1.414.784	1.485.511	5.699.601
Verrechnung Verkaufskosten	106.425	16.539	255.045	407.313	98.133	103.884	987.339
Vertriebskosten	502.354	197.189	1.532.838	2.411.634	2.143.863	2.213.976	9.001.853
Verwaltungsgemeinkosten	672.723	104.546	1.612.164	2.574.659	620.307	656.658	6.241.057
Selbstkosten	11.641.397	1.928.276	28.227.271	45.043.193	12.414.997	13.087.006	112.342.140
Differenz zu traditioneller Kalkulation	-772.341	24.273	-1.339.394	-2.247.974	1.843.088	1.874.315	-618.033
Differenz in Prozent	-6,22%	1,27%	-4,53%	-4,75%	17,43%	16,72%	-0,55%

Abb. 20-10: Ergebnisrech-
nung nach den Prinzipien
der Prozesskostenrechnung

bzw. mit dieser eng verbundenes periodisches Informationssystem, gibt es aber erst, seitdem es die Vollkostenrechnung gibt.

Die Vollkostenrechnung wurde gestaltet, um für solche Güter Preise zu bilden, für die keine Marktpreise existierten. Um für beide Vertragsparteien (Kunde und Lieferant) akzeptable Preise ermitteln zu können, bedurfte es eines vergleichsweise einfachen, festgefügten Ablaufs der Rechnung und ei-

Vollkostenrechnung

nes plausiblen, eingängigen Zurechnungsprinzips. Letzteres wurde mit dem Verursachungsprinzip gefunden; erstere Anforderung wurde durch einen Normaufbau der Vollkostenrechnung und einen »Normbaukasten« von Verrechnungs- und Kalkulationsverfahren erfüllt. Diese Normierung führte bis zur gesetzlichen Formulierung in Form der Preisbildungsvorschriften für die Kalkulation öffentlicher Aufträge.

Diesen Zweck der Preisfestlegung auf der Basis von Kosten erfüllt die Vollkostenrechnung grundsätzlich in idealer Weise. Lediglich über den erzielbaren Grad der Differenzierung ist stets vor dem Hintergrund der Wirtschaftlichkeit der Rechnung neu zu entscheiden. Aktuell zeigt sich in den Unternehmen, dass diesbezüglich in den Gemeinkostenbereichen deutliche Verbesserungen anzustreben sind. Zur Lösung dieser Probleme wurde die Prozesskostenrechnung entwickelt.

Wird die Vollkostenrechnung für andere Zwecke herangezogen, zeigt sie dagegen deutliche Mängel. Für die Wirtschaftlichkeitskontrolle fehlt ihr die Trennung in variable und fixe Kosten. Für Anpassungsentscheidungen sind Vollkostenwerte gänzlich ungeeignet. Die Praxis kann hier eine Vielzahl von Beispielen präsentieren, in denen die Vollkostenrechnung Unternehmen (erheblichen) Schaden zugefügt hat. Dennoch trifft man auf die Vollkostenrechnung in praktisch jedem Unternehmen. Dieses »Theorie-Praxis-Paradoxon« hat die Forscher seit Jahren gestört: Studenten werden ausführlich mit den Mängeln der Vollkostenrechnung vertraut gemacht, die Rechnung wird als antiquiert und überkommen attribuiert; in der Praxis angekommen, rechnen die Diplomierten aber nach kurzer Zeit wie selbstverständlich trotzdem Vollkosten und Nettoergebnisse aus.

Wenn die Praxis beständig Lösungen und Verfahrensweisen praktiziert und beibehält, so gilt in der Theorie die sog. Effizienzhypothese. Ihr liegt die Überlegung zugrunde, dass Märkte auf längere Frist keine Unwirtschaftlichkeiten dulden. Übertragen auf die Vollkostenrechnung nährt dies die Vermutung, dass die harsche Kritik der Theorie Nutzeneffekte der Vollkostenrechnung übersehen hat.

Auf der Suche nach Gründen mag man zunächst daran denken, dass in den letzten Jahren der ursprüngliche Preisbildungszweck wieder an Bedeutung gewonnen hat. Es gibt in weit fortentwickelten Volkswirtschaften immer mehr Güter, für die keine üblichen Märkte existieren, etwa bedingt durch zunehmende Produktdifferenzierung oder das Herausbilden längerfristiger Geschäftsbeziehungen (z.B. im Rahmen von Wertschöpfungspartnerschaften, wie man sie in der Automobilindustrie häufig findet). Weiterhin besteht Bedarf an Vollkosteninformationen aus der Intention heraus, nicht kurzfristig, sondern langfristig beeinflussbare Kosten von Produkten kennen zu wollen. Zwar lässt sich gegen die Gleichsetzung von Vollkosten und langfristig beeinflussbaren Kosten eines Produkts erhebliche Kritik anbringen (vgl. etwa *Holzwarth* 1993, S. 139-171). Als eine Art von Heuristik verstanden können Vollkostenwerte die gewünschte Funktion jedoch dennoch erfüllen.

Allerdings liegt hier unseres Erachtens nicht des Pudels Kern. Der Grund für das Fortbestehen der Vollkostenrechnung, für ihr Dominieren (sie ist empirisch das mit Abstand am häufigsten vorzufindende Kosten-

Das »Theorie-Praxis-Paradoxon« der Vollkostenrechnung

Erklärungsansätze

rechnungssystem) wird vielmehr klar, wenn man sich stärker dem zuwendet, was Menschen mit Kostenrechnungsinformationen machen. Wie im 15. Kapitel ausgeführt, nutzen Manager die Kostenrechnung nicht allein instrumentell für abgegrenzte Probleme (»Anpassungsentscheidungen«), in denen wiederum keine Menschen explizit vorkommen.

Diese traditionelle entscheidungsorientierte Sicht unterstellt Problemsituationen, die in der Praxis so nicht immer, ja immer weniger auftreten. Es ist zwar richtig, dass eine zusätzliche Produkteinheit keine Vollkosten zusätzlich auslöst, sondern nur Grenzkosten. Allerdings führt die Aufgabe der einfachen Regel »Verkaufspreis ≥ Vollkosten« schnell zur Frage, welche anderen Produkte und oder Kunden die von einem Produkt nicht gedeckten Fixkosten tragen sollen. Leicht wird der Vertriebsmitarbeiter dazu verleitet, auf bessere Zeiten für Verkaufsverhandlungen zu warten (»im Augenblick ist der Markt ganz schwierig«) oder das Problem elegant an seine Kollegen weiterzugeben (»Rasierer lassen sich doch im Augenblick viel besser verkaufen als Mixer«). In einer Welt richtiger Menschen mit kognitiven Begrenzungen und eigenen Interessen zeigt sich das sture Durchhalten des Verursachungsprinzips also als sehr vereinfachend und sehr verlässlich – beides für das tägliche Geschäftsleben sehr hilfreiche Eigenschaften.

Ähnliche Beispiele sind nicht auf die Preisstellung beschränkt. Auch wenn es darum geht, ungeliebte Gemeinkostenzuschläge der Unternehmensleitung oder anderer gemeinsam genutzter Bereiche zu verrechnen, schafft das Verursachungsprinzip die Möglichkeit einer schnellen, gerechten Einigung. Sie können sich sicher sehr gut vorstellen, was passiert, wenn die Verteilung an anderen, viel mehr Informationen zu ihrer Anwendung erfordernden und vielleicht auch deutlich stärker von einzelnen an der Verhandlung Beteiligten beeinflussbaren Größen festgemacht wird.

Die Vollkostenrechnung versagt also in instrumenteller Nutzung allein dann, wenn man eine klassische entscheidungsorientierte Sichtweise einnimmt. Verhaltensorientiert betrachtet ist sie in vielen Fragestellungen überlegen.

Überlegenheit gilt auch in konzeptioneller Hinsicht – und damit sei ihre Würdigung dann in diesem Einführungsbuch auch beendet: Alle Teilkostenrechnungssysteme, die wir in den beiden nächsten Kapiteln noch näher betrachten werden, setzten an die Nutzer der gelieferten Informationen (deutlich) höhere Anforderungen bezüglich des Kostenrechnungs-Knowhows als die Vollkostenrechnung. Zwar mag ein Kostenstellenleiter nur selten die vielen Verästelungen der Gemeinkostenverrechnung hinterfragen können, die zu den Umlagen und Verrechnungen auf seiner Kostenstelle geführt haben; aber er ist ohne Zweifel in der Lage, sich mit einem Kollegen über das grundsätzliche Vorgehen der Vollkostenrechnung (Verrechnung der Kosten gemäß anteiliger Inanspruchnahme) zu unterhalten. Vollkostenrechnung ist eine relativ schnell erlernbare ökonomische Sprache, in der sich ein Produktionsverantwortlicher ohne große Kommunikationsprobleme mit einem Produktentwickler oder Brandmanager unterhalten kann.

Diese Einfachheit gilt für die verschiedenen Spielarten der Teilkostenrechnungssysteme nicht (mit Ausnahme des Direct Costing, das allerdings in der Praxis deutscher Unternehmen keine Rolle spielt; wir werden dieses System im nächsten Kapitel näher vorstellen). Ihr Aufbau ist deutlich komplexer; zudem werden weit mehr Informationen zur »richtigen« Klassifizierung der Kosten verlangt, Informationen, die zudem häufig nicht der Kostenrechner allein, sondern nur im Zusammenspiel mit Managern erheben kann. Die »Sprache« von Teilkostenrechnungssystemen ist damit schwerer zu erlernen und zu sprechen als die der Vollkostenrechnung. Dies

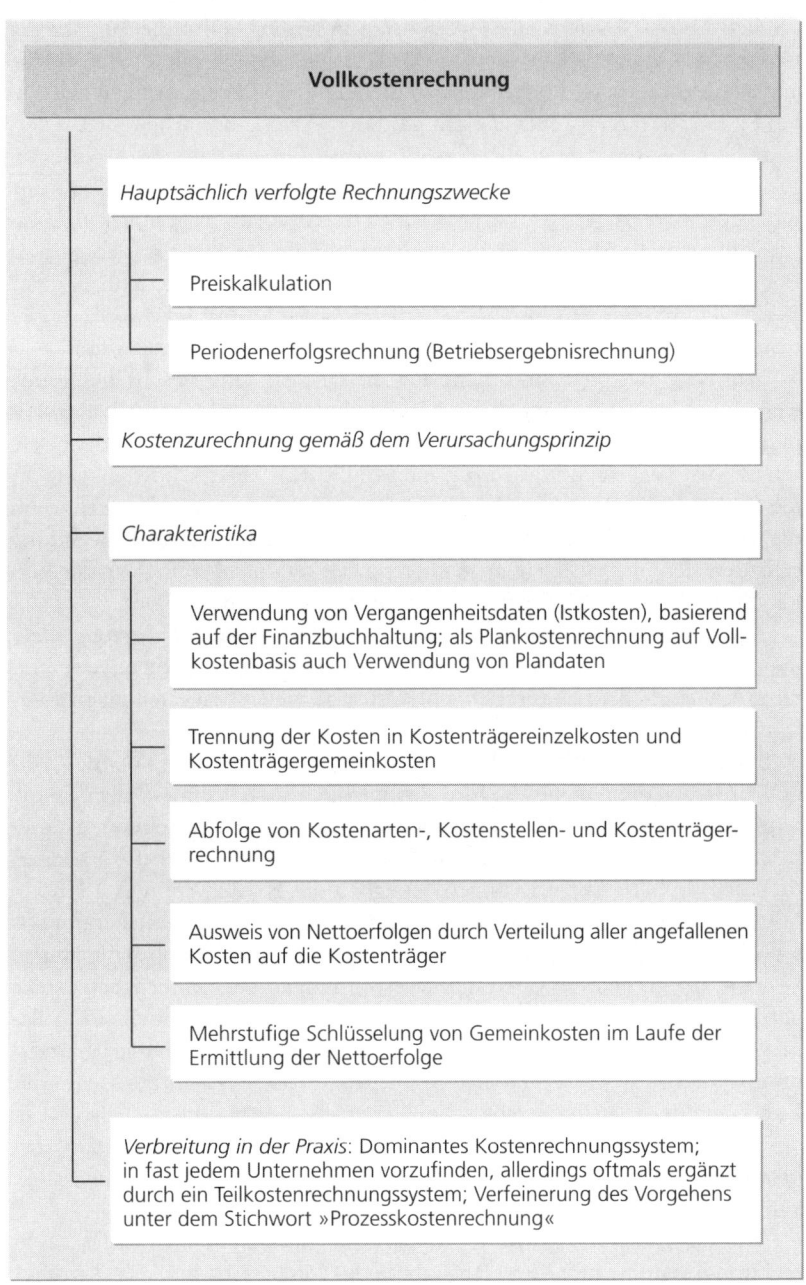

Abb. 20-11: Überblick über die wichtigsten Merkmale der Vollkostenrechnung

begrenzt ihren konzeptionellen Wert. Kognitive Begrenzungen greifen ebenso, wie sich in der Komplexität leicht unbemerkt opportunistisches Verhalten »verstecken« lässt.

In konzeptioneller Hinsicht ist die Vollkostenrechnung den Teilkostenrechnungssystemen somit überlegen, in instrumenteller Hinsicht hat mal das eine, mal das andere System die Nase vorn. Es verwundert also nicht, dass die Vollkostenrechnung aus der Praxis nicht wegzudenken ist!

Die *Abbildung 20-11* fasst abschließend die wichtigsten Merkmale der Vollkostenrechnung stichwortartig zusammen.

Direct Costing und Stufenweise Fixkostendeckungsrechnung

Kapitel 21

Lernziel

Kostenrechnung als in der Praxis verankertes Informationssystem hat ihren Weg als Vollkostenrechnung begonnen. Dabei ist sie aber nicht stehen geblieben. Ihre Weiterentwicklung führte zu einer zunehmenden Zahl von Systemvarianten, die alternativ zur Vollkostenrechnung oder parallel mit dieser eingesetzt werden. Ziel dieses Kapitels ist es,

- transparent zu machen, was man unter einer »Teilkostenrechnung« zu verstehen hat,
- aufzuzeigen, welche grundlegenden Unterschiede zwischen einer Vollkostenrechnung und einer Teilkostenrechnung bestehen und
- die beiden historisch gesehen zuerst konzipierten Teilkostenrechnungssystemvarianten, das Direct Costing und die Stufenweise Fixkostendeckungsrechnung, vorzustellen.

Die vom theoretischen Konzept her ausgefeilteste Teilkostenrechnung, die Einzelkosten- und Deckungsbeitragsrechnung, wird in einem gesonderten Abschnitt diskutiert (Kapitel 22). Sie hat sich in der Praxis zwar nur in wenigen Merkmalen, nicht als Gesamtkonzept durchsetzen können, enthält aber viele innovative Ideen, die für das grundsätzliche Verständnis der Kostenrechnung sehr hilfreich sind. Auf die ebenfalls zur Gruppe der Teilkostenrechnungen zählende Grenzplankostenrechnung wollen wir im Folgenden nicht mehr explizit eingehen. Sie ist – mit Ausnahme des abweichenden Zeitbezugs der Informationen (Plan statt Ist) – in ihrer Erfolgskonzeption weitgehend mit den beiden anderen in diesem Kapitel dargestellten Teilkostenrechnungssystemen vergleichbar.

1. Konzept der Teilkostenrechnungen

1.1. Zum Begriff »Teil«kostenrechnung

»Teil«kostenrechnung ist ein unglücklicher, weil verwirrender Begriff. Er suggeriert, dass ein entsprechendes Kostenrechnungssystem im Gegensatz zur Vollkostenrechnung nur einen Teil der insgesamt anfallenden Kosten betrachtet, den anderen Teil unberücksichtigt lässt. Diese Assoziation ist falsch: Teilkostenrechnungssysteme unterscheiden sich – von einer im Kapitel 22 noch vorzustellenden Ausnahme abgesehen – von der Vollkostenrechnung nicht im Umfang und in der kostenartenmäßigen Strukturierung der abgebildeten Kosten. Die Divergenz liegt vielmehr in der Verrechnung dieser Kosten auf die Kostenträger und – vorgelagert – in der innerbetrieblichen Leistungsverrechnung zwischen den Kostenstellen.

> »Teil«kostenrechnung ist ein unglücklicher, weil verwirrender Begriff

Der Wortbestandteil »Teil-« drückt aus, dass nur ein Teil aller angefallenen und/oder geplanten Kosten den einzelnen Erzeugnissen angelastet wird, während der restliche Teil auf den Kostenstellen verbleibt. Dieser nicht verteilte Kostenblock wird mehreren oder allen Produkten gemeinsam belastet.

1.2. Für Teilkostenrechnungen dominante Rechnungszwecke

Als Hauptzweck der Vollkostenrechnung wurde die Preiskalkulation, als solcher der Flexiblen Plankostenrechnung die Wirtschaftlichkeitskontrolle festgehalten. Der erste der beiden Zwecke ist für Teilkostenrechnungen nur von nachrangiger Bedeutung, der letztere nur für die Grenzplankostenrechnung. In Abgrenzung dazu wollen alle Teilkostenrechnungssysteme marginalanalytische Fragestellungen beantworten helfen. Die Kostenrechnung soll in diesem Sinne ein Instrument zur Fundierung und Kontrolle unternehmerischer Entscheidungen darstellen, wobei der Entscheidungshorizont – in Abgrenzung zur Investitionsrechnung – kurzfristig ist: Betrachtet werden lediglich Anpassungsentscheidungen im Rahmen gegebener Kapazitäten. Typische Fragestellungen, für die man valide Informationen bereitstellen will, sind etwa die folgenden:

> Alle Teilkostenrechnungssysteme wollen marginalanalytische Fragestellungen beantworten helfen

*   Wie wirken sich Absatzmengenänderungen auf die Höhe des Periodenerfolges aus, wie Änderungen des Produktmixes?
*   Wie weit kann bei Preisverhandlungen auf den Kunden zugegangen werden, ohne dass der Kontrakt in die roten Zahlen gerät (Preisuntergrenze)?
*   Soll ein Instandhaltungsauftrag von der eigenen Werkstatt oder von externen Handwerkern durchgeführt werden (make-or-buy-Problem)?
*   Welches von mehreren möglichen Produktionsverfahren soll zur Bearbeitung eines Kundenauftrags herangezogen werden (Verfahrenswahl)?

Welcher Erfolg insgesamt für das Unternehmen erzielt wurde, ist grundsätzlich keine von einem marginalanalytischen Ansatz zu beantwortende Fragestellung. Marginalanalytisch »übersetzt« bedeutete dies nämlich zu fragen: »Welcher Erfolg wäre nicht erzielt worden, wenn das Unternehmen in der abgelaufenen Periode (überhaupt) keine ökonomischen Aktivitäten ergriffen hätte?«. Marginalanalyse würde zur Totalanalyse. Charakteristisch für eine marginalanalytische Erfolgsbeurteilung ist es vielmehr, den Gesamterfolg gemäß der entsprechenden Fragestellung immer wieder neu aufzuteilen. Will man dennoch einen Totalerfolg des Unternehmens ausweisen, d.h., sollen sich die Teilerfolge zu einem Gesamterfolg addieren lassen, kommt man streng genommen nicht umhin, alle Verbundbeziehungen zwischen den Bezugsobjekten marginalanalytischer Fragestellungen in der Erfolgsrechnung auf eine ganz spezielle Art zu berücksichtigen: Grenzerfolge dürfen in diesem Fall nur noch dann ausgewiesen werden, wenn sie ausschließlich von einem Bezugsobjekt bestimmt werden (eineindeutige Beziehung) – wir werden dieses Prinzip im anschließenden Kapitel noch genauer kennen lernen. Analog der Erfolgsrechnung der Vollkostenrechnung geht man diesen Weg explizit für Kostenträger. Für diese werden – wie schon kurz angesprochen – im ersten Schritt die separat zurechenbaren Kosten und Erlöse erfasst, im zweiten Schritt die sich ergebenden Erfolgsdifferenzen (Deckungsbeiträge) aggregiert und im (zum Teil noch weiter differenzierten) dritten Schritt den Verbundkosten gegenübergestellt.

Dieser Weg führt allerdings leicht in eine Sackgasse, da angesichts der hohen Komplexität der Realität kaum eineindeutige Beziehungen zwischen Kosten/Erlösen und Analyseobjekten bestehen. Deshalb nehmen fast alle Teilkostenrechnungssysteme bewusst Abbildungsfehler in Kauf und lösen einige Verbundbeziehungen auf. Hierauf wird noch zurückzukommen sein. Gleiches gilt für eine sich aus dem marginalanalytischen Ansatz ergebende zentrale Gefahr: Aufgrund der Ausrichtung auf Grenzbetrachtungen stehen die direkt zurechenbaren, die unmittelbar beeinflussbaren Kosten im Mittelpunkt des Interesses. Dies bereitet den Boden dafür, den für die Einzelentscheidung nicht relevanten (im Sinne von nicht veränderbaren) Kostenblock zu vernachlässigen – wir kennen ein vergleichbares Argument schon aus der Plankostenrechnungsdiskussion (dort auf Fixkosten bezogen). Dieser Gefahr versuchen die unterschiedlichen Teilkostenrechnungs-Systemvarianten – wie wir noch sehen werden – auf sehr unterschiedliche Weise zu begegnen.

1.3. Grundprinzipien von Teilkostenrechnungssystemen

Die Grundprinzipien der gebräuchlichen Teilkostenrechnungssysteme können sämtlich aus den soeben skizzierten Rechnungszwecken abgeleitet werden und wurden zudem zum Teil bereits angesprochen.

Verwendung des Marginalprinzips

Alle Teilkostenrechnungssysteme verwenden übereinstimmend das Marginalprinzip als Zurechnungsprinzip. Einem Bezugsobjekt (z.B. einem Kostenträger oder einer Kostenstelle) werden Kosten dann zugeordnet, wenn diese nicht anfallen würden, wäre das Bezugsobjekt nicht existent, bzw. wenn diese wegfallen würden, wenn das Bezugsobjekt wegfiele. In der Terminologie der Vollkostenrechnung bedeutet dies, den Kostenträgern sämtliche Einzelkosten zuzurechnen, daneben variable, in den Endkostenstellen anfallende Gemeinkosten.

Kostenträger als primäres Bezugsobjekt

Hauptsächliche Bezugsobjekte der Kosten sind die Kostenträger (Erzeugnisse); daneben werden auch Kostenstellen Kosten zugeordnet. Aktuell werden Kunden und Vertriebswege als Zurechnungsobjekte immer wichtiger (»Kundendeckungsbeitragsrechnung«).

Bildung von Deckungsbeiträgen

Die auf den Kostenstellen verbliebenen Kosten werden in einem einstufigen oder mehrstufigen retrograden, bei den Erlösen ansetzenden Vorgehen von den Bruttoerfolgen (Deckungsbeiträgen) der Erzeugnisse (Erlöse abzüglich direkt zugerechneter Kosten) abgesetzt. Der danach ermittelte Totalerfolg stimmt – bei gleichbleibenden Lagerbeständen – mit dem der Vollkostenrechnung überein.

Die genannten Prinzipien sind allen Teilkostenrechnungssystemen immanent

Bestandsbewertung zu Einzelkosten bzw. variablen Kosten

Vertreter von Teilkostenrechnungssystemen legen sehr großen Wert darauf, die Bestände an fertigen und unfertigen Erzeugnissen allein mit den von diesen zusätzlich ausgelösten (variablen bzw. Einzel-)Kosten zu bewerten. Eine solche Bewertung führt dazu, dass – anders als in der Vollkostenrechnung – der Periodenerfolg des Unternehmens insgesamt nicht von Bestandsveränderungen der Halb- und Fertigprodukte beeinflusst wird. Auf dieses Argument sind wir schon bei der Diskussion der Herstellungskosten in der handelsrechtlichen Rechnungslegung gestoßen (vgl. S. 60-65), so dass sich hier eine Diskussion erübrigt.

Die hier genannten Grundprinzipien sind allen Teilkostenrechnungssystemen immanent. Dennoch unterscheiden sich die einzelnen Systemvarianten – wie wir im Folgenden sehen werden – sehr stark voneinander.

2. Direct Costing

Die Ursprünge des Direct Costing liegen in den USA in den zwanziger Jahren des letzten Jahrhunderts (wen es genau interessiert: vgl. *Bungenstock* 1995, S. 256-263). Maßgeblich mit dem Konzept verbunden ist der Beitrag eines Controllers, der sich darüber ärgerte, dass der Erfolg in der kurzfristigen Erfolgsrechnung nicht nur vom Absatz, sondern auch von der Produktionsmenge abhing (aufgrund der Vollkostenanteile in den Bestandswerten). Getreu dem Motto »Erfolge erzielt man nur am Markt« ging er daran, diesen Makel zu beseitigen. Das von ihm (und anderen) in den Grundzügen ent-

Auslösend für die Entwicklung des Direct Costing war der Ärger eines Controllers

wickelte Konzept ist – als mit Abstand einfachstes Teilkostenrechnungssystem – durch folgende Merkmale gekennzeichnet:

- Die Kosten werden in variable und fixe Kosten gespalten; die hierzu anzuwendende Methodik bleibt allerdings häufig intransparent.
- Die Erzeugniserlöse werden um die variablen Kosten vermindert. Das Ergebnis dieser Saldierung bezeichnete man zunächst als »contribution margin« bzw. »Deckungsspanne«; heute ist der Begriff »*Deckungsbeitrag*« üblich. Dabei wird – wie selbstverständlich – von einem Fehlen von Erlösverbundenheiten ausgegangen.
- Alle fixen Kosten erscheinen – so die übliche Darstellung – in einer Position und werden der Summe der Deckungsspannen (bzw. Deckungsbeiträge) gegenübergestellt. Die sich ergebende Differenz ist der Periodenerfolg.

Um das Vorgehen des Direct Costing zu verstehen, muss man zweierlei wissen:

- Es ging den »Erfindern« der Rechnung nicht um die Fundierung und Kontrolle unterschiedlichster Entscheidungen, sondern nur um die »richtige«, erfolgsneutrale Bewertung von Beständen.

Gründe für die spezifische Ausgestaltung des Direct Costing

- Amerikanische Unternehmen hatten zum Zeitpunkt der Konzeption der Rechnung (wie viele auch heute noch) ein einheitliches, nicht in Finanzbuchhaltung und Kostenrechnung getrenntes Rechnungswesen, das im Bereich der internen Prozesse ausgesprochen »dürftig« gestaltet war. Wer die variablen Kosten der Erzeugnisse ermitteln will, dem bleibt nichts anderes übrig, als aus dem großen Stapel von Primärdaten diejenigen herauszusuchen, die sich als variabel erkennen lassen. In der in Deutschland üblichen Sprache ging es also um Einzelkosten und variable Gemeinkosten. Letztere waren – da eine Kostenstellenrechnung fehlte bzw. nur rudimentär vorhanden war – allerdings zumeist nur abschätzbar. Alle anderen Kosten wurden nicht weiter differenziert; sie waren für den angestrebten Rechnungszweck irrelevant.

In diesem Lichte ist es falsch, wenn Lehrbücher davon sprechen, das Direct Costing werfe alle Fixkosten in einen Topf; sie bleiben vielmehr – bildhaft ausgedrück – umgekehrt in selbigem stehen; die Ausgangssituation des Rechnungswesens in den USA entspricht eben nicht der in Deutschland mit durchweg differenzierten Kostenstellenrechnungen.

Das Vorgehen des Direct Costing liefert zwei Kategorien von Informationen: Zum einen machen die Deckungsspannen bzw. Deckungsbeiträge eine Aussage darüber, ob das Angebot eines bestimmten Erzeugnisses vorteilhaft ist, d.h., ob der Unternehmenserfolg bei weiterem Angebot höher ist als bei Verzicht auf das Produkt. Im Falle positiver Deckungsspannen schlägt die Rechnung ein Beibehalten des Erzeugnisses vor, im Falle negativer Werte eine Streichung. Darüber hinaus ist erkenntlich, in welchem Maße sich der Erfolg des Unternehmens bei Änderung der Produktions- und Absatzmengen der einzelnen Erzeugnisse ändert. Die relative Höhe der Deckungsspannen zueinander liefert weiterhin Anhaltspunkte für Programmentscheidungen. Zum anderen wird – allerdings undifferenziert, in nur einem Betrag – eine Aussage über den Periodenerfolg gegeben.

Aussagen über die für neue Produkte anzusetzenden Kalkulationswerte beschränken sich – als Preisuntergrenzeninformationen – auf die variablen Kosten; als den Vollkosten äquivalente Werte kann man die variablen Kosten im zweiten Schritt lediglich – sehr pauschal – mit einem »Norm-Deckungsspannensatz« beaufschlagen – im Handel ist dies etwa die »Handelsspanne«.

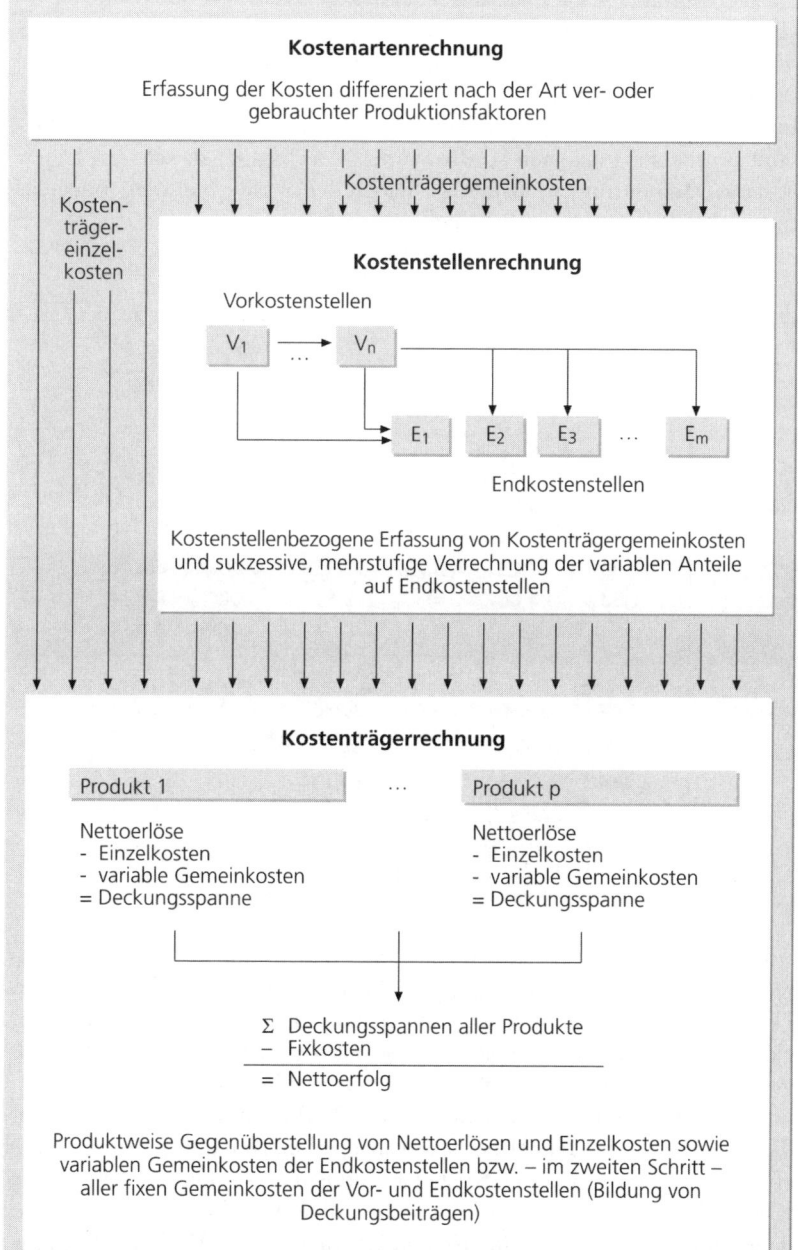

Abb. 21-1: Grundaufbau des Direct Costing (beim Vorhandensein einer Kostenstellenrechnung)

Teilkostenrechnungen

Die *Abbildung 21-1* veranschaulicht den soeben skizzierten Grundaufbau des Direct Costing schematisch, die *Abbildung 21-2* am im Kapitel 20 begonnenen Zahlenbeispiel. Ausgangspunkt der retrograden, von den Erlösen zum Unternehmensgewinn rückschreitenden Kalkulation sind die Nettoerlöse, denen nacheinander die (Material- und Fertigungs-)-Einzelkosten und die variablen Kosten der Endkostenstellen gegenübergestellt werden. Der verbleibende Bruttogewinn (Deckungsspanne, Deckungsbeitrag) zeigt für alle Produkte – auch für die scheinbaren (Netto-)Verlustprodukte A_2 und B_3 – einen positiven Wert, der bezogen auf die Nettoerlöse eine beträchtliche Höhe annimmt. Dies indiziert, dass eine Streichung aus dem Produktprogramm zu einer deutlichen Erfolgsreduzierung führen würde. Im letzten Schritt werden die Bruttoerfolge aggregiert und mit der Gesamtsumme der Fixkosten konfrontiert. Es verbleibt – da wir von Lagerbestandsveränderungen abstrahiert haben – dasselbe Nettoergebnis, das auch die Vollkostenrechnung geliefert hat.

	A_1	A_2	A_3	B_1	B_2	B_3	Gesamt
Nettoerlöse	92,85	97,25	166,10	172,10	174,20	193,00	
- Materialeinzelkosten	37,00	39,17	32,50	43,33	62,00	86,67	
- variable Materialgemeinkosten	0,50	0,46	0,60	0,67	0,78	0,83	
- variable Fertigungskosten (1)							
Fertigungseinzelkosten	18,00	20,83	30,00	15,83	13,80	17,00	
variable Fertigungsgemeinkosten	3,90	4,00	5,00	1,83	9,00	10,67	
- variable Fertigungskosten (2)							
Fertigungseinzelkosten	2,00	1,83	3,75	8,16	7,40	6,67	
variable Fertigungsgemeinkosten	1,50	1,00	4,50	2,83	3,00	4,67	
- variable Vertriebskosten	0,10	0,08	0,35	0,13	0,10	0,07	
Stückdeckungsbeitrag							
absolut	29,85	29,88	89,40	99,30	78,12	66,43	
in % vom Nettoerlös	32,1%	30,7%	53,8%	57,7%	44,9%	34,4%	
Produktdeckungsbeitrag	29.850	35.850	17.880	59.580	39.060	19.930	202.150
- Fixkosten							187.400
Nettoergebnis							14.750

Abb. 21-2: Erfolgsrechnung gemäß den Prinzipien des Direct Costing

Auf das Direct Costing trifft man – unter dem Namen Handelsspannenrechnung – in Deutschland hauptsächlich im Handel. Alle sogenannten Handlungskosten (Raumkosten, Personalkosten usw.) werden traditionell in einer Summe von den aggregierten Bruttoerlösen der verkauften Waren abgezogen. Wegen der hohen erzeugnisbezogenen Verbundenheit der Handlungskosten (z.B. Kosten der Bedienung, der Ladenfläche usw.) erscheint dieses Vorgehen in Handelsbetrieben akzeptabel, zumal man dort häufig – ebenfalls aus Gründen der Kostenverbundenheit – auf eine gesonderte Kostenstellenrechnung verzichtet. Mehrstufige Industriebetriebe verfügen dagegen über eine ausgebaute Kostenstellenrechnung. Werden Kosten ge-

spalten, erfolgt dies kostenstellenbezogen. Sind alle Fixkosten derart differenziert ausgewiesen, erscheint es wenig sinnvoll, sie so pauschal im
Rechengang des Direct Costing zu behandeln. Vielmehr liegt es nahe,
eine genauere erzeugnisbezogene Zuordnung anzustreben. Hiermit ist
exakt der Übergang vom Direct Costing zur Stufenweisen Fixkostendeckungsrechnung markiert.

Eine weitere Schwäche des Direct Costing betrifft die Methodik der
Kostenspaltung. »Variabel« (als beschäftigungsvariabel aufgefasst) wird mit
»zurechenbar« gleichgesetzt. Dies trifft zwar für eine Reihe von Kostenarten (z.B. Rohstoffkosten, Kosten verschleißbedingt verbrauchter Werkzeuge, Akkordlöhne) grundsätzlich zu (wenn man es ganz genau nimmt, gelten selbst für die »klassischen« Beispiele Einschränkungen: So muss etwa
dann, wenn Akkordarbeiter aus betriebsbedingten Gründen nicht voll eingesetzt werden können, ein Durchschnittsakkord gezahlt werden). Oftmals
bedeutet die angesprochene Gleichsetzung allerdings eine marginalanalytisch nicht vertretbare Schlüsselung von Gemeinkosten. Beispiele sind etwa die Frachtkosten von Sammelladungsverkehren oder die Leerlaufkosten
von Produktionsanlagen. Bei diesen Kosten besteht zwar grundsätzlich eine Beschäftigungsabhängigkeit, allerdings ist diese nicht so ausgeprägt, dass
produktbedingte Beschäftigungsdifferenzen (z.B. durch die Steigerung der
Produktion eines Erzeugnisses um 1%) direkt zur Änderung der Kostenhöhe führen. Hieraus resultieren Abbildungsfehler und Anwendungsgren-
zen des Direct Costing. Für den ursprünglich ins Auge gefassten Rechnungszweck, die erfolgsneutrale Bestandsbewertung, kann man dagegen
keine Einwendungen gegen das Direct Costing anbringen.

Das Direct Costing wählt ein
sehr pragmatisches Vorge-
hen bei der Kostenspaltung

3. Stufenweise Fixkostendeckungsrechnung

Die Stufenweise Fixkostendeckungsrechnung leitet sich unmittelbar aus
dem Direct Costing ab. Sie unterscheidet sich von letzterem Teilkostenrechnungssystem wesentlich nur in der Behandlung der Fixkosten in der Erfolgsrechnung. Diese werden einer zusätzlichen Analyse ihrer Zurechenbarkeit auf Kostenträger unterzogen, allerdings – ihrem Charakter entsprechend – nicht bezogen auf einzelne Produkteinheiten, sondern bezogen auf (ganze) Erzeugnisse und Erzeugnisgruppen.

Diesem Vorgehen liegt die Erkenntnis zugrunde, dass die Fixkosten keinesfalls eine homogene Masse sind, sondern vielmehr unterschiedlich »nah«
für Fertigung und Absatz einzelner Produkte anfallen. So gibt es viele Kosten, die bei Verzicht auf ein Produkt entfielen oder – umgekehrt – nur deshalb anfallen, weil ein spezielles Produkt gefertigt und angeboten wird.
Hierbei handelt es sich z.B. um Kosten einer jahresbezogenen Produktlizenz oder um Leasingraten für eine Spezialmaschine, auf der nur ein einziges Erzeugnis hergestellt wird. Daneben trifft man auf Kosten, die sich
zwar nicht mehr einem einzelnen Produkt, wohl aber einer Produktgruppe
oder -sparte exakt zurechnen lassen. Hierunter fallen etwa die Kosten eines
Spartenleiters oder die Entwicklungskosten einer neuen Produktgruppe.

Die Stufenweise Fixkosten-
deckungsrechnung ist eine
Fortentwicklung des Direct
Costing

Erst bei den verbleibenden Fixkosten handelt es sich um solche, die man in der Kostenträgerrechnung in einer Summe betrachten kann, da sie für alle Produkte gemeinsam anfallen. Die Kosten des Pförtners oder des Geschäftsleiters sind hierfür Beispiele.

Beurteilungen des Produktions- und Absatzprogramms sollten sich deshalb nicht darauf beschränken, nur die unmittelbar variablen Kosten der Produkte zu betrachten. Für alle über kurzfristige Anpassungsmaßnahmen hinausgehenden Dispositionen ist es vielmehr sinnvoll bzw. unumgänglich, die produktbezogene »Nähe« der Fixkosten zu berücksichtigen. Voraussetzung für diese Berücksichtigung ist eine entsprechende Klassifizierung und Sortierung der Fixkosten, eine – in der Sprache der Stufenweisen Fixkostendeckungsrechnung – Bildung von Fixkostenschichten. Typische Fixkostenschichten sind die folgenden:

- *Fixkosten einzelner Erzeugnisse*
- *Fixkosten einzelner Erzeugnisgruppen*
  Auf beide Gruppen wurde bereits Bezug genommen.

- *Fixkosten einzelner Kostenstellen*
  Mit dieser Gruppe von Fixkosten beginnen die Fixkostenschichten, die sich nicht mehr weitergehend einzelnen Gruppierungen der Kostenträger separat zurechnen lassen. Hier werden zunächst diejenigen ausgewiesen, für die eine direkte Zuordnungsmöglichkeit zu einzelnen Endkostenstellen besteht (z.B. Kosten des Meisters einer Montagekostenstelle).
- *Fixkosten einzelner Betriebsbereiche*
  Hierunter fallen Fixkosten einzelner Betriebsbereiche, die sich nicht den dort produzierenden Endkostenstellen zurechnen lassen (z.B. Kosten des Fertigungsgebäudes, das den Betriebsbereich beherbergt).
- *Fixkosten der Gesamtunternehmung*
  Hierunter fallen die schon angesprochenen Kosten der Geschäftsleitung oder des Pförtners.

Der Aufbau der Kostenträgerrechnung der Stufenweisen Fixkostendeckungsrechnung entspricht zunächst exakt dem des Direct Costing, indem retrograd Deckungsbeiträge (Nettoerlöse minus variable Kosten) gebildet werden. In den sich anschließenden Schritten werden dann aber weitere, den zusätzlichen Fixkostenschichten entsprechende Saldierungen im Bereich der Deckungsspannen vorgenommen, wie dies schematisch die *Abbildung 21-3*, bezogen auf das Zahlenbeispiel die *Abbildung 20-4* (vgl. S. 490) zeigt. Die *Abbildung 21-3* unterscheidet dabei – um überschaubar zu bleiben – nur drei Fixkosten- bzw. Deckungsbeitragsstufen (Produkte, Produktgruppen und Unternehmen insgesamt). Je nach Tiefe des Absatzprogramms und Struktur der Leistungserstellung können auch deutlich mehr Stufen sinnvoll sein.

Die mit diesen Saldierungen gelieferten Deckungsbeiträge geben Auskunft darüber,

- ob die von einzelnen Produkteinheiten erzielten Bruttoerfolge ausreichen, um die dem Erzeugnis zuzurechnenden Fixkosten abzudecken,
- ob die danach verbleibenden Deckungsbeiträge zusammengefasst für

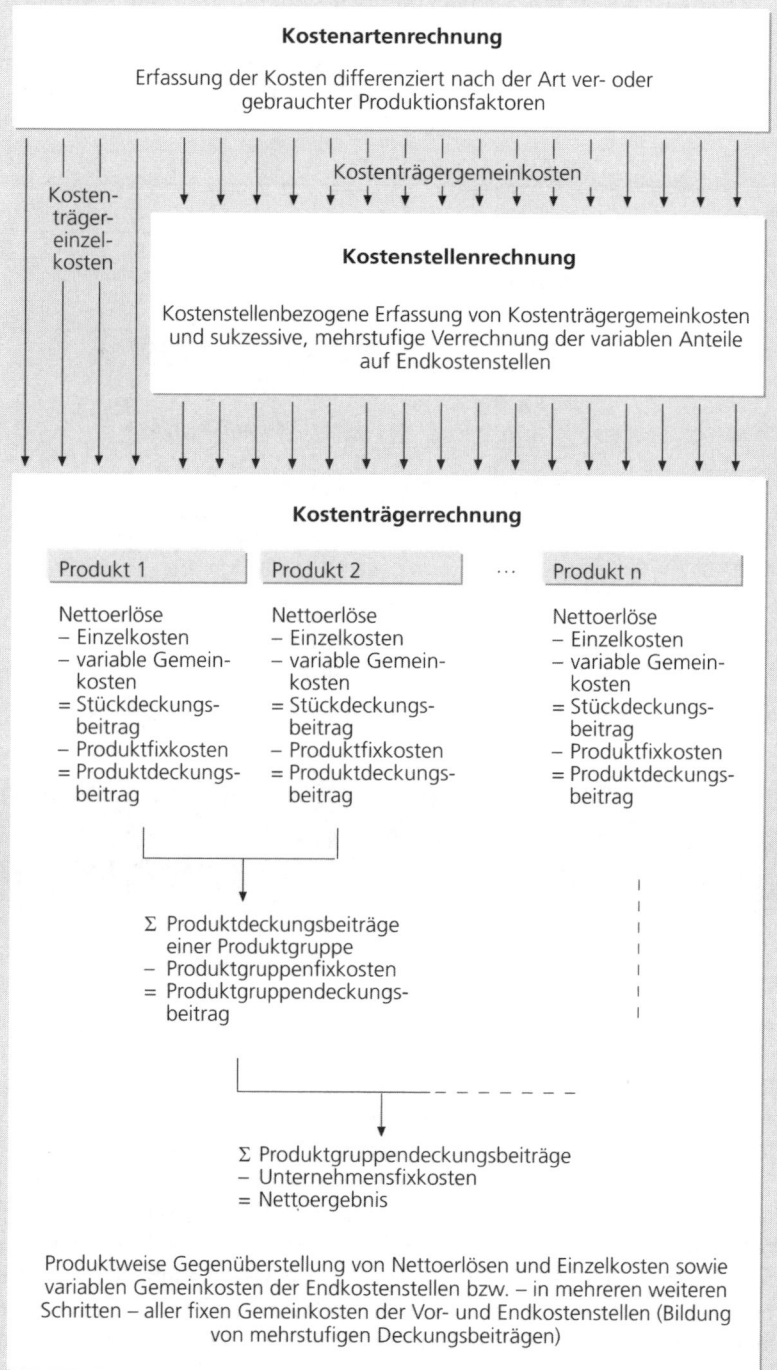

Kostenartenrechnung

Erfassung der Kosten differenziert nach der Art ver- oder
gebrauchter Produktionsfaktoren

Kosten-
träger-
einzel-
kosten

Kostenträgergemeinkosten

Kostenstellenrechnung

Kostenstellenbezogene Erfassung von Kostenträgergemeinkosten
und sukzessive, mehrstufige Verrechnung der variablen Anteile
auf Endkostenstellen

Kostenträgerrechnung

| Produkt 1 | Produkt 2 | ... | Produkt n |

Nettoerlöse
– Einzelkosten
– variable Gemein-
  kosten
= Stückdeckungs-
  beitrag
– Produktfixkosten
= Produktdeckungs-
  beitrag

Nettoerlöse
– Einzelkosten
– variable Gemein-
  kosten
= Stückdeckungs-
  beitrag
– Produktfixkosten
= Produktdeckungs-
  beitrag

Nettoerlöse
– Einzelkosten
– variable Gemein-
  kosten
= Stückdeckungs-
  beitrag
– Produktfixkosten
= Produktdeckungs-
  beitrag

Σ Produktdeckungsbeiträge
  einer Produktgruppe
– Produktgruppenfixkosten
= Produktgruppendeckungs-
  beitrag

Σ Produktgruppendeckungsbeiträge
– Unternehmensfixkosten
= Nettoergebnis

Produktweise Gegenüberstellung von Nettoerlösen und Einzelkosten sowie
variablen Gemeinkosten der Endkostenstellen bzw. – in mehreren weiteren
Schritten – aller fixen Gemeinkosten der Vor- und Endkostenstellen (Bildung
von mehrstufigen Deckungsbeiträgen)

Abb. 21-3: Grundaufbau der
Stufenweisen Fixkosten-
deckungsrechnung

Produktgruppen noch genügend hoch sind, um die Produktgruppenfixkosten zu tragen und

- ob schließlich noch genügend Deckungsbeiträge verbleiben, um die nur allen Produkten gemeinsam zurechenbaren Fixkosten auszugleichen.

	A_1	A_2	A_3	Σ A	B_1	B_2	B_3	Σ B	Gesamt
Nettoerlöse	92,85	97,25	166,10		172,10	174,20	193,00		
- Materialeinzelkosten	37,00	39,17	32,50		43,33	62,00	86,67		
- variable Materialgemeinkosten	0,50	0,46	0,60		0,67	0,78	0,83		
- variable Fertigungskosten (1)									
Fertigungseinzelkosten	18,00	20,83	30,00		15,83	13,80	17,00		
variable Fertigungsgemeinkosten	3,90	4,00	5,00		1,83	9,00	10,67		
- variable Fertigungskosten (2)									
Fertigungseinzelkosten	2,00	1,83	3,75		8,17	7,40	6,67		
variable Fertigungsgemeinkosten	1,50	1,00	4,50		2,83	3,00	4,67		
- variable Vertriebskosten	0,10	0,08	0,35		0,13	0,10	0,07		
Stückdeckungsbeitrag									
absolut	29,85	29,88	89,40		99,30	78,12	66,43		
in % vom Nettoerlös	32,1%	30,7%	53,8%		57,7%	44,9%	34,4%		
Σ Stückdeckungsbeiträge	29.850	35.850	17.880		59.580	39.060	19.930		
- Produktfixkosten	0	0	14.500		13.500	0	0		
Produktdeckungsbeitrag	29.850	35.850	3.380	69.080	46.080	39.060	19.930	105.070	
- Produktgruppenfixkosten				51.900				76.500	
Produktgruppendeckungsbeitrag				17.180				28.570	45.750
- Unternehmensfixkosten									31.000
Nettoergebnis									14.750

Abb. 21-4: Erfolgsrechnung entsprechend den Prinzipien der Stufenweisen Fixkostendeckungsrechnung

Wie auch im System des Direct Costing weist ein negativer Deckungsbeitragswert den Disponenten darauf hin, dass – ohne Berücksichtigung von möglichen Absatzverbundenheiten – der Unternehmenserfolg gesteigert werden könnte, gäbe man das entsprechende Bezugsobjekt auf. Durch die deutlich erhöhte Vielfalt der Bezugsobjekte (zumindest Produkteinheit, Produkt, Produktgruppe, Unternehmen) stellt die Stufenweise Fixkostendeckungsrechnung jedoch eine breitere Informationsbasis als das Direct Costing bereit. Die vielstufigen Fixkosten- und Deckungsbeitragsinformationen bieten weiterhin die Basis, für neue Produkte vergleichsweise einfach Vollkosten kalkulieren zu können. So lassen sich etwa die Produktfixkosten durch simple Division auf die produzierten Erzeugniseinheiten aufteilen, die Produktgruppenfixkosten im rechentechnisch einfachsten Fall entsprechend der Höhe der Produktdeckungsbeiträge verteilen (vgl. das Zahlenbeispiel der *Abbildung 21-5*).

Aus der Stufenweisen Fixkostendeckungsrechnung lassen sich relativ einfach Nettoergebnisgrößen ableiten

Eine derartige Verteilung entspricht dem *Tragfähigkeitsprinzip*, das sich im Gegensatz zum Verursachungs- und zum Marginalprinzip explizit vom Bezug zum Leistungserstellungsprozess löst und als Verteilungsmaßstab auf die (Brutto-)Erfolgshöhe der Produkte abstellt – wir haben es im Rahmen der Kalkulation von Kuppelprodukten bereits kennen gelernt. Die Anwendung des Tragfähigkeitsprinzips hat zwei konkrete Konsequenzen: Zum einen liefert die Aufteilung der Fixkosten auf die Produkte keine grundsätzlich neuen Erkenntnisse; die Erfolgsrelation der Produkte untereinander liegt schon mit den Produktdeckungsbeiträgen fest; deren Höhe wird prozentual identisch über alle Produkte hinweg vermindert. Zum anderen führt die Anstrengung, bei einem Produkt die Nettoerlöse zu erhöhen bzw. die direkt zurechenbaren Kosten zu senken, dazu, dieses Produkt mit erhöhten Gemeinkosten zu belasten, die anderen Produkte somit ein wenig von dieser Bürde zu entlasten. Dass hierdurch Motivationsprobleme bei den Produktverantwortlichen entstehen können, liegt auf der Hand. Will man diese Schwächen des Tragfähigkeitsprinzips vermeiden, verbleibt kein anderer Weg, als die unterschiedlichen Fixkostenschichten kostenorientiert auf die Produkte zu verteilen. Dies erfordert allerdings streng genommen eine parallele Vollkostenrechnung.

	A_1	A_2	A_3	Σ A	B_1	B_2	B_3	Σ B	Gesamt
Stückdeckungsbeitrag									
absolut	29,85	29,98	89,40		99,30	78,12	66,43		
in % vom Nettoerlös	32,1%	30,7%	53,8%		57,7%	44,9%	34,4%		
Σ Stückdeckungsbeiträge	29.850	35.850	17.880		59.580	39.060	19.930		
- Produktfixkosten	0	0	14.500		13.500	0	0		
Produktdeckungsbeitrag	29.850	35.850	3.380	69.080	46.080	39.060	19.930	105.070	
- Produktgruppenfixkosten				51.900				76.500	
Produktgruppendeckungsbeitrag				17.180				28.570	45.750
- Unternehmensfixkosten									31.000
Nettoergebnis									14.750
Produktdeckungsbeitrag	29.850	35.850	3.380	69.080	46.080	39.060	19.930	105.070	
- anteilige Produktgruppenfixkosten	22.426	26.934	2.539	51.900	33.550	28.439	14.511	76.500	
Reduzierter Produktdeckungsbeitrag	7.724	8.916	841		12.530	10.621	5.419		45.750
- anteilige Unternehmensfixkosten	5.030	6.041	570		8.490	7.197	3.672		31.000
Nettoergebnis	2.393	2.874	271		4.040	3.424	1.747		14.750

Eine abschließende Auflistung der wichtigsten Merkmale von Teilkostenrechnungssystemen generell zeigt die *Abbildung 21-6*.

Abb. 21-5: Fortführung der Stufenweisen Fixkostendeckungsrechnung zu einer Nettoergebnisrechnung

4. Zusammenfassung

Die Kostenrechnungslandschaft ist durch ein Nebeneinander zweier Kostenrechnungssystemtypen gekennzeichnet: Der Vollkostenrechnung stehen unterschiedliche Varianten von Teilkostenrechnungssystemen gegen-

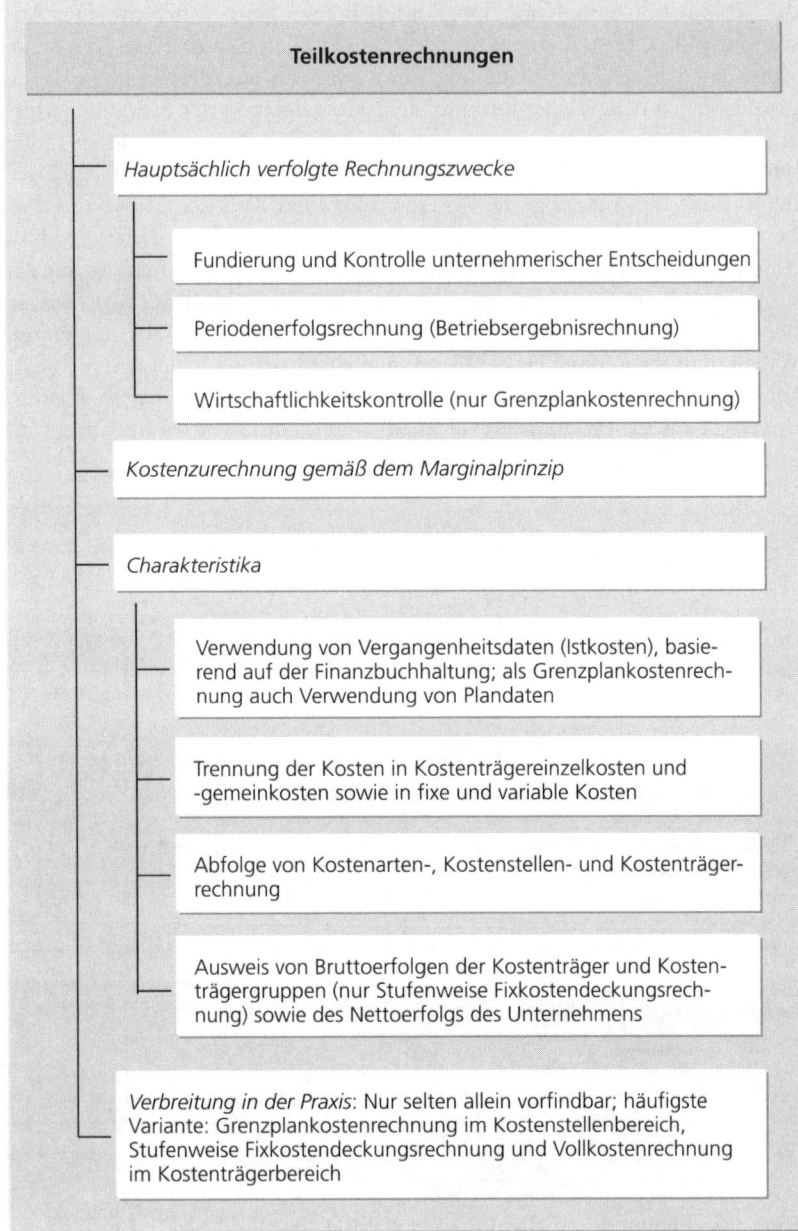

Teilkostenrechnungen

Hauptsächlich verfolgte Rechnungszwecke

Fundierung und Kontrolle unternehmerischer Entscheidungen

Periodenerfolgsrechnung (Betriebsergebnisrechnung)

Wirtschaftlichkeitskontrolle (nur Grenzplankostenrechnung)

Kostenzurechnung gemäß dem Marginalprinzip

Charakteristika

Verwendung von Vergangenheitsdaten (Istkosten), basierend auf der Finanzbuchhaltung; als Grenzplankostenrechnung auch Verwendung von Plandaten

Trennung der Kosten in Kostenträgereinzelkosten und -gemeinkosten sowie in fixe und variable Kosten

Abfolge von Kostenarten-, Kostenstellen- und Kostenträgerrechnung

Ausweis von Bruttoerfolgen der Kostenträger und Kostenträgergruppen (nur Stufenweise Fixkostendeckungsrechnung) sowie des Nettoerfolgs des Unternehmens

Verbreitung in der Praxis: Nur selten allein vorfindbar; häufigste Variante: Grenzplankostenrechnung im Kostenstellenbereich, Stufenweise Fixkostendeckungsrechnung und Vollkostenrechnung im Kostenträgerbereich

Abb. 21-6: Überblick über die Wesensmerkmale von Teilkostenrechnungen

über. Bedingt durch die durchgängige Trennung von variablen und fixen Kostenbestandteilen und das Unterlassen der Zurechnung von Fixkosten auf Leistungen entsprechen Teilkostenrechnungen dem Ideal einer entscheidungsorientiert verstandenen Kostenrechnung besser und sind insbesondere besser dazu geeignet, kurzfristige Anpassungsentscheidungen im Rahmen gegebener Kapazitäten zu fundieren.

Allerdings hat diese höhere Aussagefähigkeit auch ihren Preis: Zum einen ist die größere Kostendifferenzierung zumeist mit (erheblichen) zusätzlichen Erfassungskosten verbunden. Zum anderen verliert die Erfolgsrechnung an Übersichtlichkeit, dies insbesondere bei der Stufenweisen Fixkostendeckungsrechnung. Während die Begrenzungen des Konstrukts »Vollkosten eines Produkts« unmittelbar nachvollziehbar sind, setzt die Präsentation vielstufiger Deckungsbeiträge explizit (erhebliches) kostenrechnerisches Verständnis des die Zahlen Auswertenden voraus. Auch Teilkostenrechnungen bergen die Gefahr von Fehlentscheidungen, allerdings nicht aufgrund falscher Zahlenwerte, sondern aufgrund falscher Verwendung richtiger Zahlen. Zur Veranschaulichung dieser Aussage sei ein Beispiel von *Agthe* wiedergegeben (vgl. *Agthe* 1959, S. 404f.):

»Der Bäcker Weiss und der Bäcker Schwarz haben ihre Geschäfte in derselben Straße. Weiss hat sich auf Brot spezialisiert und Schwarz auf Kuchen. Beide sind unterbeschäftigt. Daraufhin überlegt sich Weiss, dass er ja, nachdem seine Brote fertig gebacken sind, mit dem warmen Ofen auch noch Kuchen backen könnte. Dafür würden ihm nur zusätzliche Materialkosten entstehen (seinen Arbeitsaufwand berücksichtigt er bei dieser Rechnung gar nicht erst), und es wäre dadurch durchaus möglich, den Kuchen wesentlich billiger anzubieten als der Bäcker Schwarz. Er tut das dann auch. Die Folge davon ist, dass Weiss den größten Teil der Kunden von dem Bäcker Schwarz abzieht. Nach und nach nimmt die Herstellung von Kuchen – ursprünglich nur als Füllartikel gedacht – den größten Teil seiner Kapazität in Anspruch.

Daraufhin überlegt sich der Bäcker Schwarz umgekehrt, dass er ja nach der Herstellung von Kuchen mit seinem noch warmen Ofen auch Brot herstellen könnte, das praktisch zu einem Preis, der knapp über den Materialkosten liegt, angeboten werden könnte. Es vollzieht sich der umgekehrte Vorgang. Schwarz zieht nach und nach sämtliche Brotkunden des Weiss an sich. Die Folge davon ist, dass nach einiger Zeit der ursprüngliche Brotspezialist zum größten Teil nur noch Kuchen verkauft und der Kuchenspezialist nur noch Brot, aber zu Preisen, die auf der Basis der Grenzkosten kalkuliert wurden und dadurch die anfallenden Fixkosten nicht mehr decken; die ursprüngliche Basis für die Fixkostendeckung – bei Weiss der Brotabsatz und bei Schwarz der Kuchenabsatz – ist verschwunden. Wollten beide Bäcker, nachdem sie das erkannt haben, nun wieder auf ihr ursprüngliches Produktionsprogramm zu den ursprünglichen Preisen zurückkehren, so würden sie wahrscheinlich eine große Anzahl ihrer Kunden, die sich an die Möglichkeit des billigen Kuchen- bzw. Broteinkaufs gewöhnt haben, verlieren. Außerdem brauchten sie wahrscheinlich auch zusätzliche Kapazitäten, für deren Aufbau sich u.U. durch ihre Teilkostenkalkulation nicht die notwendigen Mittel ansammeln lassen«.

Die Aussage eines Teilkostenrechnungssystems, ein Produkt solle grundsätzlich dann nicht aus dem Programm gestrichen werden, wenn es einen positiven Deckungsbeitrag erbringe, darf nicht umgekehrt werden zu der Aussage »Jedes Produkt ist zu fertigen bzw. jeder Auftrag anzunehmen, das bzw. der einen positiven Deckungsbeitrag erwirtschaftet«. Stets ist zum einen zu beachten, dass über alle Produkte bzw. Aufträge hinweg sämtliche anfallenden Fixkosten gedeckt werden, und zum anderen daran zu denken, dass von niedrigen Preisstellungen ungewünschte Ausstrahlungseffekte auf

Teilkostenrechnungen

andere Aufträge bzw. Produkte ausgehen können. Teilkostenrechnungen räumen einem Disponenten weit mehr Spielraum ein als eine Vollkostenrechnung, Spielraum, den dieser allerdings auch falsch nutzen kann. Somit sind Teilkostenrechnungen stärker als die Vollkostenrechnung dem Phänomen kognitiver Begrenzungen der Kostenrechnungs«kunden« ausgesetzt. Wie zu Ende des letzten Kapitels bereits ausgeführt, bedeuten diese höheren Freiheitsgrade zugleich eine größere Gefahr opportunistischer Verwendung der Kostenrechnungsdaten. Für eine konzeptionelle Nutzung der Kostenrechnung sind dies schlechte Ausgangsbedingungen – verhaltensorientiert betrachtet weisen Teilkostenrechnungen schnell deutliche Nachteile gegenüber einer Vollkostenrechnung auf.

Einzelkostenrechnung

Kapitel 22

Lernziel

An dieser Stelle der Diskussion sind Sie mit den wichtigsten Grundannahmen und Grundbausteinen der Kostenrechnung hinlänglich vertraut. Damit sind Sie gut vorbereitet, zum Abschluss der Vorstellung unterschiedlicher Kostenrechnungssysteme die Einzelkostenrechnung kennen zu lernen. Diesen Ansatz einer daten- und methodenbankorientierten Kostenrechnung können Sie nur dann verstehen, wenn Sie zuvor die vorgelagerten Kostenrechnungskonzepte kennen, wenn Sie mit der Idee der Kostenrechnung und den Grenzen der zuvor dargestellten anderen Systeme vertraut gemacht worden sind. In diesem Kapitel wird es darum gehen darzustellen,

- was es bedeutet, die Kostenrechnung konsequent als Instrument (kurzfristiger) Entscheidungen zu gestalten,
- was es mit der Trennung zwischen Informationen und Entscheidungsproblemen und – damit eng verbunden – mit der Unterscheidung zwischen fallweiser und laufender Informationsbereitstellung zu tun hat,
- was man unter dem Begriff »relative Einzelkosten« zu verstehen hat,
- was eine »Bezugsgrößenhierarchie« darstellt, wozu man diese braucht und welche unterschiedlichen Arten von Bezugsgrößenhierarchien man typischerweise unterscheidet sowie
- welche Regeln zur Auswertung der Sammlung erfasster Einzelkosten zur Verfügung stehen.

Zugegebenermaßen stellt dieses Kapitel nicht gerade geringe Anforderungen an Ihr strukturelles Denkvermögen. Nicht umsonst finden Sie Ausführungen zur Einzelkostenrechnung in einführenden Werken zur Kostenrechnung häufig nur kursorisch, oder Sie suchen solche völlig vergeblich. Im Kern ist das Gedankengebäude der Einzelkostenrechnung jedoch so transparent und überzeugend, dass hier trotzdem der Versuch unternommen werden soll, dieses sich von den anderen Kostenrechnungssystemen stark unterscheidende Konzept auch in einem Lehrbuch für das Grundstudium zu präsentieren.

1. Einzelkostenrechnung als entscheidungsorientierte Kostenrechnung

Die Kostenrechnung ist – wie mehrfach erwähnt – im Laufe der Zeit immer mehr dazu herangezogen worden, unternehmerische Entscheidungen zu fundieren. Diese Zwecksetzung hat ihren Aufbau mit der Zeit verändert. Während die traditionelle Vollkostenrechnung ex post Kosten auf Produkte verteilt und damit primär auf den möglichst »gerechten« Ausgleich unterschiedlicher Interessen abzielt, richten sich die flexible Plankostenrechnung und die Grenzplankostenrechnung explizit auf eine gewisse Grundgesamtheit von Entscheidungen aus. Dies waren anfangs ausschließlich jene Entscheidungen, die für eine Kostenstelle für den Planungshorizont einer periodischen Unternehmensplanung – somit zumeist für ein Jahr, unterteilt in einzelne Monate – getroffen werden. Später kamen – schon allein aufgrund der erheblichen unmittelbaren Interdependenzen (der Leistungsplan einer Endkostenstelle lässt sich nur dann bestimmen, wenn das Produktions- und Absatzprogramm festliegt) – periodenbezogene Produkt- und Produktprogrammentscheidungen hinzu. Auf dieses Entscheidungsbündel ist der Differenzierungsgrad der beiden Rechnungssysteme ausgerichtet, was sich prägnant insbesondere an dem Vorgehen zur Spaltung der Kosten in variable (proportionale) und fixe Bestandteile zeigt. Weitergehende Differenzierungen, etwa das Abstellen auf marginale Änderungen innerhalb des durch die periodische Planung gegebenen Rahmens (»Was kostet ein einzelnes zusätzlich produziertes Stück wirklich – im Sinne von »zusätzlich«?«) sind der flexiblen Plankostenrechnung und der Grenzplankostenrechnung fremd. Für beide Rechnungssysteme gilt damit die Charakterisierung »entscheidungsorientiert« nur auf einen bestimmten Entscheidungskontext bezogen.

Einschränkung der Entscheidungsorientierung traditioneller Teilkostenrechnungen

Will man sich von einer solchen Beschränkung lösen, gerät man schnell in sehr schwieriges Fahrwasser. Um für die verschiedensten Entscheidungen relevante Kosten bestimmen zu können, müssen wir zunächst einen hinreichenden Überblick über Art, Struktur, Bedeutung und Umfang der unternehmerischen Entscheidungen gewinnen, zu deren Untermauerung Kosteninformationen herangezogen werden sollen. Eine erste systematische Auflistung haben wir im 15. Kapitel (*Abbildung 15-1*) schon kennen gelernt. Diese stellte allerdings Entscheidungen lediglich logisch, nach Entscheidungsobjekten gegliedert, nebeneinander. Die sachlichen und zeitlichen Interdependenzen zwischen unternehmerischen Entscheidungen wollte (und konnte) sie nicht zeigen.

Um Ihnen einen Eindruck über die Komplexität dieser Interdependenzen zu geben, wollen wir eine ganz einfache Entscheidung betrachten, die Frage, ob eine Einheit eines bestimmten Produkts zu einem vom Kunden vorgegebenen Preis verkauft werden sollte. Wir haben in den letzten beiden Kapiteln kennen gelernt, dass die Vollkostenrechnung diese Frage dann bejaht, wenn der erzielbare Preis die Selbstkosten erreicht bzw. übersteigt, Teilkostenrechnungen dagegen schon dann »ja sagen«, wenn die der Pro-

Beispiel zur Veranschaulichung von Entscheidungsinterdependenzen

Einzelkostenrechnung

dukteinheit zurechenbaren Einzelkosten (angefallene Materialkosten und Fertigungslöhne) und variablen Gemeinkosten (z.B. Energiekosten und variable Abschreibungen in den Fertigungsstellen) gedeckt sind. So weit, so plausibel.

Durchdenkt man die Entscheidungssituation genauer, so wird allerdings deutlich, dass die Absatzentscheidung andere Entscheidungen auslösen kann und nicht in jedem Fall – genau genommen nie – isoliert zu treffen ist. Liegt die benötigte Produkteinheit bereits auf Lager, führt ihr Verkauf zu einer Reduzierung des Lagerbestandes. Diese Reduktion stößt die Folgefrage an, ob die Lagerreduktion bestehen bleiben oder aber (durch eine Nachproduktion) rückgängig gemacht werden soll. Im ersten Fall ist weitergehend zu fragen, welche anderweitigen Verwendungsentscheidungen durch den Verkauf der Produkteinheit verdrängt werden. Dies führt zum Ansatz von Opportunitätskosten. Könnte die Produkteinheit nicht anderweitig verwendet werden (z.B. im Falle hoher Verderblichkeit), fielen auch keine Kosten durch den Verkauf der Einheit an. Die für die Herstellung aufgewendeten Kosten sind dann für die Verwertungsentscheidung – sieht man sie isoliert – sunk costs, nicht relevant. Soll dagegen eine Einheit nachproduziert werden, so löst die Verkaufsentscheidung eine Produktionsentscheidung aus, genauso wie dann, wenn die zu verkaufende Einheit nicht am Lager verfügbar ist. Nur für diese Entscheidungssituation lassen sich die entscheidungsrelevanten Kosten der verkauften Produkte unmittelbar aus den Kosten der Produktherstellung ableiten, so wie es in den dargestellten Kostenrechnungssystemen durchweg kalkulatorisch unterstellt wird, auch dann allerdings nicht auf Basis historischer, sondern – zumindest bei Repetierfaktoren – auf Basis zukünftiger Kosten (Wiederbeschaffungskosten).

Schon bei einer derart einfachen Entscheidungssituation »ertrinkt« man also bei der zahlenmäßigen Fundierung in einem Meer von möglichen Bewertungen; schon hier wird der relevante Kostenwert von diversen Kontextfaktoren bestimmt. Bedeutet das Bestreben, die Kostenrechnung entscheidungsorientiert zu gestalten, damit zwangsläufig die Aufgabe einer laufenden Basisrechnung (Kostenerfassung) zugunsten einer ausschließlich fallweisen Erfassung und Kalkulation von Kosten? Diese Frage sollte zumindest nicht vorschnell bejaht werden. Sämtliche Kosten im Unternehmen werden durch bestimmte Entscheidungen ausgelöst (Eingangsfrachten durch die Beschaffungsentscheidung, Stromkosten der Produktionsanlage durch die Fertigungsentscheidung, Vertreterprovision durch die Vertriebsentscheidung, usw.) und sind diesen Entscheidungen damit auch unmittelbar und direkt zuordenbar. Probleme treten erst dann auf, wenn eine Entscheidung auf einer anderen aufbaut und sich damit die Frage stellt, ob und gegebenenfalls in welchem Maße Kosten der ersten Entscheidung auch Kosten der zweiten Entscheidung sind. Aus dieser Erkenntnis leiten sich zwei Konsequenzen für den Kostenansatz und für die Entscheidungsstrukturierung ab.

Entscheidungstheoretisch »richtige« Analyse der beispielhaft betrachteten Entscheidungssituation

Konsequenzen für den Ansatz von Kosten

Will man nicht für jede Entscheidung neu Kosten bestimmen, die laufende Kostenerfassung also zugunsten einer fallweisen gänzlich aufgeben, darf man zum einen Kosten grundsätzlich (was diese Einschränkung bedeutet, werden wir gleich sehen) nur für diejenigen Entscheidungen als unmittelbar abhängig ausweisen, die ihre Entstehung tatsächlich ausgelöst haben. Für eine solche unmittelbare Zurechenbarkeit kennen Sie – bezogen auf Produkte – aus der Vollkostenrechnung den Begriff der Einzelkosten. Dieser Begriff muss – soll er auf unterschiedliche Entscheidungen und Entscheidungsobjekte bezogen werden können – relativiert werden:

Relative Einzelkosten sind »Kosten (Ausgaben), die einem – sachlich und zeitlich genau abzugrenzenden – Bezugsobjekt eindeutig zurechenbar sind, weil sowohl die Kosten (Ausgaben) als auch das Bezugsobjekt auf einen gemeinsamen dispositiven Ursprung zurückgehen. ... Dieser Begriff ist relativ, so dass er bei der Anwendung auf konkrete Fälle näher gekennzeichnet werden muss, und zwar durch die Angabe des Bezugsobjekts und/oder der Bezugsperiode, z.B. als Auftrags-Einzelkosten, Produktgruppen-Einzelkosten im Monat X« (*Riebel* 1994, S. 762).

Diese mehrfache Relativierung verhindert idealtypisch jegliche Schlüsselung von Kosten, Verdichtungen der Kosten also, die stets vor dem Hintergrund eines bestimmten Rechnungszwecks erfolgen (in der Vollkostenrechnung beispielsweise deshalb, um alle Kosten auf die Produkte zu verteilen). (Nur) Durch den Verzicht auf Schlüsselungen bleiben die erfassten Kostenwerte für unterschiedliche Rechnungszwecke parallel auswertbar – man spricht in diesem Zusammenhang zumeist von einer *zweckneutralen* bzw. zweckpluralistischen *Kostenerfassung und -speicherung*.

In der Definition der relativen Einzelkosten klang darüber hinaus bereits an, dass die Ausrichtung auf die Fundierung und Kontrolle von Entscheidungen nicht nur die Zurechenbarkeit von Kosten berührt, sondern auch Einfluss auf die Definition der Kosten ausübt: Der Kostenbegriff muss auf die Entscheidungsfundierung ausgerichtet werden, wir benötigen einen entscheidungsorientierten Kostenbegriff:

»Kosten sind die durch die Entscheidung über das betrachtete Objekt ausgelösten zusätzlichen ... Ausgaben (Auszahlungen)« (*Riebel* 1978, S. 143).

Kalkulatorische Wertansätze – wie z.B. im Falle der Inanspruchnahme von Eigenkapital die Bewertung mit den in einer anderen Verwendung erzielbaren entgehenden Zinsen – sind diesem Kostenbegriff ebenso fremd wie Wertansätze, die aus Schlüsselungsvorgängen resultieren (z.B. Abschreibungen). Nur mit derart präzise eingegrenzten Kosten kann die Entscheidungsfundierung im *Riebel'* schen Sinne gelingen.

Konsequenzen für die Strukturierung der Entscheidungen

Um Kosten trotz der Heterogenität der zu fundierenden und zu kontrollierenden Entscheidungen standardmäßig, laufend zu erfassen und auszuweisen, muss es zum anderen gelingen, die wichtigsten Entscheidungen einschließlich ihrer Interdependenzen strukturiert zu erfassen. Dies setzt voraus, dass die im Unternehmen im Betriebsprozess getroffen Entscheidungen der Art und ihrer Stellung zueinander nach gleich bleiben oder sich zumindest im Zeitablauf nicht deutlich diesbezüglich verändern. Was heißt das genau?

- Es muss gewährleistet sein, dass man eine Reihe von *Standardentscheidungen* festmachen kann, die in gleicher Weise immer wieder neu getroffen werden (müssen). Entscheidungen dieser Art haben wir in der *Abbildung 15-1* im 15. Kapitel bereits kennen gelernt.
- Es muss eine bestimmte *Abfolge von Entscheidungen* standardmäßig eingehalten werden. Typischerweise fallen so etwa Produktionsentscheidungen als Folge von Absatzentscheidungen, Beschaffungsentscheidungen als Folge von Produktionsentscheidungen. Dies gilt nicht nur für den Fall der Auftragsproduktion. Auch Unternehmen, die für den anonymen Markt fertigen, planen ihre Produktion aufgrund von Absatzerwartungen, auch in diesen ist die Produktionsplanung ein der Absatzplanung nachgelagerter Planungsbereich.

Sind beide Voraussetzungen erfüllt, kann es sich für eine entscheidungsorientierte Kostenrechnung lohnen, trotz der Ausrichtung auf Einzelentscheidungen Kostendaten standardmäßig zu erfassen, beispielsweise den Verbrauch von Material für die Herstellung eines Erzeugnisses stets mit den für die Bereitstellung dieses Materials zu leistenden Auszahlungen zu bewerten. Diese exemplarisch aufgeführte standardmäßige Bewertung basiert auf der Annahme, dass Produktions- und Beschaffungsentscheidung unmittelbar miteinander gekoppelt sind, dass man das Material also nur deshalb einkauft, um es plangemäß zur Herstellung des Erzeugnisses zu verwenden. Erst dann, wenn diese Prämisse nicht mehr zutrifft, beispielsweise der Marktpreis für das aus dem Material hergestellte Erzeugnis einbricht, sind gesonderte, einzelfallbezogene Kostenermittlungen angebracht bzw. richtig.

Hieran wird zugleich deutlich, dass die Bewertung von Materialverbräuchen mit historischen Anschaffungskosten keinesfalls immer, zwangsläufig zu entscheidungstheoretisch falschen Ergebnissen führen muss. Stehen Produktions- und Beschaffungsentscheidungen so wie soeben angegeben miteinander in Verbindung, so würde der Ansatz von Wiederbeschaffungskosten vielmehr diesen Entscheidungsverbund negieren, also die Abbildung verzerren. Der Ansatz von Wiederbeschaffungskosten ist nur dann richtig, wenn man von einer strikten Trennung der zeitlich vorgelagerten Beschaffungsentscheidung von der nachgelagerten Produktionsentscheidung ausgeht, d.h. die Produktionsentscheidung nur eine von vielen Verwertungsentscheidungen ist (man z.B. das eingekaufte Material auch mit Gewinn wieder verkaufen könnte). Eine solche Situation ist in der Praxis aber eher untypisch.

Auch die Bewertung zu historischen Anschaffungskosten kann entscheidungsbezogen »richtig« sein

2. Datenbankorientierter Aufbau als Folge der Entscheidungsorientierung der Einzelkostenrechnung

Um für sehr unterschiedliche Entscheidungen jeweils relevante Kosteninformationen bereitstellen zu können, ist es erforderlich, die Kostenspeicherung quasi modular aufzubauen, die Kosten möglichst stark differenziert abzuspeichern, um sie für einzelne Entscheidungen fallweise, einzelfallgerecht, zusammensetzen zu können. Was dies bedeutet, wollen wir am Beispiel der Materialkosten für eine innerbetriebliche Reparaturleistung näher betrachten. Wie die *Abbildung 22-1* zeigt, sollte man zusätzlich zum Kostenbetrag (100 Euro) eine Reihe weiterer Merkmale festhalten, um die erfassten Instandhaltungsmaterialkosten für eine Vielzahl von Entscheidungen als Ausgangsinformation heranziehen zu können:

*   Die Zuordnung zum *Einzelauftrag* ist erforderlich, um diesen und damit die erbrachte Instandhaltungsleistung kalkulieren und vergleichen zu können (zum Beispiel mit den Kosten einer entsprechenden Fremdinstandhaltungsleistung).

*   Die Angabe der *Auftragsart* (z.B. Zugehörigkeit des Auftrags zur Gruppe der vorbeugenden Instandhaltungsmaßnahmen) lässt auftragsartbezogene Auswertungen zu (lohnt sich vorbeugende Instandhaltung im Vergleich zu schadensbedingter Instandsetzung?).

*   Wird die *Materialart* festgehalten, kann man z.B. die Vorteilhaftigkeit dieser Materialart (z.B. eines wieder instandgesetzten Ersatzteils) gegenüber Substitutionsmöglichkeiten (etwa einem neu beschafften Ersatzteil) nachprüfen.

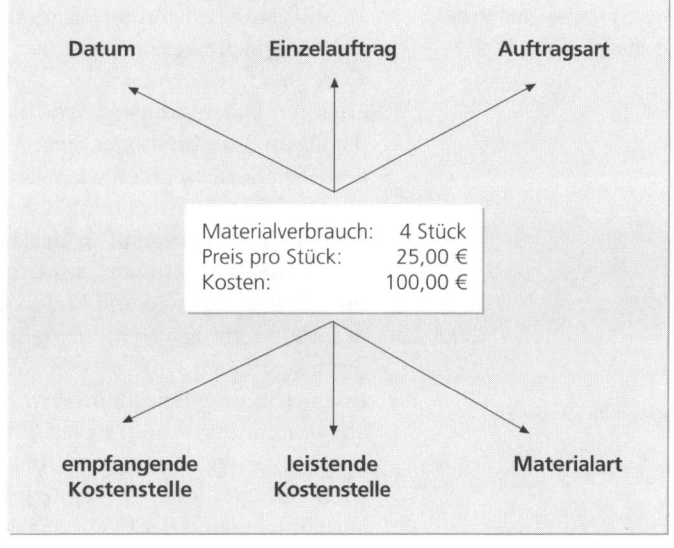

Abb. 22-1: Zu erfassende
Merkmale eines Kostenbetrags

*   Die *leistende Kostenstelle* ist u.a. für Planungs- und Kontrollzwecke der Instandhaltungswerkstatt als zusätzliches Merkmal aufzuzeichnen.

*   Ohne eine Erfassung der *empfangenden Kostenstelle* kann keine Verrechnung der Kosten der innerbetrieblichen Leistung erfolgen.

*   Das *Datum* schließlich ermöglicht eine Zuordnung des Kostenbetrags zu einer bestimmten Abrechnungsperiode.

Sicher ist diese Merkmalsaufzählung nicht vollständig. Für Zwecke der Anlagenwirtschaft wäre es beispielsweise sehr interessant, die betrachteten Instandhaltungskosten nicht nur einer Kostenstelle, sondern genauer einer bestimmten Anlage zuzuordnen, d.h. der Anlage, an der die Instandhaltungs-

Einzelkostenrechnung

leistung erbracht wurde, und einen Beschaffungsdisponenten könnte es interessieren, von welchem Lieferanten die Materialmenge bezogen wurde.

> Je mehr Merkmale man standardmäßig festhält, desto aufwendiger wird allerdings auch die Kostenerfassung. Die Festlegung der Zahl der Merkmale wird damit zum Gegenstand einer Wirtschaftlichkeitsbetrachtung (universelle Auswertbarkeit versus höhere Erfassungs- und Speicherungs- und ggf. auch Auswertungskosten sowie potenziell steigende Gefahren falscher Auswertung der Informationen).

Das Konzept der Riebel'schen Rechnung entspricht im Kern einer Trennung in Daten- und Methodenbanken

Eine derartige Erfassung der Kosten-(und Erlös-)daten führt zu einer Vielzahl von unverdichtet abzuspeichernden Datensätzen. In DV-Terminologie handelt es sich dabei um den Aufbau einer relationalen Datenbank, einer Speicherungsform von Daten, die den Zugriff auf die unterschiedlichsten Attribute der abgespeicherten Datensätze zulässt. Diese Kostendatenbank bezeichnet man mit dem Begriff »*Grundrechnung*« (vgl. *Riebel* 1979, S. 785-798). Die Anwendung dieses Speicherungskonzepts stellt eine Trennung zwischen Daten und Auswertungsmethoden sicher und lässt es zu, auf Kostendaten jeweils gesondert mit den unterschiedlichsten Verdichtungstechniken zuzugreifen. Die Wichtigsten von diesen werden wir später noch näher vorstellen. Periodisch zu erstellende Auswertungen der erfassten Daten können – wie die *Abbildung 22-2* veranschaulicht – durch die Daten- und Methodenseparation ebenso aus dem vorhandenen Datenbestand erzeugt werden wie fallweise Sonderauswertungen.

Die Vollkostenrechnung dagegen nimmt schon von der Definition der Kosten her, beginnend in der Kostenartenrechnung (Bildung von Abschreibungen, Trennung von Einzelkosten und Gemeinkosten) eine Vermischung von Daten und Methoden vor und verbindet damit beide für andere Auswertungszwecke untrennbar miteinander. So kann man aufgrund der festgefügten Abfolge von Kostenarten-, -stellen- und -trägerrechnung beispielsweise nicht unmittelbar die Information erhalten, welche Erfolge auf bestimmten Absatzwegen (z.B. Großhandel) oder Märkten erzielt wurden, da die spezifischen Vertriebskosten (z.B. die Kosten spezieller Vertriebseinrichtungen) im Zuge der Kalkulation anteilig auf alle Kostenträger verteilt wurden. Hier bleibt nur der Weg, die Informationslücke in fallweisen Sonderuntersuchungen durch separate Datenerfassung zu schließen.

Die traditionellen Kostenrechnungssysteme richten sich schon bei der Erfassung der Kosten an den Rechnungszwecken aus – die Einzelkostenrechnung möchte dies weitgehend vermeiden

Analoges gilt für die Systeme der Plankostenrechnung. Sie erfassen zwar laufend die für Auswertungen sehr wichtige zusätzliche Information, welche Kosten wo im Unternehmen wie von der Beschäftigung abhängen. In ihrem Grundaufbau unterscheiden sie sich allerdings von der Vollkostenrechnung nicht. Auch sie nehmen schon in der Kostenartenrechnung zweckbezogene Verdichtungen von Kosten vor und sind durch die strikte Abfolge von Kostenarten-, Kostenstellen- und Kostenträgerrechnung gekennzeichnet. Dies gilt schließlich auch für die beiden im letzten Kapitel betrachteten Teilkostenrechnungssysteme, das Direct Costing und die Stufenweise Fixkostendeckungsrechnung: Verdichtungsobjekt in der Kostenträgerrechnung sind ebenfalls ausschließlich Produkte.

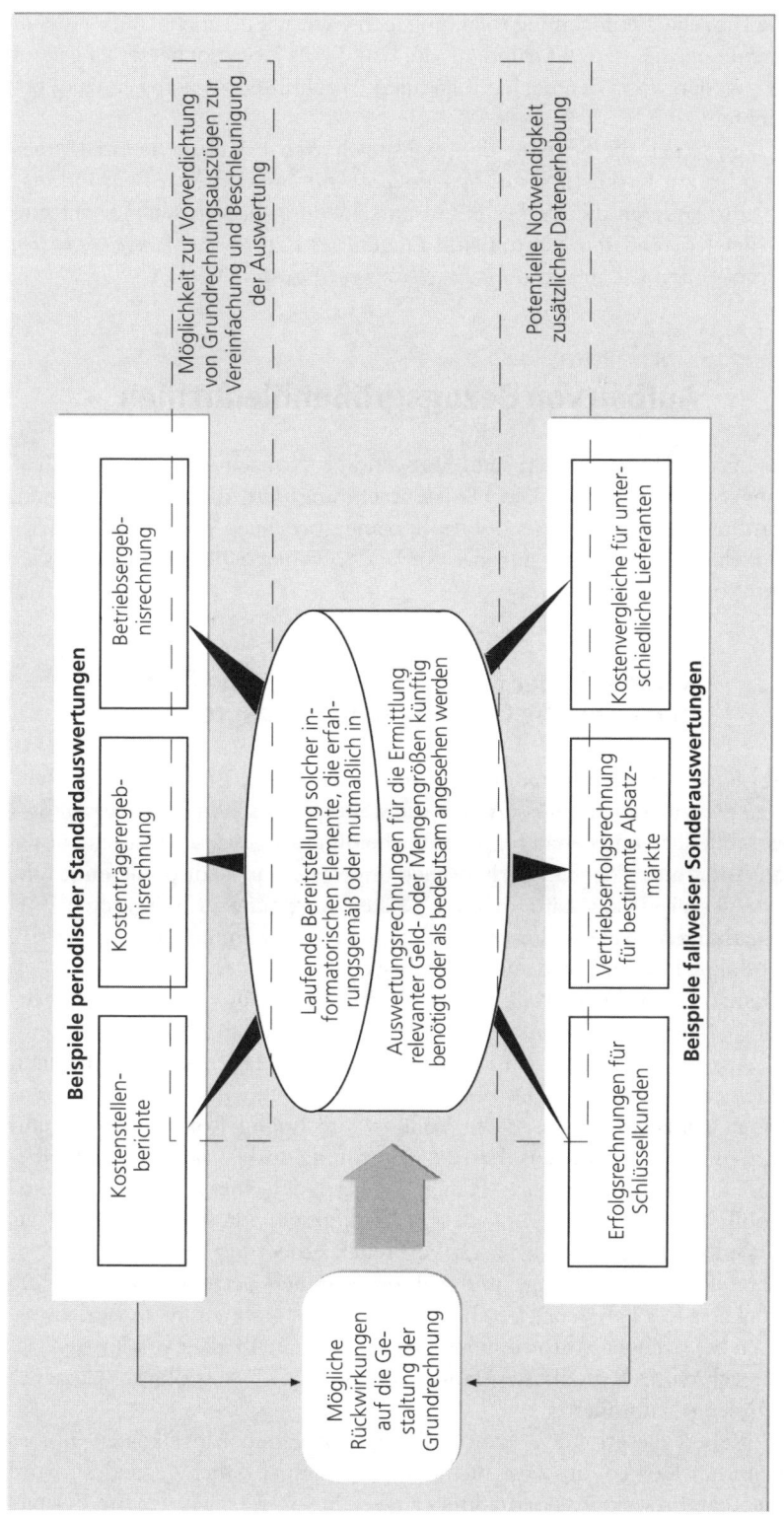

Abb. 22-2: Grundrechnung
als Datenspeicher für Auswertungsrechnungen

Die Einzelkostenrechnung folgt hingegen – wie wir gesehen haben – einem datenbankorientierten Grundaufbau. Um dieses Konzept besser zu verstehen, wollen wir in den beiden folgenden Abschnitten zweierlei genauer betrachten:

- zum einen die Struktur der abgespeicherten Prädikatsmerkmale; dies führt zur Diskussion von *Bezugsgrößenhierarchien* und ihrer Begründung;
- zum anderen die Methodik zur entscheidungsbezogenen Auswertung der Kostendaten; hiermit sind Fragen des *Rechnens mit Einzelkosten und* absoluten wie relativen *Deckungsbeiträgen* angesprochen.

3. Aufbau von Bezugsgrößenhierarchien

Bezugsgrößenhierarchien sind notwendige Konsequenz der Entscheidungsorientierung der Einzelkostenrechnung. Um dieses zu verstehen, kommen wir auf das weiter oben schon angesprochene Wesensmerkmal der Einzelkostenrechnung, auf das Verbot jeglicher Schlüsselung von Gemeinkosten, zurück.

3.1. Relativität der Einzelkosten als Grund für die hierarchische Ordnung der Bezugsgrößen

Um Kostendaten zur Fundierung unterschiedlicher Entscheidungen heranziehen zu können, müssen sie – wie weiter oben schon einmal erwähnt – ausschließlich und genau für die Entscheidung ausgewiesen werden, die ihren Anfall ausgelöst hat. Da Entscheidungen stets an zu disponierende Objekte geknüpft sind, kann man die Kostenzuordnung zu bestimmten Entscheidungen ersetzen durch den Bezug auf bestimmte Objekte, wie z.B. Produkte, Kostenstellen und Vertriebswege. Betrachten wir von diesen beispielhaft das primäre Kalkulationsobjekt der bislang dargestellten Rechnungssysteme, das Produktions- und Absatzprogramm des Unternehmens.

Aus der Vollkostenrechnung ist uns geläufig, dass man dem einzelnen Stück eines Produkts Kostenbeträge direkt zurechnen kann. Als (Kostenträger-)Einzelkosten weist die Vollkostenrechnung Rohstoffkosten und Fertigungslohnkosten aus. Erstere Zuordnung erweist sich auch bei näherem Hinsehen zumeist als tragfähig: Die Fertigung eines zusätzlichen Automobils löst stets den Verbrauch von (traditionell) 5 Reifen aus, die für das Automobil beschafft oder nach Verbrauch erneut bezogen werden. Zwischen Produktionsmenge und Faktorverbrauch besteht eine durch die Stückliste des Fahrzeugs beschriebene bzw. festgelegte direkte Beziehung. Auch bei strengen Anforderungen an die Zurechenbarkeit von Kosten lassen sich damit Reifenkosten fahrzeugweise, dem Bezugsobjekt »einzelnes Fahrzeug«, zuordnen.

Neben diesen stück- bzw. einheitenbezogenen Einzelkosten gibt es weiterhin Kosten, die zwar nicht jedem einzelnen Stück gesondert, wohl aber dem Produkt insgesamt direkt zugeordnet werden können. Im Beispiel

Bezugsobjekte stehen zueinander in einer hierarchischen Beziehung – das Beispiel Bezugsobjekt »Produkte«

des Automobils zählen hierzu etwa die Kosten der Presswerkzeuge, die – bis auf Gleichteile – jeweils typbezogen anfallen, die Kosten der Produktgestaltung (Konstruktion) oder spezielle Markteinführungskosten. Derartige Kosten fallen nur deshalb an, weil das Produkt als solches hergestellt und abgesetzt wird, hängen aber nicht von der jeweiligen Stückzahl ab. Sie sind dem Produkt, nicht aber der Produkteinheit zurechenbar. Umgekehrt – und hier wäre es gut, sich an den Mengenlehreunterricht zu erinnern – sind die Einzelkosten einer Produkteinheit zugleich auch Einzelkosten des Produkts insgesamt, denn sie fallen nur deshalb an, weil die Entscheidung getroffen wurde, das Produkt als solches zu fertigen und abzusetzen. Diesen Zusammenhang veranschaulicht auch die *Abbildung 22-3*.

Diesen Grundgedanken kann man – wie Sie es ansatzweise in der Stufenweisen Fixkostendeckungsrechnung schon kennen gelernt haben – nun mehrfach wiederholt anwenden:

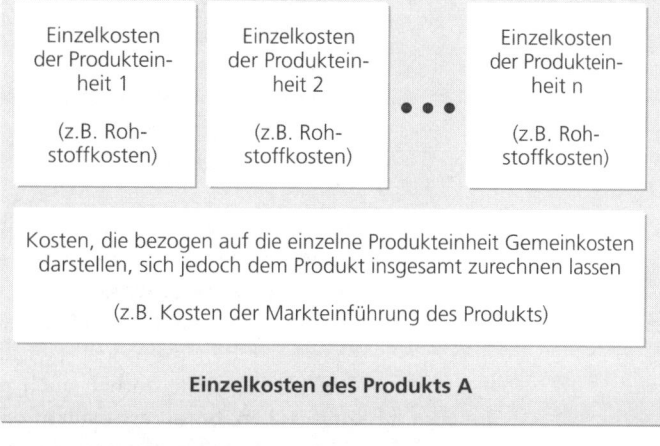

- Neben den *Einzelkosten eines einzelnen Produkts* gibt es Kosten, die sich zwar nicht mehr produktbezogen, wohl aber für eine Produktgruppe insgesamt als Einzelkosten erfassen lassen. Hierzu zählen etwa Kosten für eine gemeinsame Werbekampagne oder die Kosten einer Fertigungsstelle, die speziell für diese Produktarten eingerichtet wurde.

Abb. 22-3: Zur Relativität des Einzelkostenbegriffs

- Kosten eines Spartenleiters sind ein Beispiel für *Kosten*, die sich einer *Sparte* des Produktions- und Absatzprogramms, aber keiner einzelnen Produktgruppe als Einzelkosten zurechnen lassen.
- Über mögliche Einzelkosten weiterer produktbezogener Zusammenfassungen kommt man dann schließlich zu den *Einzelkosten des Produktions- und Absatzprogramms insgesamt*. Hierzu zählen typischerweise viele Verwaltungskosten (z.B. Kosten des Vorstands).

Vielleicht vermisst jemand an dieser Stelle als Beispiel die anfangs aufgeführten Fertigungseinzelkosten (Fertigungslöhne), die bislang noch nicht in dieser hierarchischen Gliederung der produktbezogenen Bezugsgrößen aufgetaucht sind. Fertigungslöhne sind bei kurzfristiger Sichtweise – wie schon mehrfach in diesem Lehrbuch angemerkt – *keine* Kostenträgereinzelkosten. Sie verändern sich mit marginalen Variationen der Produktions- und Absatzmengen *nicht*. Oftmals sind sie darüber hinaus auch einzelnen Produkten nicht direkt zurechenbar, wie dann, wenn in einer Produktionskostenstelle mehrere unterschiedliche Produkte – sukzessiv oder parallel – gefertigt werden. Die Fertigungslöhne können in einem solchen Fall nur diesen Produktarten gemeinsam zugeordnet werden. Zählen diese zur selben Produktgruppe, so handelt es sich um Produktgruppeneinzelkosten,

Fertigungslöhne sind – in der Betrachtung der Einzelkostenrechnung – zumeist keine Produkteinzelkosten

ansonsten um Sparteneinzelkosten oder gar um Einzelkosten des gesamten Produktionsprogramms.

3.2.   Arten von Bezugsgrößenhierarchien

Eine produktbezogene Hierarchisierung von Kosten nach ihrer Zurechenbarkeit kennen Sie schon von der Stufenweisen Fixkostendeckungsrechnung. Die Einzelkostenrechnung unterscheidet sich von dieser – neben einer schärferen Sichtweise bei der Beantwortung der Frage, wann sich Kosten einem Bezugsobjekt zurechnen lassen – insbesondere dadurch, dass sie die Strukturierung der Kosten nicht auf eine produktbezogene Dimension beschränkt, sondern parallel auf unterschiedliche Arten von Bezugsobjekten ausdehnt bzw. anwendet.

> Unterschiedliche Arten von Bezugsobjekten für Einzelkosten sind stets das Spiegelbild unterschiedlicher Dispositionsobjekte bzw. Sichten des ökonomischen Realprozesses.

Sie zu systematisieren fällt deshalb am leichtesten, wenn man sich auf die unterschiedlichen Stationen des Realgüterdurchlaufs durch ein Unternehmen bezieht, beginnend bei den Beschaffungsquellen bis hin zu den Abnehmern der erstellten Leistungen. Eine derartige Systematisierung sachbezogener Bezugsgrößen zeigt die *Abbildung 22-4* (entnommen aus *Weber* 1987, S. 224). Sie enthält auch prozess- bzw. kostenstellenbezogene Bezugsgrößen. Somit ermöglicht die Einzelkostenrechnung auch die Durchführung einer Kostenstellenrechnung.

Bezugsgrößenhierarchien gibt es schließlich nicht nur in sachlicher Hinsicht. Vielmehr muss man im *Riebel*'schen Vorgehenskonzept Kosten auch in zeitlicher Hinsicht ungeschlüsselt erfassen und ausweisen. Den »klassischen« Fall zeitbezogener Schlüsselung von Kosten haben Sie schon ganz zu Beginn Ihrer Beschäftigung mit dem betrieblichen Rechnungswesen kennengelernt, als es um die Diskussion der Frage ging, ob eine Periodenabgrenzung, eine Bildung von Periodenerfolgen, notwendig bzw. sinnvoll ist (vgl. die ersten Kapitel dieses Buches). Die externe Rechnungslegung hat diese Frage bejaht. Die Kostenrechnung ist diesem Weg gefolgt (insbesondere mit Hilfe der Abschreibungsbildung). Die hiermit verbundenen Probleme haben wir ebenfalls diskutiert. Es lässt sich kein Verfahren finden, das Abschreibungsbeträge richtig, d.h. intersubjektiv nachprüfbar, ermitteln kann. Abschreibungen sind ein zwar plausibles, aber nicht allgemeingültig verifizierbares Konstrukt.

Die Einzelkostenrechnung verzichtet angesichts dieser Probleme auf eine Schlüsselung von Kosten, die nur mehreren Perioden gemeinsam zurechenbar sind. Festgehalten wird – neben dem Kostenbetrag und den sachlichen Prädikatsmerkmalen – die Bindungsdauer des Kostenguts, d.h. der Zeitraum, in dem das Unternehmen an das Kostengut gebunden ist. Bei einem Leasing-Vertrag ist dies z.B. die Vertragsdauer, bei einem Arbeitsvertrag die Kündigungsfrist. Befinden sich die über mehrere Perioden hinweg

Zeitbezogene Bezugsgrößenhierarchie als Antwort auf die traditionelle Schlüsselung von nur mehreren Jahren gemeinsam zurechenbaren Kosten

nutzbaren Kostengüter im Eigentum des Unternehmens (sogenannte Eigentumspotenziale), kennt man häufig nur den Beginn, nicht aber das genaue Ende der Bindungsdauer (Problem der Nutzungsdauerschätzung bzw. des vorzeitigen Verkaufs des Potenzials). In diesen Fällen muss die Grundrechnung das Ende der Bindungsdauer offen lassen, muss sie diese Kosten als Kosten offener Perioden behandeln. Wie Sie sich die zeitliche Bezugsgrößenhierarchie vorzustellen haben, veranschaulicht die *Abbildung 22-5* (vgl. Folgeseite).

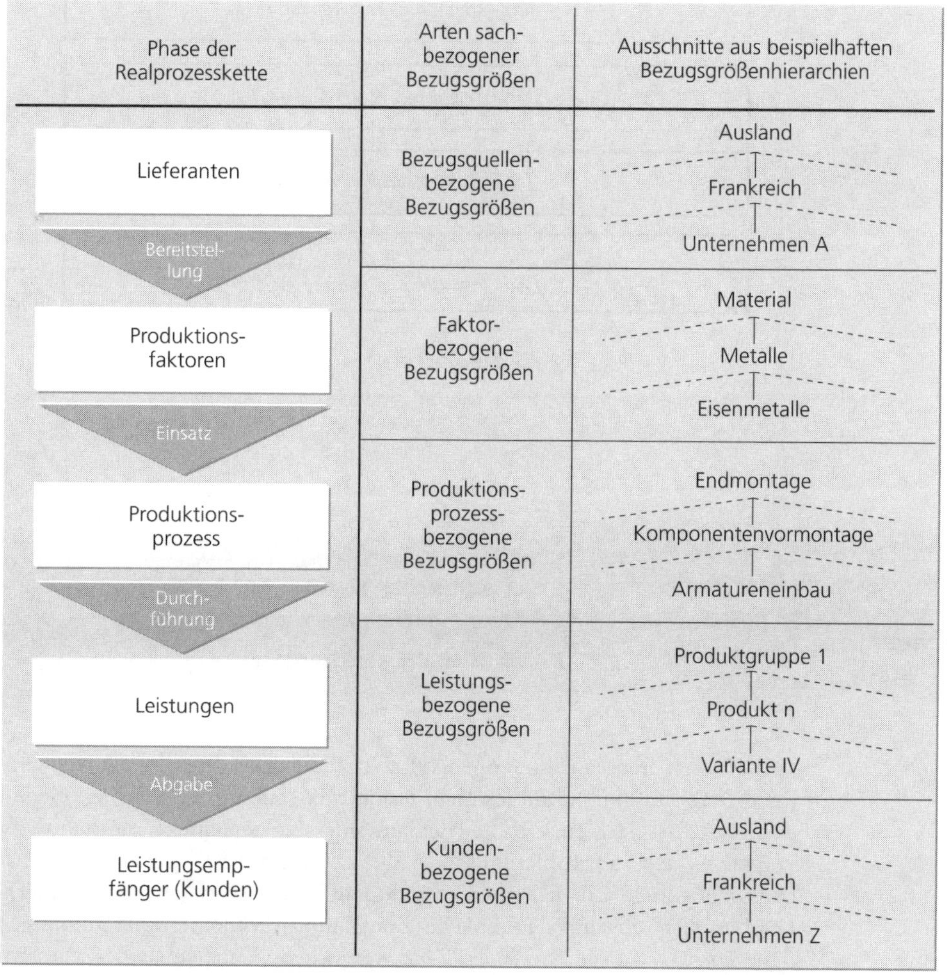

Phase der Realprozesskette	Arten sachbezogener Bezugsgrößen	Ausschnitte aus beispielhaften Bezugsgrößenhierarchien
Lieferanten / Bereitstellung	Bezugsquellenbezogene Bezugsgrößen	Ausland — Frankreich — Unternehmen A
Produktionsfaktoren / Einsatz	Faktorbezogene Bezugsgrößen	Material — Metalle — Eisenmetalle
Produktionsprozess / Durchführung	Produktionsprozessbezogene Bezugsgrößen	Endmontage — Komponentenvormontage — Armatureneinbau
Leistungen / Abgabe	Leistungsbezogene Bezugsgrößen	Produktgruppe 1 — Produkt n — Variante IV
Leistungsempfänger (Kunden)	Kundenbezogene Bezugsgrößen	Ausland — Frankreich — Unternehmen Z

Abb. 22-4: Systematisierung sachbezogener Bezugsgrößenhierarchien

Sie beginnt als kleinste Zeiteinheit bei einem Kalendertag. In die Rubrik der *Tageseinzelkosten* fallen z.B. die Stromkosten zur Beleuchtung der Gebäude. Auf der nächsten Ebene sind *Monatseinzelkosten* aufgeführt. Diese setzen sich aus den Tageseinzelkosten und den Kosten zusammen, die sich zwar nicht den einzelnen Tagen, wohl aber dem Monat insgesamt exakt zuordnen lassen (z.B. Kosten eines mit 2 Wochen zum Monatsende kündbaren Hilfslöhners). Über die *Quartalseinzelkosten* (z.B. Kosten eines 4 Wochen zum Quartal kündbaren Angestellten) kommt man zu den *Einzelkosten des Jahres*

Einzelkostenrechnung

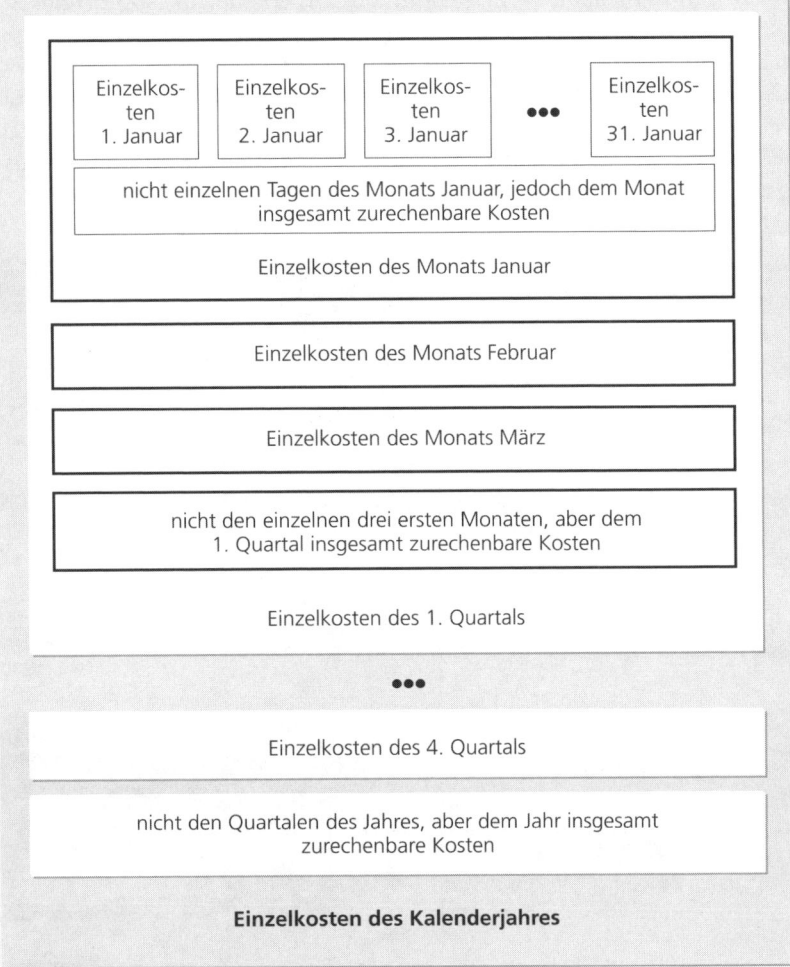

Abb. 22-5: Kalenderzeit-
bezogene Bezugsgrößen-
hierarchie

Konzept der »unperiodi-
schen« Sammlung von
Kosten

(z.B. Kosten einer jahresbezogenen Lizenz). Bei den Jahreseinzelkosten endet die Abbildung – und dies nicht nur aus darstellungstechnischen Gründen. Zwar lässt sich ein Großteil der laufenden Kosten eines Unternehmens vergleichsweise unproblematisch in die kalenderzeitbezogene Strukturierung einordnen. Für kalenderzeitperiodenübergreifende Bindungsdauern ergeben sich allerdings erhebliche Zuordnungsprobleme. Die Bindungsdauern sind – wie die *Abbildung 22-6* zu veranschaulichen versucht – zumeist sehr stark ineinander verschachtelt. Eine konsistente weitere Zusammenfassung von Kalenderzeitperioden (z.B. Bildung von 2-Jahres- oder 5-Jahreseinzelkosten) würde diesem Problem nicht gerecht. Es ist zweckmäßiger, diese Kosten in einer von Periodengrenzen losgelösten *»überjährigen Zeitablaufrechnung«* zu sammeln, was nichts anderes bedeutet, als sie in der Grundrechnung nicht mit dem Merkmal »Zuordnung zu einer bestimmten Kalenderzeitperiode« zu versehen, sondern sie mit der genauen Angabe der Bindungsdauer (Beginn und Ende) abzuspeichern. Diese zeitbezogene Strukturierung der Kosten berücksichtigt explizit die Einwendungen gegen

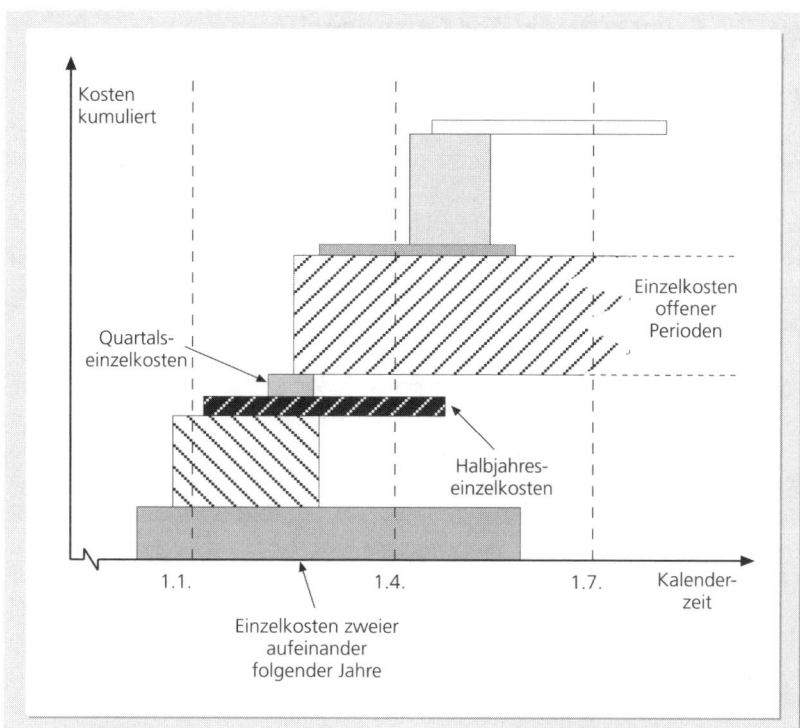

Abb. 22-6: Ausschnitt einer
periodenübergreifenden
Zeitablaufrechnung

die durch Abschreibungsbildung erfolgende Periodisierung überjähriger Kosten: Einem Jahr werden nur die Kosten zugeordnet, die innerhalb dieses Jahres disponibel waren; neben diesen verbleiben *Periodengemeinkosten*. Die Aussage, dass Teilkostenrechnungssysteme sich nur im Umfang der Kostenverrechnung auf die Produkte, nicht aber im insgesamt periodisch erfassten Kostenvolumen unterscheiden, gilt damit für die Einzelkostenrechnung nicht.

Abschließend sei noch darauf hingewiesen, dass man nach den soeben skizzierten Grundsätzen nicht nur Kosten, sondern auch Erlöse unverdichtet und differenziert erfassen und speichern kann. Neben einer Grundrechnung der Kosten gibt es eine Grundrechnung der Erlöse, die für Produkte, Kunden, Märkte, Vertriebswege und andere absatzwirtschaftliche Bezugsobjekte die erzielten Erlöse und in Kauf zu nehmenden Erlösschmälerungen ausweist. Die mit dem Aufbau einer solchen Rechnung verbundenen Probleme sollen an dieser Stelle allerdings nicht näher diskutiert werden. Wer sich näher über diesen Problemkreis informieren will, sei auf *Männel* 1983 und *Riebel* 1971 verwiesen.

4. Auswertung der Grundrechnung

4.1. Vorgehen

Anfangs haben wir die Trennung von Informationen und Entscheidungsproblemen, von Daten und Methoden, als besonderes Merkmal der Einzelkostenrechnung herausgestellt. Die Konsequenzen für die Datenerfassung und -speicherung sind an dieser Stelle der Diskussion klar. Es steht
nun nur noch offen, wie man die gespeicherten Daten für Entscheidungsprobleme auswertet.

Diese Frage kann man kurz mit »quod libet« beantworten. Den Aus-
wertungswünschen und -methoden scheinen keine Grenzen gesetzt zu sein.
Man kann die einer Entscheidung direkt zurechenbaren (Einzel-)Kosten
(z.B. die zusätzlichen Kosten einer zusätzlich produzierten und abgesetzten Produkteinheit) ebenso aus der Grundrechnung entnehmen, wie man
in der Lage ist, anteilige Gemeinkosten (z.B. anteilige Verwaltungsgemeinkosten) durch Schlüsselungsvorgänge zu ermitteln und zuzuordnen. Man
Die Grundrechnung lässt kann die Daten der Grundrechnung ebenso objektiv einem Adressaten zur
sich – zumindest theoretisch Verfügung stellen (z.B. zur Vorbereitung einer Entscheidung), wie man in
– beliebig auswerten der Lage ist, die Daten im Sinne der Erzielung einer Verhaltenswirkung zu
modifizieren (z.B. Bildung von anreizverträglichen Verrechnungspreisen).
Man kann die Grundrechnung für kurzfristige Dispositionen ebenso auswerten wie für langfristige, kapazitätsverändernde Entscheidungen. Kurz:
Durch die weitgehende Trennung von erfassten Informationen und ge-
wollten Aussagen (Rechnungszwecke) stehen die Kostenbausteine der
Grundrechnung für die verschiedensten Rechnungszwecke abrufbar zur
Verfügung, können mit Hilfe der verschiedensten Selektionsmethoden aus
dieser gewonnen werden.

Will man die für die Einzelkostenrechnung typischste Auswertungsme-
thodik festmachen, so kommt man an der Bildung von Deckungsbeiträgen
Die Bildung von Deckungs- nicht vorbei. Es ist zwar unzulässig, die Auswertungsmöglichkeiten auf die-
beiträgen ist für die ses Feld zu verkürzen; dennoch ist die Bildung von Deckungsbeiträgen so
Riebel'sche Rechnung bedeutsam, dass sie namensgebend für das *Riebel*'sche Rechnungssystem
namensgebend wurde (»Einzelkosten- und Deckungsbeitragsrechnung«). Was man unter
Deckungsbeiträgen zu verstehen hat, haben Sie im Grundsatz im letzten
Kapitel schon kennen gelernt. Präzise lassen sich Deckungsbeiträge wie
folgt beschreiben:

> Deckungsbeitrag ist eine »durch eine bestimmte Maßnahme ausgelöste Er-
> folgsänderung. Rechnerisch ermittelt als Überschuss der Einzelerlöse über die
> Einzelkosten eines sachlich und zeitlich abzugrenzenden Kalkulationsobjekts,
> mit dem dieses zur Deckung »variabler« und »fixer« Gemeinkosten (-ausga-
> ben) und zum (Total-)Gewinn beiträgt« (*Riebel* 1994, S. 759).

Deckungsbeiträge sind die adäquaten Ausgangsinformationen für eine Vielzahl von laufend und/oder fallweise zu treffenden Entscheidungen. Hierzu zählen

- alle Entscheidungen im Bereich der Absatz- und Produktionsprogrammplanung, in denen Arten, Mengen und Preise der zu erstellenden und zu vertreibenden Erzeugnisse festgelegt werden, und
- viele vertriebspolitische Entscheidungen, wie etwa Wahl des Vertriebswegs, Festlegung der Werbemittel und Auswahl der zu beliefernden Märkte.

Deckungsbeitragsrechnungen liefern – nomen est omen – als Ergebnis für jedes Entscheidungsobjekt einen Deckungsbeitrag. Ist dieser positiv, so bedeutet dies, dass die betrachtete Handlungsalternative bei ihrer Realisierung – ceteris paribus – zu einer Steigerung des Unternehmenserfolges führt. Bestehen keine Kapazitätsengpässe, d.h., verdrängt die betrachtete Alternative keine andere Handlungsmöglichkeit, so ist sie folglich zu verwirklichen. Der Grundaufbau einer Deckungsbeitragsrechnung ist uns bereits aus dem vorangegangenen Kapitel bekannt. Eine Einzelkostenrechnung wird am Grundaufbau der Rechnung nichts ändern, lediglich erhöhte Anforderungen an die Exaktheit der zugerechneten Daten stellen. Um das im 20. Kapitel begonnene und im 21. Kapitel fortgeführte Beispiel wieder verwenden zu können, sei unterstellt, dass die Daten unverändert herangezogen werden können. Der erste Teil der *Abbildung 22-7* ist deshalb mit der *Abbildung 21-2* identisch.

Ein modifizierter Aufbau der Deckungsbeitragsrechnung ist dann erforderlich, wenn sich im Laufe der Programmplanung Engpässe im Produktions- oder Beschaffungsbereich herausstellen. Im Falle mehrerer Engpässe sind Verfahren der mathematischen Programmierung anzuwenden. Beschränkt sich der Fall knapper Beschaffungs- oder Produktionskapazität dagegen auf nur einen Engpass, so ist mit spezifischen, d.h. engpassbezogenen Deckungsbeiträgen zu arbeiten. Hierfür zeigt der untere Teil der *Abbildung 22-7* ein Beispiel. Zunächst wird überprüft, ob die vorhandenen Fertigungskapazitäten ausreichen, die gesamten Planabsatzmengen produzieren zu können. Das Ergebnis dieser Berechnungen weist für die Stelle 23 ein Kapazitätsdefizit von 25 Stunden aus. In diesem Bereich erfolgt die Endbearbeitung der Produktgruppe B (vgl. nochmals die *Abbildung 20-2*). (Zumindest) Eines der Produkte B_1 bis B_3 kann somit nicht in vollem Umfang gefertigt werden. Um zu bestimmen, um welches (bzw. welche) es sich dabei handelt, sind engpassbezogene bzw. spezifische Deckungsbeiträge zu ermitteln. Der Berechnung ist zu entnehmen, dass pro Stunde Inanspruchnahme der knappen Fertigungskapazität der Stelle 23 zwischen 66 Euro und 89 Euro an Deckungsbeiträgen erwirtschaftet werden können. Wie unmittelbar einleuchtet, wird der Engpass auf der Basis dieser Informationen nun in der Reihenfolge sinkender engpassbezogener Deckungsbeiträge verplant. Dies führt im Ergebnis dazu, dass vom Produkt B_1, das den niedrigsten spezifischen Deckungsbeitrag aufweist, nur 583 Stück statt absetzbarer 600 Stück hergestellt werden können. Das erzielbare Unternehmensergebnis geht durch das Auftreten des Engpasses um 1.688 Euro zurück.

4.2. Auswertungsgrenzen

Allerdings stehen einer solchen sehr komfortablen Auswertung auch Grenzen entgegen. Zwei wesentliche seien im Folgenden genannt. Zum einen muss man sich bei jeder Auswertung der in der Grundrechnung gespeicherten Kostendaten bewusst sein, dass es sich bei den Daten um Vergangenheitswerte handelt, die zum Zeitpunkt ihres Anfalls mit den für sie zu leistenden Auszahlungen erfasst wurden. Entscheidungen sind jedoch stets in die Zukunft gerichtet. Somit entsteht das Problem der beschränkten Repräsentanz von Vergangenheitswerten für Entscheidungen. Die Grundrechnung liefert um so bessere Informationen, je weniger sich die Kosten- und Leistungsstrukturen, über die disponiert wird, von denen unterscheiden, die in der Vergangenheit bestanden haben. Oder umgekehrt formuliert: Sie eignet sich um so schlechter als Datenbasis, je »innovativer« die zu treffenden Entscheidungen sind.

Abb. 22-7: Beispiel einer engpassbezogenen Programmplanung mit Hilfe spezifischer Deckungsbeiträge

	A_1	A_2	A_3	Σ A	B_1	B_2	B_3	Σ B	Gesamt
Nettoerlöse	92,85	97,25	166,10		172,10	174,20	193,00		
- Materialeinzelkosten	37,00	39,17	32,50		43,33	62,00	86,67		
- variable Materialgemeinkosten	0,50	0,46	0,60		0,67	0,78	0,83		
- variable Fertigungskosten (1)									
Fertigungseinzelkosten	18,00	20,83	30,00		15,83	13,80	17,00		
variable Fertigungsgemeinkosten	3,90	4,00	5,00		1,83	9,00	10,67		
- variable Fertigungskosten (2)									
Fertigungseinzelkosten	2,00	1,83	3,75		8,17	7,40	6,67		
variable Fertigungsgemeinkosten	1,50	1,00	4,50		2,83	3,00	4,67		
- variable Vertriebskosten	0,10	0,08	0,35		0,13	0,10	0,07		
Stückdeckungsbeitrag									
absolut	29,85	29,88	89,40		99,30	78,12	66,43		
in % vom Nettoerlös	32,1%	30,7%	53,8%		57,7%	44,9%	34,4%		
Kapazitätsabgleich									
Kapazitätsbedarf Stelle 13 pro Stück	0,70	0,70	0,75	99,30					
Kapazitätsbedarf Stelle 13 insgesamt	700	840	150	1.690					
Kapazität Stelle 13				1.900					
Kapazitätsbedarf Stelle 23 pro Stück					1,50	1,10	0,75		
Kapazitätsbedarf Stelle 23 insgesamt					900	550	225	1.675	
Kapazität Stelle 23								1.650	
Engpassbezogene Stück-DB	42,64	42,69	119,20		66,20	71,02	88,57		
Realisierte Absatzmengen	1.000	1.200	200		583	500	300		
Stückdeckungsbeitragssumme kor.	29.850	35.850	17.880		57.892	39.060	19.930		
- Produktfixkosten	0	0	14.500		13.500	0	0		
Produktdeckungsbeitrag	29.850	35.850	3.380	69.080	44.392	39.060	19.930	103.382	
- Produktgruppenfixkosten				51.900				76.500	
Produktgruppendeckungsbeitrag				17.180				26.882	44.062
- Unternehmensfixkosten									31.000
Nettoergebnis									13.062

Dies leitet unmittelbar über zum zweiten Grund für einen nur begrenzten Aussagewert der in der Grundrechnung gespeicherten Daten. Will man für »innovative« Entscheidungen Kosten bereitstellen, kommt man nicht umhin, einen beträchtlichen Datenanteil durch fallweise Erhebung zu ermitteln. Derartige fallweise Erhebungen sind aber auch bei »Standardentscheidungen« nicht ausgeschlossen. Wie zu Beginn dieses Kapitels ausgeführt, ist die Festlegung der Zahl laufend zu erhebender Prädikatsmerkmale der Kosten ein Wirtschaftlichkeitsproblem. Damit wird deutlich, dass nur selten gebrauchte Attribute (z.B. bei einer Beschaffungsentscheidung der geographische Markt, von dem der Einsatzstoff bezogen wird) bei entsprechenden Dispositionen »nachzubessern« sind, für diese Dispositionen zusätzlich erfasst werden müssen. Darüber hinaus muss man bedenken, dass nicht selten auch Korrekturen der standardmäßig erfassten Daten erforderlich sind. Wir hatten schon anfangs dieses Kapitels gesehen, dass die Bewertung eines Rohstoffs, der zur Herstellung eines Produkts verwendet wurde, mit seinen Anschaffungskosten nur dann entscheidungstheoretisch richtig ist, wenn die Produktionsentscheidung in einem direkten dispositiven Verbund mit der Beschaffungsentscheidung des Rohstoffs und der Verwendungsentscheidung des Produkts steht. Gilt dieser Verbund nicht, können die Anschaffungskosten der falsche Wertansatz sein. Will man z.B. den Bestand an »Lagerhütern« im Eingangslager reduzieren, muss man nicht nach den geleisteten Auszahlungen, sondern nach dem Nutzen in einer anderweitigen Verwendung (Opportunitätskosten) fragen. Wertkorrekturen sind erforderlich. Somit hat sich der Entscheidende in einem gesonderten Prüfschritt stets zu fragen, ob die Grundannahmen, die der Speicherung der Kosten in der Grundrechnung zugrunde lagen, für die zu fällende Entscheidung (noch) zutreffen oder nicht.

5. Probleme der Einzelkostenrechnung

Sie haben die Einzelkostenrechnung als ein Kostenrechnungssystem kennen gelernt, das scheinbar die Beschränkungen bzw. Fehler der zuvor diskutierten Systeme (weitgehend) aufhebt, das diesen durchweg überlegen erscheint. Dennoch findet sich derzeit kein (mir bekanntes) Unternehmen, das das Konzept der Einzelkostenrechnung verwirklicht. Vielmehr wird der Einzelkostenrechnung von vielen der Vorwurf entgegengebracht, sie sei völlig praxisfern. Versucht man, diesen pauschalen Einwand näher zu hinterfragen, lassen sich insbesondere drei Problemfelder aufführen.

Probleme des Entscheidungsbezugs

Eine in den Kern des Ansatzes treffende Frage lautet, ob die Entscheidungsorientierung, so wie sie von diesem Rechnungssystem begriffen und befolgt wird, auf das Entscheidungsfeld zutrifft, das in den Unternehmen typischerweise vorliegt. Diese zugegeben etwas komplizierte Aussage wird anschaulicher, wenn man sich nochmals den Grundgedanken vergegenwärtigt, der den Aufbau der Bezugsgrößenhierarchien bestimmt: Die Frage ist stets, ob Kosten automatisch dann wegfallen, wenn das zugehörige Bezugsobjekt (z.B. eine Produkteinheit) wegfällt bzw. ihr Anfall allein auf eine Entscheidung über dieses Bezugsobjekt zurückzuführen ist. Wird die Frage mit ja beantwortet, liegen Einzelkosten des Bezugsobjekts vor, lautet die Antwort nein, muss man sich ein hierarchisch höher angesiedeltes Bezugsobjekt (z.B. eine Produktgruppe) suchen, für die die Frage bejaht werden kann. Dieses »ja-nein« gleicht allerdings einer Schwarz-Weiß-Malerei.

In der Praxis entscheidet man beispielsweise nur selten über eine einzelne Produkteinheit, disponiert man in aller Regel mehrere von diesen gemeinsam (z.B. einen Auftrag mit 100 Stück). Welche Kosten für dieses Quantum Einzelkosten darstellen, lässt sich der entsprechenden Bezugsgrößenhierarchie allerdings nicht immer entnehmen: Es wird häufig der Fall sein, dass bei genügend großen Quanten ein Teil der auf höherer Ebene ausgewiesenen Einzelkosten unmittelbar beeinflussbar wird, man z.B. nicht eine ganze Produktgruppe eliminieren muss, um auf das einzelne Stück bezogen fixe Kosten zu reduzieren (vgl. zu diesem Phänomen ausführlich *Weber* 2002, S. 204-208). Verfügt das Unternehmen über eine periodische Unternehmensplanung, so wird zudem ein erheblicher Teil der Beschaffungs-, Produktions- und Absatzentscheidungen im Rahmen der laufenden operativen Planung determiniert. Auf diese Entscheidungsbündel ist die Einzelkostenrechnung allenfalls am Rande ausgerichtet; ihnen wird die Plankostenrechnung mit ihrer andersartigen Kostenspaltung und ihren weniger stringenten Zuordnungsvorschriften (weit) besser gerecht.

Die Einzelkostenrechnung ist in ihrer Grundkonzeption auf die Fundierung und Kontrolle von Grenz- oder Anpassungsentscheidungen ausgerichtet. Diese dominieren in der Praxis allerdings nicht. Eine Vielzahl von Entscheidungen vollzieht sich vielmehr in einem vorab bestimmten, größeren Entscheidungsrahmen. Diese den Rahmen ausfüllenden Entscheidungen wie Grenzentscheidungen zu kalkulieren, ist wenig hilfreich, ja unzutreffend.

> Die Entscheidungsrealität lässt sich streng genommen nicht in Hierarchien abbilden. Die Wirklichkeit ist »bunter«, als sie in einer »Schwarz-Weiß-Malerei« dargestellt wird

Vergangenheitsbezug der Rechnung

Ein weiteres Argument gegen den Entscheidungsbezug des *Riebel*'schen Konzepts lässt sich festhalten: der Vergangenheitsbezug der Rechnung. Es geht der relativen Einzelkosten- und Deckungsbeitragsrechnung um eine möglichst unverzerrte, realitätsgerechte Abbildung von Geschäftsvorfällen. Vergangenheitsdaten – seien es Werte oder Strukturen – sind immer dann zur Unterstützung stets zukunftsgerichteter unternehmerischer Entscheidungen geeignet, wenn das Handlungsfeld nur vergleichsweise geringen Veränderungen ausgesetzt ist – wir haben dieses Argument schon mehrfach in diesem Buch verwendet. Weitgehend konstante Handlungsfelder bilden heute aber eher die Ausnahme. Allgemein wird eine immer stärker zunehmende Turbulenz im wettbewerblichen Umfeld konstatiert. Je diskontinuierlicher sich das unternehmerische Handlungsfeld entwickelt, desto weniger lohnen sich Investitionen in eine filigrane Abbildung von Verbundbeziehungen, also der in der Vergangenheit maßgeblichen Ausprägung des Entscheidungsnetzes. Hohe Wettbewerbsdynamik lässt das Erreichen der

> Was nützt genaueste Erfahrung, wenn sich die Entscheidungswelt schnell ändert?

Schwelle wahrscheinlich werden, ab der eine stark vereinfachte laufende Kostenrechnung unter Kosten-Nutzen-Überlegungen einer detaillierten Ist-Rechnung auf Basis des *Riebel'*schen Konzepts wieder überlegen wird.

Der Unternehmer in einer dynamischen Umwelt muss stets nach neuen Alternativen und neuen Entscheidungsbeziehungen Ausschau halten. Er hat die Aufgabe, couragiert Schnitte in das komplexe Netz antizipierter Verbunde zu legen, unternehmerisches Wollen in einem Kontext hoher Unsicherheit risikobewusst herauszubilden und umzusetzen. Die Heterogenität und Neuigkeit der Entscheidungen schmilzt Routinen und zwingt ihn zu einem deutlich stärker fallweisen Vorgehen. An der Grundlogik der Entscheidungsfindung ändert dies jedoch nichts. Wer meint, dass mit der Streichung von 20% der Varianten die diesen zugerechneten Prozesskosten in den nächsten Monaten wegfallen werden, irrt bei dieser »strategischen« Entscheidung ebenso wie der »alte« Vollkostenrechner, der sich aus dem Markt herauskalkuliert hat. Fallweise Entscheidung heißt, die fallweise relevanten Kosten und Erlöse zu ermitteln. Hier hilft die *Logik* der relativen Einzelkosten- und Deckungsbeitragsrechnung, nicht aber ihre systemische Realisierung.

Komplexität der Rechnung

Häufig wird das Argument der Praxisferne schließlich mit dem Bezug auf den Aspekt der Komplexität der Rechnung gegründet. Diese beginnt schon bei der Datenerfassung. Um den Gedanken der Grundrechnung zu realisieren, ist ein weit größeres Spektrum an Daten permanent zu erheben, als dies für die konventionellen Systeme der Kostenrechnung erforderlich ist. Hieraus resultieren deutlich höhere Erfassungskosten. Weiterhin stellt die Einzelkostenrechnung sehr hohe Anforderungen an die Datenverarbeitung. Eine Grundrechnung ist – wie schon angedeutet – ohne relationale Datenbanktechnik nicht praktikabel. Relationale Datenbanken zur Bewältigung derart großer Datenmengen mit akzeptabler Antwortzeit stehen aber immer noch nicht zur Verfügung.

Komplexität ist allerdings auch ein Problem der Benutzerzugänglichkeit der Einzelkostenrechnung. Auf die Gefahr der unreflektierten Verwendung von Einzel(Teil-)kosten haben wir schon im letzten Kapitel bezogen auf die Preispolitik hingewiesen (»Bäcker Schwarz und Bäcker Weiß«). Auch wenn man diese offensichtlichen, jedoch empirisch beobachtbaren Auswertungsfehler nicht macht, präsentiert sich die Grundrechnung dem Adressaten der Kostendaten ohne Zweifel als wenig überschaubare Datenquelle. Bezogen auf die Abkehr von der Periodisierung führt *Männel* beispielhaft aus: »So gesehen ist zu befürchten, dass beim Operieren mit kontinuierlichen Zeitfolgerechnungen die Gefahr des Zustandekommens von Fehlurteilen und Fehlentscheidungen eher wächst statt zu sinken. Die Schwächen der zeitraumbezogenen Erlösrealisation liegen danach weniger in der theoretischen Konzeption als in den Grenzen der praktischen Umsetzbarkeit« (*Männel* 1983, S. 62f.). Obwohl im Zitat explizit auf Erlöse bezogen, gilt diese Aussage für das Rechnungskonzept von *Riebel* insgesamt. Die Einzelkostenrechnung stellt wegen ihrer Offenheit hohe Anforderungen an das

Zur Erfassung und Auswertung der Daten in der Einzelkostenrechnung ist hohes kostenrechnerisches Knowhow erforderlich, das den einzelnen Manager schnell überfordert...

...und ihm Spielraum für
opportunistisches Handeln
einräumt

Auswertungs-Know-how ihrer Benutzer. Ob dieses derzeit in den Unternehmen vorhanden wäre, sei stark bezweifelt.

Ein weiteres Problem der Offenheit der Rechnung zeigt sich schließlich dann, wenn man *nicht* davon ausgeht, dass alle Führungskräfte in gleicher Weise um das Wohl des Unternehmens besorgt sind, wenn also mit Opportunismus gerechnet werden muss. Ein Großteil der Auswertungslogik der Grundrechnungsdaten ist nicht zu standardisieren, sondern im Einzelfall zu bestimmen. Diese Bestimmung kann nicht durch einen Kostenrechner, sondern nur durch den Manager erfolgen, der die Disposition trifft. Wenn dieser einen Entscheidungszusammenhang zwischen zwei Teilentscheidungen konstatiert, müssen die Kosten (und Erlöse) für beide zusammen berücksichtigt werden; »leugnet« er eine entsprechende Beziehung, sind es nur die für eine der beiden Dispositionen anfallenden Größen. Wenn nun die Festlegung »Zusammenhang: ja oder nein?« in ihrem Ausgang eigene Ziele berührt, ist aber mit einer objektiven Wahl zu rechnen. Ein Beispiel möge diesen Zusammenhang verdeutlichen, das wir der Art nach schon aus der Vollkostenrechnung – dort unter dem Stichwort »Sondereinzelkosten« – kennen. Betrachtet wird eine Gussform, die für die Produktion eines neuen Produkts angeschafft wird. Der für dieses Produkt zuständige Produktmanager soll die Einzelkosten seines Produkts kalkulieren. Für ihn ist es vorteilhaft zu argumentieren, diese Gussform könne man noch für andere Produkte verwenden, so dass sie für »sein« Produkt Gemeinkosten darstellen. Ob es wirklich dazu kommt, weitere Produkte zu entwickeln, ist »von außen« nicht einsehbar, opportunistisches Handeln also zumindest nicht gleich erkennbar (und später gibt es immer Ausreden, warum es anders gekommen ist).

Kognitive Begrenzungen und Opportunismus sind starke Gegenargumente gegen das *Riebel'*sche Konzept. Je mehr man eine verhaltensorientierte Perspektive einnimmt, desto mehr verliert die Einzelkosten- und Deckungsbeitragsrechnung ihren theoretischen Charme.

6. Zusammenfassung

Die Einzelkostenrechnung ist ohne Zweifel das Kostenrechnungssystem, das zu der detailliertesten Abbildung der Geschäftsprozesse im Rechnungswesen führt. Es zerschneidet – zumindest von seinem Anspruch her – keinerlei Kosten- und Erlösverbunde und sensibilisiert den Kostenrechner zusätzlich, die vielfältigen Verbundphänomene überhaupt erst einmal zu erkennen (konzeptionelle Wirkung). Der Einzelkostenrechnung gelingt es, durch die Trennung von Kosten- bzw. Erlösdaten und Auswertungsmethoden die erfassten Daten universell auswertbar (zweckneutral) zu speichern, was zum einen ein hohes Maß an Auswertungsflexibilität, zum anderen ein im Vergleich zu den anderen Kostenrechnungssystemen deutlich breiteres Auswertungsspektrum ermöglicht.

Diesen Vorteilen steht zum einen das Komplexitätsargument gegenüber. Hard- und softwaretechnische Begrenzungen auf der einen Seite und ein sehr (zu) hoher Datenerfassungsaufwand auf der anderen Seite führen dazu, dass die Einzelkostenrechnung es mit ihrer praktischen Realisierung sehr schwer hat. Zum anderen fehlt dem Modell Einzelkostenrechnung die Modellierung des Menschen als Träger von Entscheidungen. Kognitive Begrenzungen und Opportunismus sind ihr fremd. Gerade bei wachsendem Veränderungsdruck werden Menschen aber immer wichtiger in ihrer Rolle als situationsbezogener, nicht durch ein standardisiertes, »richtiges« Informationssystem gesteuerter Problemlöser. Wenn der Mensch wichtiger wird, steigt aber auch die Bedeutung, die Eigenschaften von Menschen zu modellieren, und exakt hier kehrt sich die von der Einzelkostenrechnung reklamierte theoretische Überlegenheit in ihr Gegenteil um: Je filigraner und freier kombinierbar die erfassten Informationen, desto folgenreicher ihre Auswertung, wenn nicht mehr unterstellt werden kann, dass die Selektion angemessen und neutral passiert. Das, was Einzelkosten sind, hängt wesentlich von der Einschätzung des Managers ab. Wenn dieser opportunistisch handeln will, wird ihm mit der Einzelkostenrechnung ein Instrument an die Hand gegeben, alles Gewünschte mit scheinbar ganz exakt ermittelten Kosten zu belegen. Nicht nur die hohen Erfassungs- und Auswertungskosten haben den Durchbruch der Einzelkostenrechnung verhindert, sondern auch die Schutzlosigkeit gegenüber Opportunismus und die zu hohen Anforderungen, die an die Auswertungs- und Interpretationsfähigkeit der Informationsnutzer gestellt werden.

Allerdings ist die harte Schule der Einzelkostenrechnung die beste Vorbereitung, in fallweisen Analysen die einzubeziehenden Werte möglichst exakt zu bestimmen: Interpretieren Sie die vorangegangenen negativen Einschätzungen deshalb nicht als Grund, auf das Erlernen und Verstehen der Einzelkostenrechnung zu verzichten!

Je mehr man von der Prämisse des homo oeconomicus abweicht, desto schlechter fällt das Urteil für die Einzelkostenrechnung aus

Literatur zum Themenkreis Bilanzierung

Die Literatur zum Problemkreis »handelsrechtliche Rechnungslegung« ist kaum überschaubar vielfältig. Neben diversen einführenden und vertiefenden Lehrbüchern gibt es regalweise Kommentarliteratur, in der feinsten Verästelungen der Rechtsvorschriften im Detail nachgegangen wird. Um dieser Vielfalt eine Struktur zu geben, enthält das folgende Literaturverzeichnis ergänzende Titel, die Ihnen helfen können, auf Fragestellungen, die die externe Rechnungslegung betreffen, eine Antwort zu finden.

Kommentare zur handelsrechtlichen Rechnungslegung

An Kommentarliteratur sind zunächst vier Standardwerke zu nennen, die den »State of the art« der handelsrechtlichen Rechnungslegung mit entsprechenden Verweisen auf die relevanten IAS/IFRS beinhalten:
- Adler/Düring/Schmalz (ADS) ist eine umfangreiche Loseblattsammlung, die inzwischen auch auf CD-Rom erhältlich ist (Schäffer-Poeschel),
- der Beck'sche Bilanzkommentar (C.H. Beck),
- das Wirtschaftsprüfer-Handbuch (IDW-Verlag) oder den
- Münchener Kommentar zum HGB (C.H. Beck).

Abhandlungen zu einer Reihe von Fragestellungen im Bereich der externen wie auch der internen Rechnungslegung finden Sie außerdem im Handwörterbuch der Unternehmensrechnung (HWU), das in einer Neuauflage im Schäffer-Poeschel-Verlag in 2002 erschienen ist.

Speziell für die IFRS ist der im Haufe-Verlag erschienene IFRS-Kommentar von N. Lüdenbach und W.-D. Hoffmann zu empfehlen. Einen ersten Einstieg bietet auch das synoptische Kompendium von S. Hayn und G. Graf Waldersee (ebenfalls Schäffer-Poeschel).

Lehrbücher

Die im Folgenden genannten Lehrbücher können in der jeweils aktuellen Auflage aus der Vielzahl der inzwischen vorhandenen Titel nur eine kleine Auswahl darstellen. Die Werke von Baetge/Kirsch/Thiele geben einen ausgezeichneten Überblick über die relevanten Bereiche des deutschen Handelsrechts und der Bilanzanalyse und verweisen dabei auch ausführlich auf die entsprechenden Vorschriften der IFRS. Die Darstellung von Coenenberg deckt das gleiche Spektrum ab, ist jedoch insgesamt kompakter. Das Lehrbuch von Eisele behandelt auch umsetzungstechnische Fragen der Rechnungslegung sowie Aspekte der Buchführung. Eine spezielle Einführung in die Buchführung gibt u.a. Heinhold. Das Lehrbuch von Pellens ist schließlich in Deutschland wohl das Standardlehrbuch zur internationalen Rechnungslegung.

- Baetge, J./Kirsch, H.-J./Thiele, S.: Bilanzen, IDW-Verlag.
- Baetge, J./Kirsch, H.-J./Thiele, S.: Konzernbilanzen, IDW-Verlag.
- Baetge, J./Kirsch, H.-J./Thiele, S.: Bilanzanalyse, IDW-Verlag.
- Coenenberg, A. G.: Jahresabschluss und Jahresabschlussanalyse, Schäffer-Poeschel.
- Eisele, W.: Technik des betrieblichen Rechnungswesens, Vahlen.
- Heinhold, M.: Buchführung in Fallbeispielen, Schäffer-Poeschel.
- Pellens, B./Fülbier, R.U./Gassen, J.: Internationale Rechnungslegung, Schäffer-Poeschel.

Zitierte Literatur

Leffson, U. (1975): Buchführung und Bilanzierung, Grundsätze der, in: HWB, 4. Aufl., Stuttgart, Sp. 1011-1019.

Leffson, U. (1984): Bilanzanalyse, 3. Aufl., Stuttgart.

Sieben, G. u.a. (1993): Bilanzpolitik, in: HWR, 3. Aufl., Stuttgart, Sp. 229-239.

Weißenberger, B./Haas, C. (2004): Neuausrichtung der Interpretationsfunktion des Controllings, in: Weißenberger, B. (Hrsg.): Controlling und IFRS, ZfCM-Sonderheft 2/2004, S. 54-62.

Literatur zum Themenkreis Kostenrechnung

Die Literatur zum Problemkreis »Kostenrechnung« ist kaum überschaubar. Neben diversen einführenden Lehrbüchern gibt es eine Reihe von Monographien, die jeweils speziell auf einzelne der dargestellten Kostenrechnungssysteme bezogen sind, und eine Vielzahl von Büchern, die Spezialaspekte der Kostenrechnung behandeln. Zudem spielt sich ein Großteil der »literarischen Kostenrechnungsdiskussion« in Fachzeitschriften ab. Aus diesem Grund sei an dieser Stelle auf den Versuch verzichtet, einen hinlänglich repräsentativen Überblick über die relevante Literatur zu geben. Wir wollen nur zweierlei tun:

- Zum einen seien zunächst einige wichtige Lehrbücher aufgelistet, die den Charakter von Standardwerken besitzen.
- Zum anderen werden wir all jene Quellen aufführen, die wir im Verlauf der einzelnen Kapitel in Kurzzitierweise angesprochen haben.

Ausgewählte Standardwerke

Ewert, R./Wagenhofer, A. (2005): Interne Unternehmensrechnung, 6. Aufl., Berlin u.a.

Freidank, C.-Chr. (1997): Kostenrechnung, 6. Aufl., München, Wien.

Hummel, S./Männel, W. (1986): Kostenrechnung 1, Grundlagen, Aufbau, Anwendung, 4. Aufl., Wiesbaden.

Kilger, W./Pampel, J./Vikas, K. (2002): Flexible Plankostenrechnung und Deckungsbeitragsrechnung, 11. Aufl., Wiesbaden.

Kloock, J./Günter S./Schildbach, Th. (1993): Kosten- und Leistungsrechnung, 7. Aufl., Düsseldorf.

Schweitzer, M./Küpper, H.-U. (2003): Systeme der Kosten- und Erlösrechnung, 8. Aufl., München.

Zitierte Literatur

Agthe, K. (1959): Stufenweise Fixkostendeckung im System des Direct Costing, in: ZfB, 29. Jg., S. 404-418.

Bungenstock, Chr. (1995): Entscheidungsorientierte Kostenrechnungssysteme. Eine entwicklungsgeschichtliche Analyse, Wiesbaden.

Dierkes, S./Kloock, J. (2002): Kostenzurechnung, in: Handwörterbuch Unternehmensrechnung und Controlling, Stuttgart, Sp. 1177-1186.

Gutenberg, E. (1951): Grundlagen der Betriebswirtschaftslehre, Bd. 1: Die Produktion, 1. Aufl., Berlin, Göttingen, Heidelberg.

Heck, K. (1980): Bestimmungsfaktoren und Struktur des Prozesses der Planung der Instandhaltungskosten, Diss. Dortmund.

Holzwarth, J. (1993): Strategische Kostenrechnung? Zum Bedarf an einer modifizierten Kostenrechnung für die Bewertung der Alternativen strategischer Entscheidungen, Stuttgart.

Homburg, Chr./Weber, J./Aust, R./Karlshaus, J.-Th. (1998): Interne Kundenorientierung der Kostenrechnung, – Ergebnisse der Koblenzer Studie –, Schriftenreihe Advanced Controlling, Bd. 7, Vallendar.

Horngren, Ch.T. (1992): Reflections on Activity Based Accounting in the United States, in: ZfbF, 44. Jg., S. 289-297.

Horngren, Ch.T./Datar, S.M./Foster, G. (2003): Cost Accounting. A Managerial Emphasis, Upper Saddle River.

Kilger, W. (1987): Einführung in die Kostenrechnung, 3. Aufl., Wiesbaden.

Kilger, W. (1993): Flexible Plankostenrechnung und Deckungsbeitragsrechnung, 10. Aufl., Wiesbaden.

Kosiol, E. (1972): Kostenrechnung und Kalkulation, Berlin, New York.

Layer, M. (1967): Möglichkeiten und Grenzen der Anwendbarkeit der Deckungsbeitragsrechnung im Rechnungswesen der Unternehmung, Berlin.

Männel, W. (1980): Theorie der Produktionswirtschaft, Vorlesungsunterlagen, Dortmund.

Männel, W. (1983): Grundkonzeption einer entscheidungsorientierten Erlösrechnung, in: Krp, S. 55-70.

Menon, A./Varadarajan, P.R. (1992): A Model of Marketing Knowledge Use within Firms, Journal of Marketing, 56. Jg., S. 53-71.

Plaut, H.-G. (1984): Grenzplankosten- und Deckungsbeitragsrechnung als modernes Kostenrechnungssystem, in: Krp, S. 20-26 und S. 67-72.

Literatur

Riebel, P. (1971): Ertragsbildung und Ertragsverbundenheit im Spiegel der Zurechenbarkeit von Erlösen, in: Beiträge zur betriebswirtschaftlichen Ertragslehre. In Verbindung mit H. Fischer u.a. hrsg. von P. Riebel, Opladen, S. 147-200.

Riebel, P. (1978): Überlegungen zur Formulierung eines entscheidungsorientierten Kostenbegriffs, in: Müller-Merbach, H. (Hrsg.): Quantitative Ansätze in der Betriebswirtschaftslehre, München, S. 127-146.

Riebel, P. (1979): Zum Konzept einer zweckneutralen Grundrechnung, in: ZfbF, 31. Jg., S. 785-798.

Riebel, P. (1994): Einzelkosten- und Deckungsbeitragsrechnung. Grundfragen einer markt- und entscheidungsorientierten Unternehmensrechnung, 7. Aufl., Wiesbaden.

Riebel, P. (1996): Kuppelproduktion, in: Handwörterbuch der Produktionswirtschaft, 2. Aufl., Stuttgart, Sp. 992-1004.

Schäffer, U. (2001): Kontrolle als Lernprozess, Wiesbaden.

Schmalenbach, E. (1899): Buchführung und Kalkulation im Fabrikgeschäft, in: Deutsche Metall-Industrie-Zeitung, 15. Jg., S. 98-172.

Weber, J. (1978): Logistikkostenrechnung, Berlin u.a.

Weber, J. (2002): Logistikkostenrechnung. Kosten-, Leistungs- und Erlösinformationen zur erfolgsorientierten Steuerung der Logistik, 2. Aufl., Berlin u.a.

Weber, J. (2002): Logistik- und Supply Chain Controlling. 5. Aufl., Stuttgart.

Stichwortverzeichnis

Jürgen Weber

Jürgen Weber studierte Betriebswirtschaftslehre an der Universität Göttingen, promovierte 1981 an der Universität Dortmund und habilitierte sich 1986 an der Universität Erlangen-Nürnberg. Seit demselben Jahr hat er einen Lehrstuhl für Controlling an der WHU, Otto Beisheim School of Management, inne (http://www.whu.edu/control). Daneben leitet er an der Hochschule das Center for Controlling & Management (*CCM*) und das Kühne-Zentrum für Logistikmanagment. Zudem ist er seit vielen Jahren Prorektor der WHU.

Am Lehrstuhl sind über 80 Dissertationen und 6 Habilitationen erfolgreich betreut und abgeschlossen worden. Unter den Ehemaligen finden sich viele Universitäts- und Fachhochschul-Professoren, Unternehmensgründer und Geschäftsführer von mittelgroßen und großen Unternehmen.

Außeruniversitär sind u.a. mehrere Beirats- und Aufsichtsratspositionen sowie die langjährige Mitgliedschaft im Akkreditierungsausschuss des Wissenschaftsrats zu nennen. Hervorzuheben ist schließlich auch die als spin-off der Lehrstuhls 1992 mit gegründete *CTcon* GmbH (www.ctcon.de), ein schnell wachsender Dienstleister mit den Geschäftsbereichen Unternehmensberatung und Managementschulung.

Ausgewählte Veröffentlichungen

Bücher

Logistikkostenrechnung, 2. Aufl., Berlin u.a. 2002; Logistik- und Supply Chain Controlling, 5. Aufl., Stuttgart 2002; Einführung in das Controlling, 10. Aufl., Stuttgart 2004; Gestaltung der Kostenrechnung. Notwendigkeit, Optionen und Konsequenzen, Wiesbaden 2005.
Balanced Scorecard & Controlling (zusammen mit U. Schäffer), 3. Aufl., Wiesbaden 2000; Wertorientierte Unternehmenssteuerung, Wiesbaden 2004 (zusammen mit U. Bramsemann, C. Heineke und B. Hirsch); Das Advanced-Controlling-Handbuch, Weinheim 2005.

Beiträge in Zeitschriften und Sammelwerken

Zum Begriff Logistikleistung, in: ZfB, 56. Jg.(1986), S. 1197-1212; Controlling – Möglichkeiten und Grenzen der Übertragbarkeit eines erwerbswirtschaftlichen Führungsinstruments auf öffentliche Institutionen, in: DBW, 48. Jg. (1988), S. 171-194; 11 Thesen zur Logistik, in: ZfbF, 42. Jg. (1990), S. 975-986; Versagen des Controlling? – Ein Beitrag zur Theoriefindung, in: DB, 44. Jg. (1991), S. 1785-1788; Controlling, Informations- und Kommunikationsmanagement – Grundsätzliche begriffliche und konzeptionelle Überlegungen, in: BFuP, 46. Jg. (1993), S. 628-649; Kostenrechnung zwischen Verhaltens- und Entscheidungsorientierung, in: Krp, 38. Jg. (1994), S. 99-104; Zur Bildung und Strukturierung spezieller Betriebswirtschaftslehren – Ein Beitrag zur Standortbestimmung und weiteren Entwicklung, in: DBW, 56. Jg. (1996), S. 63-84; Selektives Rechnungswesen, in: ZfB, 66. Jg. (1996), S. 925-946; Controlling in unterschiedlichen Führungskontexten – ein Überblick, in: ZfCM, 47. Jg. (2003), S. 183-192.

Management der Logistik, in: DBW, 50. Jg. (1990), S. 775-787 (zusammen mit S. Kummer); Controlling-Entwicklung in der Bundesrepublik Deutschland im Spiegel von Stellenanzeigen, in: ZfB-Ergänzungsheft 3/91, S. 17-35 (zusammen mit A. Kosmider); Controlling – Ein eigenständiges Aufgabenfeld in den Unternehmen der Bundesrepublik Deutschland, in: DBW, 52. Jg. (1992), S. 535-546 (zusammen mit D. Bültel); Zum Promotionsverhalten in der deutschsprachigen Betriebswirtschaftslehre. Ergebnisse einer empirischen Erhebung, in: ZfbF, 47. Jg. (1995), S. 708-725 (zusammen mit A. Kaminski); Controlling als Mittel des Turnarounds öffentlich gebundener Unternehmen. Das Beispiel von Postdienst und Telekom, in: ZfB, 65. Jg. (1995), S. 933-954 (zusammen mit E. Ernst und J. Galla); Zweck der Kostenrechnung? Eine neue Sicht auf ein altes Problem, in: DBW, 58. Jg., H. 2, S. 151-165 (zusammen mit D. Pfaff); Entwicklung von Kennzahlensystemen, in: BFuP, 52. Jg. (2000), S. 1-16 (zusammen mit U. Schäffer); Interne Kundenorientierung der Kostenrechnung? Ergebnisse einer empirischen Untersuchung in deutschen Industrieunternehmen, in: DBW, 60. Jg. (2000), S. 241-256 (zusammen mit Chr. Homburg, R. Aust und J.-T. Karlshaus); Mit Loyalität und Vertrauen besser planen – Ergebnisse einer empirischen Erhebung, in: ZfCM, 47. Jg. (2003), S. 42-51; Zusatzbeauftragung von Logistikdienstleistern – Empirische Ergebnisse und konzeptionelle Überlegungen zu entsprechenden Defiziten, in: logistik management, 6. Jg. (2004), Ausgabe 3, S. 34-46 (zusammen mit C.M. Wallenburg).

Gemeinsame Publikationen mit B.E. Weißenberger

'Relative Einzelkosten- und Deckungsbeitragsrechnung'. A Critical Evaluation of Riebel's Approach, in: MAR, Vol. 8 (1997), S. 277-298; Rechnungslegungspolitik und Controlling: – Zur Gestaltung der Kostenrechnung. in: Freidank, C.-Chr. (Hrsg.): Rechnungslegungspolitik. Eine Bestandaufnahme aus handels- und steuerrechtlicher Sicht, Berlin u.a. 1998, S. 1243-1283; Benchmarking des Controllerbereichs – Ein Erfahrungsbericht, in: BFuP, 51. Jg. (1998), S. 381-401 (zusammen mit R. Aust); Anreizsysteme und finanzorientiertes Controlling: Stock-Option-Pläne als Motivationsinstrument der Unternehmensleitung, in: Küting, K., Langenbucher, G. (Hrsg.): Internationale Rechnungslegung. Festschrift für Professor Dr. Claus-Peter Weber zum 60. Geburtstag, Stuttgart 1999, S. 671-696; Relevance Lost and Found: Kostenrechnung als Steuerungsinstrument und Sprache, in: DBW, 59. Jg. (1999), S. 138-143 (zusammen mit D. Pfaff); Risk Tracking & Reporting. Ein umfassender Ansatz unternehmerischen Chancen- und Risikomanagements, in: Götze, U., Henselmann, K., Mikus, B. (Hrsg.): Risikomanagement, Heidelberg 2001, S. 47-65 (zusammen mit A.

Liekweg); Operationalisierung der Transaktionskosten (zusammen mit Michael Löbig), in: Jost, P.-J. (Hrsg.): Der Transaktionskostenansatz in der Betriebswirtschaftslehre, Stuttgart 2001, S. 417-447; Finanzorientierung – die neue Herausforderung für das Controlling im internationalen Unternehmen, in: Krystek, U., Zur, E. (Hrsg.): Handbuch Internationalisierung. Globalisierung – eine Herausforderung für die Unternehmensführung, 2. Aufl., Berlin u.a. 2002, S. 541-569; Benchmarking als Instrument empirischer Forschung – Erfahrungen aus dem Benchmarking von Controllerbereichen (zusammen mit R. Aust und S. Riedler), in: Weber, J./Kunz, J.: Empirische Controllingforschung, Wiesbaden 2003, S. 289-320.

Barbara E. Weißenberger

Barbara E. Weißenberger studierte Betriebswirtschaftslehre an der Otto Beisheim School of Management (WHU) in Vallendar, der Kellogg Graduate School of Management/USA sowie der HEC Paris/Frankreich. Nach ihrem Studium promovierte und habilitierte sie am Lehrstuhl von Jürgen Weber.

Von 1997 bis 2002 koordinierte sie das Arthur Andersen Zentrum für Externes Rechnungswesen und Steuerrecht an der WHU. Seit 2002 hat Weißenberger die Professur für Industrielles Management und Controlling an der Justus-Liebig-Universität Gießen inne. In 2003 wurde ihre Habilitationsschrift mit dem Österreichischen Controller-Preis ausgezeichnet. Seit 2004 ist Weißenberger Mitglied des wissenschaftlichen Fachbeirats der Zeitschrift »Accounting«.

Neben ihrer Tätigkeit in Gießen ist Weißenberger Lehrbeauftragte für externes Rechnungswesen an der Bucerius Law School in Hamburg, an der WHU in Vallendar sowie an der International University Bremen. In ihrer Forschung befasst sich Weißenberger zum einen mit Fragen des wertorientierten Performance Measurement, zum anderen mit der Schnittstelle zwischen der Rechnungslegung nach IFRS und dem Controlling. Hierzu leitet Weißenberger zwei Arbeitskreise im Center for Controlling & Management (CCM) Vallendar sowie innerhalb der International Group of Controlling (IGC). Weitere Informationen zu Barbara E. Weißenberger finden Sie auf ihrer Website unter http://wiwi.uni-giessen.de/controlling.

Ausgewählte Veröffentlichungen

Bücher

IFRS und Controlling (Herausgeberin), Sonderheft 2/2004 der ZfCM, Wiesbaden 2004. Anreizkompatible Erfolgsrechnung im Konzern, Wies-

Barbara E. Weißenberger

baden 2003. Die Informationsbeziehung zwischen Management und Rechnungswesen. Analyse institutionaler Koordination, Wiesbaden 1997.

Mitwirkung in handelsrechtlichen Kommentierungen

Kommentierung des § 305 HGB (Aufwands- und Ertragskonsolidierung) und § 306 HGB (Steuerabgrenzung), in: Münchener Kommentar zum HGB. Teilband 3, München 2001 / Neuauflage 2006 (voraussichtliches Erscheinungsdatum).

Beiträge in Zeitschriften und Sammelwerken (mit Ausnahme der bereits bei Jürgen Weber aufgeführten gemeinsamen Beiträge)

Controlling unter IFRS, in: Weber, J./Meyer, M. (Hrsg.): Internationalisierung des Controllings, Wiesbaden, 2005, S. 185-212; Changing from German GAAP to IFRS or US-GAAP: An empirical survey of German companies (zusammen mit A. B. Stahl/S. Vorstius), in: Accounting in Europe, 1. Jg. (2004), S. 169-189; Theoretische Grundlagen der Erfolgsmessung im Controlling, in: Scherm, E./Pietsch, G. (Hrsg.): Controlling – Theorien und Konzeptionen, München 2004, S. 289-314; Controlling als Teilgebiet der Betriebswirtschaftslehre, in: Weber, J./Hirsch, B. (Hrsg.): Controlling als akademische Disziplin. Eine Bestandsaufnahme, Wiesbaden 2002, S. 389-408; Erlösartenrechung, in: HWU, 4. Aufl., Stuttgart: 2002, Sp. 444-453; Die Bedeutung von Prozesskosten für die Bewertung der Herstellungskosten nach § 255 Abs. 2 HGB (zusammen mit H. Stromann), in: DBW, 60. Jg. (2000), S. 607-625; Benchmarking des Berichtswesens (zusammen mit S.M. Stadler), in: Controlling, 11. Jg. (1999), S. 5-11; Institutionenökonomische Fundierung (zusammen mit D. Pfaff), in: Fischer, T.M. (Hrsg.): Kosten-Controlling, Stuttgart 1999, S. 109-134; Ökonomische Analyse des Prüferwechsels; in: Dörner, D. et al. (Hrsg.): Reform des Aktienrechts, der Rechnungslegung und Prüfung, Stuttgart 1999, S. 617-648; Vorschriften zur Segmentberichterstattung im Konzern – Schnittstelle zwischen interner und externer Rechnungslegung (zusammen mit A. Liekweg), in: krp, 43. Jg. (1999), S. 165-174; Zur Bedeutung von Vertrauensstrategien für den Aufbau und Erhalt von Kundenbindung im Konsumgüterbereich, in: zfbf , 50. Jg. (1998), S. 614-640; Customer Retention in the Automotive Industry, in: Johnson, M.D. (Hrsg.): Quality, Satisfaction, and Retention: Implications for the Automotive Industry, Wiesbaden 1997, S. 317-348; Kundenbindung und Vertrauen in der Beziehung zwischen Wirtschaftsprüfer und Mandant; in: Richter, M. (Hrsg.): Theorie und Praxis der Wirtschaftsprüfung, Berlin 1997, S. 71-95; Wider die erzwungene Rotation des Abschlussprüfers; in: BB, 52. Jg. (1997), S. 2315-2321.